자연과 함께하는

하천제방

이론과 실무

교문사 NATURE-FRIENDLY LEVEE ENGINEERING

자연과 함께하는

하천제방

이론과 실무

우효섭 · 전세진 · 조계춘 · 이두한 지음

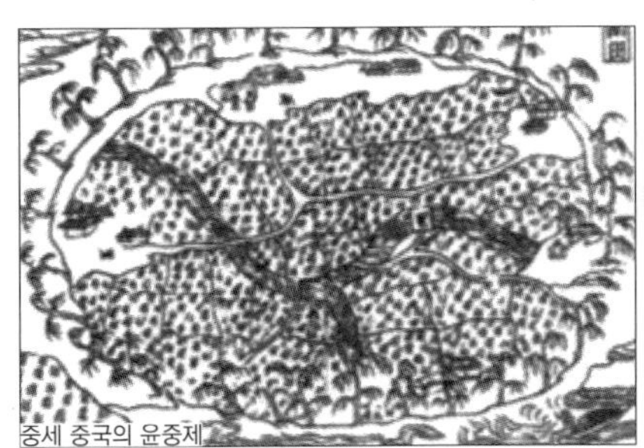
중세 중국의 윤중제

한강 일산제 붕괴(1990.9)

황강 가현제 붕괴(2002.8)

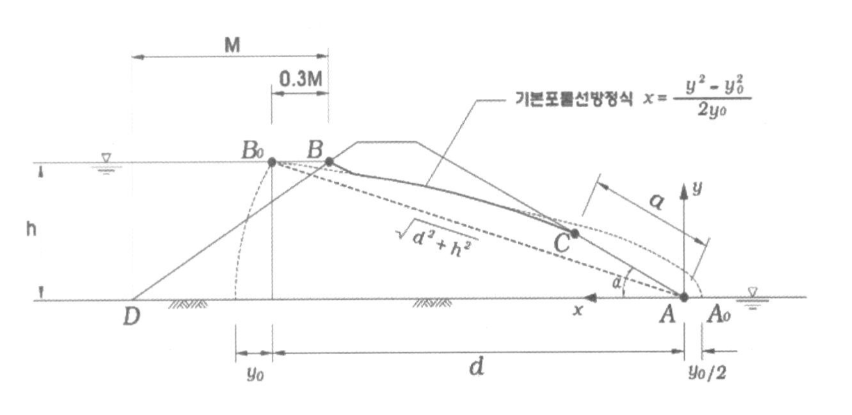

남원 섬진강 제방붕괴(2020.8)(전북소방본부 제공)

전북 남원 섬진강 범람(한겨레신문, 2020.8.9)

경기 연천 임진강 제방호안 시험보강(바이오폴리머)(2019.11)

안동시 낙동강 식생제방

충남 성환천 식생제방(한승완 제공)

동아시아 한자문화권에서 제방(堤防)은

물을 가두어 농지에 물을 보내기 위해 흙, 돌, 나무 등으로 인위적으로 쌓은 둑이나, 하천홍수나 바다 조수를 막기 위해 쌓은 둑 모두를 의미한다. 현대적 의미에서 제방(levee, dike)은 하천, 호소, 해안 등에서 높아지는 수위로부터 인명, 농경지, 시설 등을 보호하기 위해 통상 수체 경계면을 따라 흙, 돌, 나무, 콘크리트 등으로 쌓은 인공적인 둑이다. 여기서 하천제방에 국한하면 하천홍수에 대비하여 하천변에 쌓은 흙둑(embankment)을 의미한다.

이 책은 하천제방을 다룬 전문 기술서적이다. 하천제방은 정부예산이 매년 연간 약 1.5조 원 정도 드는 하천정비사업 중에서 기본적인 시설물이다. 그러나 댐이나 기타 하천시설물과 달리 국가적, 사회적, 기술적, 환경적으로 상대적으로 관심을 덜 받아온 사회인프라이다. 흙이라는 비교적 단순한 재료와 사다리꼴 구조로 만들어진 제방은 지금부터 5,000여 년 전 인류문명의 시작 이후 크게 변하지 않은 몇 안 되는 사회기반시설물이다. 그만큼 전통 토목기술이 지금도 여전히 지배적이고, 기술개발의 여지가 별로 없어 보이는 분야로 오해할 수 있다. 그러나 하천치수의 중요성과 연간 투자되는 국가재정의 규모 등을 고려하면 치수경제성 제고를 위해 우리 사회가 한 번은 꼭 짚고 넘어가야 할 토목기술이라 할 것이다. 그럼에도 불구하고 하천제방에 초점을 맞춘 기술서적은 하천공학 관련 책에 일부 소개되거나, 국가의 공식기준서인 '하천설계기준'에서 일부 가이드를 제시하는 것 이외에는 사실상 없다. 그러나 일본만 해도 하천제방 관련 전문서적은 쉽게 몇 권을 찾을 수 있다. 미국, 영국, 독일 등도 나름대로의 전문서적이 있으며, 특히 국제적으로 《The International Levee Handbook》이라는 기술서적이 2013년에 출간되었다.

이 책의 집필동기는 하천제방기술의 중요성에 비추어 국내에서 가용한 전문서적의 갭을 메우고, 대학이나 실무에서 쉽게 접할 수 있는 하천제방 관련 이론 및 응용 서적의 필요성에서 시작하였다. 마침 2016년부터 바이오폴리머라는 새로운 재료를 이용한 제방기술개발 연구사업이 시작되어 국내외 제방 관련 상당한 분량의 관련 자료와 기술개발성과가 축적됨에 따라 연구성과의 한 축으로서 연구참여자들이 자발적으로 참여하여 저술하게 되었다. 하천제방의 다학제성과 실무중심의 기술특성 등을 감안하여 하천 연구자 및 기술자와 지반 연구자 등이 같이 참여하여 다각도에서 제방기술을 서술하였다.

이 책은 하천공학 강좌를 개설한 대학이나 대학원의 참고교재로서 학술적, 기술적 관련성에 충실하면서 동시에 하천실무교재로서 실용성을 강조하였다. 특히 전통적인 제방기술자들이 그 동안 소홀히 다루었던 제방이라는 새로운 생물서식처의 환경적 가치를 높이기 위해 '자연과 함께하는'이라는 부제를 달고, 부제에 맞는 내용이 책 안에 전체적으로 서술되도록 노력하였다. 구체적으로, 하천제방을 더 이상 그레이인프라가 아닌 그린인프라 관점에서 계획, 설계, 관리하기 위한 개념적 방향부터 시작하여, 제방설계 장에 생태성, 경관성 등 제방의 환경성을, 제방호안 장에 식생호안과 자연형 호안을, 제방시공 장에 자연환경 고려사항 등을 강조하였다. 또한 유지관리 장에 제방의 수목관리를 강조하였다. 특히 부록 II에는 집필진이 수행한 연구사업의 핵심성과 중 하나인 바이오폴리머 처리 제방의 내침식성 및 자연성 향상효과에 대한 1차 연구성과를 소개하였다.

이 책의 제1장에는 제방의 사회기술적 의미와 기술 수준 및 파괴 사례 등을 소개하였으며, 제2장에는 제방의 기능과 형태부터 시작하여 그린인프라로서 제방이라는 새로운 개념을 다루었다. 제3장에는 제방의 안전에 직접적으로 영향을 주는 제방의 파괴기구를 자세히 설명하였으며, 제4장에는 제방건설의 1단계로서 현장 조사 및 시험 기술을 소개하였다. 이어 제5장에는 제방설계기술을 설명하였으며, 제7장에는 시공기술을 설명하였다. 그 중간 제6장에는 제방의 가장 중요한 부품 중 하나이며 그 만큼 공사비의 비중이 높은 제방호안기술을 설명하였다. 이 장에는 특히 1990년대 중반 이후 사회에서 각광을 받아온 자연형호안에 대해 자세히 설명하였다. 제8장은 제방의 유지관리 부문이며, 마지막으로 제9장은 제방검사 및 응급조치에 대해, 특히 제방에 문제가 생겼을 때 긴급히 처리하는 응급조치기술을 소개하였다. 이 책의 부록에는 먼저 제방을 포함한 치수경제성 평가를 알기 쉽게 설명하였다. 다음, 제방건설재료로서 바이오폴리머 활용기술을 최신 연구성과를 토대로 소개하였으며, 부수적으로 이제는 전통기술이 된 소일시멘트 기술을 소개하였다.

이 책은 일반적인 전문기술서적에 준하여 독자들의 이해를 돕기 위해 장별로 예제를 수록하였으며, 매 장의 말미에 참고문헌과 연습문제를 수록하였다. 그리고 책 말미에 충분한 분량의 용어설명을 수록하였다.

사실 구미와 일본에서도 하천제방 전문서적은 보편적이지 않다. 이 책은 토목기술을 바탕으로 동시에 환경과 생태 측면을 가미한 제방기술을 강조하였고, 부수적으로 바이오폴리머 등 새로운 재료를 이용한 기술을 소개하였다는 점에서 외국의 제방 관련 서적과 차별된다. 마지막으로, 이 책은 대학에서 참고교재로 쓸 수 있고 동시에 하천제방의 계획, 설계, 시공, 유지관리를 하는 실무자들이 참고할 수 있도록 실무적 관점에서 기술하였다. 그러기 위해 집필진도 학계, 연구계, 산업계 전문가들로 구성하였다. 부족하지만 이 책이 그러한 취지에 맞게 활용되기를 기대한다.

마지막으로, 이 책의 저술을 위해 실무간사 역할을 성공적으로 해준 '제방연구단' 장하영 박사에게 저자 모두 깊은 감사를 드린다.

2020년 8월

저자 일동

전남 담양읍의 관방제림
(https://blog.naver.com/mal3500/220527925684)

01 서론

인류 4대 고문명이 모두 대하천 변에서 시작했다는 것은 하천이 주는 이수적 혜택뿐만 아니라 하천홍수로부터 인간사회를 보호하기 위한 치수적 노력이 문명발생의 동력 중 하나였을 것으로 유추할 수 있다. 고대나 지금이나 대표적인 치수시설은 제방이다. 흙이라는 비교적 단순한 재료와 사다리꼴 구조로 만들어진 제방은 지금부터 5,000여 년 전 인류문명의 시작 이후 크게 변하지 않은 몇 안 되는 사회기반시설물이다. 이 장은 이 책의 서론 성격으로서, 먼저 제방의 정의와 의의를 알아보고, 다음 제방의 국내외 역사와 현재 상황을 간단히 살펴본다. 다음 미국, 유럽, 일본 등의 제방기술 수준과 설계기준 등에 대해 간단히 알아보고 국내상황을 소개한다. 마지막으로 제방파괴 사례에 대해 국내 및 국외로 나누어 소개한다.

1.1
제방이란?

동아시아 한자문화권에서 제방(堤坊)은 물을 가두어 농지에 물을 보내기 위해 흙, 돌, 나무 등으로 인위적으로 쌓은 둑이나, 하천홍수나 바다조수를 막기 위해 쌓은 둑 모두를 의미한다(우효섭, 2019). 한편 제언(堤堰)은 물을 가두기 위해 쌓은 둑(제방) 자체와 저수지 등을 포괄하는 것으로서, 우리말 방언으로 '방죽'이라 한다. 여기서 제(堤)나 언(堰) 모두 둑이라는 의미이다. 조선시대에는 제언사(堤堰司)가 있어 각 도의 둑 관리를 맡아보았다. 한편 정조 2년(1778년)에는 비변사에서 제언절목(堤堰節目)이라는 둑의 수축 및 관리에 관한 지침을 제정하여 각 도에 시달하기도 하였다.

현대적 의미에서 제방(levee, dike)은 하천, 호소, 해안 등에서 높아지는 수위로부터 인명, 농경지, 시설 등을 보호하기 위해 통상 수체 경계면을 따라 흙, 돌, 나무, 콘크리트 등으로 쌓은 인공적인 둑이다. 우리나라의 경우 통상 하천홍수에 대비하여 하천변에 쌓은 흙둑(embankment)을 의미한다. 한편, 하천을 가로질러 만든 이·치수 목적의 저수지 둑은 보통 외래어로 댐(dam) 또는 그냥 둑이라 한다. 과거 농업용 저수지의 둑도 제방이라 불렀지만, 이제는 댐 또는 제체라 한다(국토교통부, 2018a).

미국의 경우 수자원개발법(Water Resources Development Act)에서 제방은 홍수벽을 포함한 둑을 의미하며, 그 주된 용도는 허리케인, 폭풍, 홍수 등으로부터 인명과 재산을 보호하는 것이다. 여기서 제방에는 자주 물이 흐르는 인공수로(canal)의 둑은 포함되나, 하도(water course)를 가로지르는 장애물(댐이나 보)은 제외된다.

Levee는 미국식 영어로서 'to raise'라는 뜻의 불어(*levée*)에서 온 것이며, 1718년 뉴올리언스시가 만들어진 후 미국에 퍼진 용어이다. 반면 dike 또는 dyke는 영어의 'to dig'에 해당하는 dijk라는 네덜란드 말에서 유래한다. 땅을 길게 파면 도랑(trench)이 생기고 파낸 흙은 도랑을 따라 쌓이므로 둑(bank)이 생기게 된다. 이 용어는 네덜란드와 독일에서 통용되며, 이 지역에서는 특히 바다에서 밀어닥치는 폭풍해일로부터 해안을 보호하기 위해 제방(dike)을 설치한다. 다만 네덜란드에서는 윤중제와 윤중제를 연결하는 제방도로나 해안제방을 dam이라 부른다. 로테르담이나 암스테르담 같은 도시 이름에 담(dam)이 붙은 것은 그 이유이다. 이 용어는 독일과 중부유럽 일부에서도 사용된다.

한편 수제(水制, dike/dyke)는 하안침식을 방지하고 수로를 유지하기 위해 흐름에 직각이나 일정한 방향으로 놓은 인공 둑이다. 수제에는 제방과 같은 흙은 물론, 나무, 거석 등이 사용된다.

한국에서는 고려시대부터 제방이라는 용어가 이수 목적이든 치수 목적이든 둑을 의미하여 왔으며 지금도 다르지 않다. 다만 20세기 이후 댐이라는 외래어가 들어와 보통 대형 저수지의 둑을 지칭하게 되었다. 보는 하천수위를 높이기 위해 하천을 가로질러 만든 둑을 지칭한다. 특히 하구에 있는 대형 보는 과거에는 하구언이라 지칭하였으나 지금은 하굿둑이라 불린다.

마지막으로 위와 같은 인공제방과 달리 하도변 홍수터에 자연적으로 만들어지는 제방을 특히 자연제방(natural levee)이라 한다. 자연제방은 홍수위가 낮아지면서 홍수터에 잠긴 물이 하도로 되돌아오면서 실트질 유사가 하도를 따라 길게 침전되어 생긴 자연둔덕이다.

제방은 치수대책에서 양면성이 있다. 고금동서를 막론하고 제방은 대부분의 상황에서 수천 년 동안 인류가 사용해온 확실한 치수대책 중 하나임은 틀림없다. 18세기 실학자 이중환이《택리지》에서 '큰 물가는 사람이 살만한 곳이 못 된다'고 언급한 하천변 홍수위험의 문제를 해소할 수 있는 확실한 방책이기 때문이다. 지금 우리가 보는 하천변의 고층 주거지와 도로 등은 사실상 제방 없이는 불가능한 도시환경이다.

그러나 제방은 하천의 환경적 기능, 구체적으로 서식처, 수질자정, 경관 기능에 바람직하지 못하다. 제방축조는 필연적으로 수변생태계와 육상생태계의 단절을 가져오며, 자연적으로 형성된 수변완충지를 훼손하여 하천수질의 자정효과를 낮추고, 나아가 하천경관을 저해한다. 또 지구온난화와 그에 따른 이상기후 및 홍수 규모와 빈도의 증가로 인한 추가적인 위험은 제방 위주의 치수대책으로는 한계가 있을 수밖에 없다(우효섭, 2005).

그럼에도 불구하고 제방은 그 효과가 확실하고, 상대적으로 경제적이라는 점에서 하천관리상 사회경제적 중요성은 간과하기 어렵다. 이에 따라 제방 신설 및 보강 사업은 물론 기존 제방의 유지관리를 위한 제방 관련 새로운 기술의 개발과 보급 또한 중요하다.

1.2
제방의 역사와 현황

1.2.1 제방의 역사

세계에서 가장 오래된 제방은 지금의 인도, 파키스탄 지역의 인더스 문명에서 발굴되었다. 고대 이집트에서는 지금의 아스완부터 하류 델타지역까지 약 1,000 km에 걸쳐 강 좌안에 일련의 제방이 축조되었다(URL #1).

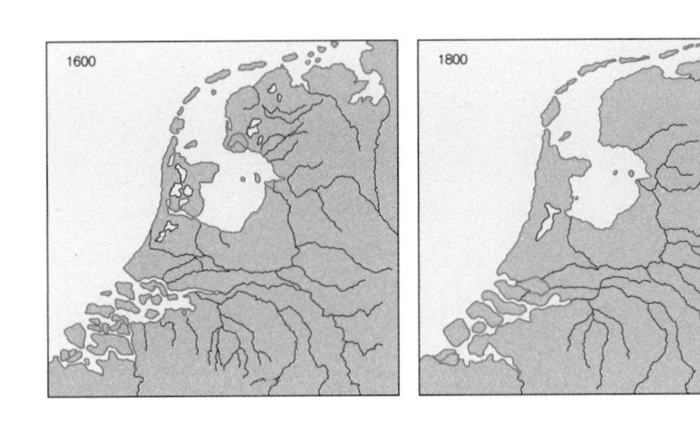

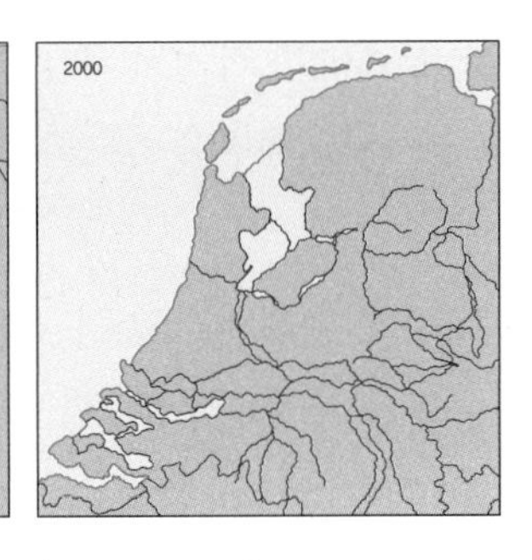

그림 **1.1** **네덜란드의 해안제방 축조에 따른 해안선 축소** (Kok et al., 2008)

로마시대 이후 유럽의 제방 역사는 네덜란드의 역사와 궤를 같이 한다. 서기 800~1250년 사이 네덜란드의 인구는 10배가 증가하여 그에 따라 대대적으로 바닷가 저지대를 개간하고 둑을 쌓기 시작하였다(Dike History, 2019). 14세기가 되면서 해수면이 상승하여 네덜란드의 대부분의 지역에서 해수면이 지표면과 같아지면서 대규모 제방축조가 시작되었다. 특히 1953년에 최악의 제방붕괴 사고로 1,800명 이상 인명손실이 난 후 기존 제방의 보강 및 확충 사업이 대대적으로 시행되었다. 그에 따라 1500년경 2,600 km에 해당하는 네덜란드의 해안길이는 그림 1.1에서 보는 바와 같이 1850년경에는 2,100 km, 1950년경에는 1,600 km에서 다시 금세기에는 880 km로 축소되었다.

미국에서는 18세기부터 시작된 미시시피 강의 제방축조사업과 19세기부터 시작된 캘리포니아 새크라멘토 강 제방축조사업이 대표적이다. 미국에서 홍수조절을 위한 제방사업은 1917년 홍수조절법이 제정된 후 미시시피 강, 오하이오 강, 새크라멘토 강 등을 중심으로 지금도 계속되고 있다(USACE, 2019). 미공병단은 미국 전체 제방연장 약 230,000 km의 10%를 관리하고 있으며, 미시시피 강 중하류 등 대부분의 대하천 제방과 해안제방을 담당한다.

동아시아에서 치수사업은 아직은 역사적 증거가 부족한 하(夏) 왕조의 우(禹)부터 시작되었다. 우는 그 전까지 홍수를 막는 데 실패한 제방축조 대신 하도를 파거나 새 하도를 개착하여 새로운 물길을 만드는 치수정책 변환으로 성공하였다. 이 같은 치수정책은 서한시대(기원전 206년~기원후 24년) Jia Rang(賈讓, 가양)이라는 신하가 황제에게 올린 상소문에 잘 나와 있다(Huang, 2014). 그는 치수, 특히 황허의 치수정책의 기본으로서 토지를 보호하기 위해 물과 싸우지 말 것을 강조하며, 다음과 같은 3개의 방책을 제시하였다.

- 제1방책은 하폭을 늘리거나, 사람이 덜 사는 곳으로 홍수를 돌려서(diversion basin) 충분한 홍수지체능력을 키우거나,
- 제2방책은 분수로를 만들어 다른 하천으로 홍수를 돌리고(diversion channel) 평시에는 농지

에 물을 공급하게 하거나(irrigation channel),

- 그래도 안 되면 제방을 쌓는다.

여기서 제2방책의 대표적인 성공작이 바로 지금의 쓰촨성 민장(강)에 있는 홍수조절과 관개 두 가지 목적을 위한 두장엔(都江堰) 관개사업이다. 기원전 256년 당시 진나라 시대에 이빙(李冰)에 의해 건설된 이 시설은 놀랍게도 2,200여 년이 지난 지금도 기능을 하고 있다.

제방축조 이외에 대안이 없는 경우 그림 1.2와 같이 본 제방 뒤에 2차제방을 두는 이중제방(중국어로 Geti라 함) 시스템을 구축하였다. 그들은 본 제방과 2차제방 사이 공간을 통해 홍수지체효과를 기대하였다.

그 당시 제방으로 하천홍수를 막는 방책의 문제 중 하나는 바로 하상이 높아지는 천정천(天井川) 문제이다. 그림 1.3은 최근 발굴된 그 당시 황허 제방의 단면으로서, 제방고가 원 제방고 2 m 내외에서 몇십 년 사이에 2배 이상 높아진 것이 확인되었다. 즉 황허와 같이 퇴사가 심한 하천에서 제방을 쌓으면 하상은 주변 토지보다 높아져서 또 제방을 높이지 않으면 홍수위험이 커졌다는 것을 암시한다.

일본에서는 3세기 야오이(弥生) 시대에 벼농사를 시작하면서 권력이 집중되고 그에 따라 치수사업이 가능하게 되었다. 그 당시는 특히 한반도로부터 넘어온 도래인들에 의해 철기 도구의 이용이 가능했던 시대로, 그림 1.4와 같은 다양한 치수용 물막이(울타리)를 만든 기록이 있다.

나라 시대(기원후 710~794년)에는 요도강의 치수규정에 제방 관리 및 보수의 중요성이 강조되었다(Huang, 2014). 이는 그 당시 제방 위주의 치수정책이 주를 이루었음을 간접적으로 보여준다. 그러나 에도 시대에는 제방축조와 분수로 개착 모두가 공히 추진되었다. 그들은 19세기 후

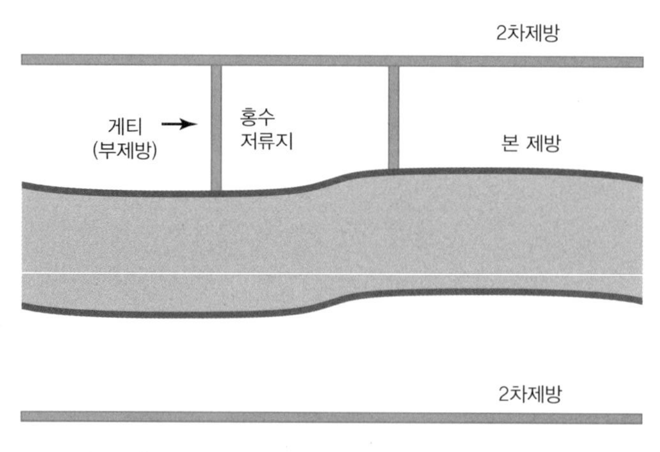

그림 **1.2** 홍수저류 효과를 고려한 고대 중국의 제방축조 (Huang, 2014)

그림 1.3 2,000년 전 황허 제방 발굴 사진(Physics.org, 2014)

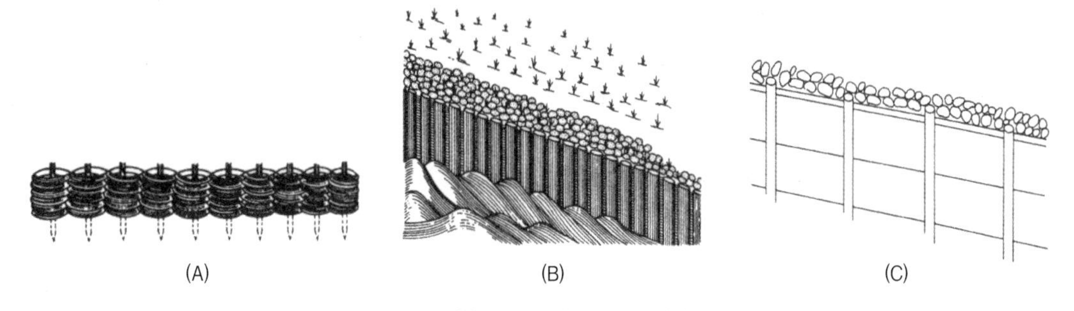

그림 1.4 바자공(A), 채움말뚝(B), 판바자공(C) (山本, 1999)

반 메이지시대에 네덜란드 수리기술자들을 초청하여 하천 수운사업과 병행하여 개수사업을 시작하였다. 그러나 유럽의 하천에 비해 하상경사와 비유량이 비교가 안 될 정도로 크고, 특히 토사 유출량이 엄청난 일본의 하천을 대상으로 네덜란드식 하도정비사업, 즉 배가 다닐 수 있도록 한 하도준설 위주의 하천개수사업은 실패하였다. 그 후 영국, 프랑스식 제방축조 위주의 치수사업으로 방향전환을 하게 된다(山崎, 2000).

중국 치수사나 일본 치수사(山崎, 2000)에는 윤중제(輪中堤)라는 용어가 자주 나온다. 이는 하천을 따라 제방을 쌓아 하천범람을 막는다는 것 자체가 대부분 현실적으로 불가능했으므로 주거지를 중심으로 상류 부문만 반원형으로 쌓거나 전체를 원형으로 둘러쌓아 최소한의 토지만 방어하는 방책을 말한다(그림 1.5 참조). 여기서 제내지(堤內地)와 제외지(堤外地) 개념이 시작되어서 통상 하천에 연하여 제방을 쌓는 일반 제방 기준에서 보면 방향감각이 다르게 된다.

한반도에서도 제방 축제의 역사는 삼국시대까지 거슬러 올라간다. 백제 비류왕 27년(330년)

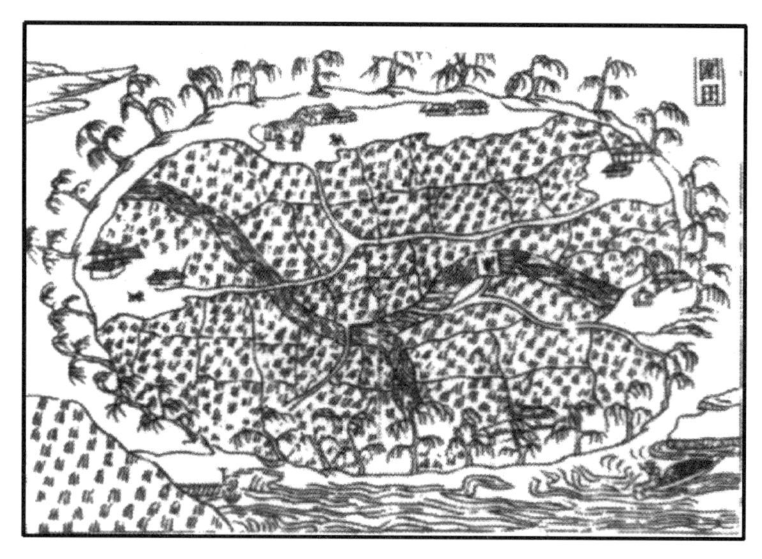

그림 1.5 중국 중세의 제방(주거지와 농경지를 둘러쌓고 버드나무를 심었음) (브뤽게마이어 등, 2004)

당시 벽골제(그림 1.6)는 높이 3.3~4.3 m, 길이 3 km 이상의 대형 저수지 제방으로 알려져 있다. 다만 벽골제는 보통의 저수지 제방이 아니라 방조제였을 것이라는 주장도 나오고 있다(박상현 등, 2003). 이는 하천 치수용 제방은 아니었지만 그 당시 한반도에서 하천의 축제기술을 보여주고 있다. 그 밖에도 제천의 의림제, 밀양의 수산제 등이 삼국시대의 대표적인 제방으로 지금까지 남아 있다.

또 다른 예는 최근 발굴된 울산시 약사동 제방유적이다(그림 1.7). 이 제방은 6~7세기 신라시

그림 1.6 김제 벽골제 수문-높이 5.5 m 석주를 4.2 m 간격으로 배치, 석주에 홈을 파서 목재수문이 위아래로 움직이게 하였음. (출처: http://blog.naver.com/jcjkks/70086998283)

그림 **1.7 울산시 약사천 변에서 최근 발굴된 저수지 둑** (위에서 아래를 본 것임. 연합뉴스 제공)

대에 저수지 축조를 목적으로 약사천 상류 좌우안이 좁아지는 부분에 길이 155 m, 높이 4.5~8 m로 쌓은 둑으로서, 부엽공법이 사용되었다(문화재청 홈페이지, 2019).

여기서 부엽공법(敷葉工法)은 토층에 잎이 달린 나뭇가지를 놓고 다시 토층을 쌓아 배수를 좋게 하여 제체의 내력을 키우는 고대의 성토공법이다. 이러한 부엽공법은 이웃 일본에서도 같은 시대나 그 이전 유적지에서 발견된다(中島, 2009). 일본 오사카에 있는 사야마이케(狹山池) 저수지 둑 역시 부엽공법으로 축조된 것으로 유명하다. 이 기술은 고대 중국에서 시작하여 백제, 신라를 거쳐 일본으로 간 것으로 알려져 있다(권오영 등, 2019).

조선시대에는 제언사(堤堰司)를 두어 각 도의 수리시설과 둑을 조사·수리하는 일을 맡아보던 관아가 있었던 것을 보면 그 당시에도 저수지 둑이나 하천제방의 유지관리가 국가의 중요한 일 중 하나였음을 알 수 있다.

참고로 일정강점기에 만들어진 조선하천조사서(조선총독부, 1929)에 의하면 조선은 하천치수를 거의 하지 않았으며, 도읍을 방수(防水)하기 위해 대부분 돌로 쌓은 제방이 일부 있을 뿐이라고 적고 있다. 이 자료에 나오는 대표적인 석재제방으로 경주의 북천제방, 남원읍 요천제방, 담양읍 영산강관방제, 강릉읍 남대천제방 등 8개 제방을 들고 있다. 여기서 영산강관방제는 흙제방으로서, 이 장의 표지사진과 같이 둑마루에 느티나무를 밀식한 것이 특징이다. 그림 1.8은 근대적 치수사업이 시작되기 직전 1910년대 강릉의 남대천 제방을 보여주는 사진으로서, 호박돌 등으로 호안(護岸)을 했으나 여기저기 무너지고 깎인 흔적이 보인다.

조선실록에 나오는 제방(堤坊)과 제언(堤堰)

조선실록에는 제방이라는 용어가 총 1,265건 나오며, 제언은 816건 나온다. 제방과 제언이 같이 나오는 경우는 총 55건이다.

조선실록을 보면 제방이라는 용어가 처음 나오는 것이 태조 7년(1398년) 9월에 "…초겨울에는 제방(堤防)을 쌓고 화재(火災)를 금하게 할 것이며…"라는 구절이다(태조실록 15권). 이것만으로는 제방이 물을 막는 둑인지 물을 가두는 둑인지 분명히 알기 어렵지만, 다음에 나오는 제방이라는 용어는 이를 분명하게 한다. 즉 태종 7년(1407년) 4월에 "냇가의 각 호는 각각 두 양안(兩岸)에 제방(堤防)을 쌓고 나무를 심게 하소서"(태종실록 13권)라고 표현하여 제방이 하천홍수를 막는 둑임을 분명히 하고 있다. 이어 태종 12년(1412년) 11월에는 "…지형이 높고 낮음을 따라 제방을 쌓고, 물을 가두어 제방마다 소선(小船)을 두며..."(태종실록 24권)라는 구절이 있어 주운목적의 둑을 의미했다. 한편 태종 15년(1415년) 8월에 "제방(堤坊)은 수택(水澤)을 저축하고 관개(灌漑)를 통하게 하는 것이니, 실로 환난에 대비하고 가뭄을 구제하는 좋은 계책이므로…"(태종실록 30권)라는 구절이 있어 제방은 저수지 축조를 위한 둑의 의미로 쓰인 것을 분명히 알 수 있다.

조선실록 전체를 걸쳐 제방과 제언은 저수지 축조나 주운목적의 이수목적과 하천홍수 및 해안가 조수침입 방지 목적의 치수목적에 공히 사용되었다. 다만 제방은 '둑' 이라는 단순 구조물을, 제언은 둑과 저수지 전체를 지칭하는 데 쓰인 것으로 보인다. 그 대표적인 예가 제언사나 제언절목이 각각 조선시대 저수지 수축 기관과 지침을 의미하는 것으로 유추할 수 있다.

한편 과거 조선시대에 피당(陂塘)이라는 용어도 중국에서 들어와 경사진 곳에 하천을 막아 물을 가두는 저수지라는 의미로 일부 사용되었다. 이 용어는 중국어로 beitang이라 하여 논과 저수지를 연계하여 치수, 이수, 양어, 갈대채취 등 다목적으로 이용하는 생태기술적 시스템을 의미하였다(Gao et al., 2015).

그림 **1.8** 1910년대 강릉의 하천제방-호박돌 호안에 여기저기 세굴된 흔적이 보임.
(강릉시립박물관 전시사진. 촬영 2018. 11)

1.2.2 국내 제방건설 연혁 및 현황

우리나라에서 근대적 공법에 의한 제방건설은 일제강점기인 1920년대부터이다. 당시 1920년에 한강에 홍수가 있어 용산역을 포함한 용산 일대가 침수피해를 입음에 따라 일제는 1921년부터 1925년까지 용산 일대에 제방건설을 시작하였다(서울시, 1985). 그 당시 제방의 평균높이는 7.7 m, 제방 둑마루의 폭은 7.27 m이었다. 그밖에 영등포 지역의 제방공사도 병행하였다. 그 후 1925년 을축년 대홍수를 계기로 당시 수립된 하천개수사업계획에 따라 한강을 포함하여 선국적으로 본격적인 제방건설이 시작되었다. 이러한 하천개수사업의 전통은 하천정비사업이라는 이름으로 지금도 이어지고 있다.

해방 후 일시 주춤하던 하천제방건설은 1960년대 이후 이른바 국토개발사업의 일환으로 본격적으로 추진되었다. 이 같은 하천개수사업, 또는 다양한 이름의 치수사업에서 가장 중요한 것은 홍수범람을 방지하기 위해 제방을 쌓는 것이다. 이에 따라 1960년대 40% 남짓한 전국의 하천개수율(개수를 필요로 하는 하천연장 대비 개수된 하천연장의 비)은 2000년대 들어 80%에 육박하게 되었다.

2014년 기준으로 국가하천과 지방하천을 포함하여 하천법이 정한 법정하천의 총 연장은 29,818 km이다(국토교통부, 2014). 이 중 국가하천 연장은 2,995 km, 지방하천 연장은 26,823 km이다. 이는 하천 중앙을 연이은 선을 기준으로 한 것이며, 제방은 양안에 다 있거나 어느 한쪽에 있거나, 다 없을 수 있다.

하천제방 총 연장은 2014년 12월 기준으로 16,932 km이며, 국가하천이 2,575 km, 지방하천이 14,357 km이다. 위에 제시된 공식자료에 의하면 앞으로 제방 신설이 필요한 구간의 연장은 총 7,640 km이며, 국가하천에 122 km, 지방하천에 7,518 km이다(국토교통부, 2016). 따라서 전체 하천은 77%, 국가하천은 96%, 지방하천은 75% 정도 제방축조가 완료된 셈이다. 제방 신설이 아닌 보강이 필요한 구간은 국가하천과 지방하천 모두에 총 8,178 km이다. 따라서 제방 신설이나 보강이 필요한 하천구간은 전체적으로 48% 수준이다.

하천법에 의해 관리되는 국가하천과 지방하천 이외에 별도로 소하천정비법에 의해 관리되는 소하천도 35,201 km가 있으며, 여기에도 제방 신설이나 보강은 필요할 것이다.

그림 1.9는 전형적인 중소하천의 제방을 보여준다.

그림 **1.9** 전형적인 중소하천 제방(경남 사천시) (워터저널, 2015. 5. 28)

1.3
제방의 기술 수준 및 기준

1.3.1 제방기술 수준

제방기술은 전통적인 토목기술 중 하나이다. 제방은 고금동서를 막론하고 기본적으로 흙을 이용하여 만들었다. 제방은 스스로 무너지지 않고, 새지 않고, 기슭이 물에 침식되지 않고, 물이 제방 위로 넘지 않아야 한다. 이를 위해 제체안정성, 투수안전성, 비탈면 및 둑마루의 내침식성을 확보하는 설계 및 시공기술이 중요하다. 이러한 기술을 담보하기 위해서는 제방의 물리적, 수치적 모델링 기술과 토양생물기술을 포함한 새로운 제방보호소재의 개발, 그리고 제방상태를 상시 감시할 수 있는 모니터링 기술의 개발 등이 요구된다. 제방기술은 기본적으로 지반기술이며, 계획단계에서 수리기술이, 모니터링 단계에서 첨단센서 기술이 필요하다.

국내에서 2000년대 들어 제방 관련 몇 개의 조사연구사업이 추진되었다. 이는 전술한 2000년 한강 일산제 파괴, 2002년 낙동강 지천 제방 파괴 등 제방 관련 이슈들이 대두됨에 따른 조치로 보인다. 그 중 하나가 2004년 수행된 하천제방 관련 선진기술개발 연구사업(건설연, 2004)이다. 이 연구에서는 침투, 침식, 월류에 대한 안정성 평가 및 설계기법을 제시하였으며, 제방의 보수·보강 기법과 전기비저항 탐사 등을 제시하였다.

한편 지진이 사회적 이슈로 등장함에 따라 제방의 내진성능 관련 연구도 진행되었다(한국시설

안전기술공단, 2004). 이 연구에서는 제방의 내진성능 평가 및 향상 기법을 제시하고, 댐설계기준의 내진설계기준을 준용하여 지진 하중과 위험도를 평가하는 기법도 제시하였다. 또 내진성능 향상을 위한 치환공법, 그라우팅공법, 말뚝공법, 보강토공법 등을 제시하였다.

또한 2002년에 배수통문 주변에서 파이핑(管空 현상)에 의한 제방붕괴가 다수 발생한 것을 계기로 하천제방 배수통문의 설계 및 안정성 평가기법 연구도 수행되었다(건설연, 2005). 이 연구에서는 국내 배수통문 붕괴유형 및 피해 사례를 조사하고 배수통문의 표준구조 기본안을 제시하였다.

하천제방의 세굴계측 기술개발 연구도 국가주요시설물 안전관리 관련 연구사업의 일환으로 수행되었다(국토교통부, 2011). 이 연구에서는 광섬유센서 D/B와 GIS를 연계한 제방안전관리 체계를 개발하고 시범 적용하였다.

자연 신소재인 바이오폴리머를 제방비탈면보호 등 토목재료로 활용하기 위한 연구가 장일한(2010) 등의 선행연구에 이어서 2016년 국토교통부의 국가연구개발사업의 일환으로 제방을 대상으로 시작되었다(국토부/지스트, 2016~2019). 이 연구에서 미생물의 대사부산물인 바이오폴리머의 응집성, 접합성을 이용하여 흙과 섞어 제방비탈면을 처리하게 되면 하천침식이나 월류침식에 상당한 저항성이 있는 것으로 나타났다. 더욱이 식생성장에도 도움을 주게 되어 자연친화적 신소재로 제방을 포함한 토목공사에 적용 가능성이 높은 것으로 알려져 있다(Larson et al., 2012). 이에 대해서는 이 책의 부록에 자세히 소개되어 있다.

제방 관련 실험으로는 독일의 해안연구센터(FZK)의 Large Wave Flume(GWK)(URL #2), 미국 콜로라도 주립대의 ERC(URL #3) 등에서 실규모 해안제방실험을 선도적으로 수행하고 있다. 실규모 해안/하천 제방실험은 네덜란드의 실규모 제방실험 및 조기경보용 센서개발 연합체인 IJKdijk(URL #4) 등에서 수행하고 있으며, 제방월류에 초점을 맞춘 실규모 제방실험은 일본 홋카이도의 치요다 실험수로(Shimada 등, 2011), 미국 미시시피 주 빅스버그에 있는 미공병단 기술연구개발센터(ERDC)(URL #5) 등에서 수행되고 있다. 치요다 실험수로는 보가 설치된 하천의 직하류부에 실험제방을 설치한 것으로서 실제 유량조건은 일반하천과 같다. 미공병단 실험시설은 미 국토안보부와 같이 2010년에 완공된 것으로서 기본적으로 3개의 대형수조로 구성되어 있으며, 제방파괴의 응급복구용 장비와 방법 등을 시험할 수 있다.

제방에 관한 전문 국제학술대회는 사실상 없지만, 제방과 물리적 특성이 유사한 사력댐을 같이 아우르는 제방 관련 학회는 있다. 이 학회는 2014년 스페인 마드리드에서 처음 열린 이후, 2018년 영국에서 '월류로부터 보호'라는 이름으로 사력댐과 제방 안전문제가 같이 다루어졌다.

1.3.2 제방기술 기준

국내에서 제방 관련 설계기준은 최근 개정된 하천설계기준해설(수자원학회/하천협회, 2019)의 KDS 51 50 05 제방이 기본이며, 부수자료로서 하천공사설계 실무요령(국토교통부, 2017)에 제방과 직접 관련된 것으로서 축제공, 호안공, 차수공 편이 있다. 하천설계기준은 하천설계에 관해서 사실상의 건설법규이다. 이 기준은 몇 년을 주기로 지속적으로 개정되었으며, 2019년 개정판에는 제방은 하천치수시설 편에 호안, 수제 등과 같이 수록되어 있다. 하천설계기준에 제방은 (1) 제방 관련 일반사항, (2) 조사 및 계획, (3) 재료, (4) 설계 등으로 나누어 제시되어 있다.

한편 제방 관련 공사기준은 하천공사표준시방서(국토교통부, 2016)에 제시되어 있으며, 제4장 제방은 제방기초공, 제방축조공, 제방마감공, 하천구조물 접속부 시공 등으로 제시되어 있다. 마지막으로 하천제방의 유지보수 매뉴얼(국토교통부, 2018b)은 하천법에 근거하여 제방의 점검 및 보수 방안을 제시한 것이다. 여기에는 제방과 호안의 제초와 자생수목관리 등 일반적인 사항과 제방의 월류, 활동, 세굴/침식, 훼손, 누수, 침하 등에 대한 육안관측에 의한 점검방법 등이 제시되어 있다.

외국의 경우 미공병단은 제방의 설계 및 시공(USACE, 2000)이라는 기술매뉴얼에서 제방설계와 시공을 위한 일반적인 개념과 기본원리를 제시하고 있다. 구체적으로 현장조사, 실내시험, 침윤선 조절, 비탈면 경사 및 침하, 제방시공, 특수사항 등을 제시하고 있으며, 특히 제방형태 결정, 성토와 다짐, 안정성 향상 방법, 침하 등을 상세히 기술하고 있다. 연약지반 개량을 위해서는 치환공법, 성토공법, 단계시공 등을 제시하고 있으며, 부록에 소일시멘트를 이용하는 기술을 소개하고 있다. 또 미공병단에서는 흙 및 사력댐을 위한 설계 및 시공 시 고려사항(USACE, 2004)이라는 기술자료집을 발간하여 제방에도 준용할 수 있게 하였다.

미국과 유럽이 공동으로 개발한 국제제방 핸드북[The International Levee Handbook(CIRIA, 2013)]은 효율적인 제방관리를 위해 미국과 유럽의 제방관리 노하우를 공유한 성과물로서, 안정성 평가, 유지관리, 설계/시공 등에 대해 실무지침을 제시하고 있다. 구체적으로 이 매뉴얼은 홍수관리를 위한 제방의 의의, 제방의 기능/형태 및 파괴, 운영과 유지관리, 제방 검사·평가·위험도, 응급 관리 및 운영, 현장 특성 및 자료 수집, 제방 평가 및 설계를 위한 물리적 기작 및 평가방법, 설계, 시공 등으로 나누어 기술하고 있다.

일본의 경우 당시 건설성(지금의 국토교통성)에서 발간한 하천사방기술기준 및 동 해설(1997)의 설계편에 제방, 고규격제방, 호안 등에 대한 설계방법을 제시하고 있다. 일본에서 사방(砂防)은 협의로는 산지하천에서 모래(흙)의 침식, 세굴 등을 방지하는 것을 의미하나, 광의로 토석류 포함 하천재해를 방지하는 것을 의미한다. 한편 하천제방설계지침(건설성, 2000)에서는 제방 설계를 위한 조사방법과 안정성 검토방법을 상세히 기술하고 있다. 구체적으로 침투, 침식, 월류, 지진 대응 등에 대한 수리 및 지반공학적 평가방법을 제시하고 있으며, 제방 정비 및 설계 개요, 현황조사, 침투대응 설계, 침식대응 설계, 월류에 대한 난파제 설계, 지진대응 설계, 구조물 주변 제방정비 등도 제시하고 있다.

1.4
국내외 제방파괴 사례

1.4.1 국내사례

제방은 댐 등과 같이 계획, 설계, 시공, 유지관리 모든 측면에서 안전성의 확보가 우선이다. 근래에 국내에서 제방파괴로 인한 대형수재 사례는 1990년 9월 한강 홍수로 인한 경기도 일산제 파괴를 들 수 있다(그림 1.10 참조). 그 당시 한강은 유례없는 대홍수를 겪었으며, 한강 하류부 홍수량은 30,000 m^3/s 수준이었지만 계획홍수량 37,000 m^3/s에는 못 미치었다. 제방파괴는 들쥐가 파놓은 여러 개의 구멍을 통한 파이핑으로 시작된 것으로 추정되었다. 홍수류는 일산평야(신도시 개발 전)를 범람하고 평야 하류부에서 다시 제방을 파괴하며 한강본류에 합류하였다. 이에 따른 피해는 수몰농경지 5,451 ha, 수몰민 67개 마을 40,000명, 사망 5명 등이었다. 그림 1.10은 그

그림 1.10 1990년 9월 한강 홍수로 인한 일산제 파괴(좌측이 한강, 우측이 일산평야. 홍수류는 아래에서 위 방향으로)

당시 일산제가 파괴되어 홍수가 강(좌측)에서 평야부(우측)로 급속히 흐르는 것을 보여준다. 일산제 파괴는 피해규모에서 1990년 이후 가장 큰 제방파괴 사례로 남아 있다.

이보다 규모는 작지만 홍수 시 제방파괴 사고는 자주 발생하고 있다. 특히 2002년 8월 상순 낙동강 홍수, 2002년 태풍 루사와 2003년 태풍 매미로 인한 피해 발생의 주요 요인 중 하나가 제방파괴이다(우효섭, 2005).

2002년 8월 상순 낙동강의 집중호우는 10일 이상 지속되었고, 그에 따라 홍수 지속시간도 유례없이 길었기 때문에 크고 작은 제방붕괴 사고가 발생하였다. 일반적으로 제체가 오랫동안 물에 잠기면 지지력이 약해지고 특히 파이핑이 일어나기 쉬워진다. 표 1.1은 그 당시 낙동강 유역의 제방유실 사고를 보여준다. 이 표를 보면 전체적으로 3개소에서 제방유실이 발생하였고, 5개소에서 제방포락이 발생하였다. 김해시 한림면의 경우 제방유실이나 월류가 아니라 철로 아래

표 **1.1** 2002년 8월 홍수 시 낙동강 유역의 주요 제방피해 현황(건설연, 2002)

제방명	하천명	위치	발생일시	피해내용
가현제	황강	경남 합천군 청덕면 가현리	8월 8일 21:50분	• 가현제 펌프장 주변 제방유실(L = 20 m) • 가옥 침수 1세대 • 농경지 침수 103 ha
광암제	신반천	경남 합천군 청덕면 앙진리	8월 9일 02:40분	• 배수펌프장 제방유실(L = 30 m) • 가옥침수 13세대 112명 • 농경지 침수 80 ha
신소제	남강	경남 의령군 용덕면 소상리	8월 9일 07:30분	• 제체 슬라이딩 및 누수 발생
부곡제	낙동강	경남 의령군 낙서면 전화리	8월 9일 07:40분	• 제체 천단 함몰 및 누수 발생
백산제	남강	경남 함안군 법수면 백산리	8월 10일 16:10분	• 배수펌프장 주변 제방유실(L = 15 m) • 가옥 침수 99세대 282명 • 농경지 침수 320 ha
봉산제	낙동강	경북 고령군 우곡면 객기리	8월 10일 16:30분	• 제방 비탈면 침하
다산제	낙동강	경북 고령군 다산면 호촌리	8월 11일 11:40분	• 제내지 파이핑 발생(3개소)
여배제	신반천	경남 합천군 청덕면 여배리	8월 11일 16:30분	• 배수펌프장 주면 누수 발생(3개소)
	화포천	경남 김해시 한림면	8월 9일 03:00분	• 가옥 침수 901세대 2,523명 • 농경지 침수 720 ha
	내성천	경북 예천군 호명면	8월 10일 −11일	• 제방 파이핑 발생

※ 음영 부분은 실제 침수지역이며, 나머지는 제방 이상징후 발생지역임.

를 통과하는 도로를 통해 침수가 발생한 경우이다. 이외에 내성천의 여러 지점에서 제방 파이핑이 발생하였다.

이 표에서 알 수 있듯이 그 당시 낙동강 유역에서 발생한 주요 홍수피해 형태는 주로 제방의 파이핑과 누수 및 이에 따른 제방유실이다. 즉 계획홍수위를 초과하는 홍수에 의해 제방이 월류하여 유실된 것은 아니며, 제체나 지반의 약화로 인해 제방에 누수나 파이핑이 발생하였으며, 이것이 제방유실로 연결된 것으로 추정된다.

2020년 8월 초 영산강, 섬진강, 금강, 낙동강 유역을 강타한 집중호우는 우리나라는 여전히 하천제방이 취약하다는 점을 여실히 보여주었다. 이 홍수로 특히 섬진강의 본류와 지류, 영산강의 지류 등에서 다수의 제방이 붕괴, 유실되었다. 이 책의 집필진의 현장방문 결과 2020년 8월 초 홍수로 인한 제방붕괴 유형은 월류와 파이핑이 가장 많은 것으로 나타나서 지속적인 제방축조와 보강이 필요한 것으로 나타났다. 특히 월류와 파이핑에 더 잘 견딜 수 있는 새로운 제방기술의 필요성을 시사하였다.

다음은 2002년 8월 상순 낙동강 유역에 발생한 집중호우로 인한 대표적인 제방붕괴 사례를 소개한다. 그 당시 경상남도 함안군의 백산제, 합천군의 광암제, 가현제 붕괴사고는 근래 들어서 대표적인 제방붕괴 사례로서, 세 사고 모두 제체와 구조물 사이의 파이핑에 의한 붕괴라는 점에서 공학적 의미가 있다.

(1) 함안군 백산제 붕괴 사례(백산제 수해원인합동조사단, 2003)

경남 함천군 법수면에 있는 백산제는 낙동강의 제1지류인 남강의 하류부에 있다. 백산제에는 백산 평야부의 내수를 강제 배수하는 펌프장과 배수문 시설이 있었다. 이 구간은 홍수 시 낙동강의 배수영향으로 홍수가 잘 안 빠지고 주변은 저지대라 자연배수가 잘 안 되는 곳이다. 백산제는 1998년 6월부터 2002년 12월까지 호안 및 제방 보강 공사가 계획되어 공사 준공을 몇 개월 앞두고 사고가 발생하였다. 제방의 길이는 4,815 m, 호안 길이는 4,796 m이며, 제방의 둑마루폭은 5.0 m, 비탈면 경사는 1 : 2이며, 높이 4 m마다 폭 3 m의 소단이 설치되어 있다. 백산제의 설계홍수위는 해발 16.59 m이고 여유고는 1.2 m이다.

2002년 8월 6일부터 시작하여 16일까지 계속된 집중호우로(누계 강수량 500~600 mm) 백산제 부근에는 8월 9일 오전 6시에 수위 12.64 m에서 이미 누수가 발견되었고, 8월 10일 16시에 수위 13.21 m에서 제체 붕괴가 시작되었다. 중요한 것은 하천수위가 설계홍수위보다 무려 4 m 낮은 시점에서 파이핑이 시작되어 제방이 붕괴되었다는 점이다. 그림 1.11(좌)은 백산제 붕괴 후의 전경이며, 그림 1.11(우)은 제방 유실부 주위의 둑마루가 일부 함몰된 것을 보여준다.

그림 **1.11** 백산제 붕괴전경(좌: 콘크리트 통관의 측면을 따라 파이핑에 의해 붕괴, 유실되었음, 우: 주변 둑마루 함몰)

이 사고로 가옥침수 99세대 282명과 농경지 침수 320 ha의 피해를 보았다. 백산제 수해원인조사단의 백산제 붕괴원인을 요약하면 다음과 같다.

- 백산제 붕괴원인은 제체와 배수통문 구조물 사이의 파이핑에 의한 것이며, 통문을 지지하는 말뚝기초에 의한 부등침하로 생긴 틈새에서의 파이핑을 100% 막을 수 있는 현실적인 방법은 아직 가용하지 않음.
- 통관 저부에 일부 잡석이 설계, 시공되어 차수기능이 약화되었음.
- 제방 성토재료로서 입경이 매우 큰 재료가 일부 있고, 통문의 신축이음부 지수판에 수 cm 간격이 벌어진 것이 발견되었음.

(2) 합천군 광암제 붕괴 사례(광암제 수해원인합동조사단, 2004)

경남 합천군 청덕면에 있는 광암제는 낙동강의 제1지류인 신반천과 낙동강 합류부에 있다. 광암제에는 평야부의 내수를 강제 배수하는 펌프장과 배수문 시설이 되어 있었다. 이 구간은 홍수시 낙동강의 배수영향이 바로 미치어 신반천 자체는 홍수가 끝났어도 물이 잘 안 빠지고 주변은 저지대라 자연배수가 잘 안 되는 곳이다. 사고 당시 광암제 배수펌프장과 통관시설은 2000년 12월부터 시작하여 2001년 12월에 공사를 끝낸 시설이었다. 제방의 길이는 5,863 m이며, 제방의 둑마루폭은 4.0 m, 비탈면 경사는 1 : 2, 높이 4 m마다 폭 3 m의 소단이 설치되어 있다. 광암제의 설계홍수위는 해발 18.28 m이고 여유고는 1.0 m이다.

2002년 8월 6일부터 시작하여 16일까지 계속된 집중호우(누계 강수량 500~600 mm)로 광암제 부근에는 8월 8일 17시에 수위가 13.93 m에서 이미 누수가 발견되었고, 8월 9일 02시에 수위 15.01 m에서 붕괴가 시작되었다. 중요한 것은 하천수위가 설계홍수위보다 무려 3 m 이상 낮은

그림 **1.12** 광암제 붕괴 전경(좌)과 통관 저부의 파이핑에 의한 세굴 틈(우)

시점에서 파이핑이 시작되어 제방이 붕괴되었다는 점이다. 그림 1.12(좌)는 광암제 붕괴 후의 전경이며, 그림 1.12(우)는 파이핑의 흔적을 분명히 보여준다.

이 사고로 가옥침수 13세대 112명과 농경지 침수 80 ha의 피해를 보았다. 광암제 수해원인조사단의 광암제 붕괴원인을 요약하면 다음과 같다.

- 광암제 붕괴원인은 제체와 배수통문 구조물 사이의 파이핑에 의한 것이며, 통문을 지지하는 말뚝기초에 의한 부등침하로 생긴 틈새에서의 파이핑을 100% 막을 수 있는 현실적인 방법은 아직 가용하지 않음.
- 시공 시에 발생한 지반교란 등으로 지반침하가 발생하였을 가능성이 있으며, 그에 따라 배수통문 바닥 콘크리트와 지반 사이에 틈이 생겼을 것으로 추정됨.

(3) 합천군 가현제 붕괴 사례(건설연, 2002)

세 번째 사례도 경상남도 합천군 황강의 낙동강 합류부에 있는 가현제이다. 가현제 붕괴지점은 낙동강 합류점으로부터 약 1 km 상류에 있으며, 홍수 시 본류인 낙동강의 배수영향을 받는 구간이다. 가현제는 2002년 8월 8일 21시 50분경 붕괴된 것으로 알려져 있다. 이 사고로 가옥 1세대와 103 ha 면적의 농경지가 침수되었다. 그림 1.13(좌)은 가현제 붕괴 후 전경이며, 그림 1.13(우)은 통관 저면과 기초부가 파이핑에 의해 완전히 세굴된 것을 보여준다.

그림 **1.13** 가현제 붕괴 후 전경(좌)과 통관 저면 파이핑에 의한 세굴(우)

1.4.2 국외사례

국외의 제방파괴 사례는 문헌상에 많이 보이지만 여기서는 1990년대 이후 미국, 유럽(네덜란드), 일본의 사례를 중심으로 소개한다.

1993년 여름에 미국 미시시피 강 중상류에서 발생한 대홍수로 무려 150억 불(그 당시 환율로 약 19조 원)의 재산피해를 보았다(Larson, 1995). 특히 이 홍수로 20세기 들어 수십 년 동안 무려 250억 불(31조 원)을 들여 하천변에 쌓아놓은 크고 작은 제방에 많은 피해를 주었다. 그림 1.14는 그 당시 월류와 기타 원인으로 붕괴되는 제방을 보여준다. 그 당시 붕괴된 대부분의 제방들은 설계홍수위를 넘는 월류에 의한 경우였다는 점에서 제방축조 자체의 기술적인 문제로 인한 것이 아니었다. 다만 월류가 발생하여도 제체의 내침식성을 강화하여 제체붕괴 규모를 줄일 수 있었다면 대피시간을 벌 수 있었을 것이고 또한 피해규모도 줄었을 것이다.

2005년 8월 말 미국 걸프 만을 강습한 허리케인 카트리나는 뉴올리언스 등 미국 남부에 사

그림 **1.14** 1993년 8월 미국 미시시피 강 상류 대홍수로 인한 제방 붕괴 (ISWS 제공, 1993)

그림 **1.15** 뉴올리언스 시 Industrial Canal 동쪽 붕괴된 제방 (2005. 8. 30)

상 최악의 피해를 주었다(우효섭과 김현준, 2005). 재산피해는 1,000억 불을 넘어 미국 자연재해 피해 사상 최대 규모가 되었고, 인명피해도 천여 명에 달하였다. 이러한 천문학적 피해에 결정적인 역할을 한 것은 뉴올리언스 시의 제방붕괴와 그로 인한 시가지 수몰이었다. 걸프 만에서 발생한 허리케인은 루이지애나에 상륙 당시 풍속 65 m/s의 4등급이었다. 그로 인해 8월 29일에 뉴올리언스 시에 있는 'Industrial Canal'의 제방 일부가 무너지고 0.9~3 m 범람이 시작되었다(그림 1.15 참조). 다음 날 폭풍에 의한 파도로 '17th Street Canal' 홍수벽의 기초부가 파헤쳐져서 60 m 정도 벽이 무너지고 물이 넘쳤다. 이 붕괴로 인하여 당시 해수면보다 2 m 이상 높았던 Ponchatrain 호수의 물이 해수면보다 1~3 m 낮은 뉴올리언스의 북쪽 지역으로 유입하여 시가지는 7.5 m 깊이로 완전 수몰되었다. 전체적으로 뉴올리언스 시는 세 군데의 제방이 무너져서 시의 80% 정도가 침수되었으며, 심한 곳은 수심 7~8 m 정도 침수되었다. 뉴올리언스 시 홍수피해의 특징은 해안이나 하천변에 쌓은 흙제방의 파괴보다는 대부분 수로나 하천의 콘크리트 홍수벽이 넘치거나 기초부의 유실로 쓰러져서 월류가 발생했다는 것이다.

네덜란드의 역사는 물과의 싸움이라고 하여도 과언이 아닐 것이다. 라인 강의 최하류와 거친 북해에 위치한 네덜란드는 원래 북해 해안이 거미줄같이 복잡하여, 특히 외해에서 몰아치는 폭풍해일에 매우 취약한 형상이었다. 이에 따라 네덜란드는 그림 1.1과 같이 과거 수백 년 전부터 복잡한 해안을 제방과 댐으로 단순하게 만들어왔다. 네덜란드는 1134년과 2006년 사이 337번의

그림 **1.16** 1953년 네덜란드 폭풍고조로 인한 제방파괴 (Watersnoodmuseum)

제방 관련 사건이 있었으며, 이로 인해 총 1,735개의 제방이 파괴되었다(Van Baars et al., 2009). 이 나라에서 제방파괴의 주 인자는 놀랍게도 하천홍수가 아닌 바다 폭풍해일이며, 다음이 홍수와 유빙이다. 제방파괴의 2/3는 제방 안측(바다나 하천 면)과 둑마루의 침식으로 인한 것이다. 이러한 침식은 주로 파도나 홍수류의 월류로 인한 것으로서, 더 안전한 설계를 했다면 사전에 충분히 예방할 수 있는 것이었다. 그 다음이 유빙에 의한 제방파괴이며, 그밖의 요인들은 상대적으로 덜 중요한 것이거나 불명한 것이다.

특히 1953년 1월의 폭풍고조(storm tide)는 그 규모가 전에 비해 상대적으로 적었음에도 불구하고 140개의 해안제방을 파괴하였으며(그림 1.16 참조), 그로 인해 1,836명의 인명피해를 가져왔다(Meer, 2009). 이 폭풍고조는 네덜란드는 물론 인접한 벨기에, 영국, 스코틀랜드 등에도 상당한 피해를 주었다. 폭풍고조는 폭풍, 고조, 저기압 등이 동시에 발생하여 생기는 것으로서, 폭풍해일(storm surge)에 고조(high tide)가 동시에 발생한 것이다.

일본은 태풍, 집중호우 등으로 하천재해가 매우 심한 나라 중 하나이다. 이에 따라 매년 크고 작은 하천제방이 파괴되고 있다. 조금 오래된 자료이지만 1986년에 요시노와 무라모또(中島, 2003)는 1965년 이후 500개 이상의 중소규모 제방파괴 사례를 조사하여 제방월류의 경우 제체 토질이 점토질이고, 제체 누수가 없고, 월류심이 40 cm 이하이고, 제내 비탈고가 4 m 이하이고, 둑마루가 포장되어 있는 경우 피해가 적음을 통계적으로 밝혔다.

최근 일본에서 일어난 제방파괴 사례로 동경 북쪽 이바라키 현의 카누가와 강 사례를 들 수 있다. 2015년 9월 태풍 에타우로 인한 집중호우(24시간에 500 mm)로 발생한 홍수로 카누가와 강

그림 **1.17 일본 카누가와 강의 제방파괴로 인한 조소 시 범람** (좌: 강, 우: 도시 NPR/Jiji Press/AFP/Getty Images 2015)

의 제방 한 곳이 파괴되어 약 80 m 폭의 제방이 붕괴되었다. 이로 인해 그림 1.17과 같이 조소(常総) 시 부근 37 km^{2}가 범람하여 7,000개의 건물이 침수되고 130,000명이 소개되었다(NPR, 2015). 이로 인해 피해지역은 3일 동안 최대 2.5 m 깊이 이상 침수되었다.

1.1 해안제방과 하천제방의 차이점을 기능, 설계외력, 단면형, 건설재료 등 다각도로 비교·평가하시오.

1.2 2002년 8월 상순 낙동강의 집중호우 시 낙동강 황강 합류점 하류 적정지점의 강수량과 홍수수문곡선을 찾아 홍수지속시간 관점에서 표 1.1의 제방파괴 사고의 원인을 평가하시오.

1.3 해안제방에서 월파와 하천제방에서 월류에 의한 제방파괴 기구를 상호 비교·평가하시오.

1.4 김제 벽골제의 저수지제방 설과 방조제 설에 대해 "벽골제의 방조제 가능성에 관한 연구"(박상현 등, 2003; 한국관개배수 제10권 제1호) 등 관련 기술자료를 참고하여 평가하시오.

1.5 1990년 한강 홍수 시 서울시 한강대교 지점의 홍수수문곡선과 1993년 미국 미시시피 강 대홍수 시 세인트루이스 지점의 홍수수문곡선을 유역면적, 첨두홍수량, 홍수지속시간 관점에서 상호 비교·평가하시오. 이를 통해 대륙의 하천과 반도의 하천 간 하천 지형 및 수문 특성을 비교하시오.

(힌트: 1990년 한강 홍수 시 첨두홍수량은 약 30,000 m^3/s, 유역면적은 약 30,000 km^2이며, 미시시피 강의 경우 첨두홍수량은 비슷하였으나 유역면적은 1,000,000 km^2임)

광암제 수해원인합동조사단. 2004. 합천군 광암제 수해원인분석 보고서.
권오영 등. 2019. 한국 전통시대의 토목문명. 들녘.
국토교통부. 2011. 국가주요시설물 안전관리 네트워크 시범구축 및 운영시스템 개발(1).
국토교통부. 2014. 한국하천일람.
국토교통부. 2016. 하천공사표준시방서.
국토교통부. 2016. 수자원장기종합계획(2001-2020) 제3차 수정계획.
국토교통부. 2017. 하천공사 설계실무요령.
국토교통부. 2018a. 농업생산기반시설 설계기준. KDS 67 00 00.
국토교통부. 2018b. 하천 유지·보수 매뉴얼.
국토부/지스트. 2016~2019. 친환경, 신소재를 이용한 고강도제방 기술개발. 각 년도 중간보고서. 10AWMP-B114119-04.
문화재청 홈페이지. '울산 약사동 제방' 사적 지정, 2019. 7. 1. 접속.
박상현 등. 2003. 벽골제의 방조제 가능성에 관한 연구. 한국 관개배수 논문집, 10(1): 62-72.
백산제 수해원인합동조사단. 2003. 함안군 백산제 수해원인분석 보고서.
브뤽게마이어 등. 2004. 서기 1,000년의 세계. 이동준 옮김. 이마고.
서울특별시사편찬위원회. 1985. 한강사. 498~504.
우효섭. 2005. 제방설계의 중요성—최근 낙동강 제방붕괴사례, 하천제방의 설계·시공 및 관리—수리/수문/지반의 공동 접근. 한국하천협회 특별교육워크숍.
우효섭. 2019. 제방의 역사적 고찰. 대한토목학회지, 67(1): 56-59.
우효섭, 오규창, 류권규, 최성욱. 2018. 인간과 자연을 위한 하천공학. 청문각. 269.
우효섭과 김현준. 2005. 2005년 8월 미국 걸프 만을 강타한 허리케인 카트리나(Katrina)의 발생과 피해 현황. 대한토목학회지 기술기사 53(9): 64-70.
장일한. 2010. Biopolymer treated Korean residual soil: geotechnical behavior and applications(바이오폴리머를 이용한 화강잔류토 처리: 지반공학적 거동 특성 및 활용). 한국과학기술원 박사학위논문.
조선총독부. 1929. 조선하천조사서. 한국건설기술연구원 역. 근대수문사 고문서번역 시리즈 4. 국토해양부.
한국건설기술연구원(건설연). 2002. 2002년 8월 낙동강 유역 홍수.
한국건설기술연구원(건설연). 2004. 하천제방 관련 선진기술 개발.
한국건설기술연구원(건설연). 2005. 하천제방 배수통문의 설계 및 안정성 평가기법 연구.
한국시설안전기술공단. 2004. 기존 제방의 내진성능 향상 요령.

CIRIA, Ministry of Ecology (ME), and USACE. 2013. The International Levee Handbook. London.
Gao, J., Wang, R. and Huang, J. 2015. Ecological engineering for traditional Chinese agriculture-A case study of Beitang. Ecological Engineering 76: 7-13.
Huang Guangwei. 2014. A comparative study on flood management in China and Japan. Water 6, communication.
Kok, M., Jonkman, S. N., Kanning, W., Stijnen, J. and Rijcken, T., 2008. Toekomst voor het Nederlandse polderconcept. (in Dutch) Appendix to Working together with water. Deltacommittee, the Netherlands.
Larson, Lee W. 1995. The great USA flood of 1993. U. S. - Italy research workshop on the hydrometeorology, impacts, and management of extreme floods. Perugia (Italy), November.
Larson, S. et al. 2012. Biopolymers as an alternative to petroleum-based polymers for soil modification. ESTCP ER-0920: Treatability Studies, ERDC, USACE, USA.

Meer, van der J. W. 2009. Coastal flooding: A view from a practical Dutch man on present and future strategies. Flood risk management: Research and practice: Extended abstracts volume, Samuels et al. (eds). Francis & Taylor Group, London.

NPR(National Public Radio). 2015. Japanese river levee fails; Flooding spurs evacuation order for 130,000. International. Sept 10, 07:06 AM.

Shimada, T., Yokoyama, H., Yasuyuki, H., and Miyake, H. 2011. Experiment for the destructive mechanism of the overflow levee and flooding area at the Chiyoda experimental channel. Journal of Japan Society of Civil Engineers, Ser. B1 (Hydraulic Engineering), 67(4): I_841-I_846. (in Japanese).

USACE. 2000. Design and construction of levees.

USACE. 2004. General design and construction considerations for earth and rock-fill dams. EM 1110-2-2300.

Van Baars, S. and Van Kempen, I. M. 2009. The Causes and mechanisms of historical dike failures in the Netherlands. E-WAter.

山本晃一. 1999. 河道計劃の技術史. 山海堂.

山崎有恒. 2000. 일본 근대화의 재검토-명치유신기의 치수와 정치. 일본역사연구. 11: 116-126. (한글번역본)

中島秀雄. 2003. 圖說 河川堤坊. 技報堂.

日本建設省. 1997. 河川砂防技術基準(案) 同 解說(設計編 1).

日本建設省. 2000. 河川堤防設計指針.

URL #1: https://www.britannica.com/technology/levee. (2019. 7. 1. 접속)

URL #2: https://www.fzk.uni-hannover.de/projekteimgwk.html?&L=1 (2019. 7. 1. 접속)

URL #3: http://www.hydraulicslab.engr.colostate.edu/performance.shtml (2019. 7. 1. 접속)

URL #4: http://www.floodcontrolijkdijk.nl/nl/ (2019. 7. 1. 접속)

URL #5: http://www.erdc.usace.army.mil/Media/Fact-Sheets/Fact-Sheet-Article-View/Article/476705/full-scale-levee-breach-and-hydraulic-test-facility/ (2019. 7. 1. 접속)

Dike History. http://dutchdikes.net/history/ (2019. 7. 1. 접속)

Physics.org. 2014. https://phys.org/news/2014-06-humans-chinese-environment-years. html.

USACE. Levee Safety Program. http://www.usace.army.mil/Missions/Civil-Works/ Levee-Safety-Program/ (2019. 7. 1. 접속)

Watersnoodmuseum: (2019. 7. 1. 접속)

https://watersnoodmuseum.nl/en/kennisbank/north-sea-flood-of-1953/

개인 윤중제: 1993년 미국 미시시피 강 홍수 시 주택을 보호해준 제방
(출처: ZME Science, Tibi Puiu, 2011년 5월 23일)

02 제방의 기능과 형태

이 장은 앞 장에 이어 하천제방의 서론 성격으로서, 하천제방, 해안제방/방조제, 수로제방 등 제방의 기능에 따른 제방의 종류에 대해 알아본다. 다음 하천제방에 초점을 맞추어 제방의 일차 기능인 홍수방어 기능을 알아보고, 다음에 교통, 위락, 환경 및 생태, 농축산 기능 등 다양한 추가기능을 간단히 알아본다. 다음 제방의 형태로서 기능별 평면형태에 대해 알아보고, 제방단면형을 기준으로 제방의 구조 및 구성요소에 대해 알아본다. 이를 위해 제방을 구조를 흙제방과 복합제방으로 나누고, 흙제방은 다시 균일제방과 비균일제방으로 나누어 알아본다. 마지막으로, 제방과 연계되어 운용되는 관련 구조물 중 우리나라에서 보편적으로 사용되고 있는 것들에 대해 알아본다.

2.1
제방의 기능

제방의 기능을 분석적으로 살펴보기 위해 제1장에서 설명한 제방의 정의를 다시 되새긴다. 제방은 하천, 호소, 해안 등에서 높아지는 수위로부터 인명과 재산을 보호하기 위해 통상 수체 경계면을 따라 흙, 돌, 나무, 콘크리트 등으로 쌓은 인공둑이다. 여기에 인공수로를 따라 쌓은 둑도 제방에 속한다. 우리나라에서는 이수기능의 저수지 둑도 제방이라 불리지만 이 책에서는 제외한다. 또한 충적하천의 홍수터에서 자연적으로 형성되는 자연제방(natural levee)도 제외한다.

따라서 제방은 그 용도에 따라 다음과 같이 크게 세 종류로 나눌 수 있다.

- 하천제방(호소제방 포함)
- 해안제방
- 수로제방

여기에 해안이나 하천, 호소의 간척지를 보호하기 위한 간척제방을 별도로 고려할 수 있다(中島, 2003). 이 책의 대상은 하천제방이지만, 독자들의 이해를 위해 기타 제방에 대해서도 먼저 간단히 설명한다.

해안제방은 바다의 파랑과 고조로부터 육지를 보호하기 위한 것으로서, 수위가 높아지는 것 이외에 파랑의 충격력에 견디기 위해 보통 하천제방보다 강하게 설계된다. 국내의 해안은 항구나 도시부의 경우 방파제와 안벽이 설치되어 있고, 산 능선이 해안으로 이어지는 경우 제방이 필요 없게 되고, 상당 길이의 해안선이 간척제방으로 보호되어 있어 순수한 의미의 해안제방은 흔하지 않다. 그러나 서부유럽의 영국, 네덜란드, 북부독일의 경우 북해의 폭풍해일로부터 육지를 보호하기 위해 강하고 긴 해안제방이 구축되어 있다. 그림 2.1은 네덜란드 북부해안에 설치된 해안제방을 보여준다.

수로제방은 용도에 따라 다음과 같이 나눌 수 있다.

- 관개수로 제방
- 운하제방
- 발전 및 냉각용 도수로제방

국내 관개수로는 대부분 소규모이므로 제방 또한 소규모이다. 관개 이외에 일반 생공용수 이송수로는 흔하지 않다. 그러나 미국, 중국 등 장거리에 걸쳐 대규모로 물을 이송하는 수로가 많은

그림 **2.1** **네덜란드의 해안제방** (The Hondsbossche and Pettemer sea dike, 북부해안, URL #1)

지역에서는 농업용수나 생공용수 이송목적의 수로 규모가 상대적으로 크고 그에 따라 제방 역시 크고 중요하다. 그림 2.2는 미국 캘리포니아 주 새크라멘토 델타 인근에 있는 관개수로와 부속제방을 보여준다.

그림 **2.2** **관개수로 제방** (Peripheral Canal, 미국 캘리포니아 주 새크라멘토 강 델타에서 남부로 관개용수 이송, URL #2)

그림 **2.3** 새만금 방조제(전북 부안군; 좌측이 바다, 우측이 간척지) (2016. 3. 촬영, 전북도 제공)

운하제방은 내륙의 수운교통을 목적으로 기존 하도를 확대하거나, 비하도 지역을 굴착하여 새로운 물길을 만드는 경우 수반된다. 국내에서 운하는 2000년대 완공된 '아라뱃길'(경인운하) 이외에 사실상 없으며, 아라뱃길의 제방은 도로로 겸용되고 있다.

발전 및 냉각용 도수로는 유역변경식 수력발전을 하거나 원자력/화력발전소의 냉각수 순환을 위해 설치되며, 이 경우 지형여건에 따라 제방이 필요할 수 있다. 국내에서 수력발전은 대부분 댐식이나 유역변경식이고 수로식은 드물어서 도수로제방은 흔하지 않다. 또한 터빈을 돌린 증기를 냉각하기 위한 냉각수 취배수 수로도 드물어서, 영광원자력 등 해안에 있는 원자력발전소에서 일부 찾아볼 수 있다.

간척제방은 국내에서 하천제방 다음으로 흔하고 중요한 제방의 종류이다. 특히 해안의 개펄을 간척하는 경우 제방(이 경우 보통 방조제라 함)의 축조는 필수적이다. 방조제는 사실상 해안제방으로서, 바다로부터 밀려오는 파랑, 고조, 해일로부터 새롭게 간척한 땅을 보호하기 위한 시설이다. 따라서 방조제 같은 해안제방은 하천제방보다 훨씬 강한 설계를 요구한다. 그림 2.3은 도로로 겸용되고 있는 새만금 방조제를 보여준다.

2.1.1 하천제방의 기능

유역의 홍수방어 및 조절 대책은 크게 구조물적 대책과 비구조물적 대책으로 나뉘며, 이 중 구조물적 대책은 하천제방, 수로정비, 저수지 및 댐 등이 있다(우효섭 등, 2018). 하천제방은 다양한 유역의 홍수방어체계 중 가장 전통적인 구조물적 대책이며, 지금까지도 핵심대책 중 하나이다.

하천제방은 기본적으로 다음과 같은 기능이 있다.

- 홍수제한: 제방은 계획된 수위 이하에서 홍수를 하천 내에 가두어 제내지의 인명과 재산을 보호한다.
- 홍수유도: 제방은 홍수를 안전하게 하류로, 또는 인명과 재산피해가 적은 무제부지역으로 유도하여 주변 제내지의 인명과 재산을 보호한다.
- 홍수저류: 제방은 저류지와 연계운영하면 일시적으로 홍수를 저류하여 하류에 홍수부하를 줄일 수 있다.

홍수 관련 위와 같은 다양한 기능을 발휘하기 위해 제방은 다음 절에서 설명하는 다양한 형태를 보인다.

제방은 홍수방어라는 기본적 기능 이외에 부수적으로 다양한 추가기능이 있다. 즉 교통, 위락, 환경 및 생태, 농축산 활동 등이다.

(1) 교통

제방의 고유기능은 홍수방어이다. 다만 제방의 형태 때문에 전통적으로 보행로, 우마차로, 차도, 철도 등 교통로로 이용됐다. 장소에 따라서는 제방이 아닌 교통기능을 고려하여 하천변을 따라 건설된 성토시설이 나중에 제방기능이 추가된 경우도 있다. 이러한 제방의 교통기능 겸용은 국토의 효율적인 이용 측면에서 일부 긍정적인 효과가 있다. 예를 들면 둑마루에 도로를 설치하면 둑마루 표면이 아스팔트나 콘크리트 등으로 보호되어 홍수 시 월류에 의한 침식파괴에 저항할 수 있다. 그러나 제방기능의 유지보전 차원에서 교통로 겸용에 따른 제방의 안정성, 홍수 시 긴급차단 대책 등에 대해 충분한 검토가 필요하다.

제방은 일반적으로 하천에 접근성을 줄인다. 특히 도로가 설치된 제방의 경우 자동차 통행량이 많거나 도로를 따라 보호난간이 있으면 하천접근성을 완전히 막게 된다. 이는 위락 및 휴식 공간으로서 하천을 찾는 사람들에게 결정적인 문제로 등장한다. 이를 해소하기 위해서 고가나 지하통로의 설치가 필수적이다.

(2) 위락

제방의 위락기능은 의외로 다양하다. 과거 농촌지역의 제방은 강에서 '멱'을 감은 후 젖은 몸과

그림 2.4 초본류로 복원된 제방(거적덮기 후 종자포설, 충남 성환천) (한승완-삼안(주) 제공)

옷을 말리면서 쉴 수 있는, 몇 안 되는 놀이 및 산책 공간이었다. 지금은 더욱이 하천환경의 보전과 복원이 강조되면서 제방은 급경사(비탈면 경사 1 : 1이나 1 : 2)가 아닌 완경사 제방(1 : 3 이상)으로, 호안은 콘크리트나 사석이 아닌 식생호안으로 바뀌면서 특히 도로겸용이 아닌 일반 제방의 위락 및 심미적 중요성이 높아지고 있다. 그림 2.4는 기존 호안을 보강하면서 완경사로 만든 후 '딱딱한' 강성호안 위에 거적덮기하고 종자살포를 한 식생호안의 예다. 이러면 제방을 포함한 하천의 접근성은 더욱 중요해진다.

제방은 통상 성토하기 때문에 둑마루는 주변보다 높아서 일반적으로 경관적 가치가 높다. 특히 자동차 통행이 금지된 둑마루 길은 걷기나 뛰기, 자전거 타기 등에 편리하다. 이렇게 사람들이 많이 몰리게 되면 홍수 시 파이핑 자국이나 기타 경사면포락 등 제방관리자가 확인하기 어려운 제방안전 관련문제를 발견할 기회가 커진다. 반면에 제방 상 과도한 위락활동은 국부적인 둑마루의 패임이나 제방비탈면의 닳음 등으로 제방안전에 위협을 줄 수 있다.

(3) 환경 및 생태

제방은 인공구조물이지만 상당 경우 시간이 가면서 자연의 일부가 된다. 특히 홍수방어 및 조절이라는 제방의 고유기능만 있으면서 제방비탈면을 콘크리트, 소일시멘트, 거석 등 강성호안재료로 별도 처리하지 않는 제방의 경우 하도, 홍수터와 연결된 수변의 일부가 된다. 여기서 수변(水邊, river corridor)은 하도와 홍수터를 포함한 하천 자체를 경관생태적으로 부르는 용어로서, 인공구조물인 제방도 포함된다. 제방비탈면을 식생호안과 같은 '부드러운' 연성호안으로 처리한 경우도 마찬가지이다. 앞서 소개한 그림 2.4는 그러한 예를 보여준다.

위와 같이 자연상태에 가까운 제방은 환경과 생태에 대한 교육과 정보의 장으로 이용될 수 있다. 사실상 수많은 토목구조물 중에서 시간이 가면서 자연에 가까워지는, 자연에 동화하는 구조물은 (흙)제방뿐일 것이다.

그러나 제방은 많은 경우, 특히 자연상태의 하천에 설치되는 경우 수변생태의 횡적 연결성을 저해한다(추현수 등, 2016). 이는 댐이나 보가 수변의 종적 횡단성을 저해하는 것과 같다. 이러한 문제는 하천을 이용한 위락활동에도 부정적 영향을 준다.

(4) 농축산 활동

제방은 보통 풀이 잘 자라있고, 특히 대부분 공유지라는 면에서 주민들의 소규모 농경, 축산 활동의 무대가 될 수 있다. 실제 외국의 경우 제방관리에 큰 문제가 없으면 방목 등 소규모 축산 활동을 허용하고 있다(CIRIA, 2013, 그림 3.23, 3.24).

우리나라에서도 과거 농촌에서 제방(둑)에서 소규모 농경 활동과 특히 가축의 방목을 흔히 볼 수 있었다. 그러나 이 같은 농축산 활동은 제방관리에 문제가 있을 수 있어 현재 금지되어 있다.

2.2
제방의 형태

2.2.1 기능과 형태에 따른 제방의 종류

하천제방은 고유기능과 평면형태에 따라 구분하면 그림 2.5와 같다. 각각의 제방종류를 하천설계기준해설(수자원학회/하천협회, 2019)에 준하여 설명하면 다음과 같다.

- 본제(main levee): 홍수범람 억제를 위해 하천을 따라 축조된 통상의 연속제방으로서, 하천의 규모, 유속, 제내지보호의 중요도, 지역의 수문조건, 기초지반의 조건 등에 따라 여러 종 횡단 형태 및 축조재료가 있다.
- 부제(secondary levee): 배후(제내지)의 생명과 재산 보호가 중요한 경우에 본제가 파괴되면

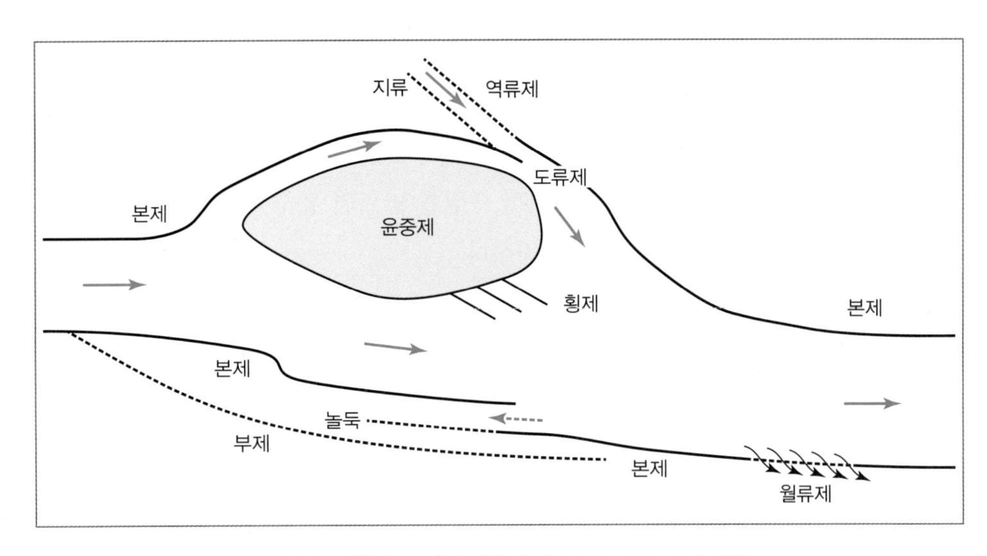

그림 **2.5** **제방의 종류** (하천설계기준해설, 2019, 그림 1.32에 준함)

이를 지키기 위해 설치되는 2차제방으로서, 일반적으로 본제보다는 높이 등 규모가 작다.

- 놀둑(open levee): 본제의 상류부 하단과 하류부 상단을 연결하지 않고 불연속으로 놔둔 제방으로서, 보통 하류부의 상단이 상류부의 하단 뒤로 길게 설치된다. 이를 통해 특히 홍수 지속시간이 짧은 급류부 하천에서 홍수를 일부 역류시켜 저류하고, 또한 비옥한 토사침전을 유도한다.
- 윤중제(ring levee): 특정한 지역을 보호하기 위해 그 주변을 둘러서 쌓은 제방으로서, '둘렛둑'이라고도 한다. 과거 중국이나 일본 등지에서 주위에 하천이 많은 평지의 가옥과 전답을 보호하기 위해 만들어졌으나 우리나라의 경우 상대적으로 드물었다. 서울시 여의도는 근래 만들어진 대표적인 윤중제이다.
- 도류제(guide levee): 두 하천이 합류하거나, 나누어지거나, 하구부에서 흐름을 원활하게 하려고, 또는 토사이송을 원하는 방향으로 유도하기 위해 길게 뻗은 제방이다. 하구부에 설치된 것을 특히 '돌제(突堤, groyne)'라 한다.
- 분류제(separation levee): 합류하는 두 하천을 바로 연결하지 않고 합류부에 길게 제방을 설치하여 두 흐름이 부드럽게 합쳐지게 함으로써 흐름과 토사퇴적을 원만하게 유도하는 제방이다. 우리 말로 '가름둑'이라고도 한다. 분류제는 크게 보아 도류제의 일종이다.
- 횡제(cross levee): 하폭이 넓은 곳에서 하천의 가로 방향으로 축조된 제방으로서, 경작지로 쓰이는 제외지(홍수터)를 보호하거나 흐름을 하도에 집중시켜 유로를 유지하기 위해 설치된다. 비슷한 기능과 모양을 가진 하천시설물로서 수제(dike/dyke)가 있으며, 이는 보통 하

안에서 시작하여 하도중심으로 설치되는 반면에, 횡제는 제방이나 홍수터 끝부터 시작한다는 점에서 서로 다르다.

- 월류제(overflow levee): 제방 일부를 낮추고 둑마루를 흐름침식에 저항할 수 있는 콘크리트나 아스팔트 등의 재료로 덮어 홍수 시 일정 수위를 넘으면 홍수류를 제방 밖으로 넘겨서 본류의 홍수부담을 줄이는 기능을 하는 제방이다.
- 역류제(back levee): 본류의 홍수가 배수효과로 지류로 올라가는 것에 대비하여 본류제방을 지류 배수영향이 끝나는 지점까지 연장한 제방이다.

하천설계기준 하천설계기준은 정부(국토교통부)에서 국가건설기준센터를 통해 고시한 것으로서(KDS 51 00 00), 하천 관련 가장 기본적이며, 강제적인 기술지침서이다. 이 지침서를 독자들이 이해하기 쉽게 구체적으로 설명해준 것이 수자원학회/하천협회가 공동발행한 '하천설계기준해설'이다.

하천설계기준은 1980년에 처음 제정되어, 그 동안 수회의 제·개정을 거쳐 2019년 판에 이르렀다. 이 기준은 크게 조사, 계획, 설계, 시설 부문으로 나누어 총 43개의 장으로 구성되어 있다. 그 중 시설 부문에 하천제방과 하천호안이 각각 51 50 05와 51 50 10로 제시되고 있다. 이 책의 일부 그림, 표는 하천설계기준의 제방, 호안 장에서 직접 인용한 것들이다.

참고로 유럽에서는 이중제방의 형태로서 여름제방과 겨울제방이 있다. 이는 위에서 설명한 부제의 위치와 달리 하도에 가까운 여름제방이 부제의 성격을 지니며, 하도와 먼 겨울제방이 본제의 성격을 지닌다. 그림 2.6은 네덜란드의 이른바 '하천에 공간을(Room for the river)' 개념을 소개하기 위한 모식도로서, 안에 상대적으로 낮게 있는 7번 제방이 여름제방이며, 밖에 높게 있는

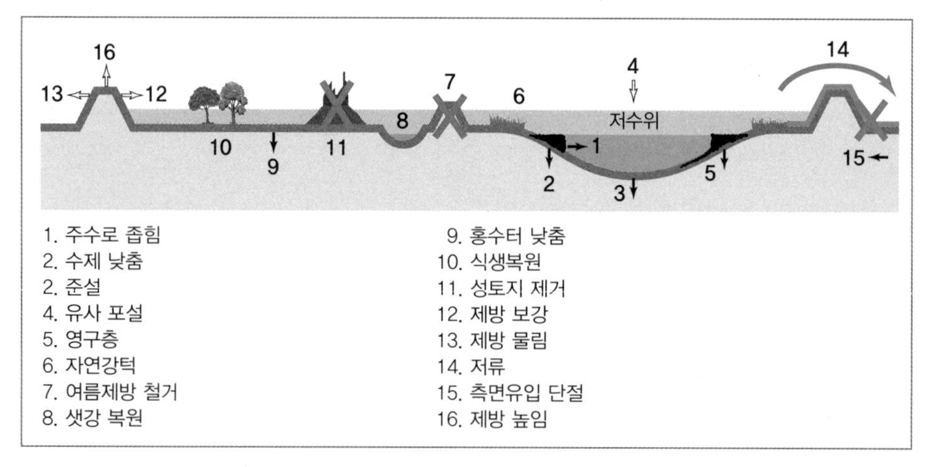

그림 **2.6** **여름제방과 겨울제방 개념도** (Silva et al., 2001, 번역)

14번 제방이 겨울제방이다. 서안해양성 기후의 영향을 받는 서유럽은 여름철보다는 겨울철에 연중 최대홍수가 발생한다. 이에 따라 여름제방은 우리와 달리 비교적 홍수위가 낮은 여름철 홍수에 대비한 것이며, 겨울제방은 연중 최대홍수가 발생하는 겨울철 홍수에 대비한 제방이다.

2.2.2 제방의 구조

제방의 기능, 즉 계획홍수위 하에서 홍수방어를 하기 위해서는 그 기능을 나 할 수 있도록 성능이 보장되어야 한다. 일반적으로 제방의 성능은 다음 기준에 따라 결정된다.

- 외부침식에 저항
- 내부침식에 저항
- 제체안정의 유지

제방이 외부침식에 저항하기 위해서는 우선 홍수위 이하의 하천흐름의 침식작용에 대해 하천쪽 비탈면이 견뎌야 한다. 다음, 홍수위 이상의 흐름에서 제방이 월류하는 경우 월류수의 침식작용에 대해 둑마루와 육지 쪽 비탈면이 견뎌야 한다.

다음 제방 내부의 침투수에 의해 파이핑이 발생하는 것을 최대한 억제하여 제방붕괴가 일어나지 않아야 한다.

마지막으로 기초지반을 포함하여 제체활동이 발생하지 않아야 한다.

이러한 성능을 보장하기 위해서는 제방은 일반적으로 파랑, 흐름, 강우, 유출, 인간/동물의 활동 등에 의한 기계적, 수리적 응력에 대해 외부보호가 보장되어야 한다. 이를 위해 제방표면은 보통 자연적, 인위적 재료로 피복된다. 다음, 제방은 제체 자체와 구성재료가 건조상태에서 충분한 강도를 유지하고 홍수 시에 수위 차에 의한 정수압이 균형을 이루어 제체가 안정되어야 한다.

그 다음은 불투수성의 보장이다. 흙으로 구성된 제체의 불투수성을 완전히 보장하기는 어렵지만 일정 상태 이하로 유지하게 하여 내부침식이 발생하지 않도록 간극수압을 줄여야 한다. 이를 위해 제체의 적절한 배수체계가 보장되어야 한다. 마지막으로, 제체 내 흐름에 의한 불균일재료의 선택적 이송이 이루어지지 않도록 필터 기능이 필요하다. 이를 위해 서로 다른 크기의 토립자층을 구성하는 등 적절한 필터장치를 설치하여야 한다(CIRIA, 2013).

위와 같은 제방의 기본적 요구조건을 만족하기 위해 제방은 보통 그림 2.7과 같은 기본구조로 되어 있다. 한편 우리나라 하천설계기준해설(수자원학회/하천협회, 2019)에 나와 있는 제방단면의 구조와 명칭은 그림 2.8과 같다. 여기서 눈여겨 볼 것은 그림 2.7과 2.8의 기본적 차이이다. 국내제방의 경우 홍수지속시간이 짧아 구미와 달리 일반적으로 불투수코어, 필터층, 배수층이 없

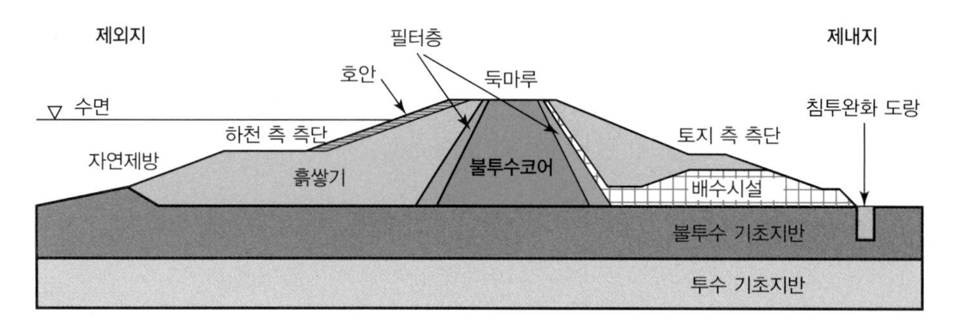

그림 **2.7** **제방단면의 구조** (CIRIA, 2013, 그림 3-47 번역)

는 구조가 많다.

제방고는 그림 2.7의 불투수 기초지반에서 둑마루(crest)까지 높이이다. 한편 제방표고(crest level)는 평균 해수면에서 둑마루까지 높이로서, 그림 2.8에서 계획홍수위에 여유고를 더한 값이다.

둑마루는 제체가 강우나 월류로 침식되는 것을 억제하는 기능이 있으며, 평상시에는 관리용 접근로나 도로로 이용할 수 있다.

앞비탈기슭은 제방 앞비탈면(riverside slope)이 제방 기초지반(보통 하천둔치)과 만나는 지점까지 경사면을 말하며, 뒷비탈기슭은 제방 뒷비탈면(landside slope)이 제방 기초지반(보통 제내지 끝)과 만나는 지점까지이다.

측단(berm)은 기초지반 위에서 제방비탈면을 연장한 것으로서, 제체의 안정성을 높이고, 침투선 길이를 연장하여 간극수압을 줄이는 역할을 하며, 사람들의 통로로도 이용된다. 이는 특히 월류 발생 시 앞비탈기슭의 침식저항력을 높이는 역할을 한다. 측단은 보통 그림 2.8과 같이 뒷비탈기슭에 설치되나, 유럽 등지에서는 앞비탉기슭에도 설치된다.

소단(小段)은 제방의 유지관리 점검이나 기타 필요한 시설배치를 위해 제방 앞이나 뒷비탈기슭 중간중간에 설치한 작은 턱(계단)을 말한다. 지금은 소단을 통한 우수의 제방침투 등 부정적

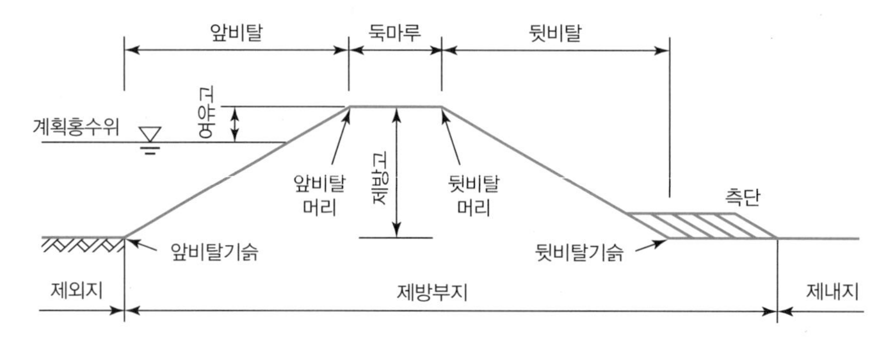

그림 **2.8** **제방단면의 구조** (수자원학회/하천협회, 2019, 그림 1.3-1 인용)

영향이 있어 제방 표준단면에서 제외되었다.

기초지반(soil foundation)은 엄격한 의미에서 제방의 구성요소는 아니지만, 제방 계획 및 설계에서 중요한 요소이다. 이는 불투수층의 기초지반을 우선으로 하며, 제방의 무게를 견뎌서 안정한 기초가 되게 하고, 침투를 억제하며 궁극적으로 내부침식을 방지한다.

흙쌓기(earth fill)는 제체의 대부분을 차지하는 구조로서, 진흙부터 자갈까지 보통의 흙으로 구성된다. 이는 현지 흙을 쓰거나 필요시 외부에서 반입한다. 이상적인 흙쌓기는 제체안정을 유지하고 내부침식이 발생하지 않아야 한다.

불투수코어(impermeable core)는 제체가 모래나 자갈 등 투수성이 큰 재료로 만들어지는 경우 불투수성을 보장하기 위해 그림 2.7에서와 같이 추가로 제체 중심부에 벽의 형태로 설치되는 것이다. 이는 보통 진흙이나 기타 불수투성이 높은 재료로 만들어진다. 불투수코어는 우리나라에서는 사실상 고려되지 않으며, 흙댐에서 고려된다.

마스크(mask)는 제방의 불투수성을 높이기 위해 제체 내부보다 외부 표면에 진흙층으로 덮는 것으로서, 호안과 구분한다. 이 또한 국내에서는 보편적으로 고려되지 않고 있다.

호안(revetment)은 제방의 중요 구조로서 평상시 외부환경과 제체의 중간재 역할을 하며, 특히 앞비탈면에서는 홍수 시 흐름의 침식으로부터 제체를 보호하는 역할을 한다. 제내지 호안은 강우 시 표면류나 기타 기계적인 침식을 억제하고, 특히 월류 시 제체를 보호하는 역할을 한다. 호안은 보통 식생, 사석, 돌망태, 아스팔트, 토목섬유, 또는 블록 등의 형태가 있다. 그러나 자연형 호안의 보급으로 지금의 호안은 매우 다양한 재질과 형태가 있으며, 이에 대해서는 제6장에서 구체적으로 다룬다.

필터층(filter layer)은 제체 내부에 설치되는 비교적 투수성이 높은 재료층이다. 필터층은 토목섬유나 투수성이 높은 재료로 구성된다. 이는 세립질 흙이 침투에 의해 움직이는 것을 막아서 심벽과 기초지반을 보호하는 역할을 한다.

배수시설(drainage system)은 그림 2.7과 같이 토지 쪽 뒷비탈기슭 또는 측단 아래에 설치되는 것으로서, 제체나 기초지반으로부터 나오는 침투수를 배수하여 제체의 간극압을 줄이는 역할을 한다. 배수도랑(drainage trench)은 이렇게 배수된 물을 한곳으로 모으는 작은 개수로로서, 배수를 촉진하기 위해 관을 설치하기도 한다.

침투완화 도랑(seepage relief trench)이나 **침투완화 우물**(well, 감압정)은 그림 2.9와 같이 기초지반의 투수성이 높은 경우 제내지에 고려하는 구조물이다. 이러한 시설은 기초지반을 통해 침투한 물을 투수성이 높은 재료로 만든 도랑이나 우물에서 모아서 배수하여 기초지반의 간극수압을 줄이는 역할을 한다. 이 같은 시설도 우리나라의 경우 흔하지 않다.

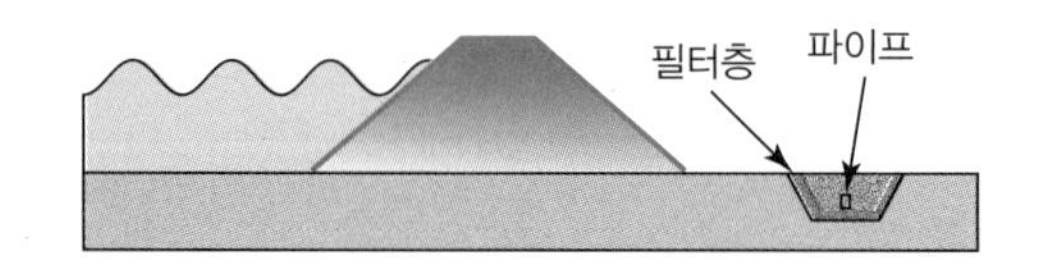

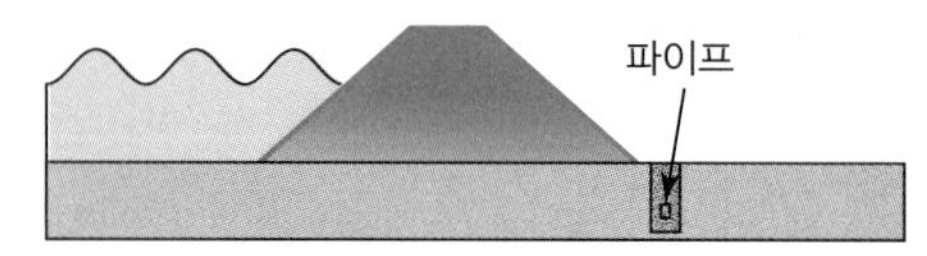

그림 **2.9** 침투완화 도랑과 우물 (CIRIA, Fig. 3-57)

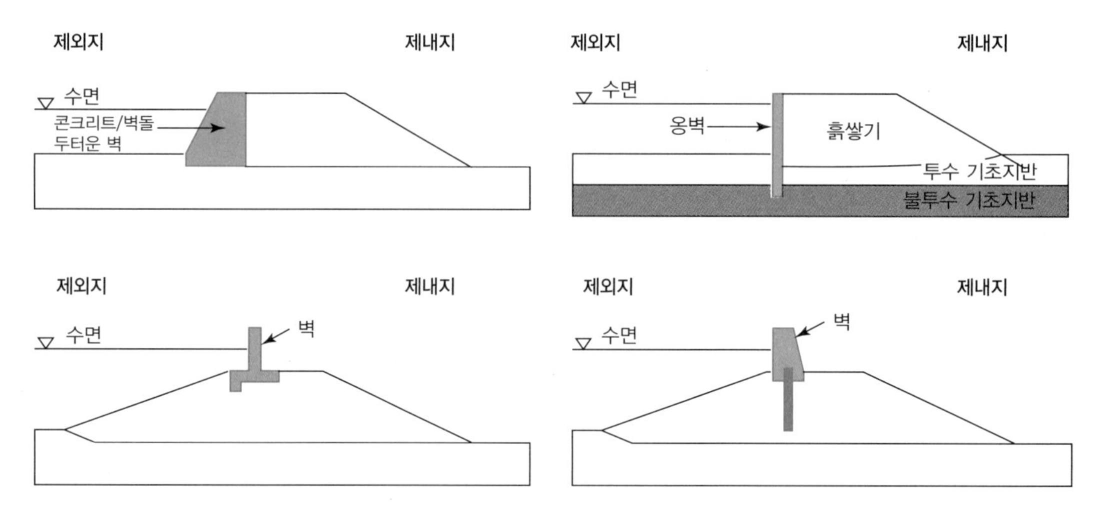

그림 **2.10** 제방과 일체로 작용하는 벽 (CIRIA, 2013, Fig. 3-60)

벽(wall)은 그림 2.10과 같이 제방의 한 구성요소로서 작용하며, 제방의 내외측 모두에 설치할 수 있으나, 보통 하천 쪽에 설치된다. 벽은 돌망태, 콘크리트, 시트파일 등으로 만들어지며, 주요 기능은 제체 내 침투억제, 제방증고, 하천 쪽 제방비탈면의 침식방지 등이다.

이 밖에 불투수층 기초지반 위에 투수층 기초지반이 있는 경우 이를 통한 침투억제를 위해 그림 2.11과 같이 차수벽(cut-off wall)이나 침투차단벽(seepage barrier/wall) 등을 제체 내부에 설치할 수 있다.

위에 소개한 다양한 제방구조의 부품 중에서 언제나 필요한 것은 기초지반, 제체, 둑마루이며, 그 다음 호안이다. 그 밖의 부품들은 홍수방어 설계기준과 현장여건을 고려하여 선택할 수 있으나, 우리나라에서는 사실상 보편적으로 고려되지 않고 있다.

2.2.3 제방단면의 형태

제방은 기본적으로 종적 구조물이므로, 형태는 설계기준과 현장여건에 따라 그 단면형과 구성재료에 의해 결정된다. 제방은 전통적으로 흙으로 만들어진 구조물로서 제체의 안정성을 고려하여 사다리꼴 형태로 만들어졌다. 이를 흙제방(earth-fill levee)이라 한다. 반면에 현장여건에 따

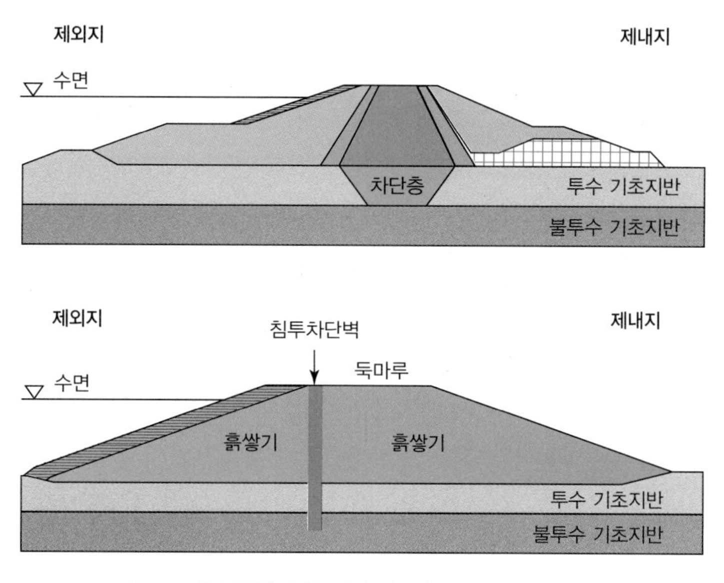

그림 **2.11 차수벽(위)과 침투차단벽(아래)** (CIRIA, 2013, Fig. 3-59)

라 흙 이외의 재료를 복합적으로 사용하고 형태도 다양한 제방을 복합형 제방(composite levee)이라 한다.

흙제방은 다시 균질의 흙을 사용한 균일형 제방(homogeneous levee)과 토질공학적으로 서로 다른 흙을 구역을 나누어 사용한 비균일형 제방(zoned levee)으로 나눌 수 있다.

균일형 제방은 보통 현장에서 확보하거나 외부에서 반입된 진흙이나 실트, 세사 등이 혼합된 투수율이 낮은 균질의 흙으로 만들어진 제방으로서, 그림 2.12는 균질 기초지반 위의 균일형 제방의 단면형을 보여준다. 그림 2.13은 균질 기초지반 위의 측단(berm)이 있는 균일형 제방의 단면도이다. CIRIA(2013)에서는 대표 단면형으로서 호안의 유무, 측단의 유무, 서로 다른 투수능을 가진 기초지반의 중첩 유무 등에 따라 총 10개의 단면형을 제시하고 있다. 우리나라에서는 그림 2.12와 2.13과 같은 단면형이 대부분이다.

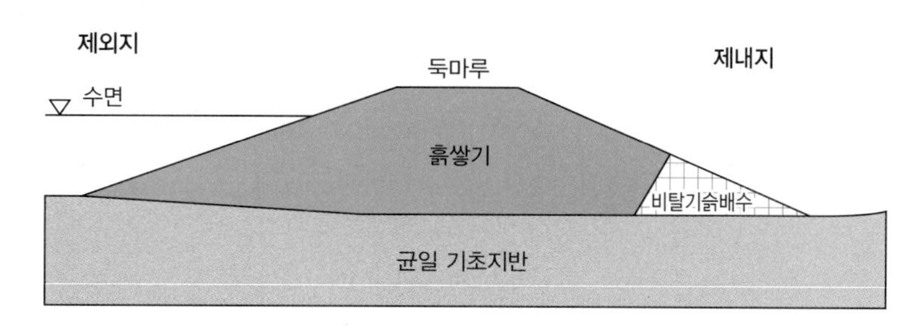

그림 **2.12 균일형 제방** (CIRIA, 2013, Fig. 3-61)

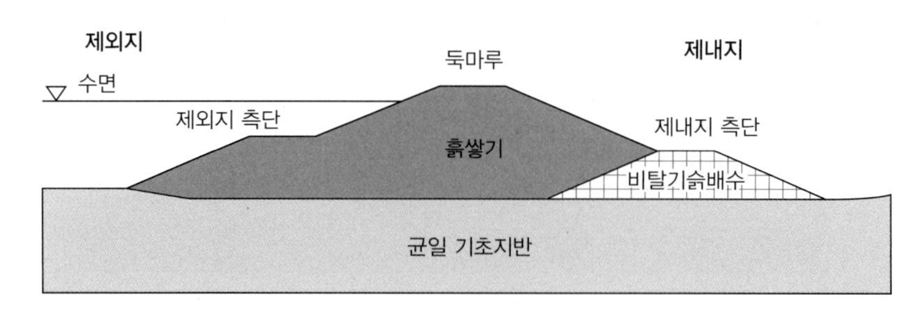

그림 **2.13** 측단이 있는 균일형 제방 (CIRIA, 2013, Fig. 3-63)

비균일형 제방은 현장에서 경제적, 물량적 이유 등으로 투수성이 낮은 적절한 흙을 구할 수 없는 경우 제체 내부에 불투수벽을 설치하거나 하천 쪽 제방비탈면에 불투수성 마스크를 설치하고 제체의 대부분은 투수성 재료를 사용하는 것이다. 불투수성 재료의 위치로 보면 전자는 흙댐의 경우와 같으며, 후자는 표면차수형 댐의 경우와 같다. 서로 다른 두 토층 사이는 토목섬유나 입도 분포가 좋은 재료를 이용한 필터층으로 채워진다.

그림 2.14는 균일 기초지반 위에 있는 마스크가 있는 비균일형 제방의 단면형이며, 그림 2.15는 균일 기초지반 위에 불투수 기초지반이 있는 상태에서 불투수코어를 설치한 비균일형 제방의 단면형이다. 반면에 그림 2.16은 불투수 기초지반 위에 투수 기초지반이 있는 상태에서 불투수성

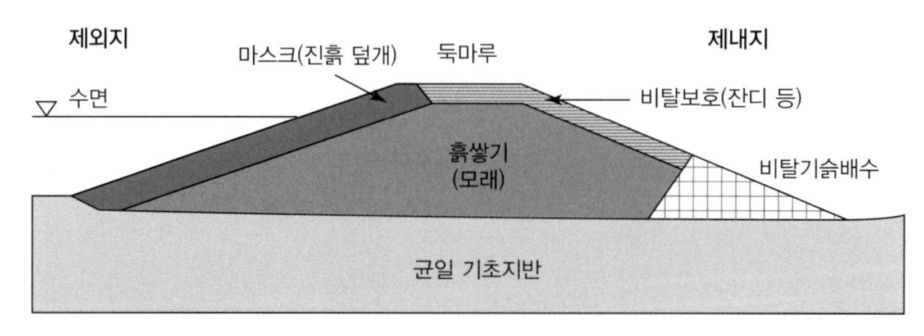

그림 **2.14** 마스크(진흙 덮개)가 있는 비균일형 제방 (CIRIA, 2013, Fig. 3-71)

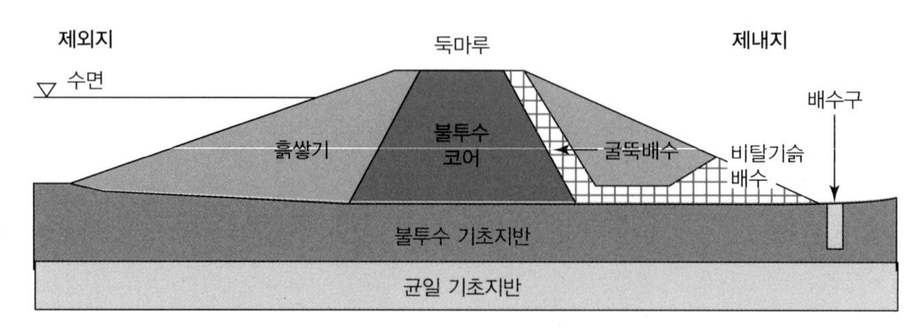

그림 **2.15** 불투수코어가 있는 비균일형 제방 (CIRIA, 2013, Fig. 3-73)

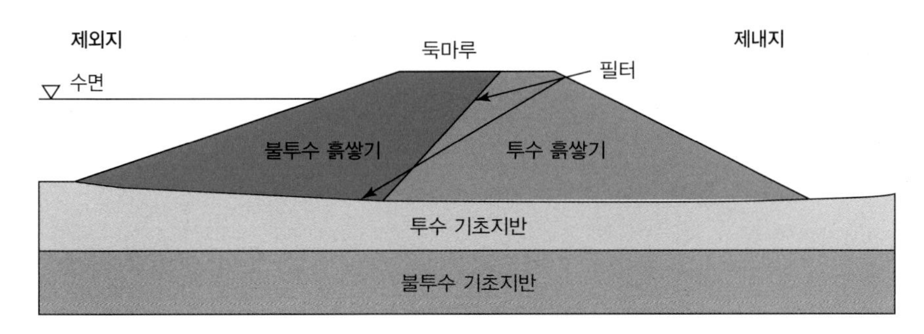

그림 **2.16** **불투수성 재료와 투수성 재료로 구성된 비균일형 제방** (CIRIA, 2013, Fig. 3-72)

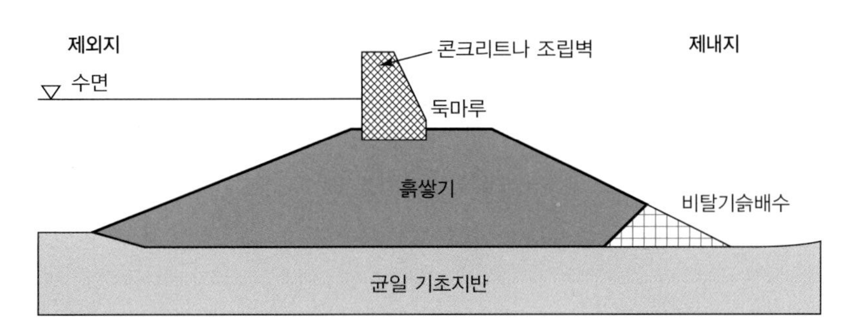

그림 **2.17** **흙제방에 콘크리트 벽을 설치한 복합형 제방** (CIRIA, 2013, Fig. 3-76)

재료를 하천 쪽에, 투수성 재료를 제내지 쪽으로 둔 제방단면형이다.

복합형 제방은 흙 이외에 콘크리트, 시트파일, 토목섬유 등 흙과 물리적 성질이 완전히 다른 재료를 혼합적으로 사용하여 만들어진 제방이다. 이는 지형적 여건이나 기초 여건으로 일반적인 흙재료만으로 제방의 안정성을 만족하지 못하는 경우 흙제방에 단단한 재료를 추가하여 만들어진 홍수방지벽 제방이다.

그림 2.17은 흙제방에 콘크리트 벽을 설치한 복합형 제방의 단면형으로서, 비교적 경제적으로 홍수방어 수위를 높이는 데 효과적이다. 다만 조망권 및 교통 제한 등 둑마루 공간의 이용이 제한적이다. 우리나라에서 콘크리트 구조물 대신 파라펫을 설치하여 홍수방어능력을 높이는 경우가 간혹 있지만, 통상 소형으로서 높이 1 m를 넘지 못한다. 그림 2.18은 둑마루에 역T형 콘크리트 벽을 설치한 복합형 제방의 단면형으로서, 구조적으로 안정하여 홍수방어 수위를 2 m 이상 높일 수 있다. 그림 2.19는 I형 홍수벽에 콘크리트 구조물의 안정성을 확보하고 침투능을 억제하기 위해 강널말뚝(steel sheet pile)을 박은 제방단면형이다.

도시하천 등에서 공간적 제한으로 제방 저면폭을 충분히 확보하기 어려운 경우 하천 쪽에 제방 비탈면을 대신하여 옹벽을 설치한 복합형 제방도 있다. 이러한 형태의 복합형 제방은 특히 기초

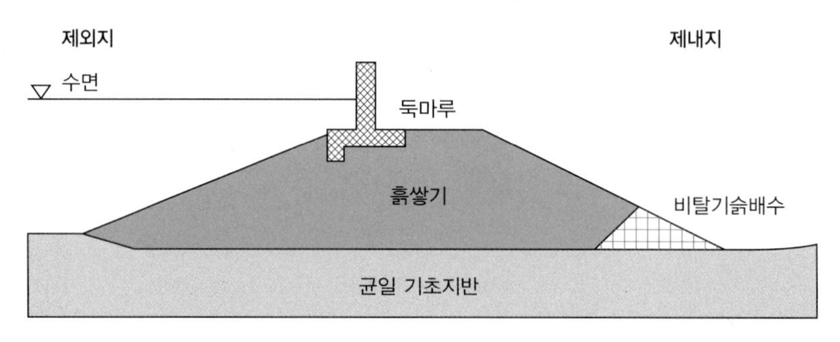

그림 **2.18** 흙제방에 역T형 콘크리트 벽을 설치한 복합형 제방 (CIRIA, 2013, Fig. 3-77)

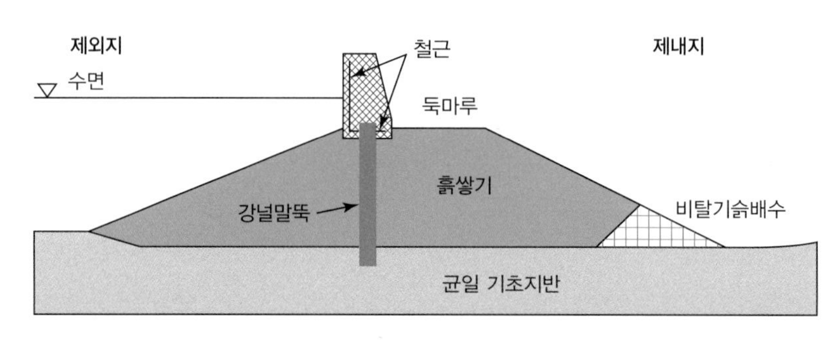

그림 **2.19** 흙제방에 I형 콘크리트 벽과 강널말뚝을 설치한 복합형 제방 (CIRIA, 2013, Fig. 3-78)

지반 자체와 기초지반과 제체의 경계면 사이로 침투가 없으면 제방의 침투문제를 해소할 수 있다. 그림 2.20은 그러한 형태의 복합형 제방의 단면형을 보여준다.

제방의 침투문제가 중요한 경우 제방의 누수를 차단하기 위해 제체 내부에 불투수벽을 설치하게 된다. 불투수벽의 재료로서 소일시멘트, 생석회, 벤토나이트 등을 이용하거나, 강철이나 PVC 시트파일 등을 이용한다. 그림 2.21은 그러한 복합형 제방의 단면형을 보여준다.

대규격제방 또는 'super levee'는 일본에서 본격적으로 도입된 개념이지만, 원래는 19세기 중엽 독일 브레멘 시의 Weser 강 동제방(Oster Deich)이 시초이다. 이는 제방파괴로 인한 홍수피해가 감내하기 어려울 정도로 예상되는 경우 제방의 높이와 토지 쪽 제방경사면을 최대한 늘려서 어떠한 홍수에도 제방파괴가 일어나지 않도록 구상한 개념이다. 이 개념은 둑마루폭의 연장이 수백 m 이상 되면 이 자체가 특히 도시에서 귀중한 공간이 되므로 도로, 빌딩, 주거지, 공원 등을 조성할 수 있는 부수적인 이점이 있다. 이렇게 조성된 제방에서는 하천은 사실상 굴입하천이 된다.

그림 2.22는 대규격제방의 한 모형도로서, 기존의 공유지인 하천구역(제외지 + 제방부지)에 대규모 사유지를 편입하여 하천구역을 대폭 확대한 것이다. 일본에서 이렇게 새롭게 편입된 하천

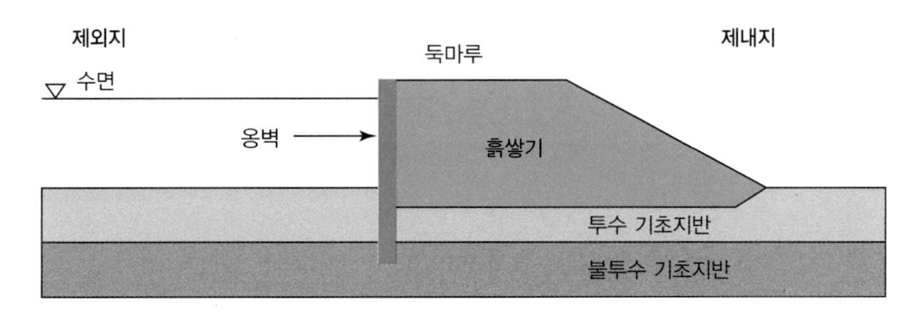

그림 **2.20 흙제방에 콘크리트 옹벽을 설치한 복합형 제방** (CIRIA, 2013, Fig. 3-84)

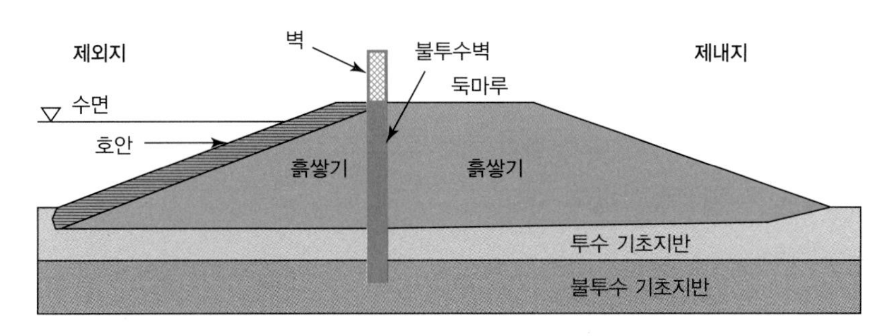

그림 **2.21 흙제방에 콘크리트 벽을, 지하에 불투수벽을 설치한 복합형 제방** (CIRIA, 2013, Fig. 3-87)

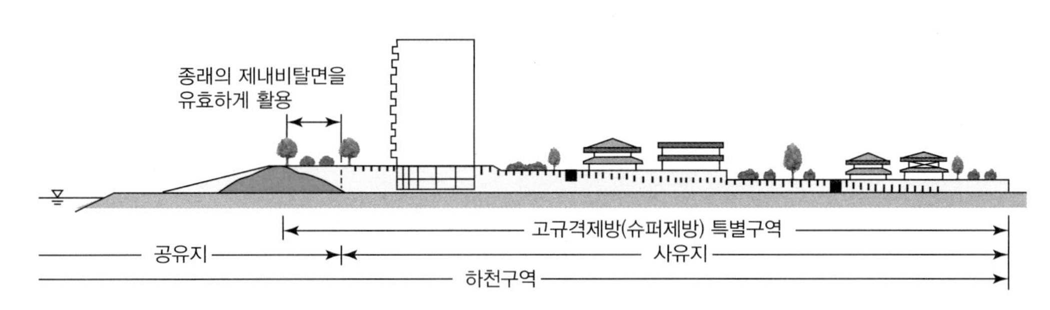

그림 **2.22 대규격제방(슈퍼제방) 모형도**(中島, 2003, 그림 3.26)

부지를 '슈퍼제방 특별구역'이라 하며, 폭 평균 300 m 전후, 경사 1 : 30 전후의 매우 완만한 경사로 조성된다.

대규격제방은 인구와 도시시설이 밀집한 기존 하천변에 새롭게 조성하기 위해서는 천문학적인 사업비가 든다는 문제가 있다. 물론 기존 재산소유자와 협의를 통해 사유지는 대부분 그대로 보전될 수 있으나, 기타 도시시설은 모두 새롭게 조성하여야 하기 때문이다. 더욱이 대규격제방의 기술적 문제로서 지하수 배수, 기초지반의 변형, 주차장 같은 콘크리트 구조물의 지하설치 등에 따른 문제를 들 수 있다(中島, 2003).

2.2.4 제방연계 구조물

하천제방은 여러 구조물과 연계되어 운영된다. 대표적인 제방연계 구조물로서 계획된 지역의 범람을 막기 위해 일시적인 홍수저류시설, 홍수의 조절방류시설, 홍수방어체계로의 접근로, 제내지 홍수의 제외지 하천배수시설, 공공시설의 홍수방어시설을 통과하는 공공서비스시설, 제방 특성과 기능의 모니터링시설, 제내지 홍수배수시설 등이다.

위와 같은 다양한 목적으로 연계운영되는 구조물들은 다음과 같은 공통적인 취약점이 내재되어 있다(CIRIA, 2013).

- 제방표면과 구조물 노출부 사이 연결부에서 홍수 시 와류발생 등으로 국부적 세굴 발생 및 확대
- 제방과 구조물 사이 지하 접합면을 통한 내부침식 촉진
- 구조물 사이 흙의 부등침하로 인한 내부침식 촉진
- 구조물 경계면에서 활동 촉진
- 구조물 자체의 파괴, 불안정, 파괴
- 구조물과 제방의 각개관리에 따른 문제

이 중 특히 두 번째와 세 번째 문제는 우리나라에서 상대적으로 자주 발생하는 문제들로서, 2002년 낙동강 홍수 시 광암제, 가연제, 백산제 등에서 제방파괴의 직접적인 원인이 되었다(건설연, 2002).

우리나라에서 제방과 연계되어 운용되거나 관련된 구조물로서 비교적 보편적인 것들로는 여수로, 홍수벽, 홍수벽/제방의 통로문(gateway closure), 배수관(통문) 및 개폐수문, 배수펌프장 등이 있다. 이 중 하천설계기준해설(수자원학회/하천협회, 2019)에 별도의 장절로 소개된 시설은 통문(및 개폐수문)과 내수배제 및 우수유출저감 시설(유수지 및 펌프장) 등이 있다.

여수로(spillway)는 하천 첨두홍수량을 일시적으로 줄이기 위해 그림 2.23과 같이 제방을 통해 홍수를 안전하게 월류시키는 시설이다. 우리나라에서도 2000년대 이후 영월, 여주 등 하천변에 몇 개의 홍수조절지를 건설하였으며, 이러한 조절지 또는 저류지에 홍수를 안전하게 월류하기 위해서 여수로 시설이 설치되어 있다.

홍수벽(floodwall)은 아직 우리나라에 보편적으로 보급된 홍수방어 구조물이 아니며, 수직의 콘크리트 구조물이기 때문에 통상적인 제방이라고 하기 어렵다. 그러나 미국, 유럽 등에서는 보편적으로 이용되는 홍수방어시설이다. 이는 특히 전통적인 제방을 고려하기에는 공간적으로 제한이 많은 도시지역에서 많이 이용된다(그림 2.24). 2003년 미국 카트리나 허리케인 당시 뉴올

그림 **2.23** 홍수를 제내지로 넘기기 위한 둑마루 여수로
(CIRIA, 2013, Fig. 3-97)

그림 **2.24** 도심부 내 홍수벽(미국 세인트루이스 시)
(CIRIA, 2013, Fig. 3-104)

리언스 시는 특히 홍수벽의 월류와 홍수벽 기초부의 내부침식 등으로 큰 피해를 보았다(우효섭과 김현준, 2005).

육갑문(gateway closure)은 평상시 홍수벽이나 제방을 가로질러 오가기 위해 여닫이나 미닫이 철제문을 설치하고 홍수 시에는 닫아서 홍수유입을 막는 구조물이다. 우리나라의 경우 서울시 한강공원을 통행하기 위한 제방 아래 통로에 일부 설치되어 있다.

배수관 또는 우리 하천설계기준에 나와 있는 **통문**은 자연배수나 강제배수로 제내지 물을 하천으로 배수하는 관이나 암거이다. 배수관은 그림 2.25와 같이 하천 쪽으로 수문이 달려있어 평상시에 제내지 물을 제외지로 배수하지만, 하천홍수가 발생하여 제외지 수위가 높아지면 자동으로 닫히는 플랩게이트(flap gate)가 보편적으로 사용된다.

배수펌프장은 제내지 홍수를 제외지로 강제배수하기 위한 시설로서, 기본적으로 유수지, 유입

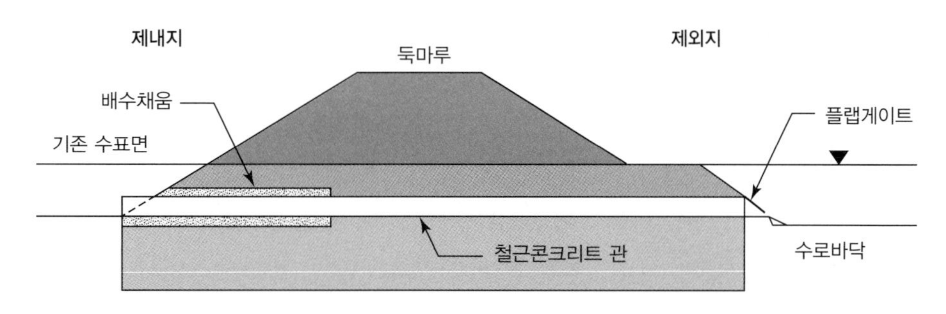

그림 **2.25** 제내지 배수를 위한 자연배수 통관 (CIRIA, 2013, Fig. 3-116)

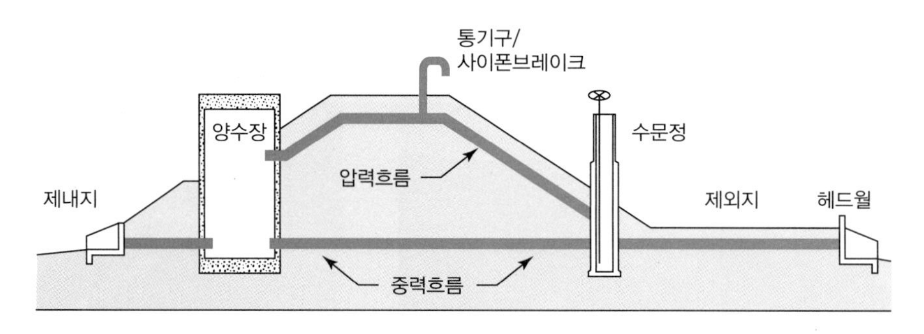

그림 **2.26 홍수를 제내지로 넘기기 위한 배수펌프와 통관** (CIRIA, 2013, Fig. 3-97)

부, 펌프장, 자연배수관(통관), 압력배수관, 통기구, 개폐시설(수문), 유출부 등으로 구성된다. 그림 2.26에서 강제배수관은 제방경사면을 따라 설치되고 정상부에 통기구가 설치되어 있다. 그러나 우리나라 배수펌프장은 통상 제내지 수위와 비슷한 표고에 수평의 배수관을 설치함으로써 배수관 시설과 제방흙의 경계면을 통한 내부침식이 발생하여 제방이 파괴될 가능성이 있다(이에 대해서는 제3장에서 구체적으로 설명할 것임). 따라서 그림 2.26과 같이 자연배수가 아닌 강제배수의 경우 배수관을 제방비탈면 가까이 두어서 내부침식 문제를 최대한 줄이는 방안을 검토할 필요가 있다.

2.3
그린인프라 제방

이 책 제목의 수식어는 '자연과 함께하는'이다. 이 말은 제방이라는 전통적 그레이인프라(grey infra) 기술에 더해서 자연환경을 고려하는 소극적 방법론을 포함하여 그 자체가 자연환경의 일부가 되게 하는 것까지 고려한다는 의미이다. 따라서 이 절은 다음 장부터 제시될 제방 및 호안의 조사, 설계, 시공, 유지관리 각 부문에 나타나는 환경친화적 제방기술 전체를 아우르는 개념적 방법론에 대한 것이다.

2.3.1 그린인프라 개념과 제방

그린인프라(green infra) 또는 영어약어로 GI는 물, 토지, 생물의 통합체인 생태계를 대상으로 하는 '녹색' 사회기반시설로서, 전통적으로 콘크리트를 이용한 그레이인프라에 대응하는 용어로 출발하였다(우효섭과 한승완, 2020). GI는 좁은 의미에서 도시우수를 수질, 수량 양 측면에서 처리하기 위해 자연생태계 기능을 모방한 자연적, 기술적 시스템으로서 지역 수준에서 우수유출을 관리하는 것이다(URL #3). 그러나 EU에서는 조성환경(built environment)과 주변 농경지/삼림/하천/호소 전체로 확대하여 이른바 블루그린인프라(blue-green infra, BGI)라 하여 도시지역의 물과 비점오염물질 문제는 물론 일반 토지의 물순환과정의 복원 및 생태축의 보전·복원까지 고려하고 있다. 나아가 EU(EC, 2013)와 일본(MOE, 2016)은 그린인프라 개념에 홍수와 지진해일 같은 자연재해위험 저감을 위해 전통적인 제방, 댐과 같은 그레이인프라와 더불어 해안역 복원, 홍수터 연결, 습지복원, 농업지역 저수지 조성, 도시지역의 투수성 증대 등을 통해 자연의 함수능력을 복원·증대하는 것까지 고려하고 있다. 이 같은 그린인프라의 방재기능을 특히 Eco-DRR (disaster risk reduction)이라고 한다.

여기서 그린인프라 개념과 제방 간 관계를 이해하기 위해 그린인프라 개념과 유사한 자연기반해법(Nature-based Solutions, NbS)을 간단히 소개한다(우효섭과 한승완, 2020). NbS는 인간복지와 종다양성으로 대표되는 생태계 모두의 이익을 위해 사회적 도전과제에 효과적, 적응적, 동시적으로 대처할 수 있도록 자연 및 개변 생태계를 보호하고, 지속적으로 관리하고, 복원하는 행위이다(IUCN, 2016). 여기서 사회적 도전과제는 기후변화, 물안보, 보건, 재해위험, 사회경제개발 등 현재 인류가 당면한 이슈를 일컫는다. 이러한 문제를 해소하기 위해 전통적인 인위적 대처방안보다는 자연생태계의 기능을 최대한 이용하는, 나아가 흉내내는 방안을 모색하는 것이다.

NbS의 좋은 예는 해안림의 보호를 통해 쓰나미나 폭풍해일로부터 해안역의 재해위험을 낮추는 것이다. 즉 잘 관리된 해안수림대는 자연적인 인프라 역할을 하여 자연재해에 대한 물리적 노출을 줄이고, 나아가 지역 삶의 기반을 유지하면서 수산자원, 건축자재 등과 같은 필수 자연자원을 제공함으로써 지역사회의 사회경제적 회복탄력성을 견고하게 해줄 수 있다. 따라서 NbS는 많은 부분에서 BGI와 유사하다.

그림 2.27은 NbS와 GI(또는 BGI)의 상대적 위상을 보여준다. NbS는 그 자체의 정의부터 사회문제 전반에 대한 대처방안으로 생태계 기능과 서비스를 이용하는 것인 반면, GI는 생태계의 기능과 서비스 중 사회기반시설 역할을 하는 것에 초점을 맞춘다. 이에 따라 이 그림에서와 같이 일반적으로 NbS 개념은 GI(BGI 포함)를 포괄한다.

여기서 그림 2.27의 CRT(close-to-nature river techniques)에 초점을 맞추면, 이는 우리말로 '자연형 하천공법'으로서, 협의로 나무, 풀, 돌 등 자연재료, 특히 살아있는 식물재료를 이용하여 하천의 형태를 자연하천에 가깝게 만드는 것이다. 이른바 재료의 자연형과 형태의 자연형이다(환경부/건설연, 1999). 여기서 재료의 자연형은 토양생물기술(soil bio-engineering)을 하천에 적용한 것이다. 자연형 하천기술은 보통 하도와 하안의 보전/복원 기술에 초점을 맞춘다. 그러나

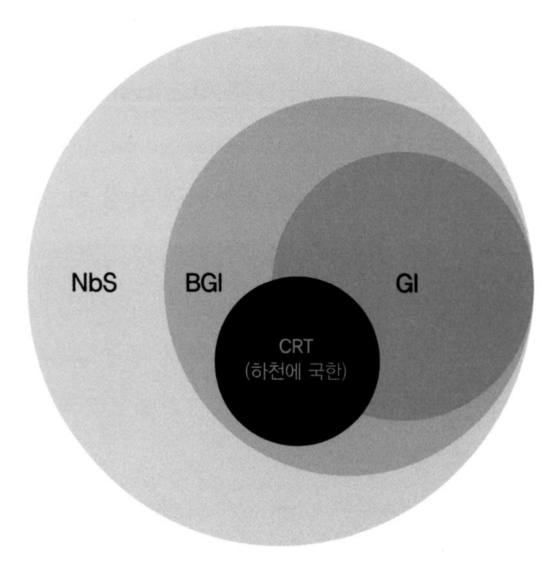

그림 **2.27** NbS와 BGI/GI 간 위계 (우효섭과 한승완, 2020, Fig. 4 각색)

이러한 기술에 하도 외에 제방과 홍수터를 포함한다면, 예를 들어 자연에 기반을 둔 홍수터 관리 기술 등을 포함한다면, 이는 BGI의 일부로 간주할 수 있을 것이다.

구체적으로, 하천기술에 GI식 접근 방법으로서 그림 2.28에서와 같이 (1) 맨 좌측의 자연상태 하천부터 시작하여, (2) 자연에 기반을 둔 하도와 홍수터 관리, (3) 인간의 조정이나 개입이 상당히 있는 자연형 하천기술, 그리고 (4) 맨 우측의 그레이인프라 같은 전통적 하천기술 등으로 나

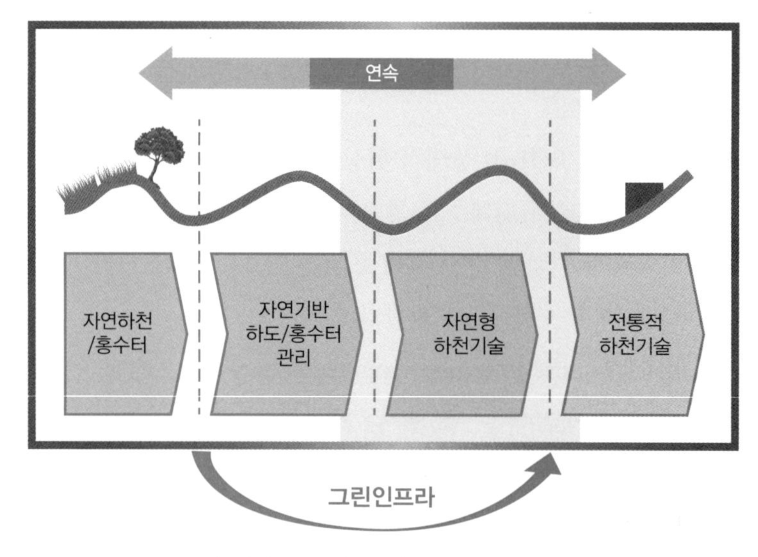

그림 **2.28** CRT(자연형 하천기술)과 그린인프라 (NERC, 2017, 자료 일부 각색)

누어 검토할 수 있다(우효섭, 2019). 여기서 자연에 기반을 둔 하도와 홍수터 관리는 앞서 소개한 그림 2.6과 같은 'room-for-the-river' 개념으로서, 하천홍수위험을 저감하기 위해 과거 하천홍수터이었던 토지를 다시 하천에 돌려주는 것 등이다. 이 범주에는 꼭 필요하지 않은 제방은 뒤로 물리거나, 낮추거나, 나아가 철거하는 것도 포함된다. 이는 사실상 광의의 GI 또는 BGI 개념과 같다. 다음, 자연형 하천기술은 위에서 설명한 대로 자연재료를 이용하여 자연에 가깝게 하도와 제방 등을 만드는 것으로서, 하천의 GI라 할 수 있다. 마지막으로, 전통적 하천기술은 인위적 하천 정비나 그레이인프라 제방을 의미하는 것이다.

그림 2.28의 자연기반 하천기술을 제방에 초점을 맞추어 다시 그리면 그림 2.29와 같이 표시할 수 있을 것이다. 이 그림에서 맨 우측은 전통적 제방기술로서, 콘크리트 호안블록이나 슬래브, 또는 콘크리트 홍수벽 등을 의미한다. 그 다음 자연형제방(기술)은 1990년대 이후 우리 하천실무에 보급된 것으로서, 흙, 돌, 통나무 등과 같은 자연재료는 물론 살아있는 나무나 풀과 같은 생물재료를 이용하여 흙제방을 보호하는 기술이다. 이는 자연형 하천공법(CRT) 중 하나이다. 흙제방의 표면에 별도의 경성호안을 설치하는 대신 순수하게 식생만을 이용하여 호안을 대신하는 식생호안도 이 범주에 포함될 수 있을 것이다. 이를 통해 식생의 뿌리와 흙의 결합력이 주는 침식저항성이나 줄기와 잎이 주는 사면보호효과를 이용하여 제방사면을 보호하는 동시에 제방건설로 인한 훼손된 생태계를 대체, 보완하는 효과를 기대하는 것이다. 이를 실무에서 식생계 호안으로 분류하고 있다(국토부/건설연, 2011). 이 범주는 모두 GI 제방이라 할 수 있을 것이다. 다음, 제방후퇴/철거는 과거 홍수터였던 하천공간을 다시 하천으로 돌려주기 위한 것으로서, 제방으로 인한 홍수소통을 포함한 하천생태계 기능을 복원하는 차원이다. 이는 넓은 의미의 BGI이다. 마지

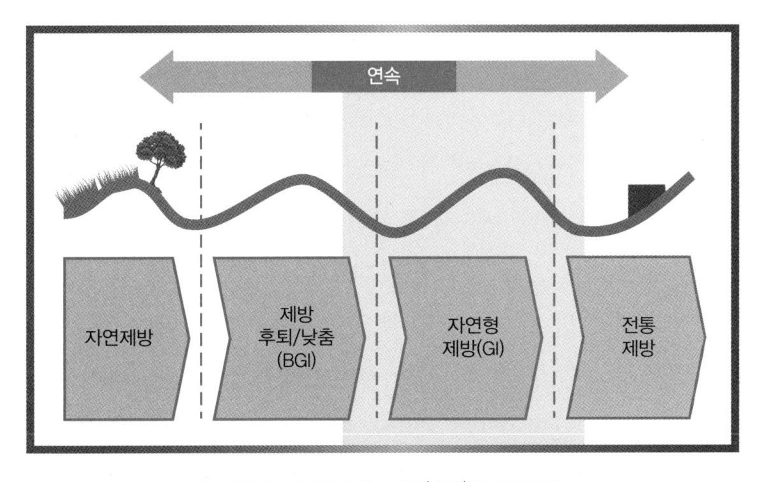

그림 **2.29** 자연기반 제방(기술)의 스펙트럼

막 맨 좌측은 자연하천이 하도에 연하여 만드는 자연제방을 지칭하며, 이에 대한 더 이상의 논의는 필요 없을 것이다.

따라서 이 책에서 협의의 그린인프라 제방이라 함은 자연재료를 이용하여 자연에 가깝게 만든 제방을 가리킨다. 반면에 광의의 그린인프라 제방 또는 BGI 제방은 홍수터 복원을 위한 제방 후퇴나 낮춤, 나아가 철거 등을 포함할 수 있을 것이다.

2.3.2 협의의 그린인프라 제방

위에서 정의하였듯이 협의의 그린인프라 제방은 그림 2.29에서 자연형제방을 의미한다. 여기서 하천의 자연적 또는 환경적 기능을 되새기면(우효섭 등, 2018, p. 22), 생물서식처, 수질자정, 친수 기능이 있다. 제방이라는 인공구조물이 하천의 환경기능에 미치는 부정적 영향을 가급적 줄이고 새로운 환경기능을 기대하기 위해서는 제방의 계획, 설계, 시공, 유지관리 전단계에 걸쳐 생물서식처와 친수 기능에 초점을 맞추어야 할 것이다. 이는 전술한 '제방의 기능' 중 위락, 환경 및 생태기능에 해당한다. 이를 위해 실무에서 활용하는 대표적인 기술로 자연형제방이 있다. 자연형제방에는 형태의 자연형 성격인 완경사제방과 재료의 자연형 성격인 자연형호안 제방 등이 있다.

완경사제방은 급경사제방에 비해 제체의 안정성, 유지관리의 편의성 등 기술적인 장점 이외에 식생활착의 여건과 경관 및 친수성 측면에서 장점이 있다. 이러한 이유로 제방의 최소비탈경사는 과거에 제내외지 모두 1:2를 사용하였지만, 근래 들어 1:3 이상을 장려하고 있다. 이에 대해서는 제5장과 제6장에서 자세히 설명한다. 앞서 보여준 그림 2.4는 비탈면 경사가 1:3 이상인 완경사제방을 보여준다.

식생제방은 제방의 주요 노출면인 비탈면에 제방건설 전 하천변 원 자생식물이 다시 활착할 수 있도록 한 제방이다. 이를 통해 그 지역의 하천생태계의 변형을 가급적 줄이고 새로운 환경에 적응하는 생태계 서식처를 기대할 수 있을 것이다. 이에 대해서는 제6장에서 구체적으로 설명한다. 앞서 소개한 그림 2.4는 매토종자를 이용한 식생호안의 좋은 사례이다. 그림 2.30은 2020년 8월 영산강유역 홍수 시 부분 파괴된 전남 나주시 문평천 우안 식생제방을 보여준다. 이 제방은 주변 펄로 만들어진 제방으로서, 표면은 모두 자생한 갈대로 덮여 있다. 그에 따라 잎과 줄기는 홍수의 흐름방향 침식력에 저항하고, 특히 길고 단단한 뿌리는 펄을 움켜잡아서 월류침식에 부분적으로 저항하여 완전파괴를 면하게 하였다. 또 이 책의 부록 II에서 소개하는 바이오폴리머 같은 새로운 재료를 이용하는 식생호안은 그린인프라 제방의 한 예가 될 수 있을 것이다.

마지막으로, 시간이 가면서 제방에는 초본류와 같이 목본류도 자생할 수 있다. 목본류 중 교목

그림 **2.30** 영산강 나주시 문평천 우안 식생제방(좌: 제내지, 우: 하천)

의 경우 국부세굴, 파이핑 등 제방안정성에 미치는 부정적 영향이 있기 때문에 유지관리 차원에서 보통 제거되나, 초본류나 관목의 경우 자연형제방 또는 그린인프라 제방을 지향하기 위해 과학적, 합리적 관리가 요구된다.

2.3.3 광의의 그린인프라 제방

광의의 그린인프라 제방 또는 BGI 제방은 열대지방의 맹그로브 숲과 같은 자연림을 이용한 해안수림대와 이른바 'room-for-the-river'(하천에 공간을) 개념으로 나눌 수 있다. 전자는 대부분 해안재해저감 성격이므로 이 책에서는 생략하고, 후자에 초점을 맞춘다(Woo et al., 2017).

제방은 원래 하천의 일부였던 홍수터가 농경지나 주거지 등 인간활동으로 잠식되고 그에 따른 홍수재해위험 문제를 극복하기 위한 것이다. 이와 같은 그레이인프라 제방을 대신하여 인간이 잠식했던 과거 홍수터를 되살려 하천통수능을 확대하고 하도와 홍수터 서식처를 복원하는 차원이 '하천에 공간을' 개념이다. 이렇게 기존에 농경지나 주거지, 기타 시설로 이용되는 토지를 하천홍수터로 되돌려주기 위해서는 기존 제방을 후퇴하거나 낮추거나, 나아가 철거하여야 할 것이다. 따라서 광의의 그린인프라 제방에는 홍수터나 구하도 복원을 위한 제방 후퇴와 낮춤, 철거 등을 고려할 수 있다.

그림 2.31은 네덜란드의 아른헴 근처의 라인 강 제방을 뒤로 물리고 과거 하천홍수터를 다시 하천에 돌려주는 공사 사진이다. 되돌려진 홍수터는 하천통수능 제고는 물론 하천의 육상생태계 서식처로 자리 잡을 수 있을 것이다.

제방후퇴의 또 다른 사례는 구하도 복원을 통한 하천통수능 확대와 서식처 복원을 위한 경우이

그림 2.31 제방후퇴 사례(Bakenhof, 네덜란드 아른헴 근처)(출처: Henk Nijland / Ute Menke)

다. 그림 2.32는 그러한 사례 중 하나로서, 기존 제방의 일부는 철거되고 그 뒤로 새로운 제방을 신설하여 하천홍수위험을 줄이면서 샛강과 홍수터가 복원되었다. 이 경우 신설 제방은 앞서 설명한 협의의 그린인프라 제방으로 거듭날 수 있을 것이다.

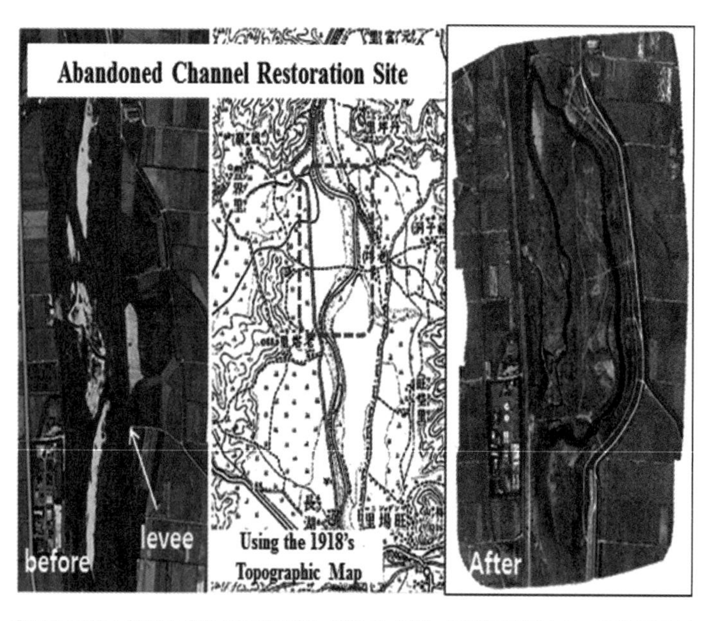

그림 2.32 청미천 구하도 복원을 위한 제방후퇴(좌: 사업 전, 중간: 1918년 지형도, 우: 사업 후)(여홍구 등, 2011)

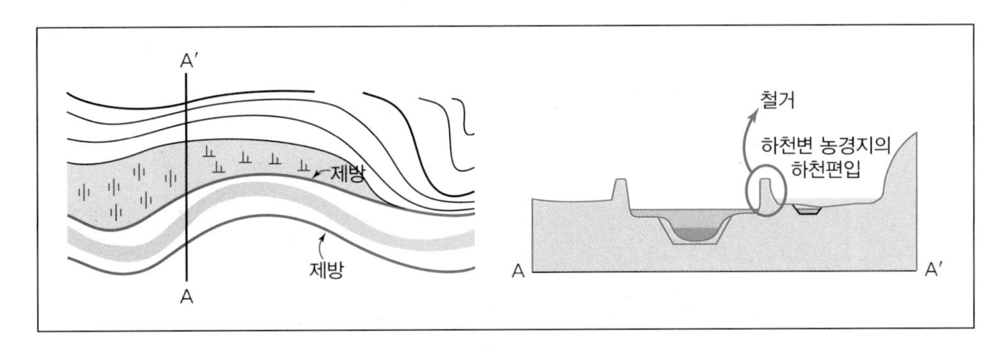

그림 **2.33** 생태성과 경제성의 비교평가를 통한 기존 제방의 부분철거 (우효섭, 2019)

마지막으로, 과거 제방을 계획하였던 시대에는 그 필요성이 있었더라도 현재와 미래의 제방가치를 치수안전성, 환경성, 경제성 등을 종합적으로 평가하면 물리적으로 철거하는 것도 고려할 가치가 있는 경우가 있을 것이다. 특히 그림 2.33과 같이 하천 양안을 따라 좁고 긴 토지(원래 홍수터의 일부)에 농경지 보호목적으로 제방을 건설한 경우 그 검토가치가 높을 것이다. 이와 같은 제방철거 대안은 그린인프라 제방의 개념 안에서 특히 인근하천의 복원과 맞물려 같이 검토될 수 있을 것이다.

2.1 아래와 같은 새만금 사업의 방조제 단면도를 보고 일반 하천제방과 비교하여 설계특징을 검토하시오.

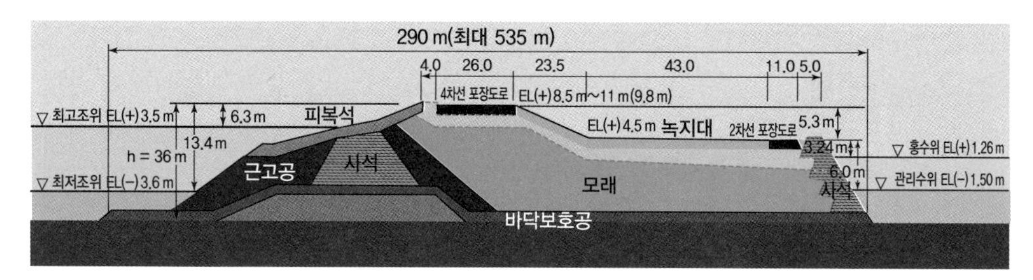

(출처: 보도자료, 농림수산식품부 4대강새만금과, 2010. 4. 26)

2.2 우리나라는 강제배수의 경우에도 그림 2.26에서 자연배수관을 중력흐름으로 제방저면에 배치한다. 이로써 생길 수 있는 내부침식 현상에 대해 간단히 검토하고, 대안으로서 이 그림에서와 같이 강제배수관의 압력흐름으로 배치하는 경우 장단점을 검토하시오.

2.3 그림 2.8에서 하천법에 의한 하천구역의 범위를 적시하시오.

2.4 일본의 고규격제방(일명 슈퍼제방)의 특징을 간단히 서술하고, 국내 도입의 여건과 한계 등을 기술성, 환경성, 경제성 면에서 검토하시오.

2.5 하천홍수방어를 위해 하천단면은 그대로 두고 제방고를 50% 높이는 경우 제방이 수용할 수 있는 홍수량 및 평균유속 증가율을 각각 추정하시오. 그 경우 홍수파의 하류전파속도 증가율을 추정하시오. 단 흐름은 등류로, 홍수파의 전파속도는 평균유속의 1.5배로 가정한다.

2.6 그림 2.32와 같이 상당거리에 걸쳐 하천에 연한 고지(upland) 능선이 있는 지형에서 제방과 능선 사이의 구홍수터 토지의 경제적 가치와 제방철거로 기대되는 'room-for-the-river' 개념의 유무형 가치를 정성적으로 비교·평가하시오.

국토부/한국건설기술연구원(건설연). 2011. 자연과 함께하는 하천복원기술개발 연구단 최종보고서.

여홍구 등. 2011. 우리나라 구하도 현황 자료집. Ecoriver 21 기술보고서 #2, 한국건설기술연구원.

우효섭. 2019. 자연기반기술 관점에서 본 자연형 하천기술. 응용생태공학회 2019년 학술발표회, 발표자료. 상지대학교.

우효섭. 2019. 자연에 기반을 둔 제방기술. 대한토목학회 학회지, 67(3): 36-41.

우효섭, 한승완. 2020. 물관리를 위한 자연기반해법과 유사개념들의 유형분류 및 체계. Ecology and Resilient Infrastructure, 7(1): 15-25.

우효섭, 김현준. 2005. 2005년 8월 미국 걸프 만을 강타한 허리케인 카트리나. 대한토목학회지 기술기사. 53(9): 64-70.

우효섭, 오규창, 류권규, 최성욱. 2018. 자연과 사람이 함께하는 하천공학. 청문각.

추현수, 진승남, 조현석, 조강현. 2017. 하천의 횡적 연결성 유무에 따른 홍수터 식생 구조의 비교 한국습지학회지. 한국습지학회지. 19(3): 327-334.

한국건설기술연구원(건설연) 수자원연구실. 2002. 2002년 낙동강유역홍수. 건기연 2002-032.

한국수자원학회/한국하천협회. 2019. 하천설계기준해설.

환경부/건설연(한국건설기술연구원). 1999. 국내여건에 맞는 자연형 하천공법의 개발 중간보고서, vol. 2.

EC (European Commission). 2013. Building a green infrastructure for Europe. Catalog.

CIRIA, Ministry of Ecology, and USA. 2013. International Levee Handbook (ILH). 2013. C731, London, England.

IUCN (International Union for Conservation of Nature). 2016. Nature-based solutions to address global societal challenges. Cohen-Shacham, E., Walters, G., Janzen, C. and Maginnis, S. edited.

MOE (Ministry of the Environment). 2016. Ecosystem-based natural disaster risk reduction in Japan. A handbook for practitioner. The Government of Japan.

NERC. 2017. Green approaches in river engineering - supporting implementation of green infrastructure. H.R. Wallingford.

Silva, W., Klijn, F., and Dijkman, J. 2001. Room for the Rhine branches in the Netherlands, what the research has taught us. WL Delft Hydraulics, Directorate-General for Public Works and Water Management, IRMA. http://resolver.tudelft.nl/uuid:12b2ad06-3469-49ea-a280-78e1dcc2fcb9

Woo, H., Joo, J. C., Yeo, H. K., and Oh, J. M. 2017. Green infra for natural disaster risk reduction from an old wisdom of traditional ecological practices in Korea - focused on restoration of ecological functions of rivers. The 37th IAHR World Congress, Kualarumpur, Malaysia.

中島秀雄. 2003. 圖說 河川堤坊. 技報堂出版. 일본.

URL#1: https://www.dutchwatersector.com/news/boskalis-and-van-oord-to-reinforce-coastline-by-creating-beach-in-front-of-sea-dike-the) (2019. 9. 25. 접속)

URL#2: http://redgreenandblue.org/2012/06/14/california-coalition-tells-feds-peripheral-canal-is-an-enormous-mistake/ (2019. 9. 25. 접속)

URL#3: https://www.epa.gov/ green-infrastructure/what-green-infrastructure. (2019. 12. 9. 접속)

1990년 한강제방 붕괴(안쪽이 한강, 바깥쪽이 지금의 일산, 흐름은 우에서 좌로; 고양시, 2012)

03 제방의 파괴기구

이 장은 제방의 파괴기구로서, 제방에서 발생할 수 있는 다양한 파괴상황과 그 기구(mechanism)를 설명한다. 먼저 제방파괴의 의미와 범위를 검토하고, 이에 대한 제방파괴의 형태를 정의한다. 다음, 파괴형태별 발생요인과 파괴기구를 설명한다.

3.1
서론

제방파괴는 홍수 및 지진발생과 제방노후화 등으로 발생한다. 제방파괴는 보통 인명과 재산에 심각한 피해를 준다. 본 장에서는 제방파괴와 파괴유형을 정의하고, 제방의 파괴기구와 유형에 따른 파괴사례를 소개한다.

3.1.1 제방파괴의 정의

구조물의 파괴는 지정된 기능에 대해 정의된 성능 한계값(주어진 응력에 대한 응답)을 달성할 수 없는 상태라고 정의된다(Morris, 2008).

제방은 일반적으로 제체와 부속구조물(벽, 배수로, 통문 등)을 포함한 여러 요소로 구성된다. 제방의 주된 기능은 홍수에 의한 제내지 침수방지이다. 따라서 제방의 파괴는 침수방지대책의 목표수준 이상의 강우나 홍수 발생으로 제방의 내구성이 약해져 범람하는 상태 혹은 침수를 방지할 수 없는 상태로 정의된다.

제방파괴는 수리적 파괴(hydraulic failure)와 구조적 파괴(structural failure)로 구분할 수 있다. 수리적 파괴는 침수방지대책의 목표수준에 도달하기 전에 제방구조물에 대한 사전손상 없이 제방에서 물 유입(침식, 월류, 침투 등)이 발생할 때 일어난다. 구조적 파괴는 하나 이상의 제방구조물에 영향을 끼치는 손상으로 인해 제방시스템이 파괴되는 상태를 말한다. 이때 제방시스템은 제방과 수문, 통문 등 제체를 구성하는 요소와 제방의 침수방지라는 기능을 포괄하는 의미로 사용된다.

수리적 파괴와 구조적 파괴는 상호영향을 끼치며, 한 가지 파괴의 발생은 다른 파괴를 동반한다(그림 3.1).

제방의 구조적 파괴는 하나 이상의 제방 구성요소가 열화되고 손상되어 성능이 저하될 때 발생한다. 제방 구성요소가 약해지면 제방이 완전한 기능을 할 수 없으며, 이는 제방의 파괴를 의미한다. 제방 구성요소의 구조적 파괴로 인해 제방은 수리적 기능을 할 수 없게 된다. 즉, 제방 구성요소가 더 이상 설계목표수준을 달성할 수 없을 때, 수리적 파괴가 발생한다.

수리적 파괴는 다음 중 하나 이상의 원인으로 발생한다.

- 제방설계범위 이상의 홍수로 인한 월류와 침투 발생(그림 3.2)
- 퇴적으로 인한 강바닥의 상승, 제체자중에 의한 침하로 제방고 저하 등 제방 주변 환경의 변화

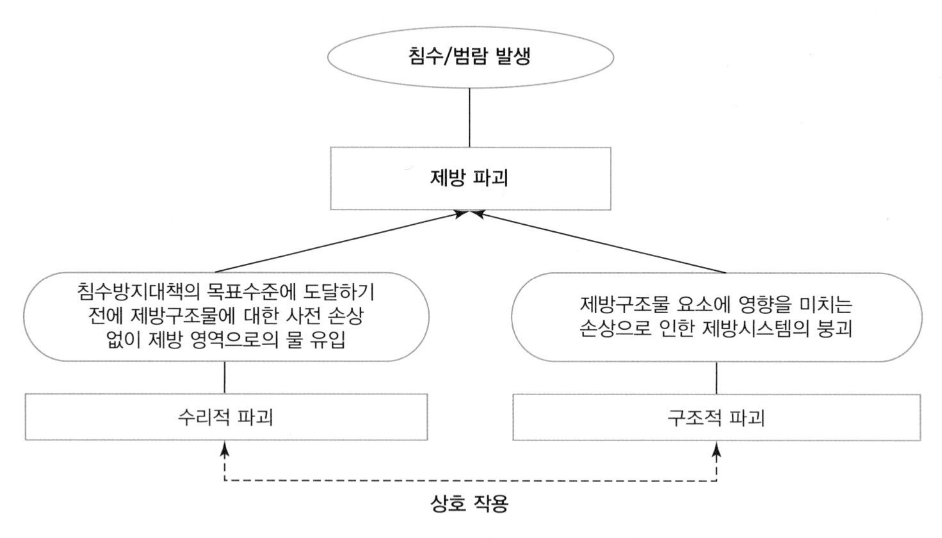

그림 3.1 제방파괴의 형태

그림 3.2 월류(설계범위 이상의 월류로 인한 제방파괴) (CIRIA, 2013, p. 160)

- 관리자의 실수 혹은 유지 보수 상의 문제로 인한 통문의 고장 등 작동 상의 오류
- 제방요소의 구조적 파괴로 인한 제체파괴

3.1.2 제방의 열화와 손상

제방의 열화와 손상은 침식, 세굴, 미끄러짐 등에 의해 발생한다. 제방의 열화와 손상 유형은 표 3.1과 같다(건설연, 2014, p. 29).

열화와 손상이 발생한 제방은 제방 구성요소가 구조적으로 기능하지 못하게 되어 설계범위 내의 침수를 더 이상 방지하지 못하게 된다. 제방비탈면 혹은 앞비탈기슭 부근의 손상은 제방의 홍

표 3.1 제방의 열화와 손상 유형

발생위치	홍수기 전	홍수기 중	홍수기 후
제외 비탈면	• 잔디파손, 바퀴패임 • 비탈면 균열 • 언덕길/계단 설치부의 세굴과 침식 • 두더지, 들쥐 등의 서식구멍	• 비탈면 침식과 균열	• 비탈면의 침식과 균열 • 비탈면 융기 • 호안/제방 경계면의 손상과 복토의 유실
둑마루	• 균열 • 국부적 저면부 존재 • 둑마루 포장단부 손상	• 균열 • 물웅덩이 • 둑마루 포장 끝부분 손상	• 균열 • 물웅덩이 • 둑마루 포장 끝부분 손상
제내 비탈면	• 잔디손상, 바퀴패임 • 비탈면 균열 • 턱파손과 저면부 존재 • 언덕길/계단 설치부 세굴과 침식 • 두더지, 들쥐 등의 서식구멍	• 비탈면 손상과 균열 • 측단 부근 누수 • 비탈면/턱의 진흙탕화 • 턱 내 물웅덩이 발생	• 비탈면 손상과 균열 • 턱 부근 누수 • 비탈면/턱의 진흙탕화 • 턱 내 물웅덩이 발생
제내 비탈기슭	• 표층 부근의 고함수비화 • 국부적 저면부 존재 • 용수 발생 • 두더지, 들쥐 등의 서식구멍 • 비탈기슭보호공 파손	• 비탈기슭 손상 • 비탈기슭 부근 누수와 분사 • 비탈기슭의 진흙탕화 • 비탈기슭보호공의 변형, 침하	• 비탈기슭 손상 • 비탈기슭 부근 누수와 분사 • 비탈기슭의 진흙탕화 • 용수의 유무 • 비탈기슭보호공(허리 쌓기)의 변형, 침하
측구	• 측구의 변형과 침하	• 측구의 이음새에서 누수와 분사	• 측구의 이음새에서 누수와 분사
제내지	• 표층 부근의 습윤상태	• 비탈기슭 부근의 분사 • 지반의 융기와 함몰	• 비탈기슭 부근의 분사 • 지반의 융기와 함몰 • 벼베기 후 논의 분사
구조물 주변	• 시설물/제방 단차 발생	• 제방접합부의 누수와 분사	• 제방접합부의 누수와 분사

수방지수준을 크게 약화시킨다(그림 3.3).

제방 기초지반 내의 투수층과 균열의 존재는 누수현상과 파이핑(관공현상)을 유발한다. 여기서 누수현상은 외수위 상승으로 제체/지반을 통해 제내지 측으로 침투수가 유출하는 현상을 말

그림 3.3 침식과 미끄러짐이 발생한 제방 (한국시설안전공단, 2012, p. 7)

그림 3.4 침투파괴로 인한 제방붕괴 (한국시설안전공단, 2012, p. 8)

하며, 파이핑은 누수로 인해 물의 통로가 생기면서 관 모양으로 구멍이 뚫려 흙이 세굴되면서 지반이 파괴되는 현상을 말한다. 투수층과 균열을 통한 누수의 발생은 장기적으로 제방의 열화와 손상을 유발한다. 이로써 더 이상 제방의 불투수성이 보장되지 않으며, 파이핑과 누수에 의해 제체 내부의 유수가 증가하고 세립토가 이송되어 제체 내부에서 침식이 발생한다. 또한 세립토의 이송으로 인해 제체 내부에 공극이 발생하고 이는 제체의 침하를 유발한다. 제체의 내부침식과 침하는 제방성능을 약화하고 홍수방지능력을 저감한다(그림 3.4).

유수의 소류력으로 인한 침식 또한 제방의 열화와 손상의 주요한 원인이다. 유수에 의한 침식은 주로 전단강도가 약한 앞비탈기슭에서 발생하여 제방폭을 감소시킨다(그림 3.5). 제방폭의 감소는 제방비탈면의 미끄러짐에 의한 파괴 가능성을 증가시킨다.

그림 3.5 침식으로 인한 제방의 열화와 손상 (CIRIA, 2013, p. 160)

3.1.3 제방의 파괴

제방파괴는 제방의 열화와 손상 기구의 최종단계이다. 제방파괴는 심각한 제체 내 토양유실, 공극발생 등으로 인해 홍수통제능력을 잃은 치명적인 붕괴상태를 의미한다. 제방 구성요소의 구조적 파괴는 제방의 수리기능의 급작스러운 붕괴를 가져온다. 제방파괴는 유수에 의한 파이핑의 확대, 제체 내부공극의 발생, 침식에 의한 제방고 저하, 비탈면의 불안정성 등으로 발생한다.

특히 점토, 이탄 등 연약지반 위에 건설된 기초지반은 비배수 전단강도가 충분하지 않아 유수에 의한 제방의 횡방향 미끄러짐을 초래한다(그림 3.6).

제방의 구조, 기능, 파괴는 상호영향을 끼친다(그림 3.7). 제대로 된 제방구조를 통해 제방의 저수, 침수 방지 등의 기능이 구현될 수 있다. 제방파괴는 제방기능을 마비시키며, 반대로 제방기능

그림 **3.6** **연약지반에 건설된 제방의 미끄러짐** (CIRIA, 2013, p. 160)

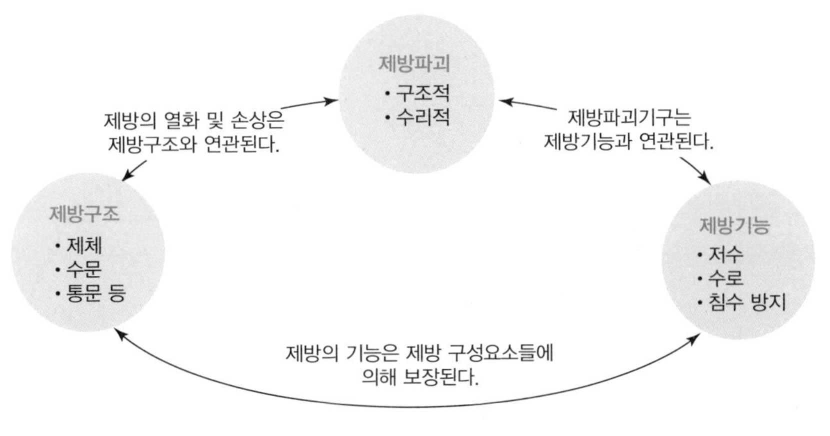

그림 **3.7** **제방구조, 제방기능과 제방파괴의 상관관계**

의 마비는 또한 제방파괴의 요인이 된다. 제방구조의 열화와 손상은 제방파괴를 유발하며, 제방파괴는 제방구조의 기능을 저하한다.

3.1.4 제방의 파괴기구

제방의 파괴기구는 물리적/기능적 붕괴과정으로 구성된다. 물리적 붕괴는 제방 구성요소의 열화와 손상에 의해 발생한다. 기능적 붕괴는 제방 구성요소의 기능저하로 발생한다. 물리적/기능적 붕괴는 상호영향을 끼치며, 다양한 원인에 의해 발생한다.

제방의 파괴는 시간에 따라 열화와 손상이 심화되어 발생한다(그림 3.8). 제방의 열화는 바람, 조류, 파도, 조수, 온도, 초목, 동물, 인간 활동, 재하(loading)와 제하(unloading)와 같은 물리적/화학적 작용으로 시작된다. 제방의 지속적인 열화는 제체의 균열(fissures and cracks), 함몰(depression), 내부공동화(bank caving), 식생감소, 미끄러짐, 비탈면 침식 등 육안관찰로 가능한 다양한 영향을 끼친다. 하나의 영향은 여러 파괴기구와 연관되며, 하나의 파괴기구 유형에서 여러 가지 열화에 의한 영향이 관찰된다. 물리적/화학적 작용이 지속되어 열화의 한계점에 도달하면 제방이 손상되고, 파괴에 이른다.

또한 제방파괴는 제방의 형태, 제방구조물의 유무, 하중 등에 영향을 받는다. 제방파괴를 유발하는 요인은 다음과 같다.

- 상재하중의 과다
- 높은 수위와 급격한 수위변화
- 유수의 침투
- 홍수 등으로 인한 유량증가

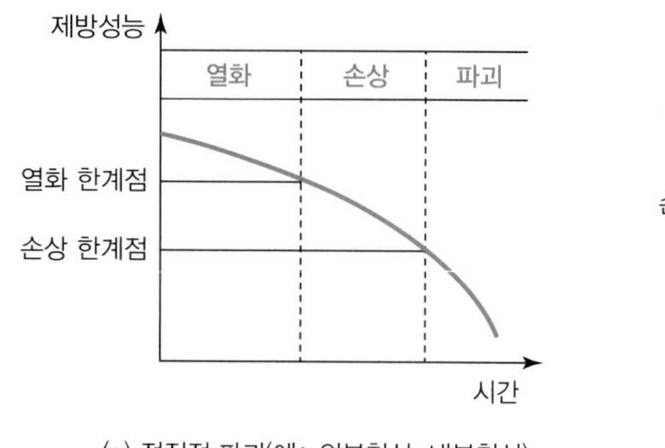

(a) 점진적 파괴(예: 외부침식, 내부침식)

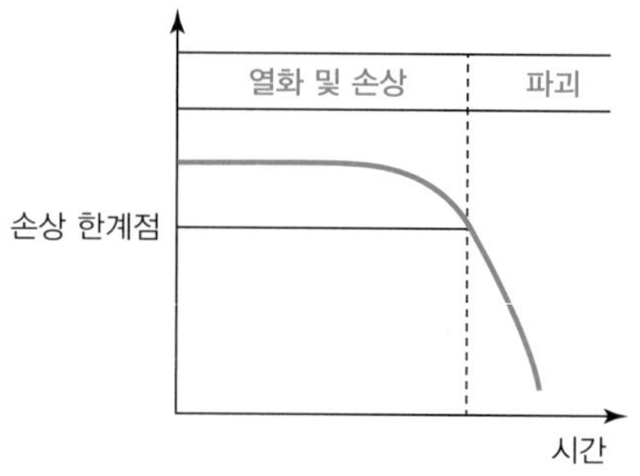

(b) 급진적 파괴(예: 미끄러짐)

그림 3.8 제방파괴의 시간 의존성

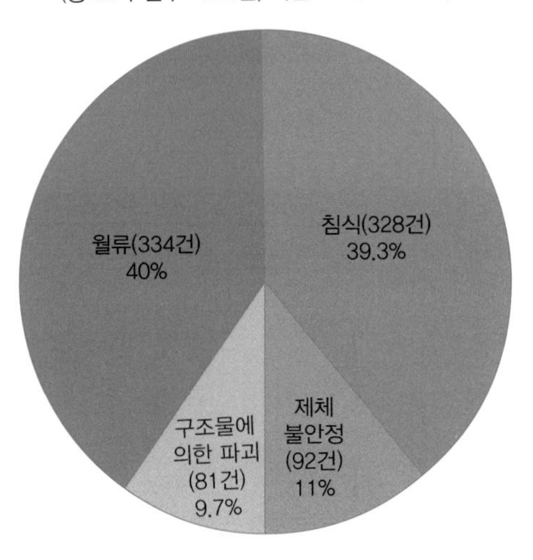

그림 **3.9** 하천제방의 파괴유형 (건설연, 2014, p. 2)

제방 구성요소는 위 다양한 요인에 의해 손상되고 성능이 저하되어 파괴된다. 각각의 요인은 다른 요인을 유발하고 촉진하는 원인이 된다. 따라서 제방파괴는 복합적인 요인에 의해 발생하며, 한 가지 파괴기구에 의한 도미노 현상으로 다른 파괴기구를 일으킬 수 있으며, 여러 가지 파괴기구가 동시에 발생할 수 있다.

본 장에서는 제방파괴의 원인이 되는 현상을 강우, 월류, 침식, 침투, 불안정성, 지진, 구조물에 의한 파괴 등으로 구분하여 설명한다. 국내에서 1987년부터 2006년까지 홍수로 인한 제방 피해 사례의 통계는 그림 3.9와 같다. 대부분의 제방파괴는 물에 기인하며, 총 835건의 제방파괴 중 월류(40%), 침식(39.3%), 제체 불안정(11%), 구조물에 의한 파괴(9.7%) 순으로 나타났다.

3.2
강우에 의한 파괴

3.2.1 강우 파괴기구

강우에 의한 파괴는 다량의 강우에 의한 제방비탈면의 파괴이다. 하천계획 시 대부분의 계획홍수량은 강우기록에 대한 통계적/수문학적 분석을 통해 개별 하천별로 계산한다. 그러나 하천기본계획 상의 설계빈도와 실제적인 강우 시 차이가 발생할 수 있다. 이는 제체의 배수불량, 제방표

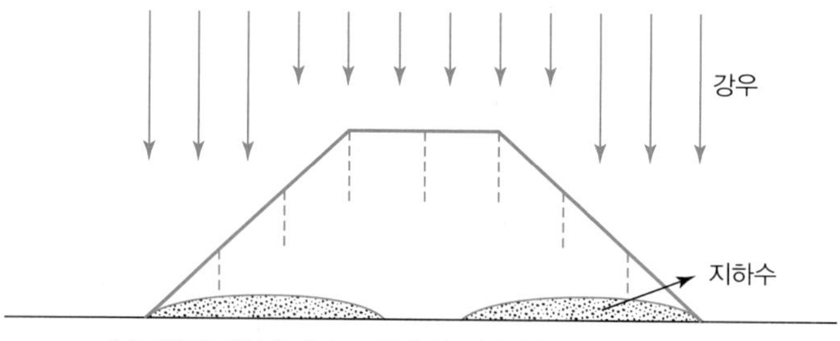

(a) 제체에 침투한 우수로 인해 양 비탈기슭의 지하수위 상승

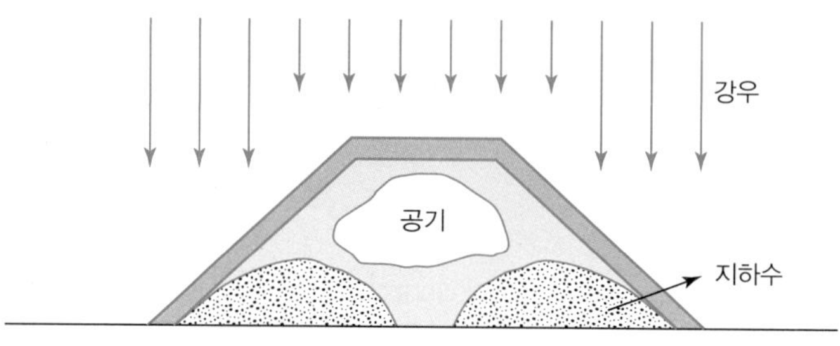

(b) 강우지속으로 인한 제체 하부 수위상승과 제체 상부 포화도 증가

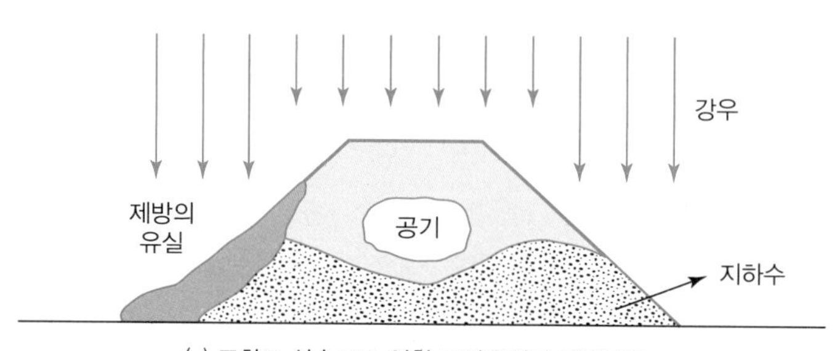

(c) 포화도 상승으로 인한 토양유실과 제방파괴

그림 **3.10** **강우파괴 모식도와 기구** (국토교통부, 2016, p. 62)

면의 고함수비를 유도하고, 비탈면의 불안정성을 높인다.

강우 시 침투에 취약한 비탈면과 둑마루로부터 우수가 제체 내로 침투한다. 침투한 우수는 제체 하부부터 점차 상승하여 공기유동을 발생시킨다. 이는 제체 중앙부에서 포화도 감소와 내부 공동화를 일으키는 반면, 제체 하부에서는 포화도를 증가시킨다. 함수비가 높아진 제체의 앞비탈기슭 부근에서 누수가 시작된다. 침투량을 상회하는 강우에 의해 제방비탈면의 포화도가 상승한다. 포화되어 연약해진 제체표면의 강도가 저하되고, 연약화된 비탈면이 자중으로 인해 파괴된다. 그림 3.10은 강우 파괴의 모식도와 기구를 나타낸다.

강우에 대한 내구성은 성토재료, 표면식생의 활착상태, 축제연수 등에 따라 달라진다. 일반적으로 성토재료가 점성토일수록, 잔디가 제체표면에 균일하게 활착할수록, 축제연수가 오래될수록 강우로 인한 피해가 적다. 강우는 토양 내부의 공동화로 인한 직접적인 파괴 외에도 홍수로 인한 월류, 침투, 침식, 비탈면의 불안정 등 대부분의 제방파괴의 원인이 된다.

3.3
월류에 의한 파괴

3.3.1 월류파괴 요인

월류에 의한 제방파괴는 가장 전형적이며, 많은 피해사례가 보고되고 있는 유형이다(그림 3.11). 강우, 홍수 시 계획규모 이상으로 홍수위가 발생하여 제방고보다 높아질 때 월류에 의한 제방파괴로 이어진다. 설계규모 이상의 월파(overtopping)와 월류(overflowing)는 제방비탈면의 직접침식과 관련된 주요한 피해를 유발한다(그림 3.12). 월파는 해안제방에서, 월류는 해안제방과 하천제방 모두에서 발생할 수 있다. 둑마루를 월류한 유수의 충격과 유속은 제방표면의 침식을 유발한다. 또 월류 시에는 둑마루와 뒷비탈에서 침식이 발생해 침식에 의한 파괴를 유발할 수 있다. 국내의 경우 해안제방이 상대적으로 많지 않고, 더욱이 간척지를 보호하는 방조제는 보통의 해안제방보다 훨씬 보수적으로 설계되기 때문에 월파에 의한 파괴사례는 흔하지 않다.

그림 **3.11** 2011년 미주리강 제방 L-550 월류 (USACE, 2011)

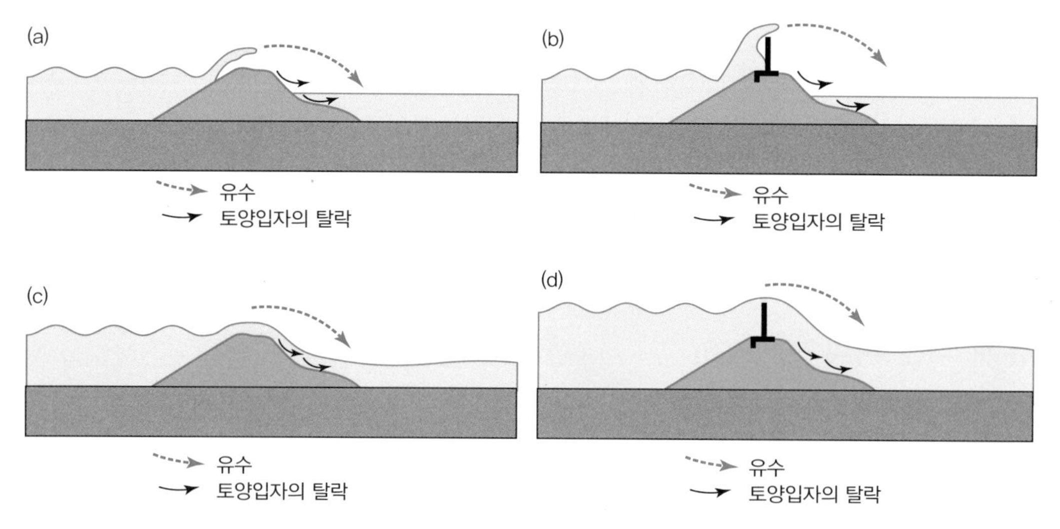

그림 **3.12 월류/월파에 의한 파괴** (CIRIA, 2013, p. 166)

3.3.2 월류파괴 기구

월류에 의한 제방파괴는 홍수 시 하천수의 월류에 의해 발생한다(그림 3.13). 일차적으로 제체 내 유수의 침투로 인해 제체의 포화도가 상승하고, 제체의 강도가 저하한다. 하천이나 호소가 둑마루 이상의 홍수위에 도달하면 월류가 시작되고, 월류수심이 깊어지면 월류수의 소류력에 의해 강도가 낮아진 제내지 측 비탈머리와 비탈기슭에서 세굴이 발생한다. 이때 제내지 비탈면의 요철이 있는 부분부터 세굴이 발생하며, 표면식생이 떨어지고 표면 전체로 퍼져간다. 세굴로 인해 제체를 구성하는 흙입자가 이송되고 공극이 발생한다. 발생한 공극을 통해 유수가 침투하여 제체표면의 강도를 저하하고, 월류에 의한 파괴를 유발한다.

그림 **3.13 제내지 비탈머리와 비탈기슭에서 모래제방의 월류 세굴** (국토부/지스트, 2016~2019)

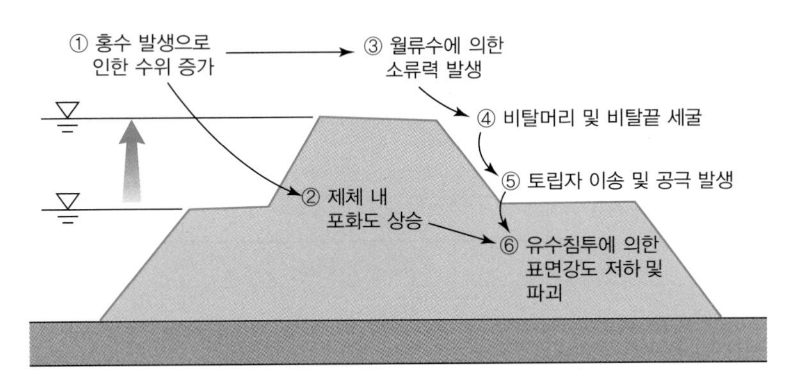

그림 **3.14** 월류파괴 모식도와 기구

월류 시의 소류력은 제체 뒷비탈기슭에서 가장 크다. 따라서 월류 시에 뒷비탈기슭이 먼저 세굴되고, 이후 뒷비탈머리가 세굴된다. 월류수에 의해 포화도가 상승하고 중량이 늘어난 제체가 불안정하게 되어 붕락한다. 붕락한 제체는 더 불안정해지고, 붕락의 연속적 진행으로 파괴가 발생한다. 그림 3.14는 월류파괴의 모식도와 그 기구를 나타낸다.

월류에 의한 파괴는 수리단면적의 부족에서 기인한다. 수리단면적의 부족은 과소한 설계홍수량 책정이나 과도한 홍수 발생 등으로 인해 하폭제방고 등에서 발생하며, 하천통수능 저하를 가져온다. 이는 산사태 등에 의해 하천으로 유입된 토석류와 유목 등이 하도에 퇴적되거나 교각 등에 걸칠 때 발생한다. 또 통수능은 제방 근처에 건설된 교대, 교각 등에 의해서도 감소한다.

월류에 의한 파괴 진단방법(윤광석과 김수영, 2017)

월류에 의한 제방의 파괴안정도 산정 시에는 하천단면의 통수능이 중요한 인자로 작용한다. 하천수위가 제방고와 같게 될 때의 유량을 통수가능홍수량으로 지정하며, 통수가능홍수량과 여유통수능을 합한 값에 안전율을 곱하여 계획홍수량을 산정한다.

윤광석과 김수영(2017)은 낙동강 합류부(No.0)에서 남강댐 하류(No.256)까지 총 158개소에 대해 30, 50, 80, 100, 200년 빈도별 홍수량과 홍수위를 산정했으며, 각 횡단에 따라 수위-유량관계를 도출하여, 제방 월류안정도(F_{LO})를 산정했다.

제방 월류안정도 산정식은 아래와 같다.

$$F_{LO} = (\text{통수가능홍수량} + \text{여유통수능}) / \text{계획홍수량}$$

제방 월류안정도에 따른 제방 안정성은 다음 표 1과 같이 분류된다.

표 **1** 제방 월류안정도에 따른 안정성 등급

F_{LO}	< 0.75	0.75~1.0	1.0~1.2	1.2~1.5	> 1.5
등급	매우 위험(VD)	위험(D)	보통(N)	안전(S)	매우 안전(VS)

그들은 남강댐 하류부터 낙동강 합류부까지 남강제방에 대해 158개소를 5가지 등급에 따라 월류에 대한 위험을 분석했다. 이에 따라 7개소(4.5%)의 단면이 월류에 위험 이상 등급(V, VD)으로 평가되었으며 이는 표 2와 같다.

표 2 제방 월류안정도 평가 결과

개소(번호)	F_{LO}	등급
71	0.774	D
79	0.918	D
91	0.702	VD
92	0.679	VD
102	0.936	D
130	0.952	D
150	0.999	D

EXERCISE
예제 3.1

강우에 의한 제방파괴 및 월류에 의한 제방파괴의 주요 원인에 대해 서술하시오.

풀이

강우에 의한 제방파괴의 주요 원인: 우수의 침투로 인한 포화도 증가

월류에 의한 제방파괴의 주요 원인: 강우, 홍수 시 계획규모 이상의 홍수위 발생

3.4 침투에 의한 파괴

제방의 침투파괴는 제체 내부에 침투한 유수의 동역학적 힘으로 시작된다. 제체 또는 기초지반 내의 흙입자가 침투수의 흐름에 의해 아래로 운반될 때 침투파괴가 발생한다(Bonelli et al., 2012). 이 과정에서 간극수압과 침투수의 흐름에 의해 토양입자의 이탈이 진행된다. 이는 제체와 기초지반 내의 침투수로를 형성한다. 침투수로를 통해 제방구조 내의 침투가 확장되어 제체를 통한 물의 흐름이 발생하면 궁극적으로 제방이 붕괴될 수 있다.

3.4.1 침투파괴 요인

침투파괴의 주요원인은 침투류이다. 제체 내의 침투류는 투수층의 존재 또는 균열의 존재로 시작된다. 제체표면의 균열은 우수와 유수에 의한 침투를 촉진한다. 제방에 침투류를 만들어 침투파괴를 유발하고 악화하는 요인들은 아래와 같다.

- 동물활동으로 인한 서식구멍 발생
- 통제되지 않은 식생뿌리의 발달
- 관로를 비롯한 구조물 건설로 인한 제방 관통
- 부적절한 성토재 사용
- 제내지 굴착으로 인한 투수층 노출

제체 내의 침투류는 제방의 저수기능에 치명적인 영향을 끼친다. 초기 침투단계에서 유실되는 물의 양은 상대적으로 적으며, 제체의 허용범위 내가 될 수 있다. 그러나 초기단계에서 침투에 대한 응급복구 없이 방치하면 점토, 진흙 등의 세립토 입자가 침투류에 의해 지속적으로 이송된다. 이로 인해 토양의 투수성이 커져 침투류의 속도가 증가해 더 많은 토양이송이 발생한다.

침투파괴 시에는 제체 내의 토양-수분 특성이 변하기 때문에 미끄러짐에 의한 파괴가 유발된다. 침투류는 제방재료의 안정성을 낮추고, 뒷비탈기슭의 부력을 상승시킨다. 침투에 의해 허용간극수압보다 높은 간극수압이 만들어지면 제방의 불안정성이 증가한다. 또 제방접합부에서 유수의 침투로 양압력이 발생한다. 접합부에서 발생하는 양압력은 제체 흙의 유실과 균열을 유발하여 제방의 불안정성과 침투파괴를 유발할 수 있다.

3.4.2 침투파괴 기구

침투에 의한 제방파괴는 강우와 하천수의 복합적인 활동에 의한 침투파괴와 제체 또는 기초지반에서 발생하는 국소침투에 의한 파괴로 구분된다.

침투에 의한 파괴는 성토재료의 불량, 좁은 제방폭, 급한 비탈면 경사로 인한 침윤선의 발달로 발생한다. 제방 하단부와 제체에서부터 침투한 유수는 그 소류력에 의해 제체재료를 이탈시킨다. 침투류로 인한 물의 통로가 생기면서 파이프 모양으로 구멍이 뚫려 흙이 세굴되는 파이핑이 발생하여 침투파괴가 발생한다.

강우와 하천수의 활동으로 제체에 유수의 침투가 발생하면 침윤선과 포화도가 상승한다. 이로 인해 제체 내의 간극수압이 상승하여 흙의 강도가 저하되고 침투파괴가 발생한다.

또한 제체 또는 기초지반에 침투한 하천수와 강우가 국소적으로 한계동수경사와 한계침투유속

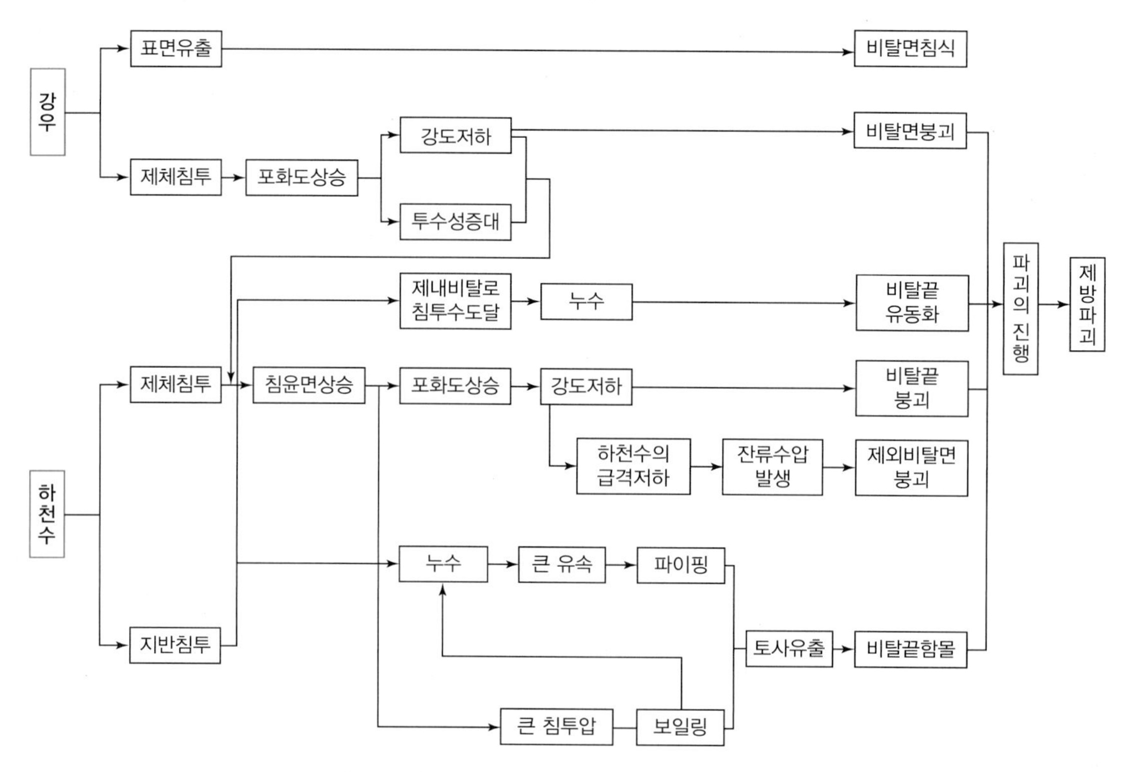

그림 3.15 침투에 의한 제방파괴의 발생과정 (국토교통부, 2018)

을 넘으면 흙의 조직파괴(침투파괴)가 발생한다. 국소적인 침투파괴가 진행하여 기초지반을 함몰하며, 제체 뒷비탈기슭 부근에서 흙을 씻겨낸다. 이 현상을 파이핑(piping), 보일링(boiling) 또는 내부침식(internal erosion)이라 부른다. 그림 3.15는 침투에 의한 두 가지 제방파괴 양상을 보여준다.

3.4.3 내부침식 기구

제방의 내부침식은 다음의 4단계 과정에 의해 진행된다(Bonelli et al., 2012).

- **침투의 시작**
- **침투에 의한 침식:** 제방재료와 필터의 입자분포가 침식의 지속여부를 제어한다.
- **침식의 진행:** 침식에 의한 파이핑으로 제방과 기초의 하류부분에서 간극수압이 증가하여 침식이 진행된다.
- **침식에 의한 파괴:** 침식파괴로 인해 제체의 침수방지 기능이 억제되어 대량의 누수가 발생한다.

내부침식 기구는 그림 3.16과 같이 분류된다(CIRIA, 2013).

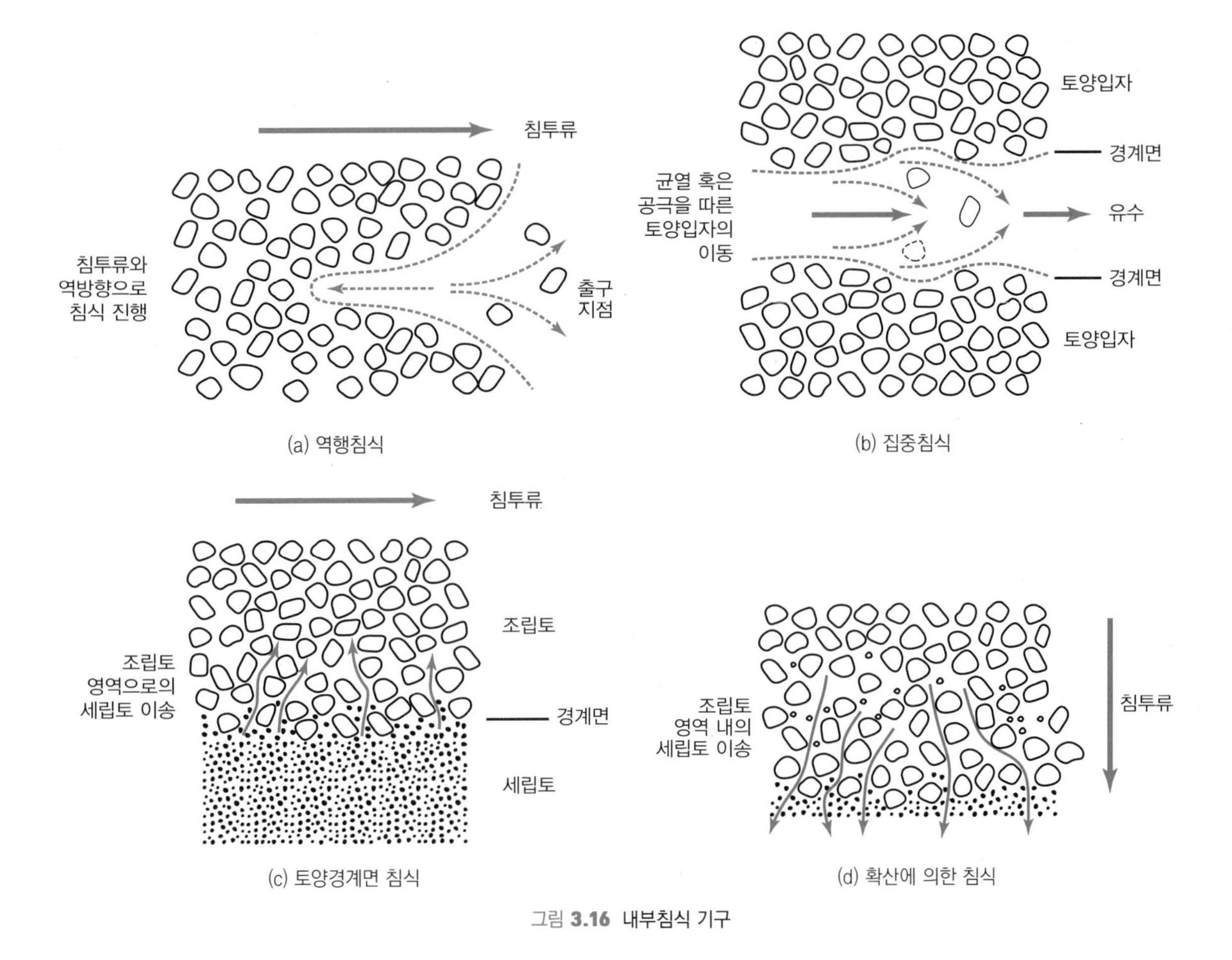

그림 **3.16** 내부침식 기구

- **역행침식(backward erosion), 파이핑**: 출구지점에서 침식이 시작된다. 유수에 의해 발생하는 전단응력이 토양의 응집강도보다 강할 때, 유수의 방향과 역방향으로 침식이 진행된다.
- **집중침식(concentrated erosion)**: 균열 혹은 연결된 공극의 측면에 집중되어 진행하는 침식을 말한다. 연결되어 있는 공극의 경우 투수성이 낮아 유수에 의해 유발되는 전단응력이 한계값을 초과하게 되며, 공극의 측면을 따라 침식이 진행된다.
- **토양경계면 침식(soil contact erosion)**: 세립토와 조립토 또는 세립토와 기초의 경계면에서 발생하는 내부침식이다. 침식에 의해 세립토가 이송되어 조립토 영역 혹은 기초의 균열을 통해 이동할 때 발생한다.
- **확산에 의한 침식(suffosion)**: 불안정한 제체 내부에서의 대량침식을 의미한다. 침식흐름에 의해 조립토 사이의 세립토립자가 이송된다.

이 외에도 내부침식은 흙과 제방구조물 사이의 경계에서 발생할 수도 있다.

제방 내부침식 판정사례 1
(Serre et al., 2008)

Serre et al.(2008)은 지리정보시스템에 있는 자료를 바탕으로 제방의 파괴를 유발하는 척도를 통해 제방의 파괴기구를 결정하고, 장래 파괴가능성을 규정하는 'Levee GIS' 시스템을 개발했다.

이 시스템에서 내부침식에 의한 제방파괴를 진단하는 방법은 그림 1과 같다. 제방을 구성하는 각 요소(비탈끝, 제체 내)에 대해 파괴를 유발하는 각각의 인자를 지리정보시스템 자료로 확인하여 점수를 매기고, 그 점수를 바탕으로 대상제방의 종합점수와 파괴위험수준을 정의한다.

특히 제방의 내부침식에 대해서는 서식구멍 발생여부, 뿌리의 침투여부, 제체 내를 통과하는 세굴·관로여부, 재료구성 등 다양한 인자에 대한 종합적인 분석을 통해, 내부침식에 대한 안전도를 정의할 수 있다.

제방 구성요소	파괴유발인자	점수
비탈끝	서식구멍	0-10
	뿌리 침투	0-10
	세굴	0-10
	재료구성	0-10
	관로	0-10
제체 내	서식구멍	0-10
	뿌리 침투	0-10
	세굴	0-10
	재료구성	0-10
	관로	0-10

제방 구성요소 각각에 대해 파괴를 일으킬 가능성이 있는 유발인자에 대한 점수 규정

종합점수	파괴위험수준
0	Excellent
1	Good
2	Good
3	Reasonable
4	Reasonable
5	Poor
6	Poor
7	Very Poor
8	Very Poor
9	Very Poor
10	Unacceptable

내부침식에 대한 종합적인 점수 규정

내부침식에 대한 파괴위험수준 정의

그림 1 내부침식에 의한 제방파괴 관찰 방법(예)

EXERCISE
예제 3.2

제방의 내부침식 과정을 단계별로 설명하고, 네 가지 내부침식 기구에 대해 유수의 방향, 토양입자의 이동을 모식하여 비교 설명하시오.

풀이

내부침식의 과정은 (1) 침투의 시작, (2) 침투에 의한 침식, (3) 침식의 진행, (4) 침식에 의한 파괴의 과정으로 진행된다. 이때 제방재료와 필터의 입자분포가 침식의 지속여부를 제어한다. 네 가지 내부침식 기구에 대한 설명은 83쪽을 참고한다.

3.5
침식에 의한 파괴

제방침식파괴는 제방(제체, 기초지반, 기타 표면 등)이 침식되어 파괴되는 현상을 의미한다. 제방침식을 유발하는 외부요인은 주로 제방 주위 유수에 의해 발생한 소류력이며, 그 외에 바람에 의한 풍력과 기타 자연에 의한 영향 등이 있다(FEMA, 2004). 유수에 의한 소류력이 제체표면 전단강도보다 클 때 침식파괴가 발생한다. 제체의 표면강도 저하는 제체의 노후화로 인해 시간 의존적으로 발생하거나, 홍수와 같은 제방 주변 환경의 영향에 의해 발생한다.

3.5.1 침식파괴 요인

침식파괴의 주요요인은 첫째 제체표면에서 유수에 의한 소류력과, 둘째 유수에 의해 제체표면과 제체 주변을 따라 이송되는 나무나 기타 유송잡물 등에 의한 외력이다. 물론 파랑이나 조류도 제방의 침식을 유발한다. 홍수의 원활한 배제와 경작지 확보를 위한 직강화는 유속을 증가시켜 제방의 침식파괴를 촉진한다.

바람, 식생, 생물활동, 차량통행에 의한 제방의 열화 등도 제방표면침식의 주요한 요인이다. 인간활동(건설, 선박/차량)이나 고체의 운송(얼음, 토사, 암석 등)에 의해 발생한 충격/진동/충돌 등에 의해서도 제방의 구조적인 침식이 발생한다.

1990년대 들어 우리사회에 하천환경의 중요성이 강조되면서 하천 고수부지나 제방에 식생을 도입하려는 움직임이 강해졌다. 여기서 제방식생이 침식파괴에 미치는 긍·부정적 효과를 검토하면 다음과 같다(우효섭 등, 2018, p. 250).

제방식생의 긍정적 효과는 자연스러운 하천환경의 일부로서 풀벌레, 파충류, 소형 포유류 등 다양한 동식물의 서식처 및 인간에게 심미적 기능을 제공하고, 식생의 줄기/잎/뿌리는 제방표면을 유수에 의한 침식으로부터 보호하는 기능을 한다는 점이다. 반면에 부정적 효과로서, 제방식생은 하천흐름에 추가적인 저항요소로 작용하고, 특히 큰 나무의 둥치 주변에 국부적인 세굴공을 만들어 제방표면침식을 가속화할 수 있고, 나아가 수류에 의해 뽑힌 수목은 하류의 협착부나 하천구조물 등에 걸려 2차피해를 유발할 수 있다. 따라서 국내에서 원칙적으로 제방에서 교목의 식재는 금지하고 있으며, 자연적으로 자라는 관목/교목은 제거하는 등 주기적으로 관리하고 있다.

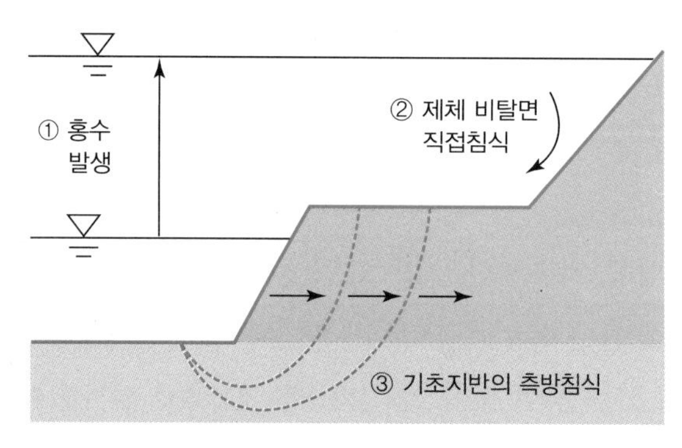

그림 3.17 침식파괴 모식도와 기구

3.5.2 침식파괴 기구

침식파괴는 세굴(scouring), 제체 전체 또는 국지적 불안정, 비탈기슭 불안정, 건조, 균열, 충격 또는 진동 등에 의한 제체의 마모 등으로 발생한다. 바람 또는 조류에 의한 파랑 또한 제방침식을 일으키는 요인이다. 제방의 침식파괴는 첫째 제방비탈면의 직접침식과, 둘째 강턱(river bank)이 깎이는 기초지반 침식으로 구분된다. 그림 3.17은 침식파괴 모식도와 기구를 나타낸다.

침식에 의한 파괴는 주로 과대한 유속과 소류력이 발생하는 하천의 급경사 구간이나 급격한 만곡부에서 발생하며, 상류보다 하류 하폭이 협소해지는 구간에서 발생한다. 아울러, 장기간에 걸친 하상변동이 발생할 때 고수부지가 유실되면 앞비탈기슭에서 세굴이 발생한다. 이에 따라 유수와 파랑에 의해 유실된 제체재료구성 토립자로 인해 제방비탈면 경사가 설계규모 이상으로 급해진다. 특히, 나무, 교각 등과 같이 제방 주변에 장애물이 있는 곳에서는 침식파괴에 취약하다.

3.5.3 제방비탈면의 직접침식

제방비탈면의 직접침식은 주로 유수의 소류력, 파랑, 와류 등으로 발생한다. 유수의 소류력이 제체재료의 전단강도를 초과하면 침식이 발생한다. 침식과정에서 토양의 유실로 제체의 두께가 감소하고 안정성이 낮아진다. 특히, 홍수 시 하안유속이 커지고 부유사 농도가 커지면 유수의 비중이 커져 소류력이 증가하여 제방비탈면의 직접침식을 촉진한다.

비탈면 직접침식은 제방이 유수에 의해 직접 세굴되는 만곡부나 하천구조물 주변 등에서 주로 발생한다. 이 외에도 호안의 불연속부, 하천단면의 급변구간에서는 와류와 유속 차이가 발생하여 비탈면 침식이 진행된다. 급류에서는 고수부지의 비탈면 세굴이 진행된다.

3.5.4 기초지반 침식

제방이 설치된 하천에서 유수에 의한 제체형태의 변화로 유수의 소류력이 증가하여 세굴이 심

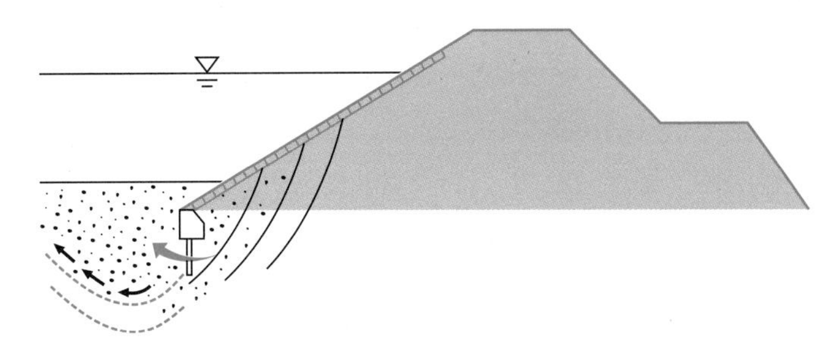

그림 3.18 기초지반 침식 (中島, 2003, p. 126)

화된다. 이 같은 세굴은 기초지반의 침식에 영향을 주어 제체안정성을 위협한다.

기초지반 침식에 대한 보강공법으로 제방건설 시 차수벽을 설치하는 공법을 적용할 수 있다(국토교통부, 2018). 그러나 기초지반의 하상세굴에 의해서 기초부가 수중에 노출되는 문제가 발생한다. 이는 상부제체의 침하와 대량의 토사유출을 발생시킬 수 있다(그림 3.18). 토사가 유출되면 느슨해진 호안기초로 인해 제체의 상재하중에 의한 상태변형이 발생하고 기초부 이동을 유발한다. 널말뚝 전면의 하상세굴에 의해서 널말뚝이 유심부 쪽으로 기울고, 그것에 의해 호안이 변형 파괴 된다(그림 3.19). 이는 제체호안의 붕괴와 제체의 침식을 동반한다.

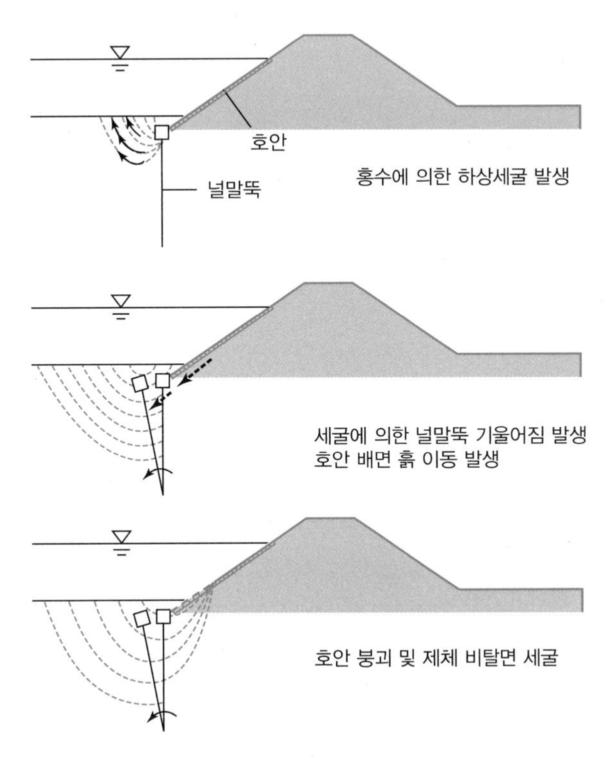

그림 3.19 기초지반 변형에 의한 제방파괴 양상

침식에 의한 파괴 진단방법 (윤광석과 김수영, 2017)

윤광석과 김수영(2017)은 남강댐 하류부터 낙동강 합류부에 있는 좌안 39개소, 우안 29개소에 대한 침식안정도를 산정하였다.

제방 침식안정도(F_{LE})는 아래 표 1과 같이 분류된다.

표 1 호안의 종류에 따른 침식안정도 분류

F_{LE}	< 0.75	0.75~1.0	1.0~3.0	3.0~10	> 10
등급	매우 위험 (VD)	위험 (D)	보통 (N)	안전 (S)	매우 안전 (VS)

이에 따라 낙동강 유역 68개소를 5가지 등급에 따라 침식위험을 분석했으며, 매우안전 10개소, 안전 8개소, 보통 41개소, 위험 6개소, 매우위험 2개소로 판단되었다.

각각의 파괴요인은 다른 파괴요인을 함께 유발하게 된다. 예를 들어, 제체 안으로 유수가 침투했을 때, 침투수의 소류력에 의해 제체 내 흙의 침식이 발생하여 파괴를 유발한다. 월류수의 흐름은 또한 제체 내부로의 침투와 침식을 유발한다.

EXERCISE
예제 3.3

제방의 월류파괴, 침투파괴, 침식파괴의 모식도를 비교하고, 각 파괴 기구의 차이점을 서술하시오.

풀이

- 제방의 월류파괴는 홍수위가 제방고보다 높아 제방고를 넘어 홍수가 진행되어 제방의 주기능인 홍수방어 가능을 상실하는 것과 같다.
- 제방의 침투파괴는 유수가 제체 내부로 침투하여 발생하는 파괴로써, 침투한 유수에 의한 제체재료의 이송(침식)이 주요한 요인이다.
- 제방의 침식파괴는 유수의 소류력에 의해 제방표면, 기초지반 등에서 침식이 발생하여 제방이 파괴되는 현상이다.

3.6
불안정성에 의한 파괴

제체의 불안정성으로 인한 파괴는 제방비탈면의 미끄러짐과 같은 현상으로 관찰된다. 제방에 과도한 하중이 가해지거나 제방재료 또는 기초지반의 물리적 특성이 약할 때 제방의 전단면을 따라 미끄러짐이 발생한다. 제방의 불안정성 파괴는 회전형 미끄러짐(rotational sliding), 전이형 미끄러짐(transitional sliding), 기울음(tilting), 침하(settlement)와 액상화(liquefaction) 등의 기구와 관련 있다.

3.6.1 불안정성 파괴의 영향요인

제방의 불안정성 파괴에 영향을 끼치는 요인은 아래와 같다.

- **하중의 재하(載荷, loading)와 제하(除荷, unloading)**: 토립자의 유동을 일으키는 주요 요인이다. 제방비탈면의 불안정성은 비탈기슭, 둑마루 등 취약부에서 설계규모 이상의 하중의 재하와 의도하지 않은 하중의 제하로 인해 발생한다.
- **포화 및 수압 증가**: 고수위 시 유수의 침투량이 배출량보다 많아져 제방이 포화된다. 제방의 포화로 인해 활동력(driving force)이 증가하고, 궁극적으로 제방의 불안정성 파괴를 유발한다. 제체의 밀도가 낮고 느슨할수록 수압에 의한 불안정성에 취약하다. 또 수압에 의해 제방의 전단강도와 활동저항이 감소하여 불안정성이 높아진다.
- **제방재료의 성능약화**: 제체와 기초재료의 물리적 성능이 약해져서 제방의 전단강도와 미끄러짐 저항이 감소한다.
- **인간의 활동**: 제방 근처에 도랑설치, 도로건설, 관로설치 등의 구조물공사가 비탈기슭 손상, 경사도 증가, 식생 제거 등 제체안정성에 영향을 준다. 제방 근처에서의 말뚝시공, 공사 시의 진동, 굴착 등은 액상화에 취약한 지반의 불안정성에 중요한 요인이다.
- **동물의 활동**: 동물의 활동으로 제체 내에 서식구멍이 발생한다. 이는 제방재료의 물성을 약화시키며 파이핑 가능성을 높인다.
- **식생**: 식생뿌리의 활착, 식생의 분해는 제방의 불안정성을 높인다.
- **지진**: 지진은 경사면의 불안정성을 유발한다. 지진에 의한 액상화는 제방 또는 기초지반의 파괴를 유발한다.
- **침식**: 비탈기슭 침식과 공동화로 인해 하중의 제하를 유발한다. 하중의 제하는 제방의 불안

정성을 초래한다.

3.6.2 불안정성에 의한 파괴기구

불안정성에 의한 파괴기구는 아래와 같다(CIRIA, 2013).

- **얕은 활동(shallow sliding)에 의한 파괴**: 얕은 활동에 의한 파괴는 제방의 연화(softening)에 의해 발생하며, 진행성 사태(slumping)로 나타난다. 흙은 시간과 계절에 따라 풍화되어 연화된다. 건조기 동안 제방에 발생한 균열을 통해 우수의 침투와 유수의 유출로 균열이 확장되어 유로를 형성한다. 연화현상은 얕은 활동에 대한 안전계수를 낮추어 파괴와 진행성 사태를 유발한다(그림 3.20). 제방의 진행성 사태는 제방의 측면경사에 의존한다. 점토재료로 구성된 제방의 초기 전단강도는 재료특성, 함수비와 다짐도에 따라 다르다.

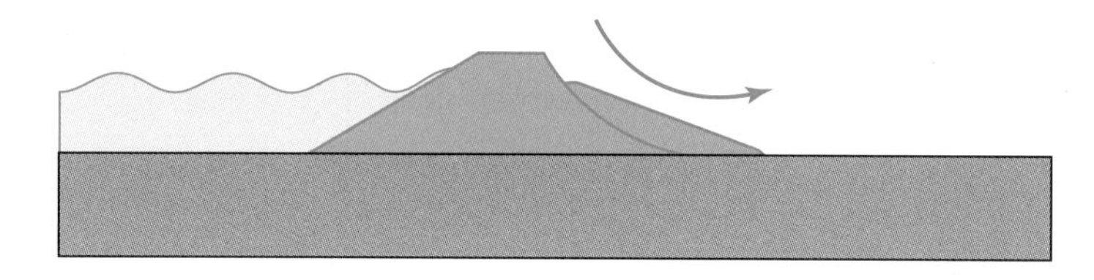

그림 3.20 제내지 비탈면의 얕은 활동에 의한 파괴

제외지의 얕은 활동은 일정 기간 이상 하천수위가 높아진 후 급격히 떨어질 때 발생한다(그림 3.21). 균열이 발생하거나 구조적인 변형이 발생한 상태에서는 파랑과 월파에 의한 침식에 더 취약해진다. 얕은 활동은 둑마루에 설치되어 있는 벽 등의 구조물에도 영향을 끼친다.

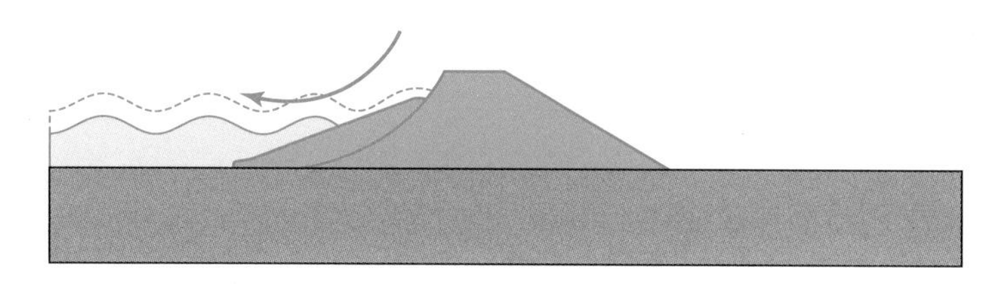

그림 3.21 제외지 비탈면의 얕은 활동에 의한 파괴

- **깊은 원호파괴(deep rotational sliding)**: 원호파괴는 새로운 제방의 건설, 기존 제방의 확장, 높은 하중의 재하, 비정상적으로 높은 수위, 비탈기슭에서 도랑의 굴착 등 제방 주변 상황의 변화에 의해 시작된다. 제방 아래의 투수층에서 작용하는 높은 수압에 의해 토양분출(blow-out) 형태의 깊은 원호파괴가 발생한다. 깊은 원호파괴는 일반적으로 둑마루의 균열과 하향

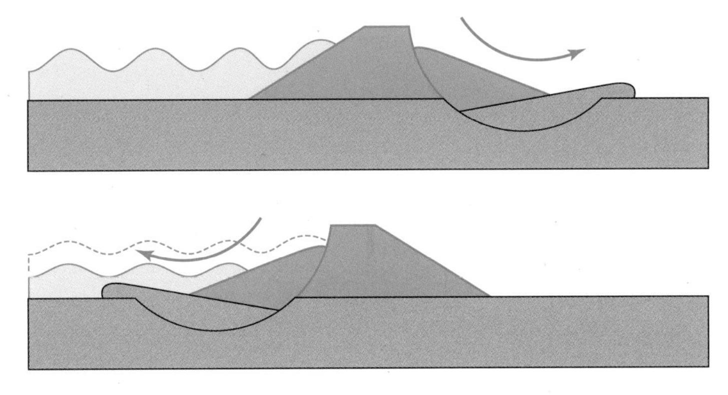

그림 3.22 제방의 깊은 원호파괴

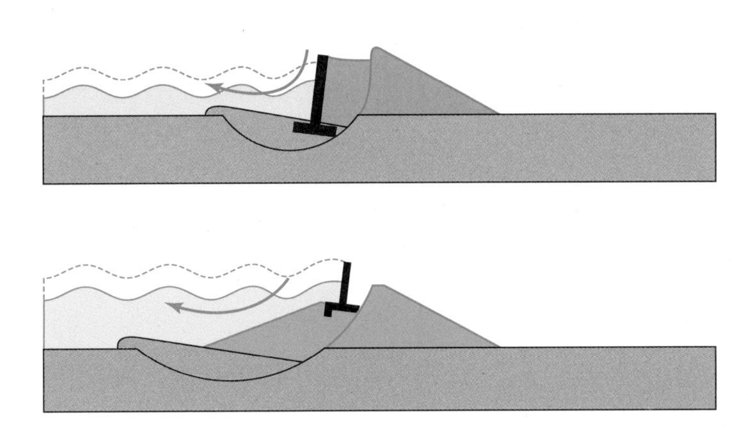

그림 3.23 제방구조물에 영향을 미치는 깊은 원호파괴

변위, 비탈면과 기초지반의 부풀음, 비탈기슭의 히빙(heaving) 등의 형태로 나타난다(그림 3.22, 3.23). 이는 제체와 기초지반을 약하게 한다.

- **평행활동(translational sliding)에 의한 파괴:** 제체 혹은 기초 내에 연약층이 존재하면 제방의 수평유동이 발생할 수 있다. 연약층의 평행활동은 홍수 시에 발생하는 소류력이 연약층의 비배수 전단강도보다 큰 경우 발생한다(그림 3.24). 평행활동에 의한 파괴기구는 재료의 전단강도가 작거나 수위가 높아지면 나타날 수 있다.
- **압밀(consolidation)/침하(settlement)에 의한 파괴:** 제방은 침수피해를 방지하는 것이 주목적이기 때문에 홍수터에 설치되는 경우가 많다. 국내의 경우 별로 없지만, 국외에서 제방은 점토 혹은 이탄층을 포함하는 연약지반층 위에 건설되는 경우가 있다. 이 경우, 제방과 제방구조물의 하중으로 인해 연약지반의 압밀이 발생한다. 연약지반의 압밀로 인해 제방과 제방구조물의 침하가 발생해 파괴된다(그림 3.25). 압밀/침하에 의한 파괴는 대형제방(2 m 이상의 제

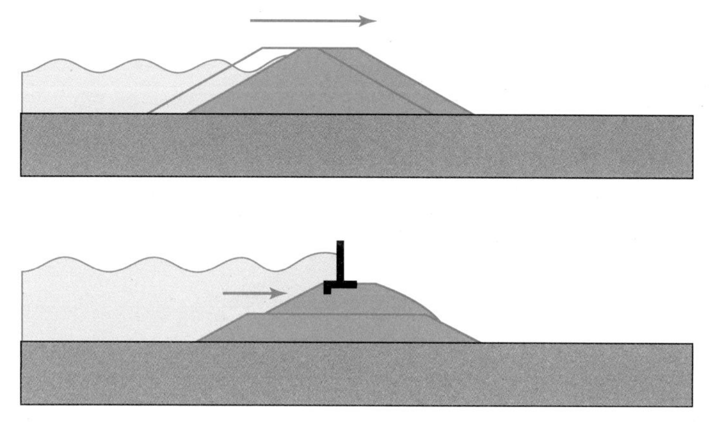

그림 3.24 연약층에서 평행활동에 의한 파괴

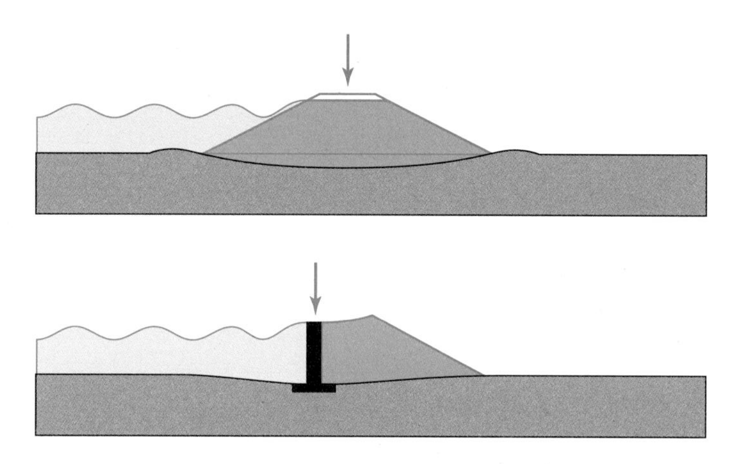

그림 3.25 연약지반 기초 위에 건설된 제방의 침하

방고)에서 특히 취약하다.

기초지반의 압밀은 시간 의존적이다. 신설제방일수록 선행압밀과정을 거치지 않았기 때문에 수백 mm 정도로 압밀에 의한 침하가 발생할 수 있다. 제방고의 확장은 제체의 자중을 키우기 때문에 침하에 의한 제방파괴를 유발한다. 제방의 침하로 인한 제방고의 저하는 기존 설계홍수에 대한 침수방지 성능을 유지하지 못하게 한다. 압밀/침하로 인한 제방의 변형은 균열을 유발한다. 이는 제체의 투수성을 높여서 유수의 침투에 의한 파괴를 동반한다. 또한 기초토양의 부등침하는 제방벽을 기울게 하여 제방을 파괴한다(그림 3.26).

- **지지력(bearing capacity) 부족에 의한 파괴**: 제체의 하중이 기초토양의 지지력을 초과하면 제방이 파괴된다(그림 3.27). 이는 설계단계에서 지지력을 충분히 확보하거나 과부하의 통제

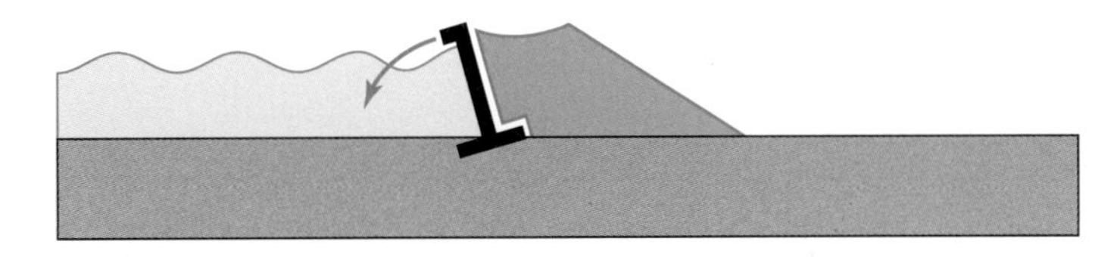

그림 **3.26** 부등침하에 의한 제방벽의 붕괴

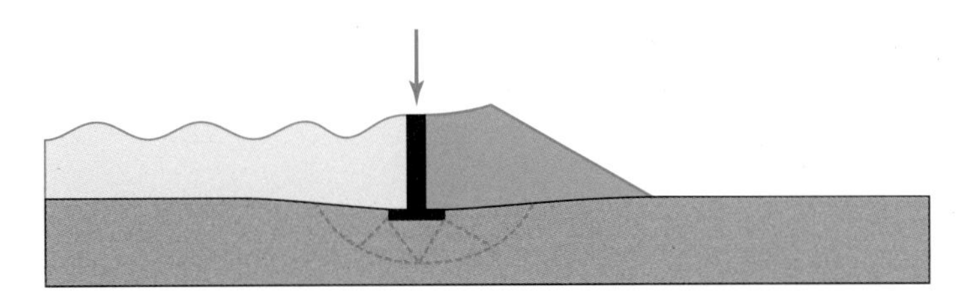

그림 **3.27** 낮은 지지력으로 인한 제방벽의 침하

를 통해 예방할 수 있다.

- **제방건설 중 불안정성:** 상기의 모든 불안정성의 요인은 제방건설 단계에서도 발생 가능하다. 제방건설 중 추가적인 불안정성 요인으로는 사전조사 결과보다 연약한 기초토양의 물성이나 홍수에 의한 과부하 등이 있다.

EXERCISE
예제 3.4

제방의 불안정성 파괴에 영향을 끼치는 요인에 대하여 5가지 이상 기술하고, 얕은 활동, 깊은 원호, 평행활동으로 인한 파괴기구를 비교하시오.

풀이

제방의 불안정성 파괴에 영향을 끼치는 요인은 하중의 재하와 제하, 수압, 제방재료의 성능약화, 동물의 활동, 식생, 충격, 지진, 침식 등과 같다.

얕은 활동에 의한 파괴는 제방의 연화에 의해 발생하며, 진행성 사태의 형태로 나타난다. 반면 깊은 원호파괴는 제체 아래에까지 영향을 미치는 파괴형태이며, 토양분출, 둑마루 균열, 히빙 등의 형태로 나타난다. 평행활동은 수평유동의 발생이며, 소류력이 비배수전단강도보다 클 때 발생한다.

3.7
지진에 의한 파괴

지진발생 시 측방 혹은 수직 방향의 지진이 제체에 작용하면 경사면의 불안정성을 유발한다. 또한 지진에 의한 액상화는 제체와 기초토양의 파괴를 초래한다. 지진에 의한 제방파괴는 대부분 심각한 결과를 초래하며, 지진발생 시 포화된 연약지반과 경사가 큰 제체에서 즉각적인 조사와 응급복구 조치가 요구된다.

3.7.1 지진에 의한 파괴기구

지진발생 시 주로 모래지반으로 형성된 제방에서 파괴가 일어난다. 이는 지진으로 인해 제체 내 간극수압이 상승하고 흙의 액상화가 발생하기 때문이다. 액상화 현상으로 제방침하와 비탈기슭에서 붕괴가 발생한다. 지하수위가 낮고 느슨한 모래지반에 건설된 제방에서 지진이 발생하면 간극수압이 상승하여 액상화가 발생한다(그림 3.28).

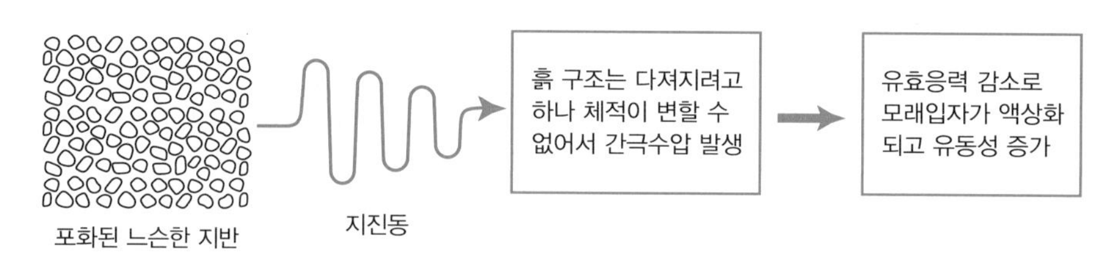

그림 **3.28** 모래층의 액상화

액상화는 상재하중이 적은 구역(비탈기슭 등)에서 먼저 발생한다. 액상화된 모래는 지표균열에서 분출되며, 제방의 상재하중이 변화하는 경계(앞턱, 뒷턱, 측단 등) 부근에서 균열과 침하 현상이 발생한다(그림 3.29).

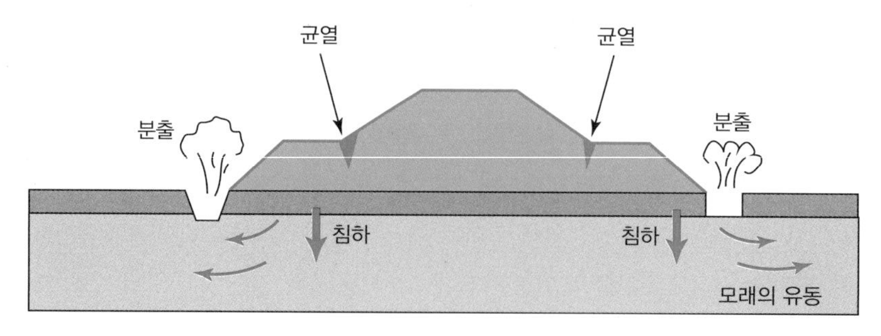

그림 **3.29** 지진에 의한 제방파괴 모식도

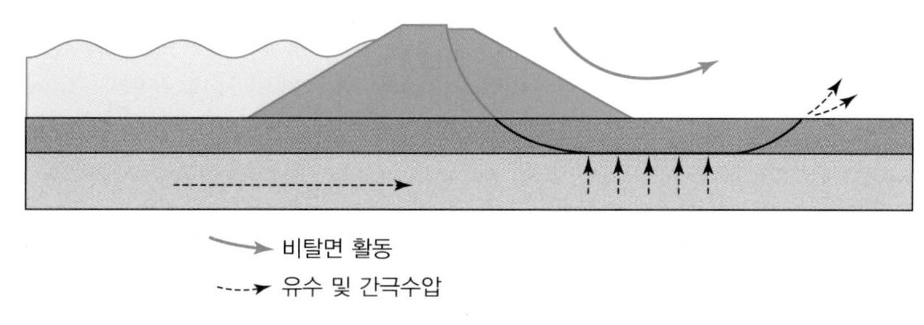

그림 3.30 액상화로 인한 제방의 원호파괴

모래지반 위에 세워진 모래제방의 경우, 기초와 제체가 일체화되어 액상화에 의한 유동화와 침하가 동시에 발생한다. 규모가 큰 지진발생 시 제체 전체의 부등침하가 발생하며, 세로 방향의 균열 또한 동반하여 지진에 의한 제방파괴에 더욱 취약해진다. 액상화에 의한 제방의 침하가 측방으로 진행하여 제체 전체에서 침하가 발생한다. 액상화 시의 간극수압 증가는 피복층의 융기와 깊은 원호파괴를 유발한다(그림 3.30).

3.8
구조물에 의한 파괴

3.8.1 구조물에 의한 파괴기구

구조물에 의한 파괴는 제방과 연결된 구조물에 기인하여 제방이 파괴되는 기구이다. 구조물에 의한 파괴는 아래와 같은 유형으로 분류할 수 있다.

- **교량파괴:** 교량이 파괴됨으로써 연속적으로 제방 구성요소가 파괴되는 현상
- **하천구조물(수문, 통문 등) 접합부:** 콘크리트 구조물과 제방흙 등 서로 다른 물질이 접합하는 부분에서 제방의 일부가 유실 혹은 파손되는 현상
- **보 설치 지점:** 보가 설치된 지점에서 소류력의 증가로 보 양안제방이 유실되거나 파손되는 현상

일반적으로 수문, 통문 등 하천구조물과 제방흙 등 서로 다른 재료가 접합하는 부분이 유수에 의한 침식에 특히 취약하다. 또한 유속과 소류력이 급격히 커지는 보가 설치된 지점에서 보의 양안제방이 유실, 파손될 가능성이 높다.

제체 내에 성질이 다른 구조물 설치 시 제방과 구조물 간의 연결부에서 누수나 파이핑 등이 발생하여 제방 구조물이 파괴될 수 있다. 이는 제방재료와 배수문 등 구조물의 중량, 강성 차이로

인해 밀착이 어렵고, 또한 말뚝기초에 의해 통관이 지지되는 경우에는 구조물 주변에 부등침하로 인한 공동이 발생하기 때문이다. 이를 예방하기 위해 하천제방의 정규단면 내에는 다른 시설물을 설치하지 않는 것을 원칙으로 하는 것이 바람직하나, 이수와 치수 등 이유로 수문설치가 불가피한 경우는 제방구조에 영향을 주지 않는 범위에서 예외를 인정한다(수자원학회/하천협회, 2019).

국내에서 특히 배수통문 주위에서 제방붕괴가 발생하는 사례가 많이 보고되고 있다. 이는 제방 관통 구조물 주위의 누수현상과 공동에 의해 발생한다. 이 같은 공동의 발생은 구조물 자체는 구조물을 지지하기 위해 설치한 말뚝으로 인해 움직이지 않지만, 구조물 주위의 토사는 자중에 의해 침하하기 때문이다. 그림 3.31은 구조물 주변 제방파괴에 대한 모식도와 기구를 나타낸다. 국내에서 배수통문 주위의 파이핑에 의한 제방파괴 사례는 앞서 1.4절을 참고할 수 있다.

본 장에서는 다양한 제방파괴의 양상과 기구를 강우, 월류(월파 포함), 침투, 침식, 불안정, 지진, 구조물 등에 의한 파괴로 나누어 살펴보았다. 그림 3.32는 이중 대표적인 제방파괴기구인 월류, 지진, 침투, 침식, 제체 불안정에 의한 파괴를 보여주는 모식도이다. 여기서 특히 우리나라에서 빈번히 발생하는 제방파괴기구는 그림 3.9에서 설명한 것과 같이 월류, 침식, 제체 불안정, 구조물에 의한 파괴이다. 다만 침투(piping)에 의한 파괴는 우리나라에서 상대적으로 자주 발생하지 않지만 1990년 한강 홍수 시 일산제 붕괴나 2002년 낙동강 홍수 시 경상남도 중소하천 제방붕괴와 같이 큰 피해를 준 파괴기구는 침투에 의한 파괴이다.

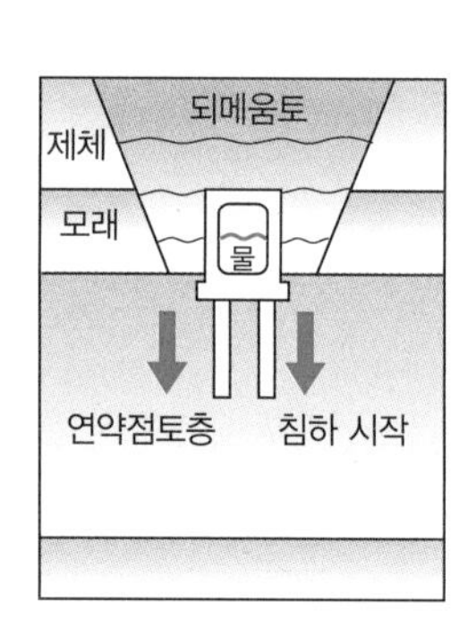

① 통문설치 직후
: 연약지반 내 말뚝기초 주위 침하 시작

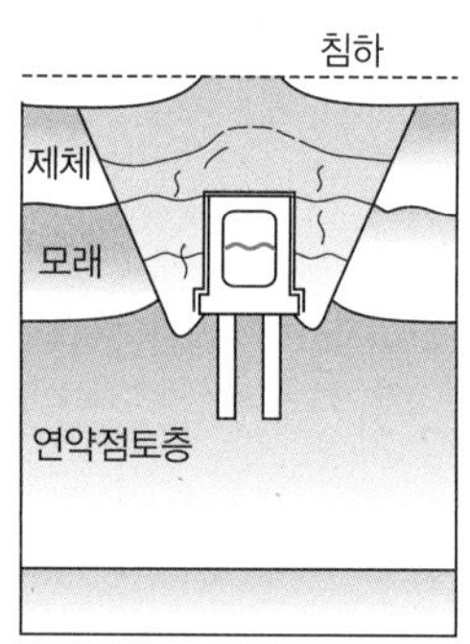

② 지반침하에 따른 공동·이완 발생
: 구조물-제방 접합부 균열 및 이격 발생

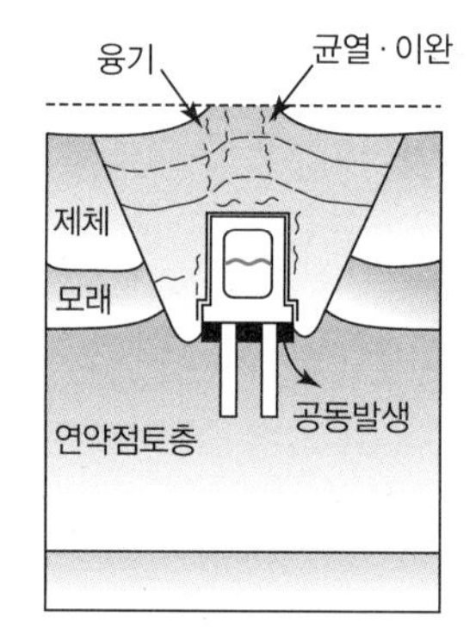

③ 공동·이완 확대
: 구조물 하단 공동발생

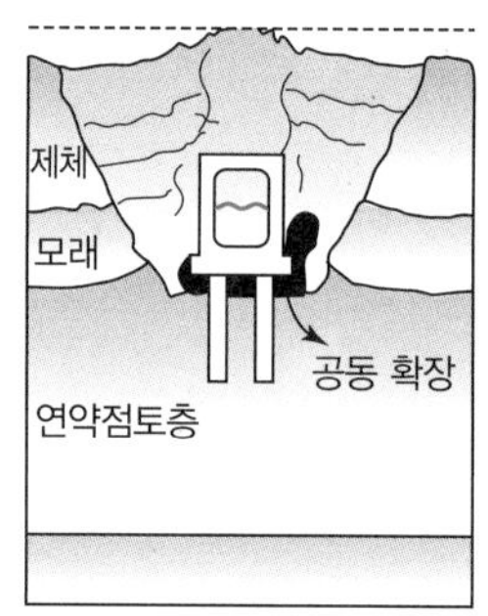

④ 통문 주변 누수에 따른 제체 내 공동 확장

그림 **3.31** 구조물에 의한 제방파괴 모식도와 기구 (건설연, 2004, p. 65)

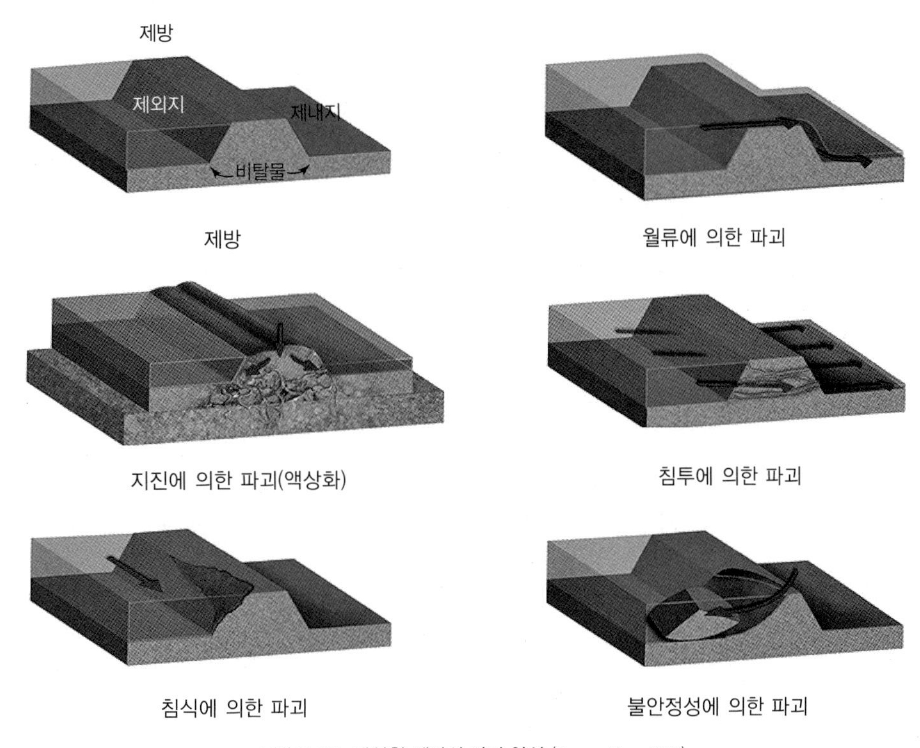

그림 **3.32** **다양한 제방의 파괴 양상** (Hamedifar, 2012)

3.1 하천제방의 파괴유형을 구분하고 설명하시오.

3.2 하천공사에서 제방을 파괴시키는 누수, 비탈면 활동, 침하에 대하여 설명하시오.

3.3 제방을 건설할 때, 월류를 고려한 하천제방 설계 시 검토사항을 설명하시오.

3.4 다음 중 제방의 침투파괴를 유발하는 요인이 아닌 것을 고르시오.

① 굴착으로 인한 투수층 노출

② 부적절한 성토재 사용

③ 동물활동으로 인한 서식구멍

④ 식생뿌리의 활착

3.5 2002년 허리케인 카트리나로 인해 발생한 제방파괴 원인과 기구를 검토하시오.

고양시청. 2012. 1990년 한강제방 붕괴로 인한 수해. https://goyangcity.tistory.com/31. (2019. 9. 23. 접속)

국토교통부. 2016. 하천유지보수 매뉴얼.

국토교통부(국토부)/지스트. 2016~2019. 친환경, 신소재를 이용한 고강도제방 기술개발. 각 연도 중간보고서. 10AWMP-B114119-04.

우효섭, 오규창, 류권규, 최성욱. 2018. 인간과 자연을 위한 하천공학. 청문각.

윤광석, 김수영. 2017. 하천 유지관리 우선순위 결정을 위한 제방안전도맵 산정방법 연구. 한국산학기술학회 논문지, 18(12). pp. 17-25.

한국건설기술연구원(건설연). 2004. 하천제방 관련 선진기술 개발.

한국건설기술연구원(건설연). 2014. 신소재를 이용한 무너지지 않는 제방 개발 기획.

한국건설기술연구원(건설연). 2002. 2002년 8월 낙동강 유역 홍수.

한국수자원학회/한국하천협회. 2019. 하천설계기준해설.

한국시설안전공단. 2017. 안전점검 및 정밀안전진단 세부지침해설서(제방).

Bonelli, S., Courivaud, J. R., Duchesne, L., Fry, J. J., & Royet, P. 2012. Internal erosion on dams and dikes: lessons from experience and modelling. In, Proceeding of 27th ICOLD Congress. Kyoto, June 2012. ICOLD (2012) Internal erosion of existing dams, levees, and dikes, and their foundations-international glossary, CIGBICOLD Bulletin, vol 1, pp. 366-388.

CIRIA, Ministry of Ecology, and USACE. 2013. The International Levee Handbook. London Dike History.

Federal Emergency Management Agency (FEMA). 2004. Federal guidelines for dam safety, glossary of terms. Interagency Committee on Dam Safety, US Department of homeland Security, Washington DC, USA.

Morris, M. W., Allsop, W., Buijs, F., Kortenhaus, A., Doorn, N., & Lesniewska, D. 2008. Failure modes and mechanisms for flood defence structures. In, Proceeding of FOLOODrisk 20008. Keble College, Oxford, UK. pp. 693-701.

US Army Corps of Engineers. 2011. Levee L-550 overtopping at Atchison county.

Hamedifar, H. 2012. Risk Assessment and Management for Interconnected and Interactive critical flood Defense systems (Doctoral dissertation, UC Berkeley).

Serre, D., Peyras, L., Tourment, R., & Diab, Y. 2008. Levee performance assessment methods integrated in a GIS to support planning maintenance actions. Journal of infrastructure systems, 14(3), pp. 201-213.

Vuillet, M., Peyras, L., Serre, D., & Diab, Y. 2012. Decision-making method for assessing performance of large levee alignment. Journal of Decision Systems, 21(2), pp. 137-160.

中島秀雄. 2003. 圖說 河川堤坊. 技報堂出版. 일본.

현장 지반 조사(Geotech International, 2018)

04 현장 조사 및 시험

이 장은 제방을 설계하고 시공할 때 필요한 주요 지반 및 토질 인자들을 구하고 이해하기 위하여 하천제방 건설대상지역의 시료에 대해 일반적으로 수행되는 조사 및 시험 방법을 설명한다. 먼저 지형 및 지표 조사방법을 검토하고, 실내 및 현장시험 방법을 정리한다. 마지막으로, 제방의 증설 및 신설에 따른 조사내용을 포함한다.

4.1
서론

제방은 역사가 오래된 토목 구조물이며, 시작부터 주변 환경과 별개로 설계될 수 없었다. 제방은 하천을 따라 건설되는 것으로서, 건설 위치를 임의로 정할 수 없다. 그리고 하천의 형상이 지역마다 기후마다, 또는 상류와 하류 간에도 크게 달라지기 때문에 제방 역시 그에 맞게 변화하여야 한다. 이러한 관점에서 제방은 재해가 발생할 때마다 증설 및 신설이 요구되며 설계단계부터 시공보다 시공 후 관리가 더 중요한 특징을 갖는다. 또한 제방하부의 지반 역시 제반조건으로 사용자의 선택이 불가능하다. 즉, 제방의 설계에 있어서는 인위적으로 결정할 수 없는 지형, 지질, 수문, 기상, 홍수 등 자연의 제약조건이 지배적인 역할을 한다. 특히 제방의 축조는 결국 여러 환경적 사건(수문, 기상, 홍수 등)에 의해 결정된 지반(지형과 지질) 위에서 수행되기 때문에 제방의 설계 및 시공에 있어 지반인자는 매우 중요한 요소이다.

결과적으로, 제방을 설계하고 시공하고자 할 때 지반인자를 이해하는 것이 선행되어야 한다. 이를 위하여 대상지역마다 실내시험 및 현장시험을 통해 지반인자에 대한 조사 및 분석을 수행한다. 본 장에서는 우선 대상지역에 대한 지질 및 지표의 조사방법을 검토한다. 그리고 현장시료의 다양한 지반공학적 물성을 측정하고 분석하기 위한 실내시험과 현장시험방법을 설명한다. 마지막으로 여러 지반공학적 인자 간의 경험식을 정리하고 제방의 증설 및 신설에 따른 조사내용을 포함한다.

4.2
지형 및 지표 조사

앞서 설명한 바와 같이 제방은 자연환경에 의한 제약조건의 지배적인 영향을 받기 때문에 축조 대상지역의 지반물성에 대한 조사가 필수적이다. 국토교통부 국가건설기준의 하천제방설계기준(KDS 51 50 05: 2018)에 따르면 하천제방의 설계를 위한 조사는 예비조사 및 현지답사, 본조사, 보완조사 등으로 구분하여 실시하도록 되어 있다. 우선 예비조사 및 현지답사에서는 대상지역의 토질조사자료와 지질답사자료를 수집하고 지형도나 항공사진 측량 결과 및 공사기록자료 등을 수집하도록 되어 있다. 본조사에서는 지반토층의 종류, 두께, 강도 등의 여러 지반공학적인자들을 측정하기 위하여 시추조사, 관입시험 및 여러 비파괴시험을 수행하도록 하고 있다. 마지막으로 보완조사에서는 개략적으로 파악된 연약지반 및 투수성 지반에 대하여 더 상세한 조사를 수행하도록 하고 있다.

본 절에서는 하천제방조사 중 지형 및 지표 조사를 중점적으로 다룬다.

4.2.1 지형 및 지표 조사의 목적

하천제방의 설계 및 시공에 있어 지형 및 지표 조사는 선행되어야 한다. 하천 주변의 지형은 하천의 범람, 침식 등이 반복되어 형성된 자연조건의 결과물이다. 또한 지반의 지질 역시 각각의 지형과 밀접한 연관성을 가지므로 이와 같은 지형조건은 제방의 성능에 큰 영향을 준다. 표 4.1은 제방대상지역의 지형조건과 그에 따른 지질 및 제방 성능의 관계에 관한 것이다(中島, 2003). 또 하천 주변의 지표 지피물의 형태와 하천의 수심, 유속 및 소류력을 파악하여, 단순히 지형 및 지질을 파악하는 것에서 더 나아가 하천과 제방의 상호작용을 이해할 필요가 있다. 하천기본계획(국토교통부, 2018)에서는 측량을 위해서는 각각의 목적에 따라 표 4.2와 같이 측량계획을 수립하도록 하고 있다.

4.2.2 지형 조사방법

하천지형의 조사는 본래 실제측량을 통해 수행되어 왔으나 근래에 들어서는 항공사진, GPS 측량, 위성탐사 및 레이저스캐닝 등의 다양한 기술을 통해 수행되고 있다.

(1) 기준점측량

기준점측량이란 지형측량의 기준점 좌표를 얻기 위해 실시하는 측량으로서, 삼각측량, GNSS 측량 및 수준측량 방법에 따른다. 우리나라의 경우, 국토삼각망은 약 5 km, 수준망은 약 2 km 간격으로 측지망을 구성하고 있다.

- **삼각측량**: 두 점 사이의 거리를 구하고자 할 때, 직접 구하지 않고 다른 거리와 각을 구한 후 삼각법을 적용하여 거리를 구하는 방법이다.
- **GNSS 측량**: 각국의 위성측위시스템을 통칭한 용어로서, GPS 측량은 미국의 시스템을 의미한다. 최소 4개 이상의 위성을 요구하며, 역시 삼각측량법을 응용하고 있다.
- **TS 측량**: 토털스테이션(total station) 측량을 의미한다. 전자식 세오돌라이트(electronic theodolite)와 광파측거기(electro-optical instruments)가 하나의 기기로 통합되어 빠르고 정확하게 각도와 거리를 함께 측정할 수 있는 것이 특징이다.

표 4.1 하천 지형 및 지질과 제방의 관계

지형			지질			공학적 성질				비고
구분	명칭	성인·정의	지질	지층의 연속성	지층의 두께	투수성	강도	압축성 (침하)	지진 시의 액상화	
대지	대지	저지에서의 비고가 1 m 이상의 평탄지	홍적세와 그보다 오래된 지층으로 모래, 자갈, 점토	양호	아주 두껍다	약간 불량, 모래층 중간	강하다	작다	없다	홍수에 대해서 안전하지만 강우에 의한 피해가 나오는 장소도 있다.
미고지	자연 제방	홍수 시에 하천이 운반한 토사가 유로 밖으로 퇴적한 것. 저지와의 비고 1~2 m 정도	모래, 자갈이 많다.	양호	두껍다	양호	중간	작다	되기 쉽다	중·소규모 홍수에는 안전한 집락이 많다.
	구천 미고지	예전의 하천터로 사주 등의 미고지. 주변 저지와의 비고는 같거나 조금 낮다.	모래, 자갈이 많다.	불량	중	양호	중간	작다	되기 쉽다	고수의 영향을 받기 쉽고 용수 등을 만들기 쉽다.
	선상지	산지하천에 의해 산록에 퇴적한 사력의 사면. 평지보다 경사가 급하고 유로의 변화가 많다.	모래, 자갈, 자갈지름이 크다.	양호	얇다 ~중	양호	강하다	작다	거의 없다	큰 고수에는 구하도가 유로가 된다. 기반누수를 만들기 쉽다. 가마의 발생이 많다.
패인 땅	구하도	과거의 하천유로터. 새로운 것은 담수하고 있다. 주변의 저지보다 낮고, 양측 자연제방보다 1~2 m 낮다.	새로운 것은 모래, 자갈, 오래된 것은 상부 점성토, 하부 모래, 자갈	중	얇다 ~중	양호	점성토 극히 약. 모래, 자갈은 중간	점성토는 대, 모래, 자갈은 소	되기 쉽다	고수 시에 누수와 보이량을 일으키기 쉽다. 내수범람으로 담수한다.
	구낙굴 낙굴	과거의 파제로 생긴 못 또는 못터. 못 또는 습지로 남아 있는 것이 많다.	점성토가 많다.	불량	얇다	불량	약하다	크다	모래로 매립된 것은 되기 쉽다.	제방에 접해서 존재하는 것은 누수를 만들기 쉽다. 강우로 담수하기 쉽다.
저지	범람 평야	하천의 충적작용과 친해성 퇴적작용에 의해서 형성된 평지. 하천경사는 하류부에서 완만하다. 최하류부는 해안평야가 된다.	점성토가 대부분인데 상부에 모래층이 분포하는 지역도 있다.	양호	두껍다	일반적으로 불량	약하다	크다	모래인 곳은 되기 쉽다	하류부는 고수에 의한 내수범람과 홍수가 되기 쉽다. 인구밀집지가 많고 그 외는 논으로 되어 있는 곳이 많다.
	구습지 습지	사구와 하천의 후배습지로 늪과 패인 땅이 많다. 지하수위가 높다.	점성토, 부식토가 많다.	중	중	불량	극히 약하다	크다	적다	강우에 의해서 내수범람을 일으키기 쉽고 담수시간이 길다.
인공 지형	간척지	간척지는 수면을 말려서 육지로 한 것으로 제외지 수위보다 낮다.	일반적으로 점성토가 많다. 장소에 따라 부식토	양호	두껍다	불량	약하다	크다	모래 지반인 곳은 되기 쉽다	제내지 지반고가 외수면보다 낮으므로 인공적으로 수위를 관리하고 있다.

※ 외수면: 바다수위 / 고수: 큰물(높은 수위) / 미고지: 구하도에 형성된 작은 언덕 / 후배습지: 배후습지

표 4.2 하천기본계획 측량

측량작업명	측량의 종류	목적
계획용 기본도 작성 (지형현황 측량)	항공사진측량 지상현황측량(T/S, GPS) 무인비행장치측량	계획책정
기준점측량	공공삼각점측량	기준점의 좌표설치
종단측량	종단측량	하도계획, 하천정비 계획의 수립
횡단측량	횡단측량 수심측량	하도계획, 하천정비 계획의 수립
수준측량	공공수준점측량	종·횡단 및 지형현황 측량의 표고 결정기준

(2) 항공사진을 통한 측량

지형을 직접 관찰하기 위하여 비행기를 통해 촬영하는 방법이다. 축척을 고려하여 목적에 맞게 정해진 고도에서 비행방향으로 60%의 중복촬영, 인접방향으로 30%의 중복촬영을 통해 입체적인 지형을 파악할 수 있다. 항공촬영의 이미지 프로세싱에는 레이저스캐닝 등의 정확도를 증대시킬 수 있는 여러 기술이 접목되어 있다.

하천측량의 더 상세한 내용에 대해서는 하천공학(우효섭 등, 2018; A.3)을 참고할 수 있다.

4.2.3 지표 조사방법

하천 근처의 지표에는 제방 구성재료의 일부로서 잔디와 나무 등이 존재한다. 이들 식생환경은 뿌리를 통해 지반을 묶어주는 효과를 지닌다. 따라서 지피물 조사를 수행해야 한다. 또 하천의 수심과 유속, 그리고 그에 따른 소류력 등을 조사하여 하천제방의 요구성능 등을 파악한다. 하천제방 시공의 관점에서 이와 같은 지표 조사는 제방의 신설 시에도 필요하지만 주로 제방의 증설, 보강 공사 등에 활용된다. 근래 친환경 하천사업의 활성화로 하천제방에 식생매트, 돌망태 등의 보조재료의 적용이 활발해지고 있으므로 이들의 현황을 파악하여 설계 시 고려할 필요가 있다.

(1) 지피물 조사

지피물 조사는 항공사진, 하천 관련 도면 및 식생대장 등 기존자료를 이용하여 실내작업을 실시하고, 현지조사를 통해 직접 확인한다. 이때 현지조사는 표본조사법을 이용하여 해당지역의 무작위 개소를 선정하여 수행한다.

(2) 하천 조사-유속, 소류력

하천 자체의 수심과 유속, 그리고 소류력 등을 조사하여 하천의 특징을 파악하고 홍수 가능성과 제방의 보수 관리 필요성 등을 판단한다. 이를 통해 제방과 호안, 그리고 식생매트 등의 인장강도, 중량, 두께, 허용 소류력, 허용 유속 등을 제안한다. 하천제방 및 호안은 수위에 맞게 높이가 결정되어야 하며 유속이 클수록, 소류력이 클수록 구조물 및 하부지반의 세굴에 주의하여야 한다.

4.3 실내시험

이 절에서는 하천제방의 설계 및 시공을 위하여 제방하부 기초지반의 지반공학적 물성치를 파악하기 위하여 현장의 토질을 대상으로 수행되는 실내시험을 중점적으로 검토한다. 실내시험의 종류는 비중, 함수비, 액성한계, 입도분포, 체가름, 다짐시험, 일축압축강도시험, 삼축압축시험, 직접전단시험, 투수시험 등으로 다양하다.

4.3.1 지반공학에 대한 기초적 이해

지반은 흙과 암반을 모두 포함한 개념이다. 지반공학은 지표 근처의 공학적 문제에 대해 다루는 학문이다. 이 중 하천과 같이 침식과 퇴적을 반복하는 지형에서는 주로 토질역학의 측면에서 하천지반을 분석하여야 할 것이다. 토질은 연속체가 아니며, 흙입자와 물, 그리고 공기로 이루어져 단일재료로 간주할 수 없다.

(1) 흙입자의 특징

흙입자는 입자광물의 종류에 따라 크기와 모양, 그리고 물성치가 다르다. 흙입자는 비압축성 재료로 수축되지 않으며, 전단응력에도 잘 견딜 수 있다.

(2) 간극수의 특징

간극수는 흙입자 사이에 존재하는 물을 의미한다. 물은 비압축성이며, 전단응력에 대한 저항이 존재할 수 없다.

(3) 공기의 특징

흙입자 사이의 공기는 기체상태로 압축성과 전단변형이 모두 크게 나타난다.

(4) 삼상재료로서 흙의 특징

앞서 언급한 바와 같이 흙은 단일재료로 구성되어 있지 않다. 따라서 토질에서 흙입자가 차지하는 체적이 가장 큼에도 불구하고 흙입자 간 간극을 구성하고 있는 공기와 물의 비가 중요한 변수로 작용한다. 예를 들어 건조상태 흙에서는 구속응력에 의해 공기가 빠져나가며 흙의 압축이 발생하고 입자 간 접촉이 증가하며 한계에 다다를수록 본래 흙입자가 지닌 비압축성이 나타나며 영구변형이 발생한다. 하지만 흙이 포화상태인 경우 간극수가 압축성이 없으므로 물이 얼마나 외부로 빠져나갈 수 있는지에 따라 흙변형 양상이 달라진다. 즉, 모래지반과 같이 투수성이 뛰어난 경우 건조상태 흙과 유사한 변형을 보이지만 점토와 같이 물이 빠져나가기 어려운 경우 긴 시간에 따라 변형(압밀)이 발생하게 된다.

하천설계기준해설(KDS 51 50 05: 2018)에 의하면 제방쌓기에는 일반적으로 흙을 사용하며, 일반도로의 경우와 달리 흙의 전단강도 측면뿐만 아니라 물의 침투방지를 고려한 투수 특성을 충분히 고려해야 한다. 제방재료는 다음과 같은 규정을 만족해야 한다.

- 제방쌓기에 사용하는 흙은 일정 정도 점토(C) 및 실트(M)와 같은 세립분을 함유하여야 한다 (GM, GC, SM, SC, ML, CL 등).
- 제방재료의 최대치수는 100 mm 이내로 할 수 있다.
- 하상재료는 제방쌓기 재료로 사용하는 것을 원칙적으로 금한다. 부득이 사용할 경우 하상재료 채취에 따른 하상변동, 평형하상경사의 변화 및 하천생태계에 미치는 영향을 검토하고, 침식방지, 제체의 침투 및 활동에 대한 안정성 평가를 통하여 제방강화 형태(단면확대공법, 앞비탈 피복공법 등)를 선정함으로써 제방안정에 대한 신뢰성을 향상시켜야 한다.
- 하상재료를 이용한 제방축조는 양질의 재료와 혼합하여 콘지수(q_c) 400 kPa (4.0 kg/cm^2) 이상, 투수계수(k) 1×10^{-3} cm/s 이하가 되도록 하며, 투수계수가 1×10^{-7} cm/s 이하인 불투수성 흙이나 투수계수가 너무 큰 경우는 양질의 피복토와 혼합하거나 제방단면의 일부를 피복하는 등 여러 가지 제체의 구조적 안전에 필요한 조치를 취해야 한다. 교반혼합토의 품질관리는 현장밀도시험, 함수비시험, 입도시험 등에 의해 수행한다.
- 제방 횡단구조물의 되메우기 재료 및 시공단면은 양질의 성토재(SM 및 SC 등)를 사용하여 누수에 대한 안전을 확보하며, 구조물 측면의 경우 기초저면에서 수평 방향으로 1.0 m 이상으로 하고, 경사의 경우 1 : 1.5 이상, 구조물 상단으로부터 수직 방향으로 0.6 m 이상으로 하여 차수 및 역학적 안정 모두를 고려한 최소범위 이상으로 한다.
- 제방의 균열을 방지하기 위해 포화도에 따른 흙의 수축 및 팽창성 변화가 적어야 한다.
- 제방쌓기 흙은 파기, 운반, 포설, 다짐 등의 시공이 용이해야 한다.

표 4.3 제체재료별 제체누수에 대한 저항성(수자원학회/하천협회, 2019, p. 367)

구분	재료	제체누수에 대한 저항성
I	• 소성지수(PI) > 15인 CL • 입도분포가 양호하고, 소성지수(PI) > 15인 SC	가장 큼
II	• 소성지수(PI) < 15인 CL, ML • 입도분포가 양호한 GM • 입도분포가 양호하고, 7 < 소성지수(PI) < 15인 SC, GC	중간
III	• SP • 입도분포가 균등한 SM • 소성지수(PI) < 7인 ML	가장 작음

- 함수비가 너무 높은 제방쌓기 흙은 주변 야적장에 일정 기간 쌓아두어서 함수비가 낮아진 후 사용해야 한다.

제체재료는 적절한 입도분포 확보 및 누수에 대한 저항성을 높이기 위하여 표 4.3의 구분 I, II 이상의 재료를 사용하여야 한다.

이렇듯, 제방건설을 위해서는 제방재료인 흙에 대한 실내시험을 수행하여 규정을 만족하는지 검토해야 한다.

4.3.2 하천 지반재료의 실내시험방법

실내시험의 종류는 비중, 함수비, 액성한계, 입도분포, 체가름, 다짐시험, 일축압축강도시험, 삼축압축시험, 직접전단시험, 투수시험 등으로 매우 다양하다. 각각의 시험방법의 규정은 표 4.4와 같다.

표 4.4 토질 실내시험 규정

특성 및 시험	국내 규정	해외 규정
흙의 입도시험방법(체가름 시험, 비중계 시험)	KS F 2302	ASTM D 6913
흙의 함수비 시험	KS F 2306	ASTM D 6938
흙입자의 밀도(비중)시험	KS F 2308	ASTM D 792
흙의 다짐시험	KS F 2312	ASTM D 698
흙의 액성한계, 소성한계 시험	KS F 2303	ASTM D 4318
흙의 공학적 분류방법	KS F 2324	ASTM D 2487
흙의 투수시험	KS F 2322	ASTM D 2434
흙의 일축압축시험	KS F 2314	ASTM D 2166
흙의 직접전단시험(CU)	KS F 2343	ASTM D 3080

(계속)

표 4.4 토질 실내시험 규정 (계속)

특성 및 시험	국내 규정	해외 규정
흙의 삼축압축시험(UU)	KS F 2346	ASTM D 2850
흙의 삼축압축시험(CU)	KS F 2346	ASTM D 4767
흙의 압밀시험	KS F 2316	ASTM D 2435
비점성토의 상대 밀도 시험	KS F 2345	ASTM D 4254

(1) 체가름 및 입도분포

체가름시험 및 입도분포의 확인은 하천제방을 설계하는 과정에서 토질의 성질을 규명하기 위해 수행한다. 흙입자의 크기가 클수록 자갈에 가깝고 입자의 크기가 작을수록 점토에 가까워진다. 흙입자의 크기가 큰 모래나 자갈의 경우에는 크기와 분포 정도가 토성에 좀 더 직접적인 영향을 끼치나, 입자의 크기가 작은 실트나 점토의 경우에는 입자의 크기보다 구성광물과 간극수에 의한 영향이 더 크다.

체가름시험이란, 체 눈의 크기가 큰 것부터 작은 것까지 순서대로 쌓아두고 건조시료를 흘려보내어 각 체를 통과하는 시료함량을 백분율로 구하는 시험이다. 입자가 날리지 않는 모래범위에서 주로 적용되며, 표준체 눈의 크기와 체의 구성 등의 상세한 규정은 상기한 표 4.2의 토질시험규정에 따른다.

비중병시험이란 물에 흙을 띄우고 입자의 침강속도는 입자 크기의 제곱에 비례한다는 Stoke의 법칙에 근거하여 흙입자의 침강속도를 통해 입자의 크기를 분석하는 방법이다. 주로 흙입자가 매우 작고 가벼워 체가름시험이 어려운 경우에 수행된다. 상세한 시험방법은 표 4.2의 토질시험 규정에 따르도록 한다.

입도분포는 체가름시험과 비중병시험 결과를 의미한다. 그림 4.1과 같이 통일분류법에 따른 입도분포곡선을 나타낼 수 있다. 입도분포곡선을 통해 유효입경, 균등계수, 곡률계수 등을 파악할 수 있으며, 이들 수치를 통해 해당 흙의 더 자세한 물성을 유추할 수 있다. 이때 유효입경(D_{10})은 통과중량백분율 10%에 해당하는 흙입자의 입경이며, 균등계수(Cu)는 유효입경에 대한 통과중량백분율 60%에 해당하는 흙입자 입경(D_{60})의 비(D_{60}/D_{10})이다. 곡률계수는 통과중량백분율 30%에 해당하는 흙입자 입경(D_{30})에 대한 D_{60}, D_{10}의 비 $[D_{30}^2/(D_{60} \times D_{10})]$이다.

(2) 흙의 상태 – 함수비, 밀도, 비중

앞서 체가름시험 및 입도분포곡선으로 흙을 구성하는 입자의 성질을 나타내었다. 본 항은 간극을 고려한 흙의 상태를 파악하는 방법을 설명한다. 토질은 간극의 공기와 간극수의 영향을 크게

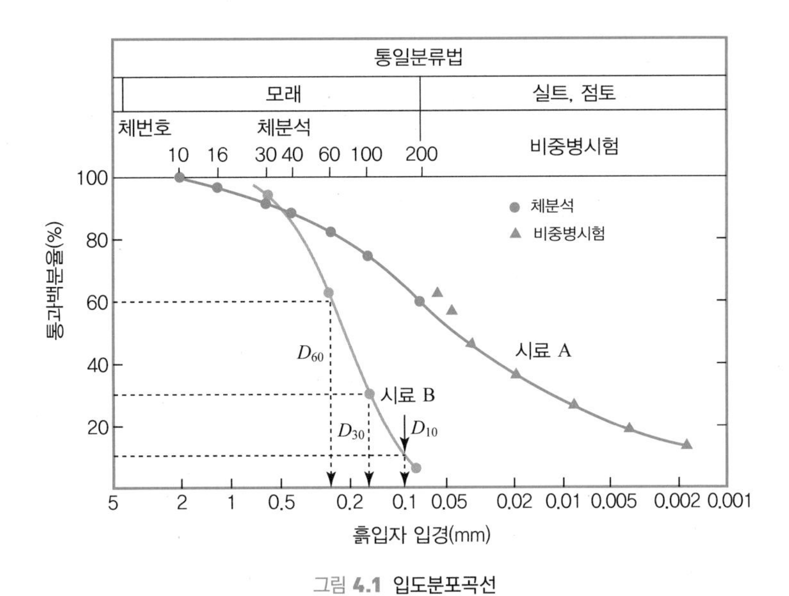

그림 4.1 입도분포곡선

받을 뿐만 아니라, 하천지반에서 간극비는 지반의 투수성과 차수능력, 보수능력의 지표가 되므로 이 역시 하천제방의 설계에 중요하다. 이와 같이 흙의 상태를 파악하는 실내시험방법은 이후 다룰 제체의 토목재료를 선정하고 관리하는 데 있어서도 큰 역할을 한다.

흙의 상태를 파악하기 위해서는 삼상관계를 이해할 필요가 있다. 이를 위해 토질역학에서는 그림 4.2와 같이 흙을 파악하며, 이에 사용되는 기본적인 토질역학의 용어와 그 의미를 표 4.5와 같이 파악할 수 있다.

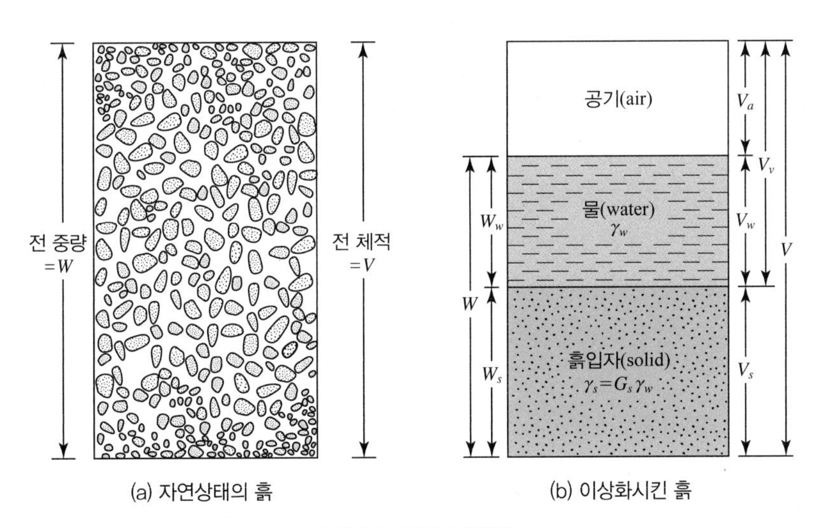

그림 4.2 흙의 삼상관계

표 4.5 토질역학의 용어와 의미(간극비, 포화도, 함수비, 단위중량)

용어	정의	의미
간극비	$e = V_v / V_s$	흙에서 공극과 흙입자가 차지하는 체적의 비
간극률	$n = V_v / V$	흙에서 공극이 차지하는 체적의 비
포화도	$S = V_w / V_v$	공극 중 간극수가 차지하고 있는 체적의 비
함수비	$w = W_w / W_s$	흙입자 무게에 대한 물 무게의 비
단위중량	$\gamma = W / V = (W_w + W_s) / V$	단위체적당 흙의 무게(습윤단위중량)
건조단위중량	$\gamma_d = W_s / V$	단위체적당 흙입자의 무게
비중	$G_s = \gamma_s / \gamma_w$	(≒ 2.7) 흙입자의 체적에 대한 물 무게와 흙입자 무게의 비(무차원)

(3) 사질토의 상태 – 상대 밀도와 다짐도

사질토 시험 시에는 흙이 현장에서 어느 정도의 조밀함을 지니고 있는지를 판단하기 위해 상대밀도의 개념을 함께 파악한다. 상대밀도는 식 (4.1)과 같이 가장 조밀한 상태($e_{\min}$)와 가장 느슨한 상태($e_{\max}$)의 범위에서 얼마나 상대적으로 조밀한지를 간극비(e)를 통해 나타낸 값이다. 따라서 하천제방의 관점에서 상부제체로 인해 발생하는 상재하중에 의한 변형에 대해 저항성이 얼마나 큰지, 공극이 얼마나 존재하며 그에 따라 어느 정도의 투수성과 차수성을 갖는지 등을 판단할 수 있는 지표가 된다.

$$\text{상대밀도 } D_r = \frac{e_{\max} - e}{e_{\max} - e_{\min}} \times 100\,[\%] \tag{4.1}$$

상대밀도는 다짐도와는 다소 다른 개념이다. 상대밀도가 개념적으로 최대, 최소 간극비에 의해 정의되는 반면, 다짐도는 식 (4.2)와 같이 실제 다짐에너지를 고려한 최대 건조단위중량에 의해 정의된다. 따라서 다짐도는 상대밀도보다 좀 더 시공성을 고려한 개념으로서, 하천제방의 관점에서 기초지반의 지반공학적 특징과 직접 연관 짓기는 다소 무리가 있으며, 기초지반의 보강 혹은 제체의 시공 및 성토작업 등의 기준으로 활용하는 것이 적합하다.

$$\text{다짐도 } R_c = \frac{\text{건조단위중량(현장)}}{\text{최대 건조단위중량(실내)}} \times 100\,[\%] \tag{4.2}$$

(4) 점성토의 상태 – 연경도

사질토와는 달리 점성토는 광물 주변의 흡착수로 인해 그 성질이 크게 바뀌게 된다. 함수비의 증가에 따라 흙을 고체, 반고체, 소성상태, 액체의 네 가지 상태로 파악할 수 있으며, 이를 연경도

그림 4.3 애터버그 한계

라 한다. 이들 네 가지 상태의 경계를 총칭하여 애터버그 한계라고 한다(그림 4.3). 각각의 시험방법은 토질시험 규정에 따른다.

하천제방 현장시료의 액성한계와 소성한계를 측정하여 현장시료의 소성지수와 액성지수를 파악할 수 있다. 액성지수는 현장의 유동성을 판단하는 지표이며, 소성지수는 현장 흙이 소성상태로 있을 수 있는 범위를 나타내어 흙 자체의 함수비에 따른 경향성을 나타낸다. 소성지수와 흙의 점토함량의 기울기를 활성도라고 하며, 이는 점토의 팽창성을 나타내는 지표로 사용된다. 결과적으로 점성토의 상태를 관찰하여 현장의 계절요건과 수분변화에 따라 지반의 특성이 유동적으로 변화하는 것을 파악할 수 있다.

(5) 흙의 강도측정

흙의 강도는 그 파괴양상에 의해 전단강도를 일컬으며, 시험방법은 일축압축강도시험, 삼축압축시험, 직접전단시험 등으로 다양하다. 흙은 입자상 물질이기 때문에 연직응력에 대해서는 간극으로 인해 압축성을 지니나 전단응력에 대해서는 입자의 상대변위가 발생하며 그 저항성이 상대적으로 낮다. 그리고 마찬가지 이유에서 흙은 모멘트에 대해서는 저항성이 존재하지 않는다. 토체 내의 한 평면에는 항상 연직응력과 전단응력이 작용하며, 흙의 파괴가능면에서 전단저항할 수 있는 최대의 저항력을 전단강도라 할 수 있다. 전단강도를 수직응력에 대하여 나타내면 다음과 같으며, 이를 Mohr-Coulomb Failure Criteria라고 칭한다(그림 4.4).

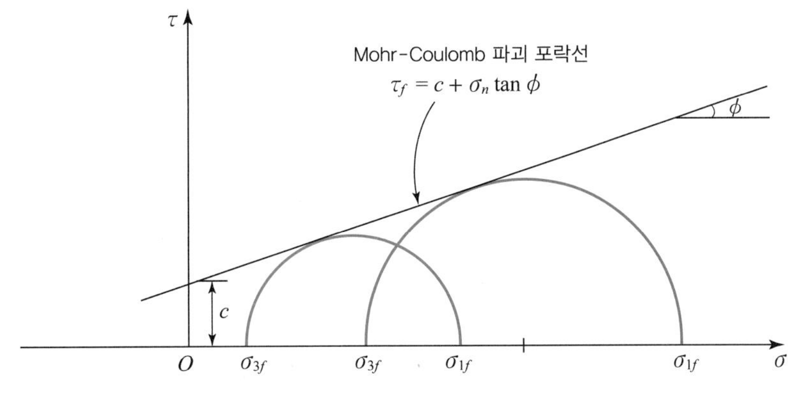

그림 4.4 전단파괴면의 설정

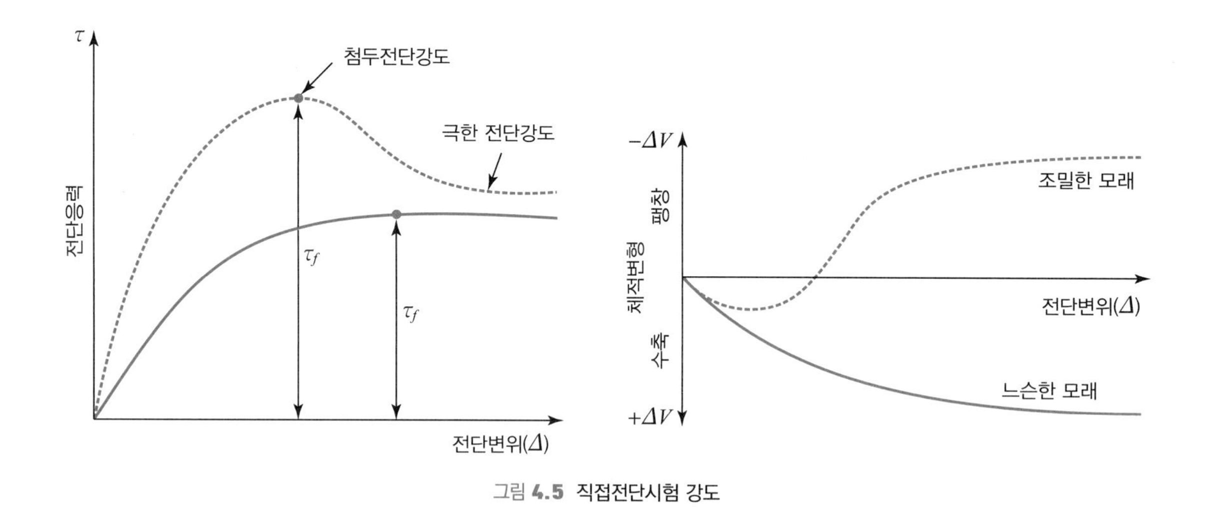

그림 **4.5** 직접전단시험 강도

$$\tau_f = c + \sigma_n \tan\phi \tag{4.3}$$

이때 τ_f는 파괴전단응력, c는 점착력, σ_n은 수직응력, ϕ는 내부마찰각을 의미한다.

즉 전단강도 자체는 파괴면에 작용하는 수직응력에 비례하므로 토질의 고유한 특성으로 볼 수 없다. 흙의 고유성질을 나타내는 강도정수는 점착력과 내부마찰각이다. 따라서 토질역학에서 실내실험은 전단강도를 직접 알아내는 것이 아니라 흙의 강도정수인 점착력과 내부마찰각을 측정하는 방법이다.

- **직접전단시험**(direct shear test): 직접전단시험은 Mohr-Coulomb 파괴이론에 입각하여 실험자가 인공적으로 설정한 파괴면에 일정한 수직응력을 가하며 전단응력을 증가시켜 전단강도를 파악하는 방법이다. 수직응력의 크기를 바꾸어가며 같은 실험을 반복하고 이를 정리하여 해당 흙의 강도정수를 도출할 수 있다. 실험결과를 나타내면 그림 4.5와 같이 흙의 상대밀도에 따라 서로 다른 양상으로 파괴를 나타내게 된다. 직접전단시험은 파괴면을 임의로 설정하고 있기 때문에 완전히 균질하지 않은 경우 실제와 다른 결과를 보이게 되며, 배수조건을 제어하기 어려워 충분한 배수가 수행되지 않는 경우 과잉간극수압이 발생한다. 이와 같은 한계점으로 인해 점토의 경우 직접전단시험을 수행하기 어렵다.
- **삼축압축시험**(triaxial shear test): 삼축압축시험은 현장조건의 재현이 가능하여 연구 및 설계목적으로 많이 사용되는 방법이다. 파괴면을 인위로 설정하지 않고 토체에 최대 주응력과 최소 주응력을 가하여 자연적으로 전단파괴면이 형성되도록 한다. 삼축압축시험은 반드시 시료가 들어있는 셀에 물을 통해 등방으로 구속응력을 가하고 이후 연직방향으로 축차응력을

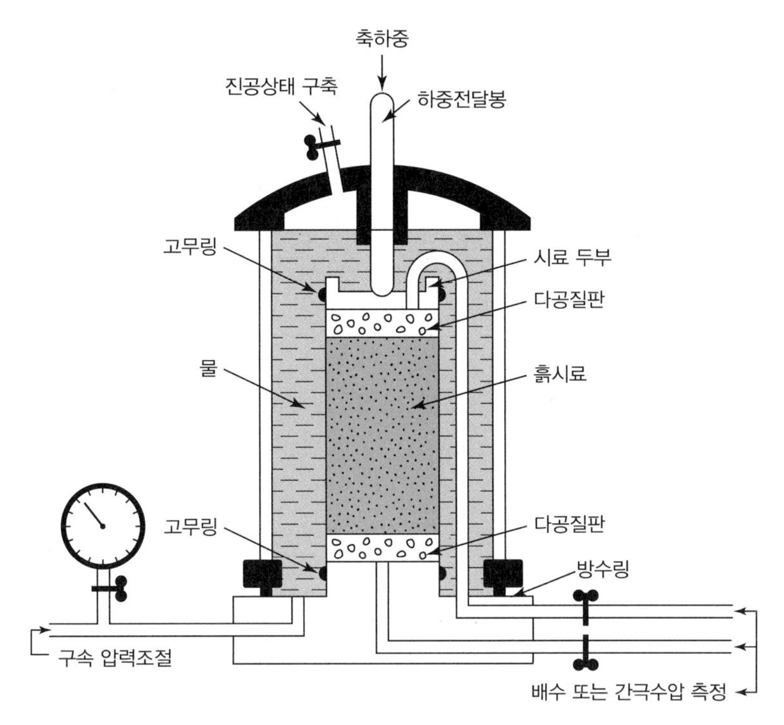

그림 4.6 삼축압축시험 셋업

가하여 수행하도록 하고 있다(그림 4.6).

삼축압축시험은 배수조건에 의해 유효응력이 다르게 적용되기 때문에 배수조건에 의하여 압밀 배수시험(CD), 압밀 비배수시험(CU), 그리고 비압밀 비배수시험(UU)으로 분류할 수 있다. 이때 압밀 배수시험은 모든 실험과정에서 전응력이 유효응력으로 작용하기 때문에 유효응력에서 강도정수를 구하기 좋다. 압밀 비배수시험은 구속응력을 가할 때는 배수를 허용하여 압밀을 시키고 이후 축차응력 적용 시 비배수 조건에서 전응력을 고려하도록 하고 있으므로 전응력과 유효응력에서 강도정수를 모두 고려할 수 있기 때문에 많이 수행되고 있다. 마지막으로, 비압밀 비배수시험은 모든 실험이 비배수 조건에서 수행되어 어떠한 구속응력이 가해지더라도 간극수압으로 치환된다. 또한 이는 포화 점토지반이 하중에 의해 배수가 발생하지 못할 때 점토의 역학적 강도를 의미하며, 비배수 전단강도라고 칭한다.

- **일축압축강도시험**: 일축압축강도시험은 점성토에 대해 주로 수행되며, 비압밀 비배수 삼축압축시험의 일종으로 볼 수 있다. 즉 구속응력에 무관하게 비배수 전단강도는 일정하다. 일축압축강도는 UU test의 구속응력이 0인 경우를 의미한다.

현장에서 채취한 시료를 사용하여 실내시험을 수행할 때, 실내시험 결과를 현장에 대한 대표값으로 신뢰하기 위해서는 시료채취에 대한 신뢰성이 확보되어야 한다. 우선 시료의 함수비가 현장의 함수비와 같아야 하며, 시료채취 시에 수분이 변화하지 않아야 한다. 그리고 시료가 받는 유효응력이 현장에서의 유효응력과 같아야 한다. 특히 점토의 경우, 입자 간 결합력의 변화로 인해 시료채취가 더욱 까다로우며, 현장에서의 비교란시료 전단강도가 교란 이후 재성형된 시료의 전단강도보다 크게 나타나므로 주의해야 한다.

(6) 투수 및 침식 시험

지반 내 간극수의 흐름(투수성)은 Darcy의 법칙, 즉 수두차에 의한 흐름으로 파악할 수 있다. 따라서 실내시험은 Darcy의 법칙에 의해 해당시료의 투수계수를 구하는 것에 집중하고 있다(그림 4.7).

(정수위)

$$Q = KiAt = K\cdot\frac{h}{L}\cdot A\cdot t \tag{4.4}$$

$$K = \frac{QL}{h\cdot A\cdot t} \tag{4.5}$$

(변수위)

$$Q = -a\cdot v = -a\cdot\frac{dh}{dt} \tag{4.6}$$

Darcy의 법칙에 의해

$$-a\cdot\frac{dh}{h} = \frac{KA}{L}\cdot dt \tag{4.7}$$

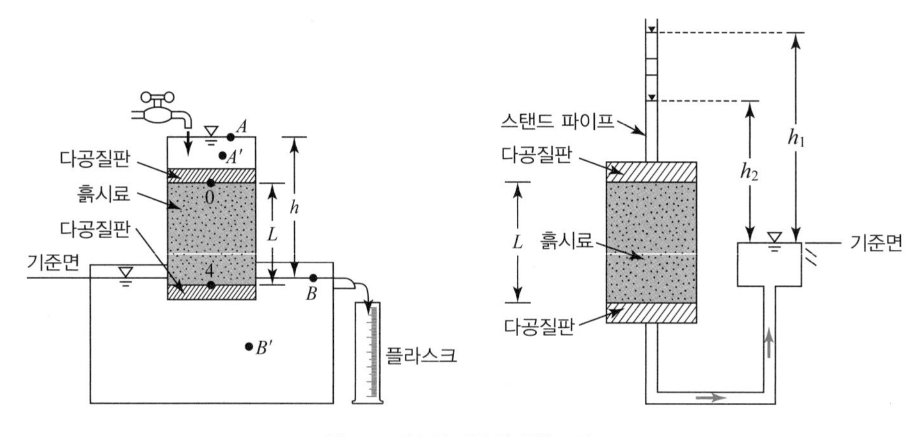

그림 4.7 정수위, 변수위 실험 모식도

적분하면

$$K = \frac{a \cdot L}{A(t_2 - t_1)} \cdot \ln(h_1/h_2) \tag{4.8}$$

이때, Q는 유량, K는 투수계수, i는 동수경사, A는 유로 내부단면적, t는 투수시간, L은 시료길이, a는 파이프 단면적, v는 유속을 의미하며, h_1과 h_2는 각각 시간 t_1과 t_2에서 관찰한 수두를 의미한다.

실제 현장에서 물은 지반 내에서 단면에 대해 2차원 혹은 3차원으로 흐르며 지반 역시 불균등하다. 따라서 실제흐름을 파악하기 위해서는 연속성을 고려할 필요가 있다. 하천제방의 설계와 시공에 있어서는 제체의 투수능력과 기초지반의 투수능력이 모두 중요하다. 예를 들어 기초지반이 투수성인 경우 제체 내에 침투한 하천수가 기초지반을 통해 배수되어 침윤면이 상승하지 않는다. 또한 기초지반이 불투수층인 경우 실질적인 침투가 크지 않아 안전하다고 판단할 수 있다. 다만 제외지 비탈측에 투수성 지층, 제내지 비탈측에 점토지층이 분포한 경우 침투해온 지하수가 막혀 제체 내로 침윤선을 밀어 올려 위험한 상태가 된다.

유속 및 유량에 의한 침식은 하천의 소류력과 제방 및 호안재료의 한계소류력에 대해 주로 검토된다. 하천제방의 한계소류력을 직접 측정하는 방법은 여러 가지가 있으나, 좀 더 정밀한 측정을 위하여 EFA(erosion function apparatus)가 활용된다. 제외지 비탈측 제체를 점성토로 피복하여 점착력에 의한 세굴방지를 수행하는 것이 일반적이며, EFA 실험 역시 점성토에 대해 수행된 결과가 유의미하다고 할 수 있다.

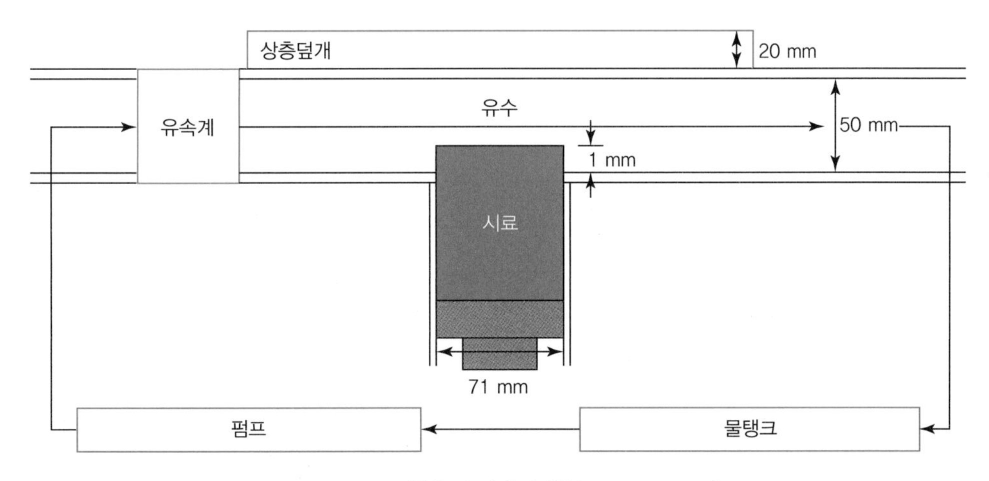

그림 **4.8** EFA: 한계소류력 측정장치 (Kwon et al., 2020)

EXERCISE
예제 4.1

어느 시료의 입도분포 분석결과는 다음과 같다. 이 흙의 입도분포곡선을 그리고, 통일분류법으로 분류하고, 제체재료 등급을 구하고, 적용성을 판단하시오.

통과백분율(%)								액성한계 (%)	소성지수 (%)
No. 10	No. 40	No. 60	No. 100	No. 200	0.05 mm	0.01 mm	0.002 mm		
99	94	89	82	76	74	38	9	40	16

풀이

시료의 입도분포곡선을 그리면 다음과 같다.

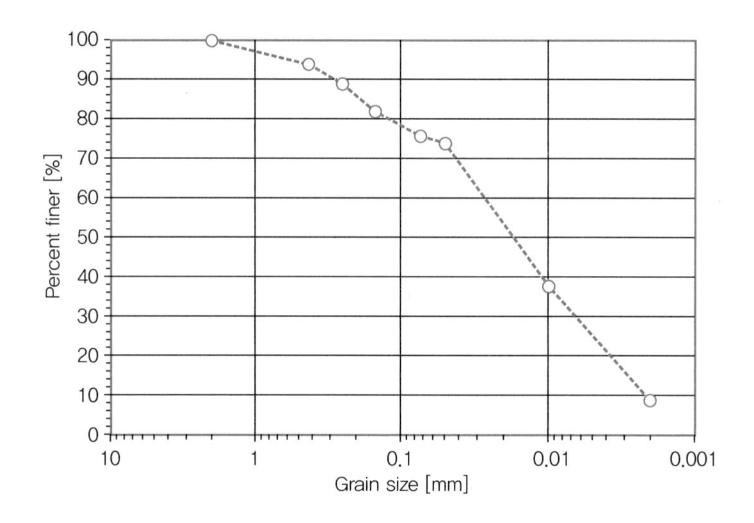

입도분포곡선에서의 각각의 D_{10}, D_{30}, D_{60}을 구하면

D_{10}	D_{30}	D_{60}
0.002 mm	0.008 mm	0.034 mm

$C_u = D_{60}/D_{10}$, $C_c = D_{30}^2/D_{60}/D_{10}$에 각각을 대입하여 구하면,

C_u	C_c
17	0.94

1단계. #200 통과량이 50%보다 크다. (세립토)

2단계. 액성한계가 50%보다 낮다. (낮은 소성)

3단계. 소성지수가 7보다 크고, A선 위에 있다. (CL)

표 4.3에 의하면 소성지수가 15보다 큰 CL은 제체누수에 대해 1등급 토양으로 분류할 수 있으며, 따라서 제체누수에 대한 저항이 가장 큰 흙으로써 제체에 적합한 흙이다.

4.4
현장시험

본 절에서는 하천제방의 설계 및 시공을 위하여 제방하부 기초지반의 지반공학적 물성치를 파악하기 위하여 현장에서 수행되는 시험들을 중점적으로 설명한다. 앞서 서술한 바와 같이 유동적으로 변화하는 하천환경에 따른 기초지반의 지반공학적 물성을 측정하는 것은 하천제방의 설계와 시공에 있어 매우 중요하다. 실내시험은 변인을 제한하고 정교한 조건에서 실험이 가능하다는 장점이 있지만, 현장을 얼마나 정확하고 신뢰할 수 있도록 모사하였는지, 샘플링이 적절하게 이루어졌는지 고려할 필요가 있다. 현장에서 직접 지반공학적인 물성치를 획득할 수 있는 방법 역시 여러 가지가 고안되어 있다. 현장시험은 밀도측정, 투수성측정, 베인전단시험, 콘관입시험, 표준관입시험, 소류력시험, 그리고 여러 종류의 비파괴검사 등 다양한 종류가 있다. 이러한 시험을 통해 설계 및 시공 시 현장지반의 강도 및 투수 특성을 파악하여 제방에 요구되는 성능과 설계 및 시공의 적정성을 판단할 근거로 사용할 수 있다.

4.4.1 현장시험 규정

현장에서 수행하는 여러 지반공학 시험들은 다음과 같은 규정을 따라 수행하여야 한다.

표 4.6 현장시험 규정

특성 및 시험	국내 규정	해외 규정
들밀도 시험	KS F 2311	ASTM D 1556
표준관입시험	KS F 2307	BS 1377
콘관입시험	KS F 2592	ASTM D 5778
도로 평판재하시험	KS F 2310	DIN 18 134

(계속)

표 4.6 현장시험 규정 (계속)

특성 및 시험	국내 규정	해외 규정
오거 보링에 의한 토질 조사 및 시료 채취	KS F 2319	ASTM D 2113
점성토의 현장 베인전단시험	KS F 2342	ASTM D 2573
식생매트 허용소류력 및 허용유속	–	ASTM D 6460
양수시험을 통한 투수계수	–	ASTM D 4043
보어홀 침투를 통한 투수계수	–	ASTM D 6391

4.4.2 현장 밀도 및 강도측정시험

기본적으로 구조물의 설계 및 시공에 있어서 기초지반의 밀도 및 강도 특성을 파악하는 것이 중요하다. 자세한 현장시험 방법은 국가표준(KS, ASTM 등)에 따르도록 하며, 이 절에서는 각 시험법의 장단점과 의미를 간단히 설명한다.

(1) 들밀도 시험

들밀도 시험은 현장지반의 밀도를 측정하기 위해 가장 보편적인 방법이다. 들밀도 시험방법은 현장의 일부 흙을 파내어 기존에 비중을 알고 있는 흙으로 치환하는 방법이다. 파낸 흙의 무게와 치환을 통해 밝혀낸 구덩이의 체적을 통해 현장의 건조단위중량을 구할 수 있고, 이를 통해 현장의 다짐도를 도출할 수 있다. 간단하게 측정이 가능한 장점이 있지만, 시험자에 따른 편차가 존재하며 현장 함수비를 별도로 고려하므로 다소 절차가 번거로울 수 있다.

(2) 현장 밀도측정기 – 전기식, 방사선식

이 방법은 들밀도 시험과 같이 현장의 밀도를 측정하여 지반의 다짐도를 파악하고자 할 때 들밀도 시험이 지닌 한계를 개선하고자 고안된 방법이다. 흙은 물과 공기, 그리고 광물입자의 삼상으로 구성된 입자상 물질로서, 흙의 밀도와 포화도에 따라 역학적 특성 외에도 열적 특성, 전자기적 특성 등 여러 물리적 특성이 변화하게 된다.

- **전기식 밀도측정기:** 지표에서 하부지반에 전기장을 걸어주고 각 지반 구성재료의 유전율 차이로 인해 발생한 전체 지반의 등가유전율을 흙의 밀도로 환산하는 방법이다. 실험이 매우 간편하고 빠른 장점이 있으나, 사전에 해당 흙을 이용한 실내시험을 통해 입도분포와 비중 등을 측정하여야 하며 크기가 큰 금속체 등의 주변 환경적 영향에 따른 오차가 존재하는 한계를 지닌다.

- **방사선식 밀도측정기**: 지표에서 방사선을 발생시켜 방사성 물질의 흡수정도를 파악하는 방법이다. 전기식보다 더 정확한 측정이 가능하지만 방사성 물질을 다룰 수 있는 자격 요건이 높고 흙에 대한 사전실험이 요구된다.

(3) 현장 지지력 측정

현장의 강도특성을 측정하는 것은 제방시공의 관점에서 기초지반의 지지력을 측정하기 위함이다. 지반의 지지력은 주로 표준관입시험, 콘관입시험 등의 관입시험을 통해 측정된다. 지반에 막대를 관입하게 되면 지반의 다짐도와 막대의 관입 깊이에 따라 흙의 파괴양상이 다르게 관찰되며, 관입 시 막대에 걸리는 힘을 통해 지반의 지지력을 평가하고, 역으로 다짐도를 판단하는 방법이다.

- **표준관입시험**: 규격화된 스플릿 스푼을 시추공에 넣고 일정한 에너지로 타격을 가하여 흙의 저항을 측정하는 방법이다. 저항력을 측정함과 동시에 현장의 교란시료를 채취할 수 있어 가장 많이 사용된다. 시험결과는 정해진 깊이를 관입하는 동안의 타격횟수 N치를 통해 분석하도록 하고 있으며 사용된 해머, 로드 길이와 종류, 보어홀 직경, 상재하중, 관입 에너지 등에 의해 보정이 요구된다. 사례가 많고 시험이 간단한 장점이 있으나 시험자에 따른 편차가 존재하며 점성토의 경우 신뢰도가 낮은 한계를 가진다.
- **콘관입시험**: 콘관입시험은 표준관입시험과 같이 타격을 통해 수행되는 동적 콘관입시험과 압입방식으로 관입되는 정적 콘관입시험으로 나뉜다. 동적 콘관입시험은 시료채취가 동시에 이루어지지 않는 표준관입시험으로 이해할 수 있다. 정적 콘관입시험은 그 정확성과 신뢰성을 갈수록 보완하여 현재는 소형 로드셀을 콘 첨단에 구축하여 실시간으로 지반의 저항과 관입 깊이를 측정할 수 있다. 지표에서는 관입에 의해 지반이 다소 융기하며 깊이가 깊어질수록 콘 주변에 원통형 파괴면이 형성되어 일정하게 관입저항이 증가한다. 이후 주변의 구속응력이 증가함에 따라 파괴면이 선단에 집중되어 일정한 관입저항을 나타내며, 이를 유사정적상태라고 한다. 또 지반이 조밀한 경우 관입 경로 주변에서 국부적인 팽창이 발생하며 관입저항이 크게 나타나고, 지반이 느슨한 경우 관입 경로 주변에서 압축거동이 발생하며 상대적으로 낮은 저항치를 보인다. 콘관입시험의 결과는 현장에서 상재하중을 얼마나 적절하게 설정하였는지가 중요하다고 할 수 있다.
- **베인전단시험**: 점토의 비배수 전단강도를 구하기 위한 특수한 시험법으로서, 점토 시료를 채취할 필요가 없어 교란에 따른 효과를 최소화할 수 있는 이점을 가진다. 점토지반 내로 십

(+)자의 베인을 넣고 우력을 가하여 회전시키며, 이때의 우력을 통해 비배수 전단강도를 구할 수 있다. 베인전단시험에 의한 비배수 전단강도는 소성지수를 고려하여 실제 값으로의 보정이 요구된다.

(4) 지반 변형특성 측정

지반의 지지력은 상부 구조물, 관입 등 하중에 대한 저항성을 의미하지만, 개념적으로 지반의 강도, 즉 파괴를 가정하고 있다. 주변 하중에 의한 지반의 거동특성을 파악하기 위해서는 지지력의 관점이 아니라 지반의 변형특성 및 탄성계수 관점에서 실험을 수행하여야 한다. 하천제방의 설계 시 특수한 지하매설물이 존재하지 않고, 제체는 기초지반에 대한 상재하중으로 작용하기 때문에 지반의 지지력보다 상대적으로 중요성이 낮은 것으로 평가된다. 지반의 변형특성을 평가하기 위한 시험방법으로는 평판재하시험, 동평판재하시험 등의 하중재하시험이 있다. 이들은 상부에 하중을 가하고 그때의 지반반력과 지표변형률을 계산하여 하부의 응력, 변형률, 탄성계수, 동탄성계수 등을 도출하는 방법이다. 이에 대한 상세한 시험방법은 표 4.6에 서술한 규정을 참고할 수 있도록 한다.

(5) 현장지반의 투수성 측정

현장에서는 제체설계 대상이 되는 지반의 층위 및 지점에 따라 토질 구성이 다르므로, 이에 따라 변하는 투수성을 정확히 측정해야 한다. 따라서 제체 내외부 기초지반과 제체 하부의 기초지반의 투수성을 각각 측정한다. 투수계수는 토질역학의 각종 계수들 중에서도 가장 불확실성이 큰 것 중 하나이다. 실내투수시험의 경우 시료채취와 교란을 이유로 대표성과 신뢰성에 대한 의문이 제기될 수 있다. 따라서 현장시험을 통한 투수성 측정을 수행하여 실제지반 특성을 파악할 필요가 있다. 여러 현장 투수실험이 있지만 일반적으로는 사전 천공된 보어홀을 이용한 양수시험에 기반한다.

- **양수시험:** 양수시험이란 우물을 설치하고 지하수를 뽑아 올리는 실험이다. 비용이 커서 실제 현장에서는 여러 단순화된 실험을 수행하지만, 현장 투수시험 중 가장 신뢰성 있는 실험이다. 자유수가 불투수층 위에 존재하는 경우 양정을 실시하면 지하수위가 하강을 시작하여 이후 정상상태의 지하수위가 형성된다. 이때 우물 중심으로부터 일정 거리 떨어진 곳에서 지하수위를 측정하면 수두차와 Darcy의 법칙을 응용하여 투수계수를 구할 수 있다. 여기서 지하수는 수평 방향으로 흐른다고 가정한다(Dupuit의 가정).

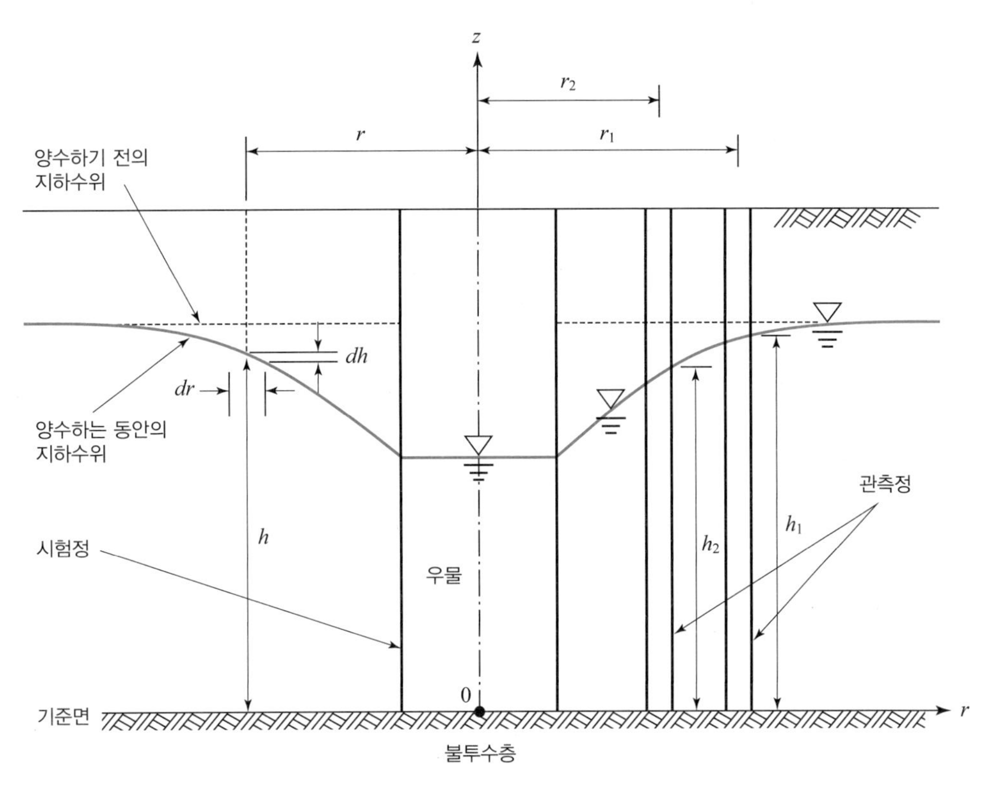

그림 4.9 양수시험 (이인모, 2008, p. 154)

$$Q = KiA = K \cdot \frac{dh}{dr}(2\pi r) \cdot h \tag{4.9}$$

적분하면

$$K = \frac{Q}{\pi\left(h_2^2 - h_1^2\right)} \ln(r_1/r_2) \tag{4.10}$$

이때 h_1, h_2는 우물에서 r_1, r_2 거리에 있는 관측정 내의 수위를 의미한다.

4.4.3 현장 비파괴검사법

비파괴검사란 탄성파, 전자기파, 전자기장 등의 다양한 파동을 전파시켜 매질에 따른 전파양상의 변화를 관찰하는 방법으로서, 최근 여러 분야에서 각광받고 있다. 측정방법의 신뢰성이 확보되는 경우 실제 굴착 및 파괴를 수반하는 기존의 현장시험방법들보다 훨씬 경제적이고 정량적인 장점을 갖는다.

- **탄성파 시험:** 탄성파는 매질이 직접 진동하며 전파되어 매질의 구속응력, 밀도 등의 역학적

조건에 영향을 받는다. 그리고 전파의 진행방향과 매질의 진동방향에 따라 탄성파의 종류가 매우 다양하며, 이들 탄성파를 통해 도출한 탄성계수 역시 각각 다른 의미를 갖는다. 또한 가장 대표적인 탄성파 탐사인 전단파 측정시험을 예로 들면, 전단파는 진동방향과 전파방향이 직교하여 고체만을 통과할 수 있으므로 토체의 구성비에도 영향을 받는다고 할 수 있다.

- **전자기장 시험**: 전기장 혹은 자기장을 걸어주어 매질의 구성성분에 따라 유전율 및 비저항의 차이를 관찰하는 방법이다. 정적인 상태를 가정하고 있으며 대표적으로 전기비저항 탐사가 있다.
- **전자기파 시험**: 전자기장을 정적으로 가해주는 방법과 달리 시간에 따라 변화하는 전자기파를 직접 매질에 전파시켜 굴절 및 반사를 관찰하는 방법이다. 주파수와 진폭을 달리하여 지반의 구성물질과 수분함량 등에 대해 사용자가 원하는 측정범위를 지정할 수 있다. 대표적인 시험방법으로는 GPR(지표 투과 레이다)이 있다.

EXERCISE
예제 4.2

현장에서 샌드콘을 사용하여 현장 건조단위중량을 구하고자 한다. 샌드콘에 사용한 표준사는 1.7 kg/cm^{3}의 건조밀도를 가지고 있으며, 0.2 kg의 표준사를 사용하여 콘을 채웠다. 시험공을 채우기 전 용기 + 콘 + 모래중량은 6 kg이었으며, 시험공을 채운 후 3 kg이 되었다. 파낸 흙은 3 kg이었으며, 함수비는 12%였다. 현장 건조단위중량을 구하시오.

풀이

파낸 부분과 콘을 채우기 위한 표준사의 중량 = 6 − 3 = 3 kg

파낸 부분만을 채우기 위한 표준사의 중량 = 3 − 0.2 = 2.8 kg

파낸 부분의 체적 = $2.8 \times 10^{-3} / 1.7 = 0.001647\ \text{m}^3$

파낸 부분 흙의 건조중량 = 3 / (1 + 12/100) = 2.68 kg

현장 건조단위중량 = $2.68 \times 10^{-3} / 0.001647 = 1.6\ \text{t/m}^3$

4.5

증설 및 신설에 따른 조사방법

하천의 형상은 지역과 기후, 상류와 하류 등 상황에 따라 크게 달라지기 때문에 제방 역시 그에 맞게 변화하여야 한다. 이러한 관점에서 제방은 재해가 발생할 때마다 증설 및 신설이 요구된다. 이 절에서는 하천제방의 증설 및 신설에 따른 조사방법의 차이를 간단히 설명한다.

앞서 설명한 바와 같이 하천제방의 설계를 위한 조사는 예비조사 및 현지답사, 본조사, 보완조사로 구분하여 실시한다. 제방의 조사는 설계 대상구간 토질상황을 파악하고 제방설계와 관련된 토질조사의 계획입안을 위해 실시하는 것으로서, 시추주상도, 지층단면도, 토질시험 결과 등을 기초로 제방의 제체 및 기초지반의 토질특성을 조사한다. 또한 기설제방의 증설을 위해서는 제방이 취약한 예상지점을 파악하고 제체누수조사, 기초지반 누수조사, 연약지반조사 등 기존제방의 취약점을 보완하기 위한 수치들을 획득하는 것을 목표로 한다.

- **제체누수조사**: 기설제방의 제체에서 누수가 발생하는 경우 제체 토질시료 채취 및 실내토질시험을 수행하고 시추조사, 원위치시험, 물리탐사, 침투해석 등을 필요에 따라 실시한다. 시료채취는 대상단면의 둑마루, 비탈면의 중앙부근, 뒷비탈기슭 부근의 2~3지점에서 채취하도록 한다(그림 4.10). 그리고 원위치시험이란 현장에서 표준관입시험, 콘관입시험, 현장투수시험 및 현지 지하수 변동조사 등을 의미한다. 같은 방법으로 기초지반의 누수조사를 수행할 수 있다.
- **연약지반조사**: 기설제방에서 침하나 여타 요인에 의한 파괴 등이 발생하는 경우, 그리고 지진 등에 의해 지반여건이 문제가 될 것으로 예상되는 경우 앞서 제체누수조사와 마찬가지로 시

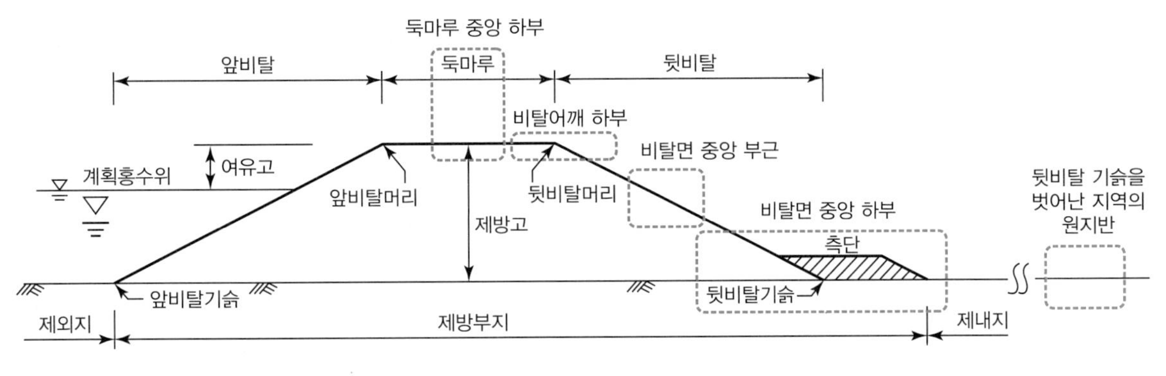

그림 4.10 제방단면의 구조와 증설·신설 시 조사 대상

료채취, 실내토질시험, 원위치시험 등의 조사를 실시한다. 이때 시료는 둑마루 중앙부, 뒷비탈면 중앙부, 뒷비탈기슭, 뒷비탈기슭을 벗어난 지역의 원지반 등 4개소에서 채취하는 것을 원칙으로 한다(그림 4.10).

이 외에도 제방의 증설 및 신설에 따른 조사 시에는 자연경관을 고려해야 한다(국토교통부, 2018). 경관조사는 하천의 지질 지형, 역사와 문화를 조사하는 것으로 조사구간 내의 역사, 문화 또는 심미적 가치를 갖는 구조물 또는 지형지물, 장소 등을 파악하는 것을 말한다. 대상지역에서 특별히 지정되어 보존되고 있거나, 앞으로 보존할 필요가 있는 종에 대한 관련계획과 자연경관이나 생태계 보호를 위해 특정지역 및 지구(자연환경보전구역, 조수보호구역 등)의 지정현황을 조사한다.

4.1 흙의 삼상상태를 설명하는 토질역학의 용어 중 간극비와 공극률 사이의 관계를 유도하시오.

4.2 흙의 삼상상태를 설명하는 토질역학의 용어 중 간극비, 포화도, 함수비 그리고 비중 간의 관계를 유도하시오.

4.3 사질토 및 점성토의 상태를 나타냄에 있어 각각 중요한 특성 및 각 특성의 정의를 설명하시오.

4.4 실내에서 흙의 강도를 측정하는 대표적인 방법에는 일축압축강도시험, 삼축압축시험, 직접전단시험이 있다. 세 방법을 비교하고 현장에서 채취한 시료를 사용하여 실내시험을 수행 시 필요한 고려사항을 설명하시오.

4.5 A지역에서 채취한 현장토사를 사용하여 실내토질시험을 수행하였다. 그 결과 비중은 2.65, D_{10}은 0.38 mm, 평균입경(D_{50})은 0.57 mm, 균등계수(C_u)는 1.58, 최소 건조단위중량이 1.33 t/m^{3}으로 나타났다. 이때 통일분류법에 의해 현장토사 A는 어떠한 흙으로 분류되는가?

4.6 위의 A현장에서 현장 함수비 측정시험과 들밀도 시험을 통해 다짐도가 85%임을 확인할 수 있었다. 토질역학적 분석을 위하여 상대밀도로 치환하면 몇 %인가?

4.7 정수위 투수계수실험에서 다음 값들이 주어졌다. 흙의 투수계수(cm/sec)는 얼마인가?

- 흙 시료의 길이 = 45.7 cm
- 흙 시료의 단면적 = 22.6 cm^2
- 정수위 차 = 71.7 cm
- 3분간 유출된 물의 양 = 353.6 cm^3

4.8 하천 환경 기초지반의 지반공학적 물성을 측정하기 위한 현장 비파괴검사의 종류, 관찰 방법 및 특성을 비교하여 설명하시오.

국토교통부. 2016. 하천공사설계실무요령.

국토교통부. 2018. 하천제방 설계기준(KDS 51 50 05: 2018).

국토교통부. 2018. 하천측량 설계기준(KDS 51 12 65: 2018).

국토교통부, 2018. 고속도로공사 전문시방서 EXCS 10 20 20: 2018.

국토교통부, 2017. 하천공사표준시방서.

국토교통부, 2018. 하천기본계획수립지침.

우효섭, 오규창, 류권규, 최성욱. 2018. 인간과 자연을 위한 하천공학. 청문각.

이인모. 2008. 토질역학의 원리. 씨아이알(CIR).

한국수자원학회/한국하천협회. 2019. 하천설계기준해설.

中島秀雄. 2003. 圖說 河川堤坊. 技報堂出版. 일본.

Briaud, J. L., Ting, F. C., Chen, H. C., Gudavalli, R., Perugu, S., & Wei, G. 1999. SRICOS: Prediction of scour rate in cohesive soils at bridge piers. Journal of Geotechnical and Geoenvironmental Engineering, ASCE, 125(4): 237-246.

Kwon, Y. M., Ham, S. M., Kwon, T. H., Cho, G. C., & Chang, I. 2020. Surface-erosion behaviour of biopolymer-treated soils assessed by EFA, G otechnique Letters, 10(2): 1-7.

Geotech International. 2018. Geotechnical site investigation at Phu Kham closure spillway. http://geotechinternational.com/Service.html. (2020. 3. 26. 접속)

울산 약사동 제방 유적지 전시물로서, 좌측은 제방을 만드는 방법 설명판이고, 우측은 부엽토공법으로 만든 제방유적임.
(https://blog.naver.com/algidrh/221205666408)

05 제방설계

이 장에서는 제방을 설계하는 데 필요한 기초지식으로 우리나라와 외국의 하천특성, 제방설계 개념 차이와 설계할 때 주요 고려사항을 알아보고, 제방설계를 위한 각종 조사와 제방재료가 가져야 할 조건과 특성을 간단히 살펴본다. 다음은 제방의 선형과 기본단면형을 설정하는 방법을 다룬다. 마지막으로, 제방의 주요 파괴유형인 월류, 침식, 침투, 침하와 연결부, 홍수방지벽, 배수구 등에 대한 설계요소와 설계방법을 소개한다.

5.1
서론

5.1.1 제방설계의 이해

제방은 하천제방, 호소제방, 해안제방 등이 있으며 그 요구조건이 서로 다르다. 여기서는 하천제방에 초점을 맞춘다. 제방설계는 앞서 제3장의 설명과 같이 제방붕괴의 원인인 강우, 월류, 침식, 침투, 침하, 지진, 파력, 하천구조물에 의한 파괴와 수압 등에 의한 안전성을 보장하여야 한다. 또한 수리학, 지반 및 토질역학, 환경학, 기상학, 동식물학, 사회경제학 등 다양한 분야를 요구하고 있는 영역이다.

균일재료로 건설되는 일반구조물 설계는 외력에 대해 응력해석으로 구조물의 형상과 강도를 결정하나, 토사로 건설되는 하천제방은 외력에 대해 발생하는 응력과 거동이 일정하지 않고 자연조건에 맞추어 설계하여야 하므로 표준적인 설계방법이 있지 않다. 현재 공학과 기술의 발전으로 많은 부분에 대해 안정해석이 가능하나 아직도 알려지지 않은 많은 부분을 경험에 의존하고 있다. 따라서 현장조건인 설계인자의 불확실성을 고려하여 보수적으로 설계하여야 한다.

하천제방은 홍수방어체계의 일부분으로서 하천의 홍수가 제내지로 흐르는 것을 제어하고, 하도로 계속 흐르게 하는 기능을 유지하고 회복하는 능력이 있어야 한다. 제방이 넘치거나 파랑에 대해 외부 및 내부침식과 침하나 비탈면 활동으로부터 파괴가 발생하지 않아야 한다. 또한 제방영역 내에서 홍수 때 안전한 피난처를 제공하고, 장시간 동안 파괴가 발생하지 않도록 설계되어야 함은 물론 파괴발생 시에는 쉽게 보수할 수 있어야 한다. 과거 제방설계에는 월류에 대해서 설계수명 동안 절대안전을 요구하고 있었으나, 최근에는 화순홍수조절지(국토해양부와 Kwater, 2010)와 같이 일부 구간에서 필요한 수준의 월류를 허용하는 설계를 하기도 한다.

하천규모가 상대적으로 작은 우리나라와 일본에서 하천제방의 설계방법은 대부분의 경우 상류에서 하류까지 홍수발생 확률을 동일하게 해서 동일한 안전율을 갖도록 설계하였다. 또 하천설계기준해설(수자원학회/하천협회, 2019)에서 홍수규모에 따라 경험에 따른 여유고, 둑마루폭, 비탈경사가 정해져 있어 제내지의 여건에 관계없이 흙에 의한 동일한 형상과 규모의 균일형 제방으로 설계되었으며, 제방의 월류를 허용하지 않고 하도가 모든 홍수를 부담하도록 하였다. 그러나 최근 들어 이상기후와 유역의 도시화 등으로 홍수가 증가하면서 하도가 모든 홍수를 부담하는 것이 한계가 있다는 점이 인식되었다. 이에 따라 상류에 댐 및 저류조 또는 방수로를 설치하거나 일부 구간에서 제방을 월류시켜 저류하였다 홍수가 끝난 후 하천으로 돌려보내는 유역단위

홍수방어 개념으로 설계방법이 바뀌고 있다(건설교통부, 2001).

상대적으로 하천이 크고 긴 유럽, 미국, 중국 등에서 제방설계방법은 제내지 자산규모에 따른 경제성 개념에 입각하여 제방의 안전도를 정하여 동일하천에서도 좌·우안 측이 다른 형상과 구조의 제방을 만든다. 또 제방의 형상이 정해져 있지 않으며, 댐 설계기법과 같이 수리학적, 토질공학적인 검토를 거쳐 토사, 사력, 콘크리트, 강재 등 다양한 재료를 조합하여 기능향상을 지향하는 복합형 제방으로 설계하고 있다.

우리나라는 1970~1980년대에 집중적으로 건설된 제방이 20~30년이 경과한 2000년대에 들어와서 파이핑에 의한 제방붕괴가 많이 발생하면서, 그동안의 하천정비사업에 대한 반성과 새로운 정비기법의 필요성이 대두되어 품질을 우선한 정비방식으로 전환하였다. 주요 내용은 설계홍수빈도 상향과 하상토 사용을 금하는 것을 원칙으로 하고, 제방축제용 흙의 다짐도 90% 이상으로 강화하였다. 또 최소둑마루폭을 4 m 이상으로 확대하고 최소비탈경사를 1 : 2.0에서 1 : 3.0으로 완화하였으며, 투수성지반에서 제방단면을 확대하도록 하였다(건설교통부, 2002).

우리나라 제방정비율(국토교통부, 2015)은 국가하천이 96%, 지방하천이 75%를 넘어 신설제방공사는 거의 마무리 단계에 와 있다. 제방도 노후화로 손상이 발생하며, 토사제방의 내구수명을 40~50년으로 볼 때 1970~1980년대 이전에 건설된 하천제방은 많이 노후화되었다. 앞으로 기설제방 보강공사 및 유지보수공사가 많아지고 여기에 대한 새로운 설계개념 및 설계기준 정립과 제방의 안전성을 확보할 필요가 있다.

5.1.2 제방설계 시 고려사항

하천제방은 투수성이 높은 충적층 위에 주변에서 조달되는 토사로 건설된다. 강도가 낮으면 불안정을 초래하고, 높은 다짐으로 인해 침하발생이 우려되며 시간이 경과함에 따른 변동성, 불안정성 및 열화가 발생한다.

장래 개축을 고려한 설계를 위해서는 기후변화로 인한 해수면 상승, 강우량 및 홍수량 증가, 하상퇴적으로 인한 홍수위 상승, 하상침식으로 인한 제체안전성 감소, 토지이용변화, 점증적 제방증축을 고려하여야 한다.

제방설계는 상충하는 공학적, 사회·환경 및 경제적 요소들에 대한 균형적인 조정이 필요하다. 예를 들면 홍수취약지에서 인명이나 재산보호를 위해 둑마루를 올리면 그 지역은 홍수위험을 낮출 수 있으나, 이미 정비된 상·하류 제방에 대해서는 홍수위험을 증가시키고 추가 정비비용을 발생하게 한다. 또 잘 가꾸어진 하도 및 연안의 갈대나 풀, 나무는 동식물의 서식지를 제공하지만 홍수방어에는 부정적인 영향을 줄 수 있다. 둑마루에 조성된 산책로나 자전거도로는 심미적인 효과를 제공하지만, 계단 및 경사로 건설은 제방의 파괴점이 되고 유지관리비를 증가시킨다. 따라서 성공적인 제방설계를 위해서는 지자체, 주민, 시민단체 등의 효과적인 참여를 통하여 제 기능 간 균형을 모색하여야 한다.

지금까지 대부분의 제방은 크기나 품질에 관계없이 영구구조물로 건설되었으나 최근 들어 정책변화와 토지이용의 변화, 환경적인 고려 등으로 반드시 그렇지만은 않게 되었다. 따라서 안전하게 제방을 해체하는 설계도 필요하다.

설계 시 주요 고려할 일반적인 사항은 표 5.1과 같다.

표 **5.1** 제방설계에서 주요 고려사항 (CIRIA, 2013, p. 984)

구분	주요 설계 고려사항
제방선형	제방선형은 수리조건과 지반조건 등 환경특성을 모두 제어하기 때문에 설계의 첫째임.
둑마루 표고	둑마루 표고는 설계수명기간 동안에 해당수준의 홍수위험을 감소시킬 수 있도록 설정되어야 하며, 극단적인 홍수발생 시 제방이 월류될 수 있음을 인식해야 함. 이 때문에 제방이 월류되는 경우에는 약간 낮은 둑마루 표고를 가지는 방수로가 필요할 수 있음.
제방 횡단면	제방 횡단면인 둑마루폭, 비탈경사, 제내 측 배수구의 위치와 폭은 다음과 같은 많은 요인에 의해 영향을 받음. • 지반 높이와 지반조건에 따른 안정성 • 내부침식에 대한 저항성 • 제방의 운영 및 유지보수에 대한 요구사항(예: 풀베기) • 파랑 에너지 소산에 대한 요구사항 또 낮은 지점(방수로 등) 또는 퓨즈 플러그(주변 제방보다 쉽게 무너지거나 뚫릴 수 있는 약한 지점)의 통합을 고려해야 함.
지반조건	제방은 종종 비교적 평평한 충적지 혹은 하구평야에 설치되는데, 이러한 지반은 한 번에 안전하게 제방을 건설할 수 있는 높이를 제한하고, 제방의 설계수명기간 동안 상당한 침하를 겪을 수 있음. 제방침하는 장래에 제방 둑마루를 올릴 필요성을 초래할 수 있음. 침하 후 둑마루를 나중에 들어 올릴 수 있도록 초기에 더 넓은 마루폭을 확보해야 함. 사질토 지반은 침투가 발생할 수 있음. 설계는 지반조건의 변동을 고려해야 하며 모든 지반 세그먼트에 동일한 조건이 적용되는 것으로 가정해서는 안 됨.
재료	제방은 품질에 상관없이 인근지역에서 이용 가능한 흙으로 만들어짐. 그러나 점토로 만들어진 제방은 갈라지기 쉬우며, 모래로 만들어진 제방은 침투가 쉬움. 1차 시공재료가 모든 기능(안정성, 불변성, 침식방지, 여과, 배수)을 전달할 수 없는 경우 대체재료를 사용하여야 함. 시공재료의 선택은 적합성, 근접성, 비용, 환경영향 및 지속가능성 사이에서 절충하여야 함.
열화와 내구성	제방은 동물의 굴, 계절적 건조, 그리고 식생관리 부재 등과 같은 문제들에 의해 나쁜 영향을 받을 수 있음. 이러한 열화 과정은 국소적 취약점을 발생시켜 침식, 침투, 월파에 의한 파괴 또는 극단적 사건으로 불안정성을 증가시킴.

(계속)

표 5.1 제방설계에서 주요 고려사항 (계속)

구분	주요 설계 고려사항
변환부(transitions)와 기타 약점	국소적 결함이나 약점은 설계 세부 사항이 불량하거나 시공 불량으로 인해 발생할 수 있으며, 홍수발생 시 세굴 및 내부침식 등의 과정을 통해 추가적인 열화를 유발할 수 있음. 훌륭한 제방설계는 이러한 취약점이 홍수방어체계 전체의 무결성을 훼손할 수 있기 때문에 이러한 결함을 예측하고 피해야 함. 단일 조직이 전체 제방시스템에 대해 책임을 지지 않는 경우 다양한 운영당국이 그로 인한 위험을 이해하고 효과적인 운용과 유지보수의 수준을 합의할 필요가 있음.
사람에 의한 충격	공공시설 파괴 행위, 우발적인 충격, 침해, 테러 등
기존 제방의 신뢰성	많은 제방은 수십 년 혹은 심지어 수백 년 된 것들이지만, 원 설계목표 홍수를 아직 겪지 않았을지도 모름. 이러한 극한하중을 겪을 때, 제방성능은 항상 예상한 대로 나오지 않음. 과거에 적절하거나 검증되지 않은 성과는 미래의 허용 가능한 성능을 보장하지 않음.
제방시공	설계자는 제방이 어떻게 구성, 개조 또는 수리될 것인지를 고려하여야 함. 시공과정이 어떻게 될 것인지를 고려하기 위해 초기 시공자의 참여가 필요할 수 있음. 또 공사 중 안정성 문제에 대한 고려도 포함될 수 있음(예를 들어 시공 중 파괴를 피하기 위한 단계별 시공이 필요할 수 있음).

5.1.3 제방설계 과정

제방설계의 과정은 크게 조사, 계획, 상세설계 순이다.

제방설계를 위한 조사에는 현장조사와 선행 및 관련계획 조사가 있다. 현장조사는 제방설계구간에 대해 현장답사, 측량, 지반조사를 통하여 수행된다. 선행 및 관련계획 조사는 하천기본계획과 지역개발계획, 관련법령, 설계기준 및 지침 등을 조사하여 계획검토에 활용한다.

제방계획검토는 하천기본계획 내용을 토대로 수리, 수문량을 검토하고, 하천선형(법선)과 하천횡단형을 설정한다. 또한 제방설계와 관련한 각종 관련계획과 주민의견수렴, 보상계획도 검토하여 설계의 방향과 적정성을 검토한다.

계획검토가 끝나면 제방선형을 결정하고, 제방의 기본단면형에 대해 일련구간별로 제방의 안전성을 검토하여 표준단면형을 결정하고 설계기준을 확정한다. 그리고 제체 및 기초지반설계, 침식방지를 위한 호안설계, 배수시설물 설계, 부체도로 등 기타공사에 대해 설계하고 각종 설계도서 및 성과품을 작성한다. 제방설계의 흐름도는 그림 5.1과 같다.

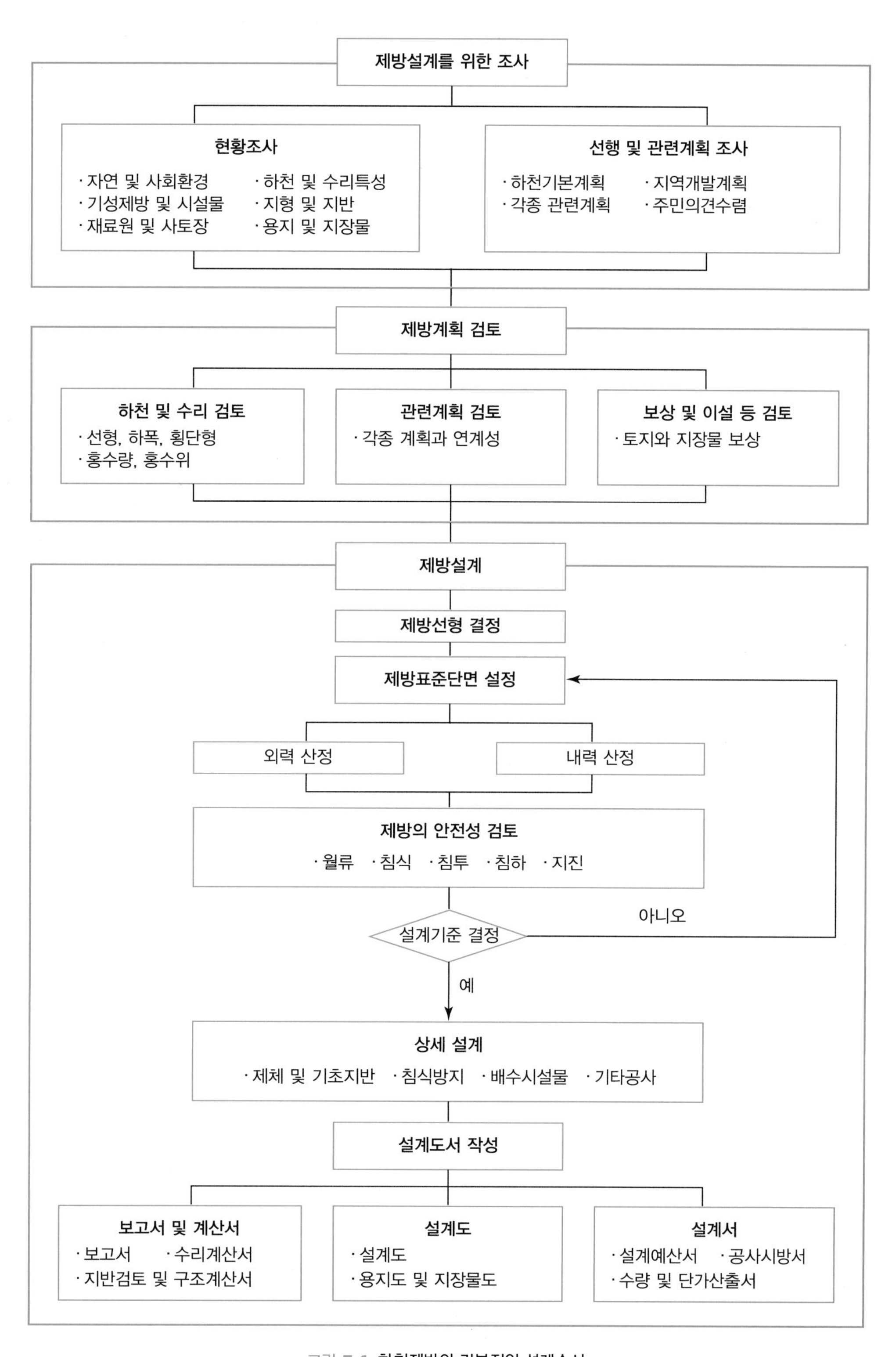

그림 5.1 하천제방의 기본적인 설계순서

5.2
제방설계를 위한 조사

하천제방의 안정성은 홍수의 특성과 제방의 파괴여부 및 특성, 범람구역의 특성 등 제방이 설치된 곳의 조건에 의해 지배된다. 따라서 하천제방설계를 위해서는 주변의 자연조건, 사회조건, 지형 및 지질, 하천 및 하도의 특성과 하천시설물 및 제방현황과 피해이력 등 현황조사와 선행 및 관련계획을 조사한다.

5.2.1 현황조사

(1) 자연 및 사회환경조사

자연현황에 대한 기초 자료조사는 1/50,000~1/5,000 지형도, 유역특성, 기상, 기후 등을 조사한다. 환경조사는 공공용수역, 지하수, 우물, 농작물, 양어장, 식생과 어패류 서식 상황이 필요하다. 사회환경조사는 설계대상지의 범람구역 인구, 자산, 배후지 토지이용 상황과 주민의 요구조건 등을 조사한다.

제방의 단면구조는 단순히 안정성 측만 고려하는 것이 아니라 주변의 이용성과 환경, 경관 측면을 고려한다. 배후지의 토지이용이나 범람구역의 인구, 자산, 주민의견이 제방설계 시 우선순위 결정이나 제약조건에 중요한 역할을 한다.

(2) 하천 및 수리특성조사

하천특성조사는 주로 제방부지의 홍수 시 수리특성을 파악하기 위해 실시하며, 하도의 선형, 하상경사, 고수부지 폭, 저수로 깊이, 유속 및 소류력 등을 조사하고 특성에 따라 균일구간을 구분한다.

수리·수문에 관한 조사는 설계대상 구간의 외력특성을 파악하기 위해 실시하며, 계획홍수위, 홍수지속시간, 수위파형, 과거 최고수위와 주요 홍수의 특성 등을 조사한다.

(3) 기성제방 현황조사

기성제방의 특성을 파악하기 위해 제방단면, 축제이력, 제체와 기초지반의 토질현황, 침투와 침식에 대한 대책공법 등을 조사한다.

제방제원은 기설제방의 현황, 표준단면형, 제방높이, 둑마루폭, 비탈경사, 턱, 고수부지 폭과 높이, 주변지반고, 도로겸용 사용여부 등을 파악한다.

축제이력은 기성제의 내부구조를 파악하기 위한 것으로서, 공사기록, 기성제대장, 보수현황(확폭, 보축), 시공방법, 제방피해이력 등을 조사한다.

침투방지대책으로 지수성 호안과 차수공, 제체 내 배수시설 등이 있고 침식방지대책으로는 비탈보호공, 밑다짐공 등이 있다. 설계자료 및 공사기록대장을 참고하여, 설치목적, 종류, 연장, 제원, 시공년도 등과 유지관리 실적과 현상태 등을 조사한다.

(4) 시설물조사

하천시설물은 교량, 보 등과 같이 하천을 횡단하는 것은 하도의 수리특성과 깊은 관계가 있고 배수통문 등 제방을 횡단하는 구조물은 제방의 약점이 되기 쉬우므로 구조물의 제원과 현황을 상세히 조사한다.

조사항목은 구조물의 기능, 명칭, 종류, 위치, 제원, 준공일, 관리자, 유지보수이력, 변화상태와 현상태, 철거가능 여부 등이며, 이를 위해 시설물 관리자와 인근주민들의 의견을 수렴한다.

시설물 주변조사는 인접시설물과 이격거리, 노후정도, 기초형식, 건물규모, 지하실 유무, 누수여부, 건물사용 현황 등이 필요하다. 매설물 조사는 상수도관, 송유관, 통신선, 지하철, 송전선, 도시가스 등에 대해 관련기관에 비치된 자료를 입수하고, 현장확인 및 각 기관 연락처, 매설위치, 깊이, 제원, 설치년도 이설여부 등을 파악한다. 또 지하수 이용시설은 관정시설의 규모와 사용량, 시공을 위한 작업 공간, 교통량 등도 조사한다.

(5) 지형 및 지반 조사

제방이 설치될 장소에 대하여 지형도와 측량을 통하여 지형현황을 조사하고, 지반조사를 통하여 지질조건과 주변의 지형과 지하수 분포, 지반의 침하 등을 조사한다. 기초지반이 역질토 및 사질토인 곳은 지반누수를 일으키고, 사질토인 곳은 액상화 가능성이 높고, 연약점토나 유기질로 구성된 연약층은 시공 시 비탈면활동파괴, 즉시침하와 설치 후 장기침하를 발생시키고, 기초말뚝을 설치한 구조물 주변은 공동을 발생시킬 수 있다.

제체와 기초지반 조사는 제체와 기초지반의 토질구성과 공학적 성질 및 토질정수를 파악하고 축제에 적정한 지반인지를 판정하는 것이다.

제방의 종단방향 토질조사는 제체와 기초지반의 종단적인 토질특성을 파악하는 것으로서, 신설제방의 경우는 기초지반과 제방의 성토재료 파악을 위한 토취장조사가 필요하고, 기존제방 보강의 경우는 제체 및 기초지반과 토취장 조사가 이루어져야 된다. 시추조사 지점은 침투성이 큰 토질 구간, 제방고가 높은 구간, 제방 폭이 좁은 구간, 과거 침투에 의한 파괴이력이 있는 구간 등 침투에 대해 상대적으로 취약한 곳을 중심으로 우선 선정한다.

제방의 횡단방향 토질조사는 제체와 기초지반의 지층구성과 토질정수를 파악하는 것이다. 종방향 토질조사 지점 중 설계단위 구간 내 복수의 토질조사 지점이 선정되어 있는 경우는 토질구성이 비슷하면 1개의 대표단면으로 선정하여 분석할 수 있다. 투수성이 다른 토질이 복잡하게 분포하는 제체와 기초지반에서 누수나 비탈면 활동 등 침투에 대한 제방의 파괴이력을 가진 지점, 구하도 지점, 제내지가 주변지반보다 현저히 낮은 지점을 조사단면으로 선정한다.

지하수분포 파악은 누수검토나 차수공 설치 시 제내지 측 지하수 부족 등을 검토하는 데 필요하다.

제체와 기초지반의 토질은 설계대상 구간의 기존 토질조사 성과 등에 대한 자료수집 정리하고, 필요시 비파괴조사(탄성파탐사, 전기탐사, 전자탐사 등)나 굴착 등에 의한 직접조사도 실시한다. 이에 대해서는 '제4장 현장 조사 및 시험'에 자세히 설명되어 있다.

제방 종단 및 횡단 방향 지반조사 방법
(국토교통부, 2016a)

종단방향의 시추조사

제방의 계획선을 따라 200 m 간격으로 1개소씩 실시한다. 시추조사의 깊이는 지표면에서 계획제방고까지의 높이(H)의 3배($3H$) 이상을 표준으로 최소 10 m 이상의 깊이까지 하는 것을 원칙으로 하며, 동일제방에서는 최소 1개소는 풍화암까지 확인하여야 한다. 다만, 풍화암 이상의 지지층이 나타날 경우에는 시추조사를 종료하여도 무방하다. 시추조사에서는 지층구성을 확인하고 표준관입시험에 의한 N값을 구하며 채취한 시료는 토질을 판별하기 위해 실내시험을 실시한다.

투수층으로 의심되는 지층은 계획노선을 따라 50~100 m 간격으로 횡단방향 토질조사 방법에 따라 불투수층까지 추가 시추조사를 실시한다.

구조물이 설치되는 곳은 구조물 길이 방향으로 30 m 간격으로 조사하되 최소 2개소 이상을 실시하여야 하며, 조사깊이는 인접제방의 계획제방고를 기준으로 실시한다.

조사 내용은 기초지반의 토질구성과 토질의 공학적 성질을 파악하기 위하여 시추조사, 표준관입시험, 토질의 물리시험, 사운딩조사, 전기탐사 등의 비파괴시험, 시굴조사 등을 실시한다.

제방의 횡단방향 토질조사

시추조사 지점의 수는 제방의 규모와 토질구성의 복잡함에 따라 다르나 일반적으로 둑마루 중앙부근, 앞비탈면 중앙부근, 뒷비탈면 중앙부근 등 3개소 정도가 필요하고, 횡단방향 토질이 불연속적이거나 제내지의 표층에 점토층과 같이 불투수층이 분포하는 경우에는 제방의 비탈기슭으로부터 약 30 m 범위 내에서 토질의 연속성 등을 조사하여야 한다. 단, 제방 및 기초지반의 토질구성이 횡단방향으로 균일할 경우 횡단방향 토질조사를 생략하고 종단방향 성과를 활용할 수 있다. 조사방법은 표 1과 같고, 토질시험 항목은 표 2와 같다.

표 1 횡단방향의 토질조사 방법

구분	조사 방법	
	제체	기초지반
토질구성	시추조사, 사운딩, 전기탐사 등	
침투특성	주로 실내토질시험(입도, 실내투수)을 하나 기존 제방 조사의 경우는 현장투수시험을 실시	주로 현장 투수시험, 토질시험(입도)
강도특성	표준관입시험, 사운딩, 실내토질시험(밀도, 전단)	주로 표준관입시험, 사운딩
재료특성	실내토질시험(다짐, 밀도, 투수, 전단)	

표 2 횡단방향의 토질시험 항목

토질시험의 항목			자갈질토	사질토	점성토	얻어지는 정수
물리시험	토립자의 밀도시험		○	○	○	토립자의 밀도
	함수비시험		○	○	○	함수비
	입도시험		○	○	○	입경가적곡선, D_{10} 등
	액성한계, 소성한계시험				○	액성한계, 소성한계
	습윤밀도시험		○	○	○	습윤밀도
역학시험	투수시험		○	○		포화투수계수
	삼축압축시험 또는 등체적 직접전단시험	UU조건			○	점착력(내부마찰각)
		CU조건	○	○		내부마찰각(점착력)
재료시험(신설제방)			○	○	○	최대건조밀도 등

주: UU조건은 비압밀 비배수 조건, CU조건은 압밀 비배수 조건임

(6) 재료원 및 사토장 조사

재료원은 토취장과 골재원 등이 있다. 토취장은 토석정보공유시스템*을 적극 활용하여 사업구간 인근에 공사 중이거나 추진예정인 각종 공사장에서 발생하는 토석량을 조사한다. 인근에서 발생토를 구할 수 없을 경우에는 새로운 토취장을 개발하여야 한다. 새로운 토취장은 위치, 매장량, 토질, 채취 시 장애사항 등을 조사하고 토지소유주의 승낙을 얻어야 한다. 골재원은 위치, 종류, 골재생산추이, 생산가능량과 공급가격, 운반로 등을 조사한다.

사토장은 위치, 규모, 사토가능량, 운반로 등을 조사하는 데 최소한 2개소 이상 선정한다.

* 토석정보공유시스템(TOCYCLE)은 공사의 설계부터 시공/준공까지의 사토·순성토의 발생정보를 발주자 및 민간사업자가 정보시스템을 통해 입력하고, 토석자원이 필요한 발주자, 설계자, 시공사는 조회시스템을 이용하여 조회하고 토석정보를 상호 공유할 수 있도록 구축된 시스템이다.

(7) 용지 및 지장물 조사

용지조사는 지적도, 토지대장, 등기부등본 등을 열람 받아 편입면적과 소유자, 이해관계인 등을 조사하여 보상의 기초자료로 활용한다. 지장물조사는 공사와 관련된 각종 지상시설물, 지하매설물, 장애물 등이 해당된다. 물건조사와 함께 보상할 것인지 또는 이설할 것인지 등을 판단하고, 관계기관과 협의하여 보상 및 이설계획을 수립한다. 문화재 및 유적조사를 위한 지표조사는 문화재 전문기관에 의뢰하여 조사하고, 매장문화재가 발견될 경우에는 문화재보호법에 따라 처리한다.

5.2.2 선행 및 관련계획 조사 등

제방설계를 위해서는 선행 및 관련계획으로 하천기본계획, 지역개발계획, 자연재해저감종합계획 등을 조사하여 반영한다.

또 사업설명회 등을 통하여 지역주민, 관계부처, 지자체, 본 사업과 이해관계가 있는 외부시민단체 등 다양한 의견을 수렴하여 설계에 반영하고, 사업의 취지를 홍보함으로써 갈등해소와 지역주민들과의 공감대를 형성한다.

5.3 제방재료의 선정

5.3.1 제방재료로 사용하는 흙

(1) 제방재료인 흙의 조건

제방을 축조하려면 많은 흙이 필요하다. 흙은 구입이 용이하고 경제적이어야 하므로 가능한 가까이에서 얻을 수 있는 재료를 사용한다.

국내에서 대규모 하천공사가 시작된 1970년대 이전의 하천제방의 성토재료는 운반수단이 발달하지 못하여 제방공사장 주변에 있는 흙을 이용하였다. 1970년대부터 2000년 이전까지는 운반수단 미발달, 경제성, 토사채취의 편리함, 통수단면적 확장 등으로 주변 하상토를 굴착하여 사용하였으며, 일부 부족분은 인근 토취장에서 채취하여 사용하였다. 2000년 이후는 하상토 사용을 금지함으로써 대부분 인근 토취장에서 채취하여 사용하고 있다.

제체재료가 가져야 하는 세 가지 중요한 요건인 전단강도, 투수성, 압축성 등을 만족하기 위해서 흙은 입도분포가 좋아야 한다. 자갈과 같이 입자가 큰 재료는 입자 간 맞물림으로 강도를 발휘하는 데 효과가 있는 반면에, 점토와 같은 세립분은 투수계수를 작게 하는 데 필요하다.

영국(Highways Agency, 2009)에서 토공의 성능에 영향을 미쳐 제거해야 할 부적합한 물질은 다음과 같이 규정하고 있다.

- 늪, 습지, 수렁 등에서 나온 유기물질이 무게로 4%를 초과하는 유기질토
- 나무 그루터기, 뿌리 및 부패하기 쉬운 재료, 금속, 고무, 소성 또는 합성재료가 체적별로 1%를 초과할 경우
- 동결상태의 소재
- 함수비가 90%를 넘거나 소성지수가 65%를 넘는 점토
- 자연연소에 취약한 물질(석탄 등)
- 부풀어 오르거나 붕괴할 수 있는 흙
- 영구공사에 유해한 유해화학물질 또는 유해화학물질을 포함한 물질

제방 흙은 수압에 의한 안정성을 가지기 위해 충분한 중량을 가져야 한다. 연약지반에서 경량재로 성토하는 것은 중력안정성 부족으로 제방이 수압과 파압에 미끄러질 수도 있으므로 주의가 요구된다. 또한 제방균열을 방지하기 위해서는 흙의 수축 및 팽창성이 적어야 하고, 시공성을 확보하기 위해서는 건설장비의 주행성(trafficability)을 고려하여야 한다.

(2) 제체재료로서 적당한 흙

- 제체재료는 밀도가 크고, 입도분포가 좋고, 압밀 시 전단강도가 크고 안전성이 있어야 한다. 자갈은 입자의 맞물림으로 강도를 발휘하는 데 효과가 있고, 세립분은 투수계수를 작게 하는 데 필요하다.
- 시공성이 좋고 압밀이 용이해야 한다. 재료의 입경이 너무 크면 압밀이 잘 되지 않을 수 있어 시공 시 포설두께를 감안하여 재료의 최대치수를 100 mm 이내로 규정하고 있다(수자원학회/하천협회, 2019).
- 가능한 불투수성 재료로 투수성은 외수위 변동에 대해 허용할 수 있는 범위 이내이어야 한다. 불투수성을 확보하기 위해 세립분(입자가 0.074 mm 이하)이 토질재료의 15% 이상이어야 하고, 건조 시 균열 위험성과 시공기계의 주행성을 감안하여 50% 이하인 것이 좋다.
- 제체안전성에 영향을 줄 정도의 압축변형과 팽창성이 없어야 한다.
- 유해한 유기물, 물에 용해한 성분(중금속, 강산, 강알카리 등)으로 변화는 성분을 가지지 않아야 한다.

- 침수, 건조 등 환경변화에 비탈면 붕괴나 균열이 발생하지 않아야 한다. 실트분의 함유량이 많은 흙에서는 함수비 증가에 의해 전단저항이 크게 낮아져 강우에 의한 침식, 침투수에 의한 비탈면 붕괴가 많이 나타난다.
- 수압과 파압에 의한 활동으로부터 안정성을 가지기 위해 충분한 중량을 가져야 한다. 경량재를 사용하면 평행활동(translational sliding)이 발생할 수도 있다.

제체재료를 선정할 때에는 하천설계기준에서 규정하고 있는 다음 박스 기사에 따르며, 표 5.2를 참조할 수 있다.

제체재료인 흙의 기준(수자원학회/하천협회, 2019)

1) 제방재료는 다음과 같은 규정을 만족해야 한다.

- 제방재료는 통일분류법상 GM, GC, SM, SC, ML, CL 등과 같이 일정한 점토(C) 및 실트(M)와 같은 세립분을 함유해야 한다.
- 재료의 최대치수는 100 mm 이내로 한다.
- 하상재료를 제방재료로 사용하는 것은 원칙적으로 금한다.
- 하상재료를 제방재료로서 부득이 사용할 경우 하상재료 채취에 따른 하상변동, 평형하상경사의 변화 및 하천 생태계에 미치는 영향 등과 KDS 51 50 05(하천제방)에서 제시한 침식방지, 제체의 침투 및 활동에 대한 안정성 평가를 통하여 제방보강공법(단면확대공법, 앞비탈 피복공법 등)을 선정, 적용하여 제방안정을 확보하여야 한다.

2) 대규격제방의 재료는 정규제방 단면부분은 일반제방과 동일한 재료를 사용하며 그 외 부분은 경제성을 고려하여 하상토, 세립토, 순환골재 등을 사용할 수 있다. 또 해설에서 제체재료는 적절한 입도분포 확보 및 누수에 대한 저항성을 높이기 위하여 그림 1의 구분 Ⅰ, Ⅱ 이상의 재료를 사용하도록 하고 있다.

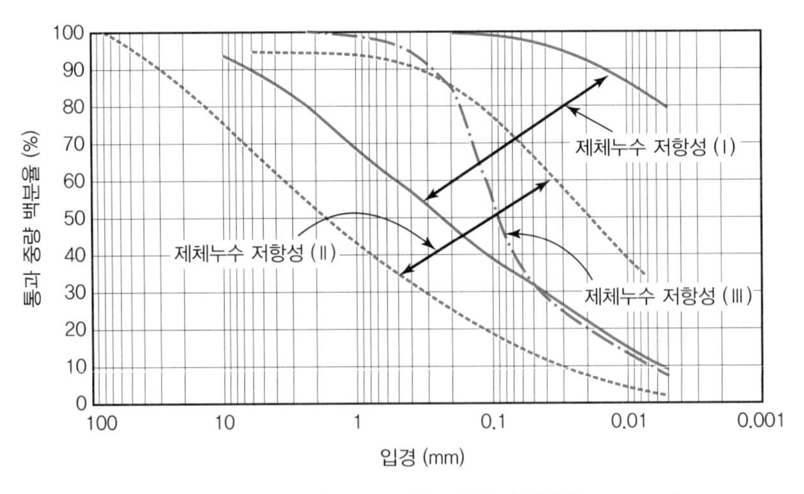

그림 1 각 제체재료별 입도분포곡선 (수자원학회/하천협회, 2019, p. 511)

(3) 제방의 다짐과 투수계수

흙을 다지고 밀도를 높이면 흙의 성질이 향상되고, 압축성, 강도특성, 투수성 등 공학적 특성이 향상되며, 외력에 대한 안정성이 향상된다.

하천제방은 불포화토에서 포화토로 변하는 침투조건에 따라 흙이 거동하며, 강우나 하천수 모두 시간에 따라 변화는 비정상상태에 해당한다. 포화토는 불포화토에 비해 투수계수가 커서 물의 침투가 빠르고 겉보기 점착력이 작아져 전단강도가 현저하게 저하된다. 실트질 제방에서 평상시 40~60%인 포화도가 100%로 바뀌면 강도는 1/3 정도로 감소하고, 80%로 바뀌면 투수계수는 약 10배의 투수성을 갖는다(中島, 2003).

쿠라(久樂) 등(1982)의 조사에 의하면 그림 5.2(a)에서 예시된 것처럼 다짐도는 흙의 투수성

표 5.2 제체재료인 흙의 평가(中島, 2009, p. 210)

<table>
<tr><th colspan="3">흙의 구분</th><th colspan="2">제체재료로서 평가</th><th rowspan="2">대상</th></tr>
<tr><th colspan="2">명칭</th><th>기호
(일본 통일분류법)</th><th>평가</th><th>유의사항</th></tr>
<tr><td rowspan="4">조립토</td><td>자갈</td><td>GW, GP</td><td>○</td><td>• 투수성이 아주 크고, 제체누수가 생김.
• 식생에 곤란</td><td>• 존형(zone type)*으로 하고 투수부에 사용. 불투수성 코어와 표면차수층 설치</td></tr>
<tr><td>역질토</td><td>G–M, G–C, G–O, G–V,
GH, GC, GO, GV</td><td>○</td><td></td><td></td></tr>
<tr><td>모래</td><td>SW, SP</td><td>○</td><td>• 투수성이 크고, 파이핑 등에 의한 제방파괴의 원인이 되는 일도 있음.</td><td>• 불투수성 코어와 표면차수층 설치
• 세립토와 혼합과 토질개량용 첨가제를 더해서 토질개량 도모</td></tr>
<tr><td>사질토</td><td>S–M < S–C < S–O,
S–V, SC, SO, SV</td><td>○</td><td></td><td></td></tr>
<tr><td rowspan="4">세립토</td><td>실트</td><td>ML, MH</td><td rowspan="3">○</td><td rowspan="3">• 물을 포함하는 경우 기계시공이 곤란하게 되어 압밀을 충분히 할 수 없는 경우가 있음.</td><td rowspan="3">• 건조에 의한 함수비의 저하 또는 토질개량용 첨가제에 의한 토질개량</td></tr>
<tr><td>점성토</td><td>CL, CH</td></tr>
<tr><td>화산회질
점성토</td><td>OV, VH_1, VH_2</td></tr>
<tr><td>유기
질토</td><td>OL, OH</td><td>△</td><td>• 고함수비인 경우가 많고, 그대로 기계시공으로 압밀하거나 정형화하기 곤란</td><td>• 건조에 의한 함수비 저하 또는 토질개량용 첨가제에 의한 토질개량 또는 양질토와 섞인 층으로 주행성 확보</td></tr>
<tr><td colspan="2">고유기질토</td><td>Pc, Mc</td><td>×</td><td>• 함수비가 높고, 압밀이 곤란. 압밀변형이 크고 또한 침수, 건조 등의 환경변화에 대해서도 안전성 불량</td><td></td></tr>
</table>

주: ○ 제체재료로서 양호
△ 필요에 따라 대책을 취하면 제체재료로서 사용이 가능
× 제체재료로 부적당
* 존형(zone type)은 제체가 한 종류의 토사로 축조하지 않고 불투수존, 연결부존, 지지존 등으로 구분하여 축제하는 복합형 제방을 말한다.

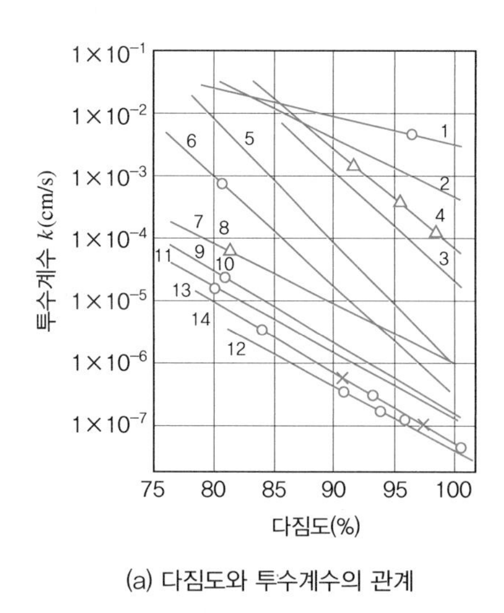

(a) 다짐도와 투수계수의 관계

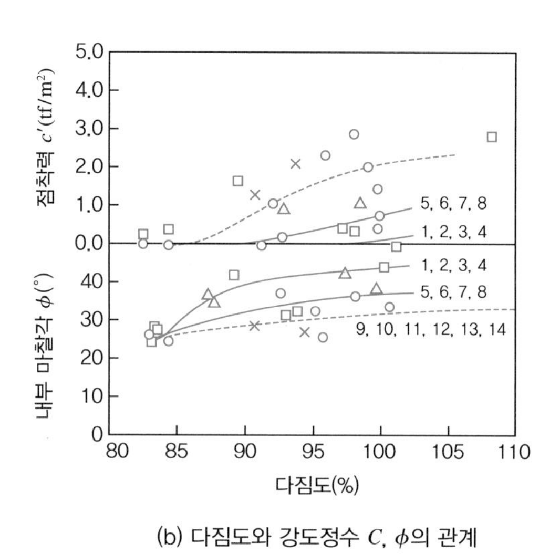

(b) 다짐도와 강도정수 C, ϕ의 관계

※ 그림 중의 숫자는 시료번호이며, 작을수록 세립분이 적고, 클수록 세립분이 많음.

그림 **5.2** **흙의 다짐도와 공학적 성질 관계** (久樂 등, 1982)

이나 강도와 깊은 관련이 있고 동일한 토질에 있어서도 다짐도가 10% 변화하면 투수계수는 10^{-1} cm/s 정도 달라지며, 흙의 강도도 큰 폭으로 변화한다. 이와 같이 기존의 제체는 토질이 매우 다양하고 불균질한 상태에 있으며, 이에 대한 정보가 충분하지 않은 것도 하천제방의 특징 중의 하나이다. 그림 5.2(b)는 시료의 다짐도와 내부마찰각 및 점착력 관계도이다.

흙을 다질 때 흙입자 간의 틈을 최소로 하는 함수비의 다짐조건을 최적함수비라 하고, 이때의 건조밀도를 최대건조밀도라 한다.

흙의 다짐은 다짐도를 규정하는 방법과 시공함수비를 규정하는 방법이 있다. 하천설계기준해

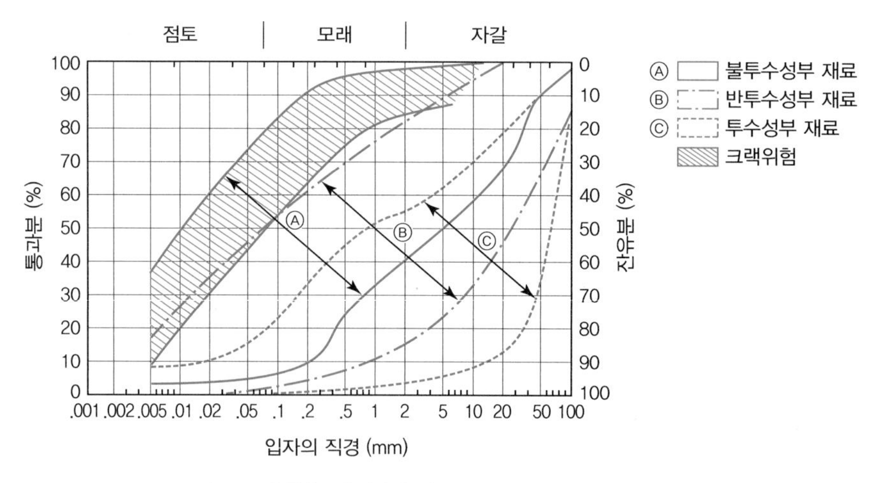

그림 **5.3** **제체재료의 적정범위** (일본 국토기술연구센터, 2009, p. 63)

설(수자원학회/하천협회, 2019)에서 제방의 다짐도는 일반구간은 90%, 구조물 주변은 95%를 요구하고 있다. 시공함수비로 규정하는 방법은 공기 간극률과 포화도를 규정함으로써 시공함수비를 관리한다. 이에 대한 상세한 내용은 제7장을 참조하기 바란다. 제방재료의 적정입도분포는 그림 5.3을 참고할 수 있다.

(4) 불량토의 개량

현 하천설계기준해설(수자원학회/하천협회, 2019)에서는 우리나라 기존 하천제방이 균일형으로 축제되고 있고, 대부분 하상토가 투수성이 높은 모래질로 되어 있어 파이핑에 매우 취약하여 제방 성토재로 하상토 사용을 금하고 있다. 그러나 미국, 일본 등 외국에서는 하상토도 공학적인 판단을 하여 적정하면 사용이 가능하다. 앞에서 말한 제체재료로서 적당하지 않은 흙이라고 공학적으로 부적당하여 사용할 수 없다는 것은 아니다. 하상토가 제방 성토재로 적합하지 않을 경우에는 개량하여 사용할 수 있다.

불량 성토재의 개량방법은 입도조정방법과 함수비조정방법, 첨가제이용방법이 있다. 입도조정방법은 불량토와 양질의 재료를 혼합하여 입도를 조정함으로써 전단강도와 투수성, 압축성을 개량하는 방법이다. 입도분포가 나쁜 흙은 부족한 입경을 보충한다. 또한 사질토는 세립토를 혼합하여 투수계수를 작게 하고, 점성토는 사질토를 혼합하여 함수비를 낮추고 강도를 높여 건조수축에 의한 균열방지와 시공성을 향상시킬 수 있다. 불량토와 양질토를 혼합하여 입도를 조정하는 것은 혼합하려는 흙을 최대한 균질하게 혼합하는 것이 중요하다. 한쪽의 흙을 일부분에 집중하여 성토하지 않아야 한다. 흙의 혼합기계는 노상안정기(road stabilizers)와 배처플랜트(batcher

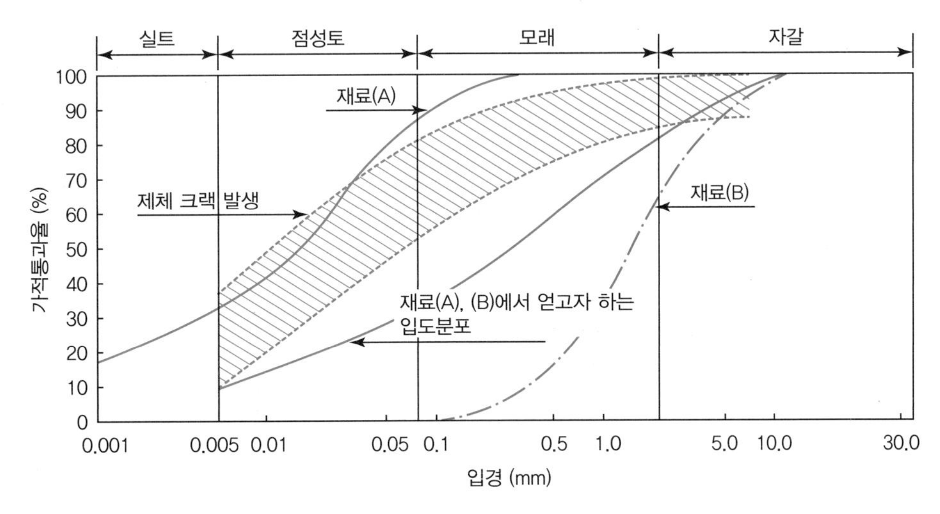

그림 **5.4** **입도조정의 설명도** (일본 국토기술연구센터, 2009, p. 69)

plant) 등이 있으며, 노상안정기가 효율성이 높다.

함수비조정방법은 공기건조법(함수비가 높은 점성토를 햇빛에 장시간 노출하여 건조시키는 방법), 트랜치굴착공법(지반에 고랑을 만들어 지하수위 및 함수비를 낮추는 방법), 강제건조공법(특수 건조설비를 이용하여 가열하여 함수비를 낮추는 방법) 등이 있다. 사질토는 90% 이상 다짐도를 얻을 수 있는 범위로 시공함수비를 조정한다. 점성토는 함수비를 낮추기가 어렵기 때문에 다짐장비의 주행성을 얻을 수 있는 것을 한계로 하는 것이 좋다.

첨가제이용방법에는 시멘트안정처리공법(소일시멘트: 불량토와 시멘트의 혼합)과 석회안정처리공법(불량토와 생석회의 혼합) 등이 있다. 이 방법은 함수비가 높은 점성토에서 시공기계의 주행성을 확보하는 것에 목표를 두어야 한다. 시멘트안정처리공법은 시멘트가 흙 속의 수분과 포조란 반응 및 수화반응을 하여 토립자와 화학적 결합으로 경화한다. 경화시간은 흙과 혼합 후 3~7일 정도 소요된다. 석회안정처리공법은 석회가 흙 속의 수분과 반응하여 흡수, 발열작용으로 흙을 탈수시키고 장기적으로 포조란 반응으로 경화시킨다. 경화시간은 시멘트보다 장시간이 소요된다. 완성 후 제체에서 건조수축에 의한 작은 균열이 발생할 수 있다. 시멘트안정처리공법(소일시멘트공법)의 상세한 내용은 부록 II.1을 참조하기 바란다.

5.4

제방선형 및 기본단면형의 결정

5.4.1 제방선형 및 배치

제방선형은 제방의 앞비탈머리를 하천 종방향으로 연결하는 선을 말하며 제방법선이라고도 한다. 제방선형은 하천의 수리상태와 지형조건을 포함한 주변환경의 특성과 건설비를 결정하는 매우 중요한 요소이다. 제방선형은 자연적인 흐름특성에 따라 하천기본계획에서 결정되는 경우가 대부분이나 상세한 현장조사와 수리계산 결과에 따라 변경이 필요할 수도 있다.

제방선형은 다음과 같은 특성을 고려하여 결정한다. 제방선형은 하천기본계획에서 결정한 평면계획을 기준으로 한다. 하천연안의 토지이용 현황, 홍수 시의 유황, 현재의 하도, 장래의 하도, 공사비 등을 검토하여 가급적 완만한 곡선형태가 되도록 한다. 소규모하천에서는 유로가 직각에 가까운 하천도 있어 수리적 특성을 고려한 최소곡률반경에 대한 규정이 필요하나, 하천설계기준해설(수자원학회/하천협회, 2019)이나 소하천설계기준(행정안전부, 2018)에서는 최소반경에 대한 규정은 없다. 농업생산기반정비사업(농업기반공사, 2000)에서는 수로설계 시 곡선부가 필요한 경우 수로중심의 곡선반경은 수로 상부폭의 10배 이상으로 하도록 규정하고 있다.

제방선형은 기존의 자연적인 유로의 특성과 홍수방어체계를 크게 훼손하지 않게 설정한다. 자연하천의 하천선형은 오랜 시간에 걸쳐 자연적인 흐름특성에 따라 형성된 것으로서, 선형결정에서 기존의 유로를 유지하는 것을 기본으로 한다. 그러나 소규모하천에서는 도시개발 또는 철도 및 도로 건설 등으로 하천선형을 변경하는 경우가 발생한다. 새로운 선형으로 하천의 횡적 공간을 줄이면 수리에너지의 증가로 유속이 빨라져서 제방침식이 우려된다. 기존 제방을 보강할 때 선형을 제외지 측으로 고려할 경우에 유수단면적이 줄어들어 홍수위가 상승하고, 제내지 측으로 할 경우에는 편입부지가 많아지는 문제점이 있다. 따라서 기존 제방의 선형을 유지하는 것과 새로운 선형을 설정하는 것을 신중하게 고려한다.

하천환경 측면에서 제방선형은 제방을 뒤로 물려(setback) 배치하고 하천이 자연적으로 형성할 수 있도록 허용하면, 생물다양성과 생태계 서비스에 중요한 서식지가 만들어지거나 보전될 수 있다. 따라서 해당하천 고유의 자연환경, 하천의 이용현황 등과의 관계를 충분히 고려하여 하천환경 특성을 보전하고 관리가 되도록 하는 것이 바람직하다.

제방선형 조정으로 하폭을 좁히면 유속과 상류 측으로 홍수위가 증가하므로 상세한 수리검토가 필요하다. 급류하천에서 제방선형은 완만하게 하면 유수가 하안에 충돌하는 것을 줄일 수 있다. 완류하천에서 하천을 무리하게 직선으로 정비하면 하천의 수리적 평형이 깨어질 수 있다. 지류는 가능하면 예각으로 길게 합류시키고 홍수를 원활히 유하하기 위하여 합류점 하류에는 적당한 길이의 도류제 설치를 고려한다.

연약지반은 압밀로 침하가 발생하고, 모래나 자갈 등이 많은 자연투수성 지반은 제방성능에 영향을 준다. 이 경우 침하와 투수방지대책이 필요하므로 공사비와 유지비가 모두 증가한다. 극심한 연약지반과 투수성이 높은 지반은 제방선형을 고수하고 대책을 수립하기보다 그러한 장소를 피해서 견고한 불투수성 지반에 제방을 설치하도록 하는 것이 경제적이다.

도시와 역사적 문화재 등과 근접한 제방에서 하도 내 고수부지 활용과 제내지의 토지사용은 향후 변화될 잠재성을 가지고 있기 때문에 제방선형이 제한될 수 있다. 또 제방이 유수 가까이에 위치하는 경우에는 공사를 안전하고 신속하며 경제적으로 수행할 수 있는 방법을 미리 고려해야 한다.

제방선형을 결정할 때에는 장래 제방의 보강과 유지관리 등을 위한 여유폭 확보가 필요하다. 제방의 선형 또는 위치 때문에 기초지반이 부분(국지)적으로 불량하거나 품질이 좋지 않은 건설재료로 시공하는 경우에는 후속적으로 둑마루를 쉽게 올리거나 제방경사를 완만하게 한다. 또 자전거도로와 산책로, 화단설치 등을 위해 폭을 넓힐 수 있는 추가적인 여유공간 확보가 필요하다.

5.4.2 제방의 안전도

우리나라와 일본은 홍수량의 규모에 따라 제방고와 여유고의 크기가 정해져 있어 제내지의 중요도, 지형조건, 수리특성과 관계없이 유량이 같으면 동일규모의 제방으로 설계한다. 그러나 유럽과 중국 등에서는 아래 박스기사와 같이 제내지 자산규모에 따라 제방의 안전도를 다르게 적용한다.

제방의 안전도 적용방법

중국

중국은 표 1과 같이 제내지의 인구와 자산규모에 따라 4단계로 나누어 방호수준(재현기간)을 정하고 표 2와 같이 방호수준에 따라 제방등급을 5단계로 구분하여 설계를 한다(中島, 2003).

표 **1** 중국의 제방이 보호해야 할 대상등급

구분	항목	방호대상			
		I	II	III	IV
도시	중요성	특별 중요도시	중요도시	중급도시	일반도시
	비농업 종사인구(만 명)	≥ 150	150~50	50~20	≤ 20
	방호수준(재현기간: 년)	≥ 200	200~100	100~50	50~20
농촌	경지면적(만 정보)	≥ 300	300~100	100~30	≤ 30
	인구(만 명)	≥ 150	150~50	50~20	≤ 20
	방호수준(재현기간: 년)	100~50	50~30	30~20	20~10
광공업 기업	규모	특대형	대형	중형	소형
	방호수준(재현기간: 년)	200~100	200~100	50~20	20~10

표 **2** 중국의 제방등급별 기준

항목		제방의 등급				
		1	2	3	4	5
방호수준(재현기간: 년)		≥ 100	100~50	50~30	30~20	20~10
여유고 (m)	월파가 허용되지 않는 제방	1.0	0.8	0.7	0.6	0.5
	월파가 허용되는 제방	0.5	0.4	0.4	0.3	0.3
둑마루폭 (m)		6 이상	6 이상	3 이상	3 이상	3 이상
토제의 안전율	설계조건	1.30	1.25	1.2	1.15	1.10
	지진조건	1.20	1.15	1.10	1.05	1.05

헝가리

헝가리에서는 표 3과 같이 제방의 안정성에 대한 안전율을 정하여 설계하고 있다. 안전율은 n = 내하력(내구력) / 외력으로 구하며, 구조물은 $n = n_1 \times n_2 \times n_3$일 때 안전하다. 여기서 n_1은 안전율의 기본값, n_2는 조사의 불확실성에 대한 계수로서 상세조사의 여부에 따라 정해지고, n_3는 구하도와의 교차여부로 정해진다.

표 3 제방의 안전율

항목	수위(n_1)		조사불확실성(n_2)		구하도교차(n_3)	
	설계홍수위	둑마루 수위	있음	없음	있음	없음
제방의 사태	1.6	1.5	1.0	1.3	1.2	1.2
지반의 침투파괴	1.6	1.5	1.0	1.3	1.3	1.3
비탈면의 안정	1.5	1.3	1.0	1.2	1.0	1.0
구조방어벽의 안정	–	2.0	1.0	1.2	1.0	1.0
벽밑의 누수	–	1.8	1.0	1.2	1.3	1.3
배수로 비탈면 안정	1.5	1.3	1.0	1.3	1.2	1.2

5.4.3 제방단면 구조

제방을 설계하기 위해서는 기본단면형을 이해하는 것이 중요하다. 제방은 단순히 흙으로 쌓아 올린 균일형 제방과 안정성 향상을 위하여 여러 가지 다른 재료를 조합해서 만든 복합형 제방이 있다. 우리나라와 일본에서는 하천규모가 크지 않아 흙으로 쌓는 토제를 원칙으로 하고 제방구조는 균일형상(정규단면)만 제시하고 제방의 안전성을 평가하고 있다. 따라서 먼저 정규단면형을 정하고 제방의 안전성을 평가하여 최종단면을 결정하고 있다. 그러나 유럽, 미국, 중국 등 대하천이 있는 곳에서는 제방의 규모가 크고, 홍수지체시간이 길어 댐과 같이 복수의 재료를 사용하는 복합형제방으로 건설하기도 한다.

우리나라도 소규모 제방은 지금과 같은 균일형의 단면설계를 하더라도 대규모 제방은 홍수량, 홍수지속시간, 토질재료 등 제반여건에 따라 제방안전성을 평가하는 복합형제방 설계법으로 전환되는 것이 바람직할 것이다. 또한 기성제방을 보강하는 기본단면형도 같다. 제방의 그림 5.5는

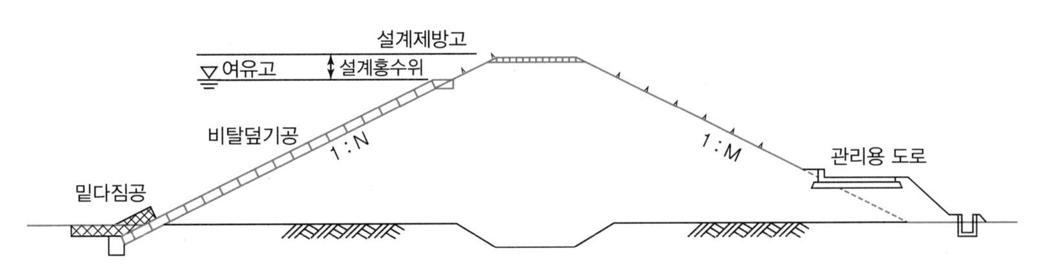

그림 5.5 균일형 제방의 기본구조

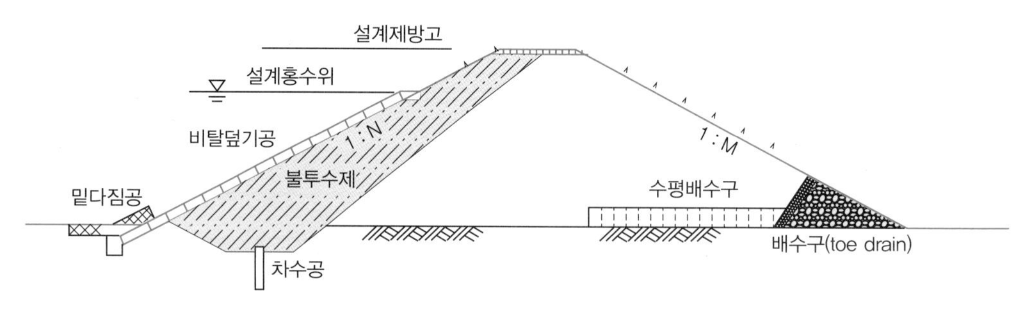

그림 5.6 복합형 제방의 기본구조

균일형 제방의 기본구조이고, 그림 5.6은 대표적인 복합형 제방의 기본구조이다. 그 단면의 세부적인 형태에 대해서는 앞선 2.2절 제방의 형태를 참고하면 된다.

5.4.4 제방고 및 여유고

제방고는 기초지반에서 계획홍수위에 여유고(free board)를 더한 둑마루까지 높이를 말하며, 더돋기의 높이는 포함하지 않고 있다. 여기서 더돋기란 작은 침하를 예상하여 정규단면 위에 미리 덧쌓기를 하는 것을 말한다.

제방의 여유고는 계획홍수량을 안전하게 소통시키기 위해 하천에서 발생하는 여러 가지 불확실성 요소들에 대한 안전값으로 주어지는 여분의 제방높이를 말한다.

우리나라에서는 하천제방의 최고높이에 대한 기준이 없으나, 미국(USACE, 2000)에서는 일반토사제방의 표준단면설정 시 기초지반과 성토재료의 침하 등을 고려하여 하천제방고를 7.6 m (25 ft) 미만으로 제한하고 있다. 또 연약층, 하구의 델타층 또는 해양퇴적층 위에 건설되는 토사제방은 제방의 형상이나 퇴적층의 두께에 따라 다르지만 기초처리를 하지 않을 경우 하천제방고는 3~4 m로 제한될 수 있다.

(1) 최소제방고 결정방법

최소제방고를 결정하는 방식은 결정론과 확률론인 두 가지가 있다. 결정론적 방법은 특정홍수가 발생할 확률에 대한 홍수량–발생가능성 및 수위–홍수량 관계를 이용하여 결정된 설계수위에 국가 또는 지역 정책과 관할구역 내의 특성과 요인에 따라 경험적으로 정한 여유고를 더하여 결정한다.

확률론적 방법은 불확실성을 고려한 확률개념을 도입한 것이다. 여기서 확률개념이란 비초과확률로서 특정빈도의 홍수가 발생 시 목표홍수위를 초과하지 않을 확률이다(강태욱과 이상호,

2011). 수리 및 수문학적 요인으로만 도출된 위험홍수 발생에 대한 90% 또는 95%의 보증수준과 관련된 홍수위에 기초하고 있으며, 제방고는 제방높이 및 제방의 파괴한계와 관련하여 하천의 흐름과 수위에 대한 위험분석을 통해서 결정하거나 조정하는 방법이다. 현재 우리나라는 결정론적 방법을 사용하고 있다.

(2) 제방의 최소여유고

하천설계기준해설(수자원학회/하천협회, 2019)에서 여유고는 수문량과 하도의 소통능력, 하도 내의 토사퇴적과 지반침하 등에 대한 불확실성에 대한 안전율이라고 규정하고 있다. 다만 현 기준에 계획홍수위를 상회하는 홍수와 바람에 의한 파랑고 등이 포함되었는지 알 수 없다. 유럽과 미국에서의 여유고는 배의 항행에 의한 파랑고와 바람에 의한 파고, 어름층이 형성될 가능성에 대한 높이 등이 포함되어 있다.

우리나라와 일본에서는 제방의 수리적 안전한계를 계획홍수위까지로 하고 있으나, 유럽과 미국에서는 제방 마루고까지로 하고 있다. 유럽과 미국에서는 계획홍수위를 초과하는 홍수가 제방 마루고까지 올 때에도 제방이 안전해야 한다는 것은 여유고가 필요한 이유를 명확히 하고 있다. 제방의 수리적 안전한계를 계획홍수위까지로 하는 우리나라와 일본의 경우 여유고가 필요한 이유가 명확히 설명되지 않는다. 이 경우 하천설계기준해설(2019)에서 둑마루에 도로포장을 할 경우 투수재인 기층이 제방의 정규단면 위에 설치하도록 한 규정을 설명할 수가 없고, 여유고부에 설치하는 홍수방지벽에서 제외측의 수압작용 여부와 차수벽 필요여부, 제방은 월류하지 않았으나 계획홍수위를 상회한 홍수가 발생하여 제방파괴가 일어났을 경우 책임한계 등이 불명확하다.

호소제방과 감조구간에서는 파랑고를 고려하여 제방고를 결정한다. 파고 및 수위계산은 파도에 의한 확률적 통계분석으로 평가한다. 감조구간에서 제방고는 계산된 계획홍수위와 대조평균고조위 또는 약최고고조위에 태풍에 의한 파고와 지진에 의한 해일 등을 고려하여 결정한다. 호소제방에서 제방고는 계획홍수위에 바람에 의한 파고와 제방여유고 결정요소를 감안하여 결정한다.

최소제방고가 결정되면 다양한 허용치를 추가해야 한다. 시간경과에 따른 하천유역의 하상고 변화로 동일한 흐름조건에서 수위가 변경될 수 있고, 기후변화로 인한 하천흐름 변화로 인해 발생하는 특정 재현기간에 대한 수위가 변화될 수 있는 데 대한 수위량을 추가한다.

제방설계에서는 침하량를 감안한다. 침하는 지반상태와 제체재료 및 일반조건에 의해 영향을 받는다. 일반적으로 제방고가 높을수록 침하가 커지고, 단단한 지반보다 연약지반이 침하가 크다. 또한 사질보다 점토질에서 침하가 크다.

마지막으로 계산오차가 허용오차를 초과하지 않도록 주의하면서 여유고에 대한 설계기준의 요구사항을 고려한다.

(3) 제방의 공평성과 우월성

제방의 공평성은 일련구간에서 수문학적으로 동일한 확률의 안전성을 갖게 하는 것으로 보호지의 인구나 자산에 관계없이 같은 수준의 안전성을 설정하는 것을 말한다. 논리적으로 보면 공평하나 피해관리 관점에서 보면 불합리하다.

제방의 우월성(superiority)은 가장 덜 위험한 지역이나 지정된 유출로 외에 위험지역에서 제방의 설계된 홍수를 초과하는 홍수를 방어하기 위해 하천변의 제방높이를 조정하는 원리이다(USACE, 1986). 이 원칙을 적용하는 것은 단순히 초과홍수를 방어하기 위해 계획홍수보다 더 높은 제방을 쌓는 것이라고 할 수 있다.

과거 하천에서 홍수방어는 전 구간에 대해 동일한 규모의 홍수를 방어하는 선개념의 홍수방어를 하였으나, 최근 들어 선택적 홍수방어 개념이 도입되어 동일하천 내에서도 상·하류 지역특성을 고려한 지역등급에 따른 차등화된 홍수방어대책을 수립하고 있다.

즉 선개념의 홍수방어 개념은 하천을 사이에 두고 좌·우안에 도시지역을 보호하는 제방과 대부분 농업지역을 보호하는 제방 등 2개의 제방이 존재하는 경우 두 제방이 유사한 최소 제방높이를 결정한다. 우리나라와 일본 등에서 적용하고 있는 방법이다. 그러나 선택적 홍수방어 개념은 홍수가 도시지역을 침수하기 전에 농업지역으로 넘치게 하는 것이 경제적이므로 도시지역에 대해 더 높게 제방을 쌓아 보호하는 등 제방의 중요도에 따라 차별화된 홍수방어대책을 수립하는 방법이다. 유럽의 네덜란드와 헝가리, 미국, 중국 등에서 사용하는 방법이다.

제방 우월성은 중요도가 높은 제방을 주변 제방보다 더 높게 쌓아 인접한 독립적인 제방이 있는 경우 한 제방이 파괴되면서 연속적으로 연쇄파괴가 발생할 가능성을 줄이는 데 사용될 수 있다. 또한 펌프장, 배수통문과 같은 구조물이 있는 경우 구조물이 있는 제방을 상류와 하류보다 약간 더 높게 만들어 구조물의 잠재적 손상을 방지할 수 있다.

(4) 방수로

방수로(放水路)는 홍수 시 유수가 제방을 월류할 경우 제방 전체가 파괴되는 것을 방지하기 위해 제방의 일정 구간에서 제방고를 계획제방고보다 약간 낮게 설치하여 월류시키는 비상방류시설을 말한다.

현재 대부분의 하천제방은 하도가 부담하여야 하는 홍수량을 전부 부담하도록 설계되고 있으

(a) 전체 전경

(b) 조절부

그림 **5.7** **화순 홍수저류지** (한국수자원공사 제공)

나, 주변 지역의 토지이용변화와 기후변화 등에 의한 수문량 증가로 계획홍수위가 증가하고 있어 제방고를 높여야 한다. 이 경우 가장 취약한 지역에 비상방수로를 설치하여 강물이 넘치도록 함으로써 제방이 파괴되는 극단적인 상황을 통제하거나, 대체 홍수류의 우회통로나 임시보관을 위한 안전한 장소(저류지)로 보내는 우회방수로를 설치하는 방법을 사용하고 있다. 대표적인 사례로 담양과 화순, 영월, 여주, 나주의 홍수저류지를 들 수 있다.

(5) 제방고 결정

최종제방고 결정은 계획홍수위에 최소여유고를 추가하고, 그 외 추가 허용치와 제방의 우월성, 방수로 효과 등을 고려하여 조정된 값으로 한다.

태풍 루사(2012)와 매미(2013) 때 낙동강에서 홍수위가 계획홍수위에 가깝게 상승하였고, 홍수지속시간이 일주일 이상 지속되면서 파이핑으로 일부 제방에서 붕괴가 발생하였다. 응급복구를 위해 덤프트럭으로 토사를 운반하였는데 일부 운전기사는 심리적인 위험성을 호소하면서 둑마루 진입을 기피하는 사례가 있었다. 따라서 추가 허용치에는 수리공학적인 판단 외에 인근주민과 응급수방요원들의 심리적인 요소도 필요하다.

5.4.5 둑마루폭

제방의 둑마루폭은 침투수에 대한 안전확보, 평상시의 하천순찰, 홍수 시의 방재활동, 친수 및 여가 공간 마련을 위해 설치한다. 그러나 둑마루폭은 실질적으로 수리적인 요소보다는 관리를 위한 요소가 폭을 결정하고 있다고 할 수 있다.

(a) 중랑천 둑마루에 설치한 장미정원

(b) 자전거 도로와 산책로

그림 **5.8** 둑마루 이용

둑마루폭은 홍수 때 정상적인 유지보수작업과 비상운영을 위한 차량통행을 위해서는 최소한 3~4 m의 폭이 필요하다. 당초 하천설계기준(건설부, 1993)에서 최소 둑마루폭은 3 m로 하였으나, 2002년부터 시공성과 장비활용을 위해 4 m로 변경하였다.

최근에는 둑마루폭의 이용목적이 다양해지고 있어 도시에서는 유지관리용 차량 폭 외에도 자전거도로 및 산책로와 화단 등 조경시설 공간 등을 별도로 둘 필요성이 많아지고 있다. 또 둑마루에 홍수방어벽이나 통문의 조작대 등이 있는 경우에는 차량이 통행하거나 차문을 열기 위해 둑마루폭을 제내지 측으로 확장할 필요가 있다.

각 나라별 최소 여유고와 둑마루폭 기준

한국과 일본

한국과 일본 두 나라 모두 계획홍수량의 규모에 따라 최소여유고와 최소둑마루폭을 일정하게 정하고 있다. 여유고는 계획홍수량 이하의 유량은 월류하지 않는 높이로서, 홍수 시 파랑, 순찰, 유하물 등에 대한 여유고이다. 둑마루폭은 침투수에 대한 안전확보와 하천감시, 홍수 시 방재활동을 위해 필요한 폭이다. 최소둑마루폭은 두 나라 모두 3 m 이상으로 하고 있었으나, 한국은 2002년부터 4 m 이상으로 개정하여 사용해 오고 있다. 단, 소하천설계기준(행정안전부, 2018)에서는 계획홍수량이 100 m^3/s 미만일 때 2.5 m, 100~200 m^3/s일 때는 3.0 m, 200~500 m^3/s 이상에서는 4 m로 규정하고 있다.

표 1 최소여유고와 최소둑마루폭 기준[한국: 하천설계기준해설, 2019, 일본: 하천사방시설기준(안), 1999]

계획홍수량 (m^3/s)	최소여유고 (m)	최소둑마루폭 (m)
200 미만	0.6 이상	한국: 4.0 이상(일본: 3 이상)
200 이상~500 미만	0.8 이상	4.0 이상
500 이상~2,000 미만	1.0 이상	5.0 이상
2,000 이상~5,000 미만	1.2 이상	5.0 이상
5,000 이상~10,000 미만	1.5 이상	6.0 이상
10,000 이상	2.0 이상	7.0 이상

미국

미공병단(USACE, 2008)의 경우 여유고는 계획홍수위 계산에서 합리적으로 설명할 수 없는 요인에 대비하는 것으로서, 제방의 중요도에 따라 도시제방과 농촌제방으로 구분 적용하고 있다. 둑마루폭은 하천의 규모에 따라 대하천과 소하천으로 구분하고, 관리용 차량통행을 고려하여 적용하고 있다. 최소여유고와 둑마루폭 기준은 표 2와 같다.

표 2 최소여유고와 최소둑마루폭 기준(USACE, 2008)

최소여유고	최소둑마루폭
도시제방: 3 ft (약 0.9 m) 농촌제방: 2 ft (약 0.6 m)	대하천 제방: 20 ft (약 6 m) 소하천 제방: 12 ft (약 4 m)

독일과 헝가리

독일과 헝가리의 경우 여유고는 바람에 의한 파고, 얼음층(ice jam), 수위 계산에 의한 오차 등을 포함하고 있다. 여유고는 수위고와 제방고에 따라 달라지며, 최대 1.0 m를 한계로 하고 있다.

표 3 최소여유고 기준

독일 (DVWK, 1986)		헝가리(VITUKI, 1992)
수위고 (m)	여유고 (m)	
~ 2.0	0.5	여유고: 1.0 m 단, 국경하천 및 수도인 부다페스트는 1.2~1.5 m
~ 2.4	0.6	
~ 2.8	0.7	
~ 3.2	0.8	
~ 3.6	0.9	
~ 4.0	1.0	

5.4.6 제방의 비탈경사

(1) 비탈경사

자연제방에서는 유수작용과 월류 등으로 비탈경사가 제외측보다 제내측이 완만하다. 유럽에서는 이와 같은 제방형태가 많다. 그러나 토질역학적으로 볼 때 제외지 측의 비탈경사는 비탈높이와 침투수위가 높고 유수와 접하며 수위급강하 등으로 제내지 측보다 완만한 것이 안정하다.

과거 국내에서 제방의 최소비탈경사는 일본기준을 차용하여 제내 · 외측 모두 1 : 2를 사용하였다. 이것은 비탈경사의 안전성 확보와 비탈경사가 1 : 2보다 완만해야 자연식생이 잘 자랄 수 있다는 근거에 의한 것이다(中島, 2003). 2002년 이후부터는 1 : 3보다 완만하게 설치하는 것을 원칙으로 하고 있다. 다만 중소하천에서 1 : 2로 설치한 기존 제방을 1 : 3으로 변경할 때 제외지 측에서는 통수단면적 축소로 홍수위 상승을 유발하고, 제내지 측에서는 과다한 용지편입으로 민원 발생 우려가 커서 그대로 1 : 2로 설계가 되는 경우가 많다.

하천설계기준해설(수자원학회/하천협회, 2019)에서 '제방은 하천유수의 침투에 대해 안전한 비탈면을 가져야 하는데 이를 위해서는 1 : 3 또는 이보다 완만하게 설치함을 원칙으로 하고 있다. 단 지형조건, 물이 흐르는 단면유지 및 장애물 등의 이유가 있는 경우에는 1 : 3보다 급하게 할 수 있다. 특히 대하천에서는 제방이 구조적으로 안전하다는 이유만으로 1 : 2보다 급한 경사를 채택하지 않아야 한다.'고 급경사 설치를 경계하고 있다. 소하천설계기준(행정안전부, 2018)에서는 1 : 2보다 완만하게 설치함을 원칙으로 하고 있다. 유럽 및 미국에서도 제방관리인 풀베기를 위해 비탈경사는 1 : 3보다 완만하게 설치하는 것이 좋다고 제안하고 있다(CIRIA, 2013).

제방에서 풀베기를 할 경우 1 : 2 비탈경사에서는 인력에 의한 견착식 소형예초기 작업은 가능하지만, 대형예초기 작업(제8장 표지사진 참조)은 매우 어렵고 장비가 도복할 위험이 있다. 따라서 최소비탈경사는 비탈덮기의 안정성과 시공의 용이성을 위한 경사는 1 : 2, 풀베기 장비운영 및 유지관리를 위한 경사는 1 : 3이 바람직하다(USACE, 2000).

마지막으로, 제방의 비탈경사는 자연형제방 측면에서 매우 중요하다. 완경사면은 급경사면에 비해 식생이 자생하거나 인위적으로 조성, 관리하는 데 상대적으로 유리하다. 특히 하천환경의 중요 구성요소로서 완경사제방은 주민의 위락공간 활용이나 경관적 차원에서도 바람직하다. 따라서 제방설계 시 공간적, 환경적, 경제적 여건이 허용하는 한 완경사호안을 지향하는 것이 제방의 안정성, 유지관리, 환경성 모든 측면에서 급경사제방보다 바람직하다.

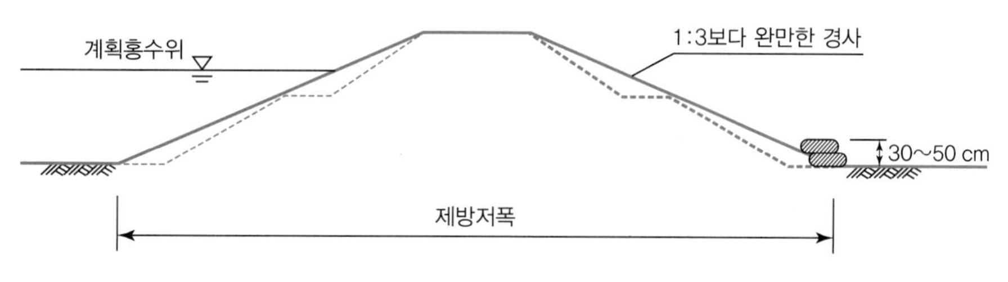

그림 5.9 제방의 턱이 있는 비탈면을 하나의 완경사로 하는 예

(2) 제방의 턱

제방의 턱(banquette)은 제방비탈면의 중간부에 수평구간을 두는 것으로 소단이라고도 한다. 과거에는 침윤면을 제체 내에 두어 비탈면 안전성을 확보하고, 제외지 측에서 홍수 시 세굴방지를 하고, 제내지 측에서 침투방지와 수방활동을 위해 턱을 설치하였다. 턱의 설치기준은 제방고가 6 m 이상인 경우에는 둑마루에서 3 m에서 5 m 내려갈 때마다 3 m 폭으로 설치하였다. 그러나 근래에는 침윤면을 제체 내에 두기 위한 것은 같으나, 세굴파괴의 시작점, 지진 시 하중의 변환점으로 파괴의 약점에 되며, 강우침투를 조장하고, 제방하부의 연약화를 촉진한다는 지적이 있어 턱을 두지 않는다.

유럽에서는 침투방지를 위해 침윤면이 제내지 비탈면 중간에서 밖으로 나오지 않도록 홍수 때마다 보강 성토하면서 턱을 만들었으나, 지금은 만들지 않고 있다. 사실 굴착 시 잔토처분을 위해 제내지 비탈 측에 사토한 것이 일본에서 턱을 설치한 기원이라고 한다(中島, 2003).

결론적으로, 침투면에서 보면 제방은 완만한 하나의 비탈경사로 하는 편이 유리하고, 환경호안설치, 풀베기 등 유지관리와 비탈면의 이용 측면에서도 하나의 경사가 바람직한 경우가 많아 2002년 이후로는 그림 5.9와 같이 원칙적으로 완만한 하나의 비탈경사로 설치하고 있다.

(3) 비탈기슭 보호공

비탈기슭 보호공은 차량통행, 불법주차, 영농으로 인한 제방비탈기슭의 손상을 방지하기 위해 그림 5.9와 같이 설치하는 것이다. 제체 내로 침투한 하천수 및 빗물의 배수에 지장을 주지 않고 제체의 미립자가 새어나가지 않는 구조로 한다. 돌붙임, 옹벽형돌망태와 같은 유사한 형태가 많이 사용된다.

5.4.7 관리용 도로 및 둑마루 포장

(1) 관리용 도로 및 집입로

제방관리용 도로는 하천감시, 홍수 시 방재활동 등을 위해 일반적으로 제방 둑마루 또는 제내지 측단에 설치하는 도로를 말한다. 진입로는 점검, 유지보수, 홍수관리 및 비상작업을 위해 연중 어느 때나 제방에 접근할 수 있게 설치하는 도로를 말한다.

제내지 비탈에 설치하는 관리용 도로와 진입로의 높이는 비상시 침수로부터 안전하기 위해 제내지 지반고보다 1 m 이상이 필요하다. 너무 높을 경우에는 주택이나 농경지 진입 등이 불편하다.

관리용 도로와 진입로에서 통행을 위한 최소 폭은 3 m 이상이 필요하고, 재해 발생 시 공사용 차량이 교행하기 위해서는 6 m 이상이 필요하다. 하천설계기준해설(수자원학회/하천협회, 2019)에서는 그림 5.10과 같이 약 300 m(교행이 가능한 공간이 있으면 이를 감안함)마다 자동차가 교행할 수 있는 8 m 이상 공간을 확보하도록 규정하고 있다. 진입도로는 제방의 길이방향으로 약 2 km마다 1개소를 설치하고, 제방의 시종점이 다른 도로와 연결되지 않을 경우에 차량을 돌릴 수 있는 회차공간도 마련하도록 하고 있다. 참고로 미국(USACE, 2000)에서는 762 m(2,500 ft)마다 폭 7.31 m(24 ft)로 교행공간을 설치하고, 회차공간 폭은 12.2 m(40 ft)를 적용하고 있다.

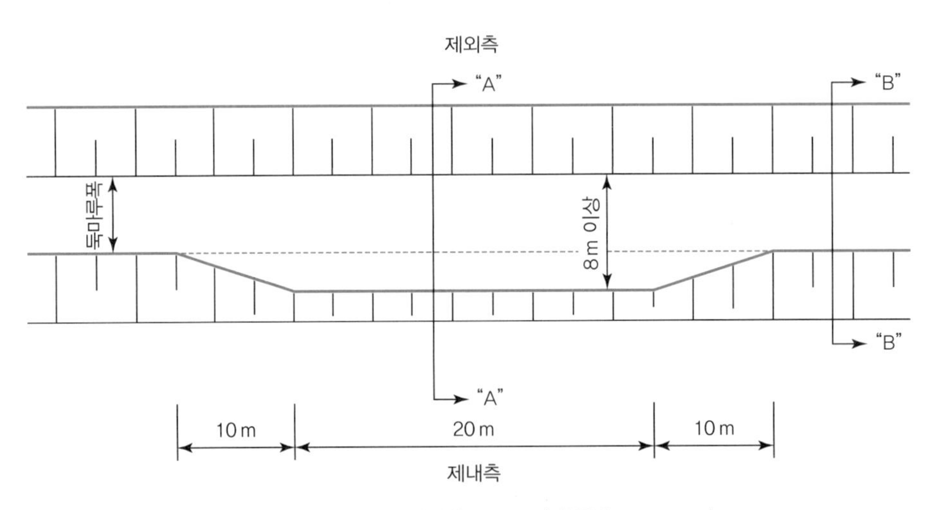

그림 **5.10** **교행공간 설치 예** (수자원학회/하천협회, 2019, p. 519)

(2) 둑마루 포장

둑마루 표면은 둑마루 보호와 차량 및 농기계의 이동으로 인한 바퀴패임 방지, 자전거 타기와 산책, 강우가 제체로 스며드는 것을 방지하기 위해 포장을 하고 있다. 둑마루에 자전거도로와 산책로 설치를 위해 투수콘크리트, 황토, 탄성재료 등으로 포장하는 경우에 유지관리용 차량이 통행하면 포장이 파손될 수 있으므로, 차량통행로와 자전거도로 및 산책로를 구분하거나 차량하중을 고려하여 포장한다.

포장두께는 유지관리 및 공사용 차량의 통행을 위해서 콘크리트로 할 경우 약 20 cm 이상이 필요하다. 비포장인 경우에도 20 cm 이상 두께로 자갈 또는 쇄석 등을 깔아 보호하는 것이 좋다.

둑마루에는 빗물 배제를 위해 포장인 경우에는 1~2%, 자갈 및 쇄석인 경우에는 약 3%, 흙으로 두는 경우에는 3~6%의 횡단 경사를 둔다.

(3) 둑넘이길 및 계단

둑넘이길은 인구가 밀집한 지역에서 사람이나 차량이 제방을 넘어 다니면서 제방 비탈경사를 밟아 손상시킬 염려가 있는 곳을 보호하기 위해 설치한 길을 말하며, 부체도로의 일종이다.

둑넘이길 및 계단을 설치할 경우 제외지 측은 계단의 윗면을 제방비탈면에 맞추어 홍수소통에 지장을 초래하지 않도록 하고, 제내지 측은 제방 정규단면을 손상하지 않도록 비탈면 위에 설치한다.

둑넘이길은 고령자 등이 안심하고 하천에 접근할 수 있도록 가능한 한 완경사로 하고 계단의 단차도 낮게 하고, 휠체어의 통행을 배려한 구조로 계획한다.

5.4.8 측구

측구는 제방과 제내지 측 토지의 경계부에 설치하는 수로이다. 배수로 기능 및 제방시설과 제내지 측 토지의 경계선 기능을 겸하고 있다. 주로 제형토사와 U형콘크리트가 많이 사용되며, 배

(a) 경사형

(b) 터널형

그림 5.11 콘크리트 수로의 동물 이동통로 설치 예 (전세진, 2011, p. 689)

수가 가능한 깊이와 충분한 단면적을 갖고, 토사의 퇴적 및 세굴이 발생하지 않는 경사로 계획한다. 측구의 제방 쪽에 자갈, 쇄석 등으로 배수구(toe drain)를 설치하면 제방 침윤면을 낮출 수 있다. 또한 콘크리트 개거인 경우 동물 및 양서파충류의 이동을 배려한 구조가 바람직하다(그림 5.11).

5.4.9 측단

측단(berm)은 제방의 안정, 뒷비탈의 유지보수, 제방 둑마루의 차량통행에 의한 인위적 훼손 방지, 경작용 장비 등의 통행, 비상용 토사의 비축, 생태 등을 위해 필요한 경우에 제방 뒷비탈기슭에 지반고보다 높은 단을 설치하는 것을 말한다.

측단은 안정측단, 비상측단, 생태측단 등으로 구분한다. 안정측단은 옛 하천부지나 기초지반이 불량하거나 제체재료가 불량한 제방에서 제방의 안전을 위해 설치하는 측단이다. 제방침투수를 조절하기 위해 설치하는 침투측단(seepage berm)도 안전측단의 일종이다. 비상측단은 제방파괴 시 필요한 토사를 비축하고 방재활동을 위해 설치한 측단이다. 생태측단은 하천과 주변의 녹지축을 연계한 자연의 연속성과 녹지생태 네트워크를 형성하여 하천환경을 보전하기 위해 뒷비탈기슭에 설치하는 측단이다. 비상측단은 생태측단의 역할도 할 수 있다.

하천설계기준해설(수자원학회/하천협회, 2019)에서 안정측단의 폭은 국가하천에는 4.0 m 이상, 지방하천에서는 2.0 m 이상으로 하고, 비상측단과 생태측단의 폭은 제방부지(측단 제외) 폭의 1/2 이하(20 m 이상 되는 곳은 20 m)로 하도록 규정하고 있다(그림 5.12).

제방에서 관목식재는 가능하나 키 큰 나무 심기는 제방의 보호를 위해 원칙적으로 금지하고 있다. 즉 키가 큰 나무 식재는 다음 박스기사와 같이 제방에서 생태측단과 굴입형하도 제방에서만 식재가 가능하다.

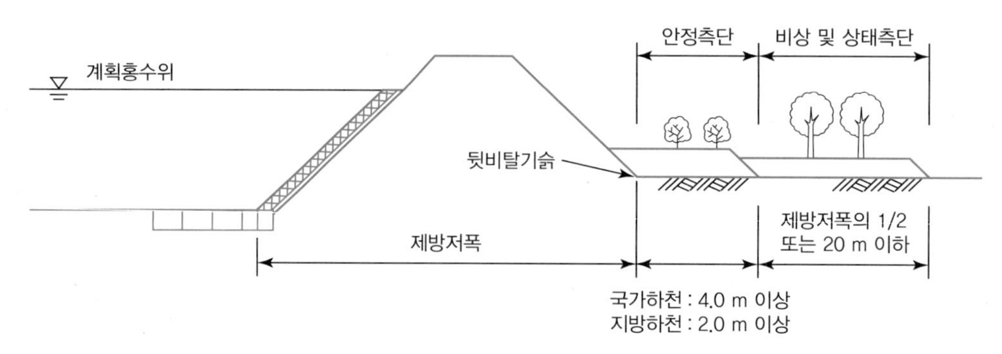

그림 **5.12** **측단의 설치 예** (한국수자원학회/한국하천협회, 2019, p. 528)

하천에서 나무심기 및 관리에 관한 기준 (건설교통부, 2007)

제방 상단, 비탈면, 뒷턱, 안정측단에는 관목류의 키 작은 나무에 한하여 심을 수 있다. 또한 생태측단에는 나무의 뿌리가 성목 시에도 계획제방의 제체 내로 침입하지 않도록 해야 한다(그림 1 참조).

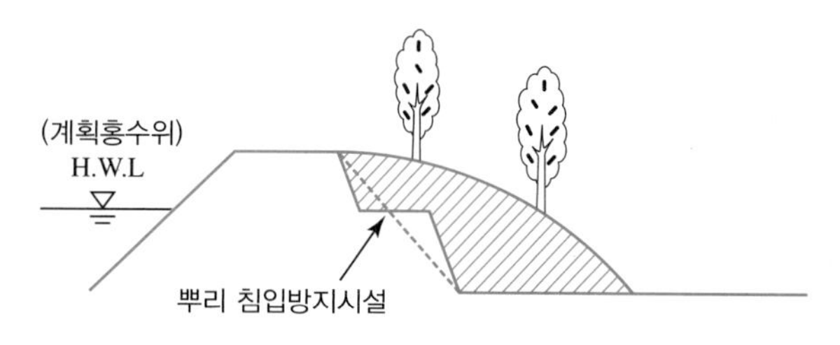

그림 **1 뿌리 침입방지시설 설치 예**

굴입하도의 제방 상단 및 앞비탈면에 키 큰 나무를 식재할 경우에는 다음 기준에 적합하도록 한다.

- 식재하는 키 큰 나무는 내풍성 수목으로 한다.
- 키 큰 나무의 식재는 호안의 높이가 계획홍수위 이상인 경우에 한한다.
- 키 큰 나무의 식재는 수목의 뿌리가 성목 시에도 호안구조에 지장을 주지 않도록 호안법선에서 필요한 거리를 이격시킨다.
- 제방 상단이 도로인 경우에는 2.5 m 이상의 차량통행대를 확보하여 차량의 통행에 지장이 되지 않도록 해야 한다.
- 키 큰 나무의 식재는 수목의 주근이 성목 시에도 호안구조에 지장을 주지 않도록 호안법선에서 필요한 거리를 이격시킨다.

5.5
제방안전성검토 및 설계기법

5.5.1 기성제 보강설계

(1) 일반사항

기성제는 오랜 치수역사를 가진 시설로서, 기초지반은 연약지반, 투수성지반 등 다양하며, 지반처리를 제대로 하지 않고 축제하여 상당히 불안정한 지반이 많다. 제체는 사용재료가 하상토 유용(有用)과 외부 흙을 이용하는 등 다양하다. 시공방법도 인력쌓기와 건설장비에 의한 시공이 있으며, 다짐방법도 시대에 따라 비다짐, 불도저에 의한 80% 다짐, 롤러에 의한 90% 다짐 등 다양하다. 또한 공사기록이나 시공이력이 불명확하여 기술적 판단이 어렵다.

기성제 보강공사의 표준단면은 신설 제방과 같이 하천설계기준의 규정에 따라 결정한다. 그 다음 안정성을 검토하여 적정성 여부를 판단하고 안정성이 부족한 부분은 확대 또는 보강한다. 주로 국내에서 많이 이루어지는 기성제 보강은 제방고를 높이는 보축, 단면폭을 확대하는 덧붙임, 제방누수를 차단하는 침투방지시설이 대부분이다. 이들은 단독 또는 복합적으로 이루어지고 있다.

보축은 제방이 침하, 활동, 누수에 문제가 없는 양호한 것이라면 강우와 하천수의 침투를 방지할 수 있는 재료로 보강한다. 만약 기성제가 투수성이 크고, 침윤선이 상승할 가능성이 있으면, 난투수성호안 또는 다른 대책방법을 강구한다. 홍수방지벽을 설치하는 경우 외 제방보축은 둑마루폭이 줄어들어 설계기준을 만족하지 못하므로 덧붙임이 불가피하다.

덧붙임에 의한 보강은 제외측과 제내측으로 덧붙이는 방법이 있다. 제외측 덧붙임은 침투로의 길이를 길게 하고, 비탈경사를 완만하게 하여 제방의 안정성을 향상시킬 수 있으나, 하천의 통수단면적을 감소시키고, 기존 호안을 재설치하는 등 문제점이 있어 기존 제방의 비탈경사를 완화하기 위한 목적 외에는 잘 사용하지 않는다. 제내측 덧붙임은 제내측으로 단면을 확대하므로 추가용지 편입이 불가피하나, 침투로 길이를 길게 하고 비탈경사를 완만하게 하여 제방의 안정성을 향상시킬 수 있고, 통수단면을 축소하지 않아 원칙적으로 채용하고 있다. 덧붙임 재료는 침윤선을 상승시키지 않고 활동이 발생하지 않는 전단강도가 큰 재료를 선정한다. 만약 투수성이 낮은 재료를 사용하면 침윤선을 상승시켜 제방의 안정성을 저하시킬 수가 있다.

제방을 건설 후 시간이 경과하면 침하 또는 홍수량 증가 등으로 홍수위가 상승할 수 있다. 이 경우 제방고를 올리면 둑마루폭이 줄어든다. 따라서 이와 같은 변경을 예상하여 둑마루폭을 더 넓히거나 토지를 추가 확보하거나 근접한 도로, 기반시설과 건물이 들어서지 못하게 제한한다. 또한 침하에 대해서는 단계별 시공이 될 수 있도록 단면을 고려한다.

좋은 설계의 원칙은 경제적인 이유와 보강의 편의성 등으로 향후 손상이나 파괴로 이어질 수 있는 제방에 취약점을 남기거나 도입하기보다는 가능한 더 나은 시설을 설치하거나 향후 보강이 쉽도록 지속가능성을 고려해 설치하는 것이다.

(2) 제체재료의 선정

기성제방은 제방의 토질특성과 보강재료에 따라 침투와 활동에 대한 안정성이 달라진다. 따라서 보강의 종류와 기성제의 토질, 기초지반 상태, 과거 축제이력을 고려해서 선정하여야 한다. 표 5.3은 토질구성이 특수한 제방의 문제점과 대책법이다.

표 5.3 토질구성이 특수한 제방의 문제점과 대책법 (일본 국토기술연구센터, 2009, p. 127)

제체의 토질 패턴		문제점과 기본대책법	
모래 균일형	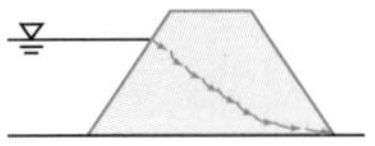	문제점	하천 측에서는 하천수가, 둑마루 및 비탈면에서는 빗물이 침투하기 쉽고, 제내지가 활동하기 쉬운 상황에 있음.
		대책	제외측 및 둑마루부의 차수, 제내측면에서는 투수성 재료의 사용 또는 전단강도를 가진 투수성 재료 사용.
모래 피복형	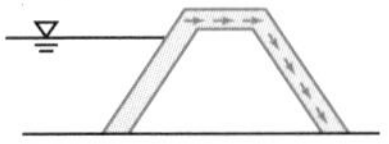	문제점	HWL(고수위) 부근에서 하천수의 침투에 의한 제내측의 덧붙임 모래가 미끄러지기 쉬움.
		대책	제외측 및 둑마루의 차수, 제내측부는 전단강도를 가진 재료 사용 또 뒷비탈기슭 부분에 투수성 재료를 사용함.
모래 협재형 (挾材形)	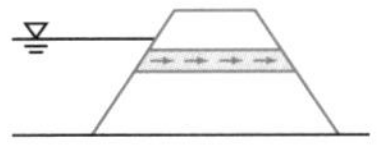	문제점	하천수가 모래층으로 침투하여 제내지 측에서 파이핑 등으로 붕괴가 생김.
		대책	제외측면의 차수, 제내측부에서는 전단강도를 가진 재료 또는 투수성 재료로 확대함.
모래 내부형	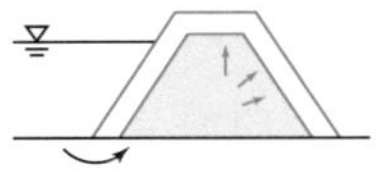	문제점	하천수가 기초지반을 통해 사질 부분에 침투하여 제내지 측에 융기작용하거나 침윤선 뒤쪽으로 발달을 가속시켜 제체를 불안정하게 만듦.
		대책	뒷비탈기슭의 사질 부분까지 연결하는 배수구(drain)를 설치 또는 압성토를 함.

(3) 최소덧붙임 폭

최소덧붙임의 폭은 시공기계의 효용성에 따라 결정된다. 우리나라(국토교통부, 2016a)에서는 최소덧붙임 폭을 3 m로 규정하고 있으나, 구미(CIRIA, 2013)와 일본(국토기술연구센터, 2009) 등에서는 4 m로 규정하고 있다. 롤러를 이용할 경우에는 3 m이면 충분하나 불도저를 이용할 경우에는 궤도 폭이 0.5 m 정도로 좁아 옆으로 이동 다짐하기 위해 최소한 4 m 이상이 필요하다. 또 흙쌓기 및 다짐방법은 수평시공을 원칙으로 한다. 기성제방은 건설된 지가 오래되어 제체가 안정되었다고 생각되지만, 표층부는 자연조건이나 동식물에 의해 보통 열화되었다. 따라서 표층부를 제거하고 비탈면은 층따기하여 기성제와 접속을 좋게 한다. 층따기방법은 제7장을 참조하면 된다.

5.5.2 침식에 대한 설계

(1) 외부침식

제방의 외부침식은 제내지와 제외지의 계획홍수위 상단 지표면과 제외지 계획홍수위 아래 수면과 접하는 부분으로 구분할 수 있다.

지표면의 침식은 강우강도, 흙의 특성, 지표의 식생상태, 비탈경사 등 많은 요소가 지배한다. 특히 나지상태와 풀이 자라는 곳에서 침식은 많은 차이가 있다. 지표면 침식은 기본적으로 강우

강도와 강우지속시간에 따른 흙의 침식저항력으로 정해진다. 수면과 접하는 비탈면 침식은 제방 표면의 흐름 및 파랑의 영향에 의해 발생하는 유수의 소류력과 흙의 침식저항력으로 정해진다.

유수가 제방표면을 따라 흐르면 제방은 유수의 정적 및 동적인 힘 외에도 돌, 유목 등 유하물에 의해 제방표면을 손상시킨다. 이러한 침식을 방어하기 위해서는 제방표면을 단단하게 하거나 피복재로 덮는다.

물질의 움직임은 피복재에 작용하는 유속이 한계(허용)유속을 초과할 때 발생한다. 일반적으로 한계유속방법은 하천의 평균유속을 산정하고 피복재의 '근방유속'으로 환산한 후 필요한 보정계수 값을 추가한다.

Escarameia와 May(1992)는 하상근방유속(V_s)을 하상 위 10% 수심에 해당하는 유속으로 정의하고, 하천의 평균유속(V_m)과는 $V_s = 0.74 \sim 0.9\, V_m$ 정도라고 하였다.

일본에서는 호안 부근에 작용하는 유속을 대표유속(V_0)이라 하며, 평균유속(V_m)을 구한 후 $V_0 = \alpha\, V_m$와 같이 산정한다. 여기서 α는 하천별 특성(만곡과 세굴)을 고려한 유속보정계수이다. 대표유속은 평균유속보다 크나, 어떠한 경우에도 평균유속의 2배를 넘지 않는다.

CIRIA(2013)에서는 1 m 수심에서 입자성 물질의 한계평균유속을 표 5.4와 같이 정하고, 1 m가 아닌 수심은 표 5.5의 수심에 대한 유속 보정계수(K)를 가산하여 수리적 안전성 평가하고 있다.

표 **5.4** 느슨한 입자성 재료에 대한 1 m 수심의 한계평균유속 (CIRIA, 2013, p. 808)

재료	체 크기, D(mm)	h =1 m에서 한계유속 V(m/s)
매우 거친 자갈	200~150	3.9~3.3
	150~100	3.3~2.7
굵은 자갈	100~75	2.7~2.4
	75~50	2.4~1.9
	50~25	1.9~1.4
	25~15	1.4~1.2
	15~10	1.2~1.0
	10~5	1.0~0.8
자갈	5~2	0.8~0.6
굵은 모래	2~0.5	0.6~0.4
가는 모래	0.5~0.1	0.4~0.25
매우 가는 모래	0.1~0.02	0.25~0.20
실트	0.02~0.002	0.20~0.15

표 5.5 0.3 m < h < 3 m 범위의 수심(h ≠ 1.0 m)에 대한 유속보정계수(K) (CIRIA, 2013, p. 808)

깊이, h(m)	0.3	0.6	1.0	1.5	2.0	2.5	3.0
K	0.8	0.9	1.0	1.1	1.15	1.2	1.25

표 5.6 제방표면 보호방법의 일반적인 특성 (Pilarczyk, 1995)

피복 유형	심각한 파괴 유형	결정인자	내구력
모래/자갈	• 움직임 • 물질수송 • 지층구성	• 현장유속	• 중량, 마찰 • 동적인 '안정'
점토/풀	• 침식 • 변형	• 최대 유속 • 영향	• 결속력 • 풀뿌리 • 점토 품질
피복석	• 움직임 • 변형	• 최대유속 • 침투	• 중량, 마찰 • 하부층/중앙부의 침투성
토목섬유를 포함한 돌망태 또는 매트리스	• 움직임 • 변형 • 흔들림 • 자외선 • 철선의 마모/부식	• 최대유속 • 물결의 영향 • 기후 • 파손	• 중량 • 막힘 • 철선 • 바깥부/중앙부의 침투성
연결블록 매트리스 등 적층 콘크리트 블록	• 솟아오름 • 묶음 • 변형 • 미끄러짐	• 과중한 압력 • 영향	• 두께, 마찰, 연동 • 하부층/토목섬유의 투수성 • 케이블/앵커 핀
연속 콘크리트 또는 아스팔트 포장	• 침식 • 변형 • 솟아오름	• 최대유속 • 영향	• 기계적 강도 • 중량

제방비탈면의 침식을 방지하는 방법은 식생, 콘크리트, 돌 등으로 피복하는 방법이 일반적이다. 제방표면 보호방법은 표 5.6과 같으며, 상세한 방법은 제6장을 참조하기 바란다.

(2) 수위급강화에 대한 설계

제방을 점토나 실트 등 침투성이 낮은 흙으로 성토하면 하천수위가 급강하할 때 제방 내 침윤선이 하천수위와 같은 속도로 낮아질 수 없어 간극수압으로 앞비탈면에 활동이 발생할 수 있다. 대책으로 다음과 같이 생각할 수 있다.

- 앞비탈경사를 완만하게 한다.
- 앞비탈기슭에 측단을 설치한다.
- 앞비탈면을 배수가 잘되는 재료로 성토하고, 활동에 유리한 비탈덮기공을 설치한다.
- 앞비탈면을 그림 5.13(b)와 같이 토목섬유 등으로 보강한다.
- 앞비탈면을 사석 돌망태 등으로 지지한다.

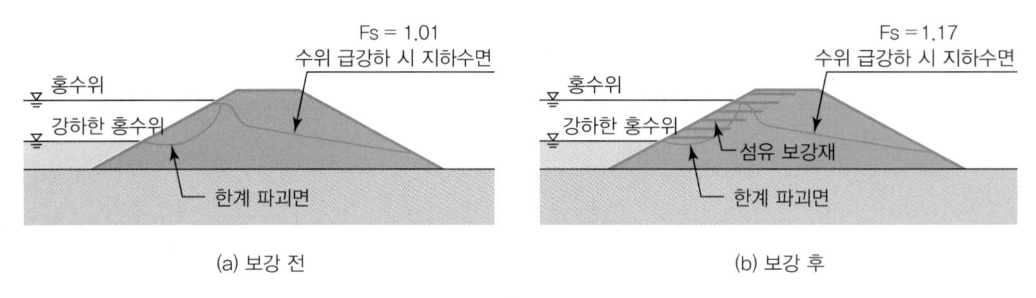

그림 **5.13** **수위급강하 대책으로 토목섬유 활용** (Han 등, 2008, p. 1072)

(3) 소일시멘트 방법

반건조지역 등에서는 잔디와 같이 식생이 잘 자라지 않은 환경에서 식생으로 제방을 피복하여 침식을 방지할 수 없다. 이 경우 현장의 흙(모래)에 시멘트를 첨가하여 응결체를 형성하여 침식을 방지하고, 비용을 절감할 수 있다. 우리나라의 경우 교량 하부와 같이 햇빛이 들지 않는 곳이 해당될 수 있다.

외국에서는 심한 파랑에 노출된 비탈면의 경우 일반적으로 소일시멘트는 장비다짐이 가능한 폭인 2~3 m, 두께 15~30 cm의 연속적인 수평층으로 설치한다(그림 5.14). 이것을 계단식보호(stair step)라고 한다. 최대유속 6.0 m/s를 견딜 수 있으려면 일반적으로 최소 7일 압축강도 5 MPa을 달성하도록 설계되어야 한다(CIRIA, 2013). 이 기술은 또한 홍수발생 시 횡방향 침식을 방지할 수 있다. 이 책의 부록 Ⅱ-1에 소일시멘트를 이용하는 제방기술을 상세히 설명하고 있다.

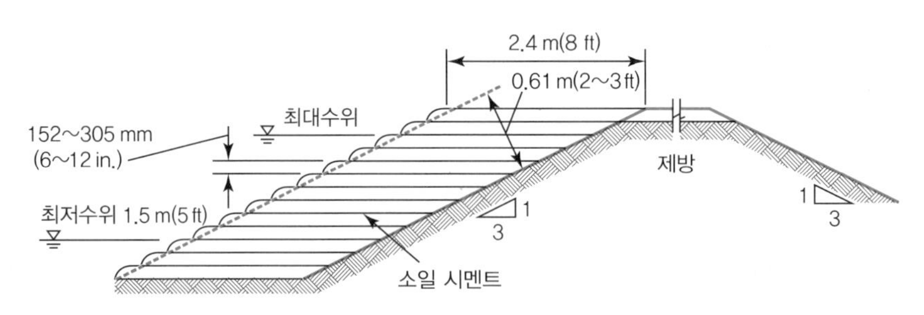

그림 **5.14** **제방 및 댐 비탈면 보강을 위한 소일시멘트 사용** (USACE, 2000, p. 1043)

(4) 내부침식

내부침식(internal erosion)은 제체 또는 기초지반 내에서 침투흐름에 의해 흙입자가 분리되어 운반되는 과정을 말하며 지중침식이라고도 한다. 이 과정으로 제방의 불안정을 초래하고 파괴까지 이를 수 있다.

모든 흙입자는 작용하중을 지지하고 유효응력을 전달하는 기본입자(primary fabric of particle)와 기본입자들 사이의 공극에 분포하는 느슨한 입자(loose particle)로 구성되어 있는데, 침투수에 의해 느슨한 입자의 유실이 발생하면 흙은 '불안전 상태'가 된다.

내부침식이 발생하기 위해서는 흙입자가 분리될 수 있어야 하고, 분리된 흙입자가 흙 사이로 운반될 수 있어야 한다. 흙입자의 분리는 흙 사이 침투수의 수리전단응력이 저항하는 흙의 접촉력보다 크다는 것으로서, 제방으로 스며든 침투수가 흙입자를 분리하는 데 필요한 충분한 에너지의 유속을 가지고 있다는 반증이다. 흙을 통해 흙입자가 운반될 수 있다는 것은 흐름이 흙입자를 운반하기에 충분한 수리적·물리적 조건에서 분리된 입자가 통과할 수 있을 만큼 충분한 빈공간이 있어야 한다. 내부침식에 대한 상세한 것은 제3장을 참조하기 바란다.

내부침식방지 방법은 ① 차수시설을 설치하여 물의 침투를 방지하는 방법(불투수층으로 앞비탈면 피복, 차수벽 설치), ② 그라우팅을 하여 흙입자의 공극을 줄이는 방법(주입공법), ③ 필터를 설치하여 흙입자의 운반을 억제하는 방법, ④ 제체 내 배수시설을 만들어 침투수를 신속히 배수하여 침투압을 낮추는 방법(배수구 설치) 등이 있다.

5.5.3 침투에 대한 설계

(1) 일반사항

제방에서 침투류가 발생하면 제방 내에는 흙입자 사이에 수압 및 중력에 의한 침투력이 작용한다. 이것이 어느 한계를 초과하면 흙입자는 움직여서 변형 또는 이동하여 지반을 파괴하게 된다. 하천제방에서 주된 침투피해는 강우와 하천수가 침투하여 제체 내 침윤면이 상승하여 발생하는 활동파괴와 투수성 지반에서 침투압 상승에 의한 파이핑파괴이다.

제방의 침투에 대한 주요 검토사항은 다음과 같다.

- 지형지질에 맞는 차수공법 선정과 그 공법의 문제점, 시공성, 환경성, 경제성 분석
- 정확한 토질정수 추정을 위한 시험자료 검토
- 인접구조물의 특징과 노후도, 지하매설물 위치 파악으로 굴착에 따른 영향 검토
- 시공 소음, 진동, 분진발생, 장비투입에 따른 민원발생 검토
- 지하수위가 높은 곳에서는 계절적 지하수위 검토
- 설계모델선정(유한요소법 등)에 의한 프로그램 결정
- 시공조건 검토: 공사현장에 자재 및 장비투입과 주변 이해 당사자들에게 문제점과 대책을 이해시킨다.

(2) 침투에 대한 설계절차

① 기초지반의 토질구성과 제체단면 형상을 감안한 일련 구간을 나누어 제방을 모형화한다.

② 기초지반, 기성제체, 추가 성토재료에 대한 토질정수를 설정한다.

③ 침투류계산

- 강우파형과 하천수위에 대한 홍수파형과 최저수위 조건을 설정한다.
- 침투해석모형 선정, 격자크기, 계산시간 간격, 초기수위조건 등을 설정한다.
- 제방단면에 대해 정상 또는 비정상 침투해석을 통해 제체 내 형성하는 침윤선과 침윤면을 추정한다. 다음 제체와 원지반에 형성되는 유선과 등수두선을 분석한 후, 각 위치의 수두를 파악하고 이때 최대동수경사 및 한계유속 구간에 대한 파이핑 검토를 한다.

④ 상기 결과를 토대로 제내지 측과 제외지 측 비탈면의 안전성을 검토한다.

⑤ 안전성, 시공성, 환경성, 경제성 등을 종합적으로 고려하여 적절한 대책공법을 선정하고, 합리적인 설계를 수행한다.

(3) 강우량과 홍수파형 설정

침투계산을 할 때 사용하는 강우량은 사전강우량과 홍수 시 강우량이 있다. 사전 강우량은 총강우량으로서, 장마시기의 월강수량의 평균치인 200 mm 정도를 설정하고, 강우강도는 사전 강우량이 모두 제체로 침투하도록 1 mm/hr 정도로 설정한다. 홍수 시 강우량은 계획홍수량 산정에 적용한 계획강우량(총 강우량)인 300 mm를 설정하고, 강우강도는 10 mm/hr 정도를 표준으로 장방형파형을 설정한다(일본 建設省, 2002).

침투해석을 수행하기 위해서는 하천수위파형 설정이 필요하다. 홍수수문조건은 홍수지속시간과 제체 및 기초지반의 침투성에 따라 정상침투상태와 비정상침투상태로 구분한다. 댐과 달리 하천제방에서 정상침투상태의 가정은 정상상태에 이르지 않을 수 있어 과대평가될 가능성이 있는 보수적인 접근방법이다. 홍수지속시간과 홍수위에 따라 제방 내 간극수압이 어떻게 상승 및 하강하는가를 예측하는 비정상침투해석이 현실적이다. 그러나 분석방법이 복잡하고 많은 노력이 필요하다.

외국의 대하천에서는 홍수지속시간이 길게 나타나기 때문에 댐에서와 같이 하천의 홍수위를 정상류조건으로 해석하고, 우리나라 하천의 경우 홍수지속시간이 짧아 시간에 따른 수위변화를 고려한 비정상류조건의 포화·불포화 해석을 원칙으로 한다. 제방의 침투해석을 위한 설계홍수파형은 비정상침투해석 결과가 정상침투해석 결과와 유사해지는 시기는 6일 이상 최고수위가 지속했을 때 발생하며, 정상침투해석 결과를 토대로 침투보강공법을 설계할 경우 안전계수는 대략 2.0~3.5를 적용한 것과 동일한 효과를 나타낸다(국토교통부/경기대, 2005).

비정상침투해석을 위한 홍수파형 설정은 대상지점에서 과거 발생한 여러 개의 홍수수문곡선을 분석하여 최적수위파형을 작성하여 사용하는 것이 가장 바람직하나, 대상지점의 홍수수문곡선을 구하기가 어렵다. 따라서 인근의 홍수수문곡선에 대해 기본수위파형을 작성하고, 이것을 해당지점으로 옮겨 최저수위(평수위), 계획홍수위, 지하수위, 첨두수위지속시간, 홍수지속시간 등에 맞게 적정 조정하여 사용한다. 과거 홍수사상에 대한 수문곡선 자료 확보가 곤란할 경우에는 계획홍수량을 사용할 때 이용되는 수문곡선을 기본으로 하여 상승 및 감수부경사, 홍수지속시간, 첨두수위지속시간, 홍수지속시간 등을 이용하여 홍수파형을 작성한다. 기본홍수파형 작성방법은 일본(건설성, 2007)과 국토교통부(2004), 전세진 등(2009)을 참조하기 바란다.

강우와 하천수위의 홍수파형 조합은 과거의 홍수에 대해 조합의 실태 등 지역의 특성을 고려해서 적절히 설정할 필요가 있다. 일본(建設省, 2002)에서는 적당한 자료가 없는 경우에는 그림 5.15에 나타난 것처럼 계획홍수위의 종료지점과 강우의 종료시점이 일치하도록 조합하고 있다.

제방에서 시간에 따른 홍수상황과 제체침투 관계는 그림 5.16과 같다.

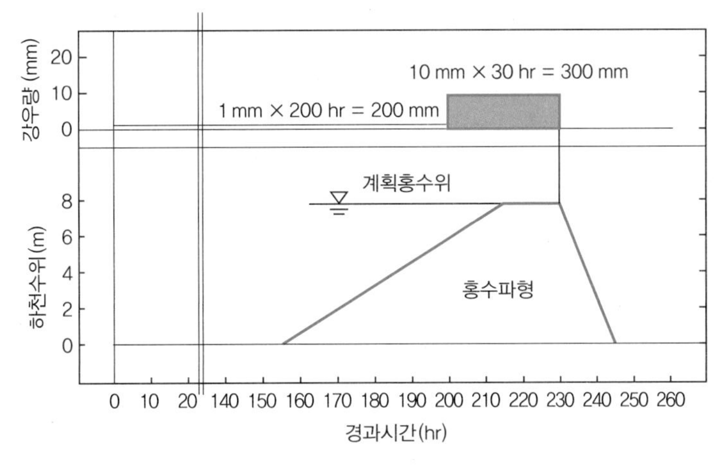

그림 **5.15** **강우와 하천수위 파형의 조합 예** (일본 建設省, 2002, p. 65)

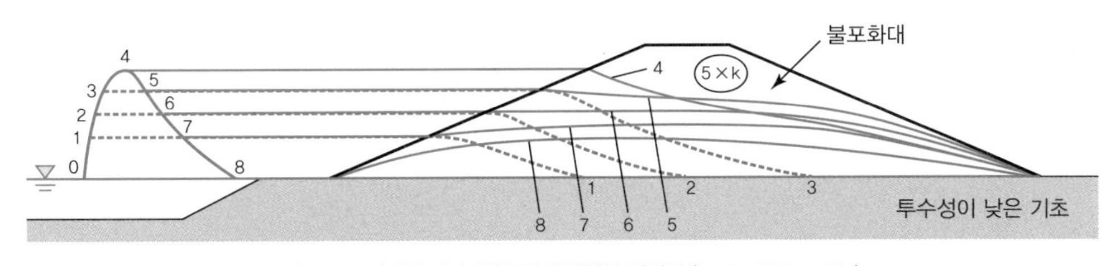

그림 **5.16** **시간별 홍수상황 및 제체침투 개념도** (CIRIA, 2013, p. 796)

(4) 침투해석 방법

지반조건이 유일한 1개의 토층으로 되어 있는 경우는 도해법인 유선망을 그려서 쉽게 침투해석을 할 수 있으나, 지반조건이 여러 개의 층으로 구성되어 있다면, 유선망을 작도하여 침투해석을 하는 것은 대단히 어렵다. 지반 내 침투압을 구하는 방법은 이론해석에 의한 방법, 수치모형방법, 전기모형시험에 의한 방법이 있다. 과거 침투해석은 정상상태에서 제체 침윤면이 제체 내부에 위치하도록 하는 Casagrande(1932) 방법과 Mononobe(物部) 방법에 의한 침투곡선을 작성하여 안전성을 평가하였다. Mononobe 방법은 간편해서 과거에는 많이 사용하였으나 현재는 유한요소법을 이용한 컴퓨터 프로그램을 이용하여 해석한다.

설계 시 침투류 계산은 정상 및 비정상상태의 포화·비포화해석을 하고, 파이핑은 한계동수경사와 한계유속에 의한 방법 등으로 판정한다. 국내에서 제방 침투해석에 많이 사용되고 있는 프로그램은 Seep/W이며, 정상 및 비정상 침투해석이 가능하고 비등방성, 비균질성 토질해석도 가능하다.

Casagrande 방법 그림 5.17에서 $B \sim C$를 침윤선(seepage line), $C \sim A(a)$를 침윤면(seepage surface)이라 한다. Casagrande 침윤선 작도방법은 다음과 같다. 기초지반이 불투수성이고 제체가 균질인 투수성 재료로 되어 있다고 가정하면 침투선의 형상은 그림 5.17에서 B, C, A를 통과하는 포물선으로 나타난다. 제외지 측 수면과 앞비탈 교점을 B라 할 때 B점으로부터 D점과의 수평거리를 M이라 하고, B점에서 $0.3M$ 거리를 B_0라 한다. 제내지 비탈기슭 A와 B_0의 수평거리를 d라 하면 $y_0 = \sqrt{h^2 + d^2} - d$이다.

이 침투선이 뒷비탈기슭에 도달하면 누수가 시작되고 누수량이 많으면 파이핑 및 붕괴 위험이 있으므로 침윤면이 제체 안쪽으로 들어오게 한다.

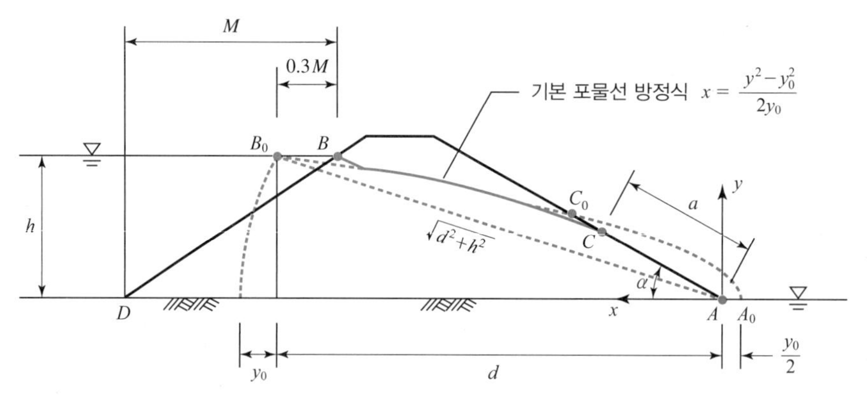

그림 5.17 Casagrande 침윤선 개념도

표 **5.7** 침윤면 측정공식

제안자	조건	공식	출처
Casagrande	$\alpha \le 60°$	$a=\sqrt{d^2+h^2}-\sqrt{d^2-h^2\cot^2\alpha}$	
Schaffernak	$\alpha \le 30°$	$a=\dfrac{d}{\cos\alpha}-\sqrt{\dfrac{d^2}{\cos^2\alpha}-\dfrac{h^2}{\sin^2\alpha}}$	USACE, 1993
Van Iterson	$\alpha \le 30°$	$q=k\alpha\sin\alpha\tan\alpha$	USACE, 1993

A점으로부터 제내지 측으로 $y_0/2$를 A_0라 한다. A점을 초점으로 B_0를 통과하는 침윤선을 결정하는 기본포물선 방정식은 식 (5.1)과 같다.

$$x=\frac{y^2-y_0^2}{2y_0} \tag{5.1}$$

실제 이 포물선은 B점으로부터 비탈면에 수직으로 유입하고, 제내지 측 비탈면에 접하여 침출하므로 C_0를 C로 옮기고 B, C와 같이 수정한다. C점의 위치를 결정하는 비탈길이 a는 Casagrande와 여러 학자들이 표 5.7과 같이 제안하였다.

Mononobe 방법 Mononobe 방법은 먼저 식 (5.2)를 이용하여 최대침투거리를 산정하고 식 (5.3)을 이용하여 제방의 비탈면에서 홍수심의 3/4지점을 원점으로 하는 포물선을 작성한다. 작성된 포물선이 제체를 벗어나면 제방단면을 확장하거나 재료를 양질의 흙으로 바꾸어 제체 내에 오게 한다. 기본포물선 방정식은 식 (5.3)과 같다.

$$L_{\max}=C\sqrt{\frac{K}{\lambda}H_0\Delta t} \tag{5.2}$$

$$Y=H_0-\left(1-\frac{x^2}{L^2}\right) \tag{5.3}$$

여기서 $L_{\max}$는 Δt 시간 동안 H_0에 대한 침투선의 최대전진거리(m), Y는 침투선의 곡선방정식, H_0

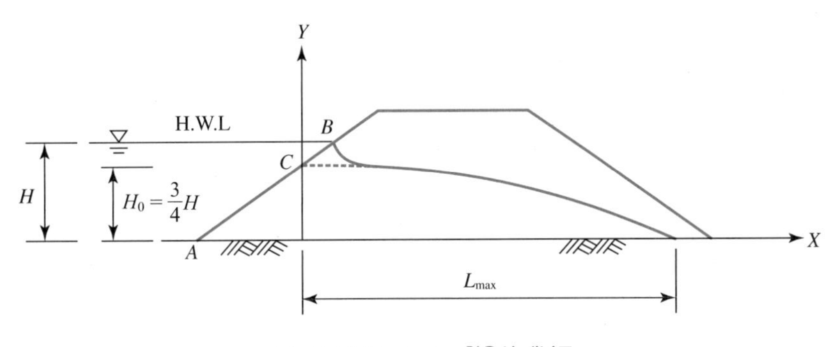

그림 **5.18** Mononobe 침윤선 개념도

는 홍수위 높이의 3/4 되는 수심(m), H는 최고홍수 시 수심(m), Δt는 홍수지체시간(hr), K는 축제재료의 투수계수(m/s), λ는 제체를 형성하는 재료의 간극율(%), C는 계수(토제 2.0 m/s, 세사제 3.66 m/s, 자갈 6.92 m/s)이다.

2차원 침투해석 흙 속을 흐르는 물의 흐름(침투)은 속도와 동수경사가 흙을 통과하는 동안 변하는 특성을 가지며, 이와 같은 흐름에 관한 문제는 2차원 흐름인 경우 일반적으로 유선망을 사용하는 도해법으로 구하거나 수치해석법(유한요소법 등)을 도입하여 편미분 방정식으로 해를 구할 수 있다.

2차원 흐름에 대한 기본원리는 지중의 한 요소에 유입되는 유량(q_{in})과 유출되는 유량(q_{out})을 산정하여 연속성의 법칙에 의해서 양이 같다는 개념에서 시작되며, Darcy 법칙($v_x = K_x i_x = -K_x \frac{\partial h}{\partial x}$, $v_z = K_z i_z = -K_z \frac{\partial h}{\partial z}$)을 적용하여 2차 편미분 방정식을 유도할 수 있다.

그림 5.19에서 한 요소(A)의 유입량 및 유출량을 고려하면

$$q_{in}(\text{유입량}) = v_x\,dydz + v_z\,dxdy$$

$$q_{out}(\text{유출량}) = \left(v_x + \frac{\partial v_x}{\partial x}dx\right)dy\,dz + \left(v_z + \frac{\partial v_z}{\partial z}dz\right)dx\,dy$$

연속성의 법칙[유입량(q_{in}) = 유출량(q_{out})]을 적용하면 다음과 같은 2차 편미분 방정식이 유도된다.

$$K_x \frac{\partial^2 h}{\partial x^2} + K_z \frac{\partial^2 h}{\partial z^2} + Q + \frac{\partial \theta}{\partial t} \tag{5.4}$$

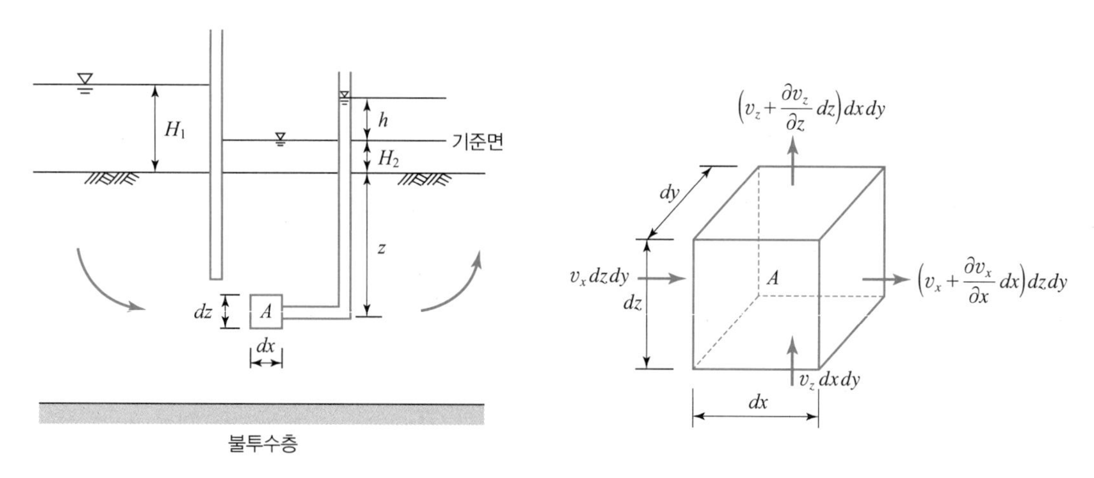

그림 **5.19** 2차원 흐름의 기본원리

지배방정식은 정상조건의 경우 식 (5.4)의 우변이 제거되고 흙이 등방성($K_x = K_z$)이라면 식 (5.5)와 같은 Laplace 방정식이 된다. 비정상조건이면 Fourier 방정식 형태를 취하게 된다.

$$\frac{\partial^2 h}{\partial x^2} + \frac{\partial^2 h}{\partial z^2} = 0 \tag{5.5}$$

식 (5.4) 또는 식 (5.5)의 편미분 방정식을 풀면 투수영역 공간상의 어느 지점의 좌표 (x, z)에서의 전 수두를 구할 수 있다.

침투해석을 위한 자료 입력 시 침투 수치모형의 격자의 크기 및 형상에 따라 침윤선, 동수경사, 침투유속 등 침투해석 결과가 변한다. 격자의 크기는 해석결과와 작업의 효율성 등을 고려할 때 제외지 제방고의 1/10 이하로 설정하여야 한다(김진만 등, 2004. 국토교통부/경기대, 2005).

침투해석을 위한 계산시간 간격은 1시간 이내에서 해석결과가 동일하게 나타나며, 1시간과 24시간에서는 약 2배 이상 차이가 발생한다. 외력조건과 수문자료와의 일관성 등을 고려할 때 1시간 간격 이내로 설정하는 것이 바람직하다(국토교통부/경기대, 2005). 그러나 홍수지속시간이 짧은 소규모 하천제방에서는 계산시간 간격을 더 줄여 계산할 필요가 있다. 초기 지하수위는 홍수기의 평균 지하수위로 설정하되, 평균 지하수위인지 불명확한 경우나 홍수기의 평균 지하수위가 제내지 지반면 아래 0.5 m보다 깊이에 있는 경우에는 제내지 지반면 아래 0.5 m를 초기 지하수위로 설정한다.

파이핑을 일으키는 한계동수경사(i_c)는 식 (5.6)[Terzaghi 식(1922)]으로 계산한다.

$$i_c = \frac{h}{d} = Gs - \frac{1}{1+e} = (1-n)(G_s - 1) \tag{5.6}$$

여기서 h는 제방의 전 수두(m), d는 분사지점의 수두(m), G_s는 흙입자의 비중, e는 흙의 간극비, n는 흙의 간극율이다.

분사현상에 대한 저항력은 소성지수가 큰 재료일수록 큰 경향이 있으며 점착력이 없는 세립자의 한계동수경사 i_c는 0.5~0.8로 본다. 침투해석에 의하여 산출한 동수경사가 한계동수경사의 1/2 이하가 되도록 해야 한다.

한계유속에 의한 방법에서는 제체 및 기초지반에서 소류력에 의하여 흙입자가 밀려나가는 한계의 침투유속을 구하고, 흙입자가 그 한계값을 넘으면 파이핑이 발생된다고 본다. 실제 현장 토립자는 여러 크기의 것이 혼합되어 있어 입경의 기준을 정하기 어려우므로 침투류 해석에서 얻어지는 침투류의 실제 유속이 표 5.7의 입경에 대한 한계유속 이하가 되도록 해야 한다.

한계유속 산정방법은 Justin(1923)이 최초로 제안하였지만, 그 후 여러 연구결과에 따르면 과대평가하는 경향이 있는 것으로 알려졌다. 하천설계기준해설(2019)에서는 식 (5.7) Justin 공식 적용

표 5.8 입경별 한계유속(Justin, 1923)

재료 번호	입경(mm)	한계유속(V_c)(cm/s)	재료 번호	입경(mm)	한계유속(V_c)(cm/s)
1	4.0~4.8	20.0	6	0.25~0.5	4.2
2	2.8~3.4	17.0	7	0.11~0.25	3.5
3	1.0~1.2	10.0	8	0.075~0.11	2.5
4	0.7~0.85	8.5	9	0.044~0.075	2.0
5	0.4~0.7	7.0			

을 원칙으로 하고 있다. 그 외 Schmieder(1975)의 한계유속공식과 한계유속 실용공식 등이 있다.

$$V_c = \sqrt{\frac{Wg}{Ar_w}} = \sqrt{\frac{2}{3}(G_s - 1)D_{10}\,g} \tag{5.7}$$

여기서 V_c는 한계유속(cm/s), W는 토립자의 수중중량(g), A는 물의 흐름을 받는 토립자의 면적(cm^2), r_w는 물의 단위중량(gf/cm^3), G_s는 토립자의 비중, D_{10}는 10% 통과입경(유효입경)(cm), g는 중력가속도(9.81 m/s^2)이다. 단, 입경별 한계유속으로 표 5.8을 적용할 때에는 단위환산을 위해 1/100을 적용하여야 한다.

크리프비(creep ratio) 방법 구조물의 기초지반 침투해석은 크리프비 방법도 있다. 이 방법은 Bligh(1927)가 인도에서 댐의 상하류 수위차와 침투로 길이 간 관계를 유도해서 만들어진 방법이다. 그 후 침투로 길이를 추정할 때 수평구간의 길이는 수평구간 길이의 1/3로 평가하는 Lane(1935) 식이 제시되었다. 크리프비 방법은 우리나라에서 보(洑), 수문, 배수통문를 설계할 때 사용한다. 상세한 내용은 하천설계기준해설(수자원학회/하천협회, 2019)을 참조하기 바란다. 침투해석 사례는 박스기사와 같다.

침투해석 사례
(부산지방국토관리청, 2004)

현황

낙동강 지보제에서 2003년 태풍 매미로 인해 약 1,000 m 구간에서 파이핑 및 제방붕괴가 발생하였다. 지보제의 홍수위는 계획홍수위보다 약 1.0 m 정도 낮았으나 홍수지속시간이 약 45시간 정도로 길었다. 풍화암층 위에 기초지반(SM, GP, SP)이 9.5 m, 기초지반과 제체인 매립층이 8.4 m로 구성되어 있고, 투수계수는 제체($k = 4 \times 10^{-2}$ cm/s)와 기초지반($k = 2 \times 10^{-2}$ cm/s)이 모두 비슷하였다.

그림 1 지보제(예천군) 피해현황

검토결과

구분	한계값	차수벽 설치 전	차수벽 설치 후
동수경사(i_c)	0.85	0.98	0.02
	판정	$0.85/0.98=0.87<3.0$. NG	$0.85/0.02=42.50>3.0$. OK
유속(cm/s)	2.0×10^{-2}	2.76×10^{-2}	8.57×10^{-4}
	판정	$2.0\times10^{-2}/2.76\times10^{-2}=0.72<3.0$. NG	$2.0\times10^{-2}/8.57\times10^{-4}=23.34>3.0$. OK

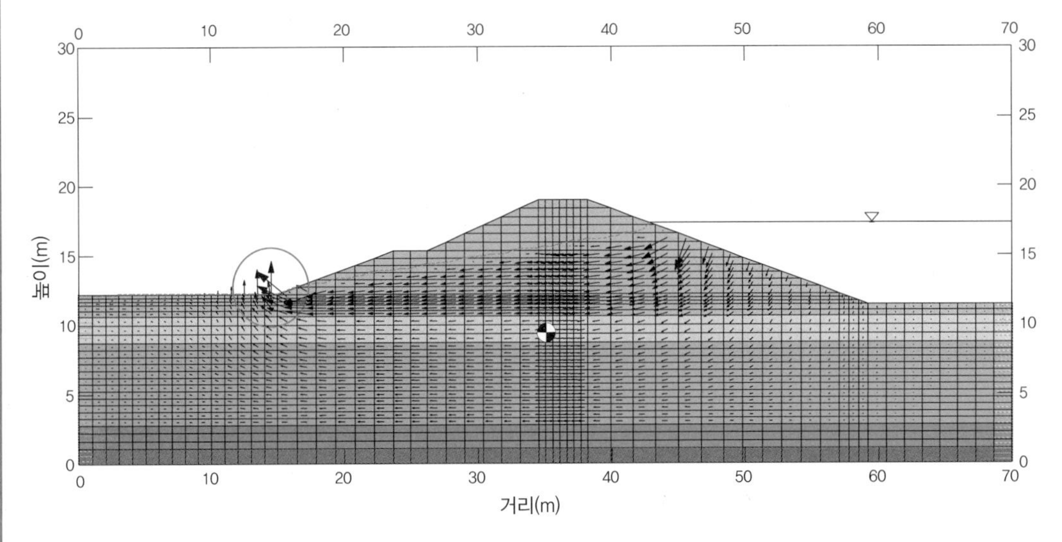

그림 2 차수벽 설치 전

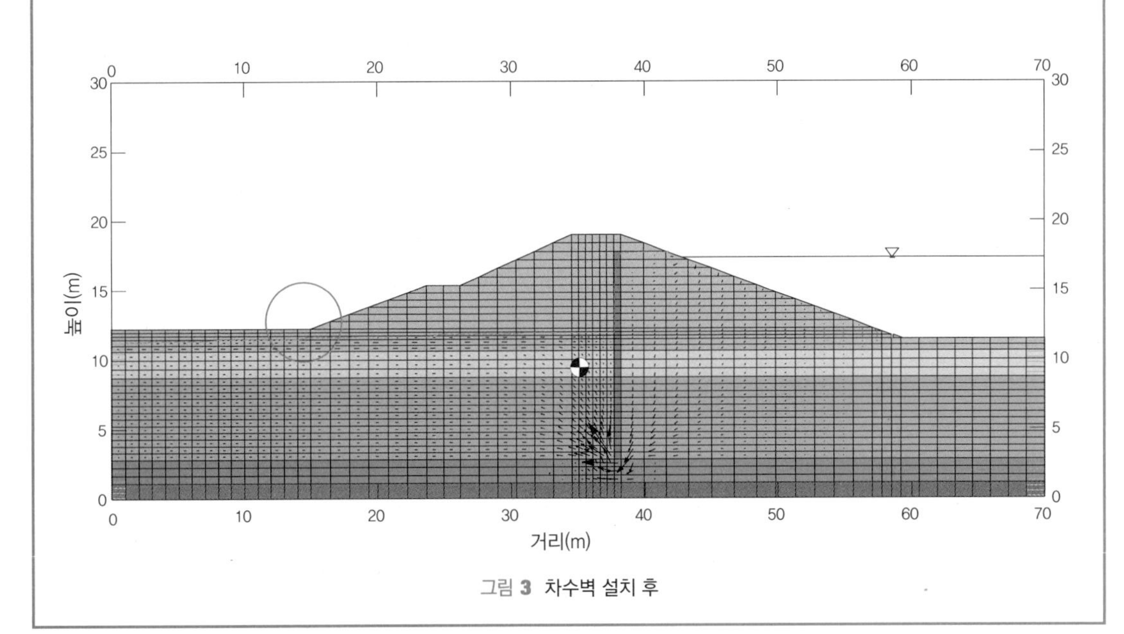

그림 3 차수벽 설치 후

(5) 침투방지공법

제방에서 침투는 제체침투와 기초지반침투로 구분되나, 대부분은 제체 및 기초지반 침투가 복합적으로 발생한다. 제방의 침투에 대한 대책공법은 그림 5.20과 같다.

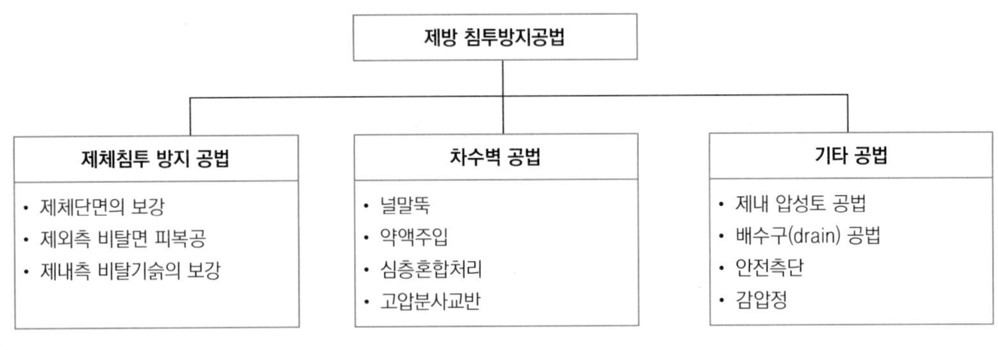

그림 5.20 제방의 침투방지공법

제체침투는 제체의 침윤면이 결정적인 요인이 되므로 침윤선을 낮추어 침윤면이 제체 하부에 위치하도록 한다. 지반침투의 경우 적절한 대책공법을 강구한다. 지반의 투수성이 높은 경우에는 하천수위가 상승함으로써 침투압이 증가하여 제내측 지반에 침투수가 용출하는 파이핑이 발생하므로, 이에 대한 안정성을 검토한다.

일반적으로 제체침투 방지방법은 다음과 같이 생각할 수 있다.

- 침투성이 작은 제체재료를 선택하여 제체침투를 어렵게 한다.
- 제방단면을 충분히 크게 하여 침투길이를 길게 한다.
- 충분한 다짐을 하면 침투성을 줄인다.
- 앞비탈면을 난투수층 재료로 덮어 제체침투를 어렵게 한다.
- 뒷비탈기슭에 투수성 재료로 배수구를 설치하여 침윤선을 낮춘다.
- 측단 또는 차수벽을 설치하여 침투길이를 연장한다.

기초지반 침투방지방법은 다음과 같이 생각할 수 있다.

- 앞비탈기슭 부근에 강널말뚝 등을 설치하거나 점토로 치환한다.
- 제외지의 투수지반 표면을 투수성이 작은 재료로 피복한다(블랭킷공법)
- 제내측에 감압정(relife well)을 설치해서 침윤선을 저하한다.
- 제방의 침투수를 완전히 배제시키고자 하는 경우는 수평배수구 또는 비탈기슭에 배수구(toe drain)를 설치한다.

• 차수벽을 설치하여 침투길이를 연장한다.

대표적인 제체, 기초, 제체 및 기초 보강방법은 표 5.9~5.11과 같다.

표 **5.9 제체침투 보강방법** (국토교통부/경기대, 2006)

구분	단면확대 방법	피복 방법	드레인 방법
개요도	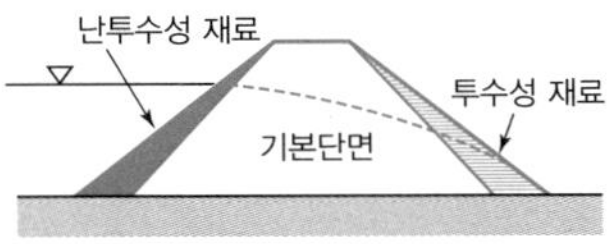 난투수성 재료 투수성 재료 기본단면	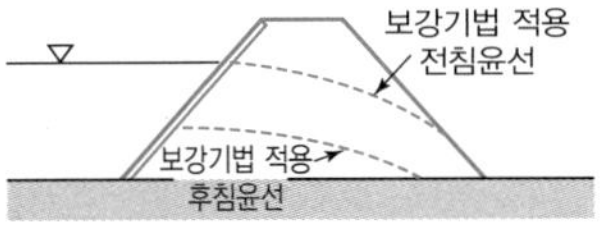 보강기법 적용 전침윤선 보강기법 적용 후침윤선	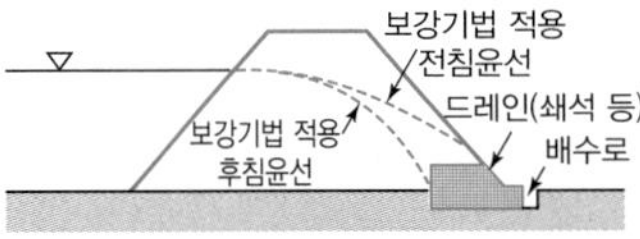 보강기법 적용 전침윤선 드레인(쇄석 등) 배수로 보강기법 적용 후침윤선
원리 및 효과	• 제체 단면확대로 침투길이 연장 • 비탈면을 완만하게 하여 활동파괴에 대한 안정성 증대 • 뒷비탈기슭의 기초지반 파이핑 방지	• 제외지 비탈면을 난투수성 재료로 피복하여 하천수의 제체침투를 방지	• 뒷비탈기슭에 배수구(toe drain)를 설치하여 제체 내의 침투수를 신속하게 배수 • 제체 내 침윤선을 낮추어 제방의 저항력 강화 • 비탈기슭을 전단강도가 큰 재료로 치환하여 제방 안정성 증대
설계 유의 사항	• 제내·외지측 여유부지 필요 • 통수단면적 축소에 따른 대책 필요 • 확대부의 재료는 기존 제체보다 제외지 측은 난투수층 재료 적용하고, 제내지 측은 투수성이 높은 재료 적용	• 투수성이 높은 사질토 제방에 효과가 큼. • 차수재는 잔류수압이 작용하여 부상 및 변형이 발생할 수 있음. • 난투수성 지반인 경우 배수대책 필요	• 제방의 투수계수가 10^{-3}~10^{-4} cm/s에서 적용성이 우수 • 드레인 두께는 0.5 m 이상으로 설정
기타	• 완경사로 활동파괴 방지 및 환경 효과	• 차수재 손상에 유의	• 액상화 방지 효과

표 **5.10 기초지반 침투 보강방법** (국토교통부/경기대, 2006)

구분	차수벽 방법	고수부지 피복방법	고수부지 성토방법
개요도	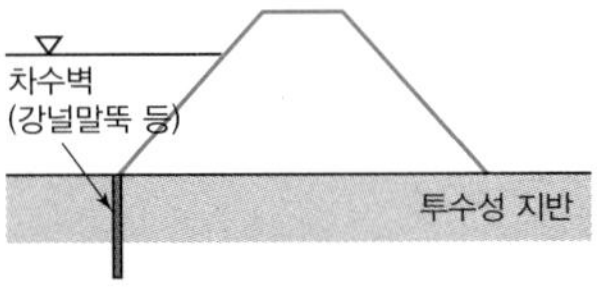 차수벽 (강널말뚝 등) 투수성 지반	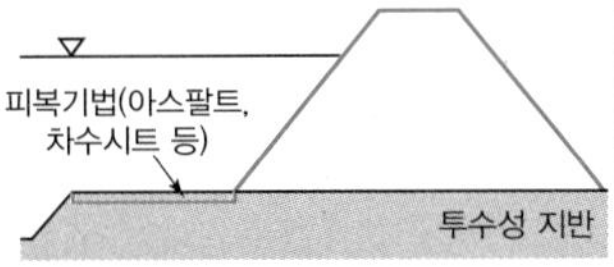 피복기법(아스팔트, 차수시트 등) 투수성 지반	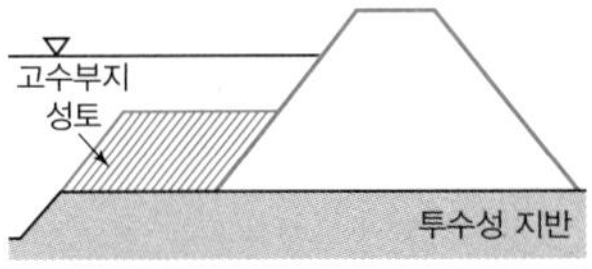 고수부지 성토 투수성 지반
원리 및 효과	• 차수벽 설치로 기초지반으로의 침투수 억제	• 고수부지를 난투수성 재료로 피복하여 침투길이를 증대시킴. • 제내지 비탈기슭의 간극수압을 감소	• 고수부지를 성토하여 침투길이를 증대 • 비탈길이를 짧게 하여 활동파괴에 대한 안정성 증대

(계속)

표 5.10 기초지반 침투 보강방법 (계속)

구분	차수벽 방법	고수부지 피복방법	고수부지 성토방법
설계 유의 사항	• 침투수를 차수하기 위해 차수벽 깊이를 투수층의 80~90%까지 관입 • 차수벽 접합부에 유의	• 고수부지가 사역질로 투수성이 높은 곳에 유리 • 차수재를 지속적으로 보호할 수 있어야 함.	• 통수단면적 축소에 따른 대책 필요 • 성토재는 기존 제체보다 투수성이 낮은 재료가 효과적임.
기타	• 지하수 흐름 차단으로 주변환경 영향 검토 필요		

표 5.11 제체 및 기초지반 침투 보강방법 (국토교통부/경기대, 2006)

구분	제체 외 배수층 설치	제방단면 증대	차수벽 설치
개요도	배수층 설치	단면 증대	차수벽
원리 및 효과	• 제내지 측에 수평배수층을 설치하여 제체 및 기초지반의 침투수를 신속하게 배제 • 제체 내 간극수압 소산으로 제체 붕괴방지	• 제방단면 확대로 침투길이 연장 • 단면 확대로 제방비탈면 파괴방지	• 차수벽에 의한 침투수 차단 및 침투길이 연장
설계 유의 사항	• 제방의 투수계수가 10^{-3}~10^{-4} cm/s에서 적용성이 우수 • 수평배수층의 두께는 0.5 m 이상 필요	• 제내지 측 여유부지 필요 • 확대부의 재료는 기존 제체보다 투수성이 높은 재료 적용	• 차수벽 상단높이는 계획홍수위 이상으로 설치 • 차수벽 깊이는 투수층의 80~90%까지 관입 • 차수벽 접합부에 유의
기타	• 드레인 재료의 막힘에 유의	• 연약지반에서 압성토 효과 기대	• 지하수 흐름 차단으로 주변 환경영향 검토

(6) 차수벽 설치

제방의 횡단면상에서 차수벽을 설치할 위치는 그림 5.21에서 ① 앞비탈기슭, ② 둑마루 부근, ③ 뒷턱 부근 등으로 생각할 수 있다. 세 가지 설치위치 중 둑마루부에 설치하는 것이 제체 내 누수 및 기초지반을 통한 파이핑을 방지할 수 있고 비탈면의 안전성을 크게 향상하므로 바람직한 방법이다.

차수벽의 상단높이는 계획홍수위 이상으로 설치한다. 차수벽 상단높이를 그림 5.21의 ③과 같이 침윤선 상단에 맞추어 설치한 차수벽은 홍수가 장시간 계속될 경우 침투압이 상승하여 침투수가 차수벽 상단을 월류하여 제체누수를 발생시킨 사례가 있었다.

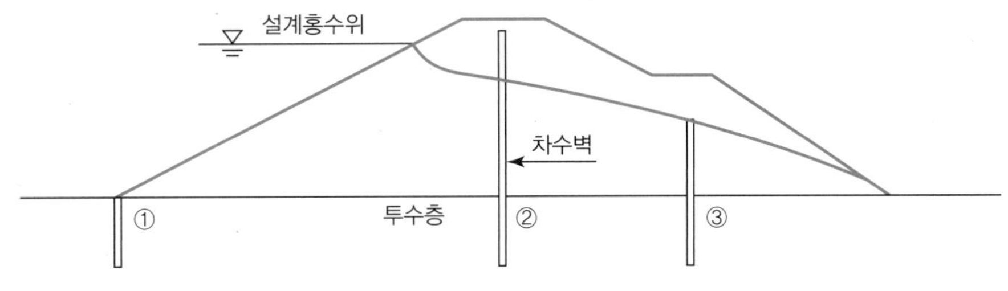

그림 5.21 차수벽 설치방법

차수공은 파이핑에 대하여 안전율을 확보할 수 있는 깊이까지 설치한다. 일반적으로 수직차수벽은 침투 가능한 층의 85~90%를 통과해야 상승압력과 파괴흐름을 감소시킬 수 있다(CIRIA, 2013). 또한 차수벽을 불투수층까지 설치하면 지하수의 흐름을 차단하여 관정에 의한 하천수의 취수와 제내지의 원활한 지하배수 등 기존의 지하수 흐름특성에 대한 악영향을 줄 수 있다. 차수벽 설치만으로 제방의 침투에 대한 안전율 확보가 어려운 경우는 침윤선을 연장하는 방법(단면확장, 압성토) 등을 함께 강구한다.

차수벽을 설계할 때는 구조물의 중요도와 기초지반의 토질조건, 경제성, 시공성, 환경성, 제방손상 등 제반조건 등을 충분히 고려하여 공법을 결정한다.

기초지반이 점성토나 사질토층일 경우는 대부분의 차수공법 시공이 가능하나, 사력층, 호박돌 섞인 토층, 전석층에서는 시공성이 낮거나 불가능할 수도 있으므로 신중하게 검토한다. 국내에서 하천제방공사에 사용되고 있는 주요 차수공법은 표 5.12와 같다.

5.5.4 침하 및 연약지반에 대한 설계

(1) 지지력 검토

제방을 성토하면 기초지반의 지지력을 검토하여 만족여부를 평가한다. 만약 기초지반이 하중을 지지할 수 없다면 제방을 설치할 수 없으므로 기초보강처리를 하여야 한다. 기초지반의 지지력 검토는 Terzaghi(1943)가 최초로 제안하고 Hansen 등이 보완한 식 (5.8)을 이용하여 극한지지력을 산정하고 제방성토의 평균하중을 구한다. 그리고 식 (5.9)에 의해 안전율이 기준값 이상이면 만족한다.

$$q_{ult} = cN_c s_c d_c i_c g_c + qN_q s_q d_q + \frac{1}{2}\gamma B' N_r s_r d_r i_r g_r \tag{5.8}$$

여기서 q_{ult}는 극한지지력(kPa), c는 지반점착력(kPa), B'은 저판의 보정된 폭(m)이다.

표 **5.12** 일반적인 차수공법 비교표 (전세진, 2012, p. 237)

구분	널말뚝공법	주입공법	심층혼합처리공법	고압분사교반공법	지중연속공법
공법개요	널말뚝의 이음부를 물리게 하여 water jet, 진동해머 등을 이용하여 지중에 타입하여 연속벽을 형성하는 방법	지반을 천공한 후 케이싱이나 rod을 이용하여 응결재와 첨가물을 주입하여 지반을 고결하는 방법	Earth auger로 지반을 천공한 후 개량재를 주입하여 강제적으로 원래 토사와 교반혼합하여 소일시멘트 연속벽체를 형성하는 방법	공기를 동반한 초고압수를 지반 중에 회전분사시켜 지반을 절삭하고, 지표에 슬라임 배출과 동시에 경화재를 충진하여 원주상의 고결체를 조성하는 방법	벤토나이트 안정액으로 공벽의 안정을 유지하고 굴착 후 콘크리트 연속벽체를 조성하는 방법
신뢰성	• 벽체강성 및 내구성이 우수 • 이음부에서 누수 가능성이 있음 • 길이가 긴 널말뚝은 이음부 이탈 가능성 있음 • 기설구조물과의 접합부 지수가 어려움(주입공법의 병용)	• 저압주입으로 주입재 침투가 용이하고, 반복주입으로 지반의 균일화 가능 • 약액주입은 알카리 용탈작용으로 영구구조물에서 신뢰도 낮음 • 토사와 시멘트의 혼합재 비중이 크므로 피압상태에서 시공 가능	• 벽체강성 및 내구성이 양호 • 시공심도가 깊고 1렬 시공 시 말뚝연결부가 벌어질 가능성 있음 • 토사와 시멘트의 혼합재 비중이 크므로 피압상태에서 시공 가능	• 벽체강성 및 내구성이 양호함 • 시공심도가 깊고 1렬 시공 시 말뚝연결부가 벌어질 가능성 있음 • 피압상태하에서 경화재가 피압수와 같이 배출되어 지반이 굳어지지 않을 수 있음	• 벽체강성 및 내구성 우수함 • 이음부의 차수가 취약할 수 있으나 차수성에 대한 신뢰도 가장 우수
	△	△	△	○	○
환경성	• 진동해머 사용으로 소음·진동 있음 • 물 오염 우려가 적음	• 소음·진동이 적음 • 수중시공 시 지하수 유동으로 물 오염 가능성 있음	• 슬라임 발생(산업 폐기물) • 수중시공 시 지하수 유동으로 물 오염 가능	• 슬라임이 대량으로 배출(산업폐기물) • 수중시공 시 지하수 유동으로 물 오염 가능	• 무소음 무진동이나 안정액 등 폐기물 발생량 많음
	○	△	△	△	△
장비사용성	• 작업공간이 작아 제방위, 고수부지에서 시공 가능 • 작업폭 5 m 이상	• 작업공간이 작아 대부분 제방 위에서 시공 가능 • 작업폭 3 m 이상	• 넓은 작업공간이 필요하며 기존 제방 절취량이 많음 • 작업폭 8~10.5 m 이상	• 넓은 작업공간이 필요하며 기존 제방 절취량이 많음 • 작업폭 7 m 이상	• 넓은 작업공간이 필요하며 기존 제방 절취량이 많음 • 작업폭 8~10.5 m 이상
	○	○	△	△	△
시공성	• 길이가 길고 N50 이상의 모래층은 워터젯트 병용 타설로 시험시공에 의한 확인이 필요 • 자갈 및 호박돌층에서 시공이 곤란하며, T-4 등 보조장비 필요	• 장비가 소형으로 좁은 공간에서 작업 가능 • 플랜트 설비는 소규모 • 대부분 토질에서 시공 가능하며, 자갈, 호박돌층에서 시공성 높음	• 시공설비 및 플랜트 설비와 장비의 작업공간이 큼 • 자갈, 호박돌층에서 시공성 낮음	• 선행굴착과 조성공이 분리작업되므로 시공성 좋음 • 플랜트 설비는 비교적 큼 • 자갈, 호박돌층에서 시공 가능함	• 장비가 대형으로 넓은 작업공간 필요 • 어떤 지반이라도 시공 가능하나 굴착 시 공벽붕괴 가능성 있음 • 고도의 기술력이 요구됨
	△	○	△	○	△
시공실적	• 시공실적 많음 • *N*값이 높은 모래층에서 길이가 긴 널말뚝의 실적 적음	• 시공실적은 많음	• 실적 많음 • 30 m을 넘는 곳에서 실적은 비교적 적음	• 제방차수벽으로서 국내실적은 보통	• 제방차수벽으로서 국내실적은 적음
	○	○	○	△	×

주: 1. 신뢰성: 있음(○), 보통(△) 2. 환경성: 양호(○), 보통(△) 3. 장비사용성: 용이(○), 보통(△)
4. 시공성: 용이(○), 보통(△) 5. 실적: 많음(○), 보통(△), 적음(×)

표 **5.13** Terzaghi 보정계수 (CIRIA, 2013, p. 917)

구분	N_r	N_q	N_c
$\phi(°)$	$N_r = 2(N_q - 1)\tan\phi$	$N_q = e^{\pi\tan\phi}\tan^2\left(\frac{\pi}{4} - \frac{\phi}{2}\right)$	$N_c = (N_q - 1)\cot\phi$
0°	0.0	1.0	5.1
5°	0.11	1.6	6.5
10°	0.5	2.5	8.3
15°°	1.6	3.9	11.0
20°°	4.6	6.4	14.8
25°	9.0	10.7	20.7
30°	20.1	18.4	30.1
35°	45.2	33.3	46.1
40°	106.1	64.2	75.3
45°	267.8	134.9	133.9
전단계수	$s_r = 1 - 0.3\frac{B'}{L'}$	$s_q = 1 + \frac{B'}{L'}\sin\phi$	$s_c = \frac{s_q N_q - 1}{N_q - 1}$
깊이계수	$d_r = 1.0$	$d_q = 1 + 2k\tan\phi\cos^2\phi$	$d_c = 1 - 4k$
경사계수	$i_r = \left[1 - \frac{H}{V + B'L'\cot\phi}\right]^{m+1}$	$i_q = \left[1 - \frac{H}{V + B'L'\cot\phi}\right]^{m}$	$i_c = i_q - \frac{1 - i_q}{N_c}\tan\phi$
지반계수	$g_r = (1 - \tan\beta)^2$	$g_q = g_r$	$g_c = i_q - \frac{1 - i_q}{(\pi + 2)\tan\phi}$

$$F_s = \frac{q_{ult}}{P_{avg}} \tag{5.9}$$

여기서 F_s는 안전율, q_{ult}는 기초지반의 극한지지력(tf), P_{avg}는 제방의 평균하중(tf)이다.

(2) 연약지반에서 침하

하천의 하류부는 실트, 점토, 세립사질토가 분포하여 함수비가 높고 지하수위가 높아 연약지반이 많다. 특히 낙동강은 삼랑진 하류, 금강은 부여하류, 영산강은 광주하류에서 많이 나타난다. 연약지반 위에 제방을 축조하면 활동파괴나 과대한 침하가 발생하고 성토 후에도 유해한 잔류침하가 제방의 기능을 저해한다. 또 지진 시 액상화에 의해 제방에 균열이나 침하가 발생하여 제방의 기능을 손상하거나 주변 구조물에도 부정적 영향을 미친다.

연약지반에서 제방을 축조하는 경우에는 자연시료를 채취하여 물리적 성질 및 역학시험 등 지반조사를 통해 침하량을 추정하고 대책공법까지도 결정한다.

연약지반에 발생할 수 있는 공학적 문제는 다음과 같다.

- 연약지반은 상부구조물을 지지하는 지지력 부족과 제방축조 시 성토재가 침하하여 횡방향으로 머드웨이브(mud wave)가 생기고, 어느 한계고 이상에서는 활동이 발생할 수 있다.
- 점토지반에서는 하중이 발생함과 동시에 발생하는 즉시 침하와 과잉 간극수압이 소실되면서 발생하는 압밀침하가 있으며, 침하로 인해 전단변형과 측방향유동이 발생할 수 있다.
- 연약지반에서 말뚝을 박을 때 주위의 지반이 말뚝보다 더 많이 침하하면 부마찰력이 발생할 수 있다.
- 포화된 느슨한 모래가 진동을 받으면 순간적으로 다져지면서 체적이 감소하는 액상화 현상이 발생할 수 있다. 비배수상태에서 체적이 감소하면 간극수압이 유발되고, 이 값이 그 위치에 있는 하중과 동일하다면 유효응력이 0이 되므로 모래는 완전히 강도를 잃어 액상화가 발생한다. 지진으로 인한 이와 같은 액상화 현상은 1960년 칠레의 발디비아, 1964년 일본 니이가타와 알래스카 앵커리지에서 발생한 사례가 있으며(中島, 2003), 우리나라에서도 2017년 포항 지진에서 발생하였다.

하천공사에서 연약지반의 역학적 기준은 표 5.14와 같이 규정하고 있으며, 이 중 어느 하나에 해당하면 연약지반이다.

연약지반에 제방을 성토하면 흙의 압밀로 지반체적이 감소함으로써 지반에 변형이 발생한다. 그림 5.22에서 연약층(H) 위에 성토하면 지반이 침하하고 측방으로 변위하여 성토 측의 지반은 융기한다. 이때 성토하중이 극한지지력을 초과하면 그림 5.23과 같이 활동 면에 따라 활동파괴가 일어난다.

그림 5.24와 같이 이론적인 침하량을 수식으로 표시하면 식 (5.10)과 같다.

$$w_t = w_i + \mu w_c + w_s + w_l \tag{5.10}$$

여기서 w_t는 총 침하량, w_i는 즉시침하량, w_c는 1차압밀침하량, w_s는 2차압밀침하량, w_l은 횡방

표 **5.14** 하천공사에서 연약지반의 판단기준 (수자원학회/하천협회, 2019, p. 507)

구분	점성토 및 유기질토		사질토지반
층두께	10 m 미만	10 m 이상	–
N 치	4 이하	6 이하	10 이하
q_u(kN/m^2)	60 이하	100 이하	–
q_c(kN/m^2)	800 이하	1,200 이하	4,000 이하

주: 저자가 kg/cm^2 단위를 kN/m^{2}로 수정하였음.

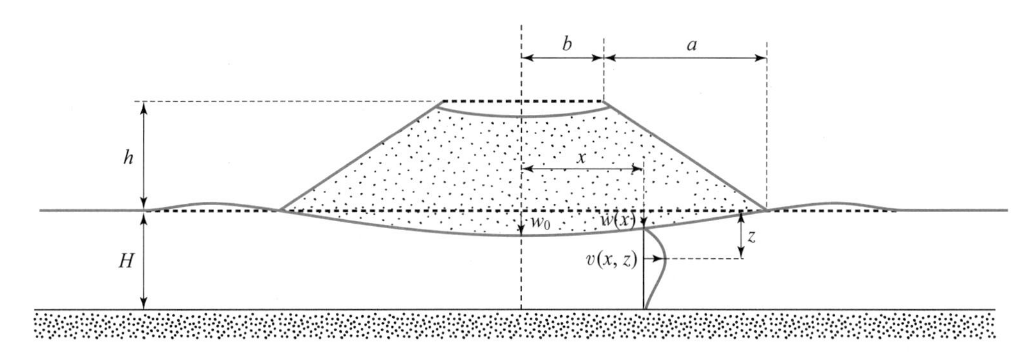

그림 **5.22** 기하학적 침하의 정의 (CIRIA, 2003, p. 876)

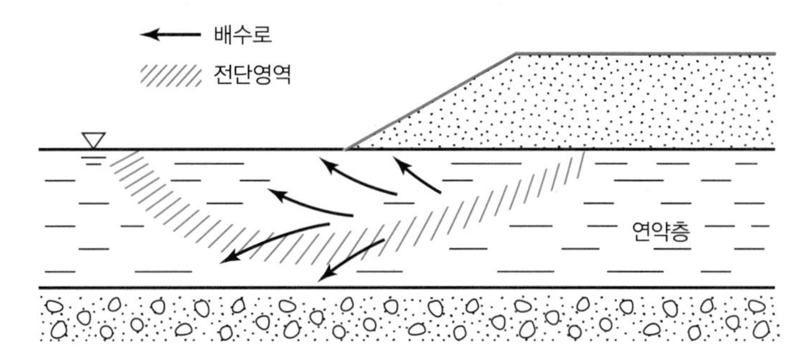

그림 **5.23** 제방 비탈기슭 아래의 배수 및 활동 (CIRIA, 2003, p. 876)

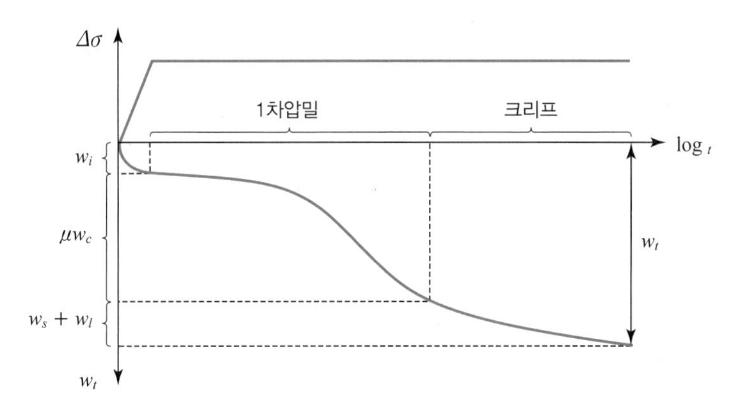

그림 **5.24** 침하(w_t)와 시간(t) 관계 (CIRIA, 2013, p. 877)

향 크리프 변형에 의한 침하량, μ는 Skempton과 Bjerrum(1957)에 의해 도입된 보정계수이다.

즉시침하는 성토 직후에 흙이 배수되지 않는 조건에서 표면침하가 발생하는 것으로서, 흙의 체적변화를 거의 수반하지 않는 측방유동에 의한 침하이다. 이는 식 (5.11)로 계산하며 침하량이 작아 실무에서는 무시하기도 한다.

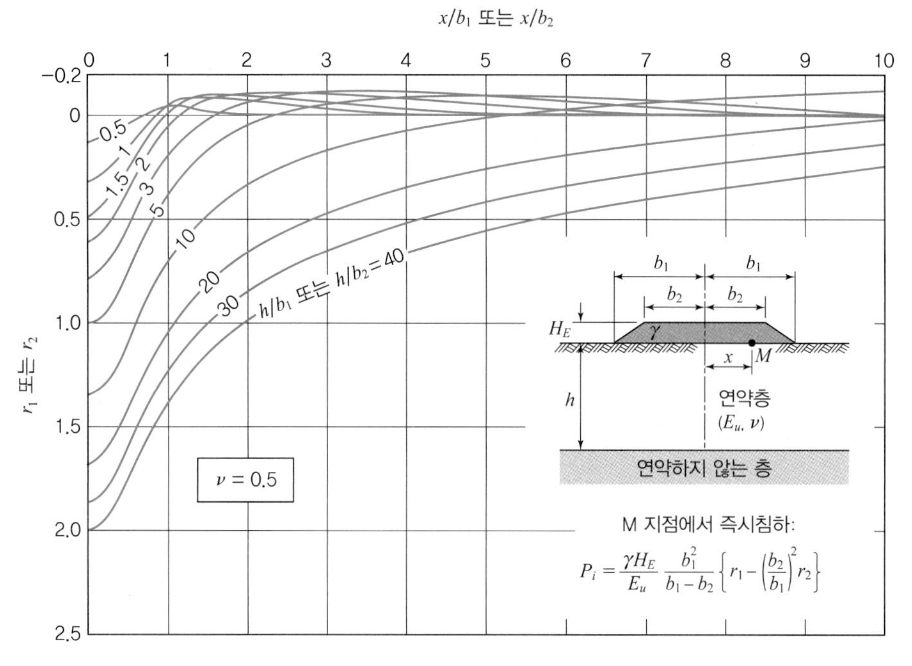

그림 **5.25** 제방 아래의 즉시침하를 구하는 그래프 (Giroud, 1973)

$$w_i = \frac{\Delta\sigma}{E_u} I \tag{5.11}$$

여기서 $\Delta\sigma$는 증가하중(kPa), E_u는 비배수상태의 압밀 가능한 흙의 탄성계수, I는 영향요인(그림 5.25)이다.

1차압밀(w_c)은 Terzaghi 압밀이론에 의해 발생하는 압밀부분으로서, 식 (5.12)로 계산하고 침하시간은 식 (5.13)으로 계산한다. 실무에서 주의할 점은 성토하중뿐만 아니라 제방상부의 과재하중(교통하중, 포장하중 등)을 가산하여야 한다는 것이다.

$$w_c = \frac{C_c}{1+e_0} H \log_{10} \frac{p_0 + \Delta P}{p_0} \tag{5.12}$$

여기서 w_c는 1차압밀침하량(cm), C_c는 압축지수, e_0는 초기 간극비, H는 연약토층 두께(cm), p_0는 성토 전 흙의 피복하중(성토 전 유효응력)(kgf/cm^2), Δp는 성토 후 증가수직응력(kgf/cm^2)이다.

$$t = \frac{H^2}{C_v} T_v(U) \tag{5.13}$$

여기서 t는 임의의 압밀도(U)에 대응하는 압밀시간, H는 압밀층 두께(cm), $T_v(U)$는 압밀도(U)에 정해지는 시간계수로 그림 5.26에서 산정한다. C_v는 압밀계수(cm^2/일)이다.

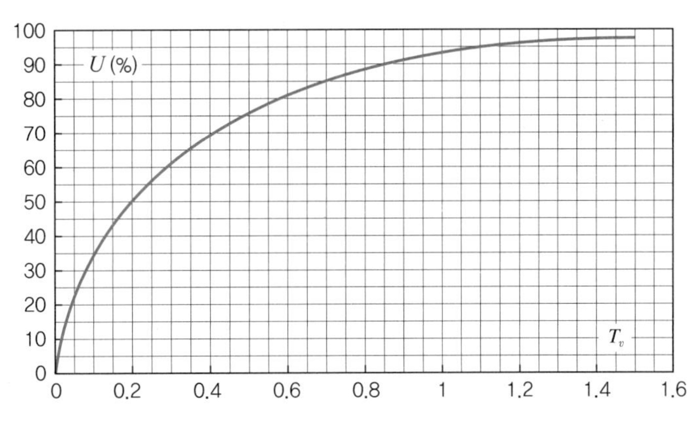

그림 **5.26** 무차원 시간(T_v)의 함수로서 압밀도(U) (CIRIA, 2013, p. 879)

2차압밀(w_s)은 1차압밀인 Terzaghi 압밀이론에서 100% 압밀이 끝난 후 과잉간극수압이 측정되지 않을 만큼 작아져도 시간이 진행되면서 Terzaghi 압밀이론보다 큰 침하가 계속되는 압밀을 말하며, 크리프 침하라 한다. 2차압밀은 식 (5.14)로 산정한다.

$$w_s(t) = \frac{H_f}{1+e_f} C_a \log \frac{t}{t_f} = H_f C_{ae} \log \frac{t}{t_f} \tag{5.14}$$

여기서 $w_s(t)$는 t시간의 2차압밀, H_f는 압밀층 두께, e_f는 크리프가 발생하는 흙의 간극비, C_{ae}는 크리프계수(장기 oedometer test로 결정), t_f는 크리프가 발생하는 기준시간이다.

횡방향 변형에 의한 침하량(w_l)은 구하기가 어렵다. 경험적으로 식 (5.15)로 구하기도 하나, 아주 세심한 주의가 요구된다.

$$w_l = 0.11 \frac{H}{a+b} w_s \tag{5.15}$$

여기서 w_l은 횡방향 변형에 의한 침하량, H은 압밀층 두께, $a+b$는 제방의 절반에 해당하는 폭, w_s는 2차압밀침하량이다.

연약지반에서 덧붙임공사일 때에는 기성제방의 기초지반강도를 적절히 평가하는 것이 중요하다. 기초지반의 토질조사와 기성제 축제 전 압밀특성과 침하기록 등을 자세히 검토한다. 침하검토는 침하가 진행 중인지, 종료되었는지를 판단한다. 특히 덧붙임부의 지반침하를 검토한다(그림 5.27).

연약지반 제방에서 총 침하량이 표 5.15의 허용잔류침하량 기준을 초과하면 연약지반 처리대책을 수립하여야 한다.

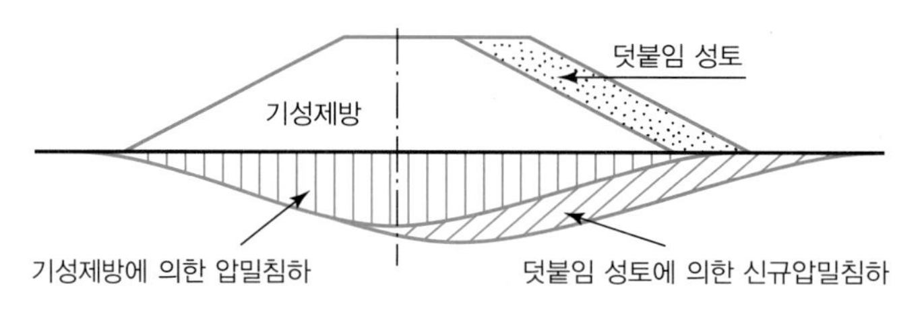

그림 **5.27** 덧붙임에 의한 지반 침하 (일본 국토기술연구센터, 2009, p. 131)

표 **5.15** 허용잔류침하량 기준(둑마루 기준) (수자원학회/하천협회, 2019, p. 538)

대상지역	허용잔류침하량
일반제방	총 침하량 기준 30 cm 이하
도로겸용제방	총 침하량 기준 10 cm 이하
배수구조물 설치제방	총 침하량 기준 10 cm 이하

(3) 제방 내진설계

지진은 제방에 큰 피해를 줄 수 있으며, 지진과 심각한 홍수가 동시에 발생할 가능성은 매우 낮다. 따라서 제방의 내진설계의 목표는 2차 피해를 방지하고, 큰 홍수가 오기 전에 신속히 복구하는 것으로 한다.

지진으로 인한 제방은 제체와 기초지반에서 액상화의 위험이 지배하고, 침하와 횡방향 변위를 야기한다.

USACE(2012)에서는 지진발생 후 6~8주 이내 기존 설계의 10년 빈도 홍수방어수준으로 복구하는 제방은 재정비계획을 수립하도록 하고 8주 이내에 복구할 수 없는 경우에는 위험관리계획을 수립하도록 하고 있다.

지진해석방법은 동적해석(dynamic analysis), 등가정적해석(equivalent static force analysis), 응답변위해석(response displacement analysis) 등이 있다.

동적해석 방법은 지진력을 구조동력학적 이론으로 평가하여 구조물의 지진거동을 해석하는 방법으로서, 응답스펙트럼법, 응답이력해석(= 시간이력해석)법 등이 있다. 등가정적해석 방법은 지진하중을 등가의 정적하중으로 변환한 후 정적설계법과 동일한 방법을 적용하여 구조물의 내진안정성을 평가하는 방법이다. 응답변위 해석방법은 지진 시 발생하는 지반변위에 의한 지진토압과 지중구조물과 주변 지반 관계에서의 경계조건을 각각 모델링하여 구조물의 내진안정성을 정적으로 계산하는 방법이다.

비탈면의 내진안정성 분석방법 중 의사법(pseudostatic methods)은 지진해석방법 중 가장 오래된 방법으로 지진의 관성하중은 흙의 질량에 수평방향과 또는 수직방향의 지진계수를 곱하여 산정한다.

$$F_h = k_h W \tag{5.16}$$

$$F_v = k_v W \tag{5.17}$$

여기서 F_h, F_v는 각각 수평방향과 수직방향의 지진관성력(kN)이며, k_h, k_v는 각각 수평방향과 수직방향의 지진계수이며, W는 슬라이딩하는 물체의 총 중량(kN)이다.

Swaisgood(2003)은 둑마루에서 지진으로 인한 침하량은 식 (5.18)과 같이 제안하였다.

$$S = \exp(6.07\alpha_{\max} + 0.57M - 8.00) \tag{5.18}$$

여기서 S는 둑마루 침하율(%), $\alpha_{\max}$는 기초암반에서 최대지반가속도(g), M은 지진규모이다.

응집성 흙에 대한 강도특성은 배수되지 않는 전단강도(C_u)이다. 흙의 강성(G)은 전단응력(ΔT)/전단변형률(Δr)의 비율로 표현한다. 하천제방 내진설계에 대한 절차와 설계거동한계 등에 관한 사항은 하천설계기준해설(수자원학회/하천협회, 2019)을 참고하기 바란다.

제방 둑마루에서 지진으로 인한 침하량 계산방법

우리나라 하천설계기준해설(수자원학회/하천협회, 2019)에서는 지진으로 인한 하천제방 침하량 계산방법은 다음과 같이 규정하고 있다.

현재 제방의 변형량을 평가하는 실용적인 방법이 확립되어 있지 않다. 따라서 잠정적으로 원호활동법에 의한 비탈면안전을 계산하여 지진 시 안전율을 산정하고, 제방 둑마루의 침하량과 지진 시 안전율과의 관계 표 1을 이용하여 추정한다. 여기서 지진 시 안전율(F_{sd})은 제내측 및 제외측 각각에 대해 관성력만을 고려한 안전율[$F_{sd}(kh)$]과 과잉간극수압만을 고려한 안전율[$F_{sd}(\Delta\mu)$]을 원호활동법으로 구하고, 그 중 작은 안전율을 적용한다.

이때 설계진도는 제방규격에 따른 보정계수를 제방폭/제방높이 비율에 따라 취할 수 있다. 제방폭/제방높이가 10 이하를 기준으로 11~20 사이이면 90%를, 20 이상이면 80%를 취할 수 있다. 일본(國土交通省, 2012)에서도 우리나라와 동일하게 적용하고 있다.

표 1 **제방 둑마루의 침하량과 지진 시 안전율 관계** (수자원학회/하천협회, 2019, p. 398)

지진 시 안전율(F_{sd})		침하량 (상한 값)
관성력만을 고려한 안전율[F_{sd}(kh)]	과잉간극수압만을 고려한 안전율[$F_{sd}(\Delta\mu)$]	
$1.0 < F_{sd}$		0
$0.8 < F_{sd} \leq 1.0$		제방높이 × 0.25
$F_{sd} \leq 0.8$	$0.6 \leq F_{sd} \leq 0.8$	제방높이 × 0.50
–	$F_{sd} \leq 0.6$	제방높이 × 0.75

(4) 연약지반대책공법

연약지반의 개량을 개량원리에 따라 분류하면, 치환, 배수, 다짐, 고결 등 네 가지가 있다. 개량 목적에 따라 분류하면 지반지지력을 증대시키는 안정대책과 침하, 융기를 방지하기 위한 침하 대책, 수압, 침투성을 감소하거나 제거하는 지수대책, 내구성을 유지하거나 증진시키는 방법 등이 있다.

하천제방에서 연약지반 대책공법 중 표층배수공법, 샌드매트공법, 수직드레인공법, 모래다짐 공법과 같은 종류는 제방성토 아래에 투수층을 만들어 침투방지에 대해 바람직하지 않다 따라서 주로 압성토공법과 완속재하공법을 적용한다. 연약지반대책공의 종류 및 특징과 원리 및 효과는 표 5.16 및 표 5.17과 같다.

표 **5.16** 연약지반대책공법의 종류 및 특징 (전세진 2012, p. 245)

공법		특징	목적 및 효과	적용 지반
대분류	소분류			
표층 처리 공법	표층배수 공법	일반적으로 폭 0.5 m, 깊이 0.5~1.0 m 정도로 트렌치를 파고 양질의 필터재로 채우고 맹배수구(盲排水口) 또는 유공관 등을 설치하여 표층배수 하여 표층을 개량함.	• 시공기계의 주행성 확보 • 지반 전단변형 및 침하 억제 • 지반 지지력 향상, 강도 증가 촉진	점토질 이탄질
	샌드매트 공법	연약지반 위에 투수성이 높은 모래를 두께 0.3~1.2 m 정도 깔아 연약층의 상부 배수층을 설치하여 표층을 개량함.		점토질 이탄질
	시트공법	• 연약지반에서 시공기계의 주행성(trafficability)를 증가시키기 위하여 시트(sheet) 등의 전단력과 인장력을 이용함. 또한 하중을 균등하게 지지하여 지반의 부등침하 및 측방변위를 감소시켜 지반의 지지력을 향상시킴. • 펴깔기 토사에 연약토가 섞이지 않도록 하는 기능도 갖고 있음.		점토질 이탄질
	첨가재 공법	연약한 표층토에 생석회, 시멘트 등의 첨가재를 혼합하여 지반의 압축성, 강도특성을 개량하고 중장비의 주행성을 향상시킴.		점질토
치환 공법	굴착치환 공법	드래그라인, 크람쉘 등의 특수 굴착장비를 이용하여 연약층을 양질토로 치환함. 치환깊이에 한도가 있음.	• 활동파괴 방지 • 전침하량의 저감 • 지반의 전단변형 억제 (굴착치환공법의 경우)	점질토 이탄질
	강제치환 공법	흙쌓기량의 자중이나 폭파에 의해 연약층의 일부를 양질토로 강제 치환함.		점질토
압성토 공법	압성토 공법	연약지반 위에 흙쌓기를 하면 지반파괴와 더불어 주위가 융기하기 때문에 성토 주변에 융기방지용 압성토를 함.	• 활동파괴 방지 • 지반전단변형 억제	점질토 이탄질
	완사면 공법	지반융기를 방지하기 위해 완경사로 흙쌓기를 함.		점질토 이탄질
하중경감공법		연약지반 위에 단위중량이 가벼운 경량재로 흙쌓기 함.	• 전침하량 저감	점질토 사질토
완속 재하 공법	점증재하 공법	연약지반의 압밀진행에 따른 지반의 전단강도 증가를 기대하면서 소정의 안전율 이상이 되도록 흙쌓기 속도를 억제	• 활동파괴 방지 • 지반 전단변형 억제	점질토 이탄질
	단계재하 공법	연약지반 위의 흙 쌓기를 한계고까지 시공하고 지반의 압밀이 80% 정도 달하면 다시 한계고까지 흙쌓기를 하는 단계적으로 성토	• 활동파괴 방지 • 지반 전단변형 억제	점질토 이탄질

표 5.16 연약지반대책공법의 종류 및 특징 (계속)

공법		특징	목적 및 효과	적용 지반
대분류	소분류			
재하 공법	성토하중 재하공법	완속재하공법, 드레인공법 등과 병용하여 설계하중 이상의 하중을 미리 재하하여 압밀침하를 촉진함.	• 압밀침하 촉진 • 지반의 강도증가 촉진	점질토 이탄질
	대기압 재하공법	지반 위에 샌드매트(sand mat)를 시공하고 이 위에 기밀(氣密)한 시트를 깐 후 5~6 tf/m^{2}의 기압(氣壓)으로 재하	• 압밀침하 촉진 • 지반의 강도증가 촉진	점질토 이탄질
	지하수위 재하공법	지반 중의 지하수위를 저하시켜 토입자의 유효응력을 증가시키고 연약층의 압밀침하를 촉진시킴.	• 압밀침하 촉진 • 지반의 강도증가 촉진	점질토 이탄질
수직 드레인 공법	샌드 드레인 공법	• 연약지반 위에 직경 12~50 cm의 모래파일을 타입하여 배수거리를 짧게 하여 압밀을 촉진시켜 모든 지반의 전단강도를 증가시킴. • 시공심도는 약 30 m 정도임.	• 압밀침하 촉진 • 지반강도증가 촉진	점질토
	페이퍼 드레인 공법	• 샌드드레인의 모래 대신 paper bond, chemical bond를 타설하며 기능은 샌드드레인 공법과 같음. • 시공심도는 약 25 m 정도임.	• 압밀침하의 촉진 • 지반강도증가 촉진	점질토
다짐 공법	모래다짐 파일공법	• 연약지반 중에 직경 약 70 cm의 모래파일을 충격 및 진동 하중에 의해 다지면서 타설함. 모래지반에 대해서는 밀도를 증가시켜 전단강도를 증대시키고, 점성토 지반에 대해서는 혼합지반을 구성하여 압밀침하량도 감소시킴. 사용재료는 모래, 자갈, 고로 슬래그 등이 있음. • 시공심도는 약 30 m 정도임.	• 전침하량 저감 • 활동파괴 방지 • 액상화 방지 • 압밀침하 촉진	점질토
	진동다짐 공법	• 모래지반에 이용되며 봉진동기로 지반을 다짐하여 지지력을 증가시키고 압축성을 감소시킴. • 시공심도는 약 8 m이고, N치를 20까지 증가시킴.	• 전침하량의 저감 • 액상화 방지	사질토
	중추낙하 다짐공법	극히 무거운 중량(8~40톤)의 해머를 10~30 m 높이에서 낙하시켜 지표면에서 약 20 m 깊이까지 다짐효과를 올릴 수 있음.	• 전침하량 저감 • 액상화 방지 • 압밀침하 촉진	점질토 사질토
고결 공법	생석회 파일공법	• 연약지반에 직경 30~50 cm의 생석회를 주상(柱狀)으로 타설하여 생석회의 탈수효과와 팽창효과를 기대함. • 시공심도는 약 35 m 정도임.	• 전침하량 저감 • 활동파괴 방지 • 지반히빙 방지 • 지반전단변형 억제	점질토
	교반고결 공법	• 생석회, 시멘트밀크, 모르터 등의 고결재를 연약지반과 교반시켜 혼합하여 초기강도를 얻을 수 있고 침하량을 감소시킴. 특히 점성토에 유효함. • 시공심도는 약 30 m 정도임.		점질토 이탄질
	전기침투 공법	• 전기침투로 연약지반 중의 간극수를 탈수시켜 압밀침하를 촉진 • 시공심도는 약 5 m 정도임.		점토질 사질토
	약액주입 공법	고분자계의 약액을 압입하여 지반의 강도증가와 더불어 불투수화함.		점토질 사질토
	동결공법	동결관(凍結管)을 지중에 매설하여 지반의 간극수를 동결시켜 일시적으로 지반강화 및 불투수화		점질토 사질토
	소결공법 (燒結工法)	지반 중에 구멍을 파서 가열시켜 공벽(孔壁)의 고결 및 그 주변 흙의 간극수를 탈수시킴.		점질토 이탄질

(계속)

표 **5.16** 연약지반대책공법의 종류 및 특징 (계속)

공법		특징	목적 및 효과	적용 지반
대분류	소분류			
구조물 공법	널말뚝 공법	흙쌓기부 비탈 끝에 널말뚝을 타입하여 지반의 측방활동을 방지	• 주변 지반침하 및 변형 억제 • 활동파괴 방지	점질토 이탄질
	타설말뚝 공법	흙쌓기부 비탈끝이나 하부 기초지반에 파일을 타입하여 측방활동을 방지하고 침하를 감소시킴.	• 전침하량 저감 • 활동파괴 방지 • 지반전단변형 억제	점질토 이탄질
	슬래브 공법	흙쌓기 하부 기초지반에 파일을 타입하고 그 파일 위에 슬래브를 설치함으로써 둑의 안정을 증가시키고 침하를 감소시킴.		점질토 이탄질
보강토 공법	보강토 공법	연약지반상의 성토 내 지오텍스타일, 철근, 지압판 달린 앵커 등을 부설해서 성토를 보강하여 안정성 도모	• 활동파괴 방지 • 지반전단변형 억제	점질토 이탄질

표 **5.17** 연약지반대책공법의 원리 및 효과 (전세진, 2012, p. 248)

공법		대책공의 목적과 원리							효과		시공관리	신뢰성	실적	공사비
대분류	소분류	침하촉진	전침하량 감소	전단 변형의 억제	강도 저하의 억제	강도 증가의 촉진	활동억제	액상화의 방지	즉효성 있음	지효성 있음				
표층처리 공법	표층배수공법			○		○				○	○	○	○	○
	샌드매트공법	○				○				○	○	○	○	○
	시트공법			◎			○		○		○	○	○	○
	첨가재공법			○		○			○		○	○	○	×
치환공법	굴착치환공법		◎	○			◎	○	○		○	○	○	×
	강제치환공법		○	○			○		○		×	×	×	○
압성토 공법	압성토공법			○			◎		○		○	○	○	○
	완사면공법			○			◎		○		○	○	○	○
하중경감공법			○	○					○		○	○	×	×
완속재하 공법	점증재하공법			○	◎					○	×	△	○	○
	단계재하공법			○	◎					○	△	△	○	○
재하공법	성토하중재하공법	◎				◎				○	○	○	○	○
	대기압재하공법	◎		◎		◎			○		△	○	×	×
	지하수위재하공법	◎		◎		◎			○		△	○	○	○
수직 드레인공법	샌드드레인공법	◎				◎				○	△	○	◎	○
	페이퍼드레인공법	◎				◎				○	○	○	○	○
다짐공법	모래다짐파일공법	○	◎	○			◎	◎	○		△	○	○	×
	진동다짐공법		○	○			○	◎	○		○	○	×	×
	중추낙하다짐공법		○				○	◎	○		×	△	×	○

표 5.17 연약지반대책공법의 원리 및 효과 (계속)

공법		대책공의 목적과 원리							효과		시공관리	신뢰성	실적	공사비
대분류	소분류	침하촉진	전침하량 감소	전단 변형의 억제	강도 저하의 억제	강도 증가의 촉진	활동억제	액상화의 방지	즉효성 있음	지효성 있음				
고결공법	생석회파일공법		◎	○		○	○		○		△	○	△	×
	교반고결공법		◎	○		○	○		○		△	○	△	×
	전기침투공법		○	○		○			○		×	×	×	×
	약액주입공법		○	○		○			○		×	△	○	×
	동결공법		○	○		○	○	○	○		×	○	×	×
	소결공법(燒結工法)		○	○		○			○		×	○	×	×
구조물 공법	널말뚝공법			○			○		○		○	○	○	○
	타설말뚝공법		○	○			○		○		○	○	△	×
	슬래브공법		○	○			○		○		○	○	×	×
	보강토공법			○			○		○		×	△	△	×

주: 1. 시공관리: 용이(○), 보통(△), 곤란(×) 2. 신뢰성: 있음(○), 보통(△), 약간 불안(×)
3. 실적: 있음(○), 보통(△), 적음(×) 4. 공사비: 낮음(○), 보통(△), 높음(×)

5.5.5 활동에 대한 설계

흙쌓기의 높이가 10 m 미만으로 낮은 경우에는 표준경사(표 7.4와 표 7.5 참조)로 설계하기도 하나 비탈면 안정해석을 통하여 안전성을 검토하여 적용한다.

제방의 활동에 대한 안정해석은 침투류 계산에 의해서 얻어진 침윤면을 고려하여 원호활동법에 근거해 경사면 파괴에 대한 최소안전율을 산출한다.

비탈면의 안정해석은 한계평형해석(LEM), 유한요소해석(FEM), 유한차분해석(FDM)이 있으며, 일반적으로는 한계평형해석을 많이 사용하고 있다. 이 방법으로 산정한 안전율이 허용안전율 이상이 되면 비탈면은 파괴에 대해 안전하고 변형은 허용치 이내인 것으로 판단하고 있다.

현재 이용되는 해석방법으로는 Fellenius방법(1927, 1936), Bishop방법(1955), Janbu방법(1968), Morgenstern-Price방법(1965) 그리고 Spencer방법(1967) 등이 있으며, 각 방법의 가정은 표 5.18과 같다. 각 방법들은 절편 측면에 작용하는 힘의 분력에 대한 가정을 달리하여 활동면의 수직응력과 전단응력을 서로 다르게 산정함으로써 결과적으로 안전율을 다르게 계산하게 된다. 각 해석방법으로 구한 안전율의 수치적 차이에 관한 연구결과에 따르면 그 차이는 문제가 되지 않을 정도로 작은 것이 보통이다(Fredlund et al., 1981). 따라서 비탈면안전성 해석에서는 해석

표 **5.18** 비탈면안정해석에 대한 가정 사항(김상규, 1988)

해석 방법	가정 사항		파괴 활동면
Fellenius방법	• 각 절편에 작용하는 측방향력의 방향은 각 절편의 저면과 평행하다. • 각 절편 저면과 수직한 방향의 힘의 평형만을 고려한다.	W, T, N	원호
Bishop 간편법	• 측방향력의 수직성분의 합력은 '0'이다. • 수직방향의 힘의 평형만을 고려한다.	W, T, N	원호
Janbu 간편법	• 횡방향력의 작용위치를 가정한다.	W, 가정, 가정, T, N	원호 비원호
Morgenstern & Price방법	• 측방향력의 경사각은 $\theta = \lambda f(x)$로 표시한다. 여기서, λ는 상수	W, θ, θ, T, N	원호 비원호
Spencer방법	• 경사각 θ는 모든 절편에서 동일하다.	W, θ=상수, θ, T, N	원호 비원호

방법보다는 강도정수의 정확한 산정 및 기하학적 조건이 큰 영향을 미친다고 할 수 있다.

(1) 절편법의 기본이론

절편법(sliced method)에서는 예상파괴 활동면의 원호 안에 있는 흙덩이를 임의의 폭을 가지는 절편으로 나누어 각 절편의 바닥은 직선으로 가정한다. 그리고 각 절편에 작용하는 힘을 구하여 평형방정식에 의해 안전율을 구한다. 해석방법은 다음과 같다.

- 활동원호의 중심 O이고, 반경 r인 원호를 가정한다.
- 활동면의 흙을 폭 b인 여러 개의 절편으로 나눈다.

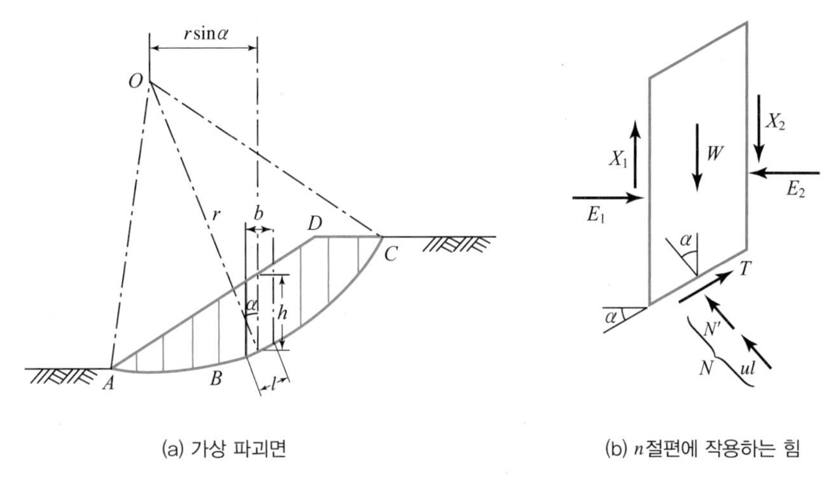

(a) 가상 파괴면

(b) n절편에 작용하는 힘

그림 **5.28** 절편법

- 절편의 바닥은 직선으로 가정한다.

$$F_s = \frac{M_R}{M_D} = \frac{\sum c' l + \tan\phi' \sum (N - ul)}{\sum W \sin\alpha} \tag{5.19}$$

여기서 절편에 작용하는 힘은 다음과 같이 계산한다.

- 절편의 전체 중량: $W = rbh$
- 절편 바닥에 작용하는 전체 수직력: $N = N' + ul$
- 절편 바닥에 작용하는 전단력: $T = \tau_m l$
- 절편 양측면에 작용하는 전단력: X_1 및 X_2
- 절편 양측면에 작용하는 수직력: E_1 및 E_2

Fellenius방법은 절편법 가운데 가장 간단한 방법으로 절편의 양측에 작용하는 힘은 절편의 저면에 평행한 것으로 가정한다. 또한 절편 저면과 수직한 방향의 힘의 평형만을 고려한다. 수직력 N'과 안전율 F_s는 식 (5.20) 및 (5.21)과 같이 구한다.

$$N' = W\cos\alpha - ul \tag{5.20}$$

$$F_s = \frac{\sum c' l + \tan\phi' \sum (W\cos\alpha - ul)}{\sum W \sin\alpha} \tag{5.21}$$

Bishop 간편법은 절편 간 전단력이 동일한 것으로 가정한다. 전체 수직력의 각 절편 바닥의 중앙에 작용하는 것으로 보며, 각 절편에 수직으로 작용하는 힘을 계산하여 결정한다. 수직력 N'은 식 (5.22)와 같이 구한다.

$$N' = \frac{\left[W - \frac{1}{F_s}(c' l \sin\alpha - ul)\tan\phi' \sin\alpha\right]}{M_a} \tag{5.22}$$

여기서 $M_a = \cos\alpha[1 + (\tan\alpha \tan\phi')/F_s]$이며, 안전율은 위의 식과 절편법에서 사용된 안전율을 대입하여 구해진다. 단, 이 식의 양편에 미지수가 2개 나타나므로 안전율은 시행착오법으로 구해야 한다.

Janbu 간편법은 절편 상호간에 작용하는 수평력을 '0'으로 보고 절편의 저부에 작용하는 힘을 구하여 안전율을 구하는 방법으로서, 각 절편에 작용하는 간극수압 u를 현장 조건에 맞추어 적용하여 비탈면안정해석을 한다. 안전율 F_s는 식 (5.23)과 같다.

$$F_s = \frac{\sum[c' \cdot b + (W - u \cdot b) \cdot \tan\phi']/n_a}{\sum W \cdot \tan\alpha} \tag{5.23}$$

여기서, c'은 절편의 저부에 작용하는 점착력(t/m^2), ϕ'은 절편의 저부에 작용하는 내부마찰각(°), b는 절편의 폭(m), W는 각 절편의 흙 무게(t), u는 각 절편에 작용하는 간극수압(t/m^2), α는 예상파괴면의 저부와 수평면이 이루는 각도(°)로서, $n_\alpha = \cos\alpha \cdot m_\alpha$, $m_\alpha = \cos\alpha \cdot [1 + (\tan\alpha \cdot \tan\phi')/F]$이다(그림 5.29).

각 나라별 하천제방의 안전율 기준은 다음 박스기사의 내용과 같다. 우리나라 하천제방의 안전기준은 인장균열 여부에 따라 설정하도록 되어 있으나 제방유형 및 비탈경사와 매개변수 조건에 따라 설정할 수 있도록 개정할 필요가 있다.

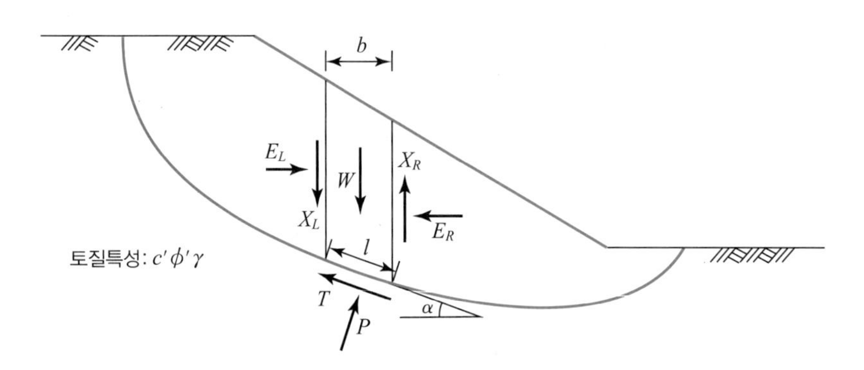

그림 **5.29** Janbu방법에 이용되는 변수

하천제방의 안전율 기준

• 한국

우리나라 하천제방의 안전율 기준은 표 1과 같고, 액상화 및 지진하중을 고려한 비탈면의 활동에 대한 기준안전율은 표 2와 같다.

표 **1** 하천제방의 안전율 기준 (수자원학회/하천협회, 2019, p. 532)

구분	고려사항		안전율(F_s)
슬라이딩	인장균열 불고려	간극수압을 고려하지 않는 경우	2.0 이상
		간극수압을 고려하는 경우	1.4 이상
	인장균열 고려	간극수압을 고려하지 않는 경우	1.8 이상
		간극수압을 고려하는 경우	1.3 이상
파이핑	한계동수경사		2.0 이상

표 **2** 내진설계 시 적용하는 기준안전율 (KDS 11 90 00: 2018)

구분		기준안전율	참조
액상화	간편법	$F_s > 1.5$	• $F_s > 1.5$인 경우는 액상화에 대해 안전 • $F_s < 1.5$인 경우는 액상화 상세검토 수행
	상세검토	$F_s > 1.0$	• 진동삼축압축시험 결과 이용하여 검토
지진 시 안정해석		$F_s > 1.1$	• 지진관성력은 파괴토체의 중심에 수평방향으로 작용 • 지하수위는 실제 측정 또는 평상시의 지하수위 적용

• 일본

표 **3** 하천제방의 안전율기준 (建設省 2002, p. 158)

구분	고려사항	안전율
슬라이딩	제내지 비탈면	$F_s \geq 1.2 \times \alpha_1 \times \alpha_2$ α_1: 축제이력 복잡도에 대한 계수 • 축제이력이 복잡한 경우: 1.2 • 축제 이력이 단순한 경우: 1.1 • 신설 제방인 경우: 1.0 α_2: 기초지반의 복잡도에 대한 계수 • 붕괴이력 또는 요주의 지형인 경우: 1.1 • 붕괴이력 또는 요주의 지형이 없는 경우: 1.0
	제외지 비탈면	$F_s \geq 1.0$
파이핑	피복토 없음	$i_{max} > 0.5$ i_{max}: 제내지 비탈끝 근처의 기초지반 동수경사 최대치
	피복토 있음	$G/W > 1.0$ G: 피복토의 중량 W: 피복토 하부에 작용하는 양압력

• 미국

표 4 안전성의 최소 요인–제방의 비탈면 안정 (USACE, 2000, p. 1083)

경사 유형	적용 가능한 안정성 조건 및 안전성 요구 요인(F_s)			
	공사종료	장기(정상침투)	수위급강하	지진
신설 제방	1.3	1.4	1.0~1.2	–
기존 제방	–	1.4	1.0~1.2	–
기타 다이크와 제방형	1.3	1.4	1.0~1.2	–

주: 수위급강하에서 1.0은 높은 수위가 장기간 지속될 가능성이 없는 상태이고, 1.2는 높은 수위가 장기간 지속될 가능성이 있는 경우이다.

표 5 국제적 안전계수(F_s)와 허용 동수경사(i) [DWR 2012 (CIRIA, 2013, p. 1083)]

매개변수	기준			
침투–제방기슭의 유출경사	설계수위인 경우		제방상단수위인 경우	
	$\gamma \geq 17.6$ kN/m^3	$\gamma < 17.6$ kN/m^3	$\gamma \geq 17.6$ kN/m^3	$\gamma < 17.6$ kN/m^3
	$i \leq 0.5$	$F_s \geq 1.6$	$i \leq 0.6$	$F_s \geq 1.3$
침투– 측단끝에서 유출경사	$i \leq 0.8$	$F_s \geq 1.0$	100 ft(30.5 m) 미만인 측단은 $< 20\%$ F_s 저하	100 ft(30.5 m) 미만인 측단은 $< 10\%$ F_s 저하
정상상태–사면 안정성(제내측)	$F_s \geq 1.5$		$F_s \geq 1.3$	
정상상태–사면 안정성(제외측)	$F_s \geq 1.4$		$F_s \geq 1.2$	
수위급강하 시 사면안정성 (제외측)	$F_s \geq 1.2$ (높은 수위가 오래 지속되는 상태) $F_s \geq 1.0$ (높은 수위가 짧게 지속되는 상태)			
최소 허용 가능한 급강하시 사면 안정성(제외측)	$F_s \geq 1.2$ (설계수위 적용)			
조수가 빈번하고, 크고, 변동이 있는 곳의 수위급강하 시 사면안정성 (제외측)	$F_s \geq 1.4$ (조위 적용)			
지진 취약성	현저한 변형이 없고 일반적으로 최대 3 ft(0.91 m)까지 수직 침하를 허용함.			

5.5.6 토목섬유 보강제방의 설계

(1) 제방기초에서 보강기구

연약지반 위에 건설되는 제방은 장기적으로 안전할지라도 기초지반의 압밀이 일어나기 전에 단·중기적으로 불안정할 수 있다. 이 경우 기초지반이 횡방향으로 변형하여 파괴가 일어날 가능성이 있으며, 이는 수평보강층을 도입하여 억제할 수 있다. 제방저면에 발생하는 수평전단응력은 흙과 보강재의 마찰특성에 의해 보강재에 전달되어 인장응력이 발생하게 된다. 이러한 전단응력 전달은 제방저면에 발생하는 인장변형을 억제하여 측면구속 효과를 얻고, 연약한 기초지반에 직접 전달될 전단응력이 보강재에 의해 차단된다.

연약지반에 축조된 제방은 제방 내에 작용하는 수평토압으로 인하여 수평전단 응력을 발생시키며, 만약 기초지반이 충분한 전단강도를 가지고 있지 않다면 파괴가 일어날 수 있다. 제방에서 다음과 같은 이유로 토목섬유보강공법을 사용하고 있다.

- 설계안전율의 증가
- 제방높이의 증가
- 시공 중 제방변위의 감소로 인한 성토재료 조건의 완화
- 시공 후 압밀침하 시 제방하부의 부등침하를 균일침하 유도로 제방안정성 증대

(2) 보강재 선정방법

토목섬유로 보강한 제방은 기초지반의 압밀이 진행됨에 따라 전단강도 증가로 인해 보강재 역할이 상대적으로 감소하여 설계수명은 구조물 수명과 달리 일반적으로 5~10년 정도이다.

보강재 선정은 설계인장강도를 토대로ㅎㅎ 최대인장강도를 설계인장강도로 하는 방법, 변형과 인장강도를 나타내는 그래프에서 변형률이 10~20% 사이일 때의 강도를 설계인장강도로 선택하는 방법이 있다.

보강재 선정 시 가장 중요한 고려인자는 보강재의 강도이며, 토목섬유 보강재의 최대인장강도가 아닌 변형률을 고려한 인장강도를 현장에 적용한다. 보강재의 자세한 특성은 제품사양서에서 찾을 수 있다. 보강재와 흙과의 마찰계수(μ)는 식 (5.24)와 같이 표현할 수 있다.

$$\tan^{-1}\mu = \alpha\phi \tag{5.24}$$

여기서 μ는 흙과 보강재의 마찰계수, α는 인발시험을 기초한 상호마찰계수(표 5.19 참조), ϕ는 흙의 전단강도정수이다.

표 **5.19** 인발시험을 기초한 상호작용계수(α) (한국지반공학회, 1998, p. 202)

토질	상호작용계수(α)	비고
자갈질토	0.9~1.0	
모래	0.85~0.95	
사질토	0.8	보편적으로 사용
실트질 점토	0.75	
점토	0.60	

(3) 비탈면 안정해석

비탈면 안정해석은 한계평형 안정해석 등을 이용하여 임계원을 결정하고, 임계활동면상에서 활동모멘트(M_D)와 저항모멘트(M_R)을 구하여 안전율이 기준값보다 크면 만족하게 된다.

$$Fs = \frac{M_R}{M_D} = \frac{(\sum \tau_s L)R}{Wx} \tag{5.25}$$

여기서 Fs는 안전율, τ_s는 제방의 평균전단응력, L은 원호활동의 길이, W는 파괴토체의 총 중량, x는 모멘트 팔의 길이다.

식 (5.25)에서 안전율이 부족하면 토목섬유로 보강한다. 토목섬유로 보강된 안전율은 다음 식 (5.26)로 산정한다.

$$Fs = \frac{M_R + T_r Y}{M_D} \tag{5.26}$$

여기서 Fs는 안전율(1.3 적용), M_R은 저항모멘트, T_r은 토목섬유의 소요인장강도, Y는 원호활동 중심에서 토목섬유까지의 수직거리, M_D는 임계활동면상에서 활동모멘트이다.

(4) 제방저면의 활동해석

저면활동해석은 비탈경사 및 토목섬유 보강재와 성토한 흙 사이의 마찰력이 부족하면 나타나는 측면붕괴와 토목섬유의 인장강도 부족으로 인한 파단붕괴 등이 있다. 저면활동해석은 식 (5.27)과 (5.28)로 구할 수 있다.

제방 측면붕괴

$$Fs = \frac{P_r}{P_a} = \frac{b \tan \psi_{sg}}{K_a H} \tag{5.27}$$

보강재의 인장강도 부족에 의한 파단붕괴

$$Fs = \frac{2(bC_a + T_r)}{K_a \gamma_t H} \tag{5.28}$$

여기서 Fs는 안전율(1.5 적용), P_r은 기초지반과 보강재의 마찰저항력, P_a는 주동토압, b는 성토제방의 비탈면 폭(m), ψ_{sg}는 흙과 보강재의 접촉마찰각(°), K_a는 주동토압계수, H는 성토제방 높이(m), C_a는 직접전단시험으로부터 결정된 점착력(kPa), T_r은 소요인장강도(tf), γ_t는 성토제방 흙의 단위중량(kPa)이다.

5.5.7 홍수방지벽 설계

홍수방지벽은 제방에서 월류를 방지하기 위해 제방마루에 설치한 단단한 벽(parapet)을 말한다. 이 방법은 도시지역에서 토지매입이 불가능하거나 너무 고가인 경우와 기초지반 조건이 제방확대를 허용하지 않을 경우에 사용되나, 도시 외 지역에서는 도입하지 않는 것이 바람직하다.

제방 위로 노출되는 홍수방지벽의 최대높이는 미국(USACE, 2000)에서 2.13 m(7 ft)로 하고 있으며, 하천설계기준해설(2019)에서는 1 m를 넘지 않도록 하고 있다.

(1) 홍수방지벽에 작용하는 수압

홍수방지벽에 작용하는 수압으로는 정수압과 동수압을 모두 고려한다. 정수압은 홍수방지벽의 한쪽에 물이 정지된 상태로 있어 압력이 정수압일 때 발생하고, 파랑 등으로 물이 움직이는 곳에서는 동수압이 추가로 작용한다.

수평정수압은 그림 5.30과 같이 물체의 표면에 수직으로 작용한다. 수직벽인 경우에 수압의 중심선은 수심(h)의 2/3지점에 작용한다. 하천제방에서 유량추정의 불확실성으로 인한 홍수방지벽에 작용하는 압력은 설계수위, 홍수방지벽 상단에 작용하는 수위, 가능최대 월류조건에 대해 검토한다.

파(波)가 홍수방지벽에 부딪히거나 가까이서 발생하면 파압이 발생한다. 수직 및 복합 벽의 파압예측은 Goda방법(1974, 1985)을 많이 사용한다. 이 방법은 벽 전면의 파압이 정수위에서 p_1과 p_3로 감소하여 사다리꼴 분포로 나타낼 수 있다고 가정한다. 그림 5.31에서 η^*, p_1, p_3를 구하는 식은 다음과 같다.

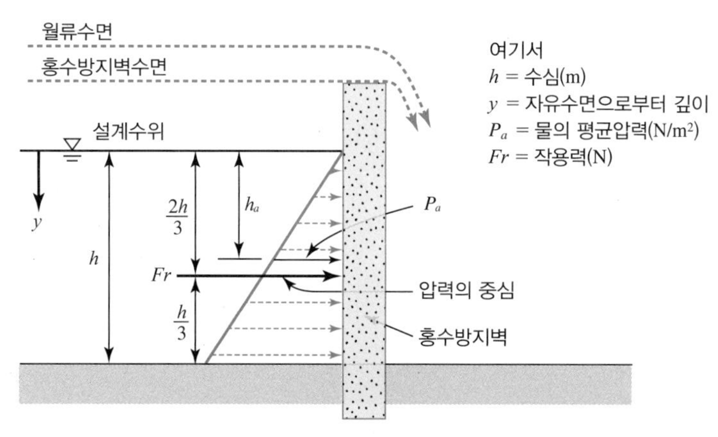

그림 5.30 수직 홍수방지벽에 작용하는 정수압 (CIRIA, 2013. p. 906)

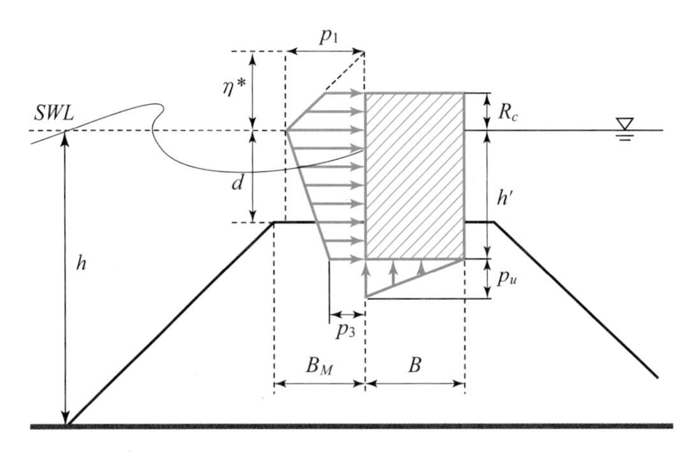

그림 **5.31** **파압 예측방법** (Goda, 1985)

$$\eta^* = 0.75(1 + \cos\beta)H_{max} \tag{5.29}$$

$$p_1 = \frac{1}{2}(1 + \cos\beta)(\alpha_1 + \alpha_2 \cos^2\beta)\gamma_w H_{max} \tag{5.30}$$

$$p_3 = \alpha_3 p_1 \tag{5.31}$$

여기서 η^*는 정수면을 초과하는 지점에서 파압이 0이 되는 곳까지 거리($\eta^* = 1.5H_{max}$), p_1은 정수면에서 파압, p_3는 p_3지점의 파압, H_{max}는 설계파의 높이, α_1, α_2, α_3는 계수, β는 파의 경사각(°), γ_w는 물의 단위중량이다.

(2) 세굴

홍수방지벽에 파가 발생하면 벽 앞 바닥에 세굴이 발생한다. 파가 부서지지 않고 규칙적으로 발생하는 경우에 세굴심은 Xie(1981, 1985)가 제안한 식 (5.32)를 이용하여 산정할 수 있다.

$$S_m = 0.4 \frac{H_s}{[\sinh(kh)]^{1.35}} \tag{5.32}$$

여기서 S_m은 최대세굴깊이(m), H_s는 입사 정규파의 높이(m), k는 입사 정규파의 계수, h는 수심(m)이다.

파가 부서지지 않고 불규칙적으로 발생하는 경우에 최대세굴심은 Hughes와 Fowler(1991)가 제안한 식 (5.33)을 이용하여 산정할 수 있다.

$$S_m = 0.05 \frac{\langle u_s \rangle_m}{[\sinh(k_p h)]^{0.35}} \tag{5.33}$$

그림 **5.32** 허리케인 카트리나 이후 IHNC 동쪽에 있는 역T형 홍수방지벽에 발생한 세굴공, New Orleans, USA (CIRIA, 2013. p. 1049)

여기서 k_p는 선형파 이론에 의한 스펙트럼 피크파형 번호이다. $\langle u_s \rangle_m$는 수평 하단 평균유속으로서, Hughes(1992)는 식 (5.34)와 같이 제안하였다.

$$\langle u_s \rangle_m = \frac{\sqrt{2}}{4\pi} \frac{g k_p T_p H_{mo}}{\cosh(k_p h)} \left[0.54 \frac{(1.5 - k_p h)}{2.8} \right] \tag{5.34}$$

여기서 T_p는 스펙트럼 첨두파의 주기(s), H_{mo}는 0번째 순간파의 높이(m)이다.

마지막으로, 홍수방지벽은 침하, 슬라이딩, 전도 등에 대해 구조적 안전성을 가져야 한다.

5.5.8 방수로 설계

방수로(放水路)는 상류 또는 하류의 하천수위를 낮추기 위해 본류유량을 하천 밖으로 방류하는 시설이다. 방수로는 목표한 유량을 충분히 방류할 수 있고 구조물의 파괴 없이 설계흐름을 전달할 수 있어야 한다.

방수로는 구조상 잔디로 피복한 잔디방수로와 콘크리트, 아스팔트, 사석, 돌망태 등으로 지표면을 보호한 보호공 방수로, 단면 전체를 콘크리트로 설치한 콘크리트 방수로, 문짝을 설치하여 방류량을 조절하는 수문형 등으로 구분한다. 과거에는 콘크리트 방수로가 많이 사용되었으나 최근에는 보호공 방수로가 많이 사용된다. 방수로의 주요 부분은 월류부, 비탈부, 비탈기슭부 등이다.

(a) 잔디형 (CIRIA, 2013)

(b) 보호공형 (Degoutte et al., 2012)

(c) 콘크리트형 (Degoutte et al., 2012)

(d) 수문조절형 (화순홍수조절지)

그림 **5.33** 방수로의 형식

(1) 수리계산

방수로의 단위폭당 월류량과 월류심은 식 (5.35) 및 식 (5.36)으로 구한다.

$$q = C_0 h^{3/2} \tag{5.35}$$

$$h = \frac{v'^2}{2g} + h' = \frac{C_0^2 h^3}{2gh'^2} + h' \tag{5.36}$$

여기서 q는 단위폭당 월류량(m^3/s), h는 월류수심(m), h'는 둑마루부에서 수심(m), v'은 유속($v' =$

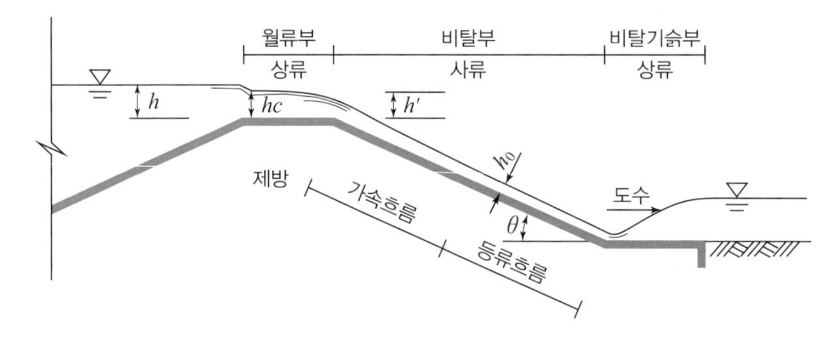

그림 **5.34** 월류형 방수로의 구조 및 흐름상태 (Hewlett 등, 1987)

q/h')(m/s), C_0는 유량계수(일반적으로 1.6 정도 사용)이다.

뒷비탈면에 작용하는 등류수심 h_0는 식 (5.37)로 구한다.

$$h_0 = \left[\frac{n^2 \cdot q^2}{\sin\theta}\right]^{\frac{3}{10}} \tag{5.37}$$

여기서 n은 차수판 윗면의 조도계수, θ는 차수판의 경사이다.

(2) 구조설계

둑마루에 작용하는 전단력은 식 (5.38)로 구하며, 아스팔트의 허용전단응력(τ_a)은 8 kgf/m^{2}이다.

$$\tau = \rho \cdot g \cdot n^2 \cdot \frac{q^2}{h'^{7/3}} \tag{5.38}$$

여기서 ρ는 물의 밀도(1,000 kg/m^3), n은 둑마루부의 조도계수(표준 아스팔트 $n = 0.016$), h'은 둑마루부에서 수심(m)이다.

둑마루부의 최소포장 두께는 아스팔트인 경우 5 cm, 콘크리트인 경우 20 cm, 보호매트인 경우는 4 mm 이상이 필요하다.

비탈면에 작용하는 전단력 τ_0는 식 (5.39)와 같이 구한다.

$$\tau_0 = \rho \cdot g \cdot h_0 \cdot \sin\theta \tag{5.39}$$

여기서 h_0는 뒷비탈 보호공의 등류수심, θ는 차수판의 경사이다.

비탈기슭보호공은 월류에 의한 전도와 활동에 대한 안정을 확보할 수 있어야 한다. 폭(B)은 월류수를 확실하게 넘기는 길이로 1.0 m 이상이 필요하며, 비탈기슭보호공의 깊이(D)는 세굴에 대

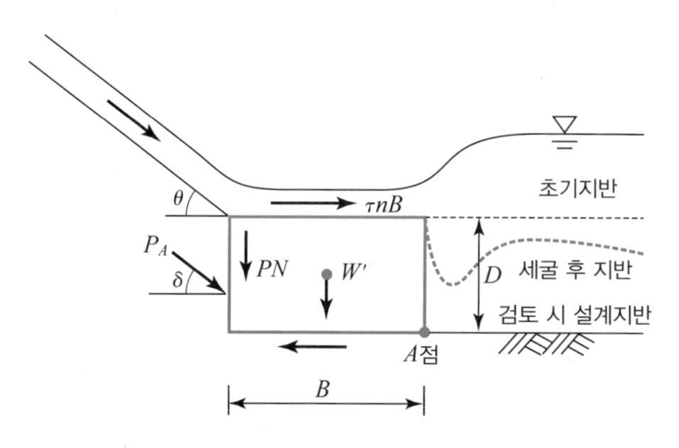

그림 **5.35** 비탈기슭 보호공의 제원과 외력 (국토교통부, 2004, p. 188)

해 안정하여야 하므로 0.5 m 이상이 필요하다.

둑마루부, 비탈면, 비탈기슭에 대한 안전성검토는 외력과 내력을 구하여 안전율이 2.0 이상이면 안전하다.

5.5.9 변환부 설계

변환부(transition)는 제방 내에서 구조가 변화거나 다른 구조물과 접하는 곳으로 제방에서 파괴에 매우 취약한 곳이므로 설계 때 중요하게 처리되어야 한다. 변환부는 다음과 같은 곳이 해당된다.

- 제체의 구조가 변화하는 곳
  구조가 서로 다른 제방이 만나는 곳(제방단면의 변화, 본류와 지류, 기성제와 신설제)
  일반제방과 특수제가 만나는 곳(홍수방지벽, 강널말뚝)
  제방구조물과 구조물들이 만나는 곳(방수로, 드레인, 배수통문, 수문, 보 등)
  다른 종류의 외부침식 방지시설을 설치하는 곳(호안)
  서로 다른 기초조건과의 접촉(자연조건, 인공조건)
  자연지반과 인공제방과의 접촉부
- 지중에 있지만 눈에 보이는 구조(암거, 건물, 계단, 맨홀, 철탑, 교대와 교각 등)
- 지중에 매장된 구조물(파이프, 케이블 등)
- 외부 구조물(도로 및 철도, 배수로, 경계벽 등)

변환부를 설계할 때에는 다음 사항을 고려한다.

- 변환부의 처리는 3차원으로 한다.
- 수리 및 외부작용의 크기와 특성을 고려한다.
- 잠재적 파괴기구가 고려되어야 하고, 침하, 융기, 외부침식, 내부침식, 수리분리(흙과 구조물면을 따라 물이 침투하는 현상) 등을 고려한다.
- 적절한 안전성을 확보하고, 경제적, 환경적인 설계를 한다.

본류와 지류가 만나는 곳에서 본류의 배수위가 수평으로 영향을 주는 지류구간은 본류의 기준을 따르고, 배수위 영향이 없어지는 완화구간에서는 여유고와 둑마루폭은 본류기준에서 지류기준으로 완화구간으로 설계한다. 그림 5.36과 같이 차수벽 설치에 의하여 둑마루폭이 변화하는 경우에는 둑마루폭이 넓은 곳까지 차수벽을 설치하며, 완화구간의 에너지 손실을 최소화하

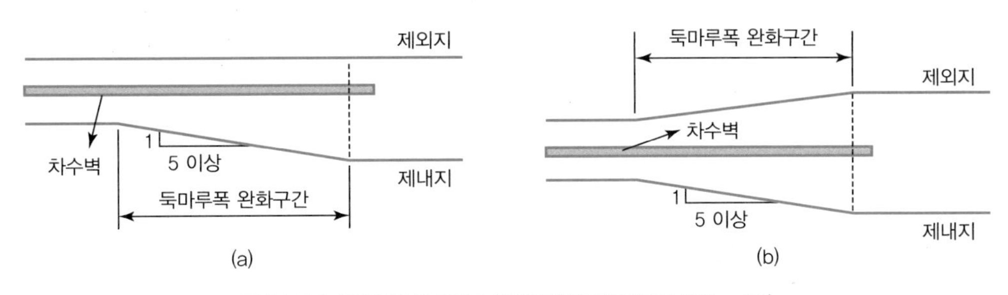

그림 **5.36** **둑마루폭 완화구간 예** (수자원학회/하천협회, 2019. p. 518)

기 위하여 둑마루폭의 차와 완화구간 길이의 비는 1 : 5 이상의 완경사로 한다(수자원학회/하천협회, 2019).

외부침식은 물 에너지(유속과 파랑)를 고려해서 침식방지시설을 설치한다. 호안을 설치하는 시·종점부와 호안공법이 바뀌는 곳에는 마감벽을 설치한다. 상시수위면과 맞닿은 곳은 지속적인 파랑작용으로 호안파괴와 호안뒷면의 토사 유출이 발생한다. 따라서 상시수위 아래에는 파력을 소산시킬 수 있는 사석 또는 방추형블록과 같이 표면이 거친 호안을 설치하고, 뒷면에는 필터를 설치한다.

내부침식은 다양한 침식상황과 연관하여 동수경사, 수두, 침출수가 제방을 통과하는 경우를 고려한다. 침투대책으로는 차수벽 등을 설치하여 침투길이를 연장하거나 동수경사를 줄인다. 침윤선을 낮추고 제체 내 침투수를 배제하기 위한 배수구(drain)를 설치한다.

흙과 구조물이 접하는 곳은 구조물 표면을 거칠게(chipping) 하거나 구조물 주변을 콘크리트로 채워 흙과 구조물의 접촉성을 높이거나, 구조물에 역청재와 같은 접착성이 좋은 재료를 발라서 구조물 주변이 잘 다져지게 한다.

(a) 홍수방지벽면을 거칠게 한 경우(p. 1099)

(b) 구조물면에 역청재를 도포한 경우(p. 1102)

그림 **5.37** **침투방지에 대한 연결부 처리 사례** (CIRIA, 2013)

제방 횡단구조물은 여러 가지가 있으나 누수방지방법은 거의 동일하다. 일반적으로 배수통문은 콘크리트로 제작되어 제체 토사와 중량 및 강성 등의 차이로 다짐밀착의 어려움과 연약지반 위에 설치할 경우 말뚝기초에 의한 통문 상단부와 주변부 사이의 상대적 침하, 단차 등으로 야기된 공동에 의해 제체누수가 발생된다. 따라서 배수통문의 유지·보수는 지반의 부등침하, 콘크리트의 열화 및 균열, 이음새 부분의 변형, 암거 및 날개벽 접속부의 변형 등을 조사하여 보강이 필요한 장소의 경우 적절한 대책을 강구한다.

구조물 기초지반의 전단강도가 감소된 상태에서 수위가 하강하면서 구조물 기초지반에서 세립분의 토사가 유출되어 작은 공간이 발생하고, 계속된 수위상승과 하강의 반복으로 점점 큰 공간으로 발전한다.

특히 파일기초의 경우 파일은 강성으로 구조물을 지지하고 있는 반면 주변 흙은 잔류 침하 및 유효응력 감소로 인한 전단강도가 저하되어 유수침투에 의해 쉽게 세굴된다. 또한 연약지반에서는 말뚝 주변 지반이 침하할 때에 말뚝으로 지지하는 암거만 침하가 발생하지 않게 되어 구조물 하부에 공동이 생기고 암거구조물 측벽도 다짐이 쉽지 않아 전단강도가 저하되어 세굴되기 쉬운 상태가 된다(그림 3.37). 국내에서 위와 같은 이유로 제방이 파괴된 사례는 제1장, 제3장에 소개하였다(그림 1.11, 1.12, 1.13 참조).

5.5.10 배수구 설계

배수구(drain)는 침투수압이 흙입자에 작용하여 세립자가 조립자 사이를 빠져나갈 때 제체 내부의 침식이 발생하는 것을 방지하기 위하여 배수도랑을 설치하는 것이다. 배수구 설치는 제체 내 수직 또는 약간 경사지게 설치하는 경사배수구, 제체와 기초지반을 따라 수평으로 설치하는 수평배수구와 수평배수구를 통해 뒷비탈기슭에 설치되는 비탈기슭배수구(toe drain)로 구성되어 있다(그림 5.38).

경사배수구는 제체 침투수를 완전 차단하기 위해 댐에서 많이 사용하나 제방에서는 침투량이 적어 거의 사용하지 않고, 수평배수구와 비탈기슭배수구 또는 비탈기슭배수구만 설치하기도 한

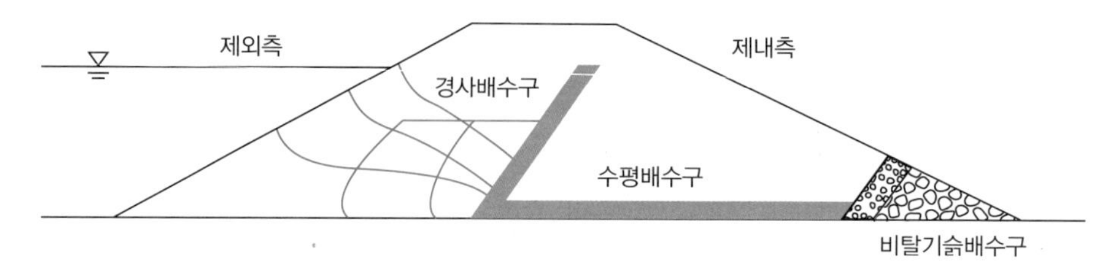

그림 **5.38** 배수구의 구조

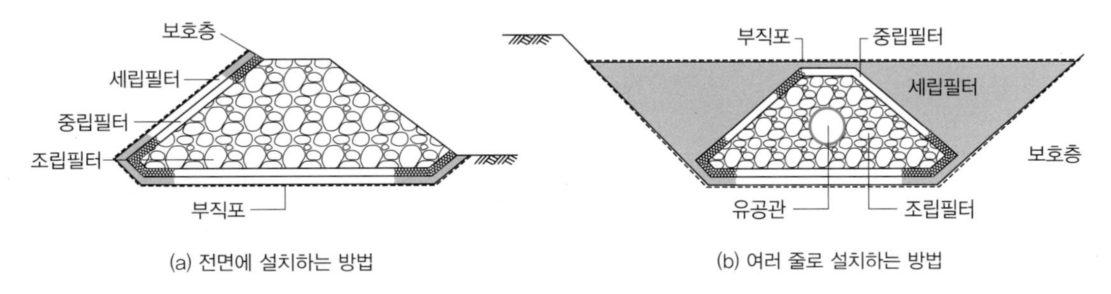

그림 **5.39** 비탈끝 배수구 설치 예시도

다. 수평배수구는 제체 내 침윤선을 낮추고 기초지반 침투로 인해 발생하는 상승압력으로부터 제방을 보호하고 침투수를 제내지로 배출하는 역할을 한다.

경사배수구는 제방의 길이방향으로 전면에 대해 설치한다. 배수구의 두께는 시공 시의 재료분리, 배수구 내부의 공극, 시공기계 등을 고려하여 결정한다. 또한 투수구역과 불투수구역 사이에는 투수성 응력 및 변형을 완화하기 위해 사력 재료나 반투수성 재료로 연결부를 설치한다.

수평배수구는 브랑켓과 같이 50 cm 정도 두께로 전면에 설치하는 방법과 일정한 간격을 두고 줄 모양의 도랑으로 설치하는 방법이 있다.

비탈기슭배수구는 비탈기슭에 사석, 굵은 자갈, 돌망태 등을 설치하고 제체의 토립자 유입을 방지하기 위해 여러 층의 필터를 조합하여 보호층을 만든다. 보호층은 부직포, 세립필터, 중립필터, 조립필터 순으로 설치한다(그림 5.39).

배수구에 사용되는 재료(필터)는 입경별로 분류한 골재필터와 직물 등을 이용한 토목섬유필터, 이 둘을 합한 형태인 합성필터가 있다. 골재필터는 재설치가 쉬우며, 손상 시 스스로 복구되는 장점이 있으나 입경별 분류설치와 입경기준에 따라 현장설치가 어려운 단점이 있다. 토목섬유필터는 재료를 구하기가 쉽고 경제적인 장점이 있으나 장기적으로 기능에 대한 신뢰가 골재필터보다 떨어진다.

골재필터의 투수계수는 실험을 통하여 결정하되, 식 (5.40)의 Hazen(1930)공식으로 산정하기도 한다.

$$k = CD_{10}^2 \tag{5.40}$$

여기서 k는 투수계수(cm/s), C는 계수(90~120), D_{10}은 유효입경(입경누가곡선 상의 10% 입경)이다.

골재필터의 안전성은 기하학적 특성에 따라 결정한다. 하천공사표준시방서(국토교통부, 2016b)에서는 아래와 같이 골재필터 보호층의 조건을 제시하고 있다. 제방재료와 배수구 자체가 이러한 요구를 충족시킨다면 필터보호층은 부설하지 않아도 된다.

식 (5.41)에서 $d_{50}/D_{85} < 5$ 조건이 만족되면 흙은 필터 간격을 통해 유실되거나 필터 간극이 메워지지 않는다. $5 < d_{15}/D_{15} < 20$ 조건이 만족되면 필터의 투수계수가 흙의 투수계수보다 16~25배가 되어 물은 자유롭게 배출되고 침투압과 정수압은 발생되지 않는다. $d_{50}/D_{50} < 25$ 조건은 필터와 보호받는 흙의 입도분포곡선이 서로 평행하여야 좋다는 것이다. 주의할 점은 시공할 때 재료분리가 일어나지 않아야 하고, 입자의 크기는 점착성이 없는 세립분인 0.075 mm(No. 200체)의 함유율이 5% 미만이고 자갈보다 큰 75 mm 이상 입자를 포함하지 않아야 한다. 또 골재필터의 d_{15}는 0.1 mm 이상으로 한다.

$$\frac{d(\text{필터 재료})}{D_{85}(\text{필터로 보호되는 재료})} < 5 < \frac{d_{15}(\text{필터재료})}{D_{15}(\text{필터로 보호되는 재료})} < 20 \tag{5.41}$$

$$\frac{d_{50}(\text{필터 재료})}{D_{50}(\text{필터로 인한 보호층 재료})} < 25 \tag{5.42}$$

또한 필터재료와 유공관의 구멍 또는 이음매 틈의 크기는 식 (5.43)과 같이 한다.

$$2 < \frac{d_{85}(\text{필터 재료})}{\text{유공관의 구멍 또는 틈의 크기}} \tag{5.43}$$

토목섬유필터의 안정성 기준은 기하학적 특성에 의하여 식 (5.44)의 조건을 만족해야 한다.

$$D_{\min} \leq O_{95} \leq D_I \tag{5.44}$$

여기서 $D_{\min}$는 미립토사(suspension)로 운반되는 최대미세입자로 Giroud 등(1998)은 $\approx 50\,\mu$m로 추정하였다. O_{95}는 토목섬유 필터의 여과개구부 크기(mm)로서, 시험값으로 알 수 있다.

D_I는 필터링 할 흙입자의 직경(mm)으로 AFNOR(1993)이 제안한 식 (5.45)로 추정할 수 있다. 여기서 균등계수가 $Cu < 5$인 경우에 C는 계수로 흙이 느슨한 상태일 경우 0.4, 조밀한 경우에는 0.6을 사용한다. D_{85b}는 흙의 85% 통과입경이다.

$$D_I = CD_{85b} \tag{5.45}$$

균등계수가 $Cu > 5$인 비점착성 흙인 경우에는 Girond(1988)가 제안한 식 (5.46)으로 추정할 수 있다.

$$D_I = C_1 Cu^{-1.7} d_{85b} \tag{5.46}$$

여기서 C_1는 흙의 밀도계수로 흙이 느슨한 상태($I_D < 50\%$)일 경우 9, 흙이 조밀한 상태($I_D > 50\%$)일 경우 18을 사용한다.

토목섬유는 시간이 지나면서 투수성이 상당히 감소하므로 투수성의 목표값은 더 높아야 한다. 또 필터는 재료분리가 발생하지 않도록 적재, 덤핑, 다짐 시 주의하고, 특히 예상투수율이 저하되는 것을 방지하기 위해 과다짐이 되지 않아야 한다.

5.1 다음 내용 중 맞는 것은?

① 제방선형은 직선으로 하여야 한다.
② 제방고에는 침하에 대한 더돋기 높이가 포함되어 있지 않다.
③ 둑마루 최소폭은 유지관리용 차량통행을 위해 2.5 m 이상 확보하여야 한다.
④ 제방의 비탈경사는 활동에 대한 안전성을 확보할 수 있다면 급할수록 좋다.

5.2 제방에서 강널말뚝으로 차수시설을 설치할 때 설치위치가 가장 바람직한 곳은?

① 앞비탈기슭
② 제체 중앙부
③ 뒷턱 부근
④ 뒷비탈기슭

5.3 연약지반에서 하천제방의 기초처리 방법으로 적절하지 않는 것은?

① 굴착치환공법
② 샌드매트공법
③ 압성토공법
④ 완속재하공법

5.4 하천제방공사의 재료인 흙이 가져야 하는 조건을 기술하시오.

5.5 제체 침투방지방법에 대해 기술하시오.

5.6 하천설계기준에서 정하고 있는 하천제방의 둑마루에서 허용잔류침하량 기준은?

5.7 제방에서 침투방지공법 중 차수공법에 대해 기술하시오.

강태욱과 이상호. 2011. 물과 미래. 한국수자원학회. 44(3).

건설부. 1993. 하천설계기준.

건설교통부. 2001. 유역종합치수계획수립지침 작성.

건설교통부. 2002. 시설물 설계기준 강화대책 통보.

건설교통부/한국건설기술연구원. 2004. 하천제방관련 선진기술개발 최종보고서, 한국.

건설교통부. 2011. 유역조사지침.

국토교통부. 2015. 한국하천일람.

국토교통부. 2016a. 하천공사설계 실무요령.

국토교통부. 2016b. 하천공사표준시방서.

국토해양부와 Kwater. 2010. 화순홍수조절지 건설사업 기본 및 실시설계.

건교부/경기대. 2005. 하천제방설계기술(침투), 도시홍수재해관리기술연구사업단.

건교부/경기대. 2006. 제방침투 보강기법 분석, 도시홍수재해관리기술연구사업단.

김진만, 최봉혁, 조삼덕. 2004. 하천제방의 침투해석 영향인자 분석, 대한토목학회 학술발표회 논문집, 대한토목학회: 3378~3383.

농업기반공사. 2000. 농업생산기반정비사업조사·설계실무 요령.

부산지방국토관리청. 2004. 낙동강 지보제외 2개소 수해복구공사.

전세진, 권경준, 안원식, 2009. 하천제방의 비정상침투해석을 위한 무차원 설계홍수파형에 관한 연구. 한국방재학회지 논문집, 9(4): 81~89.

전세진. 2012. 하천계획·설계, 이엔지북.

한국부직포공업협동조합. 1989. 교번흐름을 고려한 Geotextile 필터의 설계기준에 관한 연구.

한국수자원학회/한국하천협회(수자원학회/하천협회). 2019. 하천설계기준해설.

한국지반공학회. 1998. 토목섬유. 구미서관.

행정안전부. 2018. 소하천설계기준.

AFNOR. 1993. NF G 38-061: Détermination des caractéristiques hydrauliques et mise en oeuvre des géotextiles et produits apparentés utilisés dans les systémes de drainage et de filtration—Articles à usages industriels—recommandations pour ĺemploi des gétextiles et produits apparentés.

Bishop, A. W. 1954. The use of the slip circle in stability analysis of earth slopes. Geotechnique, 5: 7~17, London.

Casagrande, L. 1932. Näherungsmethoden zur Bestimmung von Art und Menge der Sickerung Durch geschüttete Dämme, T. H. Wien.

CIRIA, Ministry of Ecology, and USACE. 2013. The international levee handbook. London.

Degoutte, G. Camphuis, N-G. Goutx, D. Monie, N. Maurin, J. Royer, P. Tourment, R. Tratapel, G. and Mallet, T. 2012. Les déversoirs sur les digues de protection contre les inondations fluviales, Projet de guide DGPR, 2012 (Draft), Editions Quae, France (ISBN: 978-2-7592-1885-1).

DVWR. 1986. Flussdeiche, DK 627.514.2, Merkblatter zur Wasserwirtschaft, 210.

DWR. 2012. Urban levee design criteria, ETL 1110-2-580, California Department of Water Resources, Canada.

Fellenius, W. 1927. Erdstatische Berechnungen mit Reibung und Kohäsion(Adhäsin) und unter Annahme Kreis-zylinderischer Gletflächen, Ernst, Brrrlin.

Fellenius, W. 1936. Calculation of stability of earth dams, Trans. 2nd Int. Congr. Large Dams, 4: 445.

Giroud, J-P. 1988. Review of geotextile filter criteria. In: Proc first Indian geotextiles conference, Indian Institute of

Technology, Bombay, International Geotextile Society, International Society of Soil Mechanics and Foundation Engineering, Bombay, India, 8-9 December.

Goda, Y. 1974. New wave pressure formulae for composite breakwaters. In: Proc 14th int'l conf. on coastal engineering, Copenhagen, Denmark: 1702-1720, 24-28 June.

Goda, Y. 1985. Random seas and maritime structures. Third edition, Advanced series on ocean engineering, World scientific publishing company, Tokyo, Japan (ISBN: 978-9-81428-240-6): 33.

Han, J. Chen, J. and Hong, Z. 2008. Geosynthetic reinforcement for riverside slope stability of levees due to rapid drawdown. In: H-L Liu, A Deng, J Chu (eds) Geotechnical engineering for disaster mitigation and rehabilitation, Science Press Beijing & Springer-Verlag GmbH, Berlin, Heidelberg (ISBN: 978-3-540-79846-0).

Hazen, A. 1930. Water Supply. American civil engineers handbook, Wiley, New York.

Hewlett, H. W. M. Boorman, L. A. and Bramley, M. E. 1987. Design of reinforced grass waterways, R116, CIRIA, London(ISBN: 978-0-86017-285-7).

Highway Agency. 2009. Manual for contract documents for highway works. 1: Specification for highway works (amendments November 2009), The Stationery Office, London.

Hughes, S. A. and Fowler, J. E. 1991. Wave-induced scour prediction at vertical walls. In: Proc A specialty conference on quantitative approaches to coastal sediment processes, 25-27 June 1991, Seattle, Washington, USA. Kraus, N C, Gingerich, K J, Kriebel, D L (eds) Coastal sediments 1991, ASCE, 2: 1886-1900.

Hughes, S. A. 1992. Estimating wave-induced bottom velocities at vertical wall. Journal of waterway, port, coastal and ocean engineering, ASCE, USA, 118(2): 175-192.

Janbu, N. 1968. Slope stability computation. Soil mech. and found. engrg. Report, The technical university of Nerway, Trondheim.

Justin, J. D. 1923. The Design of earth dams, Trans. ASCE 87, pp.1~61.

Morgenstern, N. R. and Price, V. E. 1965, The analysis of stability of general slip surfaces. Geotechnique, 15(1):79~93, London.

Pilarczyk, K. W. 1995. Simplified unification of stability formulae for revetments under current and wave attack. In: Thorne, C. R. et al.(eds), River, coastal and shoreline protection: Erosion control using riprap and armour stone, John Wiley & Sons, New York, USA (ISBN: 978-0-471-94235-1).

Schmieder, A. Kesserü, Z. Juhász, J. Willems, T. and Martos, F. 1975. Water hazard and water management in mining(Vízveszély és vízgazdaálkodás a bányászatban). Hungary.

Spencer, E. 1967. A method of analysis of the stability of embankments assuming parallel interslice forces. Geotechnique, 17(1): 11~26, London.

Swaisgood, J, R. 2003. Embankment dam deformation caused by earthquakes. In: Proc of the 2003 Pacific conf on earthquake engineering, 13-15 February 2003, Christchurch, New Zealand, National society for earthquake engineering, Wellington, New Zealand.

Terzaghi, k. 1922. Der Groundbush an stauwerken und seine Verh~tung. Die Wasserkraft. 17: 445-449. See also From Theory to practice(1960): 114-118. Wiley.

Terzaghi, k. 1943. Theoretical soil mechanics, John Wiley & Sons: 257~261. UK(ISBN: 0-471-85305-4).

USACE. 1986. Engineering and design. Overtopping of flood control levees and flood walls. ETL 1110-2-299. US Army Corps of Engineers, Washington DC, USA.

USACE. 2000. Engineering and design. EM 1110-2-1913, US Army Corps of Engineers, Washington DC, USA.

USACE. 2003. Slope stability, EM 1110-2-1902, US Army Corps of Engineers, Washington DC, USA.

USACE. 2008. Hurricane and storm damage reduction system design guidelines, Interim report, New Orleans District, US Army Corps of Engineers, New Orleans, USA.

USACE. 2012. Guidelines for seismic evaluation of levees, Draft Engineering Technical Letter No. 1110-2-580, US Army Corps of Engineers, Washington DC, USA.

Xie, S-L. 1981. Scouring patterns in front of vertical breakwaters and their influences on the stability of the foundations of the breakwaters. Department of civil engineering, Delft university of technology, Delft, the Netherlands.

Xie, S-L. 1985. Scouring patterns in front of vertical breakwaters, 4(1): 153-164, Acta oceanological sinica, Springer, UK.

建設省. 1999. 河川砂防設計基準(案)(設計編), 日本.

建設省. 2007. 河川堤防の 設計指針, 日本.

國土開發技術研究センター. 1998. 護岸の 力學設計法, 山海堂, 日本.

國土交通省 水管理·國土保全局 治水課. 2012. 河川構造物の 耐震性能照査指針·解說, 日本.

國土技術研究センター. 2009. 河川土工マニュアル, 日本.

中島秀雄. 2003. 圖說 河川堤防, 技報堂出版, 日本.

久楽, 三本, 関. 1982. 締固め度がレキ混り粘性土の工學的性質に及ぼす影響(第2報), 土木技術資料, 24-3, 日本.

호안의 한계소류력 실험(한국건설기술연구원 안동 하천실험센터)
- 수로바닥에 시험호안을 놓고 침식실험함.

06 제방호안

이 장은 제방호안의 수리학적 설계법을 살펴보며, 다음 자연형호안을 소개한다. 호안설계는 일반 토목구조물에 비해서 불확실성이 높아 실험에 의한 경험적 방법론이 중요하다. 국내에서는 일관된 설계방법론이 정립되어 있지 않으므로, 여기서 소개하는 국외 설계법을 참고하여 설계자는 최대한 정량적으로 검토하기를 기대한다.

6.1
호안설계 개요

6.1.1 호안의 정의와 구조

호안(護岸, revetment)은 제방 또는 하안을 유수에 의한 파괴와 침식으로부터 직접 보호하기 위해 앞비탈에 설치하는 구조물이다. 호안은 설치위치에 따라 고수호안, 저수호안, 제방호안 등으로 분류된다. 호안의 설치위치와 구간은 설계홍수 상황에서 수위, 유속, 소류력, 세굴 등을 고려하여 결정되며, 설계외력에 안정한 공법을 선정한다.

일반적인 호안은 그림 6.1과 같이 호안머리, 비탈덮기, 비탈멈춤, 밑다짐 등으로 구성되며 상황에 따라 일부가 생략되는 구조도 가능하다. 밑다짐은 비탈덮기와 비탈멈춤의 전면에 설치하여 하상세굴을 방지하는 구조물로서, 방틀, 돌망태, 사석, 블록 등이 적용된다. 비탈멈춤은 비탈덮기의 활동과 비탈덮기 이면의 토사유출을 방지하기 위하여 비탈덮기 하단에 설치하는 구조물로서, 바자공(hurdle work), 콘크리트 기초, 널말뚝, 사석 등이 이용된다. 비탈덮기는 제방비탈면을 유수의 침식으로부터 보호하기 위해 설치하는 구조물이며, 호안머리는 비탈덮기 상단에 설치하여 제방과 비탈덮기의 접합부를 보호하는 구조물이다. 이 2개의 구조물은 일반적으로 일체형으로 설치된다. 비탈덮기 배면에는 토사유출을 방지하기 위하여 뒤채움돌 또는 토목섬유매트를 설치한다. 비탈덮기에는 떼붙임, 돌망태, 돌쌓기, 돌붙임, 블록, 분사파종(seed spray), 자연형호안 등이 적용된다.

이 책에서는 제방의 침식파괴에 저항하는 호안의 기능에 중점을 두고 제방의 비탈덮기공*의 설

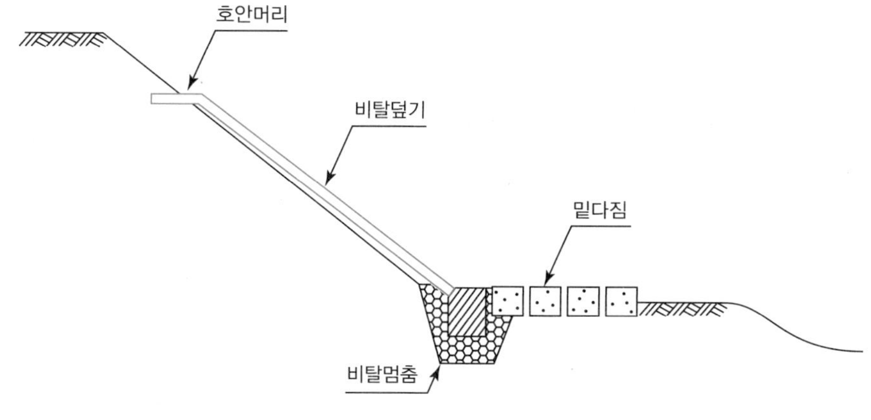

그림 **6.1** **호안의 구조** (국토교통부, 2016)

* 건설관련 용어에서 보통 '공(工)' 자를 뒤에 붙이면 공법(工法)이나 기술을 의미하며, 영어로 techniques에 해당함.

계법을 기술한다. 비탈덮기공을 일반적으로 호안공이라 부르기도 하며, 지금부터 호안은 비탈덮기를 의미한다.

(1) 호안의 역사

호안은 유수의 침식에 저항하는 구조물로서, 자연상태의 흙과 돌을 이용하므로 고대 문명에서도 일찍부터 사용되었을 것으로 짐작되지만 하천에 적용된 유적이 현재까지 남아 있는 사례는 많지 않다. 기원전 2,500년경의 파키스탄 발루치스탄 유적에서는 석축, 흙, 자갈을 이용한 관개수로의 유적이 남아 있다. 기원전 2,000년경 고대 인더스 문명에서도 하천수운과 인공수로 등의 유적에서 석축 등을 이용한 침식방지공을 확인할 수 있다. 그리스의 클라데오스강과 알페이오스강 합류부에는 기원전으로 추정되는 높이 2 m 정도의 석축호안의 유적이 남아 있다(Baba et al., 2018).

중국에서는 기원전 2,000년경 하(夏) 왕조의 우(禹)가 황하의 제방을 축조하면서 질긴 수수의 뿌리로 촘촘한 그물을 만들어 그 속에 흙을 담았고 버드나무와 갈대를 식재하였다. 우리나라의 호안은 주로 바위를 이용했던 것으로 보인다. '경주 동천동 알천제방수개기'와 '동경잡기'에 의하면 현재 경주 북천제방은 고려 현종(1009~1031) 때에 군정을 징발하여 돌을 쌓아 제방을 만들고 나무를 심어 숲을 조성해서 수해를 방지했다는 기록이 있다(명남재, 2013).

6.1.2 호안의 설계개요

호안설계는 설계외력에 대한 호안 각 구성요소의 공학적 안정성을 확보하는 것이다. 호안의 파괴양상은 크게 구성재료의 침식에 의한 이탈 및 파괴, 국부세굴, 배후 토사 유출, 배후 토압/수압에 의한 붕괴 등으로 구분할 수 있다. 이 중 배후 토압/수압에 의한 붕괴는 토질역학적 설계가 필요한 부분이며, 나머지는 수리학적 설계가 필요하다.

물흐름의 특성상 호안의 설계외력을 정량화하는 것이 쉽지 않으며, 호안 구성요소에 대한 파괴기구와 설계외력에 대한 호안의 저항력(내력)도 정량화하기 어렵다. 이런 이유로 호안설계는 상당부분 경험에 의존하고 있으며, 국제적으로 표준적인 방법이 정립되어 있지 않아 나라별로 상이한 설계방법을 적용하고 있다.

일반적으로 설계외력은 유속 또는 소류력으로 표현되며, 내력은 재료의 이동 또는 파괴 한계로 표현된다. 이 과정에서 홍수 시의 국부세굴, 부유물에 의한 충격, 부정류 등의 설계외력에서 고려할 수 없는 외력조건과 하천현장의 불확실성을 고려하여 충분한 안전율을 확보하도록 보수적으로 안정성을 검토한다.

국내에서 호안설계에 대해서 하천공사설계실무요령(국토교통부, 2016) 등에서 일부 제시하고 있으나 체계적인 설계에 쓰기에 다소 부족하다. 여기서는 비교적 일관성 있는 체계로 정리된 미국과 일본의 설계방법을 소개한다. 미국과 일본의 설계방법은 수리학적 이론을 기반으로 광범위한 실험실 및 현장시험을 통해 개발되어 지속적으로 보완되고 있다.

국내 설계방법이 정립되지 않은 상태에서 하천조건과 적용공법이 다른 외국의 설계기법을 바로 적용하는 것은 주의가 필요하다. 또한 설계의 불확실성에 따른 안전율이 전체 설계과정에서 복합적으로 고려되므로 일관성 있는 체계가 갖추어진 외국의 설계절차 중 일부만을 취하는 것도 위험하다.

여기서는 제방호안에 주로 적용되며 설계기법이 비교적 명확하게 제시된 사석호안, 블록호안, 식생호안, 식생매트호안, 돌망태호안 등의 설계방법을 소개한다. 호안 유형별 주요 설계방법은 표 6.1과 같다. 일본의 안정성 평가에는 호안 종류별로 파괴형태와 설치상태를 고려하여 안정성 평가방법을 제시한다. 파괴형태는 호안재료가 흐름에 의해 미끄러지거나 굴러서 이동하는 소류(traction)와 수압에 의해 작용방향으로 이동하는 활동(sliding) 등으로 구분한다. 설치상태는 하안재료를 하나의 개별 입자로 평가하는 단체(單體, 독립된 재료)와 재료 간의 연결성을 고려하는

표 **6.1** 호안 유형별 설계기법

호안 유형	대표 설계방법	주요 설계인자
사석호안	미공병단 사석공식 (미공병단, 1991)	설계유속, 사석크기
	일본 소류-단체 모형 (국토기술연구센터, 2007)	설계유속, 사석크기 미공병단(1970) 공식 적용
블록호안	미국 블록안정성 평가 (FHWA*, 2005)	설계소류력, 블록 허용소류력
	일본 활동-단체 모형 (국토기술연구센터, 2007)	설계유속, 블록중량, 항력 및 양력 계수
식생호안	USDA 식생안정성 평가 (USDA, 2007)	설계소류력, 식생별 생물역학적 특성
	일본 식생 침식내력 평가 (국토기술연구센터, 2007)	설계유속
식생매트호안	FHWA 매트안정성 평가	설계소류력, 매트 허용소류력
돌망태호안	Simons 돌망태안정성 평가 (FHWA, 2005)	설계소류력, 채움사석크기, 돌망태 두께
	일본 소류-망태 모형 (국토기술연구센터, 2007)	설계유속

* FHWA(Federal Highways Administration), (미국) 연방도로청

군체(群體, 연결된 재료)로 나뉜다. 돌망태 같은 틀 속에 재료를 채운 경우에는 망태로 구분한다.

6.1.3 호안의 종류와 설계기법

호안의 종류는 국가별로 다양하며, 국내에서도 대략 수십 종 이상의 호안이 적용되고 있다. 호안의 종류는 주로 적용재료로 분류하며, 국내의 설계와 시방기준, 국외의 설계기법들도 적용재료별로 제시된다. 국내 적용현황과 설계기법을 고려하면 호안은 사석호안, 식생호안, 블록호안, 돌망태호안, 식생매트호안, 기타 호안 등으로 분류할 수 있다.

또 호안은 지반의 소규모의 국부적인 변화에 대한 적용성을 기준으로 연성(flexible)호안과 강성(rigid)호안으로 나눌 수 있다. 연성호안은 사석, 식생, 식생매트, 돌망태 등과 같이 지반에 소규모의 국부적 변화가 발생하여도 재료 자체 형상의 또는 재료 간 연결성을 유지하면서 변형되지만, 호안블록과 같은 강성호안은 지반에 소규모 변화에 의해 재료 자체의 형상 또는 연결성을 유지하지 못하고 손상이 발생한다. 연성호안은 강성호안에 비해서 한계내력은 약하나 비탈면의 국부적인 변화에 적응하여 그 기능이 유지된다는 점에서 장점이 있다. 예를 들면, 강성호안은 특정 지점의 파괴가 연속적인 파괴를 유발하지만, 안정된 연성호안은 국부적인 손상에도 하부지반을 보호하는 구조를 유지한다. 연성호안은 일반적으로 강성호안에 비해 경제적이며, 특히 환경과 생태적인 측면에서도 유리하다. 그러나 식생활착에 의해 최대내력이 나타나는 식생과 식생매트호안의 경우 계절, 지역, 주변 환경 등에 의해 성능이 영향을 받는 단점이 있다.

(1) 사석호안

사석호안(捨石, riprap)은 잡석 같은 '버리는' 돌을 이용한 돌쌓기, 돌붙임, 사석쌓기, 전석쌓기 등 석재를 사용하는 호안을 통칭한다. 가능한 완경사의 돌붙임을 적용하는 것을 원칙으로 하나, 사용되는 돌의 종류(깬돌, 깬잡석, 야면석* 및 견치석**) 및 시공방법(메쌓기, 찰쌓기) 등을 고려하여 대상하천의 주변 환경, 시공성, 경제성, 재료확보의 용이성 등을 검토하여 적용한다. 통수능 및 하상의 폭을 확보할 필요가 있는 등 부득이한 경우에는 돌쌓기(석축)를 적용할 수 있으며, 이때 최소비탈경사는 1 : 0.3으로 한다. 단, 군사지역과 같은 특수한 경우에는 예외로 1 : 0.3보다 급하게 설치할 수 있다. 채움콘크리트가 없는 경우의 사석호안 설계는 설계유속에 대한 사석크기의 안정성 분석에 의한다.

* 표면을 다듬지 않은 자연석으로, 쌓기에 적합한 모양을 가진 비교적 큰 돌덩어리(野面石, rolling stones)

** 앞면은 정사각형이고 뒤는 피라미드처럼 길게 나온 돌(犬齒石)

그림 6.2 **사석호안** (좌: 저자촬영, 우: www.sjjunsuk.co.kr)

(2) 블록호안

블록호안은 강한 유수에 견딜 수 있는 일반적 호안으로서, 무공블록과 유공블록으로 구분된다. 무공블록은 구멍이 없어 배면토사 유출방지 기능은 우수하나 환경적으로 불리하며, 유공블록은 다공성 구멍을 조성하여 식생활착이 가능하도록 한 블록으로서 '친환경블록'으로도 불린다. 무공블록 설계는 유수에 의한 개별 블록의 안정성 검토로 수행하나, 유공블록의 경우에는 아직 정립된 설계방법이 없어 실규모시험 등의 실 성능평가를 검토할 필요가 있다.

그림 6.3 **무공블록 및 유공블록 호안** (좌: 저자촬영, 우: www.art-chem.co.kr)

(3) 식생호안

식생호안은 떼붙임공, 분사파종, 자연식생 등을 제방비탈면에 적용한 호안을 통칭한다. 일반적으로 유수가 약한 곳에 적용하며, 장기적으로 경제성 및 유지관리에 유리하나 충분한 활착 이전의 단기적 유실대책이 필요하다. 국외의 설계기법이 제시되어 있으나, 식생종의 특성과 경험인자에 의해 설계되므로 국내 적용 시 충분한 안전율을 고려하여야 한다.

그림 6.4 식생호안 (저자촬영)

(4) 식생매트호안

식생매트는 천연 또는 합성 섬유를 이용하여 다양한 네트, 매트 또는 망을 구성하여 비탈면토사의 유실을 방지하고 식생활착에 의해 최종성능이 발현되는 호안이다. 천연재료를 이용하는 분해성 매트는 시공초기는 식생이 없는 매트설계법을 적용하고, 장기 안정성은 식생호안으로 평가한다. 비분해성 매트는 정립된 설계기법이 없어 실 성능평가를 검토한다.

그림 6.5 식생매트호안 (좌: www.yupung.com, 우: www.isandro.co.kr)

(5) 돌망태호안

돌망태호안은 내구성이 보강된 철선 및 섬유계 등을 사용하여 망태를 만들고 그 속에 석재를 채운 것으로서, 타원형, 이불형, 거북형 및 매트리스형, 주머니형 등이 있다. 또 철선 및 섬유계 네트를 이용하여 네트에 돌을 부착하거나 네트를 이용하여 돌을 고정하는 스톤네트 방식의 공법도 있다. 순응성(굴요성)이 뛰어나 고수호안 이외에도 밑다짐으로도 이용된다. 식생활착이 기대되는 구간에 대해서는 돌망태 설치 후에 상시수위선 이상에 대해 일정량의 복토를 함으로써, 식

그림 **6.6** 돌망태호안 (저자촬영)

생의 발아를 촉진할 수 있다. 망태 특유의 순응성을 이용한 옹벽형 돌망태를 설치할 경우에는 비탈덮기와 비탈멈춤(기초), 밑다짐의 기능을 동시에 발휘할 수 있다.

(6) 설계외력의 설정

호안의 설계외력은 설계유량 상황에서 설치구간의 설계유속 V_d 또는 설계소류력 τ_d로 제시된다. 일반적으로 호안은 설치구간에 걸쳐 동일한 공법으로 적용되나, 설치구간 내의 유속과 소류력은 지점별로 하천지형과 구성요소에 따라 편차를 나타내므로 위험 구간을 대표단면으로 선정하여 검토한다.

HEC-RAS 등의 1차원 부등류 해석을 통해 단면평균 수리량(유속 또는 소류력)은 쉽게 산정할 수 있으나, 국부적인 수리량은 그림 6.7과 같이 복잡한 분포를 나타내므로 정확한 해석이 어렵다. 그러나 설계를 위한 국부수리량은 HEC-RAS 등의 단면분할해석(그림 6.8) 또는 매닝공식으로부터 쉽게 산정할 수 있다. 호안설계에 적용되는 설계유속은 횡단면 상에서 설치지점의 수심평균유속이며, 설계소류력은 횡단면 상에서 설치지점의 바닥전단응력이다. 횡단면 상의 설계지점에 대한 수심평균유속과 소류력은 각각 다음과 같다.

$$V_m = \frac{1}{n} h^{2/3} S_f^{1/2} \tag{6.1}$$

$$\tau_0 = \gamma h S_f \tag{6.2}$$

여기서 V_m은 수심평균유속(m/s), τ_0는 소류력(또는 바닥전단응력, N/m^2), n은 조도계수, h는 수심(m), S_f는 마찰경사, γ는 물의 비중량으로 9,810 N/m^{3}이다. 조도계수 n은 하천수리학(우효섭 등, 2015)을 참고하여 계산할 수 있다. 이 책에서는 필요한 경우 초본류에 대한 산정방법을 제시한다.

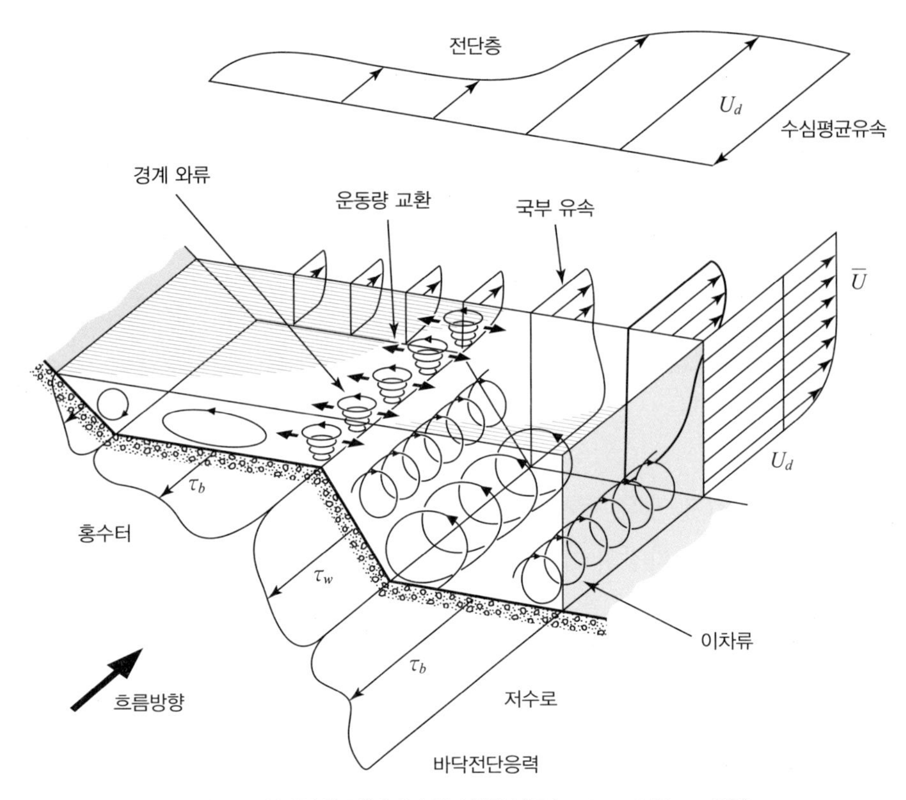

그림 6.7 복단면 하도에서 유속과 소류력 분포 (Knight and Shiono, 1990)

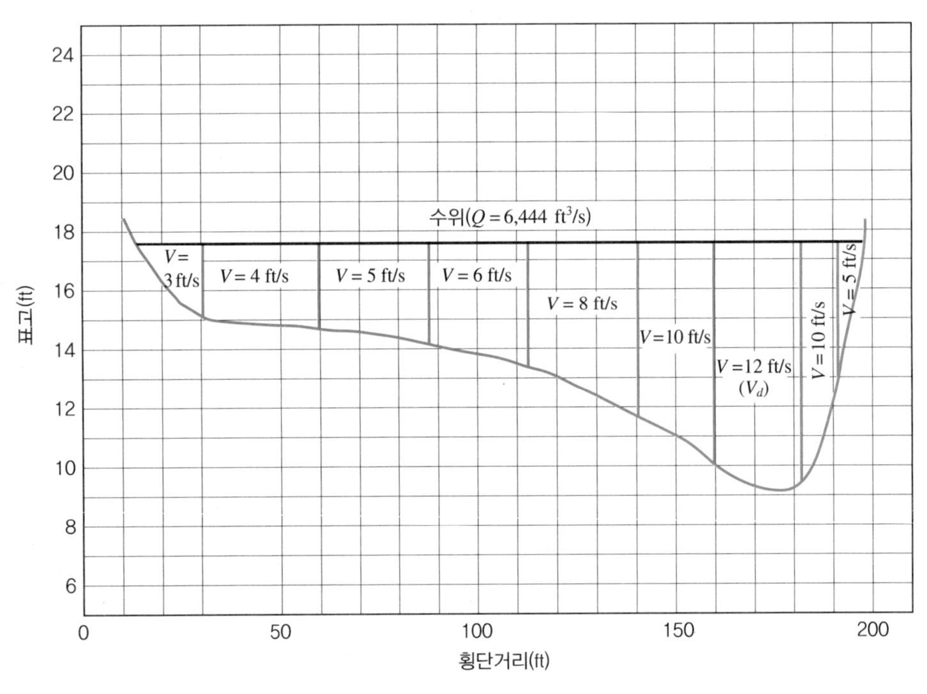

그림 6.8 HEC-RAS 단면분할에 의한 횡단면 유속분포 해석 (NCMA, 2001)

균일한 직선하도에서 수심평균유속 V_m과 소류력 τ_0의 분포는 저수로 중앙에서 최댓값이 발생하고, 강턱과 제방에서 감소하는 분포를 나타낸다(그림 6.7). 강턱과 제방비탈면에서는 수심의 영향과 이차류의 영향으로 다소 복잡한 양상을 나타내나, 일반적으로 비탈면을 따라 감소하는 경향을 보인다. 설계외력 설정 시에는 안정성과 불확실성을 고려하여 비탈면에 작용하는 최댓값을 적용하는데, 비탈면 앞쪽의 수로지점을 설계외력 산정지점으로 설정한다. 즉, 강턱의 설계외력은 강턱에 인접한 주수로 지점, 제방의 설계외력은 제방에 인접한 고수부지(둔치) 지점으로 설정한다.

호안설계에서 유속과 소류력 현재의 호안설계에서 설계인자는 호안의 종류에 따라 유속 또는 소류력을 선택적으로 사용한다. 유속으로 수심평균유속이 일반적으로 사용되며, 일부 단면평균유속과 접근유속이 사용된다. 소류력(tractive stress)은 실제로는 힘이 아니고 응력이며, 하천공학이나 하천설계에서 하상에서 발생하는 바닥전단응력(bed shear stress)을 일컫는 용어이다.

설계유량에서 제방, 강턱, 하상 등에 작용하는 실제 설계외력은 설계소류력이며, 설계유속은 설계외력을 대표하는 하나의 값으로 볼 수 있다. 허용소류력은 호안재료 또는 공법의 파괴나 손상의 한계값을 나타내는 내력이며, 허용유속은 내력을 대표하는 하나의 값으로 볼 수 있다. 허용소류력 또는 허용유속은 하천설계에서 주로 사용되며, 수리학 또는 하천공학에서는 한계소류력 또는 한계유속으로 표현하는데 여기서는 혼용한다.

소류력은 개념과 작용지점이 명확하여 유속보다 설계인자로 더 적합하다. 미국은 사석호안 외에는 소류력을 설계인자로 사용하며, 일본에서도 호안블록 외에는 설계유속을 유속분포식을 이용하여 마찰속도와 무차원소류력으로 변환하여 설계에 사용한다. 호안의 한계상태를 소류력으로 표현하기 어려운 경우에는 유속을 설계인자로 사용한다. 하나의 평균유속에서도 수심이 다르면 실제 작용소류력은 달라지므로 허용유속으로 표현된 호안내력의 사용에는 세심한 주의가 필요하다.

6.1.4 설계수리량과 보정계수

설계유속은 평균유속에 만곡부 등의 영향을 고려한 보정계수를 곱해 다음과 같이 산정한다. 설계소류력도 동일하다.

$$V_d = \alpha V_m \tag{6.3}$$

$$\tau_d = \alpha \tau_0 \tag{6.4}$$

여기서 V_d는 설계유속(m/s), τ_d는 설계소류력(N/m^2), α는 만곡보정계수이다.

미국에서는 사석호안 설계에서만 설계유속을 적용하며, 일본에서는 모든 호안의 설계에 설계유속을 적용한다(표 6.1). 미국의 설계유속과 소류력에서는 만곡의 영향만을 고려하며, 일본에서

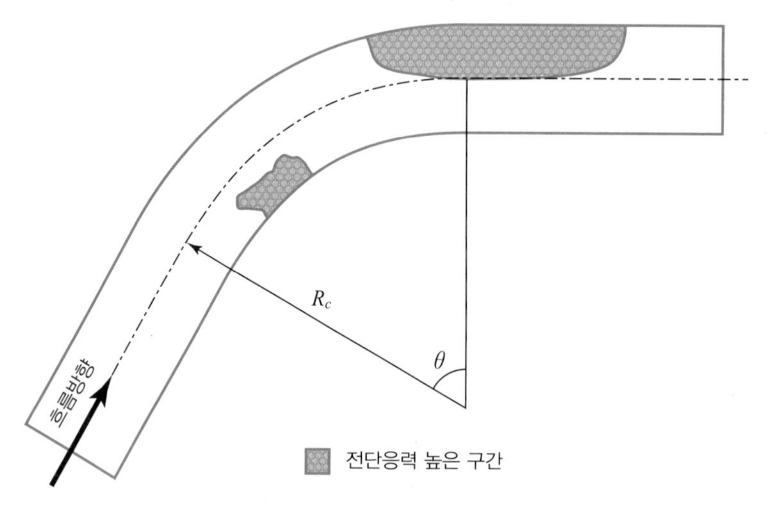

그림 **6.9** 만곡하도의 소류력 분포 (Nouh와 Townsend, 1979)

는 만곡영향, 만곡부세굴 영향, 저수로 흐름간섭 등을 고려한다. 설계유속에 대한 미국의 보정계수는 사석호안에서 제시한다.

■ **설계소류력의 만곡보정계수**(미국)

만곡흐름은 이차류를 유발하며, 이로 인해 직선하도에 비해 큰 소류력이 제방비탈면과 하도에 발생한다. 만곡에 의한 최대소류력은 만곡시점의 내측과 만곡종점의 외측에서 발생한다(그림 6.9). 만곡에 의한 설계소류력의 영향은 식 (6.5)와 같이 계산한다(Young et al., 1996). 1차원 부등류해석 결과는 만곡의 영향을 고려할 수 없으므로 HEC-RAS 등에 계산된 설계소류력도 만곡의 영향을 고려하여야 한다. 만곡보정계수 α는 만곡부 외측의 소류력 증가를 고려하는 것으로서, 만곡 정도에 따라 1.05에서 2.0의 값을 가진다. 이는 곡률반경(R_c)과 수면폭(W)의 비의 함수이다.

$$\alpha = 2.0 \qquad 2 \geq \frac{R_c}{W} \tag{6.5a}$$

$$\alpha = 2.38 - 0.206\left(\frac{R_c}{W}\right) + 0.0073\left(\frac{R_c}{W}\right)^2 \qquad 10 > \frac{R_c}{W} > 2 \tag{6.5b}$$

$$\alpha = 1.05 \qquad \frac{R_c}{W} \geq 10 \tag{6.5c}$$

6.1.5 일본의 설계유속 보정계수

일본설계에서 만곡영향구간은 미국과 동일하게 만곡시점의 내측과 만곡종점의 외측으로 하며, 설계유속에 대한 만곡보정계수는 다음과 같다(일본 국토기술연구센터, 2007).

$$\alpha = 1 + \frac{W}{2R_c} \tag{6.6}$$

만곡부 외측은 세굴에 의해 최심하상이 형성되며, 이의 영향을 고려하기 위하여 만곡부의 보정계수를 다음과 같이 계산한다(일본 국토기술연구센터, 2007).

$$\alpha = 1 + \frac{\Delta Z}{2h_d} + \frac{W}{2R_c} \tag{6.7}$$

여기서 ΔZ는 세굴심(m), W는 하폭(m), h_d는 설계수심(m)이다. 이 식은 만곡의 영향도 같이 고려되며, 설계수심은 평균하상고에 대한 수심이며 세굴심은 만곡부 최심하상고와 평균하상고의 차이이다. 이 식을 실제 적용하기 위해서는 최대세굴심 추정을 위해 일본의 하도특성자료를 참고하여야 한다. 실제 사용 시 식 (6.1)에서 수심을 최심하상의 수심으로 대입하여 계산하거나 부등류모형의 단면분할을 적용하여 계산할 수 있다.

일반적으로 제방이 있는 고수부지의 유속은 저수로에 비해 작으나, 고수부지의 폭이 좁은 경우에는 저수로의 흐름간섭에 의해 고수부지의 유속이 영향을 받게 되는데, 이는 1차원 부등류모형에서 고려되지 않는다. 이와 같은 저수로 흐름간섭 보정계수는 다음과 같으며(일본 국토기술연구센터, 2007), 이 식은 고수부지 폭 b_f와 고수부지 수심 h_f의 비 b_f/h_f가 3 이하인 경우 적용된다.

$$\alpha = 1 + \frac{u_b - u_{fo}}{u_{mo}} \exp\left(-y\sqrt{\frac{F_w u_f}{h_f \epsilon}}\right) \tag{6.8}$$

$$u_b = \frac{u_{fo}\sqrt{F_f u_{fo}} + u_{mo}\sqrt{F_m u_{mo}}}{\sqrt{F_f u_{fo}} + \sqrt{F_m u_{mo}}} \tag{6.9}$$

$$\epsilon = (f')^2 (u_{mo} - u_{fo})^2 \left(\frac{1}{\sqrt{F_f u_{fo}}} + \frac{1}{\sqrt{F_m u_{mo}}}\right)^2 h_f \tag{6.10}$$

여기서 u_b는 고수부지와 저수로 경계부 유속(m/s), ϵ은 횡단방향의 간섭효과의 크기를 나타내는 수평와점성계수, y는 경계부에서 제방으로의 거리(m), u_{fo}와 u_{mo}은 각각 간섭효과를 받지 않는 고수부지와 저수로에서의 유속(m/s), h_f와 h_m은 각각 고수부지와 저수로 수심(m), F_f와 F_m은 각각 고수부지와 저수로의 마찰손실계수, f'은 혼합계수로 0.04를 적용한다. u_{fo}와 u_{mo}은 식 (6.1)에 의해 다음과 같이 계산한다.

$$u_{fo} = \frac{1}{n_f} h_f^{2/3} S_f^{1/2} \tag{6.11}$$

$$u_{mo} = \frac{1}{n_m} h_m^{2/3} S_f^{1/2} \tag{6.12}$$

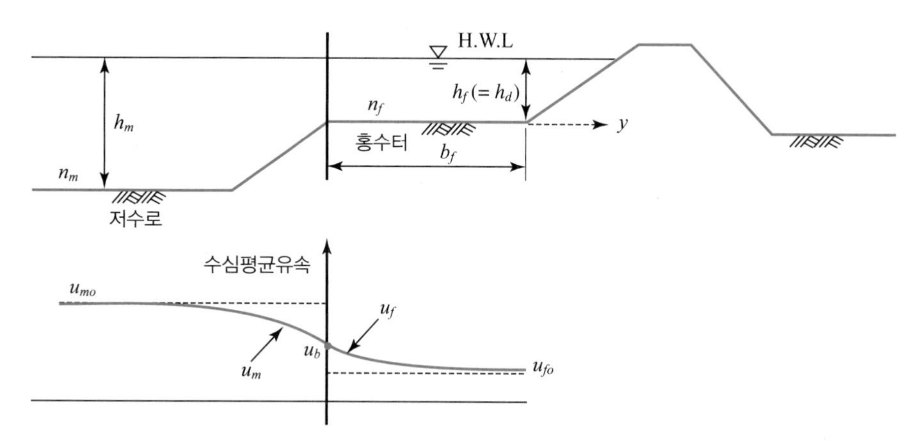

그림 **6.10 저수로 흐름 간섭에 의한 유속분포 변화** (일본 국토기술연구센터, 2007)

여기서 n_f와 n_m은 각각 고수부지와 저수로의 조도계수, h_f와 h_m은 각각 고수부지와 저수로의 수심(m)이다. F_f와 F_m은 다음과 같다.

$$F_f = \frac{2gn_f^2}{h_f^{1/3}} \tag{6.13}$$

$$F_m = \frac{2gn_m^2 h_f}{h_m^{4/3}} \tag{6.14}$$

식 (6.8)에 의해 보정계수 $\alpha = 1 + C_1 \exp(-C_2 y)$의 형태로 제시되며, 여기에 $y = b_f$(고수부지 폭)를 대입하면 제방 부근에서의 보정계수가 계산된다.

6.1.6 안전율 설정

안전율(F_s)은 설계의 불확실성을 나타내는 인자로서, 설계소류력에 대한 허용소류력으로 표현되며 불확실성에 따라 1.0 이상을 적용한다. 여기에서는 비교적 합리적으로 하천설계의 안전율을 제시하는 것으로 보이는 미 해리스카운티 홍수통제소(HCFCD, 2001)의 방법을 소개한다.

$$F_s = \frac{\tau_p}{\tau_d} \tag{6.15}$$

안전율은 구조물의 종류, 파괴 시 피해정도, 수리해석의 불확실성 등 세 가지 인자에 대한 개별 안전율을 곱하여 결정한다. 구조물 종류에 따라 기본안전률 F_{sB}를 설정하고, 피해정도 인자 X_C와 수리해석의 불확실성 인자 X_M를 다음과 같이 계산한다. 각 인자는 표 6.2를 참고하여 결정한다.

$$F_s = F_{sB} X_C X_M \tag{6.16}$$

표 **6.2** **안전율 인자 설정** (HCFCD, 2001)

기본안전율		피해정도 인자		불확실성 인자	
구조물 종류	F_{sB}	파괴 시 피해정도	X_C	수리/수문 해석 방법	X_M
하상/강턱/제방	1.2~1.4	낮음	1.0~1.2	수리분석 (HEC-RAS 등)	1.0~1.3
교각보호공	1.5~1.7	중간	1.3~1.5	경험식 적용 (매닝식/합리식)	1.4~1.7
여수로	1.8~2.0	높음	1.6~1.8	추정값 적용	1.8~2.0
		매우 높음 / 인명피해발생	1.9~2.0		

6.2 사석호안 설계법

사석호안은 돌 입자의 개별적인 저항력과 입자 간 결합력으로 비탈면을 보호하는 공법으로서, 가장 대표적인 호안공법 중 하나이다. 사석호안의 안정성은 돌의 형상, 크기, 중량, 내구성, 사석 입도 분포, 사석층 두께, 하도의 굴곡, 단면형, 경사, 유속 등에 영향을 받는다. 사석호안에서 밑다짐공은 필수적이며 하상재료와 국부세굴 특성에 의해 설계가 결정된다. 사석호안의 비탈면 경사는 1 : 1.5보다 완만한 곳에 적용하는 것이 일반적이다. 사석호안 설계에서 중요한 필터공에 대해서는 여기에서는 다루지 않으며, Lagasse 등(2006)을 참고할 수 있다.

유수에 의해 사석은 항력과 양력을 받게 되며, 여기에 저항하는 힘은 사석의 수중중량과 다른 사석과의 접촉에서 발생한다. 사석크기 계산은 사석이 설치된 상황에서 최대유속이 발생하는 조건을 가정하여 수행한다. 즉, 설계홍수량과 함께 강턱유량(bankfull discharge)과 만곡영향 등을 고려할 필요가 있다.

현재까지 수십 개 이상의 사석크기 산정공식이 제안되어 있는데, 대부분의 공식은 실험자료 또는 현장자료를 이용한 경험공식으로 제시되었다. 각 공식은 적용조건과 필요인자가 다르므로 각 공식의 특성을 이해하는 것이 필수적이다. 여기에서는 미국의 대표적인 사석공식을 소개한다. 일본 사석설계(일본 국토기술연구센터, 2007)에서는 1970년대에 제시된 미공병단 공식(USACE, 1970)을 적용하고 있어 여기에서는 별도로 소개하지 않는다.

6.2.1 사석크기 결정공식

(1) 이스바시 공식

사석은 약 기원전 2,000년부터 하천개수와 둑 침투를 막기 위해 사용되었다(Fasso, 1987). 1900년대 초반까지 사석크기는 순수하게 경험적으로 산정되었으나, 1910년대 이후 사석크기별 허용유속이 제시되었다. 대표적으로 이스바시(Isabsh, 1936)는 사석투하로 하천물길을 막는 목적으로 식 (6.17)과 같은 공식을 제시하였다. 이 공식은 평균유속과 사석크기 사이의 관계를 단순한 형태로 제시하여 미국 내에서도 널리 적용되었으며, 국내설계에서도 일반적으로 적용되고 있다. 이 공식에서는 유속만이 설계인자이며, 수심과 비탈면경사를 고려하지 않는다.

$$D_{50} = \frac{V_m^2}{2gC^2(S-1)} \qquad (6.17)$$

여기서 V_m는 평균유속(m/s), D_{50}은 사석의 중앙입경(m), C는 이스바시 상수(0.86 또는 1.20), g는 중력가속도(m/s^2), S는 사석비중이다. 이스바시 상수 C는 주변사석과 연결성이 약한 표층사석이 구르기 시작하는 조건에서는 0.86을, 주변사석에 의해 보호받는 사석이 이동하는 조건에서는 1.20을 적용한다.

(2) 캘리포니아 교통국 공식

미국 캘리포니아는 1920년대와 1930년대에 홍수로 인하여 강변의 고속도로 등에서 대규모 피해가 발생하자 사석호안을 도입하였다. 1949년에 '강턱'보호위원회를 설치하여 1960년에 "California Bank and Shore Protection Design"을 발간하여 식 (6.18)과 같은 사석공식을 제시하였다(CALTRANS, 2000). 이 식은 사석의 최소중량을 산정하며, 비탈면경사 1 : 1.5 이하에서 적용한다. 단위는 영미단위이다.

$$W = \frac{0.00002}{(G_s-1)^3}\frac{V^6 G_s}{\sin^3(\phi-\theta)} \qquad (6.18)$$

여기서 W는 사석의 최소중량(lbs), V는 유속(ft/sec), G_s는 사석의 비중, ϕ는 사석의 안식각(무작위로 높인 경우 70°), θ는 비탈면 경사이다. 유속 V는 만곡부의 외측비탈면과 같이 충격흐름이 발생하면 평균유속에 4/3을 곱하고, 직선수로와 같이 흐름과 비탈면이 평행한 경우에는 평균유속에 2/3을 곱한다.

(3) FHWA HEC-11 공식

미연방도로관리청(FHWA)에서는 HEC-11(FHWA, 1989)과 HEC-15(FHWA, 2005)의 두 가지 설계매뉴얼을 제시하고 있다. HEC-15는 도로 배수구와 같이 소규모 피복수로에 적용하는 기법이며, HEC-11은 하천에 적용하는 기법이다. HEC-11 공식은 Shields 식과 평균소류력 식 ($\tau_0 = \gamma R S_f$)으로부터 유도되었다. 마찰경사 S_f 산정을 위해 매닝공식이 적용되며, 매닝 조도계수 산정을 위해 Strickler 식이 적용되었다.

HEC-11 공식을 SI 단위로 표현하면 식 (6.19)와 같다. HEC-11(FHWA, 1989)에서는 식 (6.19)에서 0.00594 대신 0.001을 제시하고 SI 단위에도 적용가능하다고 제시하고 있으나, 이는 오류이다(Lagasse et al., 2006).

$$D_{50} = 0.00594C \frac{V_m^3}{h_m^{0.5} K_1^{1.5}} \tag{6.19}$$

여기서 V_m는 평균유속(m/s), D_{50}은 중앙입경(m), C는 보정계수, h_m은 평균수심(m)이다. K_1은 비탈면 경사 보정계수로 다음과 같다.

$$K_1 = \sqrt{1 - \frac{\sin^2\theta}{\sin^2\phi}} \tag{6.20}$$

여기서 θ는 비탈면 경사(°), ϕ는 사석의 안식각(°)이다. C는 비중 보정계수 C_{sg}와 안전율 보정계수 C_{sf}의 곱으로 다음과 같다.

$$C = C_{sg} C_{sf} = \left[\frac{2.12}{(S_g - 1)^{1.5}}\right]\left[\frac{F_s}{1.2}\right]^{1.5} \tag{6.21}$$

여기서 S_g는 사석의 비중(통상 2.65), F_s는 안전율이다. HEC-11 공식은 등류조건을 가정하고 있는데, 등류의 경우 F_s는 1.0~1.2, 점변류의 경우는 1.3~1.6, 급변류의 경우에는 1.6~2.0을 설정한다.

(4) 미공병단 EM 1601 공식

미공병단은 1970년에 EM 1601 공식을 제시하였으며, 1970년대와 1980년대에 사석설계기법 개선을 위한 실험과 연구를 수행하여 새로운 EM 1601 공식을 제시하였다(USACE, 1991). 이 공식은 실험실 실험자료에 기초하고 있으며, 원형자료(Maynord, 1988)와 비교하여 검증되었다. 사석층의 두께는 최소 $1D_{100}$ 이상으로 하며, 비탈면 경사는 1 : 1.5 이하이다.

$$D_{30} = S_f C_s C_v C_T h \left[\left(\frac{\gamma_w}{\gamma_s - \gamma_w}\right)^{1/2} \frac{V_{ss}}{\sqrt{K_1 g d}}\right]^{2.5} \tag{6.22}$$

여기서 D_{30}은 사석 통과중량 30%의 입경(m), d는 V_{ss}가 계산되는 지점의 수심(m), F_s는 안전율, γ_w와 γ_s는 각각 물의 비중량과 사석의 비중량(kg/m^3)이다. V_{ss}는 국부유속으로서 비탈면의 경사면 하단에서 상단으로 20% 지점의 수심평균유속(m/s), C_s는 안정계수, C_v는 유속분포계수, K_1은 비탈면 경사 보정계수, C_T는 포설두께 계수로 d_{85}/d_{15}이다.

V_{ss}는 직선하도에서는 평균유속 V_m을 적용하고, 만곡부에서는 다음과 같이 계산한다.

$$V_{ss} = V_m\left[1.74 - 0.52\log\left(\frac{R_c}{W}\right)\right] \tag{6.23}$$

여기서 R_c는 곡률반경(m)이며, W는 수면폭(m)이다. 국부유속을 정확하게 계산할 수 있으면 더 정확한 사석호안 설계가 가능하다. 미공병단 설계지침에는 지점위치에 따른 국부유속을 구할 수 있는 다양한 도해를 제공하고 있으나, 이는 참고자료로만 유용하며 실제 설계단계에서는 준2차원 또는 2차원 모형을 이용하여 유속분포를 계산하는 것이 바람직하다. 2차원 수심적분 유속을 활용하면 만곡부 내외 측과 고수부지가 발달한 경우의 제방호안의 적합설계에 적절하게 활용될 수 있다.

C_s는 각진 사석의 경우 0.3, 둥근 사석의 경우 0.375를 적용한다. C_v는 직선하도와 만곡부 내측에서는 1.0을 적용하고 만곡부 외측에는 다음 식을 적용한다. R_c/W가 26 이상이면 1을 적용하며 콘크리트 수로의 하류와 수제 끝단에서는 1.25를 적용한다.

$$C_v = 1.283 - 0.2\log\left(\frac{R_c}{W}\right) \tag{6.24}$$

K_1은 다음과 같이 계산하며, 여기서 θ는 비탈면의 각도이다.

$$K_1 = \sqrt{1-\left[\frac{\sin(\theta - 14°)}{\sin(32°)}\right]^{1.6}} \tag{6.25}$$

D_{30}은 식 (6.26) 또는 식 (6.27)에 의해 중앙입경(D_{50})으로 환산할 수 있다.

$$D_{50} = D_{30}\left(\frac{D_{85}}{D_{15}}\right)^{1/3} \tag{6.26}$$

$$D_{50} = 1.2D_{30} \tag{6.27}$$

(5) ASCE 매뉴얼 No. 110 공식

미토목학회(ASCE) 공식은 ASCE 매뉴얼 No. 110(ASCE, 2006)* 에서 제시한다. 이 공식은 이

* 1975년에 ASCE가 발간한 Sediment Engineering (ASCE 매뉴얼 No. 54, Vanoni 1975)을 전면 개정한 것

스바시 공식을 변형한 형태로 유속과 비탈면 경사는 고려하지만 수심을 고려하지 않으며, 계산 결과는 사석의 중량으로 제시된다. 공식의 단위는 영미단위이며, 다음과 같다.

$$W = \frac{0.000041 G_s V^6}{(G_s - 1)^3 \cos^3 \phi} \tag{6.28}$$

여기서 W는 사석의 중량(lbs), G_s는 사석의 비중, V는 유속(ft/s), ϕ는 비탈면 경사(°)이다.

(6) USBR EM-25 공식

USBR(미개척국) EM-25 공식은 USBR(1984) 기술매뉴얼에 나오는 공식으로서, 일련의 수로 실험을 통해 1958년에 제시되었다. 이 공식은 감세지의 사석크기 결정을 위해 개발되었으며, 현장시험을 통해 그 적용성이 평가되었다. 이 공식을 SI 단위로 환산하면 다음과 같다.

$$D_{50} = 0.003463 V_m^{2.06} \tag{6.29}$$

(7) USGS 공식

USGS(미지질조사국) 사석공식은 개수로의 수리특성과 사석설계 가이드라인을 제시하는 기술자료집(USGS, 1986)에 제시된 것이다. USGS는 총 39개의 흐름사상에 대한 하천현장조사 결과를 이용하였으며, HEC-11 공식과의 상관분석을 통해서 다음과 같이 제시하였다(SI 단위로 환산). 이 식에서 V_a는 접근유속이다.

$$D_{50} = 0.001807 V_a^{2.44} \tag{6.30}$$

6.2.2 사석크기 결정공식의 적용

지금까지 미국 연방정부 차원의 주요 공식을 소개하였으며, 이 외에도 Escarameia와 May (1992), Pilarcyk(1990) 등의 공식을 포함하여 다양한 공식이 문헌에 소개되고 있다. 이론적으로 소류력에 의한 공식이 유속공식보다 설계에 적합하나, 설계소류력 산정의 어려움과 유속에 대한 익숙함으로 인해 설계자들은 유속공식을 더 선호한다.

Lagasse 등(2006)은 7가지 대표 사석공식을 평가하여 세 가지 유형으로 구분하였다. 첫 번째는 이스바시형 공식으로서, 사석크기가 유속의 제곱에 비례하지만 수심과는 무관한 형태이다 ($d_{50} \propto h^0 V^2$). 두 번째는 미공병단 EM 1601 공식과 같이 유속의 2.5제곱에 비례하며 수심의

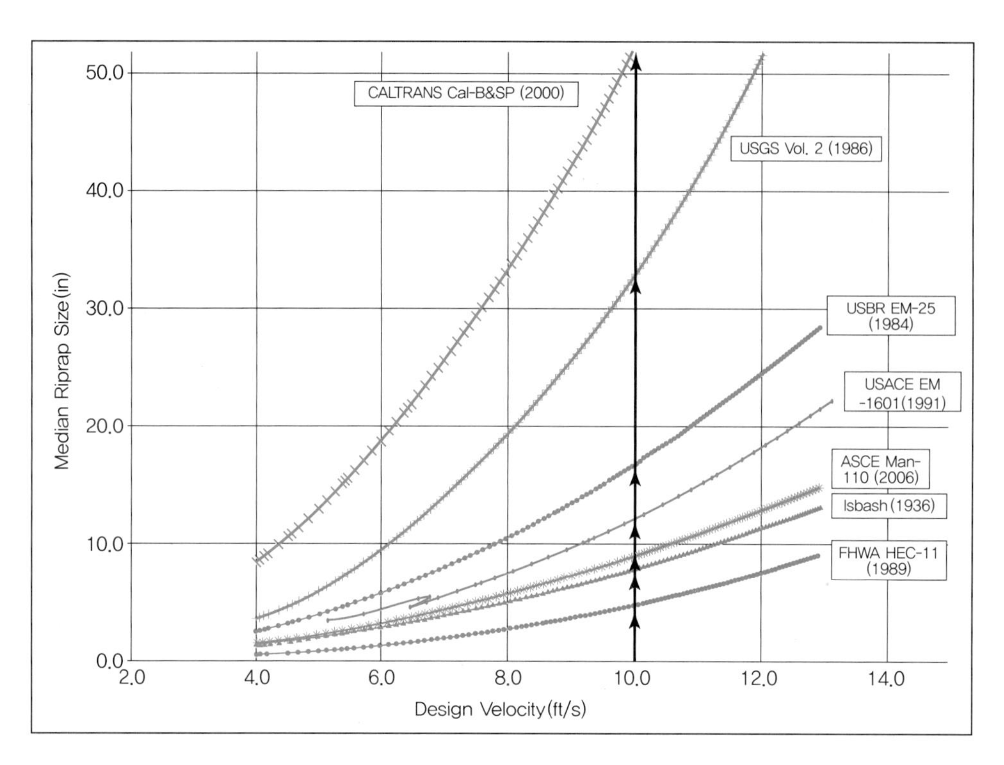

그림 **6.11** **사석크기 결정공식 비교** (Parker, 2014)

0.25제곱에 반비례한다($d_{50} \propto h^{-0.25} V^{2.5}$). 세 번째는 HEC-11과 같이 유속의 3제곱 이상에 비례하는 공식이다.

Lagasse 등은 실험과 현장자료 평가를 통해 대표공식 중 미공병단 공식을 추천하였다. 그들의 평가에 의하면, 이스바시 공식은 너무 과소산정하는 경향을 보이며, HEC-11 공식도 과소산정의 경향을 보이는 반면에, 미공병단 EM 1601 공식은 비교적 안정 측의 결과를 제시한다. Parker (2014)도 대표적인 사석크기 공식 7개를 하천현장에 적용하여 그 적용성을 비교 검토하였다. 계산결과 설계유속 10 ft/sec(약 3 m/s)에서 공식에 따라 사석직경이 최소 4.7인치(14 cm)에서 최대 52.4인치(160 cm)까지 큰 차이를 나타내고 있다. HEC-11, 이스바시, ASCE 공식 등은 사석크기를 과소산정하며, USGS와 캘리포니아 교통국 공식은 과대산정하는 것으로 나타났다. 현장상황과 가장 부합하는 공식은 미공병단 EM 1601과 USBR 공식이나, USBR 공식은 유속만을 고려하므로 한계가 있으며, 만곡, 수심과 국부유속을 고려하는 미공병단 EM 1601 공식을 추천한다. 실제 설계에서는 여러 가지 공식을 적용하여 그 결과를 상호 비교평가 하는 것이 합리적이다.

EXERCISE
예제 6.1

수면폭 30 m, 곡률반경 150 m인 단단면 만곡구간의 사석호안을 설계한다. 제방경사는 1 : 2이며 각진 사석이며, 사석 비중은 2.54이다. 안전율(F_s)은 1.2로 가정한다. 평균유속은 2.16 m/s, 호안 밑다짐에서 수심은 3.42 m이다. 미공병단 EM 1601 공식으로 사석크기를 계산하시오.

풀이

1. 호안비탈면 보정계수 K_1 계산

$$K_1 = \sqrt{1 - \left[\frac{\sin(\theta - 14°)}{\sin(32°)}\right]^{1.6}} = \sqrt{1 - \left[\frac{\sin(26.6° - 14°)}{\sin(32°)}\right]^{1.6}} = 0.87$$

2. 사석형상에 대한 안정계수 C_s 산정

   각진 형상이므로 $C_s = 0.30$

3. 유속분포계수 C_v 산정

$$C_v = 1.283 - 0.2\log\left(\frac{R_c}{W}\right) = 1.283 - 0.2\log(5.0) = 1.14$$

4. 제방비탈면의 국부유속 계산

$$V_{des} = V_{avg}\left[1.74 - 0.52\log\left(\frac{R_c}{W}\right)\right] = 2.16[1.74 - 0.52\log(5.0)] = 2.91 \text{ m/sec}$$

5. D_{30} 계산

$$\begin{aligned} D_{30} &= y(S_f C_s C_V C_T)\left(\frac{V_{des}}{\sqrt{K_1(S_g - 1)gd}}\right)^{2.5} \\ &= (3.42)(1.2)(0.30)(1.14)(1.0)\left(\frac{2.91}{\sqrt{(0.87)(2.54-1)(9.81)(3.42)}}\right)^{2.5} \\ &= 0.17 \text{ m} \end{aligned}$$

   → 수심 $d = (3.42)(0.8)$을 적용할 수 있으나 여기서는 안정 측으로 계산

6. D_{50} 계산

$$D_{50} = 1.2D_{30} = 1.2(0.17) = 0.20 \text{ m}$$

6.3
블록호안 설계법

미국의 블록호안은 주로 ACB(articulating concrete block, 연결형 블록)라 불리며, 설계절차가 비교적 잘 정립되어 있다. 블록의 기본적인 성능은 ASTM 실규모시험(ASTM, 2016)에 의해 허용소류력으로 제시되며, 현장과 시공여건에 의해 발생하는 추가적인 돌출부를 고려하여 안정성을 평가한다. 미연방도로관리청을 중심으로 한 미연방기관에서는 1983년에서 1989년까지 호안블록 등의 침식방지공법의 성능과 신뢰성을 정량적으로 평가하기 위한 실규모 실험연구를 수행하여 시험방법과 설계방법을 제시하였다(FHWA, 2009b). 여기서 블록의 파괴는 블록과 하부토층 간의 밀착성 상실로부터 발생하여, 다음과 같은 파괴를 유발한다.

- 블록하부로 침투흐름이 발생하여 블록의 양압력 상승과 블록과 하부토층의 이탈
- 파이핑 흐름과 유수에 의한 하부토층의 유실
- 급속한 하부토층의 포화와 액상화 가능성을 높이고 비탈면표층의 파괴유발
- 블록의 이탈과 이로 인한 하부토층을 유수에 직접노출

따라서 블록의 선정, 설계, 시공 등은 설계유량에서 블록과 하부토층 간의 밀착성이 유지되도록 하여야 한다.

미국의 블록호안의 설계방법은 비교적 최근에 정립되고 있으며, 최신 연구성과들을 반영하여 지금도 개선이 진행 중이다. 여기에서는 HEC-23(FHWA, 2009b)의 설계방법을 소개한다. 나중에 일본의 설계방법도 따로 소개한다.

6.3.1 미국의 블록호안 설계법

(1) 블록호안의 안정성 평가

설계유속과 소류력의 산정은 앞선 6.1절을 참고한다. 블록의 기본적인 허용소류력은 실규모실험에 의해서 제시되며, 지형적 굴곡과 시공오차로 발생하는 추가돌출부의 영향을 고려한다. 유수에 대한 개별블록의 안정성은 항력과 양력 계산에 고려된다. 여기에서 흐름에 의한 하부지반의 토사흡출은 별도로 고려되지 않는다. 유수가 블록에 작용하는 힘은 돌출부에 의해 발생하는 양력과 항력으로 간주한다. 돌출부는 그림 6.12의 ΔZ와 같이 지형상의 불균일 또는 시공상의 오차로 발생하는 경우도 있으며, 블록형상에 의한 돌출부일 수도 있다. 돌출부가 없더라도 실제로

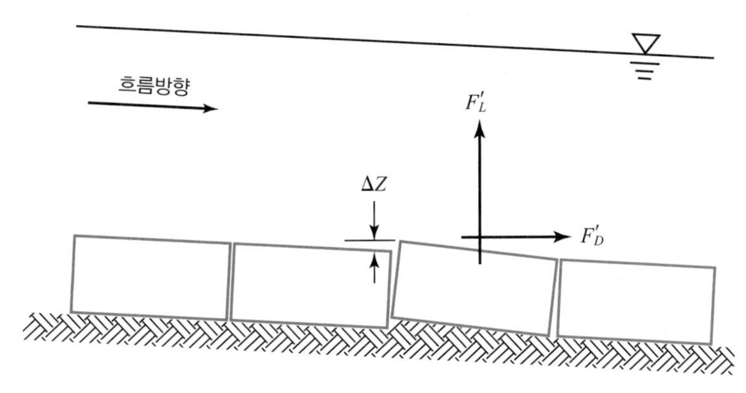

그림 **6.12** **블록 돌출부에 의한 추가 항력 및 양역 발생** (FHWA, 2009b)

양력과 항력이 작용하지만, 그 정도가 매우 미약하여 무시할 수 있다고 가정한다. 돌출부에 의한 항력은 간단하게 다음과 같다.

$$F'_D = \frac{1}{2} C_D \Delta Z b \rho V_d^2 \tag{6.31}$$

여기서 F'_D는 블록 돌출부에 의한 항력(N/m²), C_D는 항력계수(일반적으로 1로 가정), ΔZ는 돌출부 높이(m), b는 흐름방향에 연직인 돌출부 또는 블록의 폭(그림 6.16 l_2의 두 배로 설정, m), ρ는 물의 밀도(kg/m³), V_d는 설계유속(m/s)이다. 양력은 항력에 비해 작으나 안정 측으로 항력과 같다고 본다. 설계단계에서 돌출부의 허용높이가 설정되며, 이는 블록의 돌출부 높이 또는 시공상의 돌출부 허용오차의 기준이 된다. 블록에 작용하는 항력과 양력은 유속의 제곱에 비례한다.

개별블록의 안정성은 그림 6.13과 같이 흐름이 작용하는 경우에 대해서 산정한다. 이는 실제

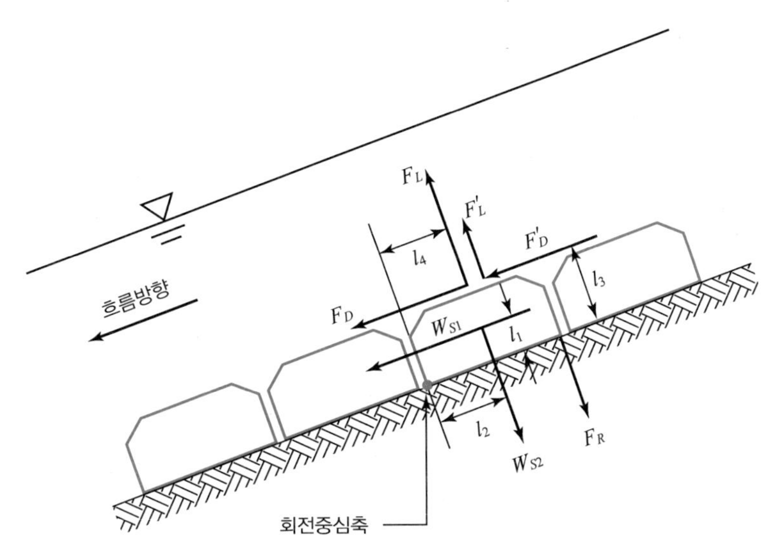

그림 **6.13** **블록의 운동량 균형** (FHWA, 2009b)

하천비탈면에 블록이 설치되는 경우에 작용하는 힘과는 다르지만, 안정 측면에서 타당하다. 개별블록의 이탈은 블록의 회전중심축에 대해 유수에 의한 회전운동량이 블록의 자중에 의해 저항하는 운동량보다 큰 경우에 발생한다. 실제 블록은 블록 간의 기하학적 결합력에 의해 추가적인 저항력이 발생하지만, 블록안정성 해석에서는 이를 무시한다. 개별블록에 대한 운동량은 다음 식 (6.32)와 같다. 이 식에서 왼쪽 항은 블록자중에 의한 저항운동량이며, 오른쪽 항은 유수에 의해 블록에 작용하는 운동량이다.

$$l_2 W_{s2} = l_1 W_{s1} + l_3(F_D + F_D') + l_4(F_L + F_L') \tag{6.32}$$

여기서 F_D와 F_L은 각각 개별블록에 작용하는 항력과 양력(N), F_D'와 F_L'은 각각 지형적 굴곡과 시공오차에 의한 추가 항력과 양력(N), W_{S1}는 블록자중에 의해 경사면 방향으로 작용하는 힘(N), W_{S2}는 블록자중에 의해 경사면의 연직면으로 작용하는 저항력(N)이다.

블록의 성능은 중량, 형상, 시공오차 등에 영향을 받음을 알 수 있다. 실제 블록의 성능은 블록 간의 형상과 연결성에 크게 영향을 받으나, 이를 이론적으로 분석하는 것은 불가능하여 블록의 종합적인 성능은 실규모시험에 의해서 제시된다. 실규모시험에 의한 성능은 허용소류력과 허용유속으로 제시되는데, 이는 개별블록이 하부토층과의 밀착성을 상실하는 기준 소류력 또는 유속을 의미한다. 그림 6.13에서 F_R은 블록 간 연결에 의한 저항력으로서, 시험에서 제시되는 성능에 의해 간접적으로 고려된다.

6.3.2 실규모 블록 성능시험과 시험결과의 확장적용

실규모 블록 성능은 시험방법과 해석방법 ASTM D7277(ASTM, 2012)에서 제시되며, 일반적인 시험수로의 형상은 그림 6.14와 같다. 블록의 손상이 발생하는 소류력을 발생시키기 위해 급경사수로에서 시험이 수행되며, 균일한 소류력을 발생시키기 위해 흐름이 균일한 수로의 하상에

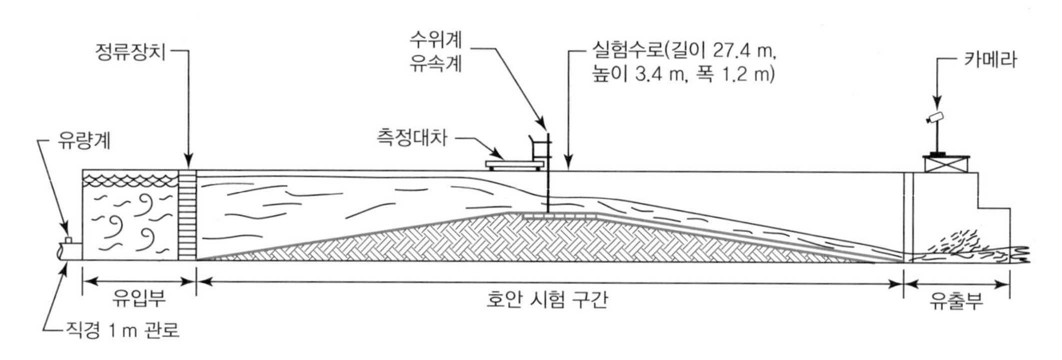

그림 6.14 ASTM에 의한 호안블록의 실규모 성능시험 (미콘크리트협회, 2010)

서 시험이 수행된다.

블록설계절차에서는 수평면 상의 허용소류력이 필요하므로 급경사 시험결과에 대한 보정식이 필요하다. 이는 다음 식에 의해 미시험 하상경사에서 값을 구할 수 있다. 이 식은 시험 안 된 하상경사가 시험된 하상경사보다 완만한 조건에서만 적용하여야 한다.

$$\tau_{c\theta U} = \tau_{c\theta T}\left(\frac{l_2 \cos\theta_U - l_1 \sin\theta_U}{l_2 \cos\theta_T - l_1 \sin\theta_T}\right) \tag{6.33}$$

여기서 $\tau_{C\theta U}$와 $\tau_{C\theta T}$는 각각 미시험 하상경사와 시험된 하상경사에 대한 허용소류력(N/m^2), θ_U와 θ_T는 각각 미시험 및 시험된 하상경사, l_1, l_2는 모멘트 길이(그림 6.15와 6.16 참고, m)이다.

두께와 중량만 다른 블록에 대해서도 시험결과를 확장하여 적용할 수 있다. 이 경우 블록표면의 크기와 형상, 블록 간 연결방식은 동일하여야 한다. 적용식은 다음과 같으며 미시험 블록의 두께가 시험블록의 두께보다 두꺼운 경우만 적용할 수 있다.

$$\tau_{CU} = \tau_{CT}\left(\frac{W_{SU}\, l_{2U}}{W_{ST}\, l_{2T}} \frac{l_{3T} + l_{4T}}{l_{3U} + l_{4U}}\right) \tag{6.34}$$

여기서 τ_{CU}와 τ_{CT}는 각각 미시험 및 시험된 블록의 허용소류력(N/m^2), W_{SU}와 W_{ST}는 각각 미시험 및 시험된 블록의 수중 중량(kgf), l_{2U}, l_{2T}, l_{3U}, l_{3T}, l_{4U}, l_{4T}는 각각 미시험 및 시험된 블록의 모멘트 길이(그림 6.15와 6.16 참고, m)이다.

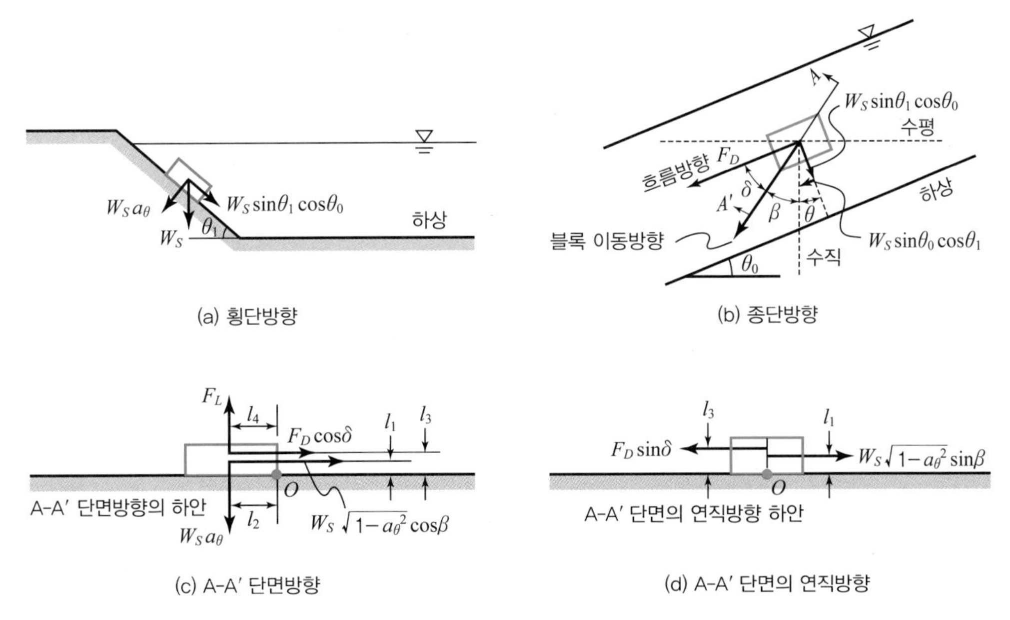

(a) 횡단방향 (b) 종단방향

(c) A-A′ 단면방향 (d) A-A′ 단면의 연직방향

그림 6.15 비탈면에 위치한 단일블록 및 안전율 산정 관련변수 (FHWA. 2009b)

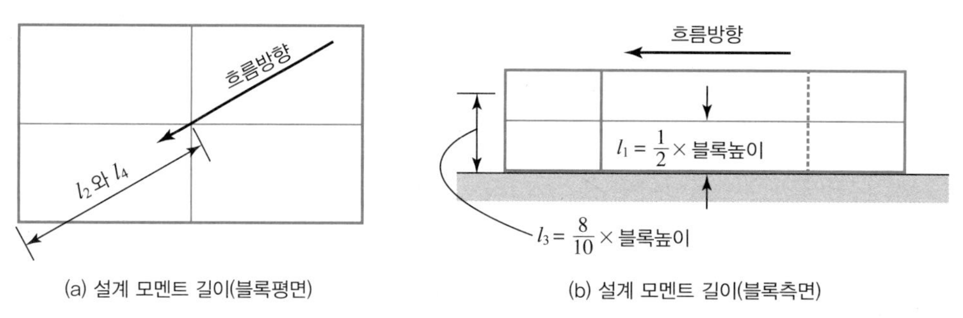

그림 **6.16** 블록의 모멘트 길이 (FHWA, 2009b)

6.3.3 호안블록 설계식

수로경사면에 위치하는 단일블록의 안전율은 자중에 의한 저항모멘트와 전도모멘트의 비로 정의되며, 다음과 같이 표시된다.

$$SF = \frac{l_2 W_s a_\theta}{l_1 W_s \sqrt{1 - a_\theta^2} \cos\beta + l_3 F_D \cos\delta + l_4 F_L + l_3 F_D' \cos\delta + l_4 F_L'} \tag{6.35}$$

위 식을 $l_1 W_s$ 로 나누고 식을 정리하면 표 6.3과 같은 블록호안 설계식으로 표시할 수 있다. 표

표 **6.3** 블록호안 설계식 (FHWA, 2009b)

설계식	식번호	변수
$F_s = \dfrac{\left(\dfrac{l_2}{l_1}\right) a_\theta}{\sqrt{1 - a_\theta^2} \cos\beta + \eta_1 \left(\dfrac{l_2}{l_1}\right) + \dfrac{(l_3 F_D' \cos\delta + l_4 F_L')}{l_1 W_s}}$	(6.36)	a_θ: W_s의 경사면에 연직방향 성분을 구하기 위한 계수 b: 블록 폭, m F_s: 안전율 V_d: 설계유속, m/s W: 블록의 중량, kg W_s: 블록의 수중중량, kg Δz: 추가 돌출부 높이, m β: 종단면 상에서 블록의 가상적인 이동방향과 연직방향 사이의 각도 δ: 블록의 이동방향과 항력 사이의 각도 η_0: 수평면 상의 안정계수 η_1: 경사면 상의 안정계수 θ: 하상경사의 연직방향과 중력작용방향 사이의 각도 θ_1: 하상경사 τ_c: 수평면 상의 블록의 허용소류력 τ_d: 설계소류력
$\delta + \beta + \theta = 90°$	(6.37)	
$\eta_1 = \left(\dfrac{l_4/l_3 + \sin(\theta_0 + \theta + \beta)}{l_4/l_3 + 1}\right) \eta_0$	(6.38)	
$\beta = \arctan\left[\dfrac{\cos(\theta_0 + \theta)}{\left(\dfrac{l_4}{l_3} + 1\right) \dfrac{\sqrt{1 - a_\theta^2}}{\eta_0 (l_2/l_1)} + \sin(\theta_0 + \theta)}\right]$	(6.39)	
$\theta = \arctan\left(\dfrac{\tan\theta_0}{\tan\theta_1}\right)$	(6.40)	
$a_\theta = \sqrt{(\cos\theta_1)^2 - (\sin\theta_0)^2}$	(6.41)	
$F_L' = F_D' = 0.5 \rho b \Delta z (V_d)^2$	(6.42)	
$\eta_0 = \dfrac{\tau_d}{\tau_c}$	(6.43)	
$W_s = W\left(\dfrac{\rho_c - \rho_w}{\rho_c}\right)$	(6.44)	

6.3의 안전율 식은 항력과 양력을 명시적으로 계산하지는 않으며, 설계소류력과 시험에 의해 제시된 허용소류력을 이용하여 계산을 수행한다.

EXERCISE
예제 6.2
미국 블록호안 설계법

만곡부 외측에 설치된 호안블록으로서, 하천의 곡률반경은 229 m, 수면폭은 61 m, 설계유량은 182 m^3/s, 설계지점의 마찰경사 S_f는 0.007, 호안설치 지점의 최대수심은 2.56 m, $\tau = 9{,}800\ N/m^3$, 호안 설치부의 설계유속은 V_d는 3.35 m/s, 하상경사는 0.01, 제방비탈면 경사는 1 : 2, 고수부지 수심은 2.0 m, 대표유속은 6 m/s, 블록밀도는 2,350 kgf/m^3, 물의 밀도는 1,000 kgf/m^3인 경우 다음 블록제품의 안정성을 평가하시오. 블록특성은 다음 표와 같다.

제품	두께 (mm)	폭 (mm)	길이 (mm)	중량 (kg)	모멘트 길이(mm)				수평면에서 허용소류력(kgf/m^2)
					l_1	l_2	l_3	l_4	
A	152	394	438	44.9	76	295	4.8	11.6	93.7
B	203	394	438	60.0	102	295	6.4	11.6	120.1

풀이

1. 목표안전율(F_{sT}) 설정

   해리스카운티 매뉴얼에 따라 다음과 같이 설정

   만곡에 의한 외측부 고유속 발생 $F_{sB} = 1.3$

   파괴에 의한 피해정도는 작거나 중간 정도로 설정 $X_c = 1.3$

   수리/수문 계산의 불확실도는 낮음 $X_M = 1.0$

$$F_{sT} = F_{sB} X_C X_M = 1.7$$

2. 설계소류력 계산

   만곡영향을 고려하기 위하여 곡률반경과 수면폭의 비 계산

$$\frac{R_c}{T} = 3.75$$

   만곡계수 계산

$$K_b = 2.38 - 0.206\left(\frac{R_c}{T}\right) + 0.0073\left(\frac{R_c}{T}\right)^2 = 1.71$$

   설계소류력 계산

$$\tau_d = K_b \gamma y S_f = 300.3\ N/m^2 = 30.6\ kg/m^2$$

3. 블록의 안전율 계산

(a) 블록 추가 돌출부에 의한 추가 양력 및 항력 계산

추가 허용 돌출높이 $\Delta z = 13$ mm로 가정

$$b = 2l_2 = 0.59 \text{ m}$$

$$F_L' = F_D' = 0.5\rho b \Delta z (V_d)^2 = (0.5)(1000)(0.59)(0.013)(3.35)^2 = 43.0 \text{ N}$$

(b) 블록의 안정계수(η_0) 계산

$$\eta_0 = \frac{\tau_d}{\tau_c}$$

블록 A의 η_0: 30.6/93.7 = 0.33

블록 B의 η_0: 30.6/120.1 = 0.26

(c) θ 계산

하상경사가 0.01이므로 $\theta_0 = 0.57°$, 비탈면 경사 1 : 2이므로 $\theta_1 = 26.6°$

$$\theta = \arctan\left(\frac{\tan\theta_0}{\tan\theta_1}\right) = 1.14°$$

(d) a_θ 계산

$$a_\theta = \sqrt{(\cos\theta_1)^2 - (\sin\theta_0)^2} = 0.89$$

(e) β 계산

$$\beta = \arctan\left[\frac{\cos(\theta_0 + \theta)}{\left(\frac{l_4}{l_3} + 1\right)\frac{\sqrt{1 - a_\theta^2}}{\eta_0 (l_2/l_1)} + \sin(\theta_0 + \theta)}\right]$$

블록 A의 β: 39.0°

블록 B의 β: 30.0°

(f) δ 계산

$$\delta = 90° - \beta - \theta$$

블록 A의 δ: 49.9°

블록 B의 δ: 58.9°

(h) 경사면에서 안정계수(η_1) 계산

$$\eta_1 = \left(\frac{l_4/l_3 + \sin(\theta_0 + \theta + \beta)}{l_4/l_3 + 1}\right)\eta_0$$

블록 A의 η_1: 0.30

블록 B의 η_1: 0.21

(g) 블록의 수중중량 계산

콘크리트 밀도는 2,350 kg/m^3, 물의 밀도는 1,000 kg/m^{3}로 가정

$$W_s = W\left(\frac{\rho_c - \rho_w}{\rho_c}\right)$$

블록 A의 수중 중량: 25.8 kg

블록 B의 수중 중량: 34.5 kg

(i) 안전율 계산

$$SF = \frac{(l_2/l_1)a_\theta}{\sqrt{1-a_\theta^2}\cos\beta + \eta_1(l_2/l_1) + \dfrac{(l_3F_D'\cos\delta + l_4F_L')}{l_1W_s}}$$

블록 A의 F_s: 1.48

블록 B의 F_s: 1.74

4. 블록선정

블록 A는 목표 안전율 1.7에 미치지 못하므로 블록 B를 선정한다. 블록 A의 수평면 허용소류력은 93.7 kg/m^2 이고 만곡을 고려한 설계소류력이 30.6 kg/m^2 로서, 블록 A의 안정성이 높을 것으로 보이지만, 경사면에 설치되는 조건과 불확실한 요소에 의한 안전율을 고려할 때 블록 A의 안정성은 보장되지 못한다.

6.3.4 일본의 블록호안 설계방법

일본의 호안설계방법은 호안의 역학설계법(일본 국토기술연구센터, 2007)에 제시되어 있으며, 여기서는 이를 제시한다. 블록호안의 설계법은 단체블록과 군체블록으로 나뉘는데 단체블록 설계법 적용은 안정 측 설계이나 과대설계의 가능성이 있으므로, 설계법 적용에 대한 설계자의 판단이 필요하다.

(1) 단체블록 설계법

비탈면에 위치한 블록은 유수에 의해 활동과 전도가 발생할 수 있으나, 전도에 의한 안정성은 높으므로 활동, 즉 이동에 대해서만 검토한다. 그림 6.17과 같이 비탈면에 설치된 블록에 유수가 작용하는 경우를 가정한다. 블록의 저항력은 비탈면에 연직방향으로 자중에 의한 마찰력($\mu W_w \cos\theta$)이 유일한데, 이는 유수에 의해 블록에 작용하는 양력의 영향(L)으로 감소한다. 작용력은 유수에 의해 발생하는 항력(D)과 자중에 의한 비탈면방향의 힘($W_w \sin\theta$)의 합력으로 표시된다. 따라서 안정 조건식은 다음과 같이 표시된다.

$$\mu(W_w\cos\theta - L) \geq \left[(W_w\sin\theta)^2 + D^2\right]^{1/2} \tag{6.45}$$

여기서 $L = \frac{\rho}{2}C_L A_b V_a^2$은 양력(N), $D = \frac{\rho}{2}C_D A_D V_a^2$는 항력(N), μ는 흙과 필터재 사이의 마찰계수(일반적으로 0.65로 가정), θ는 경사면의 경사(°), W_w는 블록의 수중중량(kgf/m^3), A_b는 양력

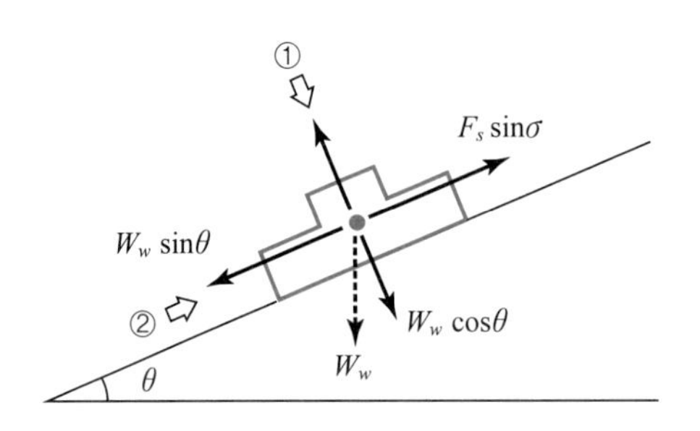

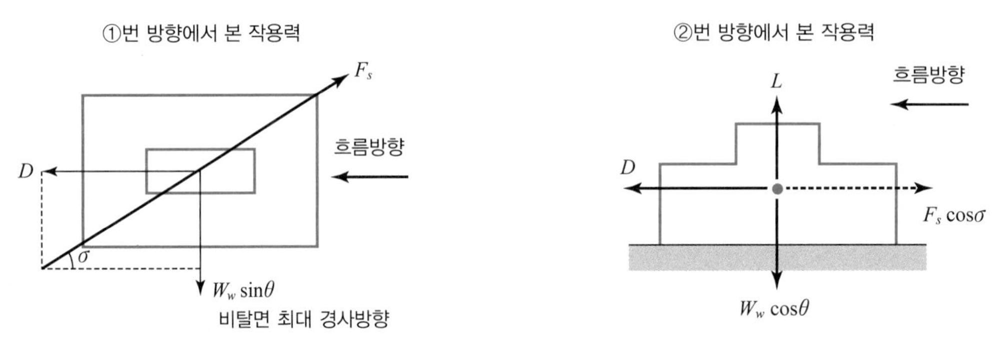

그림 **6.17** **단독블록에 작용하는 힘** (일본 국토기술연구센터, 2007)

의 투영면적으로 평면도 상의 블록의 면적(m^2), A_D는 항력의 투영면적으로 흐름방향에 단면 상 블록의 면적(m^2), V_a는 블록 높이(t_b)에서 유속(m/s)이다.

항력과 양력 산정을 위한 접근유속 V_a는 블록두께(t_b) 지점에서의 유속으로서, 이는 평균유속, 조도높이, 블록두께, 수심 등으로부터 계산할 수 있다. 거친 경계면에서 유속분포식에서 하상에서의 거리 $y = t_b$로 두면 블록두께 지점의 유속 V_a는 다음과 같다.

$$V_a = u_* [8.5 + 5.75 \log (t_b / k_s)] \tag{6.46}$$

마찰속도는 마찰속도에 대한 수심평균유속 V_m 식에서 다음과 같이 표시된다.

$$u_* = \frac{V_m}{6.0 + 5.75 \log (H / k_s)} \tag{6.47}$$

위 두 식에 의해 접근유속 V_a는 다음과 같다.

$$V_a = \frac{8.5 + 5.75 \log (t_b / k_s)}{6.0 + 5.75 \log (H / k_s)} V_m \tag{6.48}$$

여기서 난류에 의한 유속의 변동성분을 $2u_*$로 고려하면, 최종적인 접근유속 V_a는 다음과 같다.

$$V_a = \frac{8.5 + 5.75 \log (t_b / k_s) + 2}{6.0 + 5.75 \log (H_d / k_s)} V_m \tag{6.49}$$

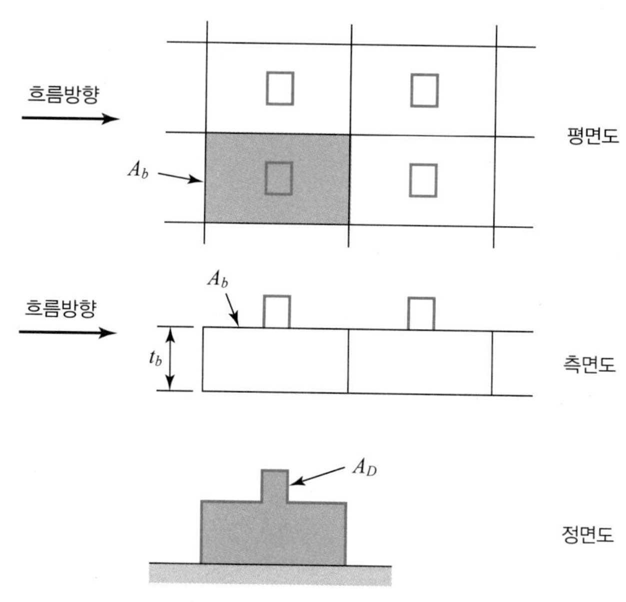

그림 6.18 단체블록의 투영면적 (일본 국토기술연구센터, 2007)

(2) 군체블록 설계법

군체블록은 블록이 일체형으로 연결되고 있다고 가정하여 흐름이 블록 돌기부에 작용하는 힘과 유속으로 안정성을 평가한다. 안정성 평가식은 식 (6.45)와 동일하나 블록의 양력과 항력계수가 다르며 투영면적과 접근유속이 달라진다. 양력의 투영면적 A_b는 평면상의 돌기부 면적이 되며, 항력의 투영면적 A_D는 흐름방향 정면에서 돌기부의 투영면적이 된다. 접근유속 V_a는 식 (6.48)에서 $t_b = k_s$로 두어 다음과 같이 표시된다.

$$V_a = \frac{8.5}{6.0 + 5.75\log(H_d/k_s)} V_m \tag{6.50}$$

(3) 블록의 양력 및 항력계수

블록의 양력과 항력계수는 블록형상과 흐름(레이놀즈수)의 함수로서, 일본에서는 축소 수리모형실험을 통해서 제시된다. 레이놀즈수 60,000 정도에서 단체블록의 양력계수는 0.2 정도이며, 항력계수는 0.4~0.7 정도를 보인다. 군체블록의 경우 양력계수는 0.1~1.2, 항력계수는 0.7~1.6 범위를 보이고 있다(일본 국토기술연구센터, 2007). 군체블록의 계수가 큰 것은 투영면적이 작아서 투명면적에 민감하기 때문이다. 블록의 양력과 항력계수는 실험을 통해 결정하는 것이 원칙이지만, 실험값이 없을 경우 충분한 안정성을 고려하여 가정할 수 있다.

(4) 블록의 상당조고 k_s 산정방법

식 (6.49)와 (6.50)을 적용하기 위해서는 상당조고 k_s를 산정하여야 한다. 일본 국토기술연구센터(2007)에서는 실험결과를 이용한 호안블록 돌기부의 의한 상당조고 산정방법을 다음과 같이 제시하고 있다.

블록 돌기부의 형상은 잔형과 돌기형으로 구분하는데, 잔형은 돌기부가 흐름방향에 일렬로 배열된 것이며, 돌기형은 지그재그로 배열된 것이다(그림 6.19). 실험자료에 의한 돌기부 높이 h_g와 A_b'/F의 관계는 그림 6.20과 같으며, 이를 이용하여 k_s를 산정할 수 있다. 여기서 A_b는 블록의 평면상 면적, A_g는 돌기부의 평면상 면적, A_b'는 돌기부를 제외한 블록의 평면상 면적, F는 흐름방향에서 돌기부의 높이 또는 면적이다.

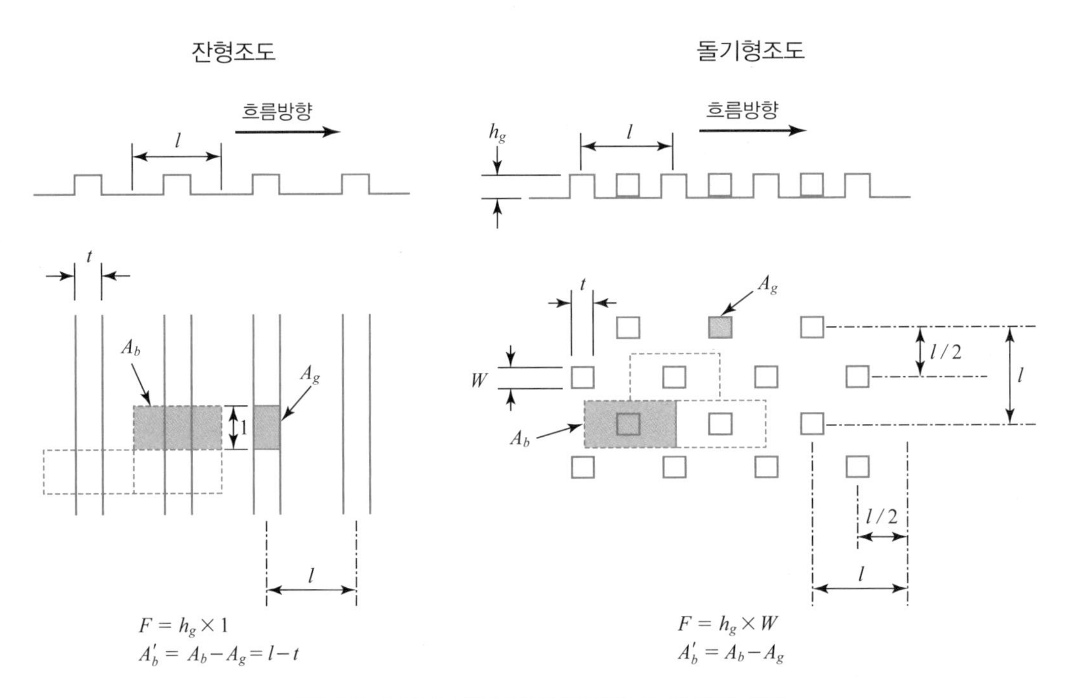

그림 **6.19 블록 조도 형상의 정의** (일본 국토기술연구센터, 2007)

잔형조도

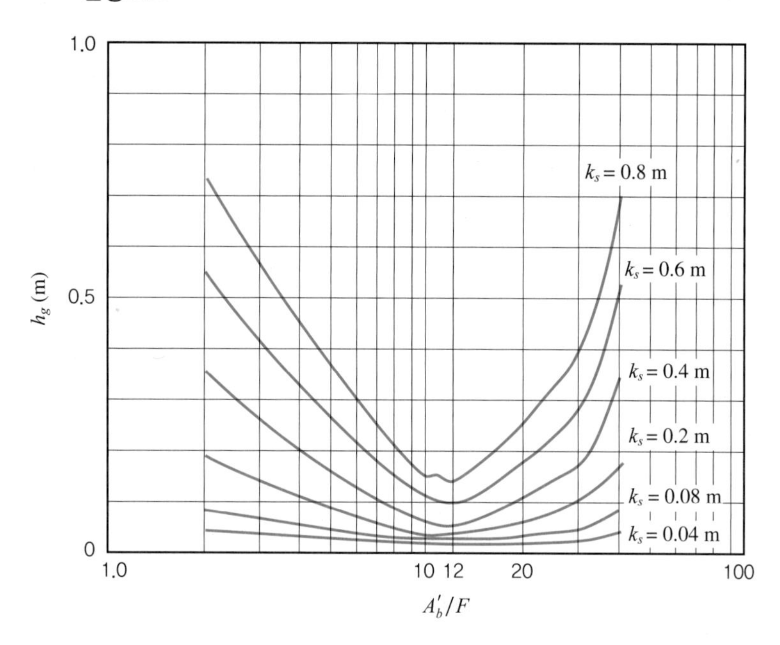

돌기형조도

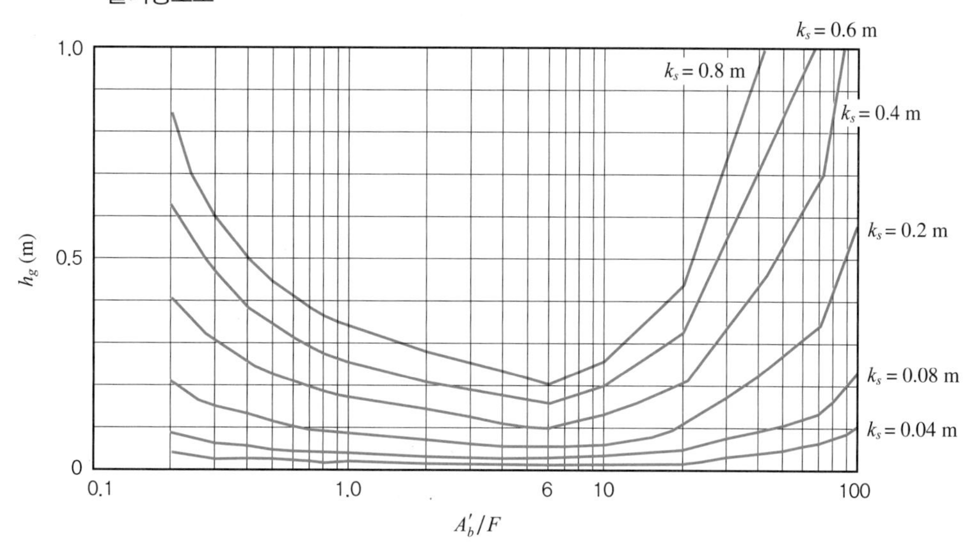

그림 **6.20** **돌기부 높이와 A'_b/F의 관계** (일본 국토기술연구센터, 2007)

EXERCISE
예제 6.3
일본 블록호안 설계법

제방비탈면 경사 1 : 2(26.6°), 고수부지 수심 2.0 m, 대표유속 6 m/s, 블록밀도 2,350 kg/m^3, 물의 밀도 1,000 kg/m^3, 마찰계수 0.65, 블록의 양력계수 0.10, 항력계수 0.70인 연결형 블록의 적정 두께를 구하시오. 블록은 지그재그로 배치한다.

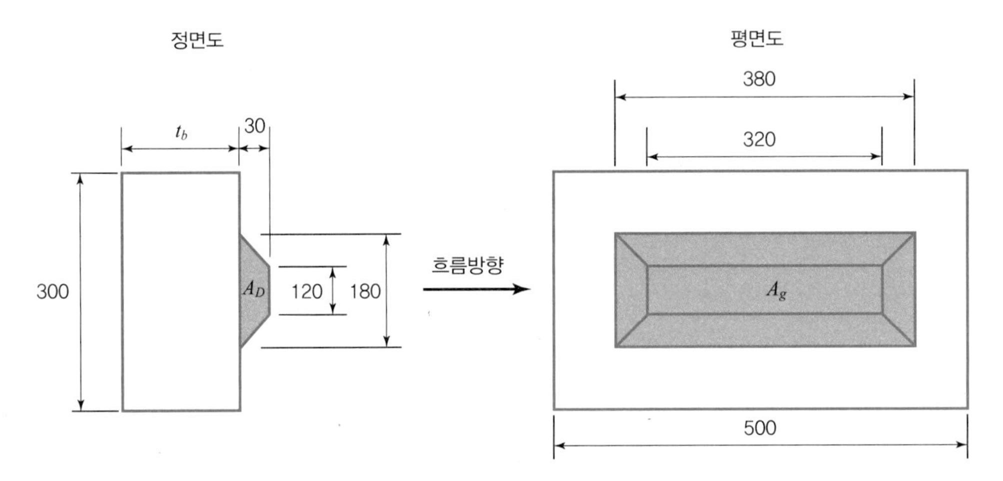

풀이

1. 상당조고 k_s 산정

   돌기형조도이므로 $F = h_g W = (0.03)(0.18) = 0.0054$

$$A_b' = A_b - A_g = (0.30)(0.50) - (0.18)(0.38) = 0.0816$$
$$A_b'/F = 0.0816/0.0054 = 15$$

   그림 6.20에서 $k_s = 0.04$(m) 적용

2. 투영면적 계산

   양력투영면적 $A_g = (0.38)(0.18) = 0.0684 \text{ m}^2$

   항력투영면적 $A_D = (0.03)(0.15) = 0.0045 \text{ m}^2$

3. 블록체적과 수중중량 계산

   두께 $t_b = 0.115$ m로 가정하여 계산

   블록의 체적 $Vol_b = (0.3)(0.5)(0.115) + (0.15)(0.35)(0.03) = 0.0188 \text{ m}^3$

   블록의 수중중량 $W_b = (2350 - 1000)(9.8)(0.0188) = 249$ N

4. 접근유속 V_a 계산

$$V_a = \frac{8.5}{6.0 + 5.75\log(H_d/k_s)} \;\; V_m = \frac{8.5}{6.0 + 5.75\log(2.0/0.04)}(6.8) = 3.67 \text{ m/s}$$

5. 양력과 항력 계산

$$L = (1/2)(1000)(0.10)(0.0684)(3.67)^2 = 46.1 \text{ N}$$
$$D = (1/2)(1000)(0.70)(0.0045)(3.67)^2 = 21.2 \text{ N}$$

6. 안정성 평가

$$\mu(W_w \cos\theta - L) \geq \left[(W_w \sin\theta)^2 + D^2\right]^{1/2}$$
$$0.65[(248.7)(0.897) - 46.1] \geq [\{(248.7)(0.448)\}^2 + 21.2^2]^{1/2}$$
$$114.5 > 113.4 \text{ O.K.}$$

∴ 두께 $t_b = 0.115$ m에서 안정성 확보

6.4
식생호안 설계법

6.4.1 미국 식생호안 설계

호안에서 식생의 기능은 크게 물리적, 공학적 기능과 생태적, 심미적 기능으로 나누어 생각할 수 있다.

우선, 식생은 공학적으로 유수와 흙 사이의 완충제 역할을 통해 제방표면을 보호한다. 식생은 조도와 흐름저항을 증가시키는 반면에, 흙에 직접 작용하는 유속을 감소시켜 흙 표면의 항력과 양력을 감소시키는 작용을 한다. 경계면 전단응력은 국부유속의 제곱에 비례하므로 식생에 의한 표면유속의 감소는 침식을 유발하는 힘을 크게 감소시킨다.

식생은 흙 표면을 보호하며 뿌리와 뿌리줄기는 흙을 결속시켜 추가적인 점착력을 만든다. 식생이 흙세굴을 완벽하게 차단하는 것은 아니나 일반적으로 식생호안의 한계조건은 흙 자체의 유실보다는 식생 줄기나 뿌리의 유실에 의한 한계조건으로 간주하기도 한다.

다음, 식생은 제방이라는 인위적 토목구조물을 생태적, 경관적으로 주변 하천환경과 어울리게 한다. 구체적으로, 제방에 자라는 식생은 하천의 수생생태계와 더불어 강턱, 홍수터 등 육상생태계의 귀중한 서식처 일부를 구성한다. 제방건설 시 의도적으로 도입하였거나 자연적으로 이입된 식생은 하천변 곤충, 양서류, 파충류, 포유류 등 육상동물의 귀중한 서식처를 마련해준다. 경관적으로도 제방이라는 터진 공간은 하천의 수환경과 어울려 하천만이 주는 심미적 가치를 준다.

식생호안의 공학적 설계법은 농수로 설계(USDA, 1987)와 배수로 설계(FHWA, 2005)에서 실험에 의한 경험식으로 개발되었으며, 조도, 식생의 생물역학적 성질(식생높이, 식생강성, 식생밀도), 흙의 성질(입자크기, 밀도, 소성지수) 등을 고려한다.

(1) 식생조도

식생조도 평가방법은 Chow(1959) 이후 다양한 방법이 제시되고 있는데(우효섭 등, 2015), 여기에서는 Kouwen 저항식(Kouwen 등, 1981)을 근거로 미 연방도로국에서 개발된 식생조도 평가방법(FHWA 2005)을 소개한다. FHWA의 평가방법은 설계실무에 적용되고 있다는 점에서 의의가 있다.

Kouwen 등(1981)은 다양한 인공초본 실험결과를 이용하여 상대조고(k_s/d)와 마찰계수(f)의 상관관계를 다음과 같이 제안하였다.

$$\frac{1}{\sqrt{f}} = a + b\log\left(\frac{d}{k_s}\right) \tag{6.51}$$

여기서 f는 Darcy-Weisbach 마찰계수, a와 b는 무차원 계수, d는 수심, k_s는 조고를 나타낸다.

무차원계수 a, b는 한계전단속도 u_{*c}에 대한 전단속도 u_* 비의 함수이다. 한계전단속도는 흐름에 풀이 눕기 시작하는 시점의 전단속도로서, 초본줄기의 밀도-강성의 함수이다. Kouwen 등(1981)은 실험결과를 분석하여 초본식생의 등가조고식을 다음과 같이 제안하였다.

$$k_s = 0.14h_v\left[\frac{(MEI/\tau_0)^{1/4}}{h_v}\right]^{8/5} \tag{6.52}$$

여기서 h_v는 식생줄기 높이, τ_0은 평균소류력을 나타낸다. MEI 는 밀도-강성계수로서 식생줄기의 밀도, 줄기의 탄성계수, 줄기단면적의 2차 모멘트의 곱으로 계산된다. Kouwen(1988)은 실제 식생의 밀도-강성을 이용하여 다음과 같은 경험식을 제안하였다.

$$MEI = C_s h_v^{2.82} \tag{6.53}$$

여기서 C_s는 초본밀도-강성계수이다.

식 (6.52)와 (6.53)을 결합하면 식생조고는 다음과 같다.

$$k_s = 0.14C_s^{0.4}h^{0.528}\tau_0^{-0.4} \tag{6.54}$$

식생상태가 동일한 경우 조고와 매닝계수는 선형관계를 나타내며 다음과 같이 표현된다.

$$n = C_l k_s \tag{6.55}$$

여기서 C_l는 조고-매닝계수의 상관계수로서 식생상태에 따라 다른 값을 가지는데, 초본밀도-강성계수 C_s와 다음과 같은 관계를 가진다.

$$C_l = 2.5C_s^{-0.3} \tag{6.56}$$

식 (6.55)에 식 (6.54)와 (6.56)을 대입하면 다음과 같다.

$$n = 0.35C_s^{0.1} h^{0.528} \tau_0^{-0.4} \tag{6.57}$$

여기서 초본 조도계수 C_n을 다음과 같이 정의한다.

$$C_n = 0.35C_s^{0.10} h^{0.528} \tag{6.58}$$

따라서 식 (6.57)은 다음과 같이 표현된다. 이 식은 소류력 증가에 의한 식생의 휨을 고려한다.

$$n = C_n \tau_0^{-0.4} \tag{6.59}$$

식 (6.59)를 이용하여 초본의 매닝 조도계수를 산정하기 위해서는 초본밀도-강성계수 C_s와 초본높이 또는 초본 조도계수 C_n이 필요하다. 미국의 경우 미 토양보전국 식생분류에 따라 관련계수들이 제시되어 있으며, 설계절차에서 이를 참고할 수 있다(USDA, 1987).

(2) 식생의 생물역학적 특성

초본의 흐름 및 세굴저항과 관련된 생물역학적(bio-mechanical) 성질은 초본줄기의 밀도, 강성, 높이 등이다. 초본밀도는 단위면적당 줄기개수로 정의되는데, 1 m^2에 2,000~4,000줄기가 있으면 양호한 상태이다. 초본밀도는 경험적인 방법으로 간접적으로 추정할 수 있는데, 판자낙하시험(fall board test)을 통해서 밀도-강성계수 C_s를 측정하거나, 표 6.4에서 초본피복상태를 추정하여 산정할 수도 있다. 또한 표 6.5를 이용하여 줄기높이에서 C_n을 추정하거나, 표 6.6 미 토양보전국(SCS) 식생분류로부터 산정할 수도 있다. SCS 식생분류는 초본류를 높이와 종류에 따라 생물역학적 특성이 유사한 그룹으로 분류한 것이며, 식생종은 표 6.11을 참고한다.

표 **6.4** 초본류의 밀도-강성계수 C_s (USDA, 1987)

피복상태	최상	매우 양호	양호	보통	불량
C_s	580	290	106	24	8.6

표 **6.5** 피복상태와 줄기높이에 따른 초본류 조도계수 C_n (USDA, 1987)

줄기높이(m)	최상	매우 양호	양호	보통	불량
0.075	0.168	0.175	0.142	0.122	0.111
0.150	0.243	0.227	0.205	0.177	0.159
0.225	0.301	0.281	0.254	0.219	0.197

표 6.6 SCS 식생분류에 의한 초본류 조도계수 C_n (USDA, 1987)

SCS 분류	A	B	C	D	E
줄기높이(mm)	910	610	200	100	40
C_s	390	81	47	33	44
C_n	0.605	0.418	0.220	0.147	0.093

(3) 식생호안의 허용소류력

식생호안은 식생의 보호효과를 통해 흙입자의 세굴을 방지한다. 이를 위해서 식생과 흙에 각각 작용하는 응력이 식생을 손상하거나 흙입자의 이동을 유발하지 않아야 한다. 대부분의 경우 식생의 손상보다는 흙입자의 세굴이 먼저 발생한다. 이 경우에 총 전단응력에서 식생에 작용하는 응력을 제외한 순수하게 흙입자에 작용하는 유효응력으로 호안의 안정이 결정된다. 흙의 세굴저항성이 매우 크다면 흙입자 세굴 이전에 식생의 손상이 발생한다.

호안에 작용하는 전단응력, 즉 소류력은 식생에 작용에 작용하는 응력과 흙입자에 작용하는 응력으로 분리할 수 있다고 가정하면 흙입자에 작용하는 유효응력 τ_e는 다음과 같이 표현된다 (Temple, 1980).

$$\tau_e = \gamma dS(1 - C_F)\left(\frac{n_s}{n}\right)^2 \tag{6.60}$$

여기서 C_F는 식생피복인자, n_s는 흙입자의 조도계수, S는 하상경사를 나타낸다. 식생피복인자는 $0 \le C_F < 1$의 값을 가지며, 0은 식생이 없는 상태, 1은 전체 면적이 식생으로 완전히 덮인 상태로서 식생종류와 상태의 함수이다.

흙입자 조도계수는 형상조도를 고려하지 않은 순수한 입자크기에 의한 조도로서 일반적인 하상재료 크기에 따른 조도계수에 비해서 작은 값이며, 식생조도 n_v와는 $n = \sqrt{n_v^2 + n_s^2}$의 관계이다. 흙입자 조도는 $D_{75} < 1.3$ mm인 경우 0.016이며, 이보다 큰 경우에는 다음과 같다.

$$n_s = 0.015(D_{75})^{1/6} \tag{6.61}$$

식생피복인자 설정은 공학적 판단이 필요하다. 식생피복 형태는 잔디와 같이 균일한 형태, 듬성듬성한 다발형태, 두 가지의 혼합형태 등으로 구분할 수 있으며, 표 6.7을 참고한다. 상태가 불균일하거나 불확실한 경우에는 보통 또는 불량으로 판정한다. 식생피복인자를 정량적으로 파악하고자 할 경우 표 6.8을 참고한다. 이 표에서 단위면적은 영미단위임을 주의한다.

흙입자는 세굴 용이성에 따라 네 가지로 구분하며, 그에 따른 대략적인 허용응력 τ_a은 표 6.9와 같다.

표 6.7 초본류의 정성적 피복상황에 따른 식생피복인자 (USDA, 1987)

성장 형태	피복상황				
	최상	매우 좋음	좋음	보통	불량
잔디형	0.98	0.95	0.90	0.84	0.75
다발형	0.55	0.53	0.50	0.47	0.41
혼합형	0.82	0.79	0.75	0.70	0.62

표 6.8 초본류의 식생밀도에 따른 피복인자 (USDA, 2007)

피복인자	초본종	기준밀도(줄기개수/ft^2)
0.90	Bermuda grass Centipede grass	500 500
0.87	Buffalo grass Kentucky bluegrass Blue grama	400 350 350
0.75	Grass mixture	200
0.5	Weeping love grass Yellow bluestem Alfalfa Lespedeza sericea Common lespedeza Sudan grass	350 250 500 300 150 50

표 6.9 흙입자의 세굴에 대한 허용전단응력 (USDA, 2007)

세굴 용이성	흙 종류	허용전단응력(N/m^2)
세굴에 약함	모래류	0.96
세굴 가능	실트류	1.44
세굴에 강함	점토류	2.4
세굴에 매우 강함	자갈류	3.4

모래와 같은 비점착성 흙의 기본 허용소류력 τ_p은 $D_{75} < 1.3\,\text{mm}$인 경우 $1.0\,\text{N/m}^2$로 일정하며, $1.3\,\text{mm} < D_{75} < 50\,\text{mm}$인 경우에는 다음과 같이 경험식으로 계산한다.

$$\tau_p = 0.75 D_{75} \tag{6.62}$$

점착성 흙의 허용소류력은 점착력과 밀도에 의해 결정된다. 점착력은 소성지수 PI로 표현되며, 밀도는 공극비 e로 표현된다. 점착성 흙의 허용소류력 식은 다음과 같으며 각 계수는 ASTM 흙 분류법에 따라 표 6.10과 같다.

표 6.10 점착성 흙의 허용소류력 계수 (USDA, 1987)

ASTM 흙 분류	적용범위	c_1	c_2	c_3	c_4	c_5	c_6
GM	$10 \le PI \le 20$ $20 \le PI$	1.07	14.3	47.7 0.076	1.42 1.42	−0.61 −0.61	4.8×10^{-3} 48.0
GC	$10 \le PI \le 20$ $20 \le PI$	0.0477	2.86	42.9 0.119	1.42 1.42	−0.61 −0.61	4.8×10^{-3} 48.0
SM	$10 \le PI \le 20$ $20 \le PI$	1.07	7.15	11.9 0.058	1.42 1.42	−0.61 −0.61	4.8×10^{-3} 48.0
SC	$10 \le PI \le 20$ $20 \le PI$	1.07	14.3	47.7 0.076	1.42 1.42	−0.61 −0.61	4.8×10^{-3} 48.0
ML	$10 \le PI \le 20$ $20 \le PI$	1.07	7.15	11.9 0.058	1.48 1.48	−0.57 −0.57	4.8×10^{-3} 48.0
CL	$10 \le PI \le 20$ $20 \le PI$	1.07	14.3	47.7 0.076	1.48 1.48	−0.57 −0.57	4.8×10^{-3} 48.0
MH	$10 \le PI \le 20$ $20 \le PI$	0.0477	1.43	10.7 0.058	1.38 1.38	−0.373 −0.373	4.8×10^{-3} 48.0
CH	$20 \le PI$			0.097	1.38	−0.373	48.0

$$\tau_p = (c_1 PI^2 + c_2 PI + c_3)(c_4 + c_5 e)^2 c_6 \tag{6.63}$$

미 토양보전국의 식생분류에 따른 초본의 허용소류력은 실험결과에 의해 다음과 같이 제시된다(USDA 2007).

$$\tau_{va} = 35.91 C_I \tag{6.64}$$

여기서 C_I는 식생 지체곡선지수로서, 다음과 같이 계산하거나 표 6.11에 의해 결정한다.

표 6.11 미 토양보전국 식생분류에 따른 지체곡선지수 C_I (USDA, 2007 수정)

식생 구분	C_I	높이 (cm)	개략적인 한계소류력(N/m^2)	종류
A	10.0	76–91	178	weeping love grass(능수참새그령), yellow bluestem ischaemum(바랭이새)
B	7.64	30–61	101	kudzu(칡), bermuda grass(버뮤다그래스), alfalfa(자주개자리), and blue gamma(보텔로우아 그라실리아)
C	5.60	15–30	48	crab grass(바랭이풀), common lespedeza legume mixture(벼과콩과혼파) and kentucky bluegrass(왕포아풀)
D	4.44	8–15	29	bermuda grass, buffalo grass(잡초류), grass legume mixture(벼과콩과혼파), and lespedeza sericea(비수리).
E	2.88	5 이하	17	bermuda grass(버뮤다그래스), 우산잔디 등의 양잔디

$$C_I = 2.5\left(h_v \sqrt{M}\right)^{1/3} \tag{6.65}$$

여기서 h_v는 식생의 대표높이(단위: ft)이며, M은 단위면적당(단위: ft^2) 줄기개수이다.

EXERCISE
예제 6.4
미국 식생호안 설계

다음 조건에서 식생호안의 조도계수를 계산하고 안정성을 평가하시오.

흙은 점토질 모래(SM), 소성지수 PI는 12, 공극비 e는 0.7, 피복은 우산잔디이고, C_F는 0.9 정도로 평가되며, 식생높이는 10 cm이다. 설계홍수 시 호안부 최대수심은 1 m, 흐름에 의한 마찰경사는 0.005로 계산되었다.

풀이

1. 설계소류력 계산

$$\tau_d = \gamma d S_f = 9810 \times 1.0 \times 0.005 = 49.05 \text{ N/m}^2$$

2. 조도계수 산정

식생높이와 식생종을 고려하여 식생종류는 D로 판정

표 6.6에 의해 $C_n = 0.148$

$$n = C_n \tau_0^{-0.4} = 0.148 \times (49.05)^{-0.4} = 0.031$$

※ 실제 설계에서는 여기서 계산된 조도계수와 마찰경사 산정을 위해 가정한 조도계수의 편차가 큰 경우 반복계산 수행

3. 흙입자의 허용소류력 계산

$$\begin{aligned}\tau_{p,soil} &= (c_1 PI^2 + c_2 PI + c_3)(c_4 + c_5 e)^2 c_6 \\ &= (1.07 \times (12)^2 + 7.15 \times 12 + 11.9) \times (1.42 - 0.61 \times 0.7) \times (4.8 \times 10^{-3}) \\ &= 1.20 \text{ N/m}^2\end{aligned}$$

4. 식생의 허용소류력 계산

식생종류는 D이므로 $C_I = 4.44$ 적용[또는 식 (6.65)에 의해 계산]

$$\tau_{va} = 35.91 C_I = 35.91 \times 4.44 = 159.4 \text{ N/m}^2$$

5. 안정성 평가

$\tau_{va} > \tau_d$이므로 안정으로 판정

※ 점토질 모래(SM)의 허용소류력은 식생의 허용소류력에 비해 매우 작음.

6.4.2 일본 식생호안 설계

일본에서는 식생호안 설계방법으로서 잔디의 침식안정성 평가방법을 제시한다(일본 국토기술연구센터, 2007). 하천현장에 잔디 침식실험장치를 이용한 현장실험을 수행하여 평가방법을 제시하였다. 실험결과에 의하면 유속 2 m/s 이상에서는 뿌리의 파괴로 침식심이 급격하게 증가하는 것으로 나타났다(福岡, 2013). 잔디의 허용력은 허용마찰속도 u_{*c}(m/s)로 표시되며, 다음 식 (6.66)과 같다. 마찰속도는 $u_* = \sqrt{\tau_0/\rho}$ 이므로 허용소류력과 같은 물리적 의미를 가진다.

$$u_{*c} = \frac{Z_{brk}}{\alpha}\frac{1}{\log t} \tag{6.66}$$

여기서 t는 통수시간(분), Z_{brk}는 허용침식깊이(cm), α는 침식용이성 계수이다. Z_{brk}는 보통 2~3 cm로 설정하며 α는 실험에 의해 $\alpha = -50\sigma_0 + 9$로 제시된다. 이 식에서 σ_0는 평균근모량(gf/cm^3)으로서, 지표면에서 깊이 3 cm까지의 단위체적당 흙 중에 포함된 뿌리와 지하줄기의 총 중량이다. 평균근모량의 일반적인 범위는 일본에서는 0.02~0.12 gf/cm^{3}로 제시된다. 국내하천에서 잔디의 경우 0.038~0.093 gf/cm^3, 달뿌리풀의 경우 0.034~0.095 gf/cm^{3}로 조사되었다(최흥식과 이웅희, 2011).

설계외력은 설계마찰속도로 제시된다. 수심평균유속에 대해 만곡부 등을 고려한 설계유속을 계산하고, 이를 매닝유속식[식 (6.1)], 평균전단력식[식 (6.2)], $u_* = \sqrt{\tau_0/\rho}$ 등을 이용하여 정리한다. 설계마찰속도 $u_{*\max}$와 설계유속의 관계는 다음과 같다.

$$u_{*\max} = \left(\frac{1}{n}\frac{h^{1/6}}{\sqrt{g}}\right)^{-1} V_d \tag{6.67}$$

여기서 산정된 마찰속도는 최대마찰속도라 하고, 평균마찰속도 $u_{*ave} = 0.82u_{*\max}$로 두고 이를 식 (6.66)과 비교하여 안정성을 평가한다.

$$u_{*c} > u_{*ave} \tag{6.68}$$

EXERCISE
예제 6.5
일본 식생호안 설계

다음 조건에서 식생호안의 안정성을 평가하시오.

식생높이 h_v는 20 cm, 통수시간 t는 48시간(2,880분), 허용침식높이 Z_{brk}는 2 cm, 평균근모량 σ_0는 0.10 gf/cm^3, 평균

유속 V_m은 2 m/s, 수심 h는 4.0 m이다.

풀이

1. 식생의 허용마찰속도 계산

$$\alpha = -50\sigma_0 + 9 = (-50) \times 0.10 + 9 = 4.0$$

$$u_{*c} = \frac{Z_{brk}}{\alpha}\frac{1}{\log t} = \frac{2}{4.0}\frac{1}{\log(2880)} = 0.14 \text{ m/s}$$

2. 설계마찰속도 계산

   조도계수 $n = 0.032$로 가정

$$u_{*\max} = \left(\frac{1}{n}\frac{h^{1/6}}{\sqrt{g}}\right)^{-1} V_d = \left(\frac{1}{0.032}\frac{4.0^{1/6}}{\sqrt{9.81}}\right)^{-1} \times 2.0 = 0.16 \text{ m/s}$$

$$u_{*ave} = 0.82u_{*\max} = 0.82 \times 0.16 = 0.13 \text{ m/s}$$

3. 안정성 판정

   $u_{*c} > u_{*ave}$이므로 안정

6.5 식생매트와 돌망태호안 설계법

최근에는 친환경제방 조성을 위해 식생호안과 식생매트의 이용이 증가하고 있다. 식생활착에 의해 최대성능이 보장되는 식생호안은 블록이나 사석에 비해서 불확실성이 높으며, 역학적인 안정성 분석방법이 없어 경험적 방법에 의존하고 있다.

일반적으로 흙의 최대 한계소류력은 10 N/m^2 이하로 매우 낮은 것으로 알려져 있으며, 식생이 활착된 경우에는 23~192 N/m^2, 식생매트가 적용된 경우에는 24~383 N/m^{2}로 알려져 있다(Fischenich, 2001). 식생은 파종 후 활착까지 천이기간 동안 세굴에 취약한 단점이 있으나, 활착이 완료된 후에는 상당한 내력을 지속적으로 나타낸다. 식생과 식생매트호안은 비탈면 경사가 1 : 3 이하에서 주로 적용하며, 사석과 돌망태호안은 1 : 3 이상의 경사에도 적용할 수 있다(FHWA, 2005).

6.5.1 식생매트호안 설계

식생매트의 성능은 주로 허용소류력으로 표현된다. 미국에서는 식생매트의 성능은 호안블록

표 **6.12** 식생매트의 허용소류력과 허용유속 참고 예 (Fischenich, 2001)

매트 범주	매트 종류	한계소류력(N/m^2)	한계유속(m/s)
분해성 매트	황마망	22	0.30~0.76
	짚망	74~79	0.30~0.91
	야자섬유망	108	0.91~1.22
	유리섬유조방망	96	0.76~2.13
비분해성 매트 (PE, PP 등)	식생 미활착	144	1.52~2.13
	식생 부분활착	192~288	2.29~4.57
	식생 완전활착	384	2.43~6.40

과 유사하게 실규모시험(ASTM D 6460)을 통해 생산업체에서 성능을 제시하도록 하고 있다. 표 6.12는 일반적인 식생매트에 대한 개략적인 성능을 한계소류력과 한계유속으로 제시하고 있으며, 이는 설계의 개략적인 참고자료로 활용될 수 있다. 실제 현장에서는 다양한 현장여건과 흐름 지속시간의 영향에 의해 한계소류력이 감소된다는 점을 고려해야 한다.

국내에서 주로 적용되는 분해성 매트는 식생활착 이전의 단기간에는 매트의 성능이 유지되므로 식생이 없는 매트의 안정성 평가방법을 적용해야 한다. 장기적으로는 매트는 분해되고 식생 활착상태가 유지되므로 식생호안의 안정성 평가방법을 적용해야 한다.

비분해성 매트는 단기적인 안정성은 식생이 없는 매트의 안정성 평가방법을 적용한다. 장기적으로는 식생의 뿌리구조와 매트구조의 결합으로 성능이 발휘되므로 식생이 활착된 매트로 안정성을 평가하여야 한다. 그러나 식생이 없는 매트에 대해서는 안정성 평가방법이 유효하나, 식생이 있는 비분해성 매트의 안정성 평가방법은 적용하기 어렵다. HEC-15(FHWA, 2005)에서 제시하는 방법이 있으나, 이는 이론적으로 불명확하며 실규모시험에 의해 제시되는 매트의 성능에 비해 매트의 한계소류력이 과소평가되는 문제가 있다. 따라서 현 단계에서 실규모시험에 의해 제시되는 매트의 성능에 안전율을 고려하여 설계하는 것이 타당하다.

(1) 매트의 종류 및 특성

국내에서 식생매트에 대한 체계적인 구분이 없으나, 미국의 사례를 참고하여 그물망매트(open-weave textile), 침식방지포(erosion control blanket), 비분해성 식생매트(turf reinforcement mats) 등으로 구분할 수 있다.

그물망매트는 천연사 또는 합성사를 이용하여 망형태로 구성되며 분해성이다. 일반적인 침식방지포에 비해서 밀도와 두께가 작으며, 앵커링에 의해 고정되며 분해 후에는 활착된 식생에 의

그물망매트(risimsgroup.com)

침식방지포(stormwater.pca.state.mn.us)

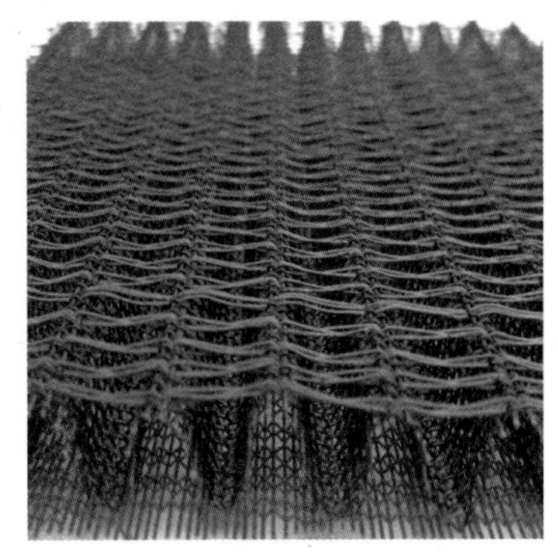
비분해성 식생매트
(www.concreteconstruction.net)

그림 **6.21** 매트 종류

해 침식에 저항한다. 보통 종자파종 이후 즉시 시공된다.

침식방지포는 분해성 제품으로서, 천연 또는 합성 섬유를 이용하여 구조적, 화화적 결합을 통해 제작되는 연속적인 매트이다. 이는 그물망매트에 비해서 더 단단하며, 밀도와 두께가 크며 이로 인해 침식저항력이 높다. 앵커링을 통해서 지반에 고정되며 분해 후에는 활착된 식생에 의해 침식에 저항한다.

식생매트는 식생활착을 촉진하고 활착된 식생의 지지력을 보강하기 위한 흙과 뿌리 간의 연결 구조를 만들어준다. 이는 미국에서 일반적으로 비분해성 매트로 분류된다. 합성섬유, 돌기, 네트, 망 등을 결합하여 3차원 연결구조를 형성하며 충분한 두께, 강도, 흙과 뿌리를 위한 공간 등을 가진다. 식생매트는 최소 두께가 6 mm 이상이며, 침식방지망에 비해 밀도가 높아 침식저항력이 높으며 앵커링 등에 의해 단단하게 고정된다. 식생종자는 매트 하부 또는 상부에 파종하는데, 매트 하부에 파종할 경우에는 식생줄기가 매트를 통과하여 성장하고 상부에 파종하면 뿌리가 매트를 관통하여 활착한다. 그러나 조직이 너무 촘촘하면 식물의 뿌리나 줄기가 통과하지 못하여 식생 활착과 성장이 불량하다.

(2) 식생이 없는 매트의 안정성 평가방법

식생이 없는 매트 하부의 흙입자에 작용하는 유효전단응력은 다음과 같다(Cotton, 1993; Gharabaghi et al., 2002; Robeson, 2003).

$$\tau_e = m(\tau_d - \tau_c) \tag{6.69}$$

여기서 τ_e는 흙입자에 작용하는 유효전단응력, m은 전단전단율, τ_d는 매트피복면에 작용하는 전단응력, τ_c는 흙입자의 초기운동이 시작되는 한계전단응력이다. Robeson 등(2003)은 실험을 통해 매트가 완전히 유실되지 않는 조건에서 작용전단응력의 증가에 따른 매트 하부 흙의 손실률은 거의 일정하며 작용전단응력과 유효전단응력이 선형관계임을 제시하였다.

매트의 허용소류력은 ASTM D 6460에 의한 실규모시험으로 제시되는데, 30분 유하 시간 동안 하부흙의 평균 침식깊이가 12.7 mm가 발생하는 전단응력을 허용소류력으로 제시한다. 여기에서는 이 값을 매트피복면 전단응력 τ_l로 표시한다. 실규모시험 결과 분석에 의해 피복면 전단응력 τ_l과 한계전단응력의 관계는 식 (6.70)과 같이 제시되며, 전단전달률은 식 (6.71)과 같이 제시된다(FWHA, 2005).

$$\tau_c = \frac{\tau_l}{4.3} \tag{6.70}$$

$$m = \frac{6.5}{\tau_l} \tag{6.71}$$

식 (6.69)에 식 (6.70)과 (6.71)을 대입하면 유효전단응력은 피복면 전단응력으로 다음과 같이 표시되며, 흙입자의 허용전단응력은 식생호안 설계방법에 따른다.

$$\tau_e = \left(\tau_d - \frac{\tau_l}{4.3}\right)\frac{6.5}{\tau_l} \tag{6.72}$$

흙입자의 허용전단응력과 매트 하부에 작용하는 유효전단응력에 의해 매트의 허용전단응력이 결정된다. 식 (6.72)에서 유효전단응력을 흙입자의 허용전단응력으로 대입하고 설계전단응력을 매트의 허용소류력으로 두면 다음 식과 같다.

$$\tau_p = \frac{\tau_l}{6.5}(\tau_{p,soil} + 1.51) \tag{6.73}$$

EXERCISE
예제 6.6
매트호안 안정성 평가

다음 조건에서 식생이 없는 매트의 안정성을 평가하시오.

흙은 점토질 모래(SC), 소성지수 *PI*는 16, 공극비 *e*는 0.5이며, ASTM D 6460에 의한 τ_l은 60 N/m^2(토양손실지수 12.5 mm), 설계홍수 시 호안부 최대수심은 1 m, 흐름에 의한 마찰경사는 0.005로 계산되었다.

풀이

1. 설계소류력 계산

$$\tau_d = \gamma d S_f = (9810)(1.0)(0.005) = 49.05 \text{ N/m}^2$$

2. 흙입자의 허용소류력 계산

$$\tau_{p,soil} = (c_1 PI^2 + c_2 PI + c_3)(c_4 + c_5 e)^2 c_6$$
$$= (1.07(16)^2 + 14.3(16) + 47.7)(1.42 - 0.62(0.5))^2 (0.0048) = 3.28 \text{ N/m}^2$$

3. 매트의 허용소류력 계산

$$\tau_p = \frac{\tau_l}{6.5}(\tau_{p,soil} + 1.51) = \frac{60}{6.5}(3.28 + 1.51) = 44.22 \text{ N/m}^2$$

4. 안정성 평가

$\tau_p < \tau_d$이므로 안전율 1.0에서도 불안정

6.5.2 돌망태호안 설계방법

돌망태는 도금으로 내구성이 보강된 철선망태에 석재를 채운 것으로서, 우리나라에서는 타원형, 사각형, 매트리스형 등이 주로 사용된다. 돌망태호안은 석재호안과 유사하게 자중으로 호안을 보호하는 구조물로서 큰 사석의 적용이 곤란한 경우 주로 사용된다. 이 호안은 사석의 적정 분급과 내구성이 확보되어야 한다. 이 호안은 비교적 작은 크기의 석재를 이용하여 경제적인 호안을 구성할 수 있는 장점이 있으나, 충격이나 부식 등으로 철망이 손상되기 쉬우며, 이로 인한 채움석재의 유실로 손상을 입을 수 있는 단점이 있다.

환경적으로는 다공성 재료로서 다양한 생물서식처를 제공하지만, 돌망태 자체로는 식생활착이 어려운 단점도 있다. 이 문제는 돌망태 흙채움을 통해서 해결하기도 한다. 돌망태에 수목이 활착하면 수목의 뿌리나 줄기가 자라면서 돌망태에 손상을 줄 수 있으므로 관리가 필요하다.

돌망태 설계는 채움석재의 크기 결정 또는 돌망태의 두께를 결정하는 것이다. 특히 채움석재의 크기와 물성 관리가 중요하다. 미국에서는 돌망태의 두께에 따라 석재의 최소, 최대크기를 규정하고 있으며, ASTM D 6711에서는 채움석재는 최소크기와 최대크기 사이에서 분급이 양호하여야 한다고 규정하고 있다. 석재의 강도와 내구성도 사석호안에 사용되는 것과 같이 우수하여야 한다.

ASTM D 6711에서 채움석재의 최소크기는 망눈 크기의 1.25배 이상이어야 하며, 돌망태의 최소두께는 석재 중앙입경의 2배 이상으로 규정하고 있다. 우리나라의 경우 채움석재의 최소크기는 망눈 크기 이상이라고 규정하고 있다(하천공사표준시방서, 2016). 돌망태의 조도계수는 채움

석재와 철망에 의해 결정되지만, 철망의 영향은 무시한다. 즉, 조도계수는 채움석재의 입경에 의해 결정된다.

(1) HEC-15 방법

HEC-15(FHWA, 2005)에서는 Simons 등(1984)에서 제시된 돌망태 설계방법을 채택하고 있다. 설계소류력 계산은 앞선 6.1절에 의한다. 돌망태의 허용소류력은 시험에 의한 경험식에서 제시된다. Simons 등(1984)은 두께 152~457 mm인 매트리스형 돌망태 시험에서 허용소류력 140~190 N/m^2을 제시하였다. 허용소류력은 채움석재 크기 또는 돌망태 두께로 결정되며, 이 중 큰 값을 허용소류력으로 결정한다.

채움석재에 의한 경험식은 다음과 같다. 여기서 D_{50}의 유효범위는 0.076~0.457 m이다.

$$\tau_p = F_*(\gamma_s - \gamma_w)D_{50} \tag{6.74}$$

여기서 F_*는 무차원 Shields 수인데, Simons 등은 0.10을 제시하였다. 돌망태 두께에 의한 경험식은 다음과 같으며, 두께의 유효범위는 0.152~0.457 m이다.

$$\tau_p = 0.0091(\gamma_s - \gamma_w)(MT + 1.24) \tag{6.75}$$

여기서 MT는 돌망태의 두께로 m 단위이다.

설계소류력을 허용소류력으로 나누면 안전율로서, 안전율은 돌망태의 적용대상, 파괴 시 피해정도, 수리해석의 불확실성 등을 고려하여 결정한다. 돌망태를 호안공법에 적용할 경우 안전율은 1.2~5.6 사이로서, 파괴로 인한 피해규모가 크지 않고 HEC-RAS 등의 수리설계를 동반하면 안전율은 1.25~1.7 이내에서 결정할 수 있다.

EXERCISE
예제 6.7
돌망태호안 안정성 평가

다음 조건에서 돌망태호안의 안정성을 평가하시오.

매트리스형 돌망태의 두께는 0.23 m, 채움석재의 중앙입경 D_{50}은 0.15 m, γ_s는 25.9 kN/m^2, 설계홍수 시 호안부 최대수심은 2 m, 흐름에 의한 마찰경사는 0.005로 계산되었다.

풀이

1. 설계소류력 계산

$$\tau_d = \gamma d S_f = (9{,}810)(2.0)(0.005) = 98.1\ \mathrm{N/m^2}$$

2. 중앙입경에 의한 돌망태 허용소류력

$$\tau_p = F_*(\gamma_s - \gamma_w)D_{50} = 0.10(25{,}900 - 9{,}810)0.15 = 241.4\ \mathrm{N/m^2}$$

3. 돌망태 두께에 의한 돌망태 허용소류력

$$\tau_p = 0.0091(\gamma_s - \gamma_w)(MT + 1.24) = 0.0091(25{,}900 - 9{,}810)(0.23 + 1.24) = 215.2\ \mathrm{N/m^2}$$

4. 안전율 계산

돌망태의 허용소류력은 241.4 $\mathrm{N/m^2}$이므로

안전율 = 241.4/98.1 = 2.46

6.6 자연형호안

자연형호안은 콘크리트블록 등과 같은 '그레이' 호안과 대응하는 개념으로서, 돌, 나무, 풀 등 자연재료를 이용한 호안 또는 일부 인공재료를 사용하더라도 동식물의 서식환경을 고려한 호안을 말한다. 국내에서는 1990년대 이후 하천환경에 대한 관심이 고조되어 하천법에서 하천환경을 고려한 하천정비를 명시하면서 호안을 콘크리트로만 정비하는 경우에는 크게 줄었다. 특히 저수호안에서는 콘크리트 호안이 거의 적용되지 않으며, 다양한 형태와 기능을 가진 호안이 환경을 고려하여 적용되고 있다.

그러나 제방호안의 경우에는 안정성과 유지관리의 문제로 아직 콘크리트 사용의 빈도가 높은 편이며 저수호안에 비해서 형태와 기능의 제약이 많다. 저수호안은 목본류 도입과 어류, 곤충, 양서파충류 등의 생물서식을 고려한 다양한 호안의 구성의 가능하나, 제방호안은 안정성의 문제로 목본류를 고려할 수 없으며 다양한 동식물 서식환경을 고려하는 것도 쉽지 않다. 결국 현재까지 자연형 제방호안은 초본류의 생장을 주목적으로 하여 곤충, 조류, 포유류 등의 일부 생물서식을 고려하는 수준이다.

자연형호안의 재료로서 저수호안의 경우 사석, 망태, 목재, 매트 등이 주로 적용된다. 그러나 제방호안의 재료로서 목재가 사용되는 경우는 거의 없으며 블록, 사석, 망태, 매트 등이 주로 사

용된다. 여기에서는 제방에서 자연형호안을 구성하는 방법에 대해서 소개한다.

6.6.1 자연형 제방호안 구성방법

자연형 제방호안은 제방비탈면의 처리 방식에 따라 식생호안, 식생매트호안, 친환경블록 호안, 복토호안 등으로 나눌 수 있다.

식생호안은 유속이나 소류력이 크지 않은 곳에 적용하며, 초본류로는 잔디, 화초류, 고유종(수크령 등) 등을 사용한다. 제방은 침투방지, 제방손상방지, 유지관리를 위한 가시성 확보 등을 위해서 목본류는 적용하지 않으며, 높이가 크지 않는 관목류 이하의 식생을 주로 사용한다. 잔디는 제7장에서 소개되듯이 줄떼, 평떼, 거적덮기 등의 공법을 사용하며, 화초류와 고유종은 씨앗살포, 포트식재, 줄기 및 지하경 식재 등으로 조성된다. 식생호안의 설계법에 대해서는 이미 6.4절에 자세히 설명되었다.

식생매트는 6.5절에서 소개된 것과 같이 그물망매트, 침식방지포, 비분해성 식생매트 등으로 구분되며 씨앗살포와 식재 등에 의해 식생을 조성한다. 식생매트는 일반적인 식생호안에 비해 허용 유속과 소류력이 비교적 큰 곳에 적용될 수 있다. 국내에서는 환경적 이유로 비분해성 식생매트보다는 그물망매트와 침식방지포의 적용이 선호되며 다양한 구성을 가진 제품들이 개발되어 적용되고 있다.

친환경블록은 유공블록의 한 종류로 식생이 자랄 수 있는 유공부가 있으며 형상은 자연석과 유사하게 제작된다. 친환경블록은 유속과 소류력인 큰 경우에도 적용할 수 있는 장점이 있으나 유공부의 형상과 크기에 따라 하부 재료가 유출되는 사례가 있으므로 주의가 필요하다.

복토호안공법은 식생이 자라기 어려운 블록호안, 돌붙임호안, 돌망태호안 등의 표층을 복토하여 식생이 자라는 환경을 조성하는 공법이다. 복토공법은 복토부가 침식되더라도 복토부 하부의 호안이 지지력이 유지되므로 안정성이 확보되는 장점이 있다. 이 공법은 신설 제방뿐만 아니라 기존 제방의 호안을 친환경적으로 조성하는 경우에도 적용할 수 있다. 기존 제방에 적용하는 경우에는 안정성을 고려하여 복토부의 비탈면 경사를 기존 경사보다 완만하게 하여 완경사형으로 조성하는 것이 일반적이다.

자연형제방 또는 그린인프라 제방의 또 다른 중요 구성요소인 완경사제방은 제방비탈면의 경사가 1 : 3보다 완만한 제방을 말한다. 대부분의 제방비탈면의 경사는 1 : 2로 조성되어 있으나, 근래 들어 하천설계기준에서 제방고와 제내지반고의 차이가 0.6 m 미만인 구간을 제외하고는 1 : 3 또는 이보다 완만하게 비탈면경사를 두는 것을 원칙으로 하고 있다.

둑마루폭이 동일하다면 완경사제방은 제방의 단면적이 넓어지므로 침투에 안정하며 경관과

친환경블록 예
(http://blog.daum.net/_blog/BlogTypeMain.do?blogid=0GMRp)

친환경블록 예
(www.isandro.co.kr)

그림 **6.22** **친환경블록 적용 사례**

그림 **6.23** **돌붙임호안 복토공법 적용 사례** (황구지천, 한승완 제공)

심미 측면에서도 우수하다. 단, 제방단면적이 넓어지므로 토지확보, 유수단면적 확보 등에서 불리할 수 있으므로, 완경사제방의 설계 시 이러한 긍·부정적인 면들을 충분히 고려하여야 한다.

낙동강 완경사제방(안동시 풍천면)

금강 완경사제방(세종보)

그림 **6.24** 완경사제방

6.6.2 표토를 이용한 식생복원

표토는 표층 30 cm 정도의 상층토로 식물의 생육기반이며 매토종자(식물체로부터 산포된 종자가 토양 중에 묻혀 휴면상태를 유지하고 있는 종자로서, 환경조건이 갖추어지면 발아할 수 있는 능력을 가진 종자 집단)가 다수 포함되어 있어 생태복원 재료로서 유용하다(Zhang et al., 2001). 이와 같은 표토를 활용하면 해당 하천의 고유식생을 복원할 수 있다. 즉, 하천정비에서 발생하는 표토를 제방표면에 포설하면 자연스러운 고유식생의 활착을 기대할 수 있다.

일본에서는 2002년 가스미가우라 호수의 호안복원을 위해 호수 바닥의 표토를 준설하여 호안에 10 cm 두께로 살포하여 고유종을 복원하였다. 공사 전에는 표토를 시험 살포하여 활착식생의 종류와 환경을 분석하였다(Nishihiro, 2006). 우리나라에서는 2005년 황구지천 하천환경정비사업에서 기존 계획을 변경하여 매토종자를 호안 및 고수부지에 포설하여 자연발아에 의한 식생복원을 수행하였다(한승완, 2015).

표토활용의 장점은 매토종자와 지하경의 조기발아 및 비옥한 토양에 의한 식물의 조기 활착이 가능하고, 고유식생의 복원이 가능하며, 타공법에 비해 시공성 및 효율성 측면에서 경제적이다(한승완, 2015).

표토를 활용하는 경우에는 인위적 식재에 비해서 식생의 종류와 활착률을 예측하기 어려우므로 시험발아와 모니터링을 통해 관리하는 것이 필요하다.

(a) Stockpiling topsoil

(b) Spreading topsoil

(c) Germination from topsoil

(d) Establishment of *Miscanthus sacchariflorus* patches

그림 **6.25** **황구지천 표토이용 식생복원 사례** (한승완 등, 2015)

6.1 식 (6.1)과 (6.2)를 이용하여 수심평균유속과 소류력의 개략적인 관계를 유도하고 이들 사이의 관계를 설명하시오.

6.2 미국과 일본의 설계유속 산정 시의 만곡계수 보정식을 비교하시오.

6.3 호안 설계에서 설계유속 개념과 설계소류력 개념을 적용하는 경우 각각의 장단점을 비교하시오.

6.4 예제 6.1에 이스바시 공식, 캘리포니아 교통국 공식, HEC-11 공식, 미공병단 EM 1601 공식, ASCE 매뉴얼 No. 110 공식, USBR EM-25 공식, USGS 공식 등의 공식을 적용하여 사석크기를 계산하고 그 결과를 비교하시오. 제시되지 않은 인자는 적절하게 가정하여 계산하시오.

6.5 미국과 일본의 블록호안 설계법은 상당히 다른 방식을 취하고 있다. 적정설계의 관점에서 양국의 블록호안 설계법을 상호 비교 검토하시오.

6.6 하천의 직선부에 설치되는 다음 호안블록에 대한 안정성을 평가하시오. 수면폭은 800 m, 설계유량은 1,520 m^3/s, 설계지점의 마찰경사는 $S_f = 0.001$, 호안설치 지점의 최대수심은 3.4 m, $\gamma = 9{,}800$ N/m^3, 호안 설치부의 설계유속 V_d는 2.9 m/sec, 하상경사는 0.001, 제방비탈면 경사는 1 : 2, 고수부지 수심은 3.4 m, 블록밀도는 2,350 kg/m^3, 물의 밀도는 1,000 kg/m^{3}이며 블록특성은 예제 6.2와 같다.

6.7 제방비탈면 경사 1 : 2(26.6°), 고수부지 수심 4.0 m, 대표유속 4 m/s, 블록밀도 2,350 kg/m^3, 물의 밀도 1,000 kg/m^3, 마찰계수 0.65, 블록의 양력계수 0.10, 항력계수 0.70인 연결형 블록의 적정 두께를 구하시오. 블록의 형상은 다음 그림과 같으며 지그재그로 배치한다.

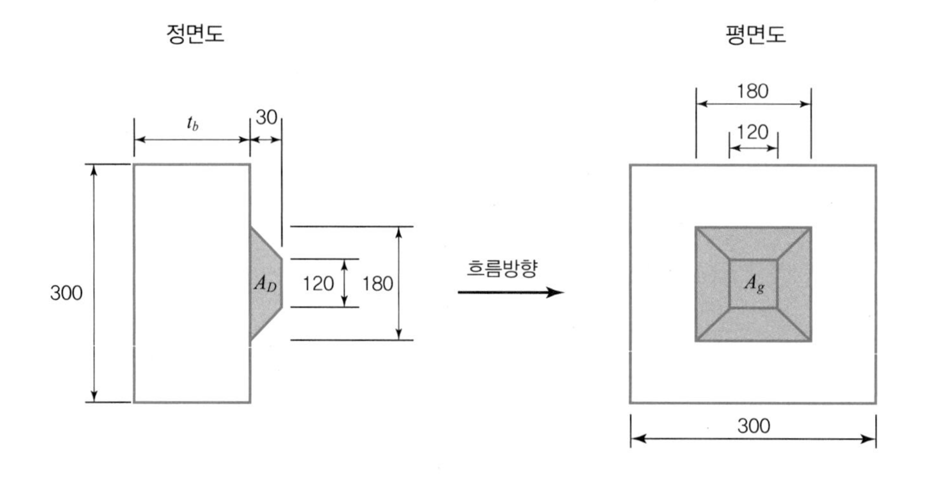

국토교통부. 2016. 하천호안공사표준시방서(KCS 51 60 10).

국토교통부. 2016. 하천공사 설계실무요령.

명남재. 2013. 경주의 수해방지림과 경주선상지. 하천과 문화, 9(3): 80-89.

우효섭, 김원, 지운. 2015. 하천수리학(개정판). 청문각.

최흥식, 이웅희. 2011. 근모량에 따른 식생호안의 침식특성 분석. 한국수자원학회논문집, 44(6): 487-495.

한승완. 신설제방 사면처리(호안)에 대한 실무-호안 선정절차 및 제방 식생활착사례(PPT 자료).

한승완, 김형준, 채병구, 김정구. 2015. 하천 고수부와 제방비탈면의 생태적 복원을 위한 표토의 집토와 부설. 응용생태공학회논문집, 2(1): 99-104.

ASTM 2016. Standard test method for performance testing of articulating concrete block (ACB) revetment systems for hydraulic stability in open channel flow. D7277-08.

Baba A, Tsatsanifos, C, Gohary FEI, et al. 2018. Developments in water dams and water harvesting systems throughout history in different civilizations. International Journal of Hydrology, 2(2):150- 166. DOI: 10.15406/ijh.2018.02.00064.

CALTRANS 2000. California bank and shore rock slope protection design: Practitioner's guide and field evaluations of riprap methods. Final report no. FHWA-CA-TL-95-10, California Department of Transportation, United States Department of Transportation.

Chang, H. H. 1988. Fluvial processes in river engineering. John Wiley and Sons, New York and other cities.

Fasso, C. A. 1987. Birth of hydraulics during the renaissance period in hydraulics and hydraulic Research. A historical review, International Association for Hydraulic Research, Gunther Garbrecht, (ed.), A.A. Balkema, Rotterdam.

Federal Highway Administration(FHWA). 2009a. Bridge scour and stream instability countermeasures: Experience, selection, and design guidance, Vol. 1, 3rd Edition, Hydraulic Engineering Circular No.23(HEC-23), U.S. Department of Transportation.

Federal Highway Administration(FHWA). 2009b. Bridge scour and stream instability countermeasures: Experience, selection, and design guidance, Vol. 2, 3rd Edition, Hydraulic Engineering Circular No.23(HEC-23), U.S. Department of Transportation.

Federal Highway Administration(FHWA). 2005. Design of roadside channels with flexible linings, Hydraulic Engineering Circular No. 15, 3rd edition, U.S. Department of Transportation.

Fischenich, C. 2001. Stability thresholds for stream restoration materials. ERDC TN-EMRRP-SR-29.

Harris County Flood Control District(HCFCD). 2001. Design manual for articulating concrete block systems. Fort Collins, CO: Ayres Associates, Project No. 32-0366.00.

Isbash, S. V. 1936. Construction of dams by depositing rock in running water. Transactions, Second Congress on Large Dams, U.S. G/nment Report No. 3,Washington D.C..

Knight, D. W. and Shiono, K. 1990. Turbulence measurements in a shear region of a compound channel. Journal of Hydraulic Research, 128(2): 175-196.

Kowen, N., Li, R. M., and Simons, D. B. Flow resistance in vegetated waterways. Transactions of the American Society of Agricultural Engineering, 24(3): 684-690.

Lagasse, P. F., Clopper, P. E., Zevenbergen, L. W., and Ruff, J. F. 2006. Riprap design criteria, recommended specifications, and quality control. NCHRP Report 568.

Laufer, J. 1954. The Structure of turbulence in fully developed pipe flow. NACA. Rep. 1174.

Nishihiro, J., Nishihiro, M.A., and, Washitani, I. 2006. Restoration of wetland vegetation using soil seed banks: lessons from a project in Lake Kasumigaura, Japan. Landscape Ecol Eng, Vol. 2: 171-176.

National Concrete Masonry Association(NCMA). 2011. Design manual for articulating concrete block(ACB) revetment systems. 2nd edition.

Nouh, M. A. and Townsend, R. D. 1979. Shear stress distribution in stable channel bends. Journal of the Hydraulics Division, ASCE, 105(HY10), Proc. Paper 14598, October: 1233-1245.

Soil Conservation Service, 1954. Handbook of channel design for soil and water conservation. SCS-TP-61, Stillwater, Oklahoma, revised.

Stoney, E. W. 1898. Extraordinary floods in Southern India: Their causes and destructive effects on railway works. Minutes of Proc., Institution of Civil Engineers, VCXXXIV, London: 66- 118.

U.S. Army Corps of Engineer(USACE). 1970. Hydraulic design criteria, Chart 712-4.

U.S. Department of Agriculture(USDA). 1987. Stability of grassed-lined open channels. Agricultural Research Service, Agricultural Handbook Number 667.

U.S. Department of Agriculture(USDA). 2007. Engineering field handbook–Ch. 7 Grassed Waterways.

Young, G. K., et al. 1996. HYDRAIN–Integrated drainage design computer system: Version 6.0–Volume VI: HYCHL, FHWA-SA-96-064, June.

Zhang, Z.Q., Shu, W.S., Lan, C.Y., and Wong, M.H. 2001. Soil seed bank as an input of seed source in revegetation of lead/zinc mine tailings. Restoration Ecology 9: 378- 385.

福岡捷二. 2013, 홍수수리와 하도설계법-치수와 환경이 조화로운 하천가꾸기. 이삼희 역. 형설출판사. (한국어).

日本國土技術研究センター. 2007. 호안의 역학설계법, 개정판, 산해당.

저수호안 시공 모습(오마이뉴스, 2013)

07 시공

이 장에서는 제방시공에 필요한 기초이론과 시공원칙 등에 관한 일반사항과 시공준비 및 기초조사에 대한 주요사항을 알아보고, 시공계획으로 시공단계와 공정계획을 수립하는 방법을 살펴본다. 다음은 가설공사, 흙공사, 호안공사, 횡단구조물공사 등 제방의 공종별 주요 내용과 방법을 다룬다. 마지막으로 제방시공 시 공사관리에 관한 사항으로 품질관리, 안전관리, 환경관리 등을 설명한다.

7.1
서론

7.1.1 제방시공의 기초 이해

하천제방공사에서 보호대상지 쪽이 제내지이고, 하천수가 흐르는 곳이 제외지이다. 하천뿐만 아니라 모든 수로의 시점은 물의 흐름방향을 기준으로 상류를 시점으로 하고 있다. 따라서 하천에서도 출발점인 상류가 시점이고 하류가 종점이 된다. 그리고 물이 흐르는 방향인 상류에서 하류를 바라보고 좌측을 좌안제, 우측을 우안제로 부른다. 다만 하천기본계획 수립 등 하천실무에서는 측점을 하류측에서 상류측으로 설정한다. 그 이유는 하천에서 수리계산을 할 때 하류측 끝단을 기준점으로 하여 상류방향으로 하는 것이 여러모로 편리하고, 상류측보다 지형 등 변화가 적은 하류측 끝단을 기준으로 위치를 설명하기가 편리하기 때문이다. 그렇다고 하천기본계획에서 좌·우안제의 명칭이 바뀌는 것은 아니다. 하천종단도를 작성할 때 횡단도면은 좌안제를 좌측에 우안제를 우측에 오도록 한다.

하천공사에서 토공작업 시 사용하는 주요 용어를 보면 다음과 같다. 시공기준면(마무리면)에서 높은 곳의 흙을 깎는 것을 흙깎기 또는 절토, 낮은 곳에 흙을 쌓는 것을 흙쌓기 또는 성토라 한다. 현 지반고보다 낮은 곳의 흙을 파내는 것을 굴착이라 하고, 구조물 설치를 위해 지반고보다 낮은 곳을 파내는 것을 터파기, 구조물 설치 후 터파기한 곳을 다시 메우는 것을 되메우기라 한다. 또 수중작업에서 수면보다 낮은 곳의 흙을 파내는 것을 준설이라 한다.

7.1.2 제방시공 원칙

제방공사에서 오랜 경험과 관습을 통한 일정한 시공법이 있는 것처럼 보이나 그렇지 않으며, 또한 그런 시공법이 반드시 최선의 방법이라고 말하기 어렵다. 현장여건과 사용재료, 사용장비 등을 감안하여 공사기간을 줄이고, 안전하고, 친환경적이며, 경제적인 시공을 하는 것이 올바른 시공이다.

단위작업량은 인력 대신 축력을 이용하면 약 7~15배, 기계를 이용하면 100배 이상을 작업량을 높일 수 있다. 기계시공은 공기를 단축하고 인력으로 불가능한 공사를 가능하게 하며 공사의 질이 균일하고 향상된다. 또 안전을 도모할 수 있고 공사비를 절감할 수 있다. 과거 한강 가래여울 제방공사(서울특별시, 1998)와 같이 공공복지 차원에서 인력으로 제방을 시공한 사례가 있으나, 가능한 기계화 작업이 바람직하다.

7.2 시공준비 및 기초조사

제방공사를 하기 위해서는 가장 먼저 설계내용과 현장조건에 대한 명확한 이해가 필수적이다. 성공적인 제방공사가 되기 위해서는 공사발주자, 설계자, 건설사업자(시공자), 건설사업관리자(감리자), 지역주민 등이 공동으로 참여하여 현장조사와 설계내용을 파악하는 것이 중요하다. 시공에 문제가 발생하지 않도록 정확한 현장조사가 필요하며, 때로는 구체적인 작업요건을 명확하게 하기 위해서 건설사업자가 추가조사를 할 수도 있다. 이를 위해 설계도서를 파악하고, 다음으로 기상, 하천상황, 토질 및 지반, 환경, 공사현장 주변 현황, 토취장 및 사토장, 토사유용량 및 사토량 등을 조사한다.

7.2.1 사전조사

시공활동을 지원하기 위해 사전조사로서 측량성과(기준점 및 가수준점 등)의 정확성 확인, 주변의 도로망, 수리시설의 기능과 위치파악, 기초지반조건에 대한 정보수집 등이 필요하다. 또 시공에 관련된 법령, 설계기준 및 지침, 표준시방서와 같은 문서를 조사한다.

7.2.2 설계도서 검토

설계도서는 설계종합보고서, 토질 및 지반조사서, 수리 및 구조계산서, 환경영향평가서, 문화재발굴조사서, 설계도, 설계서, 수량산출서, 단가산출서, 공사시방서, 보상조사서 등으로 구성되어 있다. 사업의 목적과 설계취지를 이해하고, 자연환경, 사회조건, 현장조건, 시공 시 기술적으로 문제점은 없는지, 공종 누락이나 수량산출이 잘못된 곳은 없는지 등을 파악한다.

7.2.3 기상조사

제방공사는 온도, 강수량, 상대습도, 하천유량, 조수에 영향을 많이 받는다. 특히 기상조건은 토공의 품질과 시공의 효율성에 영향을 미친다. 기상조건이 나쁘면 공사가 불가능하거나 소정의 품질을 확보할 수 없으며, 공사를 중단하는 상황까지 발생할 수 있다. 따라서 공사착수 전 기상조사를 하여 작업가능조건을 충분히 검토하고, 적절한 시공계획을 작성한다. 조사할 기상에 관한 주요 항목은 다음과 같다.

- **강우**: 과거 강우량과 강우일수를 조사하여 공사기간 중 강우상황 추정

- **강설**: 강설은 동절기 공사에 영향을 준다. 적설기간, 일적설량, 누가적설량 최대적설심 등 파악
- **기온**: 여름철 폭염과 동절기 한파로 공사가 제한될 수 있다. 최대 및 최저 기온, 일평균기온, 일조시간 등 파악
- **바람**: 풍속, 풍향 파악
- **동결**: 동결일수, 동결심 파악

7.2.4 하천상황조사

하천공사는 하천의 유량과 수위에 영향을 많이 받는다. 제방은 최종 준공된 후에야 기능을 발휘하므로 공사 중에 홍수가 발생하면 생명과 재정 손실이 치명적일 수 있다. 제방에서 토공작업은 적정한 습도유지가 매우 중요하므로 폭우가 내리는 계절이나 극심한 가뭄에는 작업을 하지 말아야 한다. 또 기존 제방을 절개하여 설치하는 통문 및 통관 작업은 홍수기를 피해야 한다. 일반적으로 하천공사는 비홍수기인 10월부터 다음 해 5월까지 집중적으로 이루어진다. 주요 조사 항목은 다음과 같다.

- **수위**: 시공기간 중의 평수위, 홍수위
- **홍수**: 홍수량, 홍수빈도, 홍수지속시간, 홍수도달시간 등의 과거기록
- 지류의 경우 본류의 역류발생 유무
- 조위영향을 받는 곳에서는 조위도, 조석 발생시간 등

7.2.5 공사현장조사

현장조사의 주요 내용은 다음과 같다.

- 공사구역 내의 지장물, 매설물
- 사적 및 매장문화재
- 공사용 도로
- 토취장 및 사토장
- 건설 시 현장에서 발생되는 반입 및 반출 토량

7.2.6 공사제약조건조사

공사제약조건이란 공사를 하는 데 있어 지장을 주는 유형, 무형의 조건으로서 크게 시공공간 제약과 환경적인 제약이 있다. 공사 시 각종 법령과 영향을 조사해서 공사의 안전과 환경보전대

책을 강구한다.

시공공간의 제약은 평면적인 제약과 공간적인 제약이 있으며, 교량 아래 공사나 시가지 등에서 시공은 절대적인 제약을 받는다. 교량 아래에서 높이의 제약이 있는 경우에는 인력이나 소형장비 사용 등 현장에서 효율성과 적합성을 평가하여 사용한다. 또 고압선과 같은 가공선과 공항부근에서 장비의 높이제한 등 물리적으로 눈에 보이지 않는 유형의 제한규제도 있으므로 주의를 요한다. 작업장에 근접해서 가옥이나 건물이 있을 경우에는 변위, 변형, 파손 등 근접시공 영향 외에도 작업공간의 제약을 받는다.

근접시공이란 기설구조물 부근에서 신설구조물을 건설함으로써 기설구조물의 안전성과 기능에 영향을 줄 우려가 있는 공사를 말한다. 특히 기초공사에서 큰 영향이 나타난다.

환경적인 제약은 생활환경과 자연환경이 있으며 건설기술관리법에서 환경오염방지시설에 대해 규정하고 있다.

표 7.1과 같은 일반적인 공사제약조건은 공사기간과 공사비에 크게 영향을 주게 되므로 충분한 검토를 한다. 특히 하천공사는 불확실한 요소가 많으므로 공정이 순조롭게 진행되지 않는 경우가 많고, 무리한 공기단축은 안전, 품질, 경제성 등에 나쁜 영향을 줄 우려가 있다. 하천공사의 제약조건조사에 포함할 사항은 표 7.2를 참고할 수 있다.

표 **7.1** **일반적인 공사제약조건** (전세진, 2011, p. 670)

구분		내용
시공공간조건		인접구조물, 지상장애물, 지하매설물, 잔토처리, 농어업수리시설, 항로, 항행선박, 기자재운반로, 사적, 문화재, 관광, 법, 조례 등 규제
환경조건	생활환경조건	수질오염, 대기오염, 소음, 진동, 악취, 지반변형, 지하수위변동, 가옥피해, 교통장애, 법, 조례 등 규제
	자연환경조건	지형, 지질, 식물, 동물, 경관, 야외 레크레이션

표 **7.2** **공사제약조건조사에 포함할 사항** (전세진, 2011, p. 670)

구분	조사할 사항
공사예정지 상황	• 지형조건, 지반침하, 비탈면붕괴 등 지반조건 • 하상, 기상 등 자연조건과 토지이용 상황
생활·사회환경	• 지역산업과 토지이용실태 및 법령상 지구지정 유무 • 공사에 대한 주민의 반응, 문제점 예측, 지자체 의견
수송로	• 주변도로의 폭, 교통 혼합 상황, 공사용 차량의 통행가능 여부, 장척물의 수송가능 여부 • 소음, 진동공해 등 공사용 차량의 영향

표 7.2 공사제약조건조사에 포함할 사항 (계속)

구분	조사할 사항
주변구조물	• 도로 및 철도의 성토 • 하천제방에서의 교대, 교각 등 중요 구조물 • 인접구조물에 보이는 균열, 침하, 경사, 사용목적 및 기초구조 등
지하구조물	• 상하수도, 가스관, 통신관, 송유관, 전선관, 파이프라인, 지하철, 지하도, 기타 매설구조물
물에 관한 사항	• 용수 및 우물에서의 지하수위와 계절 변동, 피압수의 유무, 홍수, 배수상태 • 수리상황, 어업, 기타
문화재, 공공건물	• 사찰, 묘지, 사당, 병원, 학교, 사적지, 관광지, 각종 문화재 • 보호림, 공원의 위치 및 중요도, 지방신앙, 기타

7.2.7 기타조사

주민에 대한 민원을 최소화하면서 공사를 마무리하기 위해서는 좋은 홍보가 필요하다. 주민들은 현장에서 무슨 일이 일어나는지를 알면 민원이 덜 발생하는 경향이 있다. 공사시행 전에 이해관계가 있는 지역주민, 해당지자체 등 공사와 직접적인 관계자들에게 사업설명회, 지역소식지, 안내판 등을 통해 사업의 취지, 사업기간, 사업내용 등을 알리고, 교통불편, 소음, 진동, 비산먼지, 편입용지와 지장물보상 등으로 인한 갈등을 해소한다.

7.3 시공계획

하천제방공사는 크게 제방토공, 침식방지를 위한 호안공, 통문 및 통관 등 구조물공, 부체도로와 기타공사인 부대공 등으로 구분된다. 신설 제방에서는 토공이 공종을 지배하고, 기성제방 보강공사에서는 호안공이 공종을 지배하는 경우가 많다. 근래 들어 소하천정비공사에서는 교량공이 공종을 지배하는 경우도 있다.

제방건설은 발주자, 설계자, 건설사업자, 건설사업 관리자를 대표하는 건설기술자들이 좋은 팀을 이루어야 성공적으로 목표를 달성할 수 있다. 여기에는 하천, 지반, 구조, 환경 등 다양한 분야와 시공 등이 포함된 경험이 많은 전문가들이 필요하다.

시공계획을 수립할 때에는 현실적인 예산범위 내에서 실제 경험에 기초하여 현장에 적합한 시공방법과 실제 작업지속시간을 산정하여 적용한다. 또 시공방법 등을 검토하기 위해 시험시공을 하는 경우도 있다.

토지 및 지장물 보상은 통상 발주처 업무이나, 보상이 해결되지 않으면 공사를 시작할 수 없다. 또한 공사용 도로, 가설사무소 건설 등 준비기간도 시공계획에 포함한다. 투입할 핵심인력은 제방건설에 지식과 경험을 보유하고 있어야 하며, 가능한 숙련된 건설기능공과 실제 시공이 가능한 장비가 투입되도록 계획한다. 특수장비를 사용할 때에는 계획 시 예상하지 못했던 사용허가, 장비중량, 장비의 폭이나 높이 등에 대해 제한을 받을 수 있다. 또한 자연환경, 근접시공 등 제약사항을 파악하여 반영한다. 시공계획 수립 시 고려할 주요 항목은 다음과 같다.

- 인력투입계획 및 자재계획
- 토량배분계획
- 공종별 시공법, 건설장비 사용계획, 시공속도 및 장비사용기간
- 현장시공 체제 및 임시설비 계획
- 공사용 도로 및 준비공사 계획
- 사고방지 및 안전위생에 관한 계획
- 주변 환경 보전계획

7.3.1 시공단면 검토

제방을 건설하면 기초지반의 압밀과 제체의 압밀로 인해 그림 7.1과 같이 높이뿐만 아니라 둑마루폭에서도 어느 정도의 축소가 일어나 설계와 같은 정규단면을 확보할 수 없다. 침하는 지반조건, 사용토량, 시공방법, 성토높이 등에 따라 다르다.

기초지반이 연약하여 압밀침하가 클 경우에는 단계별 잠정단면으로 시공하기도 하나, 적은 압밀에 대해서는 침하를 예상하여 더돋기를 한다.

더돋기의 높이는 토질 및 기초지반의 조사결과에 따라 결정되지만, 일반적으로 침하를 고려한 더돋기 높이는 다짐성토 0~5%, 반다짐성토 5~10%, 비다짐성토 15%, 물다짐성토 5~10%이

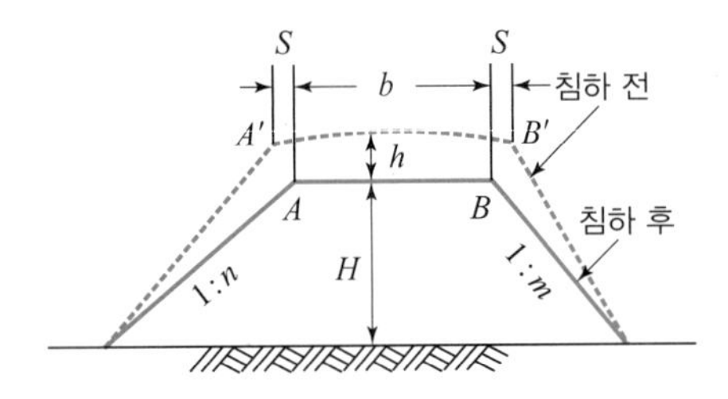

구분	둑마루폭 축소량(S)	수직침하량(h)
점토	$H/8$	$H/12$
모래	$H/15$	$H/23$
자갈	$H/40$	$H/40$

* H는 계획제방고, S는 여유폭, h는 더돋기 높이

그림 7.1 제체 압밀침하 개념도

표 7.3 더돋기 기준 (국토교통부, 2016b)

단위: m

제체의 토질		보통흙		모래·자갈	
지반의 조건		보통흙	모래 섞인 자갈 자갈 섞인 모래	보통흙	모래 섞인 자갈 자갈 섞인 모래
통일분류법에 의한 기초지반의 토질		SW, SP, SM, SC	GW, GP, GM, GC	SW, SP, SM, SC	GW, GP, GM, GC
제방 높이	3 m 이하	20	15	15	10
	3~5 m 이하	30	25	25	20
	5~7 m 이하	40	35	35	30
	7 m 이상	50	45	45	40

다(USACE, 2000). 국토교통부(2016b)에서는 제방높이와 토질의 종류에 따라 더돋기 기준을 표 7.3과 같이 규정하고 있다.

7.3.2 공정계획

공정계획은 공사를 예정대로 추진하기 위해 공종별 시공계획을 수립하여 한눈에 볼 수 있도록 표시하는 것이다. 공정계획은 기상, 하천상황, 건설기계의 선정 및 조합, 인력투입, 현장상황 등 관련조건을 고려하여 계획한다.

공정계획 수립방법은 시공순서와 시공기간을 정하고, 전체 공사기간의 작업량을 균등하게 하고, 각 공정이 전체 공사기간 내에 완료될 수 있도록 계획한다.

공정계획 작성

제방공사는 날씨와 하천상태가 작업능률과 작업여부를 지배하므로 강수량, 강우일의 분포, 기온, 동결, 일조시간, 하천유량과 수위 등을 충분히 조사한다.

작업일수는 총 작업일수/1일 작업량으로 작성한다. 여기서 1일 작업량은 인력인 경우 건설공사 표준품셈(건설연, 2019)의 1일 작업량으로 한다. 건설기계인 경우는 건설기계 또는 조립기계 운전시간당 작업량 × 1일 운전시간으로 한다. 건설기계의 1일 운전시간은 8시간으로 실작업시간 외에 장비이동시간, 점검 및 조정시간, 운전대기시간, 운전원 휴식시간 등을 포함한다.

작업일수에는 공휴일, 설과 추석, 강우일과 강우 후 작업대기에 필요한 휴지일수를 포함한다. 건설공사 표준품셈에서는 월평균작업일수를 25일로 하고 기상조건, 공정상 대기 등을 감안한 실작업가능일수를 20일로 하여 휴지계수를 25/20으로 산정한다.

공정계획 표현방법

공정계획 표현방법은 가로줄식, 공정관리곡선, 네트워크방법 등이 있다.

가로줄식 공정표는 바차트(bar chart)와 칸트차트(cant chart)가 있다. 바차트는 표 7.4와 같이 공종마다 가로축으로 공사기간을 나타내는 방법이다. 작업 항목별 절차 및 소요일수가 한눈에 볼 수 있어 전체 공정을 파악하기가 용이하다.

칸트차트는 1차 세계대전 때 미육군 병기청의 Cantt가 개발한 방법으로 공정계획에는 잘 사용하지 않고, 공정관리에 사용되며, 윗부분에 계획, 아랫부분에 실적을 표기하므로 공종별 진척사항을 파악하기가 편리하다.

공정관리곡선(바나나곡선)은 그림 7.2와 같이 세로축에 공사진척률, 가로축에 공기를 나타내는 것으로서, 매월별 공사 진도율을 곡선으로 나타낸다. 계획공정과 실공정 비교가 용이하다.

네트워크방법은 공사계획과 관리를 위한 대표적인 방법으로서, PERT(program evaluation and technique)와 CPM(critical path method)이 있다. PERT는 1958년부터 미국 해군에서 군사용 무기생산을 위해 개발된 것으로서, 주로 시간을 대상으로 하며 한정된 모든 자원의 배치계획과 원가계산을 관련시켜 이용하는 것이다. CPM은 1957년 미국의 Dupont사에서 제품생산을 위해 개발한 방법으로서, 시간 외에도 비용을 취급한다. PERT와 CPM의 공사관리기법은 그 사용 목적

표 7.4 바차트식 공정표

예 정 공 정 표 (전체)

공 사 명 : 000천 하천정비사업

공기: 2017년 10월 16일~2019년 10월 15일 (24개월)

공종	세부공종	수량	단위	금액 (백만원)	보할	착공후																									비고 (%)
						2017년			2018년													2019년									
						10월	11월	12월	1월	2월	3월	4월	5월	6월	7월	8월	9월	10월	11월	12월	1월	2월	3월	4월	5월	6월	7월	8월	9월	10월	
축제공	흙깎기	22,329	m^3	18.9	1.59			0.11	0.11	0.11	0.11	0.11	0.11	0.11	0.11	0.12	0.12	0.12	0.12	0.12	0.11										100
	흙쌓기	37,342	m^3	55.4	4.67			0.3	0.31	0.31	0.31	0.31	0.31	0.31	0.31	0.31	0.32	0.32	0.32	0.31	0.31	0.31									
	흙운반	14,910	m^3	76.9	6.48			0.43	0.43	0.43	0.43	0.43	0.43	0.43	0.43	0.43	0.44	0.44	0.44	0.43	0.43	0.43									
	기타	1	식	71	5.99			0.39	0.4	0.4	0.4	0.4	0.4	0.4	0.4	0.4	0.4	0.4	0.4	0.4	0.4	0.4									75
	소계			222.2	18.73			1.23	1.25	1.25	1.25	1.25	1.25	1.25	1.25	1.26	1.28	1.28	1.28	1.26	1.25	1.14									
호안공	돌망태	21,964	m^2	199.6	16.83								1.2	1.2	1.2	1.2	1.2	1.2	1.21	1.21	1.21	1.2	1.2	1.2	1.2	1.2					
	정형옹벽	1,841	m^2	233.2	19.65								2.45	2.45	2.46	2.46	2.46	2.46	2.46	2.45											50
	축조블럭	623	m^2	47.9	4.03													2.01	2.02												
	기타	1	식	24.4	2.05								0.14	0.14	0.14	0.15	0.15	0.15	0.15	0.15	0.15	0.15	0.15	0.15	0.14	0.14					
	소계			505.1	42.56								3.79	3.79	3.8	3.81	3.81	5.82	5.84	3.81	1.36	1.35	1.35	1.35	1.34	1.34					
포장공		4,452	m^2	73.5	6.19																		2.06	2.07	2.06						25
부체도로공		1	식	13.9	1.17								0.07	0.07	0.07	0.07	0.07	0.07	0.07	0.07	0.08	0.08	0.08	0.08	0.08	0.07	0.07	0.07			
배수시설공		226	m	90.9	7.67								0.59	0.59	0.59	0.59	0.59	0.59	0.59	0.59	0.59	0.59	0.59	0.59	0.59						
부대공		1	개소	281.0	23.68	0.51	0.52	1.03	1.03	1.03	1.03	1.03	1.03	1.03	1.03	1.03	1.03	1.03	1.03	1.03	1.03	1.03	1.03	1.03	1.03	1.03	1.03	1.03	0.51	0.51	0
총계				1,186.6	100.0	0.51	0.52	2.26	2.28	2.28	2.28	2.28	6.73	6.73	6.74	6.76	6.78	8.79	8.81	6.76	4.31	4.19	5.11	5.12	5.1	2.44	1.1	1.1	0.51	0.51	
						0.51	1.03	3.29	5.57	7.85	10.1	12.4	19.1	25.9	32.6	39.4	46.2	54.94	63.8	70.5	74.8	79	84.1	89.2	94.3	96.8	97.9	99	99.5	100	

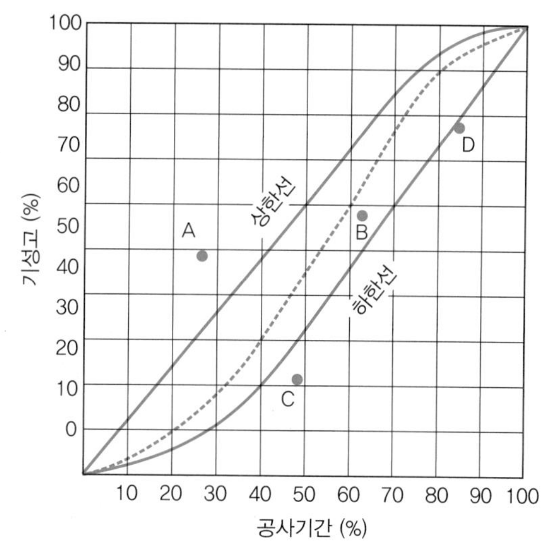

그림 7.2 공정관리곡선

이나 개발모델에서 차이가 있지만 네트워크의 기본원리는 대체로 같아 PERT/CMP이라 한다.

네트워크방법은 다음과 같은 기본적인 전제하에 원과 선으로 연결하여 표현한다.

- 경제 스피드로 공기를 지킨다.
- 유효한 기자재의 배분계획
- 공사비(인건비와 재료비) 절감
- 경비 절감
- 기자재와 투입인원의 합리적 운영

네트워크공정표의 표현방법은 그림 7.3에서 A작업이 시작되어 이 작업이 끝나면 B, C작업을 동시에 시작할 수가 있다. 작업 D는 B, C작업이 끝나야 시작할 수 있다. ③~④ 간의 점선은 상호관계를 표시한 것으로 소요시간이 없는 유사작업(dummy)이다. ①과 같이 원 안의 수치는 이벤트 번호이고 → 는 작업시간을 나타낸다. 각 공정표 작성방법에 대한 자세한 내용은 시중의 PERT와 CPM 관련 전문서적을 참조하기 바란다.

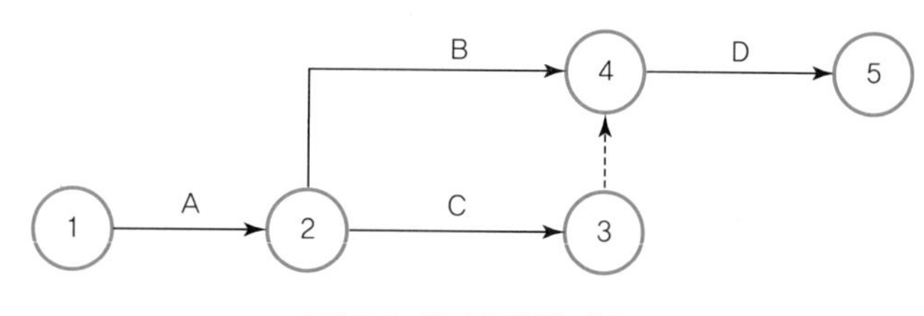

그림 7.3 네트워크방법 개념도

7.3.3 시험시공

시험시공은 설계 및 시공의 방침을 결정하기 위해 본 공사에 앞서 따로 행해지는 시공이다. 시험시공은 대규모시험과 시공착수 전, 시공 중 이루어지는 소규모시험까지 다양하다.

일반적으로 시공은 각종 조사결과와 기술적인 검토를 수행하여 실시한 설계를 바탕으로 이루어지지만, 대규모공사, 현장여건변경, 공법변경, 경험이 없는 특수공사 등의 시공 시 시험시공을 통하여 시공의 확실성을 높인다.

대규모 토공 또는 성토재료의 특수성으로 인한 시험시공은 공사기간과 공사비에 많은 영향을 주므로 설계단계에서 이루어지는 경우가 많다. 시공단계에서는 성토다짐시험, 연약지반의 압밀시험, 함수비가 높은 점성토의 굴착운반시험, 토질개량안전공법시험, 차수공의 시공방법시험, 비탈면 식생녹화공법시험 등이 있다.

시험시공 단면은 함수비조절, 침하지역에서 효율적인 굴착, 포설 가능두께, 포설 시 석재입자 최대크기, 다짐기계 적용성, 지정한 다짐도를 달성하기 위한 다짐횟수, 현장의 함수비와 다짐밀도 관계, 품질관리와 품질보증업무의 적정성, 날씨변화에 대비한 시공조건, 기존 제방의 보축 및 덧붙임방법의 적정성, 차수공의 시공적정성, 특수형상이나 구조물 주변 다짐평가 등을 평가하거나 검증하는 데 사용한다.

모든 토질과 시공상황에 완벽하게 적합한 다짐기계는 없다. 따라서 시험단면은 현장에서 제방 시험시공 단면을 구성하고, 최상의 장비유형과 포설두께, 복합적인 힘 등을 고려한다.

성토다짐시험은 선정된 성토재료에 대해 다짐기계, 다짐두께, 다짐횟수, 흙의 함수비 등 네 가지 요소에 의한다. 먼저 재료의 특성과 다짐기준을 알기 위해 흙의 밀도, 함수량, 비중, 흡수량, 입도, 액성한계, 소성한계, 콘관입시험을 한다. 시험시공방법은 자연함수비 조정이 가능하도록 함수비가 선정된 성토재의 자연함수비보다 높은 2~3종을 선정하고, 다짐두께는 사용기계의 시행능률을 고려하여 2~3종을 선정한다. 다짐횟수는 10회 정도에서 다짐이 종료되도록 한다.

연약지반의 압밀시험은 연약지반에 성토를 쌓아 성토높이, 침하시간과 침하량 및 변형상태를 파악하는 것이다. 연약지반 공법선정을 위해서는 무처리와 두세 가지 정도의 처리공법을 대비하여 비교·검토한다.

토질개량안정공법은 화산회질점토 또는 점토분이 많은 흙을 성토재로 사용할 경우에 석회나 시멘트 등의 안정재를 혼합·교반하여 성토에 사용하는 방법이다. 이러한 재료를 흙에 혼합하면 물리적 성질이 바뀐다. 제방재료는 압밀성과 투수성은 낮고, 전단강도는 높은 것을 요구한다. 시험시공은 안정재의 재료, 배합률과 강도 관계를 파악하는 것이다.

차수공의 시공방법시험은 사력토층에서 차수공시공의 적정성을 평가하는 방법이다. 차수공법은 자갈 및 호박돌 등의 크기와 조밀도에 따라 시공가능 여부와 시공기간 품질을 결정하는 경우가 많다.

식생녹화공법시험은 현장토질조건과 식재시기에 따라 발아와 활착 관계를 평가하는 시험이다.

7.4 공사기법

7.4.1 제방의 시공단계

신설하는 토사제방의 시공단계는 시공준비, 기초정리, 횡단구조물 설치, 흙쌓기(성토), 비탈덮기공 설치, 비탈면 시공, 둑마루 포장 및 마무리 등으로 나뉜다.

제1단계: 시공준비

시공준비는 기초자료조사, 설계도면 검토, 현장현황조사, 시공준비 측량, 가시설 설치, 시험시공 등이 있다.

제2단계: 기초정리

기초정리는 청소, 벌개·제근, 표토제거, 기초지반처리 및 정리 등이 있다.

청소는 지면에 있는 이물질과 시공에 방해가 되는 물질을 제거하는 것이다.

벌개·제근은 제방이 건설될 부지에 숲이 우거진 경우 나무와 풀을 베고, 나무뿌리를 제거하는 것이다. 나무의 그루터기는 지면에서 15 cm 이내가 되도록 나무를 베고, 불도저와 굴착기 등으로 나무뿌리를 뽑아낸다. 큰 가지는 반출하고, 나무의 잔가지와 풀은 퇴비화하거나 태우기 위해 모아놓고, 굴착한 뿌리는 그라인더 등을 이용하여 부수거나 현장 외로 반출한다.

표토제거는 지표면을 벗겨내고 제체 아래의 유기질층 흙을 제거하는 것이다. 유기질층이 제체 아래에 분포하면 지지력이 약해지고, 기존의 지반과 신설하는 제체가 밀착되지 않아 제방안전에 바람직하지 않으므로 유기질층 표토를 불도저나 굴착기를 이용하여 약 10~50 cm 정도 두께로 제거한다. 제거된 유해물질이나 오염원은 '토양환경보전법'에 따라 처리하고, 유기질토는 성토재와 섞어 유용토로 활용하거나 표토에는 식물의 씨앗이 많이 있으므로 모아두었다가 비탈면에 복토용으로 활용한다.

기초지반처리 및 정리는 제방이 건설될 기초지반이 연약하면 지지력을 보강하는 작업을 한다. 물웅덩이나 용출수가 있는 곳 또는 지반이 습하면 맹암거를 설치하거나 배수처리를 한다. 성토에 적합하지 않은 10 cm 이상의 큰 돌이나 이물질은 제거한다.

기존 지형이 급경사를 이루고 있어 성토재가 미끄러질 우려가 있는 경우에는 지반을 계단식으로 층따기 한다. 층따기 수평부는 바깥쪽으로 약간의 경사(3~6%)를 두어 배수가 잘 되게 한다. 신설 제방에서는 기초지반과 흙쌓기부의 밀착효과 증가, 제체의 미끄러짐과 침투방지를 위해 제방 중심부 기초지반에 홈(key)을 만든다.

제3단계: 횡단구조물 설치

제방을 횡단하는 구조물은 통문과 통관*이 대부분이다. 구조물을 설치하면 구조물 주변은 다짐이 잘되지 않으므로 구조물 표면에 아스팔트 등을 칠하고, 인력 또는 소형장비로 잘 다진다. 흙과 구조물이 접하는 곳은 물이 침투할 가능성이 높으므로 중앙부에 차수시설을 설치하고, 구조물 벽체는 표면을 거칠게 하는 치핑(chipping)을 하기도 한다[그림 5.37(a) 참조].

제4단계: 흙쌓기

제방 흙쌓기는 계획된 제방의 규격으로 토사를 쌓아 올리는 것이다. 접속도로나 부체도로의 흙쌓기도 포함한다. 불투수코어, 배수시설(드레인) 등이 포함된다. 단면적이 매우 크지 않을 경우에는 일반적으로 하부에서 상부로 올라가면서 흙쌓기 작업이 이루어지며, 여러 기능별로 작업이 이루어진다. 사용재료는 불투수성 점토, 등급이 지정된 필터용 모래와 자갈, 투수성 토사, 제방지지용 사력, 세굴방지를 위한 사석 등 다양하다. 불투수성 재료가 투수성 필터에 우발적으로 섞이면 제기능을 할 수 없다. 불투수성 코어와 일반토사는 다짐장비도 다르고, 다짐률 및 다짐방법도 다르다. 수평쌓기를 할 때 제방의 양쪽 비탈부는 다짐이 잘되지 않는다. 의도적으로 여유폭을 두고 시공한 후 과다 시공된 부분을 제거하거나 비탈면 다지기를 한다.

제5단계: 비탈덮기공 설치

비탈덮기공은 파랑이나 유수로 인해 제외측 비탈면이 침식되는 것을 보호하기 위해 설치한다. 비탈덮기공 설치 후 식생활착 등을 위한 흙덮기(복토)도 여기에 포함된다. 비탈덮기공의 종류는 잔디, 콘크리트, 블록, 석재, 돌망태, 토목섬유 등 다양하다.

* 통문(樋門)은 사각형 단면의 취·배수시설로서 제방을 관통하여 설치하고 그 끝단 또는 중간에 개폐문을 설치한 구조물이며, 통관(樋管)은 통문과 기능은 같지만 원형단면의 취·배수시설물임.

제6단계: 비탈면 시공

제방 흙쌓기를 하면 그 비탈면에서는 식생이 잘 자라지 않는 토사가 노출된다. 여기서 비탈면은 제외측의 비탈덮기공이 설치되지 않는 상부비탈면과 제내측 비탈면이 해당된다. 비탈면에는 표토제거 한 유기질 흙으로 복토하여 보호한다. 복토용 흙은 불도저, 유압식 굴착기 등으로 펴 고른다. 빠른 식생활착을 위해서는 거적을 깔고, 종자와 비료를 뿌린다. 거적은 강우로부터 비탈면을 보호하고, 습도를 유지하며, 거름역할도 한다. 식물의 종자는 외래종보다는 가능한 인근에서 자라는 재래종자를 사용하는 것이 좋다. 또는 처음부터 식생과 배양토가 섞인 흙을 비탈면에 살포(hydraulic seeding)하기도 한다.

제7단계: 둑마루 포장 및 정리

강우의 제체침투방지와 둑마루의 차량이용 또는 자전거와 산책로로 활용하기 위해 둑마루를 포장한다. 둑마루 포장은 아스팔트, 콘크리트를 많이 사용하며, 자전거와 산책로에는 투수콘크리트와 탄성포장을 하기도 한다. 비포장을 할 경우에도 자동차 바퀴에 의한 패임을 방지하기 위해 자갈, 쇄석 등을 깔아 둑마루를 보호한다. 접속도로와 부체도로의 포장은 농어촌도로 포장기준에 따른다.

제8단계: 마무리 단계

마무리 단계는 공사를 위해 설치한 가시설 철거와 준공검사, 준공도면 작성 등이 해당된다.

7.4.2 흙의 비탈면 안정

흙에는 외부하중 외에도 흙의 자중이 작용하여 침하나 붕괴가 일어나기 쉽다. 붕괴에 저항하는 힘은 흙의 입자구성과 함수비 등 흙의 성질에 따라 다르다. 그림 7.4에서 흙에 작용하는 외력은 자중과 붕괴선 위에 있는 흙의 자중이며, 이에 저항하는 힘은 흙입자 사이의 점착력과 마찰력이다. 흙에 저항하는 힘인 마찰저항과 점착력이 흙에 작용하는 외력과 자중보다 클 때 안정하고,

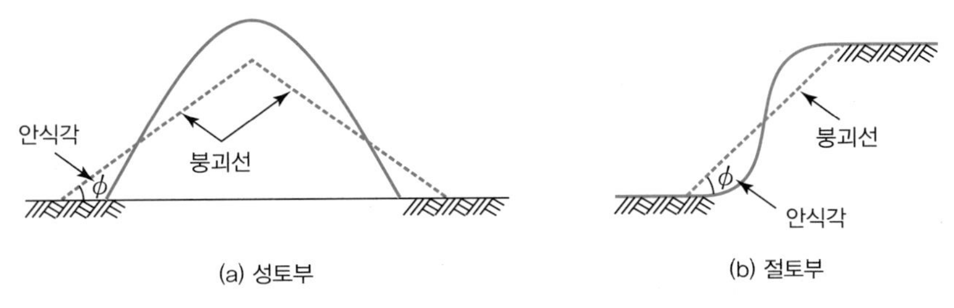

그림 7.4 흙의 안정

그 반대의 경우 불안정하여 붕괴에 이른다.

흙의 안식각은 자연상태의 경사면이 붕괴하여 안정한 비탈면을 형성하는 경사각을 말한다. 안식각은 흙의 종류, 흙의 다짐상태, 함수비에 따라 변화한다. 흙의 종류로 볼 때 모래가 안식각이 가장 크다. 절토나 성토비탈면은 안식각보다 완만하면 안정하나 비탈면을 완화하면 토공작업량이 많아져 공사비가 많이 든다. 따라서 토공작업을 할 때 흙의 특성을 감안한 비탈면 안정계산을 하여 적정한 비탈경사를 결정한다. 일반적인 성토비탈면과 깎기비탈면의 표준경사는 표 7.5 및 표 7.6과 같다.

표 **7.5** 쌓기비탈면의 표준경사 (국토교통부, 2018c)

구분	비탈면 높이(m)	비탈면 상하부에 고정시설이 없는 경우(도로 등)	비탈면 상하부에 고정 시설물이 있는 경우(주택, 건물 등)
입도분포가 좋은 양질의 모래, 모래자갈, 암괴, 암버럭	0.5~5	1:1.5	1:1.5
	5~10	1:1.8	1:1.8~2.0
입도분포가 나쁜 모래, 점토질, 사질토, 점성토	0.5~5	1:1.8	1:1.8
	5~10	1:1.8~2.0	1:2.0

주: 1) 위 표는 기초지반의 지지력이 충분한 경우에 적용하며, 비탈면 높이가 10 m를 초과하는 경우에는 별도로 검토한다.
2) 비탈면 높이는 비탈머리에서 비탈기슭까지 수직높이이다.

표 **7.6** 토사원지반 깎기비탈면 표준경사 (국토교통부, 2018c)

토질조건		비탈면 높이(m)	경사	비고
모래			1:1.5 이상	SW, SP
사질토	밀실한 것	5 이하	1:0.8~1:1.0	SM, SP
		5~10	1:1.0~1:1.2	
	밀실하지 않고 입도분포가 나쁨	5 이하	1:1.0~1:1.2	
		5~10	1:1.2~1:1.5	
자갈 또는 암괴 섞인 사질토	밀실하고 입도분포가 좋음	10 이하	1:0.8~1:1.0	SM, SC
		10~15	1:1.0~1:1.2	
	밀실하지 않거나 입도분포가 나쁨	10 이하	1:1.0~1:1.2	
		10~15	1:1.2~1:1.5	
점성토		0~10	1:0.8~1:1.2	ML, MH, CL, CH
암괴 또는 호박돌 섞인 점성토		5 이하	1:1.0~1:1.2	GM, GC
		5~10	1:1.2~1:1.5	
풍화암		–	1:1.0~1:1.2	시편이 형성되지 않는 암

주: 1) 실트는 점성토로 간주. 표에 표시한 토질 이외에 대해서는 별도로 고려한다.
2) 위 표의 경사는 턱(소단)을 포함하지 않는 단일비탈면의 경사이다.
3) 위 표의 밀실은 재료의 밀도가 높은 것을 말한다(저자 해석).

하천제방에서 비탈경사는 하천유수의 침투, 비탈면의 안정성, 호안의 종류, 시공성, 유지관리 등을 고려하여 설계 시에 정해진다. 최소비탈경사는 비탈덮기의 안정성과 시공성을 위해서는 1 : 2, 풀베기 등 유지관리를 위해서는 1 : 3보다 완만하여야 한다.

7.4.3 토량계산 및 흙의 배분

토량변화율

흙을 굴착·운반하여 다짐성토를 하면 흙의 체적이 변화하는데 이것을 토량변화율이라 한다. 원상태의 흙을 굴착하여 운반할 때에는 흐트러진 상태가 되어 체적이 늘어나며, 이 흙을 다짐장비로 다지면 다짐상태가 되어 체적이 줄어든다.

토공작업을 할 때에는 자연상태의 토량, 흐트러진 상태의 토량 및 다짐상태의 토량변화율을 조합하여 사용하며 다음과 같이 표현한다.

$$L = \frac{\text{흐트러진 상태의 토량}(\mathrm{m}^3)}{\text{자연상태의 토량}(\mathrm{m}^3)}, \qquad C = \frac{\text{다짐상태의 토량}(\mathrm{m}^3)}{\text{자연상태의 토량}(\mathrm{m}^3)}$$

토공의 작업상태에 따른 토량환산계수(f)는 표 7.7과 같다. 또 토량변화율은 공사비에 영향이 큰 인자로서 토질시험 값을 적용하는 것이 원칙이다. 건설공사 표준품셈(건설연, 2019)에서 제시된 토량변화율은 표 7.8과 같다.

표 **7.7** 토량환산계수(f) (건설연, 2019, p. 59)

기준이 되는 양 \ 구하는 양	자연상태의 토량	흐트러진 상태의 토량	다짐상태의 토량
자연상태의 토량	1	L	C
흐트러진 상태의 토량	$1/L$	1	C/L

표 **7.8** 토량변화율 (건설연, 2019, p. 59)

종별	L	C
역질토 (GM, GC)	1.15~1.20	0.90~1.00
사질토 (SM, SC)	1.20~1.30	0.85~0.90
점질토 (ML, CL)	1.25~1.35	0.85~0.95

토량산정

토량산정은 측점별 횡단면도에서 절토와 성토단면을 구하고 측점 간 거리를 곱하여 측점별로 구한다. 제방과 도로와 같이 횡단방향으로 좁고, 종단방향으로 길게 되어 있는 사업장의 토량산정방법은 양단면평균법, 거리평균법, 의사법 등이 있다. 이 중 의사법이 가장 정확한 결과를 나타내나, 양단면평균법이 사용하기가 편리하여 많이 사용한다.

양단면 평균법 $V = \frac{A_1 + A_2}{2} \times l = A_m \times l$

의사법 $V = \frac{l}{6}(A_1 + 4A_m + A_2)$

거리평균법 $V = A_1 \times \frac{l}{4} + A_2 \times \frac{l}{2} + A_3 \times \frac{l}{4}$

흙의 배분계획

토량의 균형은 제방공사 현장에서 절취한 토량과 흙쌓기(성토)할 토량이 과부족이 없도록 계획하는 것이다. 만약 흙이 남을 경우에는 사토장에 버려야 하고, 부족할 경우에는 토취장에서 가져와야 하므로 가능한 토량의 균형을 맞추는 것이 좋다. 흙을 유용할 거리가 먼 경우에는 인근에 사토하고, 부족하면 인근의 토취장에서 운반해 오는 것이 경제적일 수 있다. 이와 같이 절취한 흙과 쌓기할 흙을 적절하게 배분하는 것을 흙의 배분계획이라 한다.

하천제방에서는 하상토나 고수부지의 투수성이 높은 모래 또는 자갈성분이 많은 흙은 사용을 지양하고 있으나 통수단면적 확보와 흙의 구입이 용이하고 경제적이므로 하상이나 고수부지 등에서 절취한 흙을 쌓기재로 이용한다. 흙을 잘 쓰기 위해서는 어디에서 절취한 흙을 어디에 쌓기하고, 사토 및 순성토는 어떻게 처리할 것인지에 대한 배분계획을 세운다.

토량을 배분할 때 장기적인 압밀에 의한 더돋기량과 구조물 설치 등으로 인해 발생하는 흙과 토량변화량을 감안한다.

토량의 배분계획은 당해년도 공사나 일부구간 배분에서 불리하더라도 전체 공사 측면에서 계획한다. 토량배분의 기본은 운반토량 × 운반거리가 최소가 되도록 계획하는 것이다. 유용장소가 강 건너편이나 멀리 떨어진 경우에는 가교나 공사용 도로를 개설하는 것도 고려한다.

토량을 배분하는 방법으로는 토적계산서에 의한 방법과 유용토곡선을 작성하는 방법이 있다. 토적계산과 토량유용 계산 사례는 다음 박스기사와 같다.

양단면 평균법에 의한 토량계산 방법(예)

측점 (No)	구간거리 (m)	흙깎기		흙쌓기	
		단면(m^2)	체적(m^3)	단면(m^2)	체적(m^3)
0	0	5.0	0	10.5	0
1	20	20.5	255	20.2	307
2	20	35.2	557	30.7	509
3	20	10.3	455	30.3	610
4	20	5.5	158	35.5	658
5(EP)	20	6	115	10	455
계			1,540		2,539

거리평균법에 의한 토량계산(예)

측점 (No)	구간거리 (m)	평균거리 (m)	흙깎기		흙쌓기	
			단면(m^2)	체적(m^3)	단면(m^2)	체적(m^3)
0	0	10	5.0	50	10.5	105
1	20	20	20.5	410	20.2	404
2	20	20	35.2	704	30.7	614
3	20	20	10.3	206	30.3	606
4	20	20	5.5	110	35.5	710
5(EP)	20	10	6	60	10	100
계				1,540		2,539

토적표에 의한 유용토량계산(예)

측점 (No)	구간 거리 (m)	흙 깎기 (m^3)	흙쌓기(m^3)		횡방향 유용 (m^3)	과부족량 (m^3)	종방향 유용 (m^3)	누가량 (m^3)	비고
			토적표	다짐후 토량					
0	0	0	0	0	0	0		0	
1	20	255	307	292	255	−37	+37	0	No.2에서 37 m^3 유용
2	20	557	509	483	483	74	−74		
3	20	455	610	580	455	−125	+37	−88	No.2에서 37 m^3 유용
4	20	158	658	625	158	−467		−555	
5(EP)	20	115	455	432	115	−317		−872	
계		1,540	2,539	2,412	1,466	−872			872 m^3 순성토

주: 계산상 편의를 위해 자연상태 절토에서 다짐 후 성토(C)의 토량변화율은 0.95로 산정

7.4.4 성토재료의 채취 및 관리

성토재료는 적정함수비를 유지하여야 한다. 함수비 조절방법은 다음과 같다.

- 함수비가 높은 하상토나 표토처리 흙을 사용하는 경우에는 다음과 같은 방법으로 함수비 조절이 필요하다.
  - 토취장 주변에 배수구(측구)를 설치하여 표면수의 유입을 방지한다.
  - 토취장 내에는 배수구를 설치하여 지하수위를 저하시킨다.
  - 레이크도저 등으로 지표면을 긁어 햇빛이나 통기로 건조시킨다.
  - 가적치장을 만들어 흙을 쌓아두었다가 함수비가 낮아지면 사용한다.
  - 비가 많이 오거나 한냉지에서 서릿발이 생기는 경우에는 시트를 덮어 빗물의 침투나 동결을 막는다.
- 건조한 재료에 함수비를 증가시키는 방법으로는 토취장, 운반도중 또는 성토현장에서 호스, 스프링클러, 살수차 등으로 살수를 한다.
- 토취장의 재료가 세립분 또는 조립분이 과다하여 다른 성토재료와 혼합하여 사용할 경우에는 그림 7.5와 같이 원재료와 혼합할 재료를 혼합비에 따라 일정한 두께로 한 층씩 수평으로 가적치하였다가 사용하는 방법이 있다.
  - 한 층의 두께는 혼합할 재료를 고르게 펼 수 있는 최소두께를 한도로 가능한 얇게 한다.
  - 가적재장의 기초 및 바닥면은 배수를 고려하여 경사를 둔다.
  - 가적재장의 높이는 사용장비의 작업능률을 고려하여 3~5 m 정도로 한다.

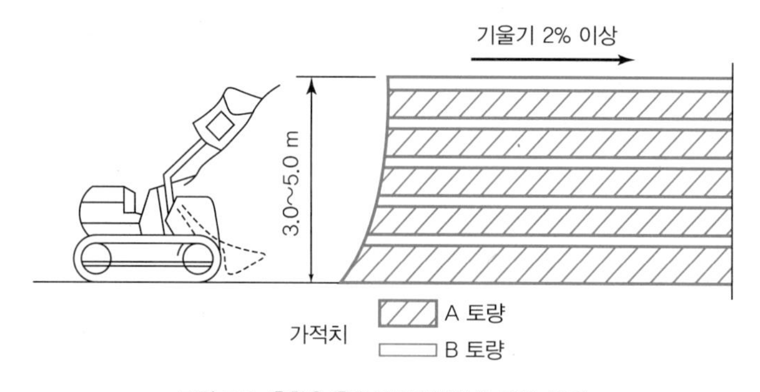

그림 7.5 혼합용 흙의 가적치방법 (농림부, 1982)

7.4.5 건설기계의 주행성

건설기계의 주행성(trafficability)은 건설장비가 지반 위에서 효율적으로 작업이 가능한 저항력

표 7.9 **건설기계가 주행에 필요한 콘지수** (일본 국토기술연구센터, 2009, p. 160)

건설기계의 종류	콘지수(q_c) kN/m^2(kg/cm^2)	건설기계의 접지압 kN/m^2(kg/cm^2)
초습지 불도자	200(2) 이상	15(0.15)~23(0.23)
습지 불도자	300(3) 이상	22(0.22)~43(0.43)
보통 불도자(15 t급 정도)	500(5) 이상	50(0.50)~60(0.60)
보통 불도자(21 t급 정도)	700(7) 이상	60(0.60)~100(1.00)
스크레이프 도자	600(6) 이상 (초습지형은 400(4) 이상)	41(0.41)~56(0.56) 27(0.27)
견인식 스크레이퍼(소형)	700(7) 이상	130(1.3)~140(1.4)
자주식 스크레이퍼(소형)	1,000(10) 이상	400(4.0)~450(4.5)
덤프트럭	1,200(12) 이상	350(3.5)~550(5.5)
타이어 롤러	800(8)~1,000(10)	280(2.8)~460(4.6)

(지지력)을 말한다. 제방에서 토공작업은 굴착, 운반, 펴고르기, 다짐으로 이루어져 있으며, 대부분 건설장비로 시공되고 있다. 건설장비를 사용하기 위해서는 충분한 지지력이 확보되어야 한다. 건설장비의 주행성은 원형관입시험기(cone-penetration meter)로 측정한 콘지수(q_c)로 파악할 수 있으며, 각종 건설장비의 주행성은 표 7.9를 참고할 수 있다.

시공기반의 표층지질의 함수비가 높은 점성토에서 건설기계의 주행성 확보가 곤란한 경우에는 배수도랑을 파서 지하수위를 낮추거나 다음과 같은 대처방법을 고려한다.

표층혼합처리 공법은 노반을 석회로 안정·처리하는 공법으로서, 로터리형과 트랜치형이 있다. 로터리형은 먼저 석회, 시멘트 등 고화제를 살포하고, 교반용 갈퀴가 달린 로터리를 이용하여 노반토와 같이 혼합교반하는 방법이다. 이 방법은 작은 직경의 로터리로 최대 1.5 m 정도의 깊은 곳까지 표층을 개량할 수 있다. 트랜치형은 지상에 살포한 고화제를 처리지반부 바닥까지 가지고 가서 혼합교반하는 방법으로서, 복수의 체인에 굴착 겸 교반의 날을 설치하는 것이 트랜치 구조와 비슷하여 붙여진 이름이다. 보통 최대처리 심도는 1.5 m 정도이다.

성토공법은 성토 후 양질의 모래나 자갈, 쇄석 등을 약 0.3~0.5 m 두께로 포설하여 주행성을 확보한다.

치환공법은 연약토의 일부를 파내고 강성이 높은 양질의 모래나 자갈, 쇄석으로 치환하여 주행성을 확보한다.

표 **7.10** 건설기계의 주행성 확보를 위한 공법 (일본하천협회, 1993)

공법	표층혼합처리 공법	성토공법	치환공법
개요도	표층혼합처리 함수율이 높은 점성토	성토(양질토) 매트부설 연약점성토	치환토(양질토) 함수율이 높은 점성토

7.4.6 운반거리와 운반장비

토공작업에서는 흙을 운반하는 것이 중요하고, 공사비에 큰 영향을 미친다. 대량으로 흙을 운반할 경우에는 적절한 운반장비를 선정하여야 한다. 하천제방공사에서는 보통 그림 7.6과 같이 둔치(고수부지)를 굴착하여 축제한다. 일반적으로 유압식굴착기는 5 m 정도의 작업반경 내에서 토사운반이 가능하며, 불도저는 60 m 이내에서 가능하다. 60 m 이상에서는 집토+적재+덤프트럭으로 운반한다. 토공작업 시 운반장비별 흙의 운반거리는 표 7.11과 같다.

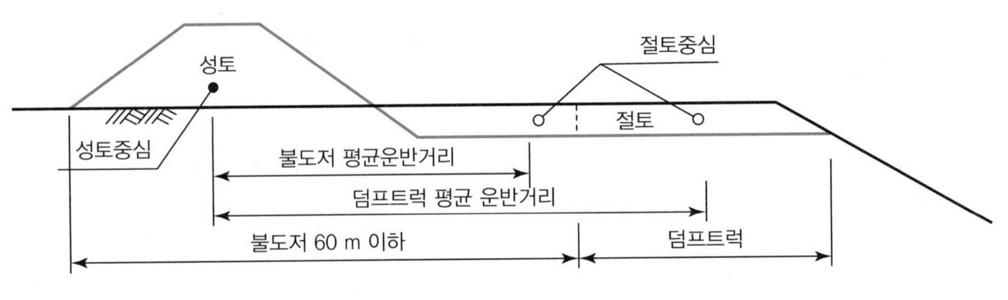

그림 **7.6** 하천제방공사의 운반장비 운영

표 **7.11** 흙 운반거리별 운반장비 선정 (건설연, 2019, p. 398)

작업구분	운반거리	표준운반장비
절붕(切崩), 압토	평균 20 m	
흙 운반	60 m 이하	불도저
	60~100 m	불도저, 로더 + 덤프트럭, 굴착기 + 덤프트럭
	100 m 이상	로더 + 덤프트럭, 굴착기 + 덤프트럭, 모터스크레이퍼

7.4.7 시공기계 선정

제방공사에 사용되는 시공기계는 크게 기존 나무뿌리 굴착 및 분쇄, 흙의 굴착 및 펴고르기, 적재 및 운반, 다짐, 기초지반 처리, 강널말뚝 설치장비 등으로 구분한다. 제방공사를 하기 위해서는 일련의 작업을 포함하여 시공성, 경제성, 공사기간 등을 감안하여 장비를 선정하는데 기본원칙은 다음과 같다.

- 동일공사나 계속공사에서 기계의 형식은 가능한 같은 것으로 하여야 기계의 활용성이 높다.
- 토질, 지하수위, 운반로 조건 등을 고려한다.
- 공사기간이 충분하면 가능한 사용기계의 수는 적게 투입하여 같은 작업을 반복하게 하여 작업능률을 올리고, 장비와 인력 수요의 기복이 크지 않게 한다. 특히 제방의 유지 및 보수와 소규모제방은 공사규모가 작고, 공종이 분산되어 있어 소형장비로 적재와 운반 등 공사를 기동성 있게 한다.
- 시공기계를 조합하여 사용할 경우에는 상호간 작업차가 크지 않게 하고, 주공정에 투입되는 장비의 능력이 향상될 수 있도록 기계를 조합한다. 또 특수한 신형기종보다는 사용빈도, 범용성, 보급률이 높은 장비를 사용하면, 다음과 같은 점에서 유리하다.
  - 장비투입이 용이하고, 신속하다.
  - 부품공급이 신속하고 값이 저렴하며, 고장 시 수리가 신속하여 작업손실 시간이 적다.
  - 운전 및 정비 경험자가 많아 운용이 쉽다.
  - 장비가동률이 높아 감가삼각비가 낮다.

시공기계 선정 시 기본사항은 다음과 같다.

- 시공기계는 크기와 충분한 동력을 가지고 있으며, 작업을 수행하는 데 필요한 안전성을 가지고 있어야 한다.
- 효율적인 작업을 수행하기 위해서는 시공기계의 용량이 적절해야 한다.
- 선정된 다른 장비와 호환성이 있어야 한다.
- 시공기계의 크기와 중량은 건설 중인 제방의 크기와 수준에 알맞아야 한다.
- 시공기계가 제방성토 등 작업할 재료를 취급할 수 있어야 한다.

건설공사 표준품셈(건설연, 2019)에서는 작업의 종류별 건설기계 선정은 표 7.12, 공사규모별 건설기계 선정은 표 7.13과 같이 표준기준을 제안하고 있다.

표 **7.12** 작업 종류와 건설기계 (건설연, 2019, p. 398)

작업의 종류	건설기계의 종류
벌개·제근	불도저(레이크 도저)
굴착	로더, 굴착기, 불도저, 리퍼
적재	로더, 버킷식 엑스커베이터
굴착·적재	로더, 굴착기, 버킷식 엑스커베이터
굴착·운반	불도저, 스크레이퍼
운반	불도저 덤프트럭, 벨트 컨베이어
펴고르기(부설)	불도저, 모터그레이더
다짐	롤러(타이어, 탬핑, 진동, 로드), 불도저, 진동콤팩터, 래머, 탬퍼
정지	불도저, 모터그레이더
도랑파기	굴착기, 트랜처

표 **7.13** 공사규모별 건설기계 (건설연, 2019, p. 399)

기계 종류	작업의 종류	작업 규모	기계 규격
불도저	유압리퍼작업	중 이하	19 t
		대	32 t
	굴착 압토(운반)	중 이하	19 t
		대	32 t
	집토(굴착, 보조)	중 이하	19 t
		대	32 t
	습지, 연약토 작업		13 t
스크레이퍼	스크레이퍼 작업	소	5.4~9.0 m^3
		중	11.0~18.0 m^3
		대	18.0 m^3 이상
굴착기	굴착 적재작업	소	0.4 m^3
		중	0.7 m^3
		대	1.0 m^3 이상
덤프트럭	덤프트럭 운반	소	8 t 이하
		중	8~15 t 이하
		대	15 t 이상

주: 공사규모에서 작업량은 소: 10,000 m^3 미만, 중: 10,000~100,000 m^3, 대: 100,000 m^3 이상이다.

7.4.8 가설공사

가설공사는 순조로운 시공을 위해 설치하는 임시시설물 공사이며, 가설사무실, 가물막이공, 가설흙막이공, 공사용 도로, 안전시설, 환경시설 등이 해당한다. 최근 가설공사가 대형화하고 복잡화되면서 흙막이공 및 가물막이 등과 같은 가설공사비가 전체 공사비와 공기에 차지하는 비중이 증가하고 있으며, 연약지반, 가옥 인접지역, 산악지대 고저차가 큰 곳 등에서는 전체 공사비의 50%를 넘는 경우도 있다.

가설공사는 공사실무에서 시공자가 직접 수행하는 것 외에 하도급에 의해 수행되는 경우가 많고, 설계에서 반영된 가설공 외에 현장에서 임의 가설하는 경우도 많아 소홀이 취급되는 경우가 있다. 일반적으로 공사 중에 이용하고 공사 후에는 철거한다는 관념으로 안전율은 본체구조물보다 작게 한다. 그러나 최근 공사가 대형화되고, 공기도 길어지며, 때로는 비홍수기에도 많은 비가 내려서 설치된 가설물이 유실되거나 주변에 침수가 발생하는 등 시공 중에 문제를 발생하여 공기를 지연시키고, 민원이 발생되는 경우가 있다.

또 연약지반에서는 가설공기 및 공사비가 본공사 규모를 상회하는 경우도 있으며, 하천 주변의 재산가치가 높아지면서 침수 시에 막대한 피해가 발생하기도 한다. 따라서 가설구조물도 본체구조물과 동등한 정도의 기능과 안전율을 확보하는 것이 타당한 경우도 있다.

하천공사에서 가설공을 설치할 때의 주의할 점은 다음과 같다.

- **안전도 확보**: 가물막이는 공사장의 물막이 확보와 제내지로 유입하는 홍수를 막는 기능이 필요하므로 기설제방 또는 동등 이상의 기능과 안전도가 요구되며, 주변 하상과 제방에 미치는 영향을 최소화한다.
- **유수소통 영향**: 하도 내에 가물막이를 설치하면 통수단면적이 감소하여 유수소통능력이 저하하기도 하며, 설치지점 상류수위가 상승하기도 한다.
- **유수의 편류 및 하상의 세굴**: 하도 내에 가물막이로 인한 급격한 하천단면적 축소는 가물막이 주변과 하류 측으로 유수의 편류와 세굴을 발생하게 하고, 가물막이에 유수압이 발생하거나, 근입부분은 세굴과 대안 측 기설구조물에 영향을 준다. 따라서 가물막이를 설치할 때에는 유향과 세굴 등에 충분한 주의가 필요하다.
- **시공시기**: 하도 내에서 가물막이 설치는 유수소통의 영향과 새로운 유수의 편류 및 새로운 하상세굴의 원인이 되어 제방붕괴를 일으킬 수 있으므로 시공시기는 비홍수기인 10월부터 다음 해 5월로 한정하는 것이 바람직하다. 최근에는 10월과 4~5월에도 큰 비가 오는 경우가 있으므로 하도를 막는 가시설과 기설제방을 절취하는 경우에는 세심한 주의가 필요하다.
- **지하수 처리**: 물막이, 배수, 터파기 등은 지하수에 많은 영향을 받으므로 이에 대한 검토가 필요하다. 지하수 장애 종류는 굴착규모, 기초형식과 기초깊이, 구조물의 조건, 대수층분포, 지하수의 성상, 불투수성, 연약층 분포 등 지반조건, 인접가옥, 구조물, 지하매설물의 상태에 따라 다르다.

7.4.9 기초지반처리

제방을 성토하기 위해서는 기초지반의 흙과 새로운 성토재가 잘 접합하고 성토재에 이물질이 유입되지 않도록 기초지반의 나무와 풀을 뿌리까지 없애는 벌개 · 제근과 유기질흙과 돌 등을 없애는 표토제거 작업을 한다. 제거할 돌의 크기는 펴고르기할 한 층 두께의 1/2 이상이 표준인데 하천제방에서는 10 cm 이상으로 규정하고 있다.

기초지반과 성토부의 밀착은 제방의 안전과 누수방지에 중요하다. 신설 제방을 축제하는 경우에는 제방부지 중앙부에 홈(key)을 만들면 밀착효과가 크게 향상되고, 침투방지에도 효과가 있다.

가끔 기초지반이나 절취부에서 용출수가 있거나 물이 고여 있는 곳이 있다. 고인 물은 배수로를 파서 성토 전에 완전히 배제하고, 용출수가 있는 곳은 자갈, 잡석 등으로 맹암거를 설치하여 배수처리를 하여야 성토 후 지반융기, 비탈면 붕괴, 호안파손 등을 막을 수 있다.

기초지반이 고르지 않으면 부설두께가 일정하지 않아 다짐이 균일하지 않고 성토 작업에 지장을 주므로 평편하게 고르기를 한다. 또 가뭄으로 표층부가 건조한 경우에는 기초지반과 제체가 잘 밀착하도록 물을 뿌린다.

전단강도가 불충분한 연약한 점토층, 느슨한 모래층, 천연유기퇴적물, 사람에 의한 퇴적물이 있는 기초지반에서는 치환, 소형장비 다짐, 단계별 성토 등 대책이 필요하다.

7.4.10 층따기

기초지반 또는 기설 제방의 비탈경사가 1 : 4보다 급한 경우에는 성토부의 밀착과 미끄러짐 방지를 위해 그림 7.7과 같이 계단모양으로 층따기를 한 후 성토를 한다. 1단의 높이는 포설두께가 30 cm이면 층따기 높이는 60 cm와 같이 포설 다짐하는 두께의 배수로 하면 시공성이 좋다. 1단의 최소높이(H)는 0.5 m, 최소폭(B)은 1.0 m로 한다. 또 계단의 수평부는 바깥쪽으로 3~5%의 경사를 두어 배수가 되게 한다.

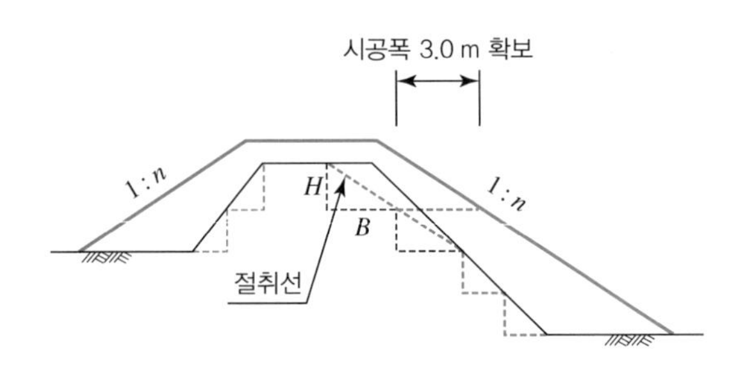

(a) 층따기 개념도

(b) 층따기공사 모습 (일본 국토기술연구센터, 2009, p. 327)

그림 **7.7** 층따기 개념도와 시공 모습

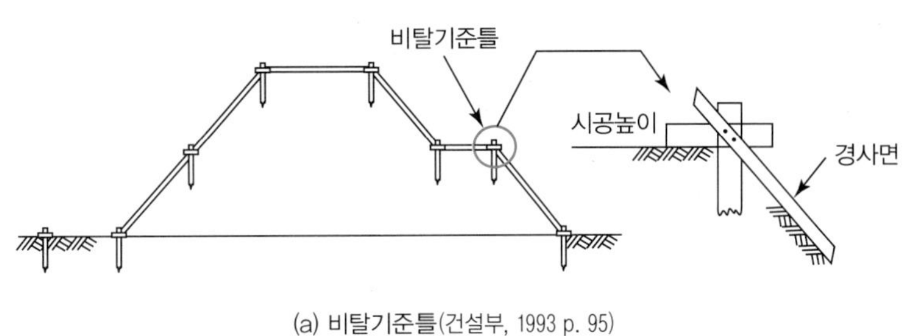

(a) 비탈기준틀(건설부, 1993 p. 95)

(b) 수평기준틀

그림 **7.8** 제방 시공기준틀

시공폭은 건설장비의 작업 폭을 확보하여야 하므로 성토부를 포함하여 최소한 3 m 이상이 필요하다(국토교통부, 2016). 일본(국토기술연구센터, 2009)과 미국(CIRIA, 2013)에서는 4 m 이상을 요구하고 있다.

7.4.11 시공기준틀

흙쌓기를 할 때 계획단면을 표기하기 위해 기준틀(규준틀)을 설치한다. 기준틀은 수평부에 설치하는 수평기준틀과 비탈면에 설치하는 비탈기준틀이 있다. 기준틀은 약 20 m 간격으로 설치하는데, 우리나라 하천제방공사에서 직선부는 40~50 m(측점마다) 간격으로 설치하고, 곡선부에서는 20~25 m(측점의 1/2 거리) 간격으로 설치하고 있다.

7.4.12 횡단구조물 설치

제방에 설치되는 대표적인 횡단구조물은 통문과 통관이 있다. 제체에 이질성 구조물인 통문이 설치되면 접속부에서 부등침하에 의한 단차와 균열이 발생하거나 접속부를 따라 물이 침투한다.

신설 제방인 경우 구조물과 성토가 병행 시공되므로 양질의 재료로 정밀하게 시공하면 침하와 침투방지를 기대할 수 있다. 기설 제방을 절취하여 구조물을 설치하는 경우에는 작업의 편의성을 위해 너무 크게 개착하지 않도록 하고, 기설 제방의 토질상태를 고려하여 비탈경사는 안전성이 확보되어야 한다. 또 높은 곳에서 흙을 뿌려 되메우기 하면 다짐이 불충분해지기 쉽다. 횡단구조물 설치 시 주의할 점은 다음과 같다.

- 강도저하가 적고 침투에 안전한 재료를 사용한다.
- 좁고 한정된 범위에서 시공하므로 적절한 다짐기계로 충분이 다진다.
- 시공 중 물이 모이지 않도록 배수경사를 확보하고 배수대책을 강구한다.
- 콘크리트와 성토재의 접속부는 충분한 함수비 조건을 가지게 한다.

- 구조물 주변에서 대형장비로 다짐이 곤란한 경우에는 소형장비를 이용하거나 다짐두께를 얇게 하여 다짐효과를 높인다.
- 구조물의 강도가 충분히 발휘되기 전에 성토에 의한 토압을 주지 않는다.
- 구조물 주변은 편 토압이 작용하지 않도록 양쪽을 균등하게 성토한다.
- 흙과 구조물 접합부는 침투를 억제하기 위해서 구조물 표면을 거칠게 치핑(chipping)하거나 다짐도 확보를 위해 콘크리트 면에 역청재를 바르는 것이 좋다. 또 침투방지를 위해 중앙차수벽을 설치하는 것이 바람직하다.

구조물 주변 되메우기는 최적함수량으로 95% 다짐도를 확보한다. 만약 되메우기 시 95% 다짐도를 확보하기 어려운 곳에서는 유동성이 높고 강도가 낮은 콘크리트로 채운다.

7.4.13 흙쌓기

흙쌓기의 비탈경사는 지반상황, 흙쌓기 재료, 공사종류, 시공방법 등에 따라 다르며, 기본적으로 흙쌓기 재료의 안식각보다 완만하여야 한다. 일반적으로 육상부에서 흙의 안식각은 보통토사 1 : 1.5, 모래 1 : 2, 연약한 점토 1 : 3 정도이다. 수중에서는 더 완만하여야 한다. 하천제방의 비탈경사는 수리계산과 하천설계기준을 고려하여 설계 때 정해진다.

흙쌓기의 시공방법은 제방의 종방향으로 진행하며, 수평쌓기, 전방쌓기, 비계쌓기 등으로 구분된다. 수평쌓기는 덤프트럭으로 흙을 운반해오면, 불도저 또는 스크레이퍼 등으로 0.2~0.5 m 두께로 펴 고르고, 물을 뿌려 적정 함수비를 맞추고 롤러 등으로 다져가며 흙을 한 층씩 쌓아 올리는 방법이다. 이 방법은 하천제방공사에서 일반적으로 채택하고 있는 방법이다. 이 방법은 매우 치밀하게 시공이 되므로 공사기간이 길고 공사비가 높다. 중간에 투수성이 큰 재료가 있는 층이 분포할 경우에는 제방누수에 취약하다[그림 7.9(a)].

전방쌓기는 축제를 시작하는 부분에서 앞으로 전진하며 쌓아가는 하향작업으로서, 공정이 빠르고 공사비가 저렴하나 공사 중에 다짐이 되지 않아 침하기간이 오래간다[그림 7.9(b)]. 하천제방공사에서는 고수부지의 흙을 불도저로 밀어 올리는 상향식 작업으로 제방을 쌓기도 한다.

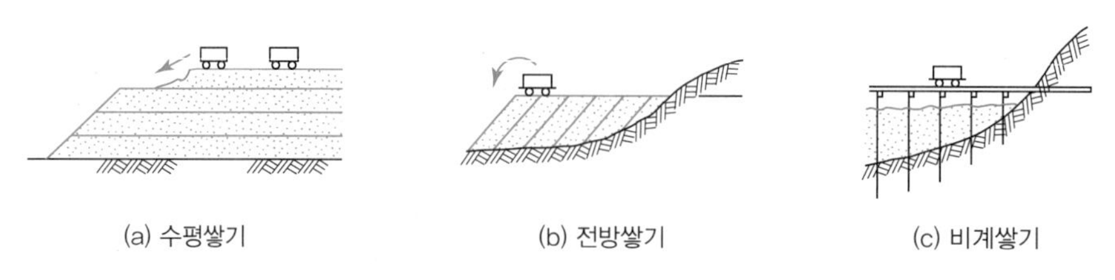

(a) 수평쌓기 (b) 전방쌓기 (c) 비계쌓기

그림 7.9 **흙쌓기 시공방법** (권진동, 1977, p. 31~32)

비계쌓기법은 비계로 가설잔교를 설치하여 그 위에 운반용 레일을 깔고, 토운차로 흙을 아래로 내려 흙을 쌓아가는 방법으로서, 대규모 성토공사에서 많이 사용하는 방법이지만 하천제방에는 거의 사용하지 않는다[그림 7.9(c)].

하천제방 성토는 홍수 시 일부만 파괴되어도 제방기능을 모두 상실하므로 도로나 철도와 달리 내하중보다는 침투방지에 중점을 둔다. 따라서 제체에 공극이 남지 않고 단면이나 전체 구간을 균일하게 시공하는 것이 중요하다.

7.4.14 다짐

제방의 강도, 압축성 및 투수성은 제방재료의 압밀정도에 따라 다르다. 다짐기준은 일반적으로 건조밀도, 수분함량, 공극률 등 세 가지 변수와 관련되어 있다. 제방시공 시 다짐은 토립자 사이의 공극을 감소하여 ① 투수성을 낮추고, ② 침투수에 의한 강도저하를 적게 하여 흙의 안전한 상태를 유지하고, ③ 축제 후 압밀을 최소화한다. 제방에서 펴고르기와 다짐은 제방의 종방향으로 평행하게 하는 것이 원칙이다.

다짐(KS F, 2312)에 대한 최대건조밀도는 일반제방은 90%, 구조물 주변은 95%를 요구하고, 최적수분함량(OMC)은 3%를 요구하고 있다. 또 제방 흙 속에 남아 있는 과도한 공기구멍은 흙이 포화상태일 때 침하를 발생시킬 수 있다. 이를 완화하기 위해 공극률은 5% 미만으로 다짐관리를 한다. 매우 단단한 점토에서는 일반장비로 공극률을 5% 미만으로 줄이는 것이 불가능할 수도 있으므로 물을 뿌려가며 다짐을 한다. 다짐밀도, 공기간극비, 포화도 등은 식 (7.1)~(7.4)와 같이 산정한다. 하천설계기준해설(수자원학회/하천협회, 2019)에서 규정한 다짐기준은 표 7.14와 같다.

표 **7.14** 제방의 축제재료의 다짐기준 (수자원학회/하천협회 2019, p. 512)

구분		기준	시험법
시방 최소밀도에서 수침 CBR		2.5 이상	KS F 2320
다짐도	일반구간	90% 이상	KS F 2312 A, B
	구조물 뒤채움구간	95% 이상	KS F 2312 C, D
시공함수비		다짐시험방법에 의한 최적함수비 부근과 다짐곡선의 해당 다짐밀도에 대응하는 습윤 측 함수비 사이	
시공층 두께	일반구간	30 cm 이하	한 층의 마무리 두께
	구조물 뒤채움구간	20 cm 이하	

다짐률 $\frac{\rho_d}{\rho_{d\max}} \times 100(\%)$ (7.1)

건조밀도 $\rho_d = \frac{100\rho_t}{100 + w}$ (7.2)

공기간극비 $V_a = 100 - \frac{\rho_d}{\rho_w}\left(\frac{100}{\rho_s} + w\right)$ (7.3)

포화도 $S_r = \frac{w}{\frac{\rho_w}{\rho_d} - \frac{1}{\rho_s}}$ (7.4)

여기서 ρ_d는 현장 다짐 후 건조밀도(g/cm^3), $\rho_{d\max}$는 기준이 되는 설계다짐 후의 최대건조밀도(g/cm^3), V_a는 공기간극비(%), S_r은 포화도(%), ρ_t는 현장흙의 습윤밀도(g/cm^3), ρ_w는 물의 밀도(1 g/cm^3), ρ_s는 토립자의 밀도(g/cm^3), w는 함수비이다.

외부에서 반입한 성토를 품질이 균일하게 잘 다지기 위해서는 펴고르기(포설)를 잘해야 한다. 한 층의 다짐두께를 30 cm로 한다면 펴고르기를 위한 두께는 35~45 cm 정도로 한다. 함수비가 높은 점성토로 성토할 때에는 운반기계에 의한 바퀴자국에 의해 강도저하를 초래하므로 별도의 운반로를 두거나 부근에서 2차 운반하는 방법을 강구한다. 또 같은 흙을 다짐할 경우에는 다져진 곳과 다짐할 경계면은 30 cm 이상 중복하고, 서로 다른 재료(성토재와 필터재 등)를 다지는 경계부에서는 약 20 cm 정도 중복하여 다진다.

다짐작업은 토질 및 현장조건에 따라 표 7.15를 참고하여 적정한 장비를 선정한다. 불도저나 롤러를 사용할 수 없는 보축단면, 소규모제방, 구조물 주변, 성토부 어깨, 비탈면 같은 곳은 소규모 다짐장비인 플레이트 콤팩터 또는 래머를 사용한다. 한편 과잉다짐을 할 경우에는 기초지반 및 제체의 안정성 문제가 증가할 수 있으니 주의하여야 한다.

표 **7.15** **토질에 따른 다짐장비의 선정** (수자원학회/하천협회, 2019, p. 512)

토양	다짐기계	다짐두께(cm)	다짐도(%)	규격(t)	다짐횟수
점성토	양족식 롤러 (자주식)	30	90	19	5
			95	19	8
사질토	진동롤러	30	90	10	6
		20	95	10	
	타이어롤러	30	90	8~15	4
		20	95	8~15	

주: 보축, 지방하천의 제체단면이 작은 경우 등 상기 표의 장비투입이 곤란한 경우 소형 다짐장비 등으로 대체하여 사용할 수 있음.

7.4.15 성토비탈면 시공

제체를 충분히 다짐·성토하여도 비탈면은 다짐이 부족하므로 충분히 다져야 하고, 각종 침하에 대비한 여유단면을 갖도록 시공한다.

비탈면 다짐은 비탈경사가 1 : 2보다 급한 곳에서는 인력 또는 유압식굴착기에 두드림판을 달아 비탈면을 두드려 다짐을 한다. 이 경우 비탈면은 아무리 잘 시공해도 다짐이 잘되지 않아 시방 다짐규정을 만족하기 어렵다. 완경사인 경우에는 성토를 한 후 비탈면에 소형롤러나 불도저로 다짐을 한다.

또 다른 시공방법으로 재성토다짐방법은 그림 7.10(d)와 같이 성토한 비탈면을 폭 0.5~1.0 m로 긁어내어 평평하게 하고 두께 0.3~0.4 m로 한 층씩 소형장비나 인력으로 다져 올라가는 방법이다. 덧쌓기방법은 그림 7.10(e)와 같이 성토 시 단면 폭을 정규단면보다 크게 쌓은 후 정규단면에 맞추어 다짐이 잘되지 않은 비탈부의 흙을 제거하는 방법이다. 보강재삽입방법은 그림 7.10(f)와 같이 성토 시 비탈부에 보강재를 삽입하여 성토하여 비탈면의 강성을 높이는 방법이다. 또한 시공 시 강우로 비탈면의 침식 방지하기 위해서 가배수구를 만들거나 성토부를 횡단방향으로 3~5% 정도 경사를 주기도 한다.

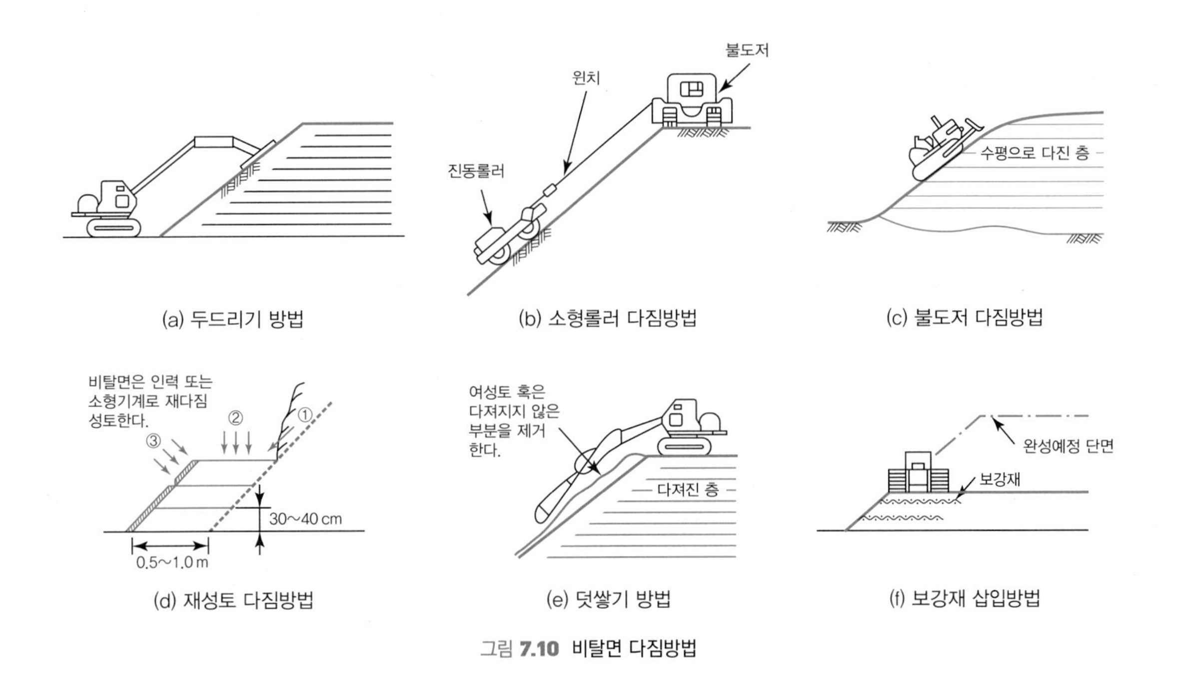

그림 7.10 비탈면 다짐방법

7.4.16 배수구 시공

배수구(drain)는 양측에 있는 성토재와의 관계에 따라 단일배수구와 필터를 붙인 배수구가 있다. 하천제방은 대부분 균일형 제방이므로 배수구는 모래, 필터는 토목섬유를 사용한다.

시공방법은 15 cm 두께로 펴 고르고 롤러로 다짐을 하는데, 배수구의 재료입자가 파손될 우려가 있으면 다짐을 하지 않는 것이 더 좋을 수도 있다. 배수구 시공 시 중요한 것은 빗물 또는 흙이나 나뭇가지 등 이물질이 들어가 배수구의 틈을 막지 않아야 한다는 점이다. 시공 시 주의할 점은 다음과 같다.

- 강우 후는 배수구 시공면을 점검하여 표면에 점토입자, 이물질 등의 퇴적이 없는지 확인한다.
- 시공 중에는 배수재의 내부에 인접한 재료가 혼입되지 않도록 한다.
- 한 층의 성토가 완료되면 주수시험을 하여 통수능력을 확인한다.
- 배수구 경계부는 느슨하게 시공될 가능성이 있으므로 과다짐이 될 정도로 충분히 다진다.

7.4.17 흙덮기공 시공

흙덮기공(覆土工)은 비탈덮기공의 치수기능과 콘크리트 호안의 환경기능을 보완하기 위해 흙을 덮는 것을 말한다. 표면이 거친 호안을 설치하면 기계에 의한 풀베기 작업이 어려우므로 복토가 필요하다. 또 콘크리트 호안 등 강성호안에서 흙덮기는 식생을 회복·유지하고 하천생물과 주민에 양호한 환경을 제공하는 자연친화적인 방법이다.

식생이 번성하면 식물의 뿌리와 잎이 침식에 대한 내력을 향상시키고, 홍수 시 복토의 유실을 억지하나 초기단계에서는 작은 홍수에도 유실될 수 있다. 흙덮기를 할 때 유의사항은 다음과 같다.

- 식생의 조기정착을 위해서는 현지의 표토를 사용하여 현지 생태계를 보호·유지한다.
- 홍수기 때 식생이 활착할 수 있게 시공시기를 조정한다.
- 제방비탈면 끝(수제부)은 식생네트, 나무말뚝, 사석 등으로 보호한다.
- 조기 비탈면 보호가 필요한 곳은 복토 후 종자를 파종하거나 잔디를 식재한다.

토목섬유(매트)의 매끄러운 표면 위에 흙덮기를 하는 경우에는 토목섬유와 흙덮기공이 미끄러지지 않도록 두 경계면 사이 마찰력이 복토층의 경사방향 무게보다 커야 한다. 여기서 주의할 점은 토목섬유와 흙덮기공 사이의 마찰계수는 표피층의 내부마찰계수와 거의 비슷하거나 더 크다. 그러나 포화상태의 토양은 마찰력이 현저하게 감소할 수 있다. 토목섬유에 작용하는 최대인장력은 다음과 같이 계산한다.

$$F = G\sin\beta - fG\cos\beta \ = pgdL(\sin\beta - f\cos\beta) \tag{7.5}$$

$$W = f\,G\phi\cos\beta \tag{7.6}$$

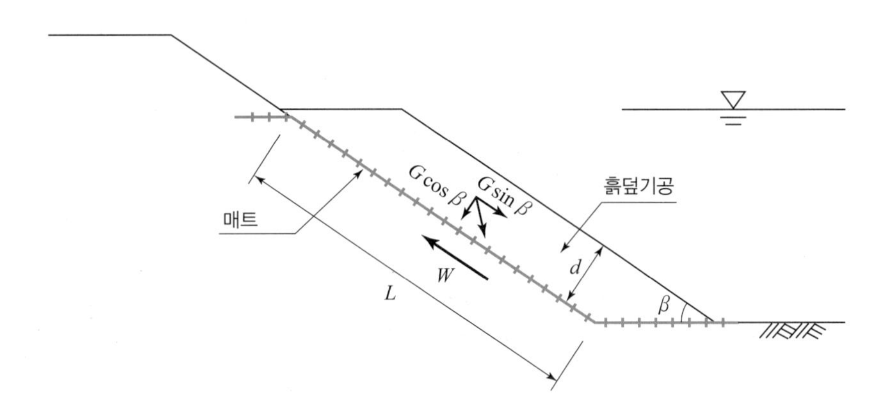

그림 **7.11** **토목섬유에 작용하는 힘의 개념도** (전세진, 2011, p. 290)

표 **7.16** **흙과 토목섬유 사이의 마찰계수(f)** (전세진, 2011, p. 290)

매트 표면	마찰계수(f)	비고
미끄러움	0.26	
거침	0.49	
갈빗대 같이 주름짐	0.60	
고밀도 폴리에틸렌(HDPE)	0.3	

여기서 F는 토목섬유(매트)에 작용하는 최대인장력(km/m), G는 복토층의 무게(kg), p는 토양 밀도(kg/cm^3), g는 중력가속도(9.81 m/s^2), d는 복토층 두께(m), L은 경사면 길이(m), f는 흙과 토목섬유 사이의 마찰계수(표 7.16 참조), ϕ는 흙덮기공의 내부마찰각도, β는 경사각도(°)이다.

7.4.18 잔디시공

강우 등으로부터 제방의 비탈면을 보호하기 위해 잔디를 식재할 수 있다. 쌓기면은 줄떼붙임, 절토면은 평떼붙임으로 하며, 종자파종도 가능하다. 여기서 뿌리에 흙이 3 cm 이상 붙은 것을 흙떼, 흙을 털어버린 것을 털떼라 한다.

평떼는 가로 30 cm, 세로 30 cm 규격을 말하며, 비탈면 전체에 빈 공간 없이 붙이고, 다짐판으로 두드려 잔디를 흙에 밀착시키고 평떼 1개소당 2~4개 정도의 꼬지로 고정한다. 줄떼는 평떼를 1/3로 잘라 30 cm 간격으로 골을 파고 수평으로 붙이고 흙을 덮고 다진다. 평떼는 빨리 활착되고, 줄떼는 비탈면 전부를 덮을 때까지 상당한 시일이 걸리는 반면에 견고하다. 또 잔디가 썩거나 건조한 것과 털떼는 사용할 수 없도록 규정하고 있다(국토교통부, 2016b).

야생 또는 재배잔디를 구하기 어렵거나 시공의 편의성 등으로 종자파종이 사용된다. 종자파종

표 **7.17** 식생호안 비교표 (전세진, 2011, p. 287)

구분	줄떼 및 평떼	거적덮기공	토양안정제 처리공
형상			
개요	들잔디(재배잔디) 채취 후 비탈면에 식재	비탈면에 종자와 비료를 혼합하여 종자 살포 후 거적을 덮고 꼬지로 고정	비탈면에 종자살포 후 토양안정제를 살포하여 비탈면을 코팅
장점	• 난지형 잔디로 가뭄이나 하절기 가뭄에 우수 • 과거에 대표적인 공법으로 녹화효과 빠름	• 시공이 간편 • 재료 수급 편리 • 부엽토 효과 • 보습력이 우수하여 초기 발아에 양호	• 강우에 대한 침식방지 효과 • 예상 강우에 따라 용액조절이 가능 • 견질마사토 비탈면에 효과 • 토사유출방지로 하자 보수비 절감
단점	• 토사구간 외에는 적용 곤란 • 강우에 의한 피해 빈번 • 동절기 공사에 불리 • 적기에 다량의 잔디수급 곤란 • 시공인력의 과다소요	• 강우와 바람에 거적이 쉽게 이탈 우려 • 급경사지나 견질 마사토지역에서 횡선작업 곤란 • 식생발아 전 강우 시 세굴 및 유실 우려	• 종자살포 후(시공 후 12시간) 강우발생 시 효과저감

은 비탈면에 잔디와 초본류 또는 초화류를 적절히 배합하여 살포하는 것으로서, 발아율은 65% 이상, 순량률(전체 종자의 중량 중 불순물을 제외한 순수종자의 중량비율)은 95%를 요구한다.

종자를 파종한 후 거적 등으로 덮어서 강우에 의한 토양유실을 방지하고, 보습력 유지 및 부엽토 효과를 도모하는 것을 거적덮기공이라 한다. 반면에 비탈면에 직접 씨앗을 파종한 후 토양안정제를 살포하여 강우에 토양유실을 방지하고, 보습력 유지 및 부엽토 효과를 도모하는 것을 토양안정제 처리공이라 한다.

종사살포에서 시공기간은 발아 및 활착에 중요하며, 보통 봄(3월~6월), 가을(8월~10월)에 시행한다.

7.4.19 비탈덮기공 시공

비탈경사가 1 : 1(일본 1 : 1.5)보다 급한 경우를 쌓기, 이보다 완만한 경우를 붙임이라 한다. 콘크리트나 몰탈로 접합하는 것을 찰쌓기 또는 찰붙임이라 하고, 블록 또는 석재의 마찰력으로 접합하는 방식은 메붙임 또는 메쌓기라 한다. 쌓기는 배면토압이 작용하는 것이며, 붙임은 비탈면 자체가 비탈면 안정을 이룬다.

비탈덮기공 설치길이가 변화할 경우에는 비탈덮기머리공을 기준으로 덮기공 개당크기를 고려하여 세굴심에 안전한 깊이에서 기초공을 계단식으로 설치하여야 머리공에서 단차가 발생하지 않는다.

블록공

블록은 홈 또는 블록끼리 맞물리거나 몰탈 또는 연결용 철봉이나 철선, 와이어선 등으로 블록이 일체화되도록 한다. 시공순서는 기초공을 설치 후 배면에 부직포를 설치한다. 그 다음 블록을 하단에서 상단방향으로 설치하고, 마지막에 고리를 연결하거나 블록 틈을 모래 등으로 채운다. 이때 블록은 둑마루에 두고 비탈면을 하단방향으로 운반 시공하면 블록을 비탈면의 하단에 두고 상단방향으로 시공하는 것보다 작업효율이 더 좋다. 시공허용오차는 법선과 줄눈간격을 기준으로 5 cm 이내이다. 곡선부 등에서 틈이 5 cm 이상 발생하면 몰탈 또는 콘크리트로 채운다.

돌망태공

철선으로 돌망태(KS F 4601)를 만들어 채움돌로 채우는 것이다. 시공순서는 비탈면에 부직포를 설치하고, 비탈면에서 망태를 조립하고 그 속에 채움돌을 채우고 뚜껑을 덮고 철선으로 결속한다. 돌망태는 비탈면 길이방향으로 1 m 단위로 설치한다. 국토교통부(2016b)에서 채움돌의 기준은 다음과 같이 규정하고 있다.

- 채움돌의 크기는 망눈의 최소치수보다 커야 하고(참고로 ASTM D 6711에서는 1.25배 이상으로 규정하고 있음) 망태 최소두께의 1/2보다 작아야 한다.
- 돌의 재질은 비중이 2.5 이상이어야 한다(실제 자연석은 평균 2.65 정도임).
- 돌의 형상은 둥근 것이 좋으며 평평하거나 가늘어서는 안 된다.

그림 7.12 블록공

그림 7.13 돌망태공

• 망태 내에 채움돌이 가득 차서 돌과 망태가 하나로 묶여서 홍수 시 쓸려나가지 않아야 한다.

돌쌓기공/돌붙임공

돌쌓기공은 몰탈의 사용 여부에 따라 메쌓기와 찰쌓기가 있다. 메쌓기는 부직포, 뒤채움재, 쌓기돌 등으로 구성되어 있고, 찰쌓기공은 부직포, 뒤채움재, 뒤채움콘크리트, 쌓기돌 등으로 구성되어 있다. 돌쌓기 방법 그림 7.15와 같이 골쌓기, 켜쌓기, 계단쌓기가 있으며, 규격석이 아닌 경우

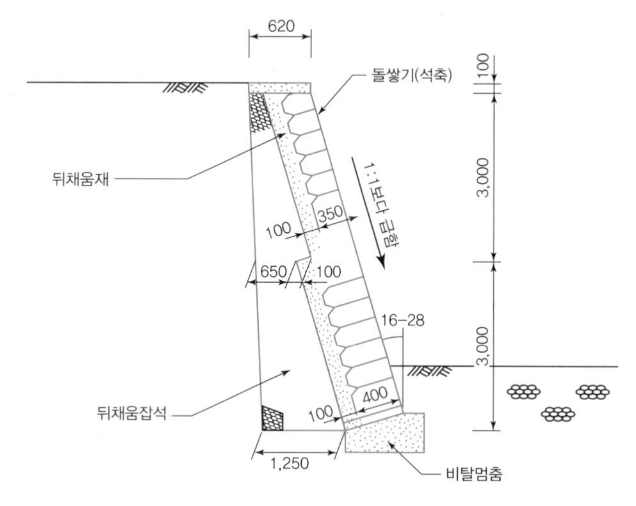

그림 7.14 돌쌓기 단면도

(a) 골쌓기(막쌓기): URL#1

(b) 켜쌓기(수평쌓기): URL#1

(c) 계단쌓기: URL#2

(d) 조경석 쌓기: URL#3

그림 7.15 돌쌓기방법

에는 골쌓기를 원칙으로 한다. 최근에는 자연형하천조성공사에서 조경석 쌓기도 많이 이용된다.

돌은 큰 것을 하부에, 작은 것은 상부에 오도록 하고, 길이가 긴 쪽이 뒷길이가 되고, 서로 맞닿은 면이 잘 맞물려지고 돌이 흔들이지 않도록 고임돌로 고정하면서 쌓는다. 특히 조경석 쌓기는 미관을 고려하여 쌓아야 한다. 메쌓기는 접촉면의 마찰력을 크게 하여 외력에 충분히 견딜 수 있도록 한다. 찰쌓기는 채움콘크리트가 각 돌에 충분히 부착하도록 충분히 다져 쌓는다. 물빼기 구멍은 직경 5~10 cm 파이프를 2~3 m^2당 1개소씩 설치한다. 앞면은 약 1 : 0.3~1.0 정도로 기우려 쌓는다. 뒤채움 조약돌은 배면토사의 유출방지와 배면수를 집수하는 역할을 하며, 두께는 최소 15 cm 이상이어야 한다.

찰쌓기의 1일 시공높이는 1.2 m을 넘지 않는다. 호박돌과 같이 비규격석으로 메쌓기 할 때에는 견고하도록 1개의 돌을 6개의 돌이 접하도록 쌓는 방법(여섯 에움)을 사용한다. 돌붙임은 쌓기와 유사하며 비탈경사를 1 : 1보다 완만하게 하여 배면토압을 받지 않는 구조이므로 설치두께가 일정하다.

사석공

석재는 가는 금이나 흠집 등 결함이 없어야 하고, 압축강도(KS F 2519)는 50 MPa 이상, 흡수율(KS F 2518)은 5% 이하, 비중은 2.5 이상이어야 한다.

사석의 크기는 유수의 소류력에 충분히 견딜 수 있는 크기(중량) 이상이어야 한다. 사석의 구성은 토사유출방지를 위해 토목섬유필터, 뒤채움재, 사석 순으로 설치한다.

토목섬유필터는 현장봉합을 할 경우에는 최소한 20 cm 이상 겹침을 한다. 수중시공을 할 경우에는 토목섬유필터가 파랑에 흔들이거나 물에 뜨지 않도록 돌 또는 흙마대 등으로 고정한다. 덤프트럭에서 토목섬유 위에 사석을 직접 덤핑하면 토목섬유필터가 찢어지므로 직경이 50~90 mm

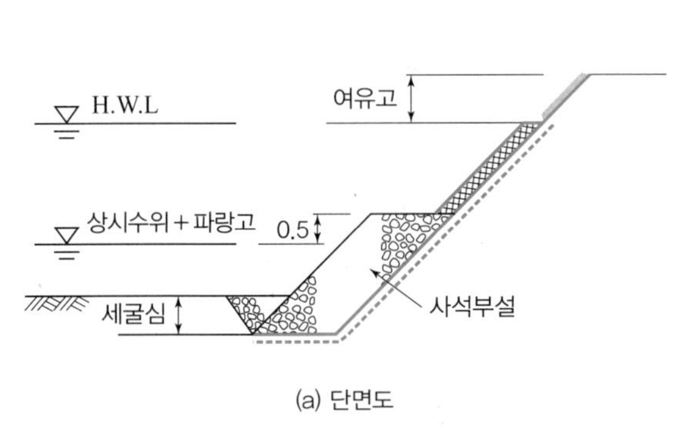

(a) 단면도

(b) 설치 모습

그림 7.16 사석공

정도의 조약돌을 25 cm 이상 두께로 깔고 그 위에 투하한다. 조약돌은 토목섬유필터의 찢어짐 방지와 사석 사이의 공극을 메워 사석을 안정시키고, 배면수를 집수·배제하고 배면토사의 흡출을 방지하는 필터 역할을 한다.

사석의 표면은 견고하게 고정하기 위하여 돌붙임처럼 짜맞추거나 면고르기를 하기도 하나 생물의 서식처 제공과 다공성을 유지하기 위하여 자연스런 모습으로 두기도 한다. 이스바시 공식으로 안정해석을 할 경우 전자는 파묻힌 상태, 후자는 노출상태가 된다.

7.4.20 둑마루 포장 시공

둑마루 포장은 콘크리트, 아스팔트, 투수콘크리트, 탄성포장, 자갈 또는 잡석부설 등 다양하며, 시공방법도 모두 다르므로 각 공법별 시공방법에 따른다.

7.5 공사관리

공사관리의 목적은 안전하고 경제적인 시공으로 계획된 품질을 확보하고 정해진 기간 내에 공사를 완료하는 것이다. 하천공사는 날씨, 토질, 홍수 등 현장 및 불확실한 자연조건에 따라 계획과 실적을 일치시키기가 쉽지 않다. 공사관리의 주된 내용은 표 7.18을 참고할 수 있다.

표 **7.18** **공사관리** (일본 국토기술연구센터, 2009, p. 258)

구분		내용
시공관리	공정관리	계획과 실시 공정의 대비검토
	품질관리	설계와 시공품질 대비검토
	준공관리	설계와 시공형상 치수의 대비검토
기계관리	가동관리	기계의 가동률 또는 작업능률의 향상
	유지관리	기계의 기능 유지확보
안전관리	현장 내 관리	직접 현장에 관계되는 안전대책
	사고방지대책	작업원, 제삼자에 관련된 사고방지대책
	수방대책	수해에 대한 방재대책
환경보전대책		환경에 대한 제반영향대책

7.5.1 시공관리

공정관리

공정관리는 시공계획에 의해 작성된 공정에 따라 공사가 능률적, 경제적으로 공기 내에 완성되도록 하는 시공관리이다. 계획과 실적을 대비하여 공정에 지연이 발생하면 신속하게 대응책을 강구한다. 조치사항으로는 작업절차의 재검토, 작업순서 재조합, 작업시간 변경, 사용기계 변경, 기타변경 등이 있다. 또 공정계획을 수정하고 다시 새로운 공정계획에 따라 공사를 진행한다.

품질관리

품질관리는 설계서와 공사시방서에서 요구하는 품질규격을 만족하는 공사대상물을 경제적으로 시공되도록 관리하는 것이다. 제방공사에서 시공 후 준공검사에서 잘못된 곳이 발견되면 경제적인 손실뿐만 아니라 보완이 어려운 경우가 많다. 따라서 가능한 시공 중에 품질을 합리적으로 관리하는 것이 중요하다.

품질관리의 절차는 다음과 같다.

- **재료의 관리**: 시공에 사용하는 재료가 설계서 및 시방규정에 적정한지를 확인한다. 필요한 경우에는 재료의 품질시험을 한다.
- **품질특성 결정**: 품질에 영향을 미치는 품질특성을 결정한다.
- **표준작업결정**: 설계서, 공사시방서, 과거경험 등을 토대로 시공방법과 시공순서를 결정한다.
- **품질확인**: 품질특성 값이 품질규격에 만족하게 시공되고 있는지를 확인한다.

준공관리

준공관리는 설계도서와 같은 규격과 치수로 시공이 되어 있는지를 검사하는 것이다. 시설물에 매설되어 검측이 불가능한 곳은 공사 중 검측을 하고 사진을 남겨 놓는다. 대체로 시설물별 허용치수에 대한 오차는 표 7.19와 같다.

표 **7.19** 시설물별 시공최대 허용오차

공종	구분	시공 최대허용오차(mm)	비고(근거)
흙쌓기	표고	±12	국토교통부, 2018b
	비탈면 선	±150	
	비탈면	±30	
콘크리트	수직	높이 300 이하: ±25, 높이 300 이상: ±150	국토교통부, 2018d
	수평	부재: ±25, 슬래브: ±13	
	계단	높이: ±3, 너비(폭): ±6	

7.5.2 기계관리

건설기계는 현장에서 항상 가동이 가능한 상태로 유지하여야 한다. 작업능률 향상은 시간당 작업량을 늘이는 것으로 기계의 가동률과 작업능률을 높이기 위해서는 경제성, 신뢰성, 보관성 등을 염두에 두고 기계를 관리하여야 한다. 또 건설기계는 취급설명서에 따라 점검, 급유, 정비를 하여야 한다.

7.5.3 안전관리

안전관리란 재해로부터 인간의 생명과 재산을 보호하기 위한 계획적이고 체계적인 제반활동이다. 안전사고는 고의성이 없는 어떤 불안전한 행동이나 조건이 선행되어 일을 저해하거나 능률을 저하시키며, 직접 또는 간접적으로 인명이나 재산의 손실을 가져올 수 있는 사건을 말한다.

사고방지의 기본원리는 사고의 본질을 알고 그 예방책을 강구하는 것이다. 안전사고는 우발적으로 발생하는 것이 아니라 불안전한 행위와 조건이 선행되어 일어나는 것이다. 안전사고를 예방하기 위해서는 불안전한 조건과 행동을 과학적으로 통제해야 한다.

Heinrich(1931)는 산업현장에서 다수의 재해를 분석한 결과 안전사고는 중상해 : 경상해 : 무상해가 1 : 29 : 300 비율로 발생한다. 또 아래의 5가지 안전요소가 연쇄성을 가지고 있으며, 이 중 1개를 빼버리면 사고로 연결되지 않는다고 하였다.

- 사회적 환경과 유전적 요소 → 성격상 결함 → 불안전한 행위와 불안전한 환경 및 조건 → 안전사고 → 인명피해와 재산상의 손실

안전관리법령 및 안전계획

건설안전관리는 건설공사의 안전을 확보하기 위하여 건설공사의 착공에서 준공에 이르기까지 공사현장에서 건설기술진흥법에 의해 실시하는 계획적이고 체계적인 제반활동을 말한다(국토교통부, 2018a).

현재 건설안전관리에 관한 법률은 산업안전보건법, 건설기술진흥법, 시설물의 안전관리에 관한 특별법, 자연재해대책법 등이 있다. 각 법령의 규정에 따라 안전관리계획을 수리하고, 기술지도, 안전교육, 안전점검을 실시하고, 사고발생 시 법령에 따라 사고처리를 한다.

세부안전계획을 수립하여야 할 대상 시설물은 가설공사, 굴착공사, 발파공사, 콘크리트공사, 강구조물공사, 흙쌓기 및 땅깎기공사, 해체공사가 있다. 시행할 내용은 자재장비 등의 개요, 시공상세도면, 안전시공절차 및 주의사항, 안전점검 및 안전점검표, 안전성계산, 해체순서 및 안전

조치 등이다.

안전관리대책

건설재해는 공사의 대규모화와 기계화 등으로 증가하고 있다. 이는 보통 현장기술자의 지식부족과 좁은 장소에서 대형기계 사용, 기계조작 미숙, 신호 불이행, 기계의 정비 불량 및 안전장치 미비 등으로 발생한다. 특히 가시설은 설치작업 때보다 해체작업 시 안전사고가 많다. 주요 재해는 다음과 같다.

- 건설기계에 의한 재해
- 굴착 중인 토사의 붕괴에 의한 재해
- 낙하물에 의한 재해
- 발파작업에 의한 재해
- 공사현장 내 교통사고

수방대책

홍수기에는 하천 내 공사를 하지 않는 것이 원칙이다. 또한 비홍수기에도 큰 홍수가 발생하는 경우가 있으므로 홍수 시 둔치의 세굴, 포락 등이 발행하지 않도록 하고, 홍수 전에 공사를 마무리한다.

홍수가 예상될 때에는 흙 가마니 등 수방자재를 준비하고, 하천시설물이 위험에 처하지 않도록 하며, 비상인원 및 건설기계의 동원체계를 갖춘다.

홍수가 발생하면 동원체계를 정비하고, 강우량과 수위 등 정보수집 및 현장을 순찰한다. 또 정해진 수방계획에 따라 필요사항을 연락하고 홍수에 대처한다.

7.5.4 환경관리

하천공사는 자연환경과 지역주민의 생활환경에 영향을 주므로 일정 규모 이상의 하천공사에서는 사전에 환경영향검토를 실시하기도 한다. 현재 환경관리를 위한 법령은 환경정책기본법, 대기환경보전법, 소음·진동관리법, 폐기물관리법, 수질 및 수생태 보전에 관한 법률, 건설폐기물의 재활용촉진에 관한 법률 등이 있다.

제방건설에 영향을 주는 환경요소는 대기질, 수질, 소음, 진동, 조명 등과 자연환경 및 생활환경에 대한 제약사항 등이 있다.

(a) 세륜시설 설치 모습

(b) 작업용 차량의 세척 모습

그림 7.17 건설장비의 바퀴세척 시설

대기질

공사장 주변의 쾌적한 대기환경을 조성하기 위해 대기환경보전법의 관련규정에 의한 환경기준을 유지하도록 한다. 건설공사 수행 시 일정한 배출구 없이 대기 중에 비산먼지를 발생시키는 공사를 수행하는 경우에는 그 발생을 억제하기 위한 시설을 설치하거나 필요한 조치를 한다.

비산먼지 저감대책으로는 흙 운반차량의 적재함 덮기, 운반로 물 뿌리기, 차량속도 규제, 세륜·세차시설 설치, 대기차량 공회전 줄이기 등이 있다.

또 건설공사 수행 시 발생되는 폐기물을 소각하고자 할 때에는 폐기물관리법에서 정하는 적합한 소각시설에서 소각하여야 하며, 노천소각을 하여서는 안 된다.

수질

하천공사에서 물오탁은 불가피한 면도 있으나 하류에 영향을 최소화하기 위해 오탁방지막 등을 설치하여 법률에서 정하는 배출허용기준을 준수한다. 또 환경영향평가 대상사업으로 별도로 협의된 배출허용기준이 있는 경우 이를 준수한다.

오탁방지대책으로 우천 시에 공사를 중지하고 비탈면 등 토공사구간에 대하여 비닐이나 거적 등을 덮어 비탈면붕괴에 따른 토사유출을 방지하며, 또한 침사지 등을 설치하는 방안이 있다. 공사장비로부터 배출되는 폐유 및 유분이 함유된 폐기물의 투기를 억제하기 위하여 공사장비의 정비는 정비업소를 이용토록 하며, 폐기물관리법에 의거 폐기물처리 허가를 득한 처리업자를 선정하여 위탁 처리하도록 한다.

토사로 인한 부유물질이 수중에 유출될 수 있으므로 이러한 부유물질의 확산 및 저감을 위하여 오탁방지막을 설치하여 부유물질을 막체부 안에 여과, 침전시켜 오탁수 증가를 최소화한다.

표 7.20 오탁방지막의 설치형식 (일본 국토기술연구센터, 2009, p. 452)

형식	특징	개요도
수직형	수면의 플로트를 로프로 고정하고 막체를 수직으로 설치하는 것으로서, 가장 일반적인 방법	
자립형	바닥면에서 플로트를 고정하고 막체를 세워 설치하는 방법	
중간 플로트형	수위변동이 클 경우 막체 중간에 플로트를 설치하여 수면의 승강에 따라 대응이 가능할 수 있도록 하는 방법	
통수형	통수성 있는 막체를 수직으로 설치하여 물이 통과하는 방법으로서, 여수로, 침전지에 이용됨	

그림 7.18 오탁방지막 설치 사례

소음 · 진동

소음·진동관리법에서 정하는 생활소음 · 진동관리기준을 준수하여 현장에 투입되는 공사장비에 의한 소음·진동의 영향을 최소화한다.

야간작업은 소음과 빛으로 인해 지역주민에게 상당한 불만을 야기할 수 있다. 또 과도한 소음과 조명은 양생동물의 서식환경을 심각하게 훼손할 수 있다. 야간작업을 하여야 하는 경우에는 사전에 지역주민에게 알린다. 물은 소리를 흡수하지 않고 반사하여 물가에서 작업은 숲속이나

(a) 방음울타리

(b) 소음방지포

그림 **7.19** 소음방지 시설 사례

일반지역에서 작업보다 소음이 더 크게 발생한다. 소음을 줄이기 위해서는 일반적으로 다음과 같은 조치가 필요하다.

- 저소음, 저진동 기계 및 공법을 적용한다.
- 모든 차량에 소음감소장치가 작용하는지 확인한다.
- 항타기와 같은 장비는 소음방지포를 설치하여 소음을 감소한다.
- 지역주민의 생활패턴을 파악하여 덜 민감한 시간에 작업을 한다.
- 조류의 번식기를 피하는 등과 같이 자연환경에 대한 소음을 고려한다.
- 시공기계의 운전 시에는 무리하게 부하를 걸거나 공회전을 피한다.

건물 부근에서 작업을 할 경우에는 진동에 의한 건물에 균열 등이 발생할 수 있다. 시공 전 건물에 대해 균열상황을 조사한다. 또 작업 상황이 바뀔 때마다 용지 경계부에서 진동을 측정하여 규정치 이내임을 확인한다.

7.5.5 연약지반에서 침하관리

연약지반에서 성토를 하면 기초지반에서 압밀이 발생한다. 성토속도는 압밀속도와 대체로 비례한다. 두꺼운 연약층에서는 제하압력이 넓게 분산하여 급속한 강도증가는 기대되지 않으며 급속히 성토를 하면 시공 중에 기초지반이 파괴될 위험이 있다. 반대로 천천히 성토하면 침하속도가 늦어져 잔류침하량이 커지게 된다.

지반표면의 변위측정은 지표면 변위계, 경사계 등을 설치하여 수평변위를 관측하거나 제방을 따라 단단한 지반에 기준말뚝을 박고 흙쌓기 지반에는 관측말뚝(변위말뚝)을 박아서 수평 및 연

표 **7.21** **연약지반에서 흙쌓기 제한속도** (국토교통부, 2018b)

지층	흙쌓기 속도(cm/일)
두꺼운 점토질 지반, 유기질이 두꺼운 퇴적층 지반, 이탄질 지반	3
보통의 점토질 지반	5
얇은 점토질 및 흑니(黑泥) 유기질토 지반, 얇은 이탄질 지반	10

직변위의 관측을 한다.

흙쌓기 속도는 가능한 지반안정이 유지되는 범위 내에서 표 7.21의 제한속도를 초과하지 않도록 적절한 속도로 한다. 또 시공 중에는 침하계, 침하판, 간극수압계 등을 설치하여 성토의 안전성과 압밀의 진행상태를 관찰한다. 침하판 설치방법은 그림 7.20과 같고 그림 7.21은 침하판과

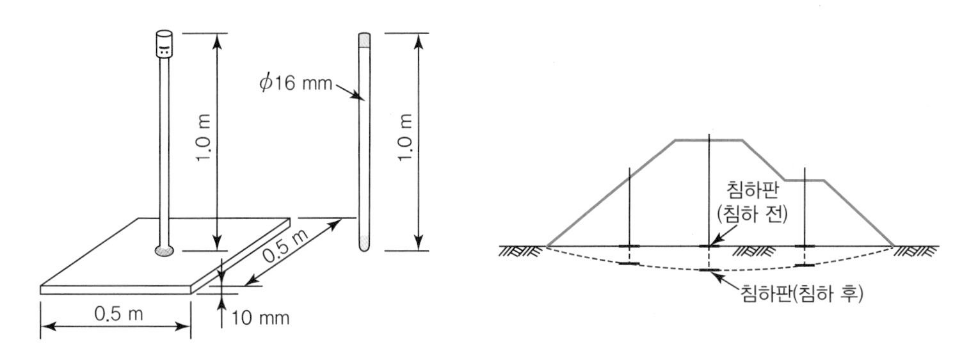

그림 **7.20** **침하판 설치방법** (건설부, 1993, p. 94)

(a) 간극수압계(좌)와 침하판(우) 설치모습

(b) 침하판 모형

그림 **7.21** **침하판과 간극수압계**

간극수압계를 설치한 모습이다.

둑마루에서 잔류침하량이 허용잔류침하량보다 적을 경우에는 침하에 대한 사항을 고려하지 않아도 된다. 허용잔류침하량 기준은 표 5.15를 참조하기 바란다.

7.1 다음 설명 중 잘못된 것은?

① 하천의 기본계획에서는 하류 측이 하천시점이고, 상류 측이 하천종점이다.
② 하천의 실시설계에서는 상류 측이 하천시점이고, 하류 측이 하천종점이다.
③ 하천에서 보호대상지 쪽이 제내지고 하천물이 흐르는 쪽이 제외지다.
④ 하천에서는 상류에서 하류방향을 바라보고 좌측이 좌안제, 우측이 우안제이다.

7.2 공사제약 조건 중 시공공간 조건에 해당하는 것은?

① 연약지반에서 지반 변형
② 공항주변에서 장비 높이
③ 주택가에서 소음
④ 관광지에서 경관

7.3 운반장비별 운반거리가 잘못된 것은?

① 불도저 60 m 이상
② 스크레퍼 도저 40~250 m
③ 견인식 스크레퍼 60~400 m
④ 자주식 스크레퍼 200~1,200 m

7.4 건설기계의 주행성확보를 위한 방법에 대해 기술하시오.

7.5 건설현장에서 일어나는 주요 안전재해에 대해 기술하시오.

7.6 우리나라 하천공사설계요령에서 규정한 덧붙임공사 시 시공 최소폭은?

7.7 건설공사에서 비산먼지 저감대책방법을 서술하시오.

건설부. 1993. 하천공사 표준시방서.

국토교통부. 2015. 하천시설물 예시도.

국토교통부. 2016a. 하천공사 설계실무요령.

국토교통부. 2016b. 하천공사표준시방서. KCS 51 60 10(하천호안).

국토교통부. 2018a. 공통공사표준시방서. KCS 10 10 25(안전 및 보건관리).

국토교통부. 2018b. 지반공사 표준시방서. KCS 11 20 20(흙쌓기).

국토교통부. 2018c. 지반공사설계기준. KDS 11 70 05(비탈면설계).

국토교통부. 2018d. 구조공사표준시방서. KCS 14 20 10(일반콘크리트).

권진동. 1977. 시공법. 경문출판사.

농림부. 1982. 농지개량사업계획 설계기준. 댐편. p. 727.

전세진. 2012. 하천계획·설계. 이엔지북.

한국건설기술연구원(건설연). 2019. 건설공사표준품셈.

한국수자원학회/한국하천협회(수자원학회/하천협회). 2019. 하천설계기준해설.

CIRIA, Ministry of Ecology, and USACE. 2013. The International levee handbook. London.

Heinrich, H. W. 1931. Industrial accident prevention. A scientific approach. New York: McGraw Hill.

USACE. 2000. Engineering and design. EM 1110-2-1913, US Army Corps of Engineers, Washington DC, USA.

日本國土技術研究センター. 2009. 河川土工マニュアル. 日本.

日本河川協會. 1993. 河川構造物の基礎と仮設. 日本.

中島秀雄. 2003. 圖說 河川堤防, 技報堂出版. 日本.

URL #1: http:// blog. daum.net/ phoolmagedo? blogid. (2020. 3. 20. 접속)

URL #2: http:// cafe naver.com/ tomokim/65605. (2020. 3. 20. 접속)

URL #3: https://blog.naver.com/sas6839/90033855564. (2020. 3. 20. 접속)

제방의 기계식 예초(재융공업 제공)

08 제방의 유지관리

이 장은 제방이 본래의 기능과 상태를 유지하기 위한 유지관리의 주요사항을 설명한다. 먼저 제방 유지관리의 원칙을 살펴보고, 침식과 침투 관리, 침하/비탈면/균열 관리, 지장물 등 기타 관리, 그리고 마지막으로 식생관리에 대해서 설명한다. 이 장은 주로 '국제제방핸드북'(CIRIA, 2013)을 참고하였다.

8.1
제방 유지관리의 원칙

8.1.1 제방 유지관리 개요

제방 유지관리는 관리주체의 구성과 제방의 성능목표를 충족하기 위한 관련기술로 구성된다. 성능목표는 제방의 본래 목적인 홍수방어와 함께 친수와 생태 기능을 포함한다. 홍수방어에는 예방적인 유지관리방법, 유지관리 범위 내의 유지보수, 유지관리 범위 외의 사항에 대한 진행절차 등으로 구성된다.

하천의 홍수위험저감 차원에서 제방 유지관리의 주요 기능은 다음과 같다.

- 모니터링, 검사, 유지보수
- 성능평가
- 유지관리 행위의 평가 및 우선순위 도출
- 보수와 개선

제방은 유수, 강우, 바람, 차량, 동물, 인위적 파괴 등에 지속적으로 영향을 받으며, 식생과 주민요구에 의한 변화도 있다. 이러한 영향으로 시간이 감에 따라 제방구성재료는 손상되거나 변형되며, 새롭게 개량되기도 한다. 유지관리는 이와 같은 다양한 변화에 대응하는 관찰, 평가, 금지, 보수, 개선 등의 활동이라 할 수 있다. 제방의 손상과 노후화 과정은 제방의 파괴로 연결될 수 있다. 일반적인 제방의 손상/노후화로 인한 파괴양상은 표 8.1과 같다.

8.1.2 유지관리 조직

제방의 생애주기를 고려하면 유지관리는 크게 계획, 운용/관리, 검사 등의 세 가지 기능으로 구분된다. 이 기능들을 조직화하는 방법은 제방관리 조직의 크기와 특성에 따라 다르다. 작은 조직에서는 세 가지 기능이 1개의 단위조직에 있을 수 있으며, 큰 조직에서는 개별기능에 따라 단위조직이 구성될 수도 있다. 경우에 따라서는 일부 기능을 민간에 위탁할 수 있다. 그러나 조직의 형태에 상관없이 다음과 같은 원칙이 지켜져야 한다.

- 각 기능 간의 원활한 의사소통 보장
- 기능과 책임의 명확한 정의와 효율적 운영
- 유지관리 행위가 목표성능을 충족하기 위해 '계획' 조직에서 성능목표를 명확하게 제시

우리나라의 제방관리 시스템 우리나라 하천은 하천법과 소하천정비법에 따라 국토보전과 국민경제에 미치는 중요도를 고려하여 국가하천, 지방하천, 소하천으로 구분한다. 국가하천은 중앙정부부처인 국토교통부에서 직접 관리하는 하천이며, 지방하천은 시도지사가 위임받아 관리하는 하천이며, 소하천은 시도 또는 군청, 구청 등에서 관리하는 하천이다. 해당하천의 관리주체를 하천관리청이라고 하며, 하천관리청은 하천시설물로서 제방에 대한 공사, 유지, 보수 등을 수행한다. 국가하천의 계획과 공사는 국토교통부 산하의 지방국토관리청에서 수행하며, 유지관리는 지방국토관리청 소속의 지역별 국토관리사무소에서 수행한다. 지방하천과 소하천은 해당 하천관리청인 지자체에서 계획, 공사, 유지관리를 수행하는데 지자체별 시설공단 또는 환경공단에서 유지관리 업무를 수행하기도 한다.

표 **8.1** 제방 손상/노후화로 인한 제방파괴양상 (CIRIA, 2013)

손상/노후화 과정	파괴양상			상세과정
	외부침식	내부침식	비탈면 불안정	
동물서식구멍		○		• 동물구멍은 제체에 유로를 형성하여 제체재료의 유실초래(내부침식) • 구멍 자체 또는 구멍에 의한 내부침식에 의해 제체불안정 유발
침식과 하안포락	○			• 세굴에 의한 손상은 적절한 조치가 없으면 외부침식에 의한 붕괴로 연결가능
차량바퀴 등에 의한 패임	○			• 패임은 외부침식 유형 중 하나로 그 자체로는 파괴를 유발하지 않으나. 다른 손상과 결합될 경우 제방파괴 유발 • 강우 시 제방점검과 홍수방어조치를 방해하며 외부침식 가속화
침하	○			• 제방고 저하로 월류에 의한 외부침식 가능성을 높임 • 제체불안정에 의한 파괴 유발
침투		○		• 제체재료 유실에 의한 내부침식 유발
비탈면 불안정			○	• 슬럼프(slump), 슬라이딩, 인장균열, 급경사부 형성, 밑다짐 세굴 등 형태로 나타남 • 비탈면 불안정에 의한 비탈면붕괴와 제체붕괴 유발
균열			○	• 인장균열은 비탈면 경사의 불안정을 나타내기도 함 • 제체불안정 유발 가능

8.1.3 유지관리 매뉴얼

유지관리 매뉴얼은 제방의 신뢰성과 내구성 보장을 위해 수행하는 업무와 업무수행을 위해 필요한 방법과 필요자원에 대해서 기술한다. 매뉴얼은 다음과 같은 내용을 포함한다.

- 대상제방의 정확한 위치
- 대상제방시스템의 범위에 대한 설명 및 지도
- 제방현황도(나무, 관로, 건물 등 제방을 잠식하는 구조물 포함)

- 관련기술기준(설계기준/시방서 및 관련 표준)
- 관련자 및 이해당사자의 역할과 연락처
- 유지관리와 관련된 법적 요구사항
- 유지관리 범위를 벗어나는 문제 발생 시 대응절차
- 제방구조와 관련시설에 대한 제조사의 상세사양, 제방재료로 사용 가능한 제품리스트와 상세사양
- 유지관리 업무내용
- 조정이 필요한 사항
- 지속적인 유지관리가 필요한 잔류 위험요소
- 생태/환경적 고려사항

이 중 유지관리 업무내용은 다음 사항을 포함한다.

- 식생관리
- 홍수위험 경감 구조물
- 제방과 연결된 침해구조물
- 울타리, 계단 등 비홍수위험 경감구조물
- 일상점검 및 홍수 시 순찰
- 응급상황 시 행동요령
- 펌프장 등 제방시스템의 보조구조물
- 내부배수로 등 기타시설

각 업무내용은 다음의 정보를 포함한다.

- 업무의 수행장소
- 업무의 수행빈도(조건적으로 수행되는 업무는 수행조건 포함)
- 업무 관련 기준/표준과 설계도
- 업무에 필요한 장비와 기술자(기술자의 자격 요건 포함)
- 구조물의 상세설계도
- 업무의 위험도와 안전성 확보요건
- 업무수행의 상세절차
- 업무수행 중 금지행위

• 작업자 등의 안전확보를 위한 대책
• 환경 및 사회적 영향을 최소화하기 위한 대책
• 업무효율성
• 업무수행 보고절차

8.2 침식과 침투 관리

8.2.1 침식과 포락

침식과 포락*에 의한 제방의 흙의 유실은 한 번 발생하면 지속적으로 확대된다. 제체의 내부를 구성하는 흙은 유수에 저항하지 못하여 손상은 가속되므로 이상이 발생되면 즉각적인 조치가 필요하다. 제방침식과 포락원인 및 이에 따른 조치사항은 표 8.2와 같다. 관련하여 구체적인 제방파괴기구에 대해서는 제3장을 참고할 수 있다.

표 8.2 침식/포락원인과 조치사항 (CIRIA, 2013)

침식/포락원인	조치사항
유수	• 제방 및 주변 모니터링 • 하천지형이나 흐름변화 발생 시 보고(특히 만곡부 및 협착부) • 제방 및 주변 모니터링
강우	• 강우-유출에 의한 제방손상 발생 시 보고 • 배수시스템 이상 시 보고(배수로 장애물/손상) • 우수의 직접충격과 지표흐름에 의한 제방표면 손상 방지(식생 등 피복관리) • 제방비탈면으로 배수발생방지
수목전도	• 제방수목관리에 의함
비탈면 불안정	• 제방 비탈면 불안정 관리에 의함
강턱 불안정	• 사석 등 포설
장애물, 만곡부, 신설 구조물	• 풀과 수목의 적정관리 • 흐름장애물 제거 • 신설구조물의 영향검토 • 변경이 발생한 지점의 주기적 모니터링
수위상승	• 수위변화 모니터링
밑다짐 세굴	• 제방 부근 강턱의 변동사항 모니터링 • 제방에 영향을 주는 침식발생 전에 강턱보호

* 침식(侵蝕, erosion)은 빗물이나 강물에 의해 흙입자가 흙 표면에서 이탈되는 현상을 총칭하며, 포락(浦落)은 침식 등으로 토체가 불안정하게 되어 중력 등에 의해 토체의 일부가 떨어져 나가는 현상임.

8.2.2 호안관리

호안은 식생, 사석, 콘크리트 블록, 돌망태, 매트 등으로 구성되며, 이에 따른 유지관리 항목은 표 8.3과 같다. 식생호안은 식생관리를 참고한다.

표 8.3 호안 종류별 유지관리 사항 (CIRIA, 2013)

호안 종류	유지관리 사항
사석	• 석재의 이동, 유실, 크기 변화 등 모니터링 • 호안의 지나친 변형을 유발하는 식생의 생장
콘크리트 블록	• 유공블록의 유공부 손실 • 유공블록 유공부의 수목활착
식생	• 초본류에 대한 풀깎기 • 수목 제거 등의 관리
돌망태	• 철선의 손상과 변형 • 채움재의 유실 • 수목의 활착과 생장
토목섬유	• 섬유의 노출과 손상

8.2.3 침투

침투는 제체나 기초지반의 흙 사이로 물이 이동하는 것으로서, 제방 밑다짐이 포화되거나 제체 재료가 유실되는 파이핑이 발생하면 위험하다. 홍수기에 제방하단이나 밑다짐 부근의 경미한 침투가 항상 위험한 것은 아니며, 위험도는 고수위가 유지되는 시간에 따라 달라진다. 그림 8.1과 같이 제내지 제방 밑다짐에서 물이 고이는 경우에는 주의가 필요하다. 다음과 같은 조건에서 제

그림 8.1 제내지 제방 밑다짐의 침투 (CIRIA, 2013)

방은 침투 및 파이핑에 취약해진다.

- 제방을 관통하는 관로의 유출, 또는 관로 주변의 부적합한 다짐
- 고사한 나무뿌리 구멍을 통한 침투경로 형성
- 이전 제체재료와 신설재료의 부적합
- 들쥐 등 천공동물에 의한 땅굴 생성
- 하천단면의 통수능 감소에 의한 수위증가
- 비탈면 불투수층의 균열
- 관로 또는 구조물 연결부의 부등침하

침투 발생과 함께 흙입자의 이동이 발견되면 위험하므로 보고와 조치가 필요하다. 또한 고수위가 오랫동안 유지되면 침투는 계속 악화되므로 즉시 보고와 조치가 필요하다. 침투로 인한 손상이 발생한 제방은 추후 불투수성 재료 또는 침투방지벽으로 재시공을 검토한다. 또는 손상된 부분은 적합한 흙을 채워 재다짐하는 방안을 검토하며, 제외지측 제방비탈면을 불투수 토목섬유 등을 이용하여 재시공하기도 한다. 침투피해 현상과 조치방안은 표 8.4와 같다.

침투발생은 유지관리 범위 외의 문제인 경우가 많다. 침투 발생지점 부근에서 흙입자가 섞인 물, 진흙덩어리, 침하 등의 발견은 내부침식 발생을 의미한다. 특히 분사(sand boil)는 내부침식,

표 8.4 침투피해 현상 및 조치방안 (CIRIA, 2013)

현상	조치방안
분사	• 토목섬유 등으로 시공 • 분사는 수위에 상관없이 위험하므로 즉시 보고 및 조치
제체의 나무(특히 고사목 또는 전도목)	• 수목관리에 따른 뿌리제거 및 되메우기 확인
균열	• 균열부에 대한 정지 및 되메우기
침투 유출	• 제체의 표면침식 방지를 위해 침투유출 대응 • 비탈면의 양호한 초본피복 유지
제방관통 관로	• 모래필터층 조성 • 신설관로(특히 압력관)는 설계홍수위 이상으로 시공 • 제방 위, 아래 및 관통하는 기존관로 수시점검
뒷비탈기슭의 침투 • 유지관리, 홍수대응에 지장 • 흙강도와 비탈면 안정성 저하 • 식생이 번성하여 지반과 천공 동물 점검을 방해 • 친수식물 발견 시 침투의 증거일 수 있으므로 수원지 확인필요	• 원활한 배수를 위해 비탈면 하단부 정지작업 • 침투수 집수 및 배수 도랑 설치 • 양수장 설치 • 차수벽 설치 • 감압정 설치
기초 및 제체의 투수성 재료	• 별도의 보수/보강 필요

액상화 또는 한계동수경사 등의 발생을 의미하며, 이는 제방의 붕괴를 유발할 수 있다. 이런 경우에 추후 제방의 재구축을 검토한다.

침투조절 구조물은 기존 배수로에 손상을 가하지 않고 침투수의 흐름을 조절하는 구조물로서 제방의 안정성에 도움이 된다. 여기에는 침투측단(seepage berm), 안정측단(stability berm), 중량필터(weighted filter), 감압정(relief well), 침투도랑(seepage relief trench), 침투집수 배수관(seepage collection drain), 침투벽(seepage barrier) 등이 있다. 이 중 침투방지벽은 침투흐름의 방향을 바꾸어 제방의 다른 지점으로 유도할 수 있으므로 세심한 주의가 필요하다.

침투측단(그림 8.2)은 제내지에 불투수성 재료로 설치하는데 표층의 강화와 뒷비탈기슭의 지하 침투압력 저감을 목적으로 한다. 건설 후에는 침식과 부적합한 식생침입을 막기 위해서 식생 피복과 관리가 필요하다. 안정측단은 설치위치와 형태는 침투측단과 유사하나 깊은 원호파괴에 대한 저항성을 높이기 위해 설치하는 측단으로서, 적용재료에 따라 침투측단의 역할을 하기도 한다. 중량필터(그림 8.3)는 침투유출부에 모래와 같은 세립질의 필터재료를 포설하고 그 위를 조립질의 무거운 재료로 덮어 측단형태로 조성한다. 중량필터에 의해 토사는 유출되지 않고

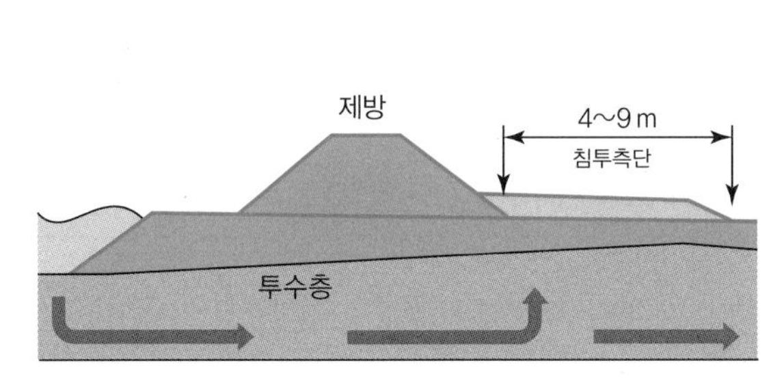

그림 **8.2** **침투측단** (좌: USACE 웹사이트, 우: Daily Democrat 웹사이트)

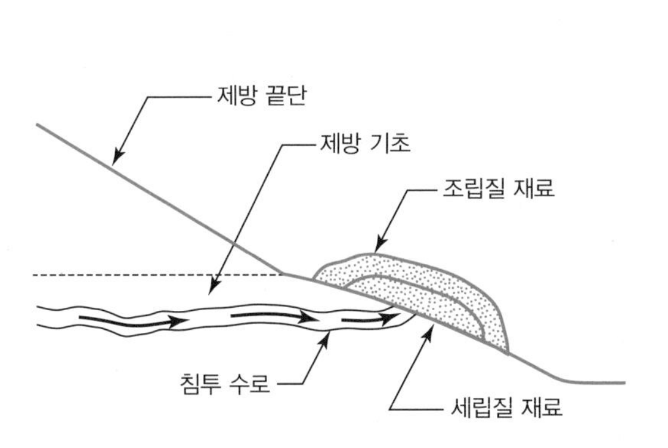

그림 **8.3** **중량필터** (좌: Dam Safety Committee, 우: Lemieux, 2010)

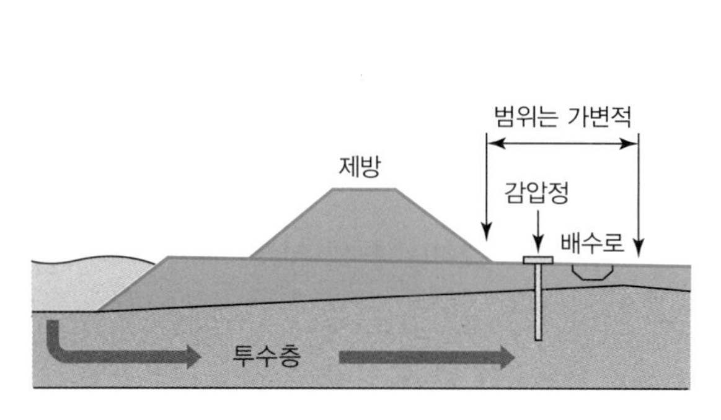

그림 **8.4** **감압정** (USACE 웹사이트)

침투수의 배수를 통해 침투압력을 저감한다. 감압정(그림 8.4)은 침투압력 저감을 위해 지하침투수를 자연유하 방식으로 퍼 올리는 우물이다. 기초지반이 유실되지 않도록 우물 주변에는 필터를 설치한다.

침투조절 구조물의 일반적인 유지관리사항은 표 8.5와 같으며 이상유무를 확인하기 위해서 주기적인 검점을 통해 침투수의 변화를 확인하는 것이 중요하다. 침투수가 적거나 없는 경우는 막힘현상일 수 있으며 침투수의 증가는 필터부의 파괴나 제방 앞비탈의 불투수성의 저하일 수 있다.

표 **8.5** **침투조절 구조물의 유지관리사항** (CIRIA, 2013)

구조물 유형	유지관리사항
침투측단	• 배수와 침투조절 기능유지를 위해 구조물 형상유지 • 동물서식구멍과 뿌리에 의한 천공 확인을 위해 주기적 풀깎기 • 배수구가 있는 경우에는 주기적 점검 • 측단 표면의 적절한 배수성능 유지 • 측단 주변 수목관리(주변 수목전도와 뿌리천공에 의한 손상방지) • 보수 시에는 필터층의 손상방지
안정측단	• 배수와 침투조절 기능유지를 위해 구조물 형상유지 • 동물서식구멍과 뿌리에 의한 천공 확인을 위해 주기적 풀깎기 • 측단재료 유실(농사활동 등에 의한) 방지 • 배수구가 있는 경우에는 주기적 점검 • 보수 시에는 필터층의 손상방지
중량필터	• 설계형상유지 • 배수구가 있는 경우에는 주기적 점검 • 주기적 식생관리 • 보수 시에는 필터층의 손상방지
양수시설	• 주기적 시험가동 • 유입부 및 유출부의 이물질 제거

표 8.5 침투조절 구조물의 유지관리사항 (계속)

구조물 유형	유지관리사항
감압정*	• 막힘에 의해 효율이 영향을 받으므로 필터와 스크린에 대한 주기적 점검 • 배출효율을 점검하여 설치초기와 비교
침투도랑 및 배수구	• 관로 이물질 관리 • 도랑의 식생 관리 • 도랑의 이물질과 토사 관리
침투벽	• 균열, 침하 등 이상 확인 • 천공 등이 발생하면 재시공 검토

* 수질, 토양특성, 배출빈도, 우물구성재료, 유지관리 등에 따라 내구연한이 제한됨

8.3 침하, 비탈면, 균열 관리

8.3.1 침하와 침강

침하(settlement)와 침강(subsidence)은 제방과 홍수방어구조물의 표고가 낮아지는 것이다. 침하는 제체 자체하중에 의한 제체의 변형이며, 침강은 제체 등 상부하중에 의한 기초지지력의 약화로 인한 기초지반의 변형이다. 이로 인해 제방의 대응홍수위가 낮아지게 된다. 국부적인 둑마루의 침하는 쉽게 파악되나, 긴 구간에 걸쳐 서서히 진행되는 경우에는 측량에 의하지 않고 파악하기 어렵다. 침하는 횡방향 균열을 유발할 수도 있는데, 이로 인해 균열세굴, 땅꺼짐, 제방붕괴 등을 유발할 수 있다.

침하는 여러 가지 흙으로 구성된 복합제방의 경우 심각한 문제가 된다. 불투수 제방의 침하는 점토와 모래 층의 혼합이 발생한 것을 의미하며 이로 인해 모래 층의 투수를 막게 된다. 호안이 있는 제방에서 침하가 발생하면 호안이 제방과 분리되어 세굴저항성이 약화된다. 침하의 원인은 침투, 구조물 연결부 결함, 설계 결함과 관련되며 일반적인 원인과 조치방안은 표 8.6과 같다.

제방의 추가적인 손상을 막기 위해서는 즉시 보수가 중요하다. 주변 지반상황과 예상침하를 고려하여 3~5년 주기의 제방고 측량도 검토한다. 침하범위가 좁은 경우에는 표층제거, 노출된 제체의 정지, 동일재료에 포설 및 다짐, 식생피복 복원 등으로 복구할 수 있다. 제방이 연약지반 위에 조성된 경우에는 비탈면붕괴의 가능성도 고려해야 한다. 심각한 침투가 발생하지 않은 경우에는 기초지반이 압밀되면 비탈면붕괴의 위험은 감소한다.

표 8.6 침하 원인과 조치방안 (CIRIA, 2013)

원인	조치방안
보일링에 의한 제체재료의 유실	• 보일링이 확인되면 주위에 둑 쌓기 • 침투에 의한 유출로 침하가 발생하지 않도록 가용수단 적용 • 보일링에 의해 상당한 유실이 발생한 경우에 차수벽 또는 침투측단(seepage berm) 등 설치검토
암거, 관로 등 제방 관통 구조물에 대한 다짐부족	• 제체와 구조물 사이에서 유실을 방지하기 위해 제내지 측 구조물 유출구에 모래필터와 중력측단(weighted berm) 설치 • 제체를 관통하는 관로나 제체의 굴착과 뒤채움 시에는 상세한 설계, 구조물 주위 적정 다짐, 세심한 현장관리 필요
제방내부관로의 누수	• 제체내부관로에서 누수가 발생하면 공극이 형성되어 비탈면 불안정, 내부침식 등 유발. 암거와 관로 관리 참조
폐관로의 붕괴	• 암거와 관로 관리 참조
지하수위 저하와 굴착	• 제방기초 약화발생, 관통구조물 관리 참조
제체재료의 다짐불량	• 제방 설계와 다짐 참조
압축성 기초지반의 침하	• 가능하면 압축성재료를 제거하고 적합한 재료로 치환하며, 둑마루는 재시공 • 범위가 넓어 제거나 치환이 불가능하면 침하를 예상하여 제방 재설계
지질적 침강 (광범위하게 발생하는 기초지반 침하)	• 가능하면 침하가 발생하는 지역은 피함 • 석회암지대와 같이 침강이 발생하거나 침식에 약한 지층에 설치된 제방은 후퇴제방(setback levee) 설치와 주기적인 모니터링 검토
제체재료의 압밀(시간, 수리적 부하, 둑마루 구조물의 하중, 차량/지진 하중 등에 의한)	• 유지관리 범위 밖의 문제로 제방현황평가를 통해 보강 등의 계획수립

설계침하량을 초과하는 침하량 발생이 관측되면 다음과 같은 심각한 문제일 수 있으므로 안정성에 대한 전면적인 검토가 필요하다.

그림 8.5 둑마루의 균열 발생 (CIRIA, 2013)

- 제체나 기초지반의 내부침식 발생
- 1차 또는 2차 압밀침하의 진행
- 제체의 건조수축 발생
- 동물서식구멍
- 지하수위 저하에 의한 기초지반의 압밀 발생
- 월류흐름에 의한 외부침식 발생

8.3.2 비탈면 불안정

비탈면 불안정은 슬럼핑(slumping), 활동, 인장균열 등으로 나타난다. 슬럼핑은 비탈면의 표층에서 발생하며 고립된 형태로 나타난다. 포락된 구덩이 형태이며 제체 기반재료가 노출된다(그림 8.6). 활동은 비탈면에서 흙덩어리가 떨어져 내려앉은 것처럼 보이며, 활동면의 상단이 거의 연직으로 노출된다(그림 3.3 참조). 활동은 넓은 범위에 걸쳐 발생하기도 한다.

비탈면 불안정은 표면침식, 급경사 비탈면, 기슭침식, 내부침식, 제체포화, 비탈면변형, 지진 등으로 생기거나 악화될 수 있다. 비탈면 불안정을 방지하기 위해서는 다음과 같은 조치를 취한다.

- 육안검사에 의한 주기적 점검
- 비탈면 불안정 관련현상 발생 시 보수/보강
- 비탈면 불안정 발생지점 이력/원인 조사 및 경감계획 수립
- 뒷턱 등을 이용한 급경사 비탈면 완화

그림 **8.6** 제방의 슬럼핑

그림 **8.7** **제방의 활동파괴** (한국시설안전공단, 2012)

비탈면 불안정이 발생한 경우의 조치방법은 다음과 같다.

- 비탈면과 함께 이동하여 제체나 기초에 영향을 줄 수 있는 이물질 제거
- 비탈면하단 지반에 약간의 역경사지 조성
- 노출된 원지반을 정지하고 재다짐
- 되메우기와 다짐
- 토양의 습도를 유지하며 표층 0.20 m 정도를 95%로 다짐
- 다짐과 함수비 시험(안정된 기존 제체와 기초에 대해서도 수평방향을 0.61 m 범위까지 수행)
- 안정된 경사로 비탈면 재조성 및 다짐
- 비탈면을 주변과 유사한 상태로 피복

비탈면 불안정이 발생한 경우에는 안정성 검토 및 보수/보강이 필요하다. 특히 차수벽 노출, 제방천공 또는 지반불안정이 발생한 경우에는 위험하다. 둑마루에 손상이 있는 경우에는 위급상황이므로 긴급한 조치가 필요하다. 비탈면 불안정은 제방에 근본적인 문제가 있음을 나타낸다. 신설 제방에서 국부적인 비탈면 불안정이 발생하면 기초에 문제가 있을 가능성이 크다. 고수위에서 비탈면 불안정은 주로 동수경사에 의한 제체와 기초의 높은 압력에서 발생하며, 제방붕괴가 임박했음을 나타낸다.

균열은 제체에 좁은 틈이 발생하는 것으로서, 인장균열과 건조균열이 주원인이다. 인장균열은 제방 둑마루나 옹벽 부근에서 발생하고, 건조균열은 소성지수가 높은 제체재료의 건조와 수축에

그림 **8.8** 비탈면의 인장균열 (CIRIA, 2013)

의해 발생한다. 건조균열은 균열틈은 작으나 제체에서 광범위하게 나타난다. 인장균열은 제방안정에 심각한 문제가 있음을 나타낸다.

인장균열은 비탈면이나 둑마루에서 발생하는 균열로서, 활동면이나 슬럼핑의 상단을 따라 평행하게 나타난다(그림 8.8). 형태는 직선형에 가까운 단일 또는 다중 균열 형태로 나타난다. 보통 균열의 깊이는 1 m 이상이며, 길이는 수 cm에서 비탈면 폭 규모에 이르기도 한다. 인장균열은 균열지점 하단으로 비탈면이 이동하는 것을 의미하는 경우도 있다. 인장균열은 건조균열과 구분된다. 흙 재료의 수축에 의한 건조균열은 균열의 형태가 불규칙하며 특정한 방향성이 없다. 인장균열은 건조균열에 의해 악화될 수 있다. 비탈면에서 발생하는 인장균열은 슬럼핑이 진행 중임을 나타낸다.

건조균열은 소성지수가 높은 제체재료의 건조와 수축에 의해 발생한다. 건조균열은 균열틈은 작으나 제체에서 광범위하게 나타난다. 인장균열은 제방안정에 심각한 문제가 있음을 나타낸다.

균열로 물이 침투하면 흙강도를 감소시킨다. 균열의 위치, 깊이, 폭과 제체의 구성과 상태에 따라 흙이 받는 영향이 달라지며, 경우에 따라서는 비탈면활동을 유발할 수 있다. 활동은 제체의 안정성을 위협하고 고수위 대응성능을 감소시킨다. 균열은 기후, 흙 입도분포, 표면배수, 표면보호 등에 영향을 받는다. 기후변화가 심하거나 점토 등 세립자가 많은 경우에는 균열에 취약하다. 한 예로 네덜란드에서는 2003년과 2011년에 극심한 가뭄으로 건조균열로 많은 제방에서 침투가 발생하기도 했다. 균열의 특성과 위험요소는 표 8.7과 같다. 초기에 균열을 확인하기 위해 제체에 대한 정기적인 검사가 중요하다. 표 8.8은 검사 과정에서 나타나는 균열 위험인자와 이에 따

표 8.7 균열의 특성과 위험요소 (CIRIA, 2013)

균열형태	위험도	특성	위험요소
건조균열	낮음	• 제체재료에 따라 크기 달라짐 • 함수비에 따라 균형형상이 달라짐 • 둑마루 따라 연직방향으로 나타나기도 하지만 일반적으로 평행하게 나타남 • 좁고 얕게 나타남(깊이 0.3~0.5 m) • 우기에는 메워짐 • 인장균열에 비해 규모는 작으나 발생범위가 넓음	• 건조기에 폭과 깊이가 커짐 • 건조/습윤의 반복과정에 의해 제체의 피로와 전단강도 약화를 유발하여 얕은 활동초래 • 균열부에 이물질 침투 시 우기에 메워지지 않음
인장균열	높음	• 둑마루를 따라 평행 또는 연직으로 발달 • 침하, 활동, 지압 파괴 등으로 발생	• 초기에는 균열이 작으나 제체활동과 압력에 의해 커짐 • 기초지반의 평가를 위해 지반전문가 검토필수

표 8.8 균열 위험인자와 조치사항 (CIRIA, 2013)

균열 위험인자	조치사항
길이와 폭의 지속적 확대	• 모든 균열의 길이와 폭의 확대를 주기적으로 점검 • 균열확대를 표시하고 주간단위로 무하중조건에 대해서 평가하고 일단위로 하중조건에 대해서 평가. 종방향균열은 제체의 저항성을 감소시켜 비탈면활동을 초래할 수 있음. 종방향균열의 지속적 확대는 비탈면이 압력을 받고 있으며, 붕괴의 초기 신호일 수 있음. • 제체의 추가적인 손상을 막기 위해 지반전문가와 협의
바퀴 등의 패임	• 패임방지를 위한 사전조치 수행. 패임은 표면균열부와 물웅덩이를 통한 제체의 물침투와 건조를 일으켜 둑마루의 균열에 취약하게 만듦
식생피복 불량	• 기후에 맞는 내구성 있는 식생피복을 통해 표면보호 • 제방표면 보호를 위해 뿌리가 깊은 초본이용. 뿌리 활착이 양호하면 활동파괴를 감소시켜 제체지지성이 개선됨
제방에 인접한 강턱(하안)의 균열	• 제체안정성을 위협하는 비탈면 안정성 문제가 발생하지 않도록 모든 균열발견지역에 대한 모니터링과 평가 수행
제체재료	• 제체재료에 따라 균열의 심각성이 다르므로 제체재료 숙지 • 소성이 높은 점토는 건조기에 건조균열과 인장균열에 매우 취약. 건조기에 인장균열이 1 m 깊이로 발생할 수 있으며, 수위가 갑자기 높아지면 침투를 유발할 수 있음

른 조치사항을 보여준다.

경미한 균열에 대한 보수방법은 표 8.9와 같다. 단순한 조치로 해결되지 않은 균열은 영구적인 보수/보강이 필요하다. 균열부에 연직변형(특히 균열부의 한쪽 면에만 발생한 경우)이 발생한 경우에는 지반전문가의 도움이 필요하다.

표 8.9 경미한 균열의 보수방법 (CIRIA, 2013)

균열형태	보수방법
인장균열	• 균열부 전체 굴착 후 재시공. 주변 흙과 유사한 흙을 이용하며 되메우기와 다짐 적용 • 일시적 보수방법 – 균열부를 폴리에틸렌 시트 등으로 덮고 앵커로 고정 – 소일시멘트 같은 분사물질 적용. 제체의 함수비를 유지하고 표면의 균열억제
건조균열	• 일반적으로 건조균열은 보수는 필요하지 않으나 모니터링은 필요. 균열이 확대되고 제체의 안정성에 영향을 미칠 것으로 예상되면 지반전문가와 협의 • 필요시 균열부 전체 굴착 후 재시공. 주변 흙과 유사한 흙을 이용하며 되메우기와 다짐 적용 • 건조균열을 방지하려면 균열부 정지 후 표층을 새로 덮고 양호한 식생피복 조성

8.4 지장물, 통관, 패임 관리

8.4.1 제방지장물 관리

제방지장물(encroachment)은 제방의 기능과 직접적인 관계는 없지만 제방과 연결 또는 관통되거나 주변에 위치한 구조물을 말한다. 이들은 제방의 구조적 안정성과 홍수방어기능에 영향을 줄 수 있다. 여기에는 공동구(共同溝), 계단, 주택, 전신주, 도로, 농수로, 철도, 선착장 등이 포함된다. 나아가 제방 주위의 농사와 굴착 등의 활동도 관리범위에 포함된다. 제방 또는 제방 인근에 설치되는 지장물은 제방의 구조적 안정성, 유지관리와 점검, 홍수대응조치 등에 영향을 주지 않는 범위에서 허용한다. 지장물이 제방에 인접한 경우 장래의 제방 개선과 확장에 영향을 미칠 수 있으며, 지장물의 손상이 제방에 영향을 줄 수 있는 점도 고려하여야 한다. 지장물 또는 행위가 제방관리에 미칠 수 있는 영향은 표 8.10과 같다.

지장물관리를 위해서는 제방의 안정성에 영향을 미치는 제방보호구역의 설정이 필요하다. 미국의 경우 그림 8.9와 같이 제체에 인접한 제외지와 제내지의 일정 구간을 보호구역으로 설정한다. 이때 제체는 장래 제방계획을 포함한 구역으로 설정한다. 네덜란드에서는 개략적으로 제방고의 5배를 제방영향구역으로 설정하고, 지장물의 종류(가스관, 송수관, 송유관)에 따라 지장물의 교란범위를 설정한다(CIRIA, 2013). 지장물의 설치위치와 종류에 따른 교란범위가 제방영향구역 내에 위치하는 경우에는 지장물 설치를 금지한다. 우리나라에서는 법정 하천구역 범위 밖에 별도의 영향구역은 설정하지는 않으며, 하천의 순찰 및 관리 시에 홍수의 소통과 관련된 지장물 현황을 점검하고 필요시 제거 등을 수행한다(국토해양부, 2012).

표 **8.10** 제방 지장물 유형에 따른 영향 (CIRIA, 2013)

지장물/행위 유형	제방관리에 미치는 영향
부적절한 굴착작업	• 비탈면 불안정에 의한 비탈면붕괴 유발
제체, 기초, 제방 인근 재료의 제거	• 제체나 홍수방지벽의 붕괴 유발
천공작업	• 불투수층 균열과 심각한 침투문제 유발
제방관통관로	• 내부침식, 외부침식, 제체 불안정 유발
도로, 철도에 의한 제방고 저하	• 추가적인 홍수방어대책 필요
철도, 도로, 공동구, 선착장, 건물, 교각 등	• 홍수 시 흐름분포변화를 유발하여 제방 인근 세굴유발 • 흐름분포변화에 의한 침수와 배수에 영향
교량	• 부유물 걸림에 의한 수위상승과 압력증가
선착장	• 흐름과 통수능에 영향 • 제방 연결/관통 시 구조적 안정성저해
제방 뒷비탈 인근의 지장물(전신주, 농수로, 관정 등)	• 동수경사 증가로 제방의 추가부하 발생
지장물에 의한 지하수위 변동	• 정수압과 침투에 의한 파이핑, 히빙, 비탈면과 기초의 안정성저하 발생

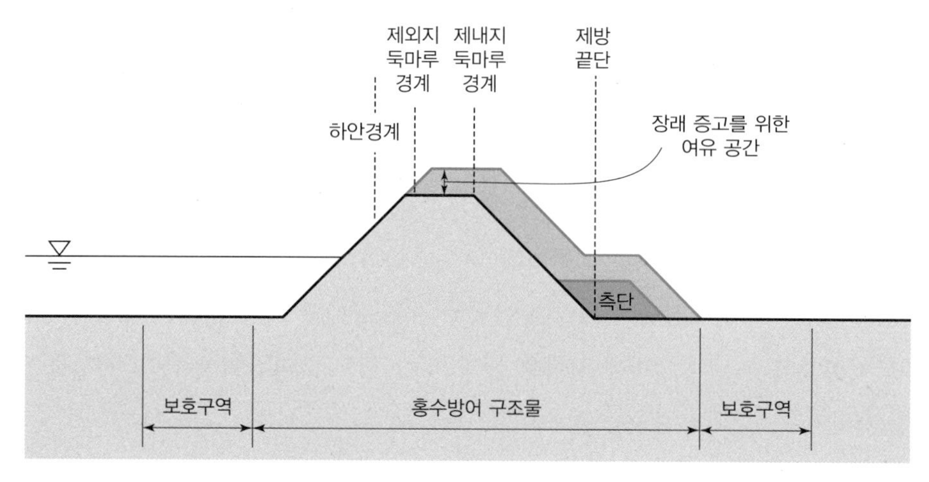

그림 **8.9** 장래계획을 고려한 제방구역 표시 (CIRIA, 2013)

8.4.2 통문과 통관 관리

암거와 배수관 같은 통문과 통관은 적절한 유지관리가 수행되지 않으면 제방의 안정성에 심각한 문제를 일으킨다. 암거와 배수관의 부적절한 유지관리는 내부침식, 외부침식, 비탈면 불안정 등의 세 가지 제방파괴 기구를 모두 유발할 수 있다. 유지관리의 핵심은 정기적인 검사이며, 검사에서는 구조물의 변형, 누수, 장애물 등을 확인한다.

통관에 의한 내부침식은 시공 중의 불충분한 다짐 또는 통관손상 등에 의한 통관외부로 누수 등으로 발생할 수 있다. 이는 앞서 제2장, 제3장에서 설명하였듯이 우리나라에서 특히 2002년 낙동강 홍수 시 많이 발생하였다. 통관의 구멍이나 연결부의 손상은 제방의 침투경로를 단축시켜 파이핑, 내부침식, 제방붕괴 등을 유발할 수 있다. 또 제체 흙의 이동이나 유실로 비탈면 불안정을 유발할 수도 있다. 통관 누수의 초기감지와 방지를 위해서는 모든 통관에 대한 육안검사가 우선이다. 통관의 내부침식에 의한 손상 유형과 대처방안은 표 8.11과 같다.

표 **8.11** 내부침식을 유발하는 통관누수 (CIRIA, 2013)

손상 유형	사전대비방안	유지관리방안
콘크리트 연결부 노출	• 시공완료 후에는 사전대비 불가 • 적정위치에 시공하여 위험저감	• 노출과 이로 인한 세굴 정도에 따라 개착에 의한 재시공 필요 • 통관 메움재료의 외부 침식이 진행되지 않았으면 비굴착공법이나 압력식 그라우팅 적용 가능
관 손상 및 누수	• 관 손상과 누수 탐지를 위한 정기적 검사	• 체제의 침투와 토양 유실 모니터링
연결부 수목뿌리 침입	• 연결부 전체의 수목 제거	• 침입 수목뿌리와 해당지역 제체상부의 식생 제거
철관의 부식 천공	• 철관의 내구연한은 50년 정도이나 매 5년 정기점검 수행	• 개착 및 비굴착에 의한 통관 교체 • 천공부 부분 교체/용접 시공 • 그라우팅 또는 콘크리트 시공

통관 내부에 토사퇴적, 뿌리침입, 관변형 등이 발생하면 통관의 통수능이 저하되며 다음과 같은 현상이 발생한다.

- 통관배수의 유속증가로 제체표면의 흐름교란과 세굴
- 배수불량에 의한 제내지 측 수위상승 발생 및 이로 인한 제내지 비탈면 세굴
- 제내지 측 유입부 부근의 유속증가로 인한 세굴

통관 육안검사 안전수칙 (CIRIA, 2013)

통관검사는 육안검사가 필요하며 이를 위해서 숙련된 기술자가 직접 관 내부로 들어가거나 영상기록장치를 활용한다. 직접 관 내부로 들어가는 경우에는 충분한 훈련과 다음의 안전수칙을 준수한다.

- 통관 내부는 충분한 공간이 있어야 하며, 진입에 안전하여야 함
- 검사자는 밀폐된 공간에서 검사활동에 충분한 훈련을 받아야 함
- 적합한 개인보호장비를 상시 착용하여야 함
- 필요하면 가스탐지기 등을 사용
- 반드시 2인 이상이 수행

8.4.3 차량바퀴 등의 패임

차량바퀴 등에 의한 패임은 둑마루, 밑다짐, 앞비탈, 접근도로 등에서 발생하며, 깊이가 0.3 m 이상인 경우도 있다. 둑마루의 패인 곳에 물이 고이면 제체로 침투하여 제방의 함수비를 증가시켜 홍수 시에 제체 불안정을 유발하거나 유지관리를 위한 접근을 방해한다. 패인 깊이가 0.15 m 이상인 경우 보수가 필요하다.

그림 **8.10** 둑마루 패임 (USACE, 2006)

표 8.12 제방패임의 원인 및 조치방안 (CIRIA, 2013)

원인	조치방안
습윤상태의 바퀴자국	• 제체가 포화된 상태에서 중장비운용 금지
초본고사	• 주변 고유종을 이용한 식생관리
유기물에 의한 토양악화	• 제방축조/보수 시 유기물 사용 제한
동물서식구멍	• 동물서식구멍 관리
제체 내 관로의 누수	• 관로관리
둑마루 도로 통행량 과다	• 차량종류, 통행빈도, 속도 등 제한조치 • 적절한 포장재료 포설
부등침하	• 주기적인 다짐 • 제방축조 시 검측
둑마루배수 불량	• 우기 시 물고임 지역 확인 및 보수 • 배수로 정비 및 보수
제체재료 불량	• 제방 재정비 검토

패임의 보수절차는 다음과 같다.

- 패인 표층을 제거하여 대체재료를 포설하기 위한 정지작업을 수행한다.
- 소성지수가 높은 점토 등을 이용하여 두께 0.15 m로 포설하여 메운다. 이때 채움재의 함수비는 적절한 범위여야 한다.
- 메운 곳은 다짐을 하며 다짐 후에 다시 일정 층으로 채움재를 포설하여 약간의 침하를 허용하고 물이 고이지 않도록 둔덕을 형성한다.
- 주변 흙을 이용하여 표층과 풀 뿌리부분을 대치한다. 주변 흙이 적절하지 않은 경우에는 식생매트와 씨앗 파종을 이용할 수 있다.
- 둑마루와 진입도로가 자갈이나 사석인 경우에는 보수 후에 내구성 있는 도로포장재료를 적용하는 것이 더 안전하다. 특히 점검이나 홍수 시 모니터링을 위해 차량 이용이 빈번한 경우에는 도로포장재료 적용을 권장한다.

다음과 같은 경우에는 유지관리 범위 밖의 문제일 수 있으므로 제방계획에 대한 재검토가 필요하다.

- 패임에 대한 보수가 잦은 경우(지반침하, 침투, 동물서식구멍, 부등침하, 관로손상 등의 가능성이 있음)
- 비탈면이 급경사이거나 완경사에서 비탈면 슬라이딩이 발생하는 경우에는 겉보기에는 패

임현상이나 실제로는 제체의 연직변위일 수 있음

- 둑마루의 과도한 교통량 증가가 예상되는 경우

8.5 식생관리

식생관리는 제방의 안정성 차원뿐만 아니라 이른바 자연형제방 또는 그린인프라 제방을 지향하는 차원에서 매우 중요하다. 이는 체계적이고 지속적으로 제방표면과 주변 식생을 관리하는 것이다. 식생관리는 제방의 안정성, 성능, 가시성, 접근성을 보장하는 것으로서, 다음의 세 가지를 목표로 한다. 이 과정에서 환경/생태에 미치는 영향도 고려한다.

- 제방을 침식으로부터 보호
- 제방의 접근과 가시성 확보
- 식생에 의한 제방의 손상방지
- 식생에 의한 하천환경 보전 및 개선 효과 고려

식생 중 특히 수목은 제방관리의 불확실성을 유발하지만, 그 과정이 과학적으로 충분히 해석되지 않았다(Cocoran, 2011). 제방의 수목관리에 대한 실행방안은 나라별도 공통점이 많으나, 주관심 대상은 차이가 있다. 미국의 제방 수목관리의 주 관심은 접근과 가시성 확보이며, 프랑스는 썩은 뿌리를 따라 발생하는 침투와 내부침식, 네덜란드와 프랑스는 수목전도, 독일과 영국은 수목에 의한 제방 유지관리의 영향 등이다(CIRIA, 2013). 일본은 환경과 치수의 종합적 고려를 위해 수목의 치수적 영향을 주로 검토한다(建設省, 1998). 우리나라는 수목에 의한 수위상승, 누수, 전도, 유목에 의한 하도폐색 등을 종합적으로 고려하도록 하고 있다(국토해양부, 2012).

나라별 수목관리에서 제방에 수목이 없는 조건과 수목허용 여부가 중요한 문제이다. 일반적으로 풀깎기에 의해 관리하는 경우에는 수목이 자라지 않는 것으로 알려져 있으며, 대부분의 나라에서 정기적인 풀깎기에 의한 초본과 수목관리를 권고하고 있다. 그러나 수목이 이미 무성하게 자생하는 경우에는 환경적, 생태적 이유로 어려운 문제이다. 또 비용문제도 있으며 제방에 손상이 없도록 제거하는 기술적 문제도 있다. 많은 나라들이 이미 자생하는 수목에 대해서는 제방의 안정성 등 치수에 문제가 없는 경우에는 수목자생을 허용하고 있다. 몇몇 나라에서는 수목의 크기와 개수가 관리되는 경우, 제방단면이 충분한 경우, 또는 측단이 설치된 경우 등에 대해서는 수목의 자생을 허용한다. 우리나라는 수목의 번성 범위, 높이, 밀생상황 및 수종에 대해서 조사하여 치수에 악영향을 미칠 우려가 있는 경우에는 벌채 등의 조치를 하도록 하고 있다(국토해양부, 2012).

8.5.1 초본관리

가장 효과적인 초본관리는 뿌리와 식생피복이 고밀도 구조를 형성하도록 하는 것이다. 일반적으로 지역의 고유종이 좋으며, 외래종은 피복효과가 우수하여도 지양한다. 양호한 초본피복이 형성되기 위해서는 일반적으로 4년 정도 필요하다. 모래 위주의 제방에서는 풀이 잘 자라지 않고 지표층에서만 자라 침식에 대한 보호효과가 떨어진다. 물속의 농약 등 화학물질은 풀의 생장에 영향을 미치고 피복강도를 저하한다.

접근통로와 가시성의 확보는 제방성능과 신뢰성에 중요한 요소이다. 유지관리, 보수, 응급조치 등을 위해서 접근통로가 확보되어야 하며, 점검을 위해서는 가시성이 확보되어야 한다. 이를 위해서는 주기적인 수목 가지치기와 풀깎기가 필요하다. 국외에서는 인력과 기계에 의한 잔디깎기, 제초제 사용, 가축방목, 둑 태우기 등을 적용하고 있으나, 환경적인 문제로 잔디깎기나 방목을 주로 적용한다. 우리나라에서도 잔디깎기와 전정(나무자르기)으로 관리한다.

제방 풀의 유지관리에서 중요한 요소는 침식저항성이 높은 적절한 종을 선정하여 풀의 밀도와 뿌리 깊이가 충분하도록 관리하는 것이다. 이를 위해 수목의 침입을 막고 다양한 종류의 풀이 충분히 뿌리가 활착되도록 관리해야 한다. 일반적으로 풀깎기를 자주하면 풀의 피복상황에 도움이 된다. 영국 환경청의 연구(Smith et al., 2009)에 의하면, 연 3회 이상의 풀깎기가 제방표층 강화와 침식저항성 향상에 도움이 되는 것으로 알려졌다. 네덜란드 연구(STOWA, 2013)에 의하면, 풀깎기는 뿌리가 더 깊이 자라는 데 도움이 되는 것으로 알려져 있으며, 풀깎기 후 식생높이는 5~10 cm로 추천하고 있다.

8.5.2 수목관리

수목에 의한 제방의 잠재적인 피해는 표 8.13과 같다. 이같이 수목에 의한 제방피해는 다양하지만, 제방안정에 도움이 되는 측면도 있다. 수목은 뿌리에 의한 흙강도 보강과 증발산에 의한 간극수압 저감을 통해 비탈면 안정화에 도움을 주기도 한다(Wu et al., 1979; O'Loughin and Ziemer, 1982). 그러나 비탈면이 불안정한 곳에 있는 줄기직경 10 cm 또는 30 cm 이상 크기의 수목은 유수에 대한 비탈면의 안정성을 악화시키므로 제거하는 것이 바람직하다.

이미 활착된 수목을 전부 제거하는 것은 위험이 따른다. 수목제거에는 하천지형과 세굴/침식

표 8.13 수목에 의한 제방의 잠재적인 피해유형 (CIRIA, 2013)

수목 피해유형	피해과정	잠재적인 제방피해
유수에 의한 수목전도	• 제체의 유실과 이로 인한 세굴피해	• 세굴, 비탈면 불안정정, 내부침식(침투, 파이핑)
뿌리침투	• 뿌리(특히 고사한 뿌리)에 의한 흙투수성 변화 또는 뿌리를 따른 침투흐름의 집중 발생	• 세굴과 내부침식(침투, 파이핑)
수목무게와 풍하중에 의한 전도	• 제체의 유실에 따른 비탈면 경사 변화	• 비탈면 불안정(유실면에 뿌리에 의해 급경사 발생)
세굴흐름	• 수목 주변부 및 월류에 의한 흐름집중과 와류발생	• 세굴
동물의 굴파기	• 수목에 의한 천공동물 유인효과	• 내부침식
풀생장 방해	• 수목의 햇빛차단, 영양분과 수분 흡수, 유해한 화학성분 배출 등으로 초본의 생장과 활착을 방해하여 제방표면에 나지노출	• 세굴
호안피해	• 뿌리와 줄기 생장에 의한 호안재료의 변형 발생 및 연결성 약화	• 세굴

가능성을 고려한 장기계획이 요구된다. 수목을 잘못 제거하면 침투와 안정성 위험을 증가시키기 때문에 많은 나라에서는 적절한 수목제거를 위한 기준을 제시하고 있다.

대부분의 나라에서 수목제거를 위하여 굴착에 의해 그루터기와 뿌리를 모두 제거하고 굴착부에 대한 되메우기와 다짐으로 원래 제방단면을 복원하는 방법을 채택하고 있다. 미국(USACE, 2009)에서는 굵기 13 mm 이상의 뿌리는 모두 제거하고 구덩이는 원 제방과 동일한 흙과 압밀도로 되메우기 하도록 규정하고 있으며, 캘리포니아에서는 38 mm 이상의 뿌리는 제거하도록 하고 있다. 제거된 줄기와 뿌리를 하천 내에 방치하는 경우 홍수 때 부유물(유송잡물)로 위협이 될 수 있으므로 완전히 치우는 것이 원칙이다. 이렇게 베어진 수목은 자르거나 분쇄할 수도 있으며, 케이블 등으로 하도에 고정하여 생물서식처로 제공하는 경우도 있다. 우리나라에서는 벌목에 의한 수목제거를 하고 있으며, 그루터기와 뿌리 처리에 대한 특별한 기준은 없다.

대부분의 나라에서 제방 자체는 초본의 피복만 허용하지만, 제방 부근 일정 구역에서 제방의 안정성이 확보되는 경우에 수목도 허용한다. 구체적으로, 제체의 단면적이 충분히 넓거나 차수벽이 설치된 경우, 또는 피복된 제방이 아닌 홍수벽과 같은 인공구조의 제방인 경우 제체 주변의 수목이 허용된다. 미국에서는 제체 끝단에서 폭 4.6 m 이내는 수목생장을 허용하지 않는 구간으로 설정하고 있으며, 네덜란드에서도 제체의 일정 폭 이내를 코어 존으로 설정하여 수목을 허용하지 않는다(CIRIA, 2013). 그러나 그 외 지역에서는 제방안정성이 확보되는 경우 수목생장을 허용하기도 한다. 네덜란드에서는 극심한 가뭄 이후 수목의 뿌리를 따라 침투가 발생하는 사례가 보고되었다.

일본의 경우에도 제체에 영향을 주는 식재는 원칙적으로 금지한다. 굴입하도, 제방도로, 제방 뒷비탈 측단에서는 뿌리가 제체에 영향을 주지 않는 범위에서 수목을 허용한다. 고수부지의 식재에서도 수종에 따라 제방과 일정한 이격거리를 두고 있다(建設省, 1998).

우리나라에서는 예외적인 경우를 제외하고 제방 앞비탈과 뒷비탈의 수목식재를 금지하고 있다. 비탈면 경사 1 : 3 이상의 완경사 제방, 계획홍수위 이상인 비탈면, 뒷비탈의 접근도로 등에 제한적으로 식재를 허용하며, 이 경우에도 뿌리가 제체에 깊게 침입하지 못하도록 하고 있다. 그 외 제방 인근 지역은 홍수위 상승과 제체안정성 등의 치수상 문제를 검토하여 수목식재를 허용하고 있다(국토해양부, 2012).

8.5.3 자생하는 수목의 관리

제방의 유지관리 측면에서는 수목이 없는 것이 바람직해 보이지만 위에서 설명한 다양한 이유로 자생하는 수목을 전부 제거하는 것은 현실적으로 어렵다. 대부분의 제방은 축조 후 수년에서 수십 년이 경과하여 자연스럽게 수목이 자생하며, 환경/생태적인 이유로 제방 및 하천 내에 수목이 식재되기도 한다. 또 수목의 제거로 오히려 제방에 해가 될 수도 있다. 현재까지 연구는 수목의 영향을 정량적으로 평가하기에는 미흡한 실정이다. 수종, 토양, 기후, 수령, 수목의 상태 등의 다양한 요인에 의해 영향이 달라지기 때문이다. 몇몇 나라에서는 특별한 경우로 자생하는 수목을 허용하는데, 이는 수목에 의해 발생하는 이점을 수용하면서 그에 따른 위험도 감수하는 것이다.

네덜란드는 기존의 자생하는 수목이 홍수 시 잠재적 위험이 될 가능성이 있지만 그 위험이 바로 발생하는 조건이 아니면 위험 가능성을 감수한다는 원칙을 가지고 있다. 이에 따라 제방안정성이 충분히 확보되고 수목 크기가 작거나 위험을 초래하지는 않는 경우에 자생수목을 허용하고 있다. 그러나 이 경우에도 수목군이 아닌 개별수목의 안정성을 별도로 평가하여 허용한다.

일본에서는 수목이 치수에 지장이 되는 경우에는 수목이 가진 치수 기능 및 환경 기능을 고려하여 지장이 큰 것부터 순차적으로 제거하는 것을 기본으로 한다. 통문 등의 하천시설에 뿌리가 악영향을 주는 경우에도 수목을 제거한다. 수목군을 부분적으로 존치하는 경우에는 일정 구역단위로 존치하며 생육이 확실하고 홍수 시의 도복 및 유출 우려가 없는 경우로 한정한다. 생육이 떨어진 나무는 전도에 약하므로 제거한다(建設省, 1998).

우리나라는 홍수에 지장을 주지 않고 자생하는 수목은 허용하고 있으나, 치수상 문제가 있는 경우에는 벌채를 한다. 자생수목은 3년에 1회 이상 관찰조사를 통해 치수상 영향을 검토하도록 규정하고 있다(국토해양부, 2012).

8.5.4 제방 수목관리의 쟁점

여기에서는 미국의 수목관리의 논쟁을 통해 치수와 환경의 조화를 위한 제방관리를 살펴본다.

미국의 수목관리 기준은 미공병단의 기술매뉴얼 EM 1110-2-301(USACE, 2000)에 제시하고 있다. 여기에서 제방에 적합한 식생은 뗏장 형태로 시공되는 초본과 줄기 직경 5 cm 이하의 수목으로 규정한다. 이 규정은 1930년대 대홍수 이후 마련된 규정으로서, 이 당시 제방파괴가 번무한 식생으로 제방 안전검사가 미흡한 것이 원인으로 지적되었기 때문이다. 그러나 이 규정은 명확하게 강제하지는 않았으며, 기존 수목이나 일부 신규 수목은 어느 정도 허용되었다.

그러나 2005년 허리케인 카트리나의 피해 이후 미공병단은 좀 더 강화된 제방관리 기준을 제시하였다. 여기에서는 제방 본체 및 제내지와 제외지 일부 구간에 무식생구간(Vegetation free zone)을 두는 것이다. 이 구간에서는 초본류를 제외한 수목은 금지하였다. 즉, 신규 수목식재는 물론이고 기존 수목에 대해서는 제거하도록 하고 있다.

미공병단은 미시시피강 등 미국 내 주요 하천을 관리하는데, 그밖에 하천을 관리하는 주정부에서는 환경보호 등의 이유로 미공병단의 새로운 기준에 반발하였다. 특히 캘리포니아주 정부는 이러한 새로운 기준이 멸종위기동물보호법 등 기존 환경관련법에 반하는 기준이라며 법원에 소송을 제기하였다. 이 과정에서 캘리포니아주 정부의 주도로 미국, 유럽 등의 관련 전문가들에 의해 제방수목에 대한 종합적인 기술적·제도적 연구와 검토가 이루어졌다. 즉, 2007년과 2012년에 제방수목 심포지엄이 열리면서 다양한 항목에 대한 논의와 연구가 수행되었다.

그 결과 제방식생 연구결과 종합보고서(Shields et al., 2016)가 발간되었다. 여기에는 제방수목의 영향을 13가지 항목으로 분류하여, 각 분야별로 현재까지 연구결과를 종합하여 제시한다. 13가지 항목은 뿌리구조, 비접촉식 조사방법, 뿌리강도, 뿌리부식, 뿌리와 침식, 수목전도, 천공동물, 침투와 파이핑, 비탈면 안정, 위험분석, 홍수대응, 제방점검, 제방설계 등이다.

다음에는 위에 소개한 종합보고서에서 제시된 연구결과를 축약한다. 여기에 소개되는 내용들은 지금까지 국내에 알려진 일반적인 유지관리와 상충되는 것들로서, 제방의 안정성과 환경성 측면에서 많은 시사점을 제시하고 있다.

(1) 뿌리구조

뿌리구조는 제방침투나 수목전도의 기초자료를 제공한다. 실제 수목뿌리에 대한 굴착이나 발굴을 통해 연구를 수행하였다. 그 결과, 뿌리개수와 생체량은 수목의 거리(폭방향 및 깊이방향)에 따라 지수적으로 감소한다. 대부분의 뿌리는 깊이방향으로 표층 1 m 이내, 수평방향으로 가지반경 이내에 존재한다. 뿌리의 생장방향은 대부분 줄기부근으로 제한된다. 그러나 미루나무와 같은 특정 종은 뿌리생장의 깊이와 반경이 매우 크다. 뿌리개수, 범위, 생체량 등은 제방비탈면에서 산림비탈면보다 크게 나타난다. 또 제방비탈면의 뿌리는 비탈면의 아래 방향으로 퍼지는 경향이 강하게 나타난다.

뿌리구조는 수목의 종류와 토양이 큰 영향을 미친다. 미루나무는 오크나무보다 뿌리가 넓게 발달하며, 뿌리길이는 모래/실트 등의 세립질 토양보다 자갈/모래 등의 조립질 토양에서 길게 나타난다. 또 세립질 토양에서는 줄기당 뿌리밀도가 높으며 뭉쳐진 형태로 경사진 방향으로 자라며, 조립질 토양에서는 뿌리밀도가 낮고 뿌리개수가 작으나 개별 뿌리의 직경은 크다.

뿌리는 형태적으로 평판형, 하트형, 직립형 등으로 나뉘며, 패턴은 원뿔형, 원판형, 원기둥형 등으로 나뉜다. 뿌리의 형태와 패턴은 수목종류와 환경요인(토양, 수원, 국부적 제약)의 영향을 받는데, 수목종류과 환경요인 중 무엇이 지배인자인지에 대한 결론은 연구에 따라 크게 다르게 나타나고 있다.

(2) 비접촉식 조사방법

수목뿌리에 대한 비접촉식 조사방법은 수목의 침투와 전도 유무를 판단하기 위해 필요하다. 비접촉식 조사방법에 의해 신뢰할 만한 조사결과가 나온다면 뿌리분포를 저비용으로 신속하게 파악할 수 있다. 종합보고서에서는 지하침투 라이다(LiDar), 전기저항계측, 전자기계측 등의 방법으로 연구를 수행하였다. 그러나 세 가지 방법 모두 불량한 결과를 도출하였다. 즉, 현재까지 비접촉식 조사방법으로 뿌리구조를 조사하기에 시기상조이다.

(3) 뿌리강도

뿌리의 인장강도와 휨강도는 수목이 제방안정에 미치는 영향을 파악하기 위해 중요한 요소이다. 제방파괴는 제체의 흙덩어리가 포락되어 발생하기도 하는데, 여기서 수목은 하중이나 풍하중을 추가로 가하기도 한다. 반대로 수목은 흙의 함수비를 감소시키거나 뿌리에 의한 보강작용으로 사면의 안정을 강화하기도 한다. 뿌리강도는 이 두 경우 모두에 관련된 인자이다.

일반적으로 뿌리강도는 뿌리직경에 반비례한다. 대부분의 연구결과에 의하면 수목종류와 환경요인이 유사한 경우에는 같은 뿌리직경에서는 유사한 강도를 나타낸다. 직경이 작은 뿌리는 개수가 많으므로, 흙강도 증진에 더 도움이 된다. 직경이 큰 뿌리는 쉽게 뽑히나 휨강도 저항성은 높다. 즉 잔뿌리는 사면강도 측면에서는 유리하나 휨강도에서는 불리하다.

흙강도에 대한 뿌리의 기여도는 뿌리크기, 분포, 인장강도 등에 영향을 받는다. 뿌리밀도는 깊이에 따라 지수적으로 감소하므로, 뿌리에 의한 흙강도 증가효과는 깊이에 따라 크게 감소한다.

(4) 뿌리부식

뿌리부식이 발생하면 제체 내에 공동이 발생하여 파이핑과 침투를 유발하여 결과적으로 제방파괴를 초래할 수 있다. 또 뿌리부식은 추가적인 균열과 포락 등을 유발할 수도 있다.

종합보고서에는 부식된 뿌리에 의한 파이핑과 제방파괴 관련연구를 분석하였으나, 부식된 뿌리가 파이핑 또는 제방파괴를 유발한다는 명확한 증거는 없다고 보았다. 제방파괴 지점에서 발견된 뿌리로 인해 파괴원인을 뿌리로 유추한 것으로 보이며, 제방파괴와 뿌리부식의 인과관계를 증명하는 것은 불가능했다.

캘리포니아에서는 실제 제방을 굴착하여 부식된 뿌리를 포함한 다양한 뿌리를 발굴하였으나 뿌리부식에 의한 공동은 발견되지 않았다. 프랑스에서는 뿌리를 제방에 묻고 2~4년 후 발굴하는 실험을 수행하였다. 그 결과, 뿌리부식은 수종과 상관성이 높으며 뿌리직경이 작은 경우 부식속도가 빨랐다. 뿌리부식에 의한 공동형성은 토양과 밀접한 관련이 있다. 점착성 흙에서는 공동형성이 발견되나 모래질 흙에서 공동이 발견된 경우는 없었다. 또한 공동형성은 수목 본수와 관련이 있는데, 1개의 수목이 고사하여 뿌리가 부식되는 경우에 주위의 살아있는 수목들의 뿌리가 공동을 신속하게 메운다. 반면에 다수의 수목이 한꺼번에 고사한 경우에 공동메움이 발생하지 않는다.

(5) 뿌리와 침식

수목뿌리가 제방침식에 미치는 영향에 대해서는 서로 다른 관점이 있다. 수목은 제방침식을 감소시킨다는 관점이 있으나, 다른 관점은 줄기에 의한 흐름집중과 초본생장 방해로 침식을 악화시킨다는 것이다.

종합보고서에는 실내실험과 현장조사를 통해 수목뿌리가 침식에 미치는 영향을 조사하였다. 실내실험에서는 수목종에 따른 홍수터 침식률을 분석하였는데, 침식률을 완화하지 못한다는 결론을 내렸다. 미드웨스트 지방의 41개 제방에 대한 현장조사결과에 의하면, 수목뿌리와 제방침식과의 상관성은 명확하게 나타나지 않았다. 1993년의 미주리 강 홍수분석결과에 의하면, 수목이 제방안정성을 향상시킨 것으로 추정하였다.

홍수터 수목은 제방에 미치는 유수력을 약화시켜 제방의 안정성에 도움을 주는 것으로 나타났으나, 수목뿌리가 제방안정에 미치는 영향은 아직까지 명확하지 않다.

(6) 수목전도

수목전도가 발생하면 뿌리부에 구덩이가 생기며 이로 인해 제방파괴가 유발될 수 있다. 이는 제방에 수목식재를 금지하는 중요한 이유가 된다. 수목전도와 관련된 연구는 주로 전도에 필요한 힘과 어떤 경우에 제방이 위험한가에 대해서 수행되었다.

수목전도에 필요한 힘은 수목크기에 비례하며 구덩이 크기도 수목크기에 비례한다. 종합보고서에서는 구덩이 크기와 수목직경 사이의 상관관계를 제시하고 있다. 구덩이 크기와 침투와의 상관성 연구결과에 의하면 제내지 비탈면 끝단에서 큰 구덩이가 형성되면 침식과 파이핑의 위험성이 높으나, 제외지 비탈면에서는 깊이 1.5 m, 폭 18 m 정도의 구덩이가 형성되더라도 침투에 미치는 영향은 없다.

큰 나무가 전도되면 대형 구덩이가 형성되며 제방의 안전에 위험을 줄 수 있다. 큰 나무가 전도될 정도의 풍하중이 발생하는 경우는 드물며, 작은 나무는 전도되더라도 소형 구덩이를 형성하므로 제방안정에 미치는 영향이 미미하다. 큰 나무가 제방 둑마루나 비탈면 끝단에 고립된 형태로 있는 경우에는 전도에 의한 위험발생 가능성이 높다. 그러나 대형수목을 제거하는 경우에 제방침투나 사면안정에 악영향을 줄 가능성도 있다. 현재 단계에서는 이와 같은 수목관리를 위한 추가적인 정보와 연구가 필요하다.

(7) 천공동물

수목은 다양한 천공동물의 서식공간으로 활용된다고 여겨지므로 수목과 천공동물의 관계를 파악하는 것이 중요하다. 천공동물과 제방파괴의 상관성은 여러 연구를 통해 명확하게 인과관계가 있는 것으로 나타났다. 캘리포니아주의 새크라멘토 제방조사에서는 대부분의 조사구에서 다람쥐와 땅다람쥐의 천공이 발견되었으며, 제내지 측의 천공이 제외지에 비해서 3배 정도 많은 것으로 나타났다.

천공은 수목과 낙엽이 있는 곳에서는 상대적으로 적으며, 제내지 측에 과일이나 견과류가 있는 초본지역에서 많이 나타났다. 다람쥐들은 나무, 낙엽, 사석, 자갈, 기타 포장이 없는 황무지를 선호한다. 대부분의 연구는 수목을 초본으로 바꾸면 천공동물의 출현이 빈번할 것으로 예상하지만, 일부에서는 비버의 경우에는 수목에서 출현빈도가 높다고 주장한다.

(8) 침투와 파이핑

수목뿌리는 파이핑을 유발하는 유수의 유로를 형성할 수 있다. 또 뿌리는 침투양상이나 흙 함수비에 영향을 줄 수 있으며, 제방안정에 도움이 되기도 하고 해가 되기도 한다. 식생피복은 일반적으로 흙의 투수성을 증가시키지만 어떤 경우에는 감소시키기도 한다. 흙의 투수성 변화로 발생하는 침투의 심각성에 대해서는 논란이 많다.

실제 제방 둑마루 부근에 도랑을 파고 수목유무에 따른 흐름변화를 관찰한 실험결과에 의하면, 수목뿌리에 의한 제체로의 침투흐름은 거의 없거나 미미하게 발생하였으며 지배적인 영향은 동물의 천공에 의해 발생하였다. 제방침투에 대한 2차원 및 3차원 수치모의도 수행하였는데, 그 결과 뿌리에 의한 침투영향은 제방표면 근처로 국한되어 큰 영향이 없으며, 뿌리부식에 의한 공동이 형성되는 경우에도 그 영향은 미미하였다. 즉, 공동 주변 흙의 투수성이 침투흐름에 지배적인 영향을 준다.

제방의 침투와 파이핑에 미치는 뿌리를 따라 발생하는 흐름이나 공동의 영향은 거의 미미한 것으로 나타났으며, 지배적인 영향은 거대공극에 의해 나타난다. 거대공극은 수축균열, 인장균열, 천공동물, 파이핑, 뿌리 생장과 고사 등에 의해 발생한다. 최악의 침투는 일반적으로 천공동물에 의해 제내지 끝단(비탈기슭)에서 발생한다.

(9) 비탈면 안정

비탈면 붕괴는 흙하중이 저항력을 초과하는 경우에 발생하는데, 지진, 차량, 수목 등이 부가적인 하중이 될 수 있다. 수목은 다음과 같이 네 가지로 비탈면 안정에 영향을 준다.

① 수목뿌리에 의한 역학적 강도 증가
② 수목 사이의 흙덩어리군 형성에 의한 안정성 증진
③ 증발산에 의한 함수비 감소로 흙강도 증가
④ 수목자체 하중, 풍하중 전달 등에 의한 추가하중 부가

비탈면 안정과 관련하여 다양한 수치연구가 수행되었으며 그 결과를 종합하면, 현장 조건에 따라 결과가 다양하지만 수목은 강우침식 파괴에 대한 안정성에 크게 기여한다. 제방 둑마루의 단일수목에 매우 큰 풍하중이 가해지는 경우에는 제방의 안정성에 위협이 되나, 이를 제외하면 대부분의 경우 사면안정성을 증가시킨다. 또한 대규모의 벌목은 비탈면 안정성을 저하시킬 수 있다.

(10) 위험분석

수목이 제방파괴에 미치는 영향을 확률적으로 제시하는 연구도 수행되었다. 캘리포니아 새크라멘토 지역에 대한 분석에 의하면, 수목이 제방파괴에 미치는 영향을 전체 파괴확률의 1~3% 정도로 매우 미미하게 나타났다.

캘리포니아의 제방점검기록에 의하면 제방파괴 사례에서 수목의 영향은 없었으며, 수목이 제방의 성능에 영향을 미치는 경우는 전체 7,424개 기록 중 16개에 불과하였다. 캘리포니아의 하구

부 제방파괴 확률계산 결과에 의하면 수목에 의한 제방파괴 확률은 지진에 의한 제방파괴 확률보다 현저히 낮게 나타났다. 즉, 수목이 제방파괴에 미치는 확률적 영향은 다른 요인에 비해 상당히 미미하나, 비교 위험분석에 의해 파괴에 미치는 영향을 정량화하기 위해서는 연구가 더 필요하다.

(11) 홍수대응

홍수대응을 위해서는 제방의 누수, 월류, 침식 등의 징후에 대한 모니터링이 필요하다. 또 문제가 발생하면 즉각적인 대응을 위해 인력, 물자, 장비 등을 현장에 즉시 투입하여야 한다. 미공병단은 수목을 홍수대응을 위한 접근 및 가시성의 방해요인으로 간주한다.

제방수목이 홍수대응에 방해요소가 될 수 있지만, 이를 명확하게 제시하는 관련문헌은 없다. 일부 현장대응 기술자들은 수목으로 인해 홍수대응에 방해를 받은 적은 없다고 한다. 오히려 수목이 가지 등을 제공하여 홍수대응에 도움이 되며 제체의 함수비를 감소시켜 통행에 도움이 준다. 또 제외지 측의 수목은 홍수 시 하천 내 상황을 파악하는 데 도움을 주기도 한다.

제방수목이 홍수대응에 방해가 된다는 명확한 사례는 없으나, 추가적인 연구와 조사가 필요하다.

(12) 제방점검

제방의 침식과 손상 등의 파악을 위해서는 정기적인 점검이 필요하다. 제방수목이 금지되는 주요 이유 중의 하나는 제방점검의 방해요인이 된다는 것이다. 제방점검과 수목의 영향에 대한 관련 연구는 현재까지 없는 실정이다.

점검을 위한 가시성을 확보하기 위해서는 수목을 완전히 제거하거나 최소한의 전정과 간벌이 필요하다. 제방점검에 대해서는 현재까지 뚜렷한 해결책이 없는 상황으로 추가적인 연구가 필요하다.

(13) 제방설계

제방에 수목을 식재하는 방안으로 보조둔덕 설치, 차수벽 설치, 제체 확폭, 뿌리 차단벽 등의 설계가 제시되고 있다.

이상의 항목별 검토결과에 의하면 제방수목이 명확하게 제방의 안정성을 위협한다는 근거는 없으나, 제방의 안정성에 미치는 영향이 전혀 없다고 할 수는 없다. 현재로서는 추가적인 연구가 필요한 상황이나, 적정한 설계와 관리를 통해 제방의 안정성과 환경성을 고려하는 다양한 방안이 제안될 수 있을 것으로 본다.

미공병단과 캘리포니아주의 소송은 법원의 조정명령에 따라 캘리포니아주가 소송을 취하하여 마무리되었다. 조정명령은 미공병단이 멸종위기동물보호법 등에 부합하도록 기준을 개정하는 것이었으나, 미공병단은 기존 기준의 일부만 완화하여 사실상 제방의 무식생구간은 그대로 두고 있어 법원의 조정명령을 2020년 기준 이행하지 않은 것으로 알려져 있다.

8.1 제방의 손상과 노후화 양상을 기술하시오.

8.2 침투조절구조물 종류와 기능을 서술하시오.

8.3 슬럼핑, 활동, 인장균열을 구분하여 서술하시오.

8.4 수목이 하천 및 제방에 미치는 치수관점의 영향과 이에 대한 수리학적 검토 방안에 대해서 기술하시오.

8.5 다음에 보이는 소하천(좌)과 중규모 하천(우)에서 각각의 제방호안의 장단점을 논하시오.

8.6 제방사면의 식생피복이 불량한 경우 발생할 수 있는 유지관리상의 문제점을 기술하시오.

8.7 제방 둑마루를 포장하여 일반도로로 이용하는 경우 예상되는 유지관리상의 장단점을 기술하시오.

8.8 우리나라 제방에 수목식재 현황을 간단히 설명하고, 하천환경을 고려한 식재의 허용방안에 대해서 논하시오.

국토해양부. 2012. 하천 유지·보수 매뉴얼.

음성신문. http://m.usnews.co.kr/news/articleView.html?idxno=54169 (2020. 2. 24. 접속)

한국시설안전공단. 2012. 안전점검 및 정밀안전진단 세부지침해설서(제방). 국토해양부.

CIRIA. 2013. The International levee handbook, London.

Corcoran, M. K, et al. 2010. Literature review-vegetation on levees. USACE Report ERDC-SR-10-2, US Army Corps of Engineers, Washington DC, USA.

Daily Democrat. https://www.dailydemocrat.com/2018/10/25/sacramento-west-side-levee-finishes-seepage-project/ (2020. 2. 4. 접속)

Dam Safety Committee. Training aids for dam safety-evaluation of seepage conditions. https://damfailures.org/wp-content/uploads/2015/06/Evaluation-of-Seepage-Conditions.pdf (2020. 2. 4. 접속)

Lemieux, M. 2010. Rapid response to emergencies-Montana dam safety. ASDSO, Seattle, Washington. USA.

O'Loughlin, C. and Ziemer, R. R. 1982. The importance of root strength and deterioration rates upon edaphic stability in steep land forests. In: Proc. of IUFRO workshop P.1.70-00, Ecology of subalpine ecosystems as a key stability to management: 70-78.

Tuel, A.L.B. 2018. Levee vegetation management in California: An overview of law, policy and science, and recommendations for addressing vegetation management challenges. Environmental Law And Policy Journal, School of Law, UCDAVIS 41(2), pp. 367-573.

USACE. 2006. Levee owner's manual for non-federal flood control works. The Rehabilitation and Inspection Program, Public Law 84-99.

USACE. 2009. Guidelines for landscape planting and vegetation management at levees, flood walls, embankment dams, and appurtenant structures. Engineering Technical Letter, TTL 1110-2-571, US Army Corps of Engineers.

USACE. https://www.mvk.usace.army.mil/Portals/58/docs/PP/MRL_SEIS/Seepage_ Berm_FINAL.pdf/. (2020. 2. 4. 접속)

Vahedifard, F., Sehat, S., Aanstoos, J. 2017. Effects of rainfall, geomorphological and geometrical variables on vulnerability of the Lower Mississippi River levee system to slump slides. Georisk Assessment and Management of Risk for Engineered Systems and Geohazards, DO-10.1080/17499518.2017.1293272.

Wu, T. H., Mckinnell, W. P., and Swanston, D. N. 1979. Strength of tree roots and landslides on Prince of Wales Island, Alaska. Canadian Geotechnical Journal, 16(1): 19-33.

建設省. 1998. 河川区域内における樹木の伐採·植樹基準について, 日本.

강릉 사천천 유실제방 응급복구(연합뉴스, 2019)

09 제방검사 및 응급조치

이 장에서는 제방검사 및 응급조치에 대해 설명한다. 먼저, 홍수에 따른 위험도를 분석하는 방법을 설명한다. 다음, 위험도 분석을 통한 제방의 성능평가 및 진단방법에 대해 설명하며, 홍수발생 전후에 제방의 안정성 확보를 위한 검사법에 대해 설명한다. 제방검사방법은 제방의 파괴기구, 제방 구성요소, 제방의 특성에 따라 달라진다. 또 제방붕괴원인에 따른 각각의 응급조치방법 및 검토사항을 설명한다. 마지막으로 응급조치에 이용되는 최신기술을 소개한다.

9.1
서론

제방은 홍수와 해일과 같은 자연재해로부터, 농지, 거주지 등을 목적으로 건설하기 때문에, 설계홍수위에 여유고를 가산하고, 구조적 안정성과 누수에 대한 안정성을 고려하여 설계해야 한다.

그럼에도 자연재해로 인한 제방파괴는 발생할 수 있으며, 이를 대비한 응급복구 방안을 수립해야 한다. 또한 장기적인 제방성능 저하가 발생하기 때문에 제방성능에 대한 지속적인 진단이 필요하다.

9.1.1 제방성능평가 도구

제방 및 제방시스템(제방, 수문, 배수관 등)의 관리자는 지역사회를 홍수로부터 보호하고, 제방의 유지비용을 최소화하면서, 환경적 편익을 극대화하는 방향으로 투자결정을 내려야 한다. 이를 달성하기 위해 제방시스템의 신뢰성과 안정성, 제방영역(제내지, 제외지)에서 발생할 수 있는 다양한 위험을 검토해야 한다.

제방성능평가는 다음 세 가지 측면에서 수행되며, 각각은 밀접하게 연관된다.

- **제방(제방시스템)성능평가**: 예상되는 위험에 대한 제방구조의 성능변화를 예측하는 과정이다. 제방(제방시스템)성능평가는 제방파괴 유발요인에 대한 진단 및 교정과 이를 예방하는 수단의 규정을 포함한다. 제방성능평가는 제방시스템의 홍수위험분석에 바탕이 된다.
- **제방시스템의 홍수위험분석**: 제방성능평가와 제방영역에서 발생할 수 있는 잠재적 영향을 고려하여 제방영역의 홍수에 대한 위험수준을 결정하는 과정이다.
- **제방구성요소에 대한 위험분석**; 홍수위험분석의 결과이며, 제방시스템의 각 구성요소가 제방영역의 홍수위험에 기여하는 정도를 확인하는 과정이다(예: 홍수위험에 가장 큰 영향을 끼친 제방구성요소 판단).

제방의 장기적인 안전을 위해서는 주기적으로 각각의 과정을 적용한 성능평가를 수행해야 한다. 이를 통해 제방관리자는 제방구성요소의 역할, 위험에서 발생하는 불확실성의 영향을 고려하여 제방성능분석을 구체화하여 의사결정을 할 수 있다.

제방성능과 제방영역에 인접한 인적/물적 자산을 고려한 제방시스템의 위험분석을 통해 제방시스템의 관리자는 평가과정 후 진행할 행동(아래 예시)의 우선순위를 정해 조치할 수 있다.

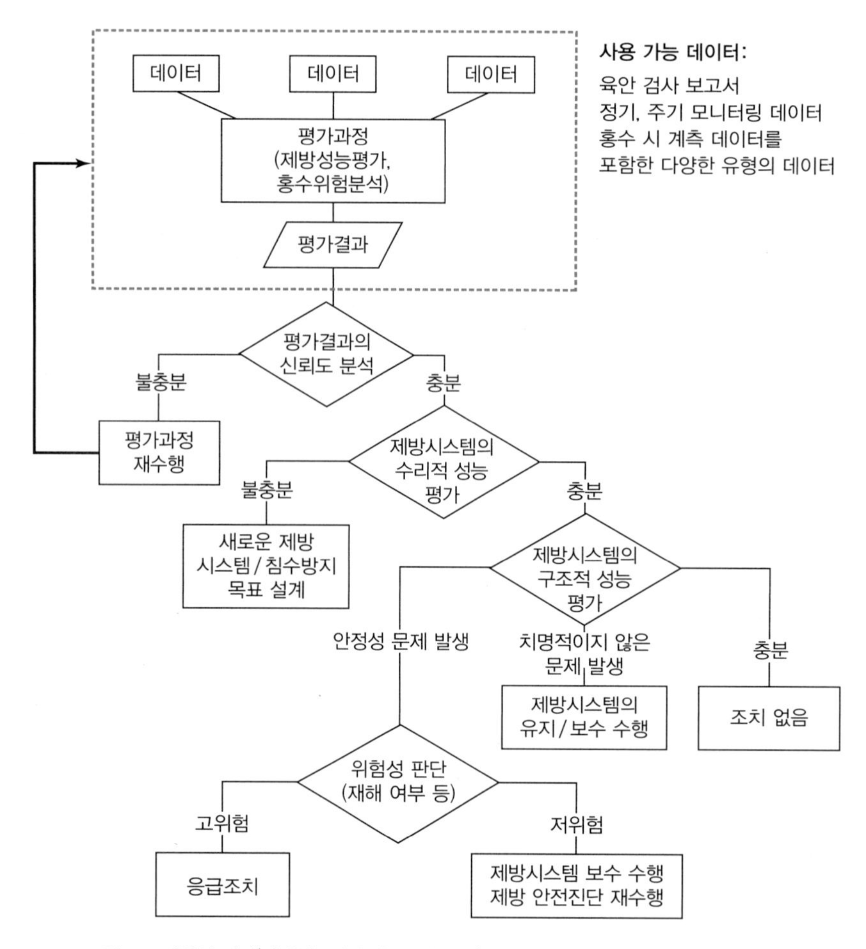

그림 **9.1** 제방의 평가(제방성능평가, 홍수위험분석) 및 의사결정과정 (CIRIA, 2013, p. 290)

- 비상대응 절차의 수행
- 제방구성요소의 성능에 따른 차별적 진단 및 구조적 문제 개선
- 일상적인 유지/보수/수리
- 특별한 조치 없이 지속적인 제방시스템 점검 및 평가

그림 9.1은 제방의 평가과정을 반영한 제방관리자의 의사결정과정이다.

9.1.2 제방성능평가 시 수집자료의 역할

올바른 제방성능평가를 위해서는 적합한 자료처리를 수행하여 정확한 결론을 도출해야 한다. 그림 9.2는 제방 유지·관리를 위해 생산·사용되는 자료가 어떻게 통합되는지를 보여준다. 제체 내에 설치된 장치를 사용한 모니터링의 경우, 일부 자료는 평가과정 시작 시부터 사용할 수 있다.

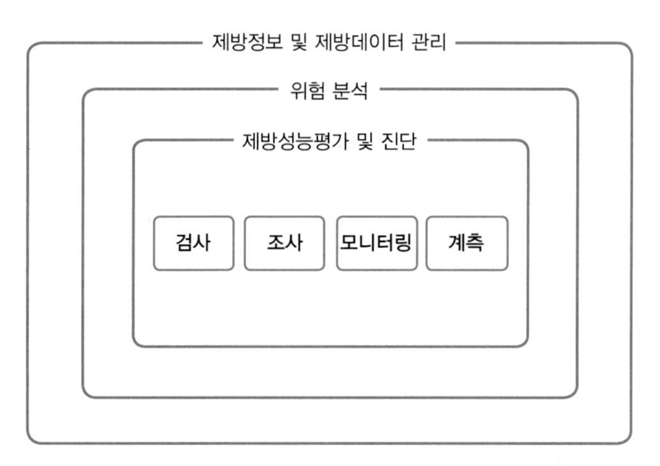

그림 9.2 제방의 성능평가 및 검사에 사용되는 자료의 통합

누락된 자료는 제방평가 시에 특정검사 또는 더 자세한 조사, 계측 및 모니터링을 통해 얻을 수 있다. 모든 자료는 통합하여 관리한다.

제방평가에 적용되는 자료 관련용어를 명확히 하면 아래와 같다.

- **검사**: 비디오카메라, 노트북, 스마트폰 등의 수단으로 제방현장을 육안 관찰하는 것을 의미한다.
- **조사**: 제방의 평가과정 동안 수집된 일련의 기술적인 측정을 의미한다.
- **모니터링**: 제방의 평가과정 동안 정기적인 간격으로 수집된 일련의 기술적 측정을 의미한다.
- **계측**: 계측은 측정장비를 영구적, 임시적으로 제체 내부에 설치하여, 수동 및 자동 작동으로 자료를 얻는 것을 의미한다.

9.2 위험도 분석 및 평가

9.2.1 위험도 분석 및 평가 개요

홍수위험분석은 제내지를 침수에 취약하게 만드는 요인에 대한 분석이다. 일관된 홍수위험분석 및 평가를 통해 잠재적인 요인에 의한 홍수위험의 영향을 제어하거나 줄일 수 있다. 나라별로 접근방식과 기여도, 세부적인 사항 및 정확도가 다를 수 있다. 위험도 분석을 위해 고려해야 할 사항은 다음과 같다.

- 위험의 복잡성과 이를 분석하는 방법
- 위험제어를 위해 필요한 정보의 양, 성격과 불확실성에 대한 판단
- 위험도 분석을 위해 요구되는 시간, 인력, 자료, 비용 등 자원의 범위

홍수위험분석은 홍수발생확률과 홍수피해 예측으로 구성되며, 분석 결과는 아래 내용을 포함해야 한다.

- 위험완화조치를 취하지 않을 때의 위험수준
- 위험완화조치를 취할 때의 비용 및 이점
- 위험사건의 불확실성과 가변성을 고려한 추가정보 제공

본 장에서는 개별 제방구성요소의 위험도를 확인하여 홍수위험분석을 수행하는 방법을 설명한다. 완전한 홍수위험분석을 위해서는 모든 홍수수준의 확률분포와 이로 인해 발생하는 모든 홍수결과를 고려해야 하지만, 이는 현실적으로 불가능하다. 경제성과 효율성을 고려하며 홍수위험을 합리적으로 분석할 수 있는 방법을 아래에서 설명한다.

9.2.2 계층적 접근방식

계층적 접근방식(tiered approach)은 단순한 접근방식에서 복잡한 접근방식으로의 진행을 의미한다. 이는 초기위험도 분석의 결과를 통해 추가조치(조사 및 분석계획)의 수행여부를 판단하기 위해 사용된다. 홍수위험분석은 많은 시간과 비용이 소모되는 작업이기 때문에, 계층적 접근방식을 통해 시간과 비용을 절약할 수 있다.

계층적 접근은 SPR[위험유발요인(source)-발현경로(pathway)-영향요인(receptor)] 구조의 각 단계에서 홍수위험을 정성적, 일반 정량, 상세 정량 순으로 구체화하여 그 중요성에 비례하여 평가하는 데에 적용된다(그림 9.3). 이러한 계층적 위험도 분석은 그림 9.4와 같이 위험분석뿐만 아니라 홍수관리의 모든 측면에 적용될 수 있다. 강우(source) 발생은 홍수발생원인 중 기상에 의한 요인으로 판단되며, 이를 위한 대책으로는 예/경보 시스템 구축을 들 수 있다. 강우 발생은 침식과 범람(pathway)을 일으키며, 이는 공간적인 요인으로 구분된다. 이에 대한 대책으로 재해 위험지구 지정과 위험지구의 공간계획 및 정비를 채택할 수 있다. 강우(source)로 인한 침식과 범람(pathway)은 해당 지역의 거주민, 거주지, 거주환경(receptor)에 영향을 끼치며, 이는 시설적인 요인으로 구분할 수 있다. 이에 대한 대책은 방재시설물 건설 등이 존재한다. 이처럼, 홍수발생 시 SPR을 적용하여 홍수발생원인에서부터 그로 인한 피해대상을 규정하며, 각각에 대한 방재대책과 방재체계를 체계화할 수 있다.

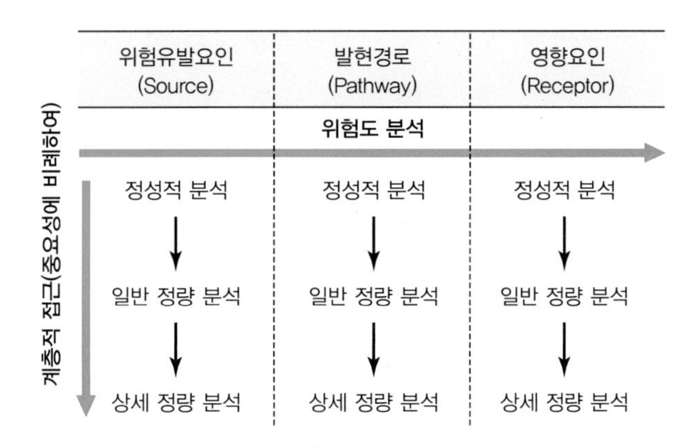

그림 9.3 계층적 위험도 분석 방식의 예

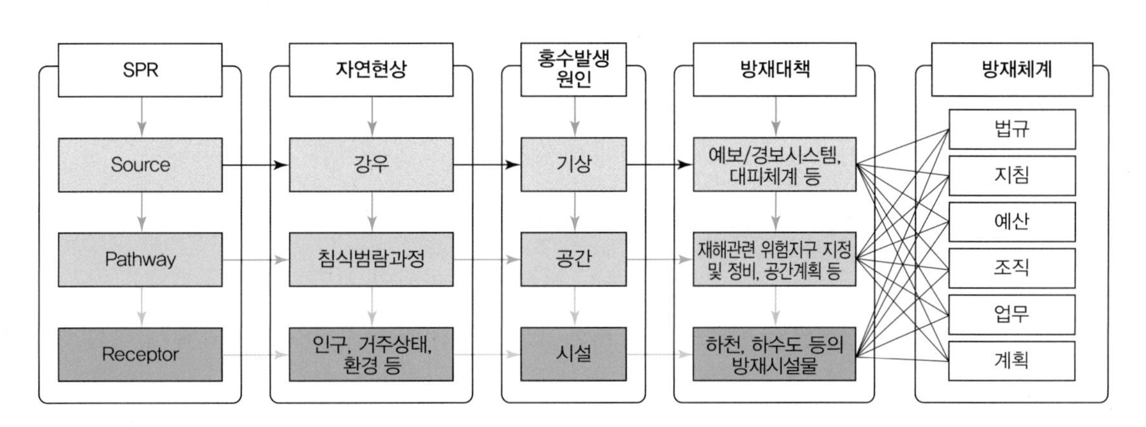

그림 9.4 SPR을 적용한 홍수위험분석의 개념도 (한우석과 박태선, 2014)

9.2.3 위험도 평가

제방에 존재하는 위험은 이론적으로는 완전히 제거될 수 없다. 따라서 홍수위험분석에 의해 결정된 위험수준이 사회적, 법적, 인적, 경제적 가치에 끼치는 피해정도를 반영하여 평가해야 한다. 위험도 평가를 통해 주요 위험인자에 따른 제방과 홍수위험을 체계적으로 관리할 수 있다.

위험도 평가를 통해 홍수 등 다양한 요인에 의해 발생하는 허용 가능한 위험수준을 제시해야 한다. 허용 가능한 위험수준은 모든 구성원이 생활을 영위하는 데에 있어 큰 지장이 없고, 추가적인 위험관리조치의 변화 없이 받아들일 수 있는 위험의 수준을 의미한다(HSE, 1995).

위험도 평가는 홍수위험을 줄이기 위한 조치와 방법을 비교, 선택하기 전에 수행되어야 한다. 위험도 평가와 위험도 분석은 개별적인 조직에서 수행하는 것이 바람직하다.

위험도 분석은 국가별로 다른 기준에서 수행되기 때문에, 국가 및 지역에 따른 차이가 위험도 평가에서도 분명하게 드러난다.

위험도 평가를 위한 기준은 아래 세 가지로 나뉜다(Morgan and Henrion, 1990, HSE, 2001).

- **평등기반 기준(equity-based criteria)**: 모든 개인이 특정수준의 보호에 대한 무조건적인 권리를 가지고 있다는 전제를 둔 평가기준이다. 개인이 노출될 수 있는 최대위험수준을 한계값으로 산정하여 반영한다. 위험도 평가를 통해 추정한 위험도가 한계를 초과하고, 이를 줄이기 위한 추가관리조치를 취할 수 없다면, 해당위험은 허용되지 않는 것으로 간주한다.
- **유용성기반 기준(utility-based criteria)**: 인적·물적 피해를 줄이기 위한 조치를 통해 기대이익과 조치비용을 비교하여 균형·불균형을 평가하는 기준이다. 이러한 기준의 예로는 결정론적 비용-편익, 확률론적 비용-편익, 비용효율성(예: 인명구조당 조치비용), 한계비용분석 등이 있다.
- **기술기반 기준(technology-based criteria)**: 최신제어수단(기술, 관리 및 조직)을 이용하여 상황에 관계없이 위험을 제어할 때 만족스러운 수준의 위험예방이 달성된다는 개념을 바탕으로 한 기준이다. 기술기반평가는 모든 지역에서 평가의 완성도 증가를 위해 사용된다.

상기의 세 가지 평가기준은 서로 혼합되어 사용된다. HSE TOR Framework(HSE, 2001)는 위험을 수용할 수 없는 지역에는 평등기반 기준을 적용하며, 이외의 지역에는 유용성기반 기준을 적용한다. 그림 9.5는 일반적인 위험수용에 대한 접근법을 기술하지만, 사회·과학적 관점에서

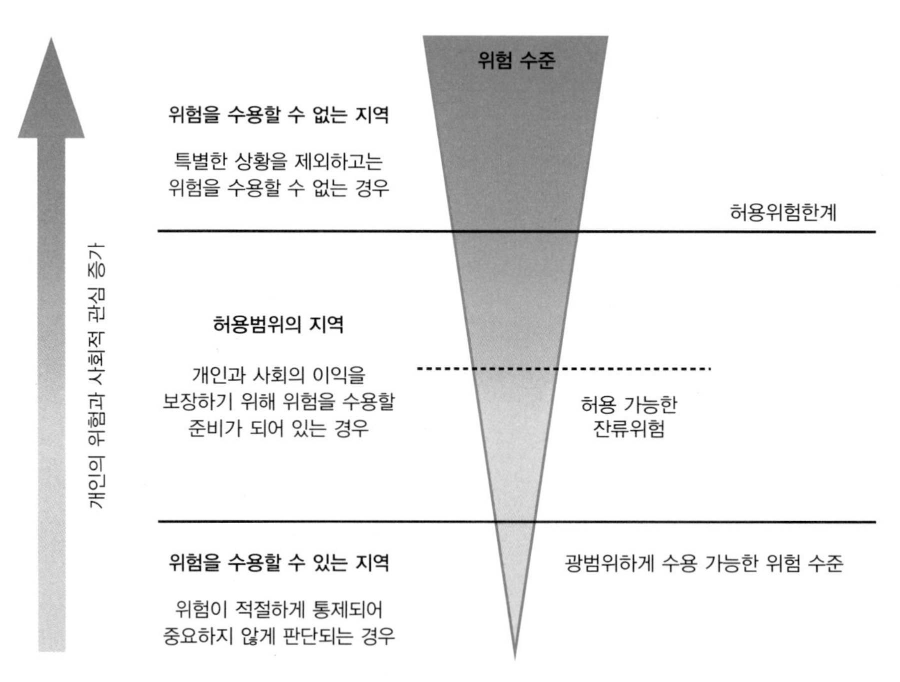

그림 **9.5** **위험수용에 대한 접근법** (HSE, 2001, Munger et al., 2009)

허용범위는 시간에 따라 변화하며, 개인마다 다른 기준을 갖고 있을 수 있어, 허용위험에 대한 사회적 합의를 정의하는 것은 어려운 작업이다. 궁극적으로 허용위험은 사회가 인명피해, 제방 및 생태계 손상에 대해 부여하는 가치에 따라 달라진다.

네덜란드의 경우, 유용성기반 기준을 사용하여 허용위험수준을 결정하며, 또한 네덜란드 법은 모든 국민에게 평등기반 기준을 적용한다(TAW, 1990).

제방 보호수준 결정을 위한 유용성기반 접근법(네덜란드)

- 1960년대 Delta Committee는 네덜란드 중부의 홍수가 발생하기 쉬운 도시화된 지역에 있는 제방의 보호수준을 결정하기 위한 유용성기반 접근법을 개발했다(Delta Committee, 1961). 이 접근법은 기존 제방의 건설비용 및 보수·보강에 따른 간접비를 분석하고, 이러한 비용과 보수 · 보강에 따른 보호수준을 반정량적으로 비교한다.
- 홍수피해비용은 직접 및 간접적인 경제적인 손해에 사망 등 비금전적 피해를 반영하여 계산한다.

아래 그림은 첫 번째 Delta Committee에서 채택한 기준이며, 제방 보수 · 보강에 적용되는 비용편익 분석의 기본개념을 반영한다. 제방고와 투자비용은 직접적인 관계가 있고, 제방이 높아질 때 홍수피해비용은 기하급수적으로 감소하므로 최적의 경제적 제방고는 홍수침수로 인한 피해와 투자비용의 합계가 최소인 곳으로 결정된다.

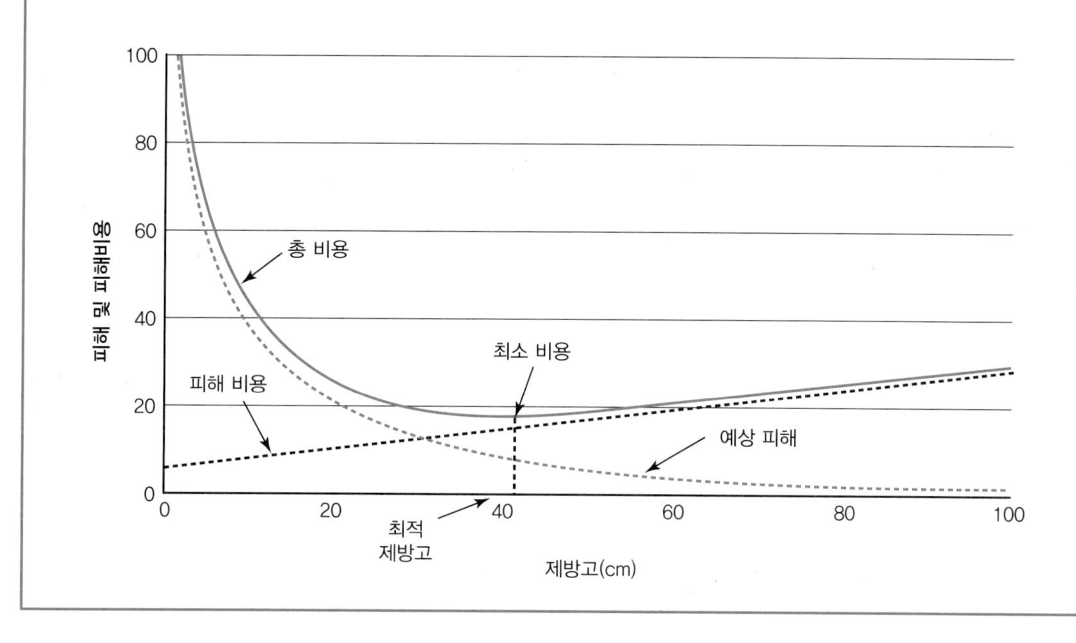

영국과 미국의 경우, 프로젝트별 비용편익 분석을 기반으로 토지이용관리 및 보험과 같은 문제에 영향을 미치는 한계값을 규정하여 허용잔류위험을 판단하지만, 인명손실에 대해서는 평등기반 기준에 준하여 평가한다.

유용성기준 기반 허용 잔류위험 판단법(영국, 미국) 영국의 범람원개발지침에서는 하천범람의 경우 1%, 해양침수의 경우 0.5%의 허용위험발생 확률이 있으며, 이와 관련한 홍수위험의 분류는 아래 범주에 따라 결정한다. 홍수위험 분류 결과에 따라 위험조치 수준을 결정한다.

- 심각(significant): 매년 1.3% 이상의 홍수발생 시
- 보통(moderate): 매년 0.5~1.3% 범위의 홍수발생 시
- 낮음(low): 매년 0.5% 이하의 홍수발생 시

미국에서는 보험이용률과 홍수확률 사이의 관계를 이용한다. 홍수가능성이 1%보다 클 경우 연방홍수보험이 시행된다.

EXERCISE
예제 9.1

계층적 위험분석에서 SPR 모델의 S(Source), P(Pathway), R(Receptor)의 예를 제방환경에 맞추어 서술하시오.

풀이

- **S**: 강우(자연현상) – 기상(홍수발생원인) – 예보/경보시스템 및 대피체계(방재대책)
- **P**: 침식범람과정(자연현상) – 공간(홍수발생원인) – 재해관련 위험지구 지정 및 정비, 공간계획 등(방재대책)
- **R**: 인구, 거주상태, 환경(자연현상) – 시설(홍수발생원인) – 하천, 하수도 등의 방재시설물(방재대책)

9.3 제방성능평가 및 진단방법

9.3.1 제방성능평가의 개요

영구적으로 또는 빈번하게 물에 접하는 제방(운하제방, 조석해안제방)을 제외한 대부분의 하천제방은 평상시 물에 접하지 않기 때문에, 물이 차오르는 홍수상황에서 제방의 성능을 예측하는 것은 어렵다. 제방성능평가는 제방의 주요 기능 또는 발생 가능한 파괴기구에 따라, 다양한 방식을 사용하여 제방구성요소의 성능을 평가하는 것이다.

홍수발생 시 제방의 거동 및 파괴기구에 대한 상대적 취약성 평가는 다음과 같은 목적으로 수행한다.

- **성능평가 내용의 구체화:** 어떠한 특징(원인)을 찾아야 하는지에 대한 구체화와 지시
- **관찰된 특징(원인)의 진단:** 파괴기구와 관련된 결함의 원인, 파괴의 성질 또는 제방의 열화요소에 대한 진단
- **홍수 시 비상조치 선정:** 예상되는 홍수상황에서 제방성능에 대한 예후, 비상조치 선정

제방성능평가 시에는 실제 발생했거나 발생 가능한 파괴요인에 대한 진단이 포함되어야 한다. 이 과정에서 제방과 관련된 모든 파괴기구가 제방성능에 미치는 상대적 중요성을 판단해야 한다. 제방성능평가 결과를 통해 전체 제방시스템과 개별 제방구성요소가 홍수범위에 따라 어떠한 영향을 받는지 예측할 수 있다. 평가완료 후에는 유지·보수, 제방복구 등의 후속조치가 수행된다.

9.3.2 제방성능평가 방법

제방성능평가의 세부사항은 평가를 담당하는 조직(제방관리조직, 규제당국)의 역할과 제방의 수명주기 단계에 따라 달라진다. 제방관리조직은 일반적으로 평가 및 진단 결과를 모두 필요로 하는 반면, 규제당국 및 기타조직은 평가결과를 필요로 한다.

위험분석의 경우, 해당위험에 대응하기 위한 자원을 최적화하기 위해 계층적 접근방식을 채택할 수 있다. 제방수명주기 전체에 걸쳐 다양한 수준의 전문적 지식으로 작성된 보고서를 통한 검사 및 위험분석 등을 포괄적으로 평가한다. 제방성능평가의 결과는 평가점수뿐만 아니라 결과의 신뢰도를 포함한다. 계층적 접근에서 높은 수준의 평가를 위해서는 일부 특정자료 수집을 전문기관에 의뢰해야 한다. 이는 분석결과의 신뢰도를 높이기 위해 계층적 접근방식으로 분석해야 하는 이유 중 하나이다.

제방관리 정책과 규정을 충족시키기 위해 제방관리조직은 정기적인 평가 작업(제방검사, 안전진단, 위험분석)을 수행해야 하며, 이때 운영 및 유지보수 지침은 다양한 수준에서 제방검사 및 평가법을 포함해야 한다(그림 9.6).

제방성능평가는 전문가의 판단, 성능지수 기반 방법, 수학적 모델(물리적, 경험적 모델) 등의

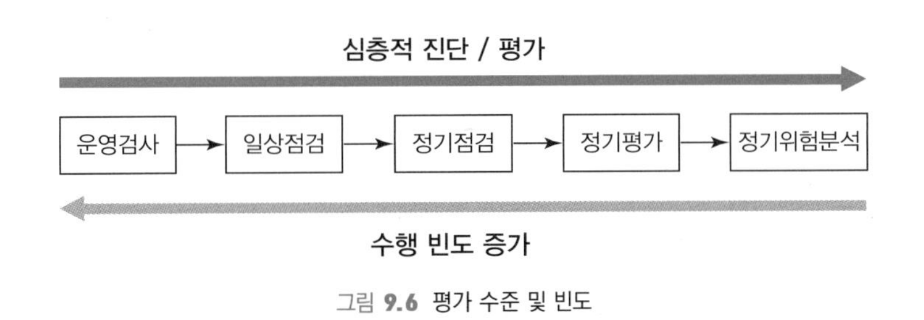

그림 9.6 평가 수준 및 빈도

자료조합에 기반을 둔 다양한 방법으로 수행한다. 이는 한계값, 조건부 파괴확률, 취약성 곡선, 안전계수, 지수(예: 0-5, 0-10 척도), 정성적 평가값(예: 매우 양호, 양호, 불량, 매우 불량 등) 등 다양한 결과로 나타낼 수 있다.

EXERCISE
예제 9.2

제방의 상대적 취약성 평가의 이익에 대해 간략히 논하시오.

풀이

제방의 상대적 취약성에 대한 평가를 통해 성능평가 내용의 구체화, 관찰된 원인의 진단, 미래 홍수 시 비상조치 선정 등이 가능하며, 전체 제방시스템과 개별 제방구성요소가 홍수범위에 따라 어떠한 영향을 받는지에 관해 예측할 수 있다.

9.4 제방검사

제방시설물의 안전점검 및 정밀안전진단(국토교통부, 2012)은 제방의 종류(표준제방, 특수제방)에 따라, 세부시설(제체, 호안, 배수통관 등), 시설물의 상태변화(침하, 활동, 누수, 세굴 등)로 세분하여 서로 다른 검사를 수행한다.

9.4.1 시설물별 상태변화에 따른 제방검사

표준제방(흙으로 축조한 제방)은 하천흐름 상황에 따라 제외비탈면에 호안을 설치하여 제방이 유수에 의한 세굴에 대응하도록 한다. 표준제방을 형성하는 주재료인 흙은 노후화, 열화에 저항성이 강해 일반적으로 재료 자체의 강도저하에 따른 안전도 문제가 적다. 그러나 일정 규모 이상의 홍수발생 시 제방의 월류, 비탈면 붕괴, 누수(제체 및 기초부) 등의 현상이 나타나 제방안정성 문제가 발생한다. 평상시 인위적인 훼손이나, 유지관리 불량 등을 제외하고는 제방이 가진 안전상의 문제점을 검사하기가 어려운 점도 표준제방이 가지는 특징이다.

표준제방의 시설물별 상태변화의 평가항목은 다음과 같다.

표 9.1 표준제방의 시설물별 상태변화의 평가항목

위치	손상형태 및 조사항목	비고
제체	침하	• 외관조사에 의한 징후 조사
	활동	• 둑마루의 침하량 및 균열 폭
	누수	• 청문 및 누수흔적
	세굴(침식)	• 세굴 및 침식의 정도
	훼손	• 구멍, 경작, 골재채취 등
	수목의 식생	• 수목식생의 위치
호안	기초 세굴	• 기초세굴의 정도
	비탈덮기 활동	• 비탈면 배부름 및 구조물 손상
	비탈덮기의 손상	• 줄눈이격, 파손, 탈락 등
	호안머리보호공의 손상	• 균열, 파손, 들뜸 등
	구조이음눈, 비탈멈춤공 등의 손상	• 균열, 이격, 파손, 들뜸 등
하상부	세굴	• 세굴의 정도
	퇴적	• 퇴적의 정도
배수통관	구조물 손상정도	• 구조물의 손상정도
	배수기능 상태	• 배수기능 상태

- **침하**: 제방고를 낮춰 홍수의 제방월류를 초래하는 원인이 된다. 제방침하는 제체시공 시 충분한 다짐이 이루어지지 않은 경우에 발생한다. 침하는 대부분 준공 즉시 단기간 내에 종료되며, 오랜 기간이 경과된 제방에서는 더 이상의 침하현상은 없다. 그러나 함수비가 높고, 투수성이 낮은 연약기초지반에서는 장기간에 걸친 침하가 발생하기 때문에 장기적인 검사가 필요하다. 침하는 주로 외관에 나타나는 징후를 통해 검사하여, 주로 제방종단측량을 수행한다. 종단측량의 목적은 제방의 침하량 확인보다는 계획홍수위와 제방고와의 관계를 검토하여 홍수의 제방월류에 대한 안전도를 확인하는 것이다.
- **활동**: 제방비탈면의 활동은 비탈면의 경사가 가파른 경우에 발생한다. 특히 홍수 시 제체 함수비가 급격히 높아짐에 따라 비탈면의 활동안전율이 저하된다. 따라서 하천설계기준에서 정한 제방의 비탈경사보다 급한 경우 모두 조사 및 검토의 대상이 된다. 제방비탈면 활동에 대한 검사는 둑마루의 침하량 및 균열폭 조사를 통해 수행한다.
- **누수(파이핑)**: 누수는 제방파괴의 가장 큰 요소이며, 제체단면(둑마루폭, 제체저폭)이 부족한 경우 제체부와 제방을 관통하는 통문, 통관 등의 주변부에서 주로 발생한다. 누수는 하천에 어느 정도 이상의 홍수위가 유지되고 홍수의 지속시간이 일정시간 이상 유지될 경우 발생하므로, 평상시 누수를 확인하기는 매우 어렵다. 제체누수검사는 현장검사 시 탐문이나 청문, 흔적조사 등을 통해 수행한다.

- **세굴:** 제방의 안전과 직결되는 세굴은 주로 하천에 인접한 호안기초부, 제방비탈 끝단에서 발생한다. 통문이나 통관 주변의 세굴도 제체파괴를 일으킬 수 있다. 고수부지 및 저수부 끝단의 세굴 또는 자연하천의 강턱세굴이 제방에 직접적으로 주는 영향은 상대적으로 적으나, 세굴이 계속 진행하여 제방비탈 끝까지 다다를 경우 제방안전에 큰 영향을 끼친다. 따라서 고수부지 폭이 좁은 곳에서는 고수부지의 세굴정도도 검사해야 한다. 통문·통관이 있는 곳, 구하도의 체절부, 과거의 파괴지, 제체의 폭이 특히 주변에 비해 좁은 곳, 제체의 지반이 특히 낮은 곳, 두더지, 들쥐 등이 서식하기 쉬운 쓰레기장과 같은 상황에 대하여는 좀 더 면밀히 탐문 및 청문을 한다. 또한 이 경우 제체 및 기초지반에 대하여 토질조사를 한다.
- **호안 파손/흐트러짐:** 호안은 유수의 작용으로부터 제방이 세굴, 유실되는 것을 방지하기 위하여 제방 제외지 측 비탈면에 설치하는 시설이다. 일반적으로 호안의 파손, 흐트러짐 등은 일정 규모 이상의 홍수가 발생하였을 때 나타난다. 평상시에는 호안 자체의 변동은 거의 없다. 그러나 홍수 시 파손된 호안을 보수나 원상복구가 되지 않은 상태로 방치하면 향후 홍수발생 시 큰 재해를 야기할 수 있다. 호안은 호안머리부, 비탈덮기부, 호안기초부 등으로 나누어 검사한다. 호안머리부나 기초부는 세굴에 의한 구조물의 노출, 들뜸 등을 검사한다. 비탈덮기공은 호안의 탈석, 배부름, 이음눈의 탈락 등의 상태를 검사하며 돌망태 호안 등은 망태철선의 끊어짐, 노후상태 등을 검사한다.

특수제방은 제방구조물의 종류(콘크리트 구조 제방, 널말뚝 구조 제방, 흉벽 등)에 따른 특성을 반영하여 적합한 세부지침에 따라 검사한다. 특히, 제외지 측 전면부의 기초부 세굴상황을 면밀히 검사한다. 특수제방 검사 시의 상태변화에 따른 평가항목은 표 9.2와 같다.

표 **9.2** 특수제방의 시설물별 상태변화의 평가항목

위치	손상형태 및 조사항목	비고
직립 구조물	침하	• 구조물 및 제체의 손상상태
	경사/전도	• 진행성과 비진행성 전도
	활동	• 구조물 손상 및 파괴징후
	변형	• 말뚝구조의 변형 여부
	파손	• 구조물의 손상정도
	균열	• 과응력균열, 부식균열 등
	박리(박락, 충분리)	• 박리의 발생정도
	마모/침식	• 마모 및 침식의 정도
	신축이음부 이격, 사석블록 이격, 말뚝 간의 이격	• 이격에 의한 토사유출 등
	기초부 세굴	• 기초유실 및 하상 세굴정도

9.4.2 세부시설별 검사사항

세부시설별 검사사항은 앞에서 서술한 손상형태의 주요 원인에 대한 세부검사요령이다. 표준제방의 경우 제체, 호안 배수통관에 대한 조사를 실시하며, 자세한 점검사항은 표 9.3과 같다. 특수제방의 경우, 제체에 대한 점검사항을 포함하며 추가적으로 직립구조물인 옹벽, 말뚝, 석축에 대하여 재료의 특성에 따라 기타 세부지침을 준용하여 검사한다(표 9.4).

표 **9.3** **표준제방의 세부시설물별 검사사항** (국토교통부, 2012, p. 12)

세부시설	부재명 및 항목		점검사항	비고
표준제방	제체	월류	계획홍수위와 제방고의 차이(여유고) 확인	
			주변보다 낮아진 제방 부위 확인	
		세굴	하안 침식현황	
			교량, 낙차공 등 구조물의 접속부	
			하상의 국부세굴	
			만곡부의 세굴	
		활동	둑마루 종방향 균열	
			비탈면 충분리 현상	
		누수	뒷비탈면 국부세굴 및 파이핑 현상	
			제방 횡단구조물 주변 누수	
			야생동물의 구멍	
			수목(교목)에 의한 누수여부	
			제내·외측 인위적 굴착현황	
		기타	제방 내 불법경작 현황	
	호안	비탈덮기	비탈덮기 내 공통현상	
			비탈덮기 경사	
			호안공 상하류 마감부 처리상태	
			비탈덮기 재료 변화지점부	
			비탈경사 변화지점	
			떼붙임공의 경우 생육정도 및 조밀도	
			돌망태공의 철선 부식 및 탈석	
			돌붙임공의 배부르기 또는 탈석유무	
		기초	기초공 파괴 및 유실	필요시 수중조사 실시
		밑다짐공	비탈경사 변화지점 및 만곡부의 밑다짐공 세굴	〃
		기타	호안머리보호공, 구조이음눈, 비탈멈춤공의 손상여부	
	배수통관		통관 구조물 손상상태 및 배수기능 상태	필요시 CCTV조사

표 9.4 특수제방의 세부시설물별 검사사항 (국토교통부, 2012, p. 13)

세부 시설	부재명 및 항목		점검사항	비고
특수제방	제체	월류	계획홍수위와 제방고의 차이(여유고) 확인	
			주변보다 낮아진 제방 부위 확인	
		세굴	하안 침식현황	
			교량, 낙차공 등 구조물의 접속부	
			하상의 국부세굴	
			만곡부의 세굴	
		활동	둑마루 종방향 균열	
			비탈면 충분리 현상	
		누수	뒷비탈면 국부세굴 및 파이핑 현상	
			제방 횡단구조물 주변 누수	
			야생동물의 구멍	
			제내·외측 인위적 굴착현황	
		기타	제방 내 불법경작 현황	
	옹벽		콘크리트 균열, 박리, 충분리, 박락, 백태 등	
			이음부 파손	
			전도 위험성	
			옹벽 기초부 세굴	필요시 수중조사 실시
	말뚝		하상 세굴	〃
			말뚝의 부식, 훼손상태	
	석축		기초 콘크리트의 침하 및 세굴상태	필요시 수중조사 실시
			배수공 유무확인	
			배부르기 또는 탈석	
			줄눈의 탈락	
수리·수문학적 점검사항			계획수위 및 여유고 확인	하천정비기본계획자료 분석
			계획하폭 및 실하폭 점검	

9.4.3 현장검사 및 재료시험 요령

현장검사는 검사 목적 및 대상에 따라 크게 상세외관조사, 하천측량, 제체시추조사, 제체 물리탐사시험, 하상재료시험 등으로 나누어진다.

(1) 상세외관검사

상세외관검사는 제방을 구성하는 제체, 직립구조물, 호안, 저수호안, 제내지(20 m 이내) 지반 및 하상부, 배수통관에 대해 수행한다. 저수호안의 조사물량이 과다한 경우(제방연장의 1/3 이상)에는 조사비용 등을 고려하여 결정한다. 또한 제체횡단 배수통관이 구조적으로 문제가 있어 제체의 안전성에 영향을 미치는 경우에는 배수통관에 대한 구조안전성을 검토한다.

하상부의 상세외관검사 시 하상부에 대한 6년 이내에 측량한 자료가 필요하나, 하상변동이 없다고 판단되는 경우 또는 하천측량을 한 경우에 생략할 수 있다. 호안공 기초 또는 특수제방 직립구조물의 세굴이 우려되는 경우 하상조사와 병행하여 수중조사를 한다.

(2) 하천측량

제방의 안정성 검토를 위해서는 하천의 계획홍수량 소통 여부에 대한 수문학적 안전성을 검토한다. 이 경우 안전점검 및 정밀안전진단의 대상 전 구간에 대한 하천측량(기준점측량, 종·횡단측량 등)을 한다. 하천측량은 제방, 하상, 좌우안 제내지 20 m까지를 범위로 하며, 6년 이내의 측량자료가 있는 구간의 경우 생략할 수 있다.

국내에서 하천측량은 하천설계기준(수자원학회/하천협회, 2019)에 준하여 수행한다. 향후 예상되는 홍수위를 산정하기 위한 하천측량은 하천기본계획*이 수립되지 않거나, 수립 후 10년이 경과한 제방에 대하여 수행한다. 6년 이내의 측량자료가 있을지라도 이 기간 내에 하천홍수위에 영향을 줄 만한 하도 내에서 변동이 있었을 경우에 하천측량을 하여 홍수위를 재산정한다.

(3) 제체시추조사

침투수 해석과 비탈면 안정성 해석은 제체의 안전성 검사에 중요한 요소이다. 제체에 대한 시추조사와 제체재료에 대한 시험을 하여 침투수 해석과 비탈면 안정성 해석을 위해 필요한 자료를 얻을 수 있다.

시추조사는 제방 2 km마다 수행한다. 제방건설 후의 시추조사자료가 있을 시, 제방이 자동차 전용도로로서 도로시방서 기준에 따라 건설되었을 시에는 시추조사를 생략할 수 있다. 시추자료가 있어 시추조사를 생략할 경우, 기존 시추조사자료를 검토하여 제체 물리탐사(전기비저항탐사 등)를 기준수량의 2배 이상 한다.

시추심도는 기초지반의 연약성 여부를 판단할 수 있는 깊이까지로 규정되어 있다. 누수 및 침

* 하천기본계획은 하천법 제25조 및 하천법 시행령 제24조의 규정에 의거 유역의 강우, 하천의 유량, 하천환경 및 하천의 이용현황 등 하천의 치수, 이수, 환경 및 친수 등에 관한 제반 사항을 조사분석하여 하천의 종합적인 정비와 자연친화적 하천이용 및 관리 등에 필요한 기본적인 사항을 작성하는 것이다.

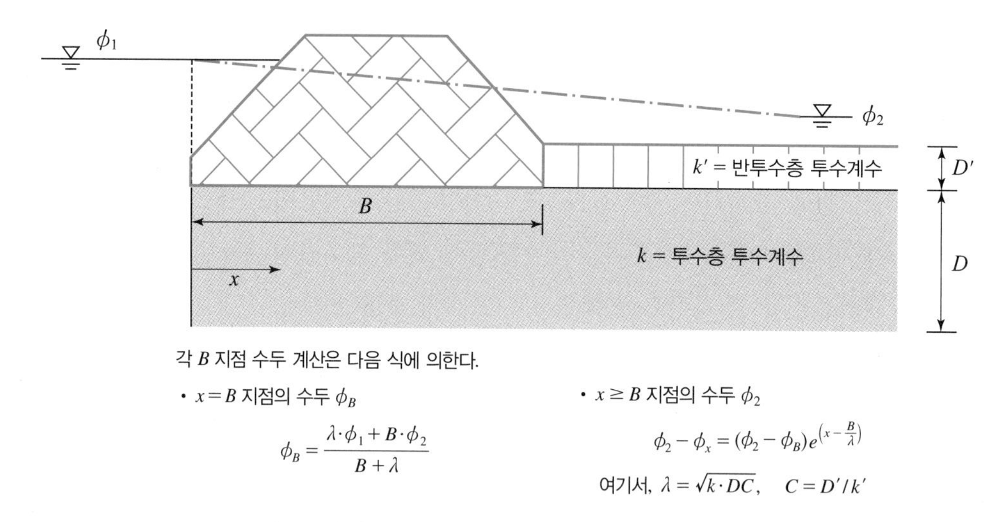

그림 **9.7** 광대한 투수층 위에 반투수층이 덮여 있는 경우 제체조사

투수 해석을 위한 시추조사의 경우 기초 불투수층까지 또는 제체 높이의 3배 이상의 깊이까지 수행한다. 시추조사 시 투수시험(현장투수시험이 불가할 경우 실내투수시험), 들밀도시험(시추 시 재료 채취가 곤란하여 단위중량, 비중시험이 어려울 경우), 입도분석, 단위중량, 비중시험, 액성 및 소성한계시험, 표준관입시험, 삼축압축시험, 압밀시험(제체 주재료가 점성토인 경우)을 한다. 이 외에도 조사가 필요하다고 생각되는 시험항목은 책임기술자가 판단하여 실시한다.

제방은 침윤선이 주로 집중하는 제내지 비탈끝단부에서 침투에 가장 취약하다. 그러나 광대한 투수층 위에 불투수층 또는 반투수층의 지반이 덮여 있는 지역에서는 비탈끝단을 벗어난 재내지 중 불투수층 또는 반투수층의 지반두께가 주변에 비하여 특별히 얇은 곳에서 취약할 수 있다(그림 9.7). 이러한 지층구조를 가진 지역에서는 최소한 제내지 비탈끝단에서부터 제방 저폭의 약 3배까지 시추를 하여 반투수층의 두께를 조사한다.

(4) 제체 물리탐사시험(전기비저항탐사 등)

제체 내부에 존재하는 공동 및 누수층은 제체의 안전성에 심각한 영향을 끼친다. 이에 대한 조사는 시추조사만으로는 충분하지 않으며, 제체 내부를 비파괴 관찰할 수 있는 물리탐사시험을 하는 것이 바람직하다. 물리탐사시험은 시추조사와 병행하며, 시험결과의 신뢰성을 높이기 위해 시추조사 지점과 물리탐사조사 구간이 상호 포함되도록 구간을 선정한다. 제체 물리탐사시험의 기준조사 수량은 2 km당 100 m 이상으로 한다. 시험구간은 제체 횡단구조물(통문, 통관 등) 지점, 하천횡단구조물 접속지점, 제체 누수흔적이 있는 지점, 연약기초지반 지점 등이 포함될 수 있도록 전문가가 판단하여 결정한다. 한편, 제체 물리탐사시험도 시추조사와 같이 제방이 자동차

전용도로로서 도로시방서 기준에 의하여 건설된 경우에는 생략할 수 있다.

(5) 하상재료시험

장기적인 하상변동분석이 필요하거나, 하상변동이 심한(상류로부터의 토사이동 및 급경사하천으로 세굴이 우려되는 하천) 하천에서는 하상재료를 채취하여 입도분석 등 재료시험을 한다. 하상재료시험의 실시 여부 및 시험횟수, 시험항목 등은 관리주체가 판단하여 결정한다.

9.4.4 정밀점검 현장검사 요령

정밀점검 현장검사는 제방건설 후 발생한 제체, 구조물, 호안 등의 구조적 손상 및 제·내외지의 수리·수문 변동 등을 파악하여, 제방파괴원인을 사전에 발견하기 위한 과정이다. 현장검사는 제방누수파괴의 주원인인 제체구조물 접속부의 공동, 누수에 대한 검사와 제내지 측 유수지 및 저지대 비탈면의 조사 등에 초점을 맞춘다. 국내에서 '하천기본계획'에 입각하여 계획하폭 등을 사전에 검토하여 안전점검 시 고려한다. 안전점검 시 수중조사에 대한 필요성 여부를 판단한다.

(1) 정밀점검 대상

정밀점검의 대상은 표준제방의 경우, 앞비탈, 앞턱, 둑마루, 뒷비탈, 뒷턱 등이며, 특수제방의 경우 토사제체, 직립구조물(옹벽공, 말뚝공, 석축공) 등이 추가된다. 특히 저수호안을 포함한 호안의 비탈덮기, 호안머리보호공, 구조이음눈과 하상부의 밑다짐공, 하상보호사석의 손상상태 등과 배수통관이 정밀점검 대상이다. 점검내용은 제방파괴원인에 따른 상태 및 안전성 평가로 구성되며 표 9.5와 같다.

표 9.5 안정성 평가의 점검내용

제방파괴원인	상태 및 안정성 평가 내용
홍수월류로 인한 파괴	계획홍수위에 따른 제방고의 적정성
제외 측 앞비탈 유실에 의한 파괴	호안의 설치유무 및 상태
제방비탈 붕락에 의한 파괴	제방비탈경사, 토질역학에 입각한 비탈면활동 안정성
제체누수에 의한 파괴	제체 폭의 적정성, 제방구조물의 누수정도

(2) 수리 · 수문학적 점검사항

하천기본계획에 근거하여 계획수위 및 하폭 등 제반사항의 변동에 따른 제방 안전도를 점검한다. 하천측량을 통하여 하천의 계획홍수위를 산정하였을 경우에는 계획홍수위와 기존 호안고를 비교하여 호안고의 적정성을 검토한다.

(3) 제방검사사항: 제체

제체의 월류안정성을 점검할 때는 제방고와 계획홍수위에 의한 여유고를 고려하여 제방의 월류가능성을 검토한다. 특히, 유로만곡부는 수위상승이 우려되므로 세심히 점검한다. 이미 월류된 제방은 제방의 침식, 세굴 등을 조사한다.

제체의 세굴안정성을 점검할 때는 하상굴착이 있는 부분은 하안, 제방비탈면 등에 대한 영향을 고려하여 점검한다. 기검토된 계획하상과 평형하상고 이하로 골재가 채취되었을 경우 평형하상이론에 의한 상하류의 영향도 조사한다. 하안침식이나 하상세굴 등을 점검하여 제체세굴 가능성을 예견한다.

하천구조물의 접속부는 기능 및 재료가 상이하여 홍수에 취약하다. 따라서 구조물 상·하류의 와류 등에 의한 제방세굴에 대해 점검한다. 하천유로 변경사항 등을 과거자료 및 지역주민 등에 대한 탐문조사를 바탕으로 파악하며, 이를 통해 기초누수 취약지점 등을 파악한다.

(4) 제방검사사항: 활동

비탈면활동 파악 시에는 제체표면의 균열이나 비탈면 분리 등을 점검한다. 위험지점 비탈면의 경사를 측정하여 추후 상태평가 시 고려한다.

(5) 제방검사사항: 누수

누수지점, 경로 및 양상(빗물침투 또는 파이핑) 등을 상세히 조사하며, 누수가 발견될 시(특히 혼탁수 유출 시) 관리주체에 통보하고 정밀안전진단 필요성 여부를 판단한다. 홍수기에는 제내지 비탈면의 국부세굴이나 지반붕괴 현상과 아울러 내부침식(파이핑) 현상 유무를 확인하고, 갈수기에는 그 흔적확인과 동시에 탐문조사를 한다. 취약단면의 둑마루폭, 비탈경사와 제방저폭을 확인하여 침윤선 검토 시 자료로 사용한다. 야생동물의 서식구멍은 누수파괴의 원인이 되므로 세심한 조사를 한다. 지반누수는 표토유실, 골재채취 등 굴착을 실시하여 투수층이 노출되어 일어나는 경우가 있으므로, 여기에 초점을 맞추어 조사한다. 제방구조물-제체 사이의 공극은 홍수 시 제방누수 및 파괴의 주원인이다. 이는 물리탐사(전기비저항탐사, 탄성파탐사 등)를 사용하여 검사한다. 제방 및 주변의 식생의 뿌리에 의한 제체파괴 또는 누수 가능성을 점검한다.

(6) 제방검사사항: 침하

제방침하는 장기간에 걸쳐 일어나므로 단기점검으로 확인이 어렵다. 제방측방의 융기(흙의 부풀어 오름)로 간이 판별할 수 있다.

(7) 제방검사사항: 변위측정

제체의 변위발생은 기초파괴, 제체파괴, 활동 등의 요인이 되며, 제체중심, 비탈경사, 둑마루폭, 제방저폭 등 변위발생에 취약한 구간의 변위를 측정한다.

(8) 호안검사사항: 비탈덮기

홍수 시 뒤채움토사가 유출되어 공동이 발생하여 비탈덮기가 파괴될 수 있다. 이 경우 비탈덮기 재료의 편평성을 조사한다. 급경사호안에서는 토압 및 수압에 의한 제방파괴가 발생하므로 비탈경사에 준한 검사를 한다. 비탈덮기공의 마감부, 급곡부, 재료변화부는 특히 세굴에 취약하여 면밀한 점검이 요구되므로, 마감부 처리공 유무를 조사한다.

비탈덮기재료에 따른 점검사항은 표 9.6과 같다.

표 **9.6** 비탈덮기 점검요령

재료구분	점검사항
떼붙임	떼의 생육정도, 조밀도
돌망태공	철선의 부식 및 파손상태, 탈석
돌붙임	배수구멍 유무 배부르기, 탈석 줄눈 탈락
콘크리트블록붙임	공동상태 파악(표면 두드림) 배부르기 또는 블록유실 파악

(9) 호안검사사항: 기초

기초세굴은 호안파괴의 주요 원인이다. 필요시 측량 및 수중조사를 한다.

(10) 호안검사사항: 밑다짐공

밑다짐공 점검 시 비탈경사의 급변구간은 세굴에 취약해 세굴정도를 면밀히 점검한다.

(11) 옹벽검사

콘크리트 구조물로서의 점검사항(균열, 백태)을 점검한다. 이음부의 상태, 부등 침하 등을 점검한다. 특히 수면접촉부에서 전도위험성에 대한 현장측량을 한다.

(12) 널말뚝구조제방 검사

수면에 접한 제방에는 널말뚝을 주로 설치한다. 이 경우 하상세굴에 대한 수중조사를 통해 널말뚝의 부식 및 훼손을 점검한다.

(13) 석축검사

석축기초 콘크리트의 침하상태를 점검한다. 기초상부에 계획 토피(상부에 덮여 있는 흙)가 있을 시 세굴에 대한 검사를 한다. 배수공은 토압에 중요한 영향을 끼치며, 설치 유무 및 설치간격 등에 대한 점검을 수행한다. 석축의 줄눈 탈락 및 탈석에 대해 점검한다.

(14) 배수통관 검사

배수통관 내부의 토사퇴적, 이음부의 이격, 구조물의 손상상태를 조사한다. 직접조사가 곤란할 시에는 CCTV 등을 통한 간접조사를 한다. 통관-제체 접속부는 공동발생위험이 있으므로, 공동에서의 누수, 세굴 등에 대한 조사를 한다.

EXERCISE
예제 9.3

표준제방 제체의 검사사항을 제방에 끼치는 영향 유형에 따라 논하시오.

풀이

표준제방 제체의 검사사항으로는 침하, 활동, 누수, 세굴(침식) 등에 대한 항목이 있다. 침하는 제방높이를 낮춰 홍수의 제방월류를 초래하고, 제방비탈면의 활동은 비탈면의 경사가 가파른 경우 홍수 시 제체 함수비가 급격히 높아짐에 따라 둑마루의 침하나 균열이 발생할 수 있다. 누수는 제방파괴의 가장 큰 요소로 제체단면 또는 제체부와 제체구조물 접속부에서 주로 발생하여 파괴를 유발한다. 세굴은 주로 하천에서 발생하여 호안기초부, 제방 비탈끝단에서 제방의 안정성에 영향을 준다.

9.5 응급조치 및 대책

제방파괴 기구와 원인은 다양하게 나누어지지만, 제방이 직면하는 위험에 대한 응급조치는 유사할 수 있다(Environment Agency, 2009; Ogunyoye et al., 2011; State of California, 2010). 제방시스템 전체의 안전보장을 위해 적용 가능한 절대적인 방법은 없다. 그러나 적시에 적절한 응급조치 및 대책을 적용하지 않으면 응급상황에서 제방의 위험이 크게 증가한다. 과거 발생한 홍수를 토대로 미래 발생할 홍수에 대한 적절한 응급조치 및 대책을 적용하면 빠르고 효과적으로 대응할 수 있다. 제방관리주체는 제방시스템의 구동과 유지·관리를 책임지는 한편, 폭우·홍수 발생 시 대응활동을 수립해야 한다. 이러한 작업에 대비하기 위해 홍수대응계획수립, 홍수 시 대응훈련실시, 필요한 자료의 수집 및 기타 홍수대응책을 담당한다. 본 절은 적절하고 효과적인 홍수대응을 위한 몇 가지 기본 응급조치를 소개한다(CIRIA, 2013).

9.5.1 홍수대응 장비 및 용품

제방관리자는 폭우 및 폭풍에 대응하기 위해 필요한 용품과 장비를 비축해야 한다. 홍수 시 이미 비축된 자재를 활용하여 본격적인 응급조치 이전에 예비조치를 취할 수 있도록 한다. 홍수대응자재의 요구 성능 및 수량은 제방 규모와 과거 홍수 규모에 따라 달라진다. 과거 홍수에 대응하는 요구수량정보가 있는 경우, 이에 맞추어 필요한 수량을 결정한다.

홍수대응 장비 및 용품은 다음과 같다.

- **모래주머니**: 홍수 시 수위상승에 대응하기 위해 모래주머니를 쌓아 일시적으로 제방고를 높여 월류를 방지하기 위해 사용하며, 국내외 제방 역사에서 가장 오래되고 보편적인 장비 중 하나이다. 모래주머니는 햇빛에 노출되지 않는 건조하고 안전한 곳에 보관한다. 지속적인 햇빛 노출과 풍화는 모래주머니 재료를 약하게 만든다. 따라서 모래주머니는 유통기한이 제한되며(습도가 제어되는 환경에 보관하는 경우 일반적으로 약 8년), 매년 검사하고 필요시 교체해야 한다.
- **토목섬유**: 홍수 시 모래주머니와 함께 쌓아 누수를 막는 등의 목적으로 다양하게 사용 가능하다. 홍수로 인한 수위상승에 대비하기 위해 항상 비축해야 한다.
- **삽이나 모래주머니 충진기계**: 홍수 시 응급대책을 위해 대량의 모래주머니가 필요한 경우, 대량의 모래주머니를 채울 수 있는 장비가 필요하다. 제방관리자는 이를 위해 필요한 장비에 대

그림 **9.8** **모래주머니 비축 상태** (CIRIA, 2013, p. 431)

한 투자를 고려한다.

- **비상조명장치**: 제방관리자는 홍수대응 중 쉽게 이용할 수 있도록 비상조명을 영구적 또는 이동식으로 비축 및 유지관리해야 한다.
- **통신시스템**: 홍수 시 안정적인 통신이 확보되어야 한다. 휴대전화는 잘 작동하지만 한 번에 여러 사람과 통신하는 데에 어려움이 있다. 또 비상시 휴대전화는 작동하지 않거나 과부하될 수 있다. 양방향 라디오 통신은 근거리통신에 비해 신뢰성이 높고, 한 번에 여러 사람에게 방송할 수 있는 기능이 있어 선호된다. 안정적인 통신시스템을 확보하지 않으면 응급대책의 수행이 어려워지고, 필요인력이 증가하는 문제가 발생한다. 제방관리자는 통신시스템 개선을 위한 시스템 업데이트를 고려해야 한다.
- **토취장 확보**: 홍수 시 제방응급조치를 위해서는 홍수 전에 토취장을 확보해야 한다. 습한 날씨 및 강우로 인한 '진흙화'는 응급상황 시 제방지역으로 접근을 어렵게 한다. 토취장 선정 시에는 제방의 출입지점을 신중히 고려해야 한다.
- **사석(rip-rap)**: 제방의 침식방지를 위해 사용한다. 평시에 비축할 필요는 없으나, 응급조치 수행 시 공급을 위해 지역채석장의 위치 및 전화번호 등을 알아놓아야 한다. 또 일부 제방에서는 응급상황에서 제방접근성 확보를 위해 현장에 사석을 비축한다.
- **구명조끼**: 근로자, 자원봉사자의 안전을 위해 항상 구비해야 한다. 응급상황 시 작업자는 항상 착용해야 한다.
- **펌프**: 응급상황에서 제체 내부의 누수·배수를 제어하기 위해 사용한다. 홍수 빈번 지역의

그림 **9.9** 임시홍수벽 시스템을 처리한 제방 (Pioneer press, 2008)

제방관리자 및 당국은 하나 이상의 고용량 펌프를 구비해야 한다.

- **임시홍수벽:** 제방고보다 높은 홍수발생 시 월류를 막기 위해 임시홍수벽을 설치한다(그림 9.9).

9.5.2 제방고 상승을 통한 응급조치 방법

홍수가 제방고를 넘어 월류할 정도가 될 것으로 예측될 시에는 적절한 장비와 재료를 사용하여 즉시 제방고를 높여야 한다. 홍수예측을 통해 기존 제방고를 얼마나 높일지 결정한다. 제방고를 높일 때 제방에 추가되는 하중이 기존 제방의 안정성을 침해하지 않도록 유의해야 한다. 중량이 큰 장비를 사용하여 제방고를 높이면 포화도가 증가한 제방이 장비진동에 의해 파괴될 수 있으므로 유의해야 한다. 특히, 제방에 누수 발생 시 장비를 진입시켜서는 안 된다.

(1) 흙쌓기공법

홍수발생 전에 충분한 공간과 적절한 장비가 확보된 상태에서 제방고를 긴급하게 높이는 데 가장 효과적인 방법은 흙재료를 추가로 쌓는 것이다. 이때 흙쌓기 재료로는 흙, 자갈, 고로슬래그 등을 사용한다. 그러나 이 방법은 월류에 의한 제방재료의 탈락이 있거나, 안전문제가 있는 경우 적용할 수 없다. 성토하기 전에 기존 제방표면은 이물질이 없도록 유지해야 하며, 적절하게 다짐되어야 한다. 그림 9.10은 제방표면에 흙(점토)으로 임시홍수벽을 쌓아 제방고를 높인 예이다.

그림 **9.10** **임시홍수벽 시스템을 처리한 제방** (CIRIA, 2013, p. 437)

(2) 모래주머니 제방 건설

모래주머니를 활용하여 제방고를 높일 수 있다. 모래주머니는 안정성이 높은 피라미드 구조로 쌓는다. 모래주머니를 쌓을 때는 높이보다 약 3배 넓게 조성해야 하며, 한 층에서 다른 층으로 엇갈리 듯 쌓는다.

그림 **9.11** **모래주머니를 쌓은 제방** (Pioneer press, 2008)

(3) 기타 쌓기공법

흙, 모래주머니가 제방고 상승에 주로 쓰이는 재료이지만, 특정조건에서는 경량 콘크리트 블록, 건초더미, 타이어 등 다른 재료를 사용할 수 있다. 이는 제방이 큰 하중을 견딜 수 없거나, 제방마루폭이 좁아 흙 또는 모래주머니 쌓기공법을 사용할 수 없는 경우 적용한다. 이때에는 토목섬유를

(a) 폐타이어

(b) 건초더미

(c) 경량 콘크리트

그림 **9.12** **기타 쌓기공법을 적용한 제방** (CIRIA, 2013, p. 438)

깔아 불투수층을 형성해야 한다. 또 쌓기재료를 줄, 철사 등으로 고정하는 작업이 필요하다.

9.5.3 침식에 대한 응급조치 방법

침식에 대응하기 위한 응급조치는 제방의 지역조건에 따른다. 일반적으로 침식과 세굴은 비교적 간단한 기술로도 방지, 중지시킬 수 있다. 침식 시 응급조치는 제방단면뿐만 아니라 수중영역까지 적용하여 보강해야 한다.

(1) 돌쌓기

돌쌓기(rock-berm)공법은 제방비탈면 보호를 위한 수단으로서, 침식력(흐름, 파도 또는 부유물 운반 등)이 너무 커서 다른 방법으로 응급조치할 수 없는 경우 사용된다(그림 9.13). 유수에 저항할 수 있을 정도로 크고 각진 암석을 사용해야 한다. 돌쌓기 방법은 다른 방법에서는 적용하기 어

그림 **9.13** **돌쌓기 공법의 예시** (CIRIA, 2013, p. 428)

려운 고수위, 고유속 조건에서 적용될 수 있다. 그러나 일반적으로 암석재료가 비싸고, 조달비용이 큰 단점이 있다.

9.5.4 월류에 대한 응급조치 방법

(1) 토목섬유

불투수성 토목섬유를 사용하여 제방월류에 의한 침식을 방지할 수 있다. 필요한 재료는 토목섬유, 모래주머니, 줄 등이며, 현장에서 조달이 비교적 용이하다. 필요한 장비의 양을 최소화할 수 있으며, 토목섬유를 시공할 수 있도록 불도저 혹은 트랙터를 사용한다. 대부분의 토목섬유는 홍수발생 전에 미리 설치하지만, 강우·폭풍 시에도 설치할 수 있다.

(a) 토목섬유 설치 과정

(b) 토목섬유 설치 완료 후

그림 **9.14** **토목섬유 설치의 예시** (CIRIA, 2013, p. 444)

(2) 비상여수로 설치

앞에서 언급한 임시 제방고 상승 방법을 시행할 수 없거나, 시행에 실패한 경우 비상여수로를 설치한다. 이는 제방월류로 흐르는 물을 수용하면서 제방마루의 침식을 방지하는 기능을 한다. 비상여수로 설치는 제방의 일부 구간만 응급조치가 필요할 때도 사용할 수 있다. 비상여수로 설치에는 모래주머니와 토목섬유 등이 사용된다.

그림 **9.15** 비상여수로 설치 예시 (State of California, 2010)

9.5.5 내부침식(파이핑)에 대한 응급조치 방법

(1) 불투수성 시트 설치

제방의 일부가 누수되어 약화되거나 약화가 의심되는 경우, 제방을 통해 흐르는 물의 양을 줄이기 위한 응급조치가 수행된다. 이는 토양 내부로의 흐름을 차단하여 정수압을 줄이고, 내부침식 가능성을 줄이는 방법이다. 토목섬유와 같은 불투수성 시트를 사용하여 제체 내부로 침투를 줄일 수 있다. 이는 넓은 범위에서 제방의 침투를 줄이는 데 사용하거나, 구체적인 누수경로가 확인된 특정지점에 적용할 수 있다. 이 방법은 월류대응을 위한 토목섬유 설치와 비슷한 절차로 설치된다.

(2) 누수방지턱 건설

제방에 연속적인 누수문제가 발생할 경우 일반적인 응급대응 중 하나는 세립질로 구성된 불투수 또는 반투수성의 재료로 포장하는 것이다. 이 경우 포장재는 연속적이며, 광범위한 거리에 걸쳐 포장되어야 제방의 침투압과 침투류를 제어할 수 있다. 이 방법은 건조환경에서만 적용할 수 있으며, 홍수발생 전에 적용되어야 한다. 유수에 의한 양력이 기초상부지층의 유효응력보다 커지면, 상부지층이 파열되어 모래의 보일링(boiling)이 발생할 수 있다. 모래의 보일링 현상은 제방 아래의 천공지층을 통해 모래 표면을 뚫고 제방바닥 아래의 토사를 씻어내는 현상이다. 누수방지턱은 제체 끝단부에서 유수에 의한 양력을 허용 가능한 값으로 낮추고, 이러한 상향 침투력에 대응하는 하중을 추가제공함으로써 누수의 위험을 줄일 수 있다.

그림 **9.16** **누수방지턱 설치 예시** (CIRIA, 2013, p. 448)

9.5.6 동수경사에 대한 응급조치 방법

(1) 보일링 구간 둘러싸기

보일링의 발생은 점차적으로 제방을 약화하며 제방침하를 유발한다. 보일링을 정량적으로 평가하기는 어렵기 때문에, 모든 보일링을 세심하게 관찰해야 한다. 제체 끝단부에서 60 m 이내에서 발생하는 보일링은 제방물질의 이탈을 심화하므로, 제방붕괴의 주요 인자로 간주된다. 초기 보일링이 발생하면 검사자가 어려움 없이 위치를 찾을 수 있도록 표시해야 한다. 맑은 물만 배출하는 보일링은 제체에 심각한 위협을 가하지는 않는다. 그러나 수두가 높아짐에 따라 제체재료가 이탈되면 제체안정성에 큰 위험이 된다. 보일링 제어를 위한 응급조치는 심층적인 관찰 및 유출수의 제체영향을 막기 위한 배수이다.

보일링을 제어하기 위해서는 모래주머니를 이용해 보일링 구간을 둘러싸는 방법을 사용한다(그림 9.17). 이 방법은 동서양을 막론하고 가장 전통적인 방법 중 하나이다. 일반적으로 외부에서 모래주머니 배치를 시작하여, 제체심부 방향으로 배치하는 것이 효율적이다. 모래주머니 배치는 맑은 물만 배출될 때 중단한다. V자형 배수구를 모래주머니 상단에 삽입하여 보일링되는 물을 배수한다. 이 외에도 도랑에서 수위를 높이거나 유출된 물이 걸러질 수 있는 작은 댐을 만들어 제내외지 수두차를 줄이는 방법도 적용할 수 있다.

그림 **9.17** **모래주머니를 활용한 보일링 대응** (CIRIA, 2013, p. 450)

9.6
응급조치 신기술 소개

최근 홍수비상사태에 대응하기 위해 새로운 재료 및 방법론을 이용한 혁신적인 디자인 및 기술이 제시되고 있다. 예를 들면, 튜브형(filled tube), 컨테이너형(filled container), 독립식 장벽(free-standing barrier), 프레임 장벽(frame barrier), 단면 장벽(section barrier) 등이다. 각 기술은 강성 또는 유연성, 공기충진 또는 물충진, 투과성 또는 불투과성, 자동 또는 수동과 같은 부수적인 특징을 갖고 있으며, 응급상황 발생 시 각 상황에 대한 평가를 통해 적합한 응급조치 해결책을 선택해야 한다. 대표적인 최신 응급조치 기술의 특성 및 장단점은 표 9.7과 같다.

9.6.1 개방형 셀형식 플라스틱 그리드 홍수벽

길이 20.3 cm의 플라스틱 그리드를 1.2 m × 1.2 m 또는 1.2 m × 0.6 m 단면으로 설치하고 내부에 흙을 채워서 설치한다. 소수의 작업자에 의해 설치될 수 있을 만큼 경량이지만, 안정적이어서 연약지반에도 적용 가능하다.

9.6.2 이동식 보조댐 시스템

불투과성의 멤브레인으로 보강된 금속재질의 지지구조물을 이용하여 물줄기 방향전환, 흐름저지, 저수목적 등의 기능을 수행하는 보조댐을 설치한다. 구조물 뒤편의 지지대가 물에 의한

표 9.7 응급조치 신기술의 특성 및 장단점 (CIRIA, 2013)

방법	장점	단점
플라스틱 그리드 홍수벽	• 쉽고 빠른 설치 가능 • 매우 안정적이며, 연약지반에도 적용 가능 • 90%의 재사용률 • 1.8 m 너비의 범위 • 매우 낮은 침투	• 그리드의 파손 발생 가능 • 하중재하 시 비탈면 안정성 감소 • 내부채움을 위한 장비 사용 • 사용 후 내부채움재 제거의 어려움
작업공간 (배수) 불투과성 멤브레인 방수재 이동식 보조댐 시스템	• 쉽고 빠른 설치 및 해체 가능 • 매우 낮은 침투 • 100%의 재사용률 • 안정적(연약지반 제외)	• 높이 조절 불가 • 설치를 위한 둑마루의 충분한 공간 필요 • 부유자재에 의한 파손 가능성 • 설치 후 제방둑마루 접근성 제한
물채움 튜브	• 쉽고 빠른 설치 및 해체 가능 • 제방 상황에 따른 유연한 설치 • 100%의 재사용률 • 홍수 정도에 따른 높이조절 가능	• 설치를 위한 둑마루의 충분한 공간 필요 • 부유자재에 의한 파손 가능성

하중을 분산하며, 불투과성의 섬유로 구성된 라이닝 시스템은 유연성을 갖고 있어 대부분의 불규칙한 표면을 덮어 투과를 막는다.

9.6.3 물채움 튜브

원기둥 형태의 튜브로서 물을 채워 일정한 중량을 지지하며 월류부를 막는 구조이다. 피라미드 형태로 쌓고 줄로 고정하여 높이를 쉽게 조절할 수 있으며, 콘크리트로 채울 수도 있다.

EXERCISE
예제 9.4

홍수 시 제방고 상승을 통해 월류 사고를 막기 위한 응급조치 방법에 대해 논하시오.

풀이

홍수 시 수위상승에 대응하기 위해 모래주머니를 쌓아 일시적으로 제방고를 높여 월류를 방지한다. 또한 모래주머니와 함께 토목섬유를 이용해 누수를 방지한다. 수위가 많이 상승하여 월류가 예상될 때는 흙쌓기공법이나 경량 콘크리트 블록 등을 이용한 임시홍수벽 시스템을 설치하여 제방고를 높여야 한다.

9.1 제방 및 제방시스템의 신뢰성, 안정성과 제방영역에서 발생할 수 있는 재해 위험성을 파악하기 위해 제방성능평가를 수행한다. 제방성능평가를 위해서 적합한 자료처리를 수행하여야 하는데, 이때 제방평가에 적용되는 다음의 자료 관련용어를 비교하시오. [검사, 조사, 모니터링, 계측]

9.2 합리적인 홍수위험분석의 한 방법인 계층적 접근방식에 대한 설명으로 옳지 않은 것을 모두 고르시오.

① 단순한 접근방식에서 복잡한 접근방식으로의 진행을 의미한다.

② 초기 위험도분석의 결과를 통해 추가조치의 수행여부를 판단하기 위해 사용된다.

③ 위험유발요인－발현경로－영향요인 방식의 구조로 위험도를 분석한다.

④ 계층적 위험도 분석은 홍수관리의 모든 측면에 적용하기 어렵다.

⑤ 예비위험평가 후 추가 조사 및 분석에 소요되는 일의 양을 문제의 심각성과 제방파괴에 따른 결과의 정도에 따라 조정하는 위험기반적 접근방식이다.

9.3 위험도 평가는 다양한 요인에 의해 발생하는 허용 가능한 위험수준을 제시해야 하며, 일반적으로 위험도 평가를 위한 기준은 평등기반, 유용성기반, 기술기반 기준 세 가지로 분류된다. 각 기준에 대해 비교 설명하고, 네덜란드의 제방 보수·보강에 적용되는 위험도 평가 기준 및 접근법에 대하여 설명하시오.

9.4 다음 중 표준제방의 시설물별 상태변화 및 평가에 대한 설명으로 옳지 않은 것을 모두 고르시오.

① 침하에 대한 검사는 제방종단측량으로 수행하며, 계획홍수위와 제방고와의 관계를 검토하여 제방월류에 대한 안전도를 확인하는 것이다.

② 제체 누수는 평상시 외관조사를 통한 징후조사 및 현장검사 시 탐문이나 청문, 흔적조사를 통해 수행한다.

③ 비탈면 활동에 대한 검토는 하천설계기준에서 정한 제방의 경사보다 급한 경우 모두 조사 및 검토의 대상이 된다.

④ 세굴은 통문·통관이 있는 곳, 제체의 폭이 특히 주변에 비해 좁은 곳을 좀 더 면밀히 탐문 및 청문하여 검사한다.

⑤ 호안의 비탈덮기구는 호안의 탈석, 배부름, 이음눈의 탈락 등의 상태를 검사한다.

9.5 정밀점검 현장조사는 제방 건설 후 발생한 제체, 구조물, 호안 등의 구조적 손상 및 변동을 파악하여 제방파괴원인을 사전에 발견하기 위한 과정이다. 국토교통부 “안전점검 및 정밀안전진단 세부지침해설서”에서 제시한 아래의 제방파괴원인별 고려해야 할 상태 및 안정성 평가 내용에 대해 설명하시오.

- 홍수월류로 인한 파괴
- 제외 측 앞비탈 유실에 의한 파괴
- 제방비탈 붕락에 의한 파괴
- 제체누수에 의한 파괴

9.6 응급상황 시 적절하고 효과적인 홍수대응을 위한 응급조치 방법이 필요하다. 이 중 제방고 상승, 침식, 월류, 내부침식(파이핑), 동수경사에 대한 응급조치 방법을 각 한 가지 이상씩 기술하고 설명하시오.

9.7 최근 홍수비상사태에 대응하기 위한 제시된 새로운 재료 및 방법론 중에서 개방형 셀형식 플라스틱 그리드 홍수벽, 이동식 보조댐 시스템, 물채움 튜브 기술의 특성 및 장단점을 국내하천에 적용 시 비교·평가하시오.

국토교통부. 2012. 안전점검 및 정밀안전진단 세부지침해설서(제방).

한국수자원학회/한국하천협회. 2019. 하천설계기준·해설(2019).

한우석, 박태선. 2014. 도시홍수 방재체계의 문제점 진단 및 정책방향. 국토정책 Brief, pp. 1-6.

CIRIA, Ministry of Ecology, and USACE. 2013. The International Levee Handbook. London.

CUR/TAW. 1990. Probabilistic design of flood defences. CUR Report 141/TAW guide, Centre for Civil Engineering Research and Codes (CUR), Technical Advisory Committee on Water Defences (TAW), the Netherlands.

Environment Agency. 2009. Emergency response for flood embankments, field team site guide. Reference Number 9T1324/R005/EM/PB, Environment Agency, Bristol, UK.

HSE (Health and Safety Executive). 1995. Generic terms and concepts in the assessment and regulation of industrial risks. Health and Safety Executive, UK.

HSE (Health and Safety Executive). 2001. Reducing risks, protecting people, HSE's decision-making process. HMSO, UK (ISBN: 0-71762-151-0). Go to: www.hse.gov.uk/risk/theory/r2p2.pdf.

ICOLD. 2005. Risk assessment in dam safety management: a reconnaissance of benefits, methods and current applications. ICOLD Bulletin 130: International Commission on Large Dams, Paris, France.

Morgan, M. G. and Henrion. M. 1990. Uncertainty: a guide to dealing with uncertainty in quantitative risk and policy analysis. Cambridge University Press, USA (ISBN: 978-052142-744-9).

Munger, et al. 2009. Developing tolerable risk guidelines for the US Army Corps of Engineers dams in collaboration with other federal agencies. In: Proc of the US Society on Dams 2009 Annual Lecture, Nashville, USA, April.

Ogunyoyem F., Stevens, R., and Underwood, S. 2011. Temporary and demountable flood protection guide. SC080019, Flood and Coastal Erosion Risk Management Research and Development Programme, Environment Agency, Bristol, UK (ISBN: 978-1-84911-225-3).

연합뉴스. 2019. 강릉 사천천 유실 제방 응급복구(2019. 10.3). https://www.yna.co.kr/view/PYH20191003117400062. (2020. 3. 12. 접속)

State of California. 2010. Emergency flood fighting methods. California Natural Resources Agency, Department of Water Resources, State of California, CA, USA. https://www.water.ca.gov/floodmgmt/docs/flood_fight_methods.pdf.

USACE (U. S. Army corps of engineers). 2012. Portable lightweight ubiquitous gasket, USA. https://www.erdc.usace.army.mil/Media/Fact-Sheets/Fact-Sheet-Article-View/Article/476704/portable-lightweight-ubiquitous-gasket/. Accessed 12 March 2020.

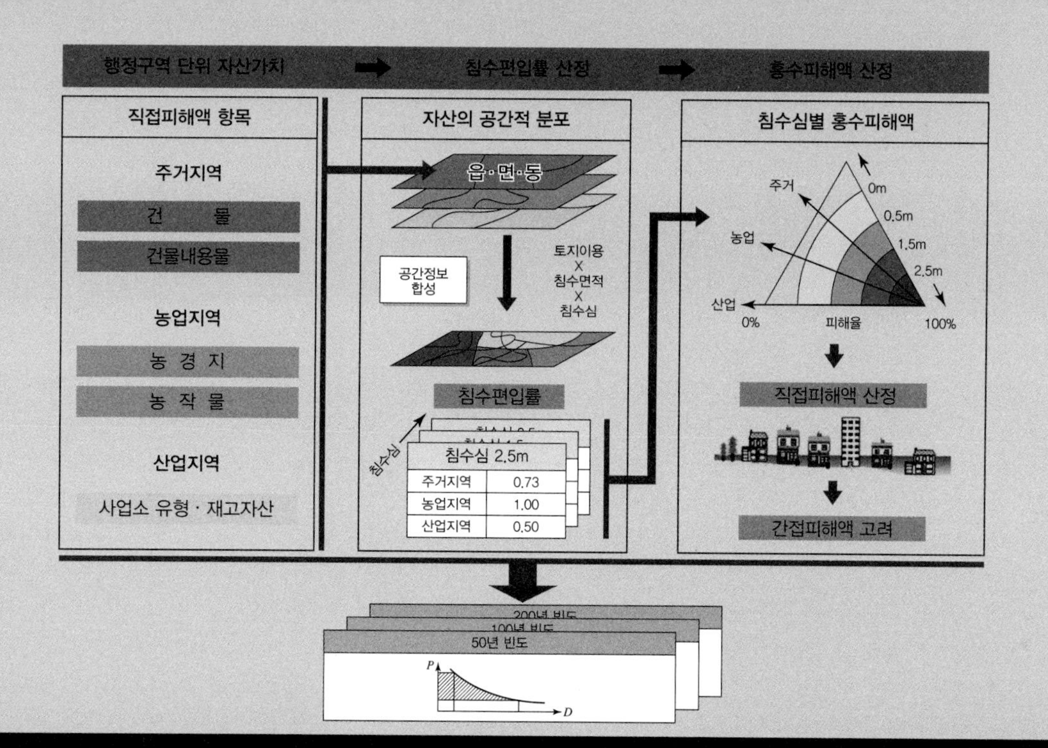

부록 I 하천제방의 경제성 평가

제방은 치수목적의 하천사업 시 기본적이면서 일반적으로 비용이 가장 많이 드는 구조물적 대책이다. 따라서 하천정비사업의 경제성 평가는 사실상 제방공사의 경제성 평가라 할 수 있다. 부록 I에서는 치수목적의 하천사업, 또는 간단히 하천정비사업 시 수행하는 경제성 평가에 대한 기초이론, 평가방법과 절차 등에 관한 주요사항을 알아본다. 다음, 경제성 평가를 위한 피해액조사를 위해 대상지역의 유량규모, 범람구역, 자산조사, 피해종류별 피해액 등을 조사하는 방법을 살펴본다. 그리고 편익과 비용의 종류와 산정방법을 알아보고, 편익과 비용분석인 다양한 경제성 평가방법을 다룬다. 마지막으로, 대안선정과 투자우선순위를 결정하는 방법 등을 설명한다.

I.1
개요

I.1.1 하천사업의 경제성 평가의 이해

건설기술진흥법 시행령 제81조에서 건설공사로 예상되는 총 공사비가 500억 원 이상인 사업에 대해서는 사업시행 전에 타당성조사를 하도록 규정하고 있다.

건설공사 타당성조사는 건설공사의 계획수립 전에 경제, 기술, 사회, 환경 등 종합적 측면에서 적정성을 검토하여 시설투자의 효율성을 증대하고자 하는 것을 말한다. 타당성조사는 기술검토, 경제성 분석, 재무분석, 정책분석을 통하여 수행되고 있다. 대부분의 하천정비사업은 단위사업 규모가 500억 원 미만이고, 그 이상이라도 건설공사 타당성조사지침(국토교통부, 2016)에 따라 타당성조사는 하지 않고 있다. 여기서 하천정비사업이란 하천의 이수, 치수, 환경 기능을 개선하기 위해 시행하는 하천사업으로서, 일반적으로 제방축조 등 치수중심의 사업이다. 현재 국내에서 시행하고 있는 주요 하천정비사업에는 국가하천구간을 대상으로 하는 '국가하천정비사업', 국가하천 본류와 주요 지방하천을 일괄하여 정비하는 '수계치수사업', 지방하천을 대상으로 하는 '지방하천정비사업', 주요 댐 직하류 구간을 대상으로 하는 '댐직하류 하천정비사업' 등이 있다(국토교통부, 2012).

위와 같이 하천정비사업 자체는 사전에 타당성조사는 하지 않지만, 이 같은 사업추진의 근간이 되는 '하천기본계획' 수립 시에는 유량규모에 따른 치수경제성 평가를 실시하여 최적치수계획규모결정과 투자우선순위를 정하고 있다. 여기서 하천기본계획이란 '하천법' 제25조 및 '하천법 시행령' 제24조의 규정에 의거 유역의 강우, 하천의 유량, 하천환경 및 하천의 이용현황 등 하천의 치수, 이수, 환경 및 친수 등에 관한 제반 사항을 조사·분석하여 하천의 종합적인 정비와 자연친화적 하천 이용 및 관리 등에 필요한 기본적인 사항을 정하는 계획이다(국토교통부, 2015).

경제성 평가는 사업의 편익과 비용에 대한 경제분석을 통하여 투자의 효율성과 경제적 타당성을 평가하는 것이다. 한정된 자본으로 투자규모를 최적화하고 사업의 경제적 타당성과 투자우선순위를 정하는 데 사용한다.

우리나라 하천정비사업 시행과정을 보면 1970년대 이전 국가재원이 부족하던 시절에는 경제적 효용성이 큰 지역부터 선택적으로 제방중심의 하천정비를 수행하였다. 1980년 이후에도 하천정비사업은 제방정비 중심이 계속되었다. 다만, 치수정책은 그 동안의 경제발전으로 투자효율성 제고와 지역 간 균형유지를 위해 지구별 분산개수방식에서 수계별 일괄개수방식으로 전환하여

수계치수종합계획을 수립하여 추진하였다(전세진, 2012, p. 4). 이 방법은 제방별 경제적인 편익보다 지역 및 수계 간 공평성을 우선하여 일괄정비방식으로 사업을 추진하는 것이다. 치수경제성 평가는 제방별로 하지 않고 동일수계 내에서 지역별로 실시하여 지역 간 투자우선순위를 정하여 사업을 추진하였다. 또한 1980년대 추진한 '한강종합개발사업'은 치수 위주의 하천정비에서 치수, 이수, 환경을 고려한 종합정비사업의 시초가 되었다(서울특별시, 1985).

현재 우리나라에서는 하천기본계획 수립 시 홍수규모에 따른 홍수피해상황을 수문학적으로 기술적 검토를 하여 대상사업의 최적규모를 정하고, 침수피해액 등 치수편익과 시설물 설치비용으로 경제성 분석을 통하여 투자우선순위를 정하고 있다.

기술적 검토를 위해서는 홍수규모에 따라 50년 또는 100년 빈도와 같이 치수적 안전목표를 설정한다. 그리고 하천특성과 몇 개의 대안에 대해 어떠한 확률로 치수능력 이상의 홍수가 발생하는지 기술적인 검토를 수행하여 치수시설물의 최적규모를 결정하고 일괄적으로 정비계획을 수립한다. 그러나 이 방법은 지역 간 공평성 관점에서는 타당하나, 경제성 관점에서는 투자에 대한 효과를 알 수 없고 사업의 우선순위를 정하기 어려워서 불합리하다. 경제성 평가방법은 경제적으로 적정규모를 정하여 투자함으로써 투자규모를 최적화하고 투자효과를 알 수 있고, 사업의 우선순위도 합리적으로 정할 수 있어야 한다.

우리나라에서 치수경제성 평가기준은 '하천시설기준'(건설부, 1980)에서 최초로 제시하여 사용하였다. 그 후 '치수사업 경제성 분석 개선방안 연구'(건설교통부, 2001)에서 간편법을 제안하여 잠시 사용하다가 현재는 '치수사업 경제성 분석방법 연구'(건설교통부, 2004)에서 제시한 다차원홍수피해산정방법을 사용하고 있다. '건설공사 타당성조사지침 하천편'(국토교통부, 2016)과 '하천설계기준해설'(수자원학회/하천협회, 2019)에서도 기본적으로 이 방법을 따르고 있다. 이 방법은 치수경제분석 외에는 적용이 불가하다. 하천정비사업을 시행하면 치수 외에 이수, 환경, 기타 편익이 발생하나 적용기준이 없어서 이러한 요소에 대한 합리적인 평가가 불가하다. 다만 댐사업에서는 '수자원개발 경제성 분석연구'(건설교통부, 2008)에서 제시하는 방법이 있는데, 이 방법은 치수, 이수, 환경, 기타 편익 적용이 가능하다. 또 최근 들어 환경정책평가연구원(KEI)에서 정책개발연구인 '환경가치 DB구축 및 원단위 추정'(KEI, 2010, 2013)과 '생태계서비스 측정체계구축'(KEI, 2014) 등은 하천환경분야에도 응용이 가능하다.

일본에서 치수경제분석은 '치수경제조사 매뉴얼'(國土交通省, 2000)에 따라 시행하고 있다. 여기서는 하천과 댐사업의 재평가 및 신규사업 시 치수시설 정비사업에서 나타나는 편익을 시계열적으로 취급하고 매년 건설비와 유지관리비 및 연평균 피해경감기대액 등을 현재가치로 환산하여 총 비용과 총 편익을 산정한다. 우리나라의 건설교통부(2004) 방법은 위와 같은 일본의 절차 및 방법과 유사하다. 또한 일본에서는 '하천과 관련된 환경정비사업의 경제평가 안내서'(國土交通省, 2016)가 별도로 있어 하천환경정비사업에 대한 경제성 평가도 가능하다.

미국에서는 홍수피해의 조사 및 관리에 관한 모든 것은 연방재난관리청(Federal Emergency Management Agency)에서 행정적인 역할을 하고, 기술적인 역할과 개발은 미육군공병단에서 한다. 편익과 비용은 사업의 목표를 고려하여 측정한다. 편익은 사업목표의 효율성으로 측정되어지며, 비용은 사업목표를 이루기 위한 희생활동의 효율성으로 측정되어진다. 연방홍수조절사업을 평가할 때에는 범람원관리와 홍수보험프로그램을 고려하도록 규정하고 있다. 홍수편익은 경제학자나 다른 분야 학자들 사이에 서로 다르게 분류되기도 하나 체계적인 분류방식은 경제학자의 분석에 따르고 있다(James and Lee, 1971).

I.1.2 경제성 평가의 절차

하천정비사업 경제성 평가의 기본절차는 사업의 종류에 따라 다르나 일반적으로 다음과 같이 진행한다.

먼저 피해액조사에서 대상지역 설정, 유량규모 설정, 지반고(등고선)조사, 범람수리조사, 자산 및 가격 등을 조사하고 항목별 피해액을 산정한다. 그다음 편익인 예상피해액 산정과 예상 연평균 피해경감 기대액을 산정한다. 비용으로 유량규모별 또는 대안별 예상사업비를 산정하고, 편익과 비용으로 경제성 분석을 한다. 다음, 주요한 영향요인이 변했을 때 사업에 미치는 영향을 알아보기 위한 민감도 분석을 한다. 마지막으로, 대안설정과 투자우선순위를 결정한다.

I.2 피해액조사

I.2.1 대상유량규모 결정

하천기본계획수립 시 경제성 평가에서 조사대상 유량규모는 수리·수문학적 분석을 통하여 유량-빈도곡선을 산정한다. 빈도는 계획홍수규모를 포함하여 4~6개(30년, 50년, 80년, 100년, 150년, 200년 빈도) 정도를 사용한다. 빈도별로 평가하는 이유는 최적계획규모를 결정할 때 참고하기 위한 것이다. 사업시행 단계에서 실시하는 하천정비사업에서는 계획안과 몇 개의 대안에 대해 해당 유량규모를 결정한다.

1.2.2 홍수범람구역 및 범람예정상황 조사

홍수범람구역을 표시할 지형도는 축척 1/1,000~1/5,000 또는 위성영상자료 등을 통하여 예상범람구역을 작성하고, 범람지역에 대해 지반고(등고선)조사는 표고차가 유량규모에 따른 범람면적을 작성할 수 있는 범위로 하되 최소한 1.0 m 간격 이하로 조사한다. 그리고 수리·수문학적으로 홍수범람해석을 하여 범람면적과 대상유량규모별 침수심을 조사한다.

1.2.3 자산 및 단위가격조사

대상피해액의 종류는 인명과 이재민, 건물과 가계자산, 농경지와 농작물, 공공시설물, 기타 피해액 등이 있다. 예상범람구역 내 자산조사는 직접조사를 하거나 각종 사회, 경제통계자료 및 지표를 활용한다. 계량화가 어려운 자산은 조사 시 활용되는 각종 사회경제 지표, 공시지가, 과거 피해액 등을 활용한다. 구체적으로,

- **건물**: 전국의 시·군·구(또는 읍·면·동) 사무소에 비치된 건축물 대장, 건축물 과세대장과 기타 세무관계 자산 및 도면 등을 이용하여 등지반고 지역별 건축물 동수를 추정하고 여기에 건축물 1동당 평균면적을 곱하여 등지반고 지역별 건축물 바닥면적을 추정한다. 건축물 자산액은 상기 건축물 바닥면적에 단가를 곱해서 산출하지만 단가에 대해서는 건축통계 등의 자료에서 건축물 1 m^2당 평가액을 구해서 사용한다.
- **건물내용물**: 시·군·구(또는 읍·면·동) 세대수는 해당 지자체에 비치된 주민등록대장 등으로 조사한다. 등지반고 구역별 세대수는 시·군·구(또는 읍·면·동) 전체 건축물 동수에 대한 등지반고 지구별 건축물 동수의 비율에 의하여 추정한다(이것은 사업소 수: 농어촌 호수에 대해서도 같다). 가계자산액은 상기 세대수에 1세대당의 가계자산액을 곱해서 구하는데, 통상 조사방법은 각 가정에 대한 설문조사를 하여 파악한다.
- **농경지와 농작물**: 전답별 경지면적은 전술한 도면상에서 산정하고 전답별 연평균 수확량[논의 경우 벼수확량, 밭의 경우 주요한 작물의 수확량으로 하되, 시·군·구(또는 읍·면·동)별 통계자료에 의한 단위면적당 곡물종류별 작물통계에 의거 최근 5개년간의 자료 중 최대 및 최소 수확량을 제외한 3년간 값의 생산량 평균치를 평년작으로 하여 적용]을 조사해서 둘을 곱해서 산정한다. 농작물 생산액은 상기한 생산량에 단가를 곱해서 구하되, 벼, 보리, 마늘, 양파, 고추, 참깨의 가격은 농산물 생산비 통계에서 제시되는 생산비를 적용하며, 기타 농작물은 최근 시도별 물가(예: 농림수산식품부의 농수산물 유통정보 등)를 조사하여 적용한다.

- **산업지역 사업소의 감가상각자산, 재고자산:** 사업소 통계조사, 시 · 군 · 구(또는 읍 · 면 · 동) 집계 카드에 산업체 분류별로 사업소 수로 조사한다. 사업소 통계조사 대상 외의 순수한 행정 및 사법 관서에 대해서는 별도로 그 사업소 수와 직원 수를 조사한다. 자산액은 공업통계, 법인 기업통계, 상업통계 등의 자료에서 추정한 산업체 분류별 종업원 1인당 유형자산액, 재고자산액을 종업원 수로 곱해서 구한다.
- **공공시설 등:** 하천, 도로, 철도, 교량, 통신시설, 전신 · 전화 · 전력 및 상하수도 시설, 수공구조물(댐 · 저수지 등), 항만시설, 체육시설, 학교, 군사시설, 취수시설, 수리시설, 사방 및 조림 시설 등 해당지역의 시설관리자별로 조사한다. 특히 도시지역은 이와 같은 공공시설이 집중되어 있으므로 농경지 지역보다 구체적으로 조사한다.

I.2.4 침수편입률 산정

'치수사업 경제성 분석방법 연구'(건설교통부, 2004)에서 제시한 다차원법에서는 피해지역의 읍 · 면 · 동 단위 행정구역, 침수구역 및 침수심, 토지이용상태 등의 공간정보를 지리정보시스템(GIS)과 연계하여 행정구역 내에서도 침수피해지역의 침수심에 따라 주거지역, 농업지역, 산업지역별로 침수편입률을 산정한다. 다차원법의 절차와 방법은 아래 박스기사를 참고한다.

다차원 홍수피해 산정방법
(건설교통부, 2004)

치수사업의 편익산정 대상

침수심을 고려한 다차원 홍수피해액 산정방법은 범람지역 내의 피해자산을 산정하여 침수심에 맞는 피해율을 곱해서 직접피해를 산정하는 방법이다. 직접피해액 항목은 크게 인명피해액, 건물 피해액, 건물내용물 피해액, 농경지 피해액, 농작물 피해액, 사업소 산업지역피해액(유형 · 재고자산 피해액), 공공시설 피해액 등 7가지로 분류된다. 이중 인명피해액과 공공시설 피해액을 제외한 5가지 피해액은 일반자산에 대한 직접 피해액을 일반자산의 평가액을 근거로 산정한다. 또한 수해 후 같은 장소에서 다시 생활을 시작하기 위해서 사람들은 가옥이나 가재 등을 재조달하는 경우가 많기 때문에 실제로 사람들이 지출하는 피해액에 가까운 재조달 가격 또는 복구비를 근거로 직접적인 피해액을 산정하는 것을 기본으로 하고 있다.

표 1 다차원법의 편익항목

편익 분류		편익내용	비고
직접피해 절감편익	자산피해 절감편익	• 주거지역(건물 + 가정용품) 피해경감 • 농업지역(농경지 + 농작물) 피해경감 • 산업지역(유형자산 + 재고자산) 피해경감	일반자산
		• 공공시설물 피해경감	
	인명피해 경감편익	• 인명손실 경감 • 이재민 경감	

다차원 홍수피해 산정방법의 기본구성

공공시설물의 경우 과거 피해자료로부터 자산피해액의 관계를 도출하여 공공토목시설의 피해액 · 일반자산 피해액에 대한 비율을 이용하여 산정한다. 이때 간접피해액은 제외한다. 다차원 홍수피해 산정법의 일반적인 개념도는 그림 1과 같다.

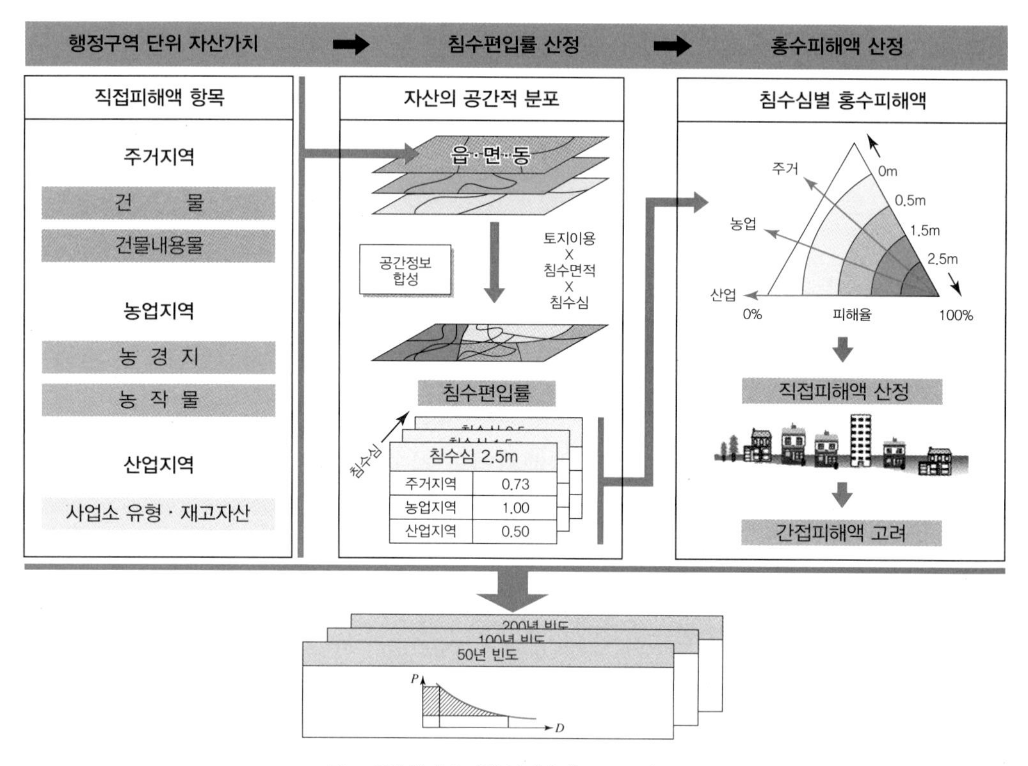

그림 1 다차원 홍수피해 산정방법(MD-FDA) 개념도

직접피해액 산정

직접피해 산정의 기본단위는 홍수지역의 범위가 홍수피해액에 주는 영향을 구체적으로 측정하기 위하여 홍수지역의 범위를 행정구역상의 읍 · 면 · 동 단위로 설정한다.

피해액 산정방법의 입력자료는 표 2의 직접피해액 산정방법을 이용한다. 실제 홍수피해액을 산정하기 위해서는 ① 직접피해의 대상자산과 ② 침수심-피해율 정보를 사전에 준비하여 위의 산정식을 미리 설정해두고, 실제로 특정한 홍수가 발생하게 되면 ③ 해당지역의 침수심 자료정보를 이 산정식에 대입함으로써 실제 홍수피해액을 최종 산정하게 된다.

홍수빈도별 예상피해액 추정은 표 2와 같이 행정구역별 지역특성을 반영하여 산정한다.

표 2 직접피해의 대상자산과 피해액 산정방법

<table>
<tr><th colspan="3">지역특성 / 세분류</th><th>자료</th><th>산정방법</th></tr>
<tr><td rowspan="4">주거특성</td><td rowspan="3">건물(동)</td><td>단독주택</td><td rowspan="3">① 건축형태별 건축연면적 주택수
② 건축형태별 건축단가
③ 아파트, 연립주택의 층수
④ 읍면동별 건축형태별 주택수</td><td rowspan="3">해당 읍면동의 평균 건물연면적에 건축단가를 곱해서 산정(①×②×④ 단, ③ 고려)</td></tr>
<tr><td>아파트</td></tr>
<tr><td>연립주택</td></tr>
<tr><td colspan="2">건물내용물(세대)</td><td>① 가정용품 보급률 및 평균가격
② 지역별가정용품평가액
③ 읍면동별 세대수</td><td>세대수에 1세대 당 평가단가를 곱하여 산정(①×②×③)</td></tr>
<tr><td rowspan="4">농업특성</td><td rowspan="2">농경지</td><td>전(면적)</td><td rowspan="2">① 매몰, 유실에 의한 피해액
② 읍면동별 전·답 면적</td><td rowspan="2">매몰이나 유실이 발생하였을 경우 피해액을 바로 산정(①×②)</td></tr>
<tr><td>답(면적)</td></tr>
<tr><td rowspan="2">농작물</td><td>전(면적)</td><td rowspan="2">① 단위면적당 농작물 평가단가
② 읍면동별 전·답 면적
③ 읍면동별 경작작물의 종류</td><td rowspan="2">논면적, 밭면적에 시군구별 단위면적당 농작물 평가단가를 곱하여 농작물자산을 산정(①×② 단, ③ 고려)</td></tr>
<tr><td>답(면적)</td></tr>
<tr><td rowspan="2">사업특성</td><td colspan="2">유형자산(액)</td><td rowspan="2">① 산업분류별 1인종사자수당 사업체 유형·재고자산액
② 읍면동별 산업분류별 종사자수</td><td rowspan="2">산업분류마다 종업자수에 1인당 평가단가를 곱하고 사업소 유형고정자산·재고자산을 산정(①×②)</td></tr>
<tr><td colspan="2">재고자산(액)</td></tr>
</table>

침수편입률 산정

침수편입률이란 행정구역 내에서 주거, 산업, 농업 등 지역특성요소의 총 자산가치를 실제 침수된 부분에 대한 자산가치로 환산하기 위해 지역특성요소별로 지리요소인 공간객체들의 위치(position) 정보를 침수심별로 중첩하여 전체에 대한 비율로 나타낸 것이다(그림 2 참조).

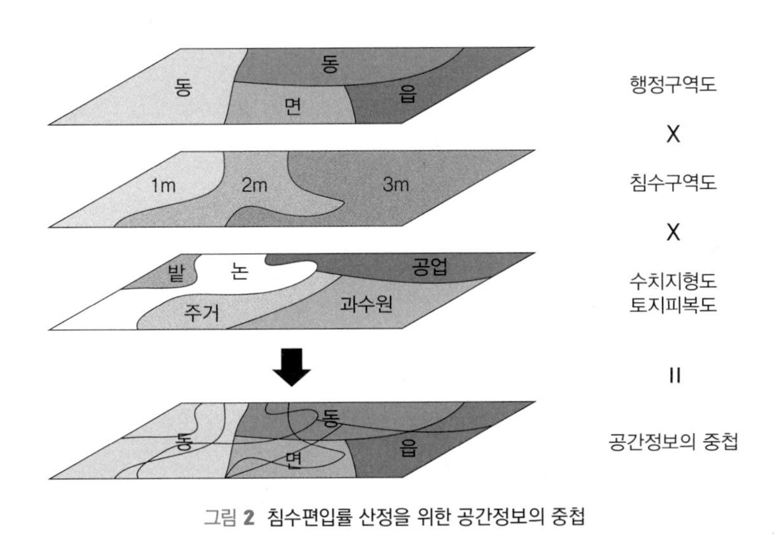

그림 2 침수편입률 산정을 위한 공간정보의 중첩

I.2.5 총 피해액 산정

총 피해액은 주거지역, 농업지역, 산업지역에 대한 피해액에 인명/이재민 피해액, 공공시설물 피해액을 더하여 산정한다. 건설교통부(2004)에서 일반자산피해액은 식 (I.1)과 같이 산정한다.

$$\text{일반자산피해액} = \sum_{i=1}^{n}[RD_i + AD_i + ID_i] \tag{I.1}$$

여기서 RD_i은 건물과 건물내용물의 침수심피해액 함수, AD_i는 농경지와 농작물의 침수심 피해액 함수, ID_i는 사업체유형·재고자산의 침수심피해액 함수, n은 해당행정구역(읍면동) 개수다.

침수피해액은 다음과 같이 대상지역의 항목별 자산액에 침수편입률과 침수피해율을 곱하여 산정한다.

- 건물 피해액 = 건물자산가치(원) × 주거지역 침수편입률 × 침수심별 건물 침수피해율
- 건물내용물 피해액 = 건물내용물 자산가치(원) × 주거지역 침수편입률 × 침수심별 건물 내용물 침수피해율
- 농경지 피해액 = 매몰, 유실의 평균피해액(원) × 농업지역 침수편입률 × 침수심별 농경지 침수피해율
- 농작물 피해액 = 농작물 자산가치(원) × 농업지역 침수편입률 × 침수심별 농작물 침수피해율
- 산업지역 피해액 = 유형·재고자산가치(원) × 산업지역 침수편입률 × 침수심별 유형·재고 자산 침수피해율

인명손실액과 이재민 피해액은 다음과 같이 산정한다.

- 인명손실액 = 침수면적당 손실인명수(인/ha) × 손실원단위(원/인) × 침수면적(ha)
- 이재민 피해액 = 침수면적당 발생 이재민(인/ha) × 대피일수(일) × 일평균 국민소득(원/인·일) × 침수면적(ha)

공공시설물 피해액은 직접조사를 통해 실시하거나, 직접산정이 어려운 경우 일반자산피해액 × 공공시설물 피해액 비율(α)로 산정한다. 건설교통부(2004)에서는 공공시설물 피해액 비율(α)은 6.01을 적용하고 있다. 참고로, 일본(국토교통성, 2010)에서는 1.694를 사용하고 있어 우리나라가 훨씬 더 높은 피해액을 보이고 있다.

I.3
편익

I.3.1 편익의 분류 및 측정방법

편익의 분류

편익(benefits)은 사업과정에서 발생되는 산출물의 경제적 가치를 말한다. 편익은 다음과 같이 분류할 수가 있다.

직접편익(direct benefits)은 투자사업으로 얻는 일차적인 목적과 관련된 편익으로서, 사업의 효과를 바로 나타내는 편익이다. 즉 치수사업을 할 경우 범람예상지역의 침수피해가 감소되므로 인명손실 감소, 건물과 가정용품, 농경지와 농작물, 산업자산과 공공시설의 피해 절감으로 인한 편익이다. 간접편익(indirect or secondary benefits)은 특정사업으로부터 파생 또는 유발되는 편익으로서, 수해로 인한 각종 서비스손실, 교통두절 등으로 인한 절감효과 편익이 여기에 해당한다.

편익과 비용을 시장에서 화폐단위로 평가할 수 있는 여부에 따라서 유형 또는 무형으로 나누기도 한다. 유형편익(tangible benefits)은 통상 시장에서 평가될 수 있는 계량편익(measurable benefits)을 뜻한다. 다목적 댐 건설사업의 유형편익으로는 각종 용수공급, 제품생산, 농산물 증산, 농지와 건물에 대한 홍수피해방지 가치처럼 객관적인 기법을 이용하여 금전적으로 편익의 가치를 나타낼 수 있는 것을 말하며, 이들은 비교적 산정이 용이한 편이다. 무형편익(intangible benefits)으로는 홍수방지로 인한 인명피해 감소, 친수환경 조성 및 하천기능 개선 등과 같이 대부분 시장가격이 없기 때문에 정확한 금전적 평가가 어렵다. 다만, 비용과 편익을 잠재가격(shadow price)을 사용하여 측정함으로써 무형적인 측면을 어느 정도 반영할 수 있다(건설교통부, 2004).

또 하천정비사업에서는 주된 목적에 따라 치수편익, 이수편익, 환경편익, 기타편익으로 나누기도 한다. 치수편익은 치수대책의 시행에 의하여 경감되는 홍수피해 부분을 편익으로 간주하는 것이다. 이수편익은 보, 양수장과 같은 취수시설에 의한 용수공급과 주운 등이 있다. 환경편익은 수량확보, 수질개선, 생태환경개선, 경관개선, 친수환경개선 등이 있다. 환경은 시장이 존재하지 않는 비시장재이며, 또한 공공재로서의 성격도 가지고 있어서 편익평가는 간접적인 방법을 이용한다. 기타편익은 교통피해절감, 토지이용고도화 등으로 인한 간접적인 편익이 해당된다. 여기서 제방에 의한 편익은 대부분 치수편익이 될 것이다. 총 편익은 이들 편익을 모두 합한 편익이다. 단 여기서 논한 치수편익의 이수·환경·기타편익 산정방법은 연구단계에 있는 것으로 공인되지 않은 저자의 제안방법임에 유의하기 바란다.

편익의 측정방법 및 형태

공공투자사업의 편익은 시장에서 거래되는 재화나 서비스만으로 구성되어 있지 않는 한 정확하게 측정하기는 쉽지 않다. 간접적인 방법으로 측정이 가능하다고 할지라도 그 방법이 한 가지로만 한정되어 있지도 않다(오호성, 2000).

편익을 측정하는 이론적 바탕은 투자사업이 만들어내는 재화나 서비스에 대한 소비자들의 지불의사(WTP, willingness to pay) 또는 소비자잉여(consumer surplus) 개념에서 출발한다. 공공투자의 결과로 생산되는 산출물은 시장에서 팔거나 살 수 없는 것들이 많다. 특히 치수사업의 무형편익은 비시장 재화이지만 국민후생의 중요한 부문이다. 그러나 시장이 없는 재화나 서비스에 대한 소비자들의 지불의사에 대한 평가나 측정은 그 방법이 정밀하지 않기 때문에 여러 가지 이론적 문제점을 내포하고 있다.

오호성(2000)은 편익측정방법을 다음 세 가지로 나누고 있다.

① **시장가격에 의한 평가방법:** 시장가격을 이용하여 편익을 직접 또는 간접으로 평가할 있는 경우로서, 시장가격방법, 기회비용방법, 생산비용방법, 복구비용방법, 비용절감방법 등이 있다.

② **대용가격에 의한 평가방법:** 시장가격이 없어 간접적으로 평가하는 경우로서, 대체가격방법, 재산평가방법, 임금격차방법, 보상가격방법, 여행비용방법 등이 있다.

③ **조사에 의한 평가방법:** 사업의 산출물(outputs)에 대해 소비자들의 지불의사(willingness to pay)를 조사하여 추정하는 경우로서, 설문조사방법, 입찰게임방법, 델파이방법 등이 있다.

I.3.2 치수편익 산정

치수사업 편익은 치수사업을 하지 않을 경우와 할 경우의 피해액 차이로 평가하며, 사업평가기간에 있어서의 총 편익을 대상으로 하게 된다.

치수사업의 편익은 사업실시 유무에 따른 피해액을 근거로 그림 I.1과 같이 사업실시에 의해

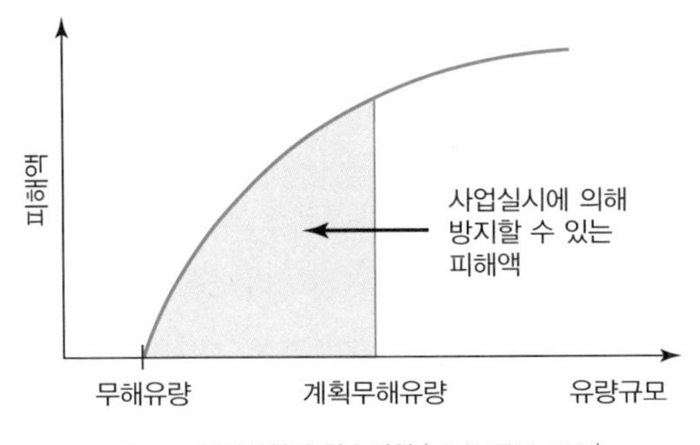

그림 I.1 제방사업의 치수편익 (건설교통부, 2004)

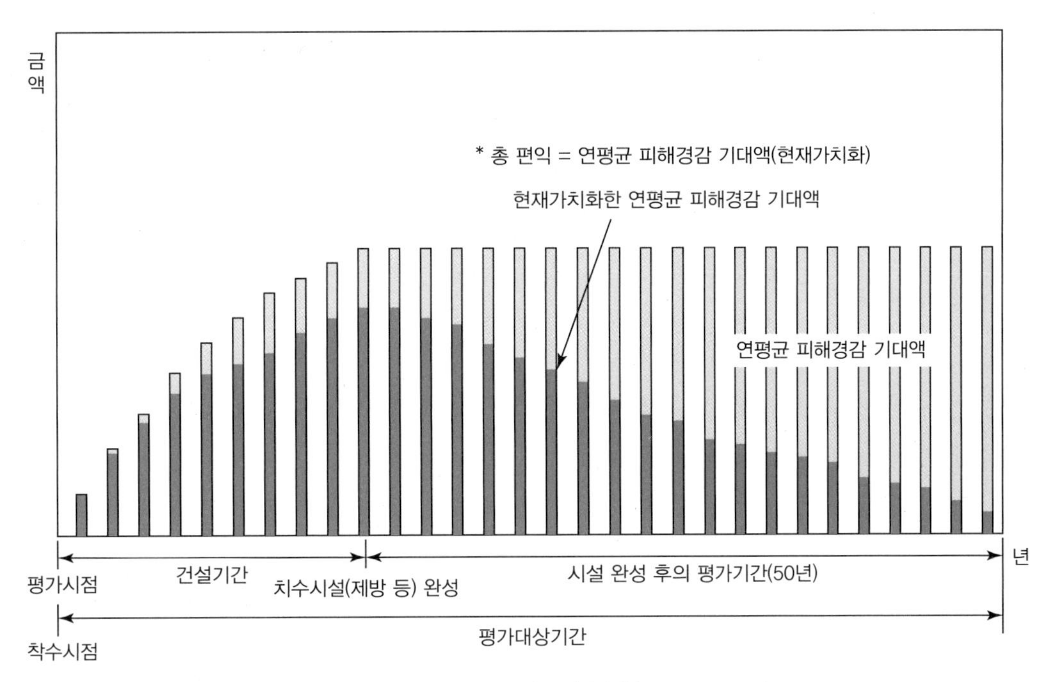

그림 I.2 제방의 평가기간에 따른 편익발생 (건설교통부, 2004)

방지할 수 있는 피해액을 편익으로서 산정한다. 일반적으로 홍수범람에 의한 직접적 피해는 현 단계에서 평가가능한 피해방지효과를 편익으로 평가한다. 이 경우 편익이 건설기간 중 치수시설의 정비에 따라 발생한다고 생각되어지는 사업에 대해서는 정비기간 중 편익의 발생을 시계열적으로 파악하고 치수시설의 건설기간을 포함하여 평가한다.

일반적으로 교량이나 건축물 등은 시설물이 완성되어야 편익이 발생하나 동일 수계 내에서 제방사업은 그림 I.2와 같이 건설기간 중에도 한 지구씩 제방이 완공될 때마다 투자비용에 대응해서 시설정비 효과가 발생한다.

I.3.3 이수편익

댐과 같은 수자원개발사업에서는 이수편익이 사업의 설치목적에 해당하므로 매우 중요한 편익이나, 하천정비사업 시 이수편익은 일반적으로 아직 발생량이 적거나 미미하여 대부분 고려하지 않는다. 이수편익은 용수공급편익, 발전용수편익, 주운편익 등이 해당되며, 각 항목별 편익을 합하여 산정한다.

용수편익

용수편익은 생활용수, 공업용수, 농업용수, 발전용수, 기타용수 편익이 있다. 생·공·농업용수의 가치는 시장재이지만 현실적으로 국내의 용수공급 상황은 국가 또는 공공기관이 주도하고 있어 비시장재 성격을 가지고 있다. 또한 생산원가에 비해 사용요금단가가 낮은 상태라 물 가격이 시장상황을 반영하지 못하므로 시장가격에 근거한 편익산정은 어려운 상황이다. '건설공사 경제성 분석 지침'(국토교통부, 2016)에서 제시하고 있는 주요 용수편익 산정기법은 다음과 같다.

생활·공업용수 편익

생활 및 공업용수 편익산정에 필요한 단위가격을 산정하는 방법은 다음과 같다. 수요함수법은 시장에서 관측한 자료를 이용하여 용수에 대한 수요함수를 계량경제학적으로 추정한 후 추정된 식과 기초자료에 근거하여 생활용수공급 편익을 계산한다.

원가기준법은 생산원가기준을 통해 용수공급의 편익을 추정하는 방법이다. 용수 소비자들의 지불의사액과 무관하게 결정되어 용수공급 편익을 과소하게 평가할 가능성이 있다. 평균가격법은 용수의 평균가격(급수수입/급수사용량)을 이용하여 용수공급 편익의 대용값으로 사용한다. 생산함수법은 공업용수는 최종생산물을 생산하기 위한 투입물로 사용하기 때문에 편익은 최종생산물의 생산함수를 이용하여 산정한다. 최종생산물의 생산자의 공업용수에 대한 지불의사액이 된다.

편익은 다음과 같이 산정한다.

- 생활용수 편익 = 생활용수량 × 생활용수의 단위가격(원/m^3)
- 기타용수 편익 = 기타용수량 × 기타용수의 단위가격(원/m^3)
- 공업용수 편익 = 공업용수량 × 공업용수의 단위가격(원/m^3)(상수도 정수 또는 원수가격)

농업용수 편익

농업용수공급에 따른 편익을 측정하는 직접적인 방법으로는 실제시장(water markets) 또는 가상시장가격방법(contingent valuation method)을 이용하고 있으며, 간접적인 방법으로는 생산함수분석법(production function analysis)과 농작물예산분석법(farm crop budget analysis)이 있다.

실제시장법(WM)은 실제 농민이 지불하는 물 값을 적용하는 방법이다. 가상시장가격방법(CAM)은 비시장재화의 시장이 실제로는 존재하지 않으나 마치 존재하는 것처럼 인위적으로 가상시장을 설정하고 소비자에게 직접적인 설문조사 또는 실험실적 조사를 통하여 농업용수를 위한 최대지불금액(willingness to pay)을 산출하는 방법이다. 생산함수법은 공업용수와 같이 일정한 기간에 생산요소인 농업용수공급량과 농업생산물의 산출량을 생산함수를 이용하여 편익을 산정한다. 농작물예산분석법에서는 농업용수 공급에 따른 수익변화를 파악하고, 증가한 수익에서 용수 이외의 다른 투입비용을 가감하면 그 값이 바로 용수비용으로 지불할 수 있는 최대금액이 된다. 식 (I.2)에서 단위면적당 작물의 생산증가량, 도매가격, 생산비용과의 관계에 의해 지불의사(WTP) 편익을 산정할 수 있다.

$$WTP = \sum_{i=1}^{j} (\Delta Q_i \times P_i - C_i) \times A_i \qquad (I.2)$$

여기서 ΔQ_i는 사업 전후 작물 i의 생산증가량(kg/ha), P_i는 작물 i의 도매가격(원/kg), C_i는 작물 i의 생산비용(원/kg), A_i는 작물 i의 경지면적(ha)이다.

발전용수 편익

수력발전 개발에 따른 연간 편익은 연간전력생산량(Ea)에 전력매입단가를 곱하여 산정한다.

연간 편익 = 연간전력생산량(Ea) × 전력매입단가(원/kwh)

주운편익

주운편익 산정방법은 항만부문사업의 예비타당성조사 표준지침연구(한국개발연구원 2014) 등을 참고하기 바란다.

I.3.4 환경편익

우리나라에서 아직까지 하천환경정비사업의 경제성 평가에 대해서는 확립된 기준이 없다. 따라서 국내외 연구성과를 참조하여 합리적인 평가를 하여야 한다. 또 환경평가를 할 때에는 환경요소가 중복평가되어 편익이 과다산정 되지 않도록 주의하여야 한다.

제방사업의 경우 특히 자연형제방 등을 통한 환경개선효과를 기대할 수 있다. 반면에 자연환경이 비교적 잘 보전된 구역에 제방사업을 하게 되면 환경비용이 발생할 수 있다.

환경편익요소

하천환경은 수량·수질, 생태계, 사람과 자연과의 풍요로운 만남의 장, 경관, 하천에 얽힌 축제, 전통행사 등 매우 복잡하고 다양한 요소로 구성되어 있다.

하도 및 천변저류지를 습지로 볼 때 물리적 기능과 경제적 가치의 관계는 그림 I.3과 같이 볼 수 있다.

하천정비사업을 실시하면 하천과 관련되는 여러 가지 환경 요소에 질적, 양적인 여러 가지 변

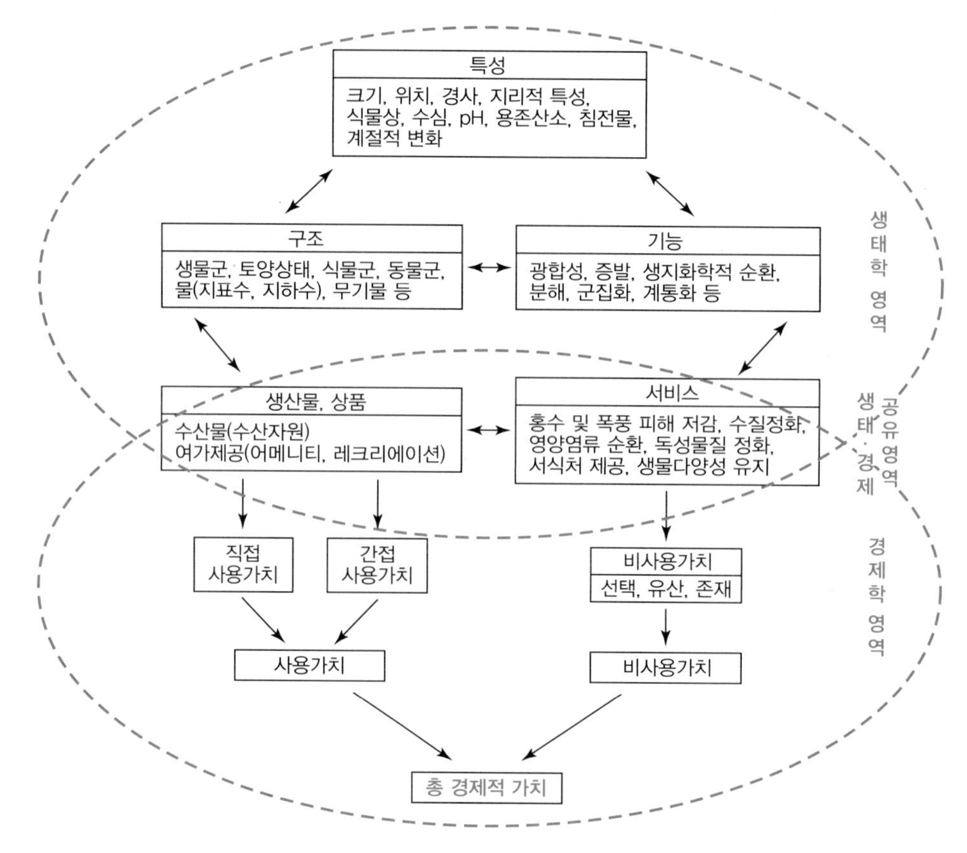

그림 I.3 습지의 물리생태적 기능과 경제적 가치의 연관관계 (건교부/부산청, 2008)

화가 발생한다. 이런 복수의 환경 요소에 의해서 어떤 하나의 환경재가 형성된다(표 I.1). 환경정비사업의 경제평가를 실시할 경우에는 평가대상이 되는 이 환경재의 재화 가치변화가 가져오는 효용변화가 편익이 되며 화폐로 환산하게 된다. 환경효용이란 사람들이 이용·활동이나 오감을 통해 느끼는 환경적 변화 효과, 즉 물놀이 산책 등 레크리에이션을 통한 활동과 조용한 환경에서 얻는 마음의 평화와 같은 심리적인 효과를 말한다.

표 I.1 하천환경요소 (일본 국토교통성, 2016, p. 9)

환경재	환경요소
수환경	수량, 수질(BOD, SS, DO 등)
하천형상	물 흐름, 하상, 지형·지질
생물다양성	동물(중요종, 주요 서식처), 식물(중요종, 중요군락), 생태계
하천공간	경관, 사람과 자연의 풍요로운 만남의 활동장소, 열린공간(open space)
기타	안전(시가지의 방재성 향상 등), 사적·문화재, 안개, 기타

표 I.2 하천생태계서비스 세부항목별 측정지표 예 (KEI, 2014, p. 47)

세부 항목	측정목표/내용	지표후보군	공간 범위	지표 유형	대표성	측정 가능성
기후 조절	미기후 조절(증발산을 통한 이상기온 조절)	일별/월별 증발산량	하천 구간	생태/흐름	R/P	L
수질 정화	오염물질 자정능력 (미생물군의 유기성 오폐수 처리능력/하천식물 등의 부영양화 조절기능)	부착조류 출현량 (종수, 개체수)	하천 구간	상태	R	H
		정수식물 분포(줄, 물억새, 갈대, 부들, 애기부들, 미나리, 물옥잠)	하천 구간	상태	R	L
		10년 평균저수량 또는 하상경사도 (수문조사)	하천 구간	상태	P	M
물 공급/수량 조절	물 공급/물 순환을 통한 수량조절	하천유지유량 달성비율 또는 달성일수 (= 갈수량/하천유지유량, 고시갈수량)	하천 구간	성과	R	H
		지하수 이용량 또는 개발가능량	유역	흐름/추적	P	M
재해 조절	홍수, 가뭄, 산불(방화대기능) 방지 및 완화: 하천의 통수능력	하천체적(= 하천횡단면적 × 해당구간 길이)	하천 구간	상태	R	L
		하천연접 홍수방어시설(강변저류지) 저류면적 또는 저류용량	유역	상태	P	M
생물학적 조절	외래종 유입(−), 동·식물, 확산·번식(+), 유전적 다양성 증진 등	외래종 현황(어류) (종수, 개체수, 상대풍부도)	하천 구간 /유역	상태	R	H
		법정 생태교란 외래종(어류, 포유류, 식물 등) 현황(종수, 개체수, 상대풍부도)	하천 구간 /유역	상태	P	M

주: 대표성(대표지표: R, 대체지표: P), 측정가능성(상: H, 중: M, 하: L)

환경재화의 가치는 물이나 공기처럼 일반적으로 가격이나 시장이 존재하지 않기 때문에 비시장재로 불린다. 따라서 하천환경정비사업의 편익은 환경재화의 가치 증대이므로 비시장재에 속한다. 비시장재의 가치는 시장가격을 이용할 수 없기 때문에 어떠한 간접적인 방법에 의해 계측된다. 또 모든 환경요소에 대해 환경가치를 평가하기는 어렵다. 따라서 표 I.2와 같이 하천생태계 분류체계를 중심으로 측정 가능한 대표적인 하천환경서비스에 대해 평가하는 것이 바람직하다.

환경재로서의 가치는 그림 I.4와 같이 일반적으로 사용가치와 비사용가치로 대별된다. 사용가치는 그 환경을 이용함으로써 편익을 가져오는 가치이고, 비사용가치는 직접 그 환경을 이용하지 않는 사람에게도 편익을 가져오는 것으로 천연기념물이나 세계유산과 같이 그것이 존재하는 것 자체에 가치가 있다고 여겨지는 것이다.

직접사용가치는 서비스를 직접 소비하는 과정에서 발생하며 대부분 시장가격으로 측정된다. 간접사용가치는 생태계가 제공하는 조절기능으로부터 파생되며 일반적으로 가치를 관찰할 수

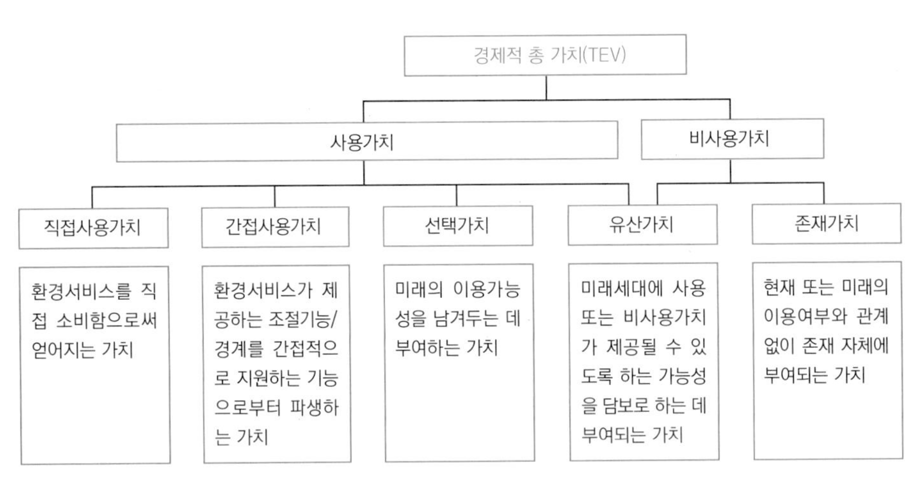

그림 I.4 **경제적 총 가치 유형분류** (EVIS, 2020)

있는 시장은 존재하지 않는다. 즉 수질정화와 같이 경제계를 간접적으로 지원하는 가치이다. 선택적 가치는 가치의 시간적 범위를 확대하면 미래에 이용가능성을 남겨두는 가치이다. 유산가치는 미래세대에 사용 또는 비사용가치가 제공될 수 있도록 가능성을 열어두는 데 얻어지는 효용이 해당된다. 존재가치는 현재 또는 미래의 이용여부와 관계없이 어떤 종이나 생태계 등의 존재 자체에 부여되는 가치이다(KEI 2014, pp. 64~65)

환경편익계측기법

환경재를 가치로 추정하는 기법은 학자에 따라 다소 달리하고 있으나 환경정책평가연구원에서는 표 I.3과 같이 분류하고 있으며 주요 기법을 간략히 설명하면 다음과 같다.

시장가치법(MPM)은 시장에서 직접 거래되는 재화 및 서비스에 대해 해당가격을 이용하여 추정하는 기법이다.

현시호접근법(RPM)은 시장재와 환경서비스의 상관관계에 기반한 개인의 행동이나 선택모형을 통해 환경가치를 간접적으로 유추하는 기법이다. 여행비용법(TCM)은 특정환경지원을 대상으로 방문횟수와 방문에 소요되는 비용정보를 통해 수요함수를 도출한 후 지불의사액을 추정한다. 헤도닉접근법(HAM)은 특정재화에 대해 시장에서 직접거래되지 않는 어떤 요인이 가격결정에 영향을 미친다는 가정 하에 소비자가 재화 구매를 결정하고 가격을 지불할 때 속성들의 가치를 측정한다. 회피행동법은 환경의 질이 약화되는 상황에서 원래와 유사한 환경의 질을 향유하기 위하여 발생하는 비용을 토대로 환경의 가치를 평가하는 방법이다.

진술선호접근법(SPM)은 특정서비스에 대한 가상시나리오를 기반으로 한 설문조사를 통해 지

표 I.3 환경가치추정기법 (KEI, 2013, p. 16)

중분류	소분류
시장가치법(market price method)	
현시호접근법(revealed preference method)	여행비용법(travel cost method), 헤도닉접근법(hedonic approach method), 회피행동법(averting behavior method)
진술선호접근법(stated preference method)	조건부가치법(contingent valuation method) 선택실험법(choice experiment method)
편익이전(benefit transfer)	
대체비용법(replacement cost method)	
복원비용법(restoration cost method)	
피해비용접근법(damage cost method)	
에머지분석법(emergy analysis method)	
기타(others)	

불의사를 직접적으로 이끌어내는 방법이다. 조건부가치법(CVM)은 환경정비의 편익을 개인이나 세대가 대가를 지불해도 좋다고 생각하는 지불의사액(willingness to pay)으로 평가하는 방법으로 가상가치평가법으로 쓰기도 한다. 선택실험법(CE)은 각기 다른 정도의 환경의 질을 달성할 것을 목표로 하는 정책과 각 정책을 수행하는 데 드는 비용을 응답자에게 제시하고, 이들 정책과 정책 비용 조합 가운데 가장 선호하는 조합을 선택하게 하는 실험방법이다. 이 방법은 다양한 수준에서 환경질이 개선되어 나타나는 편익을 모두 추정할 수 있고, 조합을 구성할 때 몇 가지 환경변수를 동시에 넣어 변화시킴으로써 각 환경 특성별 가치도 평가할 수 있다 .

대체비용법은 환경서비스를 인공자본으로 대체할 경우 소요되는 비용을 환경가치로 추정한다. 복원비용법은 상실된 환경기능의 복원에 소요되는 비용을 환경가치로 간주하여 복원비용이 환경편익과 동일하다는 가정을 전제로 한다.

하천환경가치조사에서 많이 사용하는 조건부가치법(CVM), 여행비용법(TCM), 대체비용법(RCM)의 특징을 비교하면 표 I.4와 같다.

표 I.5는 생태적 기능에 따라 가치를 추정할 수 있는 기법을 보여주고 있다. 기법의 선택은 추정하고자 하는 습지의 기능, 데이터, 가치유형, 사용의 용이성, 경제적인 요소 등에 의해 결정된다. 대표적인 기법인 가상적시장평가법(CVM), 추정기법은 기능별로 가장 일반적으로 사용되는 기법을 표시한 것으로 다른 기법의 적용이 불가능하다는 의미가 아니다. 실질적으로 가상가치법이나 선택실험법은 습지의 모든 기능의 가치추정에 사용될 수 있는 기법이다.

표 I.4 환경정비편익을 계측하는 대표적인 방법의 특징 (國土交通省, 2010)

방법	개요	특징	비고
조건부 가치법 (CVM)	• 앙케이트 등을 이용해 사업효과에 대한 주민 등의 지불의사액을 파악하여 편익을 계측	• 사업편익을 일괄 계측할 수 있음 • 계측 대상에 관해서 제약이 적음	• 질문방법이나 샘플특성으로 인해 선입견(bias)이 생김
여행 비용법 (TCM)	• 대상 시설 등을 방문하는 사람이 지출하는 교통비나 소비하는 시간의 기회비용을 가지고 편익을 계측	• 기본적으로 객관 데이터를 이용하는 방법으로 자의성이 적음	• 복수의 목적지를 가진 여행자나 장기체류자의 취급이 곤란 • 데이터의 입수가 곤란한 경우가 있음 • 비이용가치 평가 곤란
대체 비용법 (RCM)	• 평가대상으로 하는 사업과 같은 편익을 가져오는 다른 시장재로 대체하는 경우에 필요한 비용으로 해당사업이 가져오는 편익을 계측	• 직감적으로 이해하기 쉬움 • 데이터 수집이 비교적 용이	• 경제이론적 뒷받침이 희박 • 적절한 대체재가 상정될 수 없는 경우에는 평가할 수 없음

표 I.5 습지의 경제생태적 기능, 가치유형, 가치추정기법 (건교부/부산청, 2008)

생태적 기능	경제적 기능	가치유형	추정기법
홍수 조절	홍수조절	간접사용가치	RCM, MPM, OCM
폭풍 완충	폭풍재해방지	간접사용가치	RCM, PFA
침전물 보유	폭풍 방지	간접사용가치	RCM, PFA
지하수 충전 및 유출	수자원 공급	간접사용가치	RCM, PFA/NFI
수질유지, 영양염류 보유	수질정화 폐기물 처리	간접사용가치 직접사용가치	CVM, CE RCM
생물 서식처 및 양육공간	수산물생산/수확 레저낚시 자연생물 재취	직접사용가치 직접사용가치 직접사용가치	MPM/NFI, TCM/CVM, CE
생물다양성	미래의 잠재적 사용 종의 존재에 대한 인지	선택가치 비사용가치	CVM, CE, CVM, CE
미기후 안정	기후조절	간접사용가치	PFA
탄소 고정	지구온난화 완화	간접사용가치	RCM
자연환경 제공	심미적 기능 휴양 활동 문화유산으로서 유일성에 대한 감상	직접사용가치 직접사용가치 비사용가치	HPM/CVM, CE CE, CVM/TCM CVM, CE

주: CVM(조건부가치법), TCM(여행비용법), RCM(대체비용법), HPM(해도닉접근법), FA(생산함수접근법), NFI(순요소소득법), MPM(시장가격법), OCM(기회비용법), CE(선택실험법).

환경편익산정

환경편익은 해당 환경재에 가치추정방법으로 구한 단위가격을 곱하여 산정한다. 환경재의 단위가격을 산정하는 것이 쉽지가 않다. 기술적인 어려움과 많은 시간과 경비가 필요하다.

따라서 KEI의 환경가치종합정보시스템(EVIS)에서는 국내 환경가치의 DB구축 및 원단위추정 연구성과를 제공하고 있어 단위가격 추정에 활용할 수 있다.

참고로 환경편익을 산정하는 방법을 살펴보면 아래 박스의 내용과 같다.

우포늪 천변저류지의 환경편익산정 예

수질정화가치

하천 또는 습지 등에서 수질정화가치인 수질기능은 영양분(N, P)을 흡수하고, 토양 유기물 내 영양분을 저장하며, 토양 내 인을 흡수함과 동시에 침전시키고, 입자형 영양물질을 보유하고 방출하는 기능이다. 이를 수질정화기능으로 보아 천변저류지의 경제적 가치를 다음과 같이 도출한다.

수질은 대표적인 BOD를 적용하였고, 처리비용은 하수종말처리장의 오폐수처리비용을 이용한다.

우포늪 천변저류지의 평균 BOD처리량은 표 1의 조사결과에 따라 평상시와 우기로 구분하여 추정한다.

표 1 천변저류지의 평균 BOD처리량

유입수 BOD	물 유입량[1]	면적	처리 효율	BOD처리량
5 mg/L	• 평상시: 198,000 톤/day • 우기 시: 508,000 톤/day[2]	280 ha[3]	60%	• 평상시: 2.12 kg/ha/day • 우기 시: 5.44 kg/ha/day

주: 1) 물 유입량은 토평천 하천정비기본계획(2004년, 건교부/부산청)에서 가장 타당한 방법이라고 제시한 DAWAST 지역화 모형을 이용하여 산정
2) 우기는 7월, 8월, 9월
3) 케이스별 천변저류지 면적의 평균치

BOD 10 kg/ha를 처리하는 데 소요되는 하수종말처리장의 능력인 톤당 처리비용은 연구자료(표희동, 2000)를 참고하여 전국 하수종말처리시설(표준 활성슬러지법)의 톤당 하수처리 등가액 = 톤당 자본회수비(145.6원) + 톤당 연간운영비(45원) = 185.6원/톤을 적용한다.

우포늪 천변저류지의 정화능력을 대체비용법(RCM)에 의해 경제적 가치로 계량화하고, 다음과 같이 평상시(A)와 우기(B)를 구분하여 산정하고 합산한다.

- ha당 천변저류지의 연간 BOD처리량(ha당 천변저류지의 연간 수질정화가치)
  = ha당 천변저류지의 연간 BOD처리량 × 하수톤당 하수종말처리시설의 하수처리비/하수톤당 하수종말처리시설의 BOD 처리량
- 평상시 연평균 BOD처리량(A) = 2.12(kg/ha/day) × 273일 × 185.6원/0.08 kg/ton = 1,342,500원/ha
- 우기 시 연평균 BOD처리량(B) = 5.44kg/ha/day × 92일 × 185.6원/0.08 kg/ton = 1,160,900원/ha
- 천변저류지의 연간 수질정화가치인 연평균 BOD처리량 = $A + B$ = 1,342,500 + 1,160,900 = 2,503,400원/ha

지구별 및 케이스별 수질정화가치 산정은 천변저류지를 조성하는 데 5년, 조성된 후 이러한 수질정화기능이 향후 50년간 지속된다고 가정하고 현재가치(PV)는 다음 식으로 계산한다.

$$PV = \sum_{i=6}^{55} \frac{V_i}{(1+r)^i} \tag{1}$$

위 식에서 r은 이자율, V_i는 i시점에서의 천변저류지의 수질정화가치이다.

생태적 가치

생태적 가치는 습지면적 가치와 생물종의 가치를 합하여 산정한다. 습지면적에 대한 가치는 기존습지 면적의 가치를 산정하고 저류지 조성에 따라 면적이 증가된 만큼 가산하여 산정한다.

우포늪 자체의 보존가치(주로 비사용가치)는 곽승준 등(2002)이 CVM방법으로 추정한 187,800백만 원에서 272,400백만 원을 적용한다.

생물종의 경우 식물종, 조류종, 식물플랑크톤종으로 세분할 수 있는데, 여기서는 분석의 편의를 위해 생태계의 가장 상위층에 위치하는 조류종(철새종)의 가치를 평가한다. 보호철새종수는 다음과 같이 구한다.

$$\text{보호철새종수} = (\text{철새종수}_{\text{전체습지}} - \text{철새종수}_{\text{기존습지}}) + \text{철새종수}_{\text{기존습지}} \times \text{면적비}_{\frac{\text{추가습지}}{\text{전체습지}}}$$

I.3.5 기타편익

제방사업의 경우 기타편익으로 제방 건설 및 확대 등에 따른 구역 내 보행도로 및 차량교통망 확충 등에 의한 편익이 발생할 수 있다.

I.3.6 예상 연평균 피해경감 기대액의 산정

연평균 피해경감 기대액은 연평균 피해액이 치수사업으로 인해 경감된 피해액이다. 직접편익은 연평균 피해감소액으로부터 산정한다. 연평균 피해감소액은 치수사업이 있을 경우와 없을 경우의 확률피해액으로부터 구하며, 확률피해액은 현지조사에 의해 수위-피해곡선(stage-damage curve)을 작성하고 각 수위에 대한 빈도분석을 함으로써 구한다.

수위별 피해액의 산정은 침수위별 홍수범람지역의 구획을 설정하고, 침수시간 및 침수심에 따라 피해액을 설정하여야 한다. 그림 I.5는 홍수의 빈도와 피해액의 관계로부터 직접편익을 구하는 과정을 설명하고 있다(건설교통부, 2004).

그림 I.5에서 실선과 점선은 각각 사업시행 전후를 나타낸다. (a)는 수위-유량곡선으로서 하천의 주요지점에서의 기존 값을 이용하거나 하도의 홍수추적에 의해서 구할 수 있다. (b)는 수위-

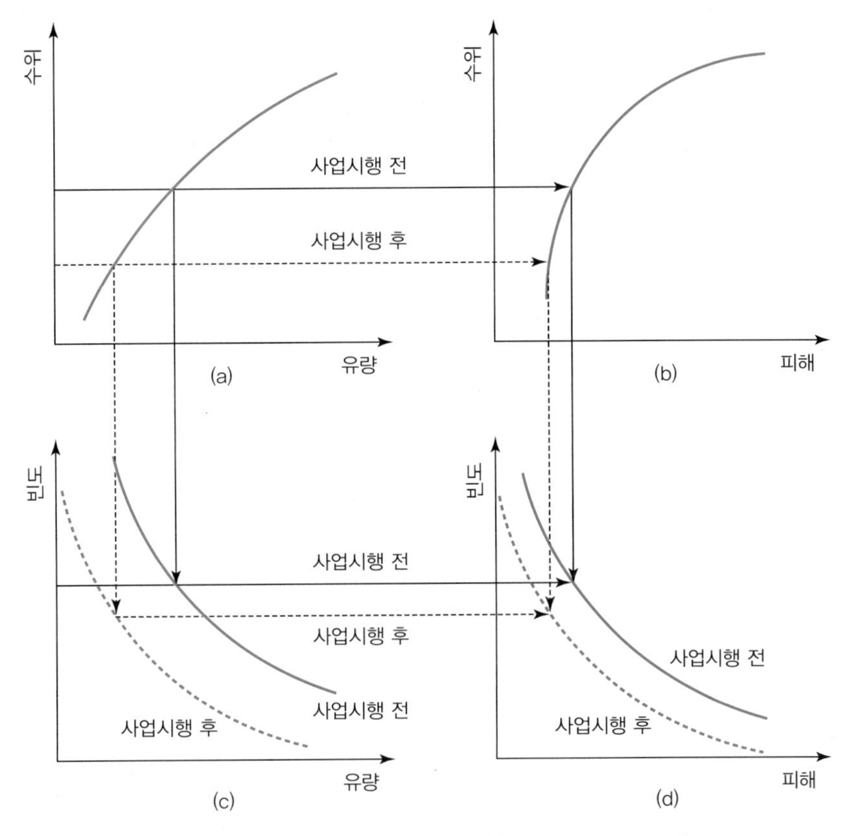

그림 I.5 **홍수빈도와 피해액 관계의 결정** (건설교통부, 2004, p. 173)

피해곡선으로 각 수위에 따른 피해액의 관계를 나타내고 있다. (c)는 유량에 따른 빈도(또는 초과확률)를 나타내는 유량-빈도곡선으로 유량 대신 수위를 이용해도 된다. 마지막으로 (d)의 피해-빈도곡선(damage-frequency curve)은 위 두 곡선 (b)와 (c)의 관계에 의해서 도출되는데, 치수사업 시행 후의 유량-빈도곡선을 추적해 가면 이에 상응하는 새로운 피해-빈도곡선이 유도된다. (d)에서 두 곡선의 면적 차이가 사업시행으로 인한 직접편익을 의미한다.

연평균 피해액은 식 (I.3)에 의해서 구할 수 있으며, 식 (I.3)을 차분화하여 식 (I.4)를 구할 수 있다.

$$E(D) = \int_{h_0}^{\infty} D(h)P(h)dh = \int_{h_0}^{\infty} D(h)dF(h) \tag{I.3}$$

$$E(D) = \sum D(h) \cdot P(h) \Delta H \tag{I.4}$$

여기서 $E(D)$는 연평균 피해액 기대치, $D(h)$는 수위가 h일 때 피해액, $P(h)$는 수위가 h일 때 확률밀도함수의 종거, $F(h)$는 수위가 h일 때 누적분포함수, h_0는 무피해수위, ΔH는 수위간격이다.

표 I.6 연평균 피해경감 기대액의 산정절차 (수자원학회/하천협회, 2019, p. 204)

유량 규모	연평균 초과 확률	피해액			구간 평균 피해경감액	구간 확률	연평균 피해 경감액	연평균 피해 경감액 누계
		사업 전	사업 후	피해 경감액				
Q_0	N_0			$D_0(=0)$	$\frac{D_0+D_1}{2}$	N_0-N_1	$d_1=(N_0-N_1)\times\frac{D_0+D_1}{2}$	d_1
Q_1	N_1			D_1	$\frac{D_1+D_2}{2}$	N_1-N_2	$d_2=(N_1-N_2)\times\frac{D_1+D_2}{2}$	d_1+d_2
Q_2	N_2			D_2	⋮	⋮	⋮	⋮
⋮	⋮			⋮	$\frac{D_{m-1}+D_m}{2}$	$N_{m-1}-N_m$	$d_m=(N_{m-1}-N_m)\times\frac{D_{m-1}+D_m}{2}$	$d_1+d_2+\cdots+d_m$
Q_m	N_m			D_m				

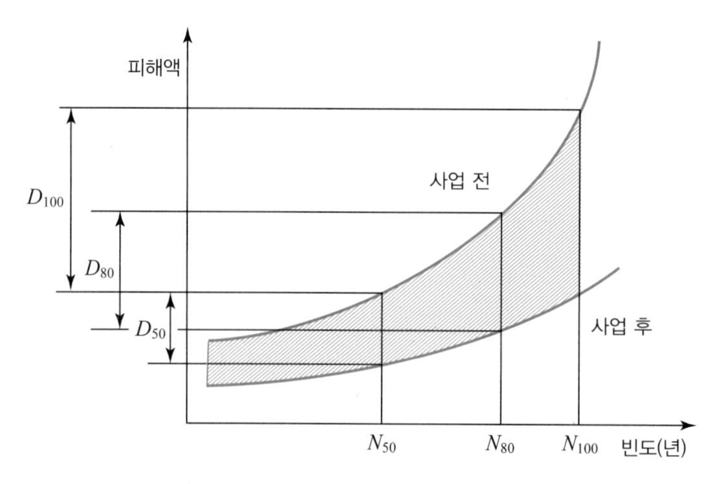

그림 I.6 유량규모별 연평균 피해경감 기대액 (건설교통부, 2004, p. 175)

유량규모별 피해경감 기대액은 사업 전후 피해액 차이로 구한다. 구간 평균피해경감 기대액과 구간 확률을 곱하여 해당 연평균 피해경감 기대액을 구하고 이를 누계한 값이 연평균 피해경감 기대액이 된다. 연평균 피해경감 기대액의 산출방법을 정리하면 표 I.6과 같고, 유량규모별 연평균 피해경감 기대액은 그림 I.6과 같이 나타낼 수 있다.

I.3.7 연간균등편익의 산정

치수사업을 통한 편익은 직접편익과 간접편익을 산정하고 이들로부터 경제성장에 따른 자산

증가를 감안하여 연간균등편익을 계산한다. 홍수피해 감소에 따른 편익은 평가 당시의 사회, 산업, 경제 상태를 기준으로 산출한다. 그러나 장래 경제가 성장함에 따라 총 자산과 총 생산액은 더 늘어날 것이므로, 홍수피해 잠재성은 더욱 커질 것이고 이렇게 증가되는 피해를 홍수조절로 감소시킬 수 있다는 점을 감안하여야 한다.

경제성장 편익은 장래 경제성장에 따른 인명과 재화가 늘어남에 따른 홍수피해의 증가를 막을 수 있어 편익으로 계산할 수 있다.

일반적으로 경제성장률은 국민소득수준의 지표가 사용된다. 순수한 의미의 소득성장은 경제성장에서 감가상각의 제외, 간접세 공제 및 국가보조금의 가산 등이 이루어져야 하지만, 이러한 것들의 추정이 어려울 때에는 소득성장률에서 경제성장률을 유사한 개념으로 사용하여도 무방하다. 또한 국가경제성장률은 성장초기에는 매년 조금씩 증가하다가 선진국에 가까워지면 조금씩 둔화될 수 있다는 것을 예상하여 편익산정 기준에 포함하여 장래 연도에 따라 다르게 적용하여 산정하는 것이 타당하다.

홍수범람 예상지역은 자산증가를 고려하여 연평균 홍수피해 감소액에 장래 예상되는 자산증가에 대한 배율계수를 곱하여 산정한다. 자산증가에 대한 배율계수의 산정을 정리하면 아래와 같다(건설교통부, 2004).

① 범람지구의 현재 총 자산액 등은 경제성장과 더불어 장래에 증가할 것이므로 경제성장률은 소득성장을 고려하여 연간편익을 구한다.

② 일련의 연간편익을 내구연한 동안 합산하여 홍수피해 경감기대액의 현재가치를 구한다.

③ 연간균등편익(W_R)은 내구연한 동안의 현가화한 총 홍수피해 경감액(W_T)에 자본환원계수를 곱하여 식 (I.5)와 같이 구할 수 있다.

$$W_R = CRF \cdot W_T \tag{I.5}$$

$$CRF = \frac{i(1+i)^L}{(1+i)^L - 1} \tag{I.6}$$

여기서 W_R은 연간균등편익, W_T는 현가화한 총 홍수피해 경감액, i는 이자율, L은 내구연한, CRF는 자본환원계수(capital recovery factor)이다.

할인율은 돈의 시간적 가치인 미래가치를 현재가치로 환산하는 환산율이다. 즉 이자율의 일종이지만 개념상 이자율과 서로 반대의 의미를 갖는다(건설교통부, 2004).

'치수사업 경제분석방법 연구'(건설교통부, 2004)에서는 분석기간을 50년으로 하고 사회적 할인율을 6.0%로 하고 있다. '건설공사 타당성조사 지침'(국토교통부 2016)은 분석기간을 50년으로 하고 사회적 할인율을 저금리 저성장의 지속으로 인한 자본시장 상황변화를 고려하여 30년까지는 5.5%, 30년부터 50년까지는 4.5%를 적용하고 있다. 참고로 일본(국토교통성 2010)에서는 하천환경정비사업에 대한 할인율은 4%를 적용하고 있다.

I.4
비용

비용(costs)은 투자사업의 실시로 발생하는 일체의 자원비용(資源費用)을 말한다. 투자사업으로 인한 직접, 간접비용뿐만 아니라 사업 때문에 일어나는 외부비용까지 포함시켜야 한다. 편익의 개념에 비하여 비용은 개념이 단순하므로 산정하는 방법도 쉬운 편이다.

치수사업의 투자는 편익을 얻는 반면에 환경생태적인 변화나 사회경제적인 문제 등의 부정적인 영향이 발생하게 된다면, 이들을 화폐가치로 산정한 비용을 포함하여야 한다. 하천정비를 통해 친수공간이 조성되고 레크리에이션 등이 개발되었다면 이들 시설의 운영비뿐만 아니라 이용객이 버리고 가는 쓰레기오염도 비용에 포함되어야 한다. 또한 문화적, 전통적 가치의 상실이나 자연환경이 바뀜에 따라 발생할 수 있는 생태계의 변화로부터 발생하는 부정적 효과 등은 무형적 비용으로 간주될 수 있다.

공공투자사업의 비용은 소요되는 모든 자원의 기회비용으로서 평가되어야 한다. 이는 민간투자사업의 비용이 투자자가 투입한 자원의 시장비용으로만 구성되는 점과는 크게 다르다. 그러므로 공공투자사업의 비용에는 시장에서 거래되지 않는 외부비용도 포함시켜야 한다.

I.4.1 비용의 종류

비용도 편익과 마찬가지로 크게는 직접비용과 간접비용, 유형비용과 무형비용 등으로 구분할 수 있다.

직접비용(직접비)이란 투자사업의 건설, 운영, 관리에 직접 소요되는 비용을 말한다. 간접비용(간접비)이란 투자사업으로 인하여 공공복리에 저해를 주는 사항을 금액으로 계산한 것으로서, 직접적으로 지출되지 않을지라도 경제적 타당성 평가에 포함시킬 경우가 있다.

무형비용은 직접비용과 간접비용 모두에 일어날 수 있으며, 금전적으로 평가하기 어려운 비용을 의미한다. 유형비용은 화폐로 평가가 가능한 비용이다.

투자사업의 평가목적에 따라서는 비용을 사업비와 유지관리비로 나눌 수 있다. 사업비는 공사비, 매수보상비 외에 조사, 설계, 감리에 소요되는 비용과 사업부대비, 임차료, 수수료 등을 포함한 금액으로서, 경제성 평가를 할 때에는 건설기간 중 이자도 사업비에 포함시킨다. 운영·유지·보수(OM&R: operating, maintenance and replacement) 비용이란 구조물이나 시설을 경제수명 동안 정상기능을 발휘토록 하는 데 소요되는 비용, 즉 운영·유지·보수에 소요되는 비용을 말하거나 또는 이 비용의 연간균등액으로 정의할 수 있다. 그리고 자본비란 건설사업에 드는 총 사업비 또는 이 사업비를 연간균등계수로 곱한 연간균등비용을 말한다.

경제비용이란 간접비용과 같이 사업주가 지출하지 않는 비용일지라도 공공사업으로서의 타당성을 평가하는 데 고려해야 할 비용으로 경제적 손실을 뜻한다.

기회비용(opportunity cost)이란 해당자원이 차선의 목적으로 사용되었을 때의 경제적 가치를 말하며, 이것은 자원의 희소가치를 정확하게 반영하는 잠재가격(shadow price)과 같은 의미이다. 즉 사업비를 타사업에 투자함으로써 얻을 수 있는 편익이 본 사업에 투자하기 때문에 얻지 못하게 되는 비용을 뜻한다.

I.4.2 비용산정

비용산정은 투자사업의 시설물 설치에 필요한 건설비와 평가대상기간 내의 유지관리비를 대상으로 한다.

하천정비사업에 의한 건설비는 공사비(축제 및 호안공, 구조물공, 조경공, 부대공 등)와 보상비(토지보상과 지장물보상), 설계비 및 사업관리(감리)비, 사업추진비 등이 있다. 공사비는 개략 또는 상세설계를 통하여 수량을 산출하고 단가를 곱하여 산정한다. 토지보상비는 편입토지에 주변실 보상단가와 개별 공사지가를 참고하여 산정한 보상가격을 곱하여 산정한다. 또 지장물보상은 보상비, 이전비, 대체시설비로 구분하여 산정한다.

유지관리비는 시설완성 후 평가기간으로 산정하며 평가대상기간이 끝나는 시점에 있어서 잔존가치를 평가할 수 있는 것은 비용에서 제외한다. 일반적으로 유지관리비는 사업비에 유지관리비율을 곱하여 산정한다. 우리나라에서 하천시설물 유지관리비율은 5.5%를 적용하고 있다(국토교통부, 2016).

잔존가치는 평가기간 이후에 발생하는 순편익(평가기간 평가비용 − 평가기간 이후 편익)으로 식 (I.7)과 같이 산정한다. 충분한 가치를 가진 감가상각자산이 남는 경우에는 그 자산을 잔존가치로 해도 된다.

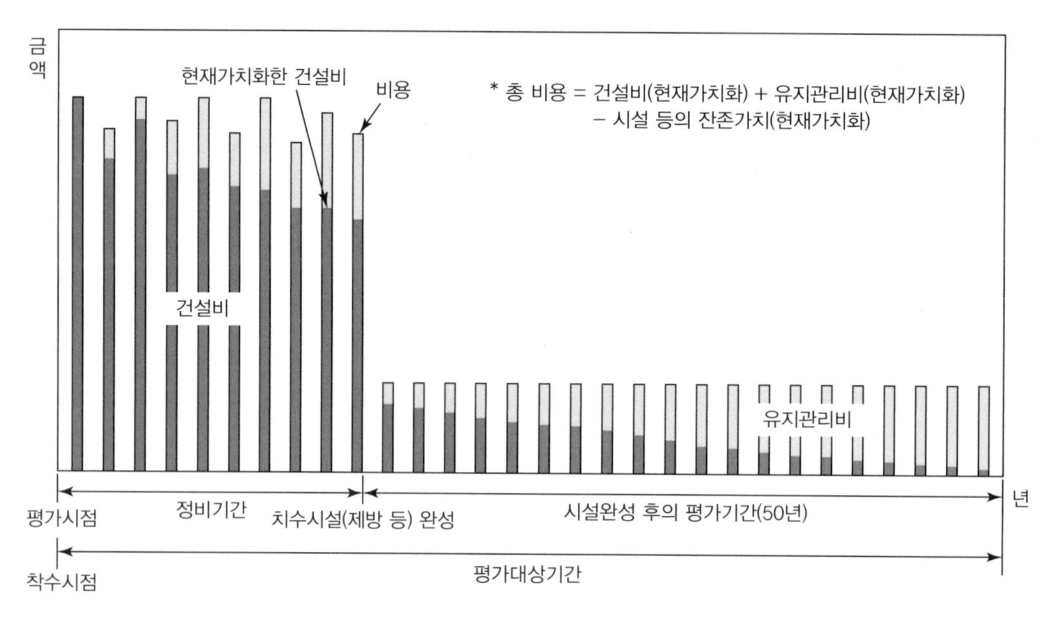

그림 I.7 제방의 비용 (건설교통부, 2004, p. 182)

$$잔존가치 = \sum_{t=T+1}^{\infty} \frac{(B_t - C_t)}{(1+r)^{t-1}} \tag{I.7}$$

여기서 T는 평가기간, r은 할인율, B_t는 t차년의 편익, C_t는 t차년의 비용이다.

'하천설계기준해설'(수자원학회/하천협회, 2019)에서 치수시설물의 잔존가치는 설치비에 대해 제방은 80%, 호안은 10%, 구조물은 0%, 보상비는 100%를 반영하고 있다. 평가대상기간에 대한 제방비용은 그림 I.7과 같다.

I.5 경제성 분석

I.5.1 편익·비용분석의 개념

일반적으로 공공사업의 투자계획은 다양하므로 대상 사업들의 비용과 효과를 분석하여, 투자의 최적화를 기하고 우선순위를 정할 객관적인 기준을 만드는 것이 투자사업의 경제성 분석이다. 이러한 경제성 분석에서 구체적으로 사업을 추진할 필요가 있는지, 투자에 따라 얼마의 순편익이 증가할 것인지, 투자의 적정규모는 얼마인지, 여러 대안에서 투자의 우선순위 등을 평가하는 이론적 분석기술이 편익·비용분석(BCA: benefit-cost analysis)이다(건설교통부, 2004). '하천설계기준해설'(수자원학회/하천협회, 2019)에서도 하천치수경제조사는 편익 · 비용분석(BCA)을 원칙으로 하고 있다.

I.5.2 편익·비용분석의 평가방법

편익 · 비용분석의 평가는 여러 가지 투자계획 중에서 하나를 선택하거나 또는 최적규모로 결정된 시설에 대한 경제성 평가를 하기 위한 것으로서 우리나라에서 경제성 분석방법은 순현재가치(NPV: net present value), 편익/비용비(B/C: benefit-cost ratio), 내부수익률(IRR: internal rate of return) 등 세 가지가 주로 이용되고 있다(국토교통부, 2016).

순현재가치(NPV)

순현재가치는 투자사업으로부터 미래에 발생할 순편익(net benefit)을 현재가치화하여 합산한 것이다. 순현재가치는 편익에서 비용을 뺀 순편익이 0이면 사업성이 있는 것으로 평가한다.

다른 시점의 값을 현재기준으로 환산하기 위해서는 적절한 할인율을 결정하여야 한다. 할인율은 고시된 할인율이 없는 경우 외국의 예나 시중은행의 대출할인율(이자율)을 적용한다. 순현재가치는 미래의 연도별 순편익을 현재가로 할인하여 식 (I.8)과 같이 산정한다.

$$NPV = \sum_{t=0}^{n} \frac{B_t}{(1+r)^t} - \sum_{t=0}^{n} \frac{C_t}{(1+r)^t} \tag{I.8}$$

여기서 B_t는 t차년도에 발생하는 편익, C_t는 t차년도에 발생하는 비용, n는 분석기간, r은 할인율이다.

투자의 분석기간(n)이 끝나 후에 자산의 잔존가치(residual value)가 남아 있다면 고려하여야 하므로 이 경우의 순현재가치는 식 (I.9)와 같이 계산한다.

$$NPV = \sum_{t=0}^{n} \left[\frac{NB_t}{(1+r)^t} \right] + \frac{S_n}{(1+r)^n} \tag{I.9}$$

여기서 NB_t는 t차년도에 발생하는 순편익 또는 순가(= $B_t - C_t$)이다. 잔존가(S_n)는 감가상각(depreciation)을 고려하여 결정한다. 감가상각이란 기물이나 설비 등이 소모되어 가치의 감소분을 보전하는 절차를 말한다.

편익/비용비(B/C)

편익/비용비는 현 시점으로 할인된 총 편익과 총 비용의 비를 나타내며, 미래에 발생할 비용과 편익을 현재가치로 환산하여 사용한다. $B/C \geq 1$이면 경제성을 확보하고 있다고 판단한다. 편익/비용비는 여러 가지 사업을 객관적인 입장에서 비교할 수 있다는 장점을 가지고 있다. 편익/비용비는 식 (I.10)과 같이 계산한다.

$$B/C = \frac{\sum_{t=0}^{n} \frac{B_t}{(1+r)^t}}{\sum_{t=0}^{n} \frac{C_t}{(1+r)^t}} \tag{I.10}$$

내부수익률(IRR)

내부수익률은 편익현재가치의 총합이 비용현재가치의 총합과 같게 하는 할인율(편익/비용비가 1이 되는 할인율)을 의미하며, 순현재가치로 평가할 때는 순현재가치가 0이 되도록 하는 할인율을 말한다. 이러하게 산정된 내부수익률이 사회적 할인율(r)보다 크면 사업성이 있다고 판단한다. 이를 식으로 나타내면 식 (I.11)과 같다.

$$IRR = \sum_{t=0}^{n} \frac{B_t}{(1+IRR)^t} = \sum_{t=0}^{n} \frac{C_t}{(1+IRR)^t} \tag{I.11}$$

위 식에서 최초 연도(0차 연도)에는 편익이 없는 것으로 간주하고 다음 해부터 할인된 순편익의 합계가 0이 되는 r을 구하면 그 값이 투자사업의 예상수익률을 의미하게 된다.

I.5.3 분석방법의 특징분석

순현재가치(NPV) 분석은 모든 타당한 경제적 자료를 단일계산화하여 심사나 순위매김이 가능토록 하여준다. 적절한 할인율에 의해 순편익 흐름 내의 미래가를 현재가로 계산한다. 일반적으로 순현재가치가 0보다 작거나 같으면 사업안을 기각하는 것이 원칙이다. 그리고 가장 높은 순현재가치를 나타내는 사업이 가장 높이 평가되어 가장 먼저 우선순위결정을 받게 된다.

편익/비용비(B/C) 분석은 통상적인 평가방법으로 순현재가치 분석과 같이 단일계산 분석법이다. 그런데 편익/비용분석 하나만으로는 분석이 충분치 못하다. 왜냐하면 실제비용과 편익의 크기가 나타나 있지 않기 때문이다. 일반적으로 편익/비용비(B/C)가 1.0 이상이면 경제적 타당성이 있으며, 편익/비용비(B/C)가 높으면 사업성이 높다고 평가된다.

내부수익률(IRR) 방법은 순현재가치 분석이나 편익/비용비를 구하는 데 어떤 할인율을 적용

표 I.7 경제성 분석방법의 특징 (건설교통부, 2004, p. 188)

방법	특징 및 장점	단점
순현재가치 (NPV)	• 적용이 쉽다. • 결과나 규모가 유사한 대안을 평가할 때 이용된다. • 각 방법의 경제성 분석결과가 다를 경우 이 분석결과를 우선으로 한다.	• 투자사업이 클수록 크게 나타난다. • 자본투자의 효율성이 드러나지 않는다.
편익/비용비 (B/C)	• 적용이 쉽다. • 결과나 규모가 유사한 대안을 평가할 때 이용된다.	• 사업규모의 상대적 비교가 어렵다. • 편익이 늦게 발생하는 사업의 경우 낮게 나타난다.
내부수익률 (IRR)	• 투자사업의 예상수익률을 판단할 수 있다. • NPV나 B/C 적용 시 할인율이 불분명할 경우 이용된다.	• 짧은 사업의 수익성이 과장되기 쉽다. • 편익발생이 늦은 사업의 경우 불리한 결과가 발생한다.

해야 할지 불분명하거나 어려운 점이 많을 때 이용되기도 하나, 사업규모에 대한 정보가 반영되지 못하므로 투자의 우선순위를 결정하는 평가에는 독립적으로 이용이 불가능하다. 사업의 내부수익률이 사업평가에 이용된 수익률보다 작을 경우 사업을 기각하는 것이 원칙이다. 위와 같은 경제성 분석방법의 장단점을 비교하면 표 I.7과 같다.

I.5.4 경제성 분석

경제성 분석

하천정비사업에 대한 경제성 분석은 앞에서 제시된 평가방법인 순현재가치(NPV), 편익/비용비(B/C), 내부수익률(IRR) 등 세 가지를 이용하여 총 비용과 그 투자에 대한 총 편익을 비교한다.

동일 치수사업에 대해서는 편익·비용비 기준에 의한 분석이 가능하나, 유역종합치수계획과 같이 제방사업과 하천홍수조절사업의 독립적인 형태 및 각 대안에 대한 조합이 경제분석의 대상이 될 경우 평가의 한계가 있다. 따라서 평가기준의 선택은 각각의 치수사업에서 평가기준의 특성에 따라 가장 합리적인 방법을 이용하며 평가한다.

하천정비사업으로 인한 시설물의 건설 및 유지관리에 필요한 총 비용과 그 사업으로 인해 발생하는 총 편익(피해 경감)은 할인율을 이용해서 현재가치화하여 비교하면 그림 I.8과 같다.

구체적으로, 평가시점을 현재가치화의 기준시점으로 하고, 치수시설의 건설기간과 치수시설의 완성에서 50년까지를 평가대상기간으로 하면, 치수시설의 완성에 필요한 비용과 치수시설의 완성부터 50년간의 유지관리비를 현재가치화한 것의 총합에서 총 비용을 산정한 다음 연평균 피해경감 기대액을 현재가치화한 것의 총합에서 총 편익을 산정한다. 따라서 경제성 평가는 그림 I.7과 같이 치수사업의 투자계획과 그 사업으로 인해 발생하는 편익을 시계열적으로 취급하고, 각

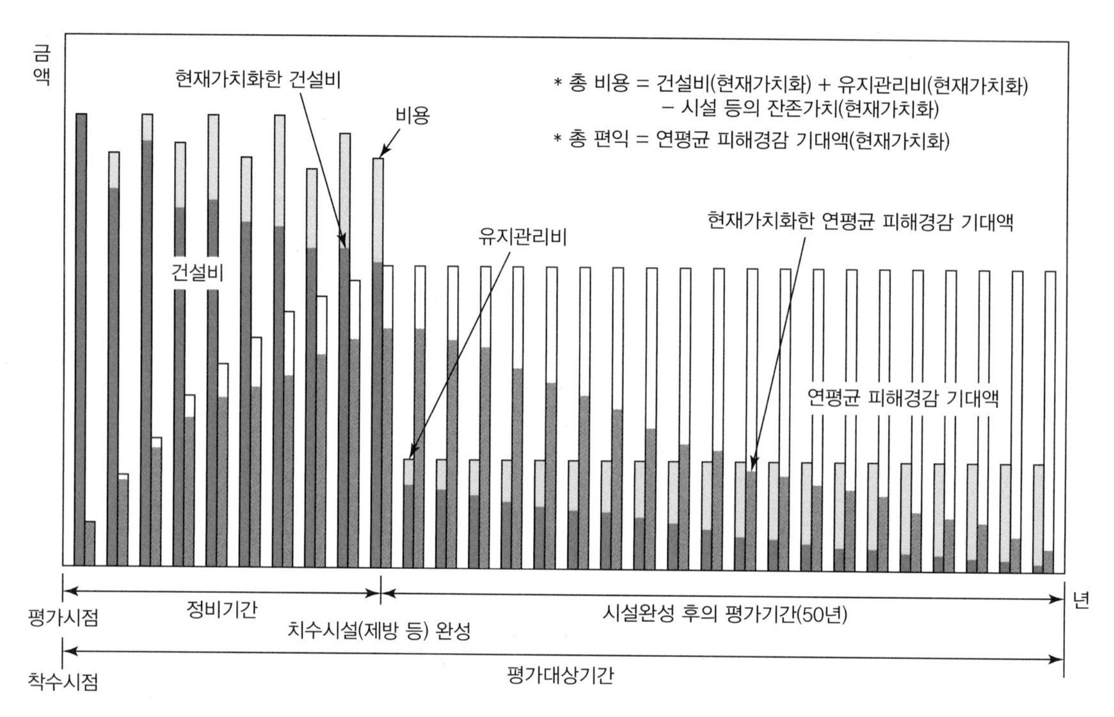

그림 I.8 **총 비용 및 총 편익 산정방법** (건설교통부, 2004, p. 189)

년의 건설비, 유지관리비, 연평균 피해경감 기대액 등을 현재가치화해서 총 비용과 총 편익을 산정하여 비교·평가한다.

EXERCISE
예제 I.1
현재가치 평가 및 경제분석

○○제방공사에서 계획빈도(100년) 시 총 사업비는 300억 원이며 2021~2023까지 연간 120억, 90억, 90억 원씩 배분하였다. 총 홍수피해액은 10억 원이고, 편익은 50년간 발생하는 것으로 할 때 연간 홍수피해경감액과 2021년 기준 현재가치를 계산하고 B/C를 평가하시오. 단, 연간 경제성장률은 5.0%가 2022년까지 지속되다가 10년간은 경기둔화로 0.1%씩 감소하고 그 이후는 4.0%를 유지한다. 할인율은 6%로 하고 유지관리비와 잔존가치는 고려하지 않는 것으로 한다.

풀이

(단위: 백만 원)

연차 (L)	연도	총 비용	경제 성장률	홍수피해 경감기대액	할인율	현가 계수	2021년 현재가치	
							비용(C)	편익(B)
1	2021	12,000	0.050		0.060	1.000	12,000	0
2	2022	9,000	0.050		0.060	0.961	8,649	0
3	2023	9,000	0.049		0.060	0.918	8,262	0
4	2024		0.048	1,000	0.060	0.879		879
5	2025		0.047	1,048	0.060	0.843		883
6	2026		0.046	1,097	0.060	0.809		888
7	2027		0.045	1,148	0.060	0.779		894
8	2028		0.044	1,199	0.060	0.751		901
9	2029		0.043	1,252	0.060	0.726		909
10	2030		0.042	1,306	0.060	0.702		917
11	2031		0.041	1,361	0.060	0.681		927
12	2032		0.040	1,417	0.060	0.662		938
:	:		:	:	:	:		:
20	2040		0.040	1,939	0.060	0.484		938
:	:		:	:	:	:		:
30	2050		0.040	2,870	0.060	0.327		938
:	:		:	:	:	:		:
40	2060		0.040	4,248	0.060	0.221		939
:	:		:	:	:	:		:
50	2070		0.040	6,288	0.060	0.149		937
합계		30,000		137,488			28,911	43,769
B/C		43,769/28,911 = 11.51						

주: 1. 공사기간 2021~2023년까지이며 기준년은 2021년으로 설정
2. 현가계수 산정식: $(1+a)/(1+b)^L$, 여기서 a: 경제성장률, b: 할인율, L: 연차

민감도 분석

민감도 분석은 경제분석에서 주요 요소들이 변화할 수 있다는 가정 아래 각각의 요소를 변화시켜가면서 경제성 분석의 결과가 어떻게 달라질 수 있는지 그 영향을 분석하는 것이다(건설교통부, 2004).

표 I.8 민감도 분석의 방법 (일본 국토교통성, 2016, p. 29)

분석방법	방법의 개요	성과물
요인별 민감도 분석	분석으로 설정한 전제조건이나 가정 중 하나만 변동시켰을 경우의 분석 결과에 대한 영향을 파악하는 방법	하나의 전제조건·가정이 변동했을 때의 분석 결과를 취할 수 있는 값의 범위
상위조건·하위조건 분석	분석으로 설정한 전제조건이나 가정 중 주요한 것을 모두 변동시켰을 경우에, 분석 결과가 양호하게 되는 경우(상위사례 시나리오), 악화하는 경우(하위사례 시나리오)를 설정하고 분석 결과의 폭을 파악하는 방법	주요한 모든 전제조건·가정이 변동했을 때의 분석 결과치의 범위는 아래 그림 참조 변수D 변수C 변수B 변수A 전체 변수 1.0 1.5 2.0 2.5 3.0 3.5 요인별 감도분석 상위범위·하위범위 분석
몬테카를로 민감도 분석	분석으로 설정한 전제조건이나 가정의 주요한 모든 변수에 확률분포를 주고, 몬테카를로 모의에 의해 분석결과의 확률분포를 파악하는 방법	주요한 모든 전제조건·가정이 변동했을 때의 분석 결과의 확률분포

주) 참고자료: Anthony E. Broadman et al. "Cost Benefit Analysis Concepts and Practice –", Prentice Hall.

민감도 분석은 주요한 영향요인이 변화했을 경우 비용편익분석결과에 대한 영향의 정도를 파악함으로써, 사전에 사업의 불확실성을 정확하게 인지하고, 지속적인 확인을 통해 적절한 사업의 집행관리나 효율성 저하 등에 대한 대응책을 강구함으로써 사업의 효율성의 유지향상을 도모하기 위한 것이다(국토교통성, 2016). 그러나 하천제방 위주의 단일사업의 경제성 여부를 고려하는 경우가 대부분이라면 굳이 민감도 분석을 수행할 필요가 없을 수도 있다(심명필, 2000~2003).

민감도 분석방법은 표 I.8을 참고할 수 있다.

민감도 분석의 영향요인의 항목은 사회적 할인율, 건설기간, 수요, 건설비, 유지관리비 등을 생각할 수 있다.

영향요인의 변동폭은 사회경제통계나 동종사업의 비용편익분석결과, 사례분석 등에 근거하여 설정한다. 이와 같은 자료가 불충분한 경우에 일본(국토교통성, 2016)에서는 기본값의 ±10 %를 표준으로 하고 있다. 불확실성의 정도가 ±10% 초과로 예상되는 영향요인에 대해서는 실무경험자나 전문가의 의견을 청취하여 설정하는 것이 바람직하다.

I.6
대안선정과 투자우선순위

I.6.1 최적규모 결정과 대안선정

최적규모 결정

하천정비사업의 최적규모는 사업주체와 제반여건에 따라 달라지거나 조정될 수는 있으나, 일반적으로 수리·수문학적인 안전성과 경제적 타당성에 의해 결정된다. 경제성 측면에서 보면 단위사업이 편익/비용(B/C)비가 1보다 작은 경우 투자에 비해 편익이 적어 경제성이 없는 경우로 사업성이 낮아 대상사업에서 제외하는 것이 타당하다. 또 여러 대안 중에서 편익/비용(B/C)비가 가장 높게 평가된 안이 최종 선정안이 되어야 한다.

낙동강연안개발사업 1단계(건설부, 1975)에서는 초기에는 제방축제의 높이를 경제성(B/C)이 가장 높은 빈도에 대해 축제하기도 하였다. 그 후 정책방향이 분산개수에서 수계 전체를 일괄개수방식으로 전환하면서 국가하천 100년 빈도, 지방1급하천 80년 빈도, 지방2급하천 50년 빈도와 같이 수리·수문학적 안전성에 따라 계획제방 규모를 결정하여 정비하였다.

그러나 하천정비사업은 공공사업이므로 경제성 분석만으로 사업의 최적규모나 타당성을 판단하는 데에는 무리가 있을 수 있고, 사업의 특성상 정확한 경제성 분석을 하기 힘들다. 또 시설규모의 결정은 경제성 외에 사회적 측면에도 큰 영향을 받게 된다. 그러므로 사업의 타당성을 판단하고 시설규모를 결정하는 데에는 지역경제 파급효과, 지역균형개발, 지역적 선호도와 갈등문제, 재원조달계획과 투자비 회수방안 등도 집중적으로 검토해야 한다.

홍수피해를 경감시키기 위한 대안으로는 상류에 홍수조절지 또는 방수로를 설치하여 홍수규모를 줄이거나 제방을 건설하거나 보축하는 방법도 있다. 따라서 홍수저류지와 하천정비의 조합을 통해 그림 I.9와 같이 최적조합을 찾아 계획할 수 있다.

한편 경제 외적요인으로 범국가적으로 시행된 '4대강살리기사업' 및 '경인운하사업' 등과 같이 사회적 갈등, 즉 환경단체나 시민운동단체에 따른 영향도 무시할 수 없다. 또한 지역주민의 의식변화로 지역주민의 동의가 전제되지 않고서는 사업추진이 불가능할 수도 있다는 점 등도 고려해야 한다.

대안선정

하천정비사업은 먼저 사업목적을 정하고 여러 대안을 구상하고 각 대안에 대해 적정한 평가를

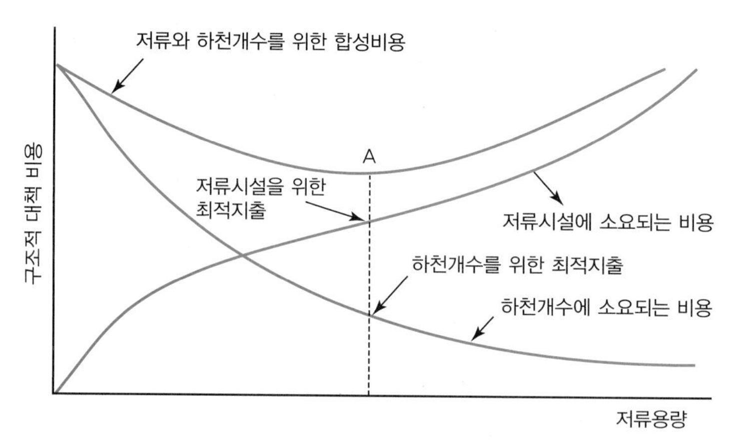

그림 I.9 저류시설과 하천정비개선의 비용과 최적조합 (국토교통부, 2004, p. 245)

거쳐 최종안을 결정한다. 대안이 성립하기 위해서는 기술적, 경제적, 환경적, 재정적, 법적, 사회적 타당성이 있어야 한다. 선정한 대안은 사업목적에 부합하고 다른 사업안보다 우월하여야 한다.

I.6.2 투자우선순위 결정

경제성 분석을 통하여 사업 전체에 대한 경제적 타당성이 입증되면 개별 사업지구의 투자우선순위는 B/C 이외에도 지역적 특성과 여러 가지 여건들을 종합적으로 고려하여 결정된다. 건설교통부(2001)에서는 하천개수사업의 투자우선순위 산정은 다음의 세 가지 기본원칙을 사용하여 통합지표를 산출하여 평가하고 있다. 여기서 하천개수라 함은 1960년대 이후 제방축조 등 하천치수사업을 통해 하천을 정비하는 것을 의미하였으나, 지금은 잘 사용하지 않는 용어가 되었다.

① **사업의 효율성:** 공공사업의 투자우선순위를 선정할 때 가장 중요한 요소는 사업의 효율성이라 할 수 있다. 비용편익비는 사업으로부터 제기되는 각종 직·간접 편익과 비용을 현재의 화폐가치로 환산하여 어느 사업이 더 효율성이 있는지를 판단한다.

② **사업의 형평성:** 하천정비사업의 효율성을 추구하는 과정에서 특정지역에 시설이 집중되지 않게 하여 지역 간·수계 간에 최소한의 형평성이 보장되어야 한다. 특정한 지역의 하천개수율이 지나치게 낮거나 지나치게 높을 경우 이러한 형평성의 원칙에 위배된다고 할 수 있다. 또한 특정한 지역에서 자주 홍수가 발생하거나 다른 지역에 비해 큰 홍수가 발생한다면 형평성 차원에서 우선 정비하는 것이 타당할 것이다.

③ **사업의 일관성:** 사업의 시너지 효과를 극대화하고 사업의 외부효과를 없애기 위해 사업 간 일관성을 고려해야 한다. 하천정비사업을 각 구간별로 추진하면 특정구간의 사업이 완료되었

다고 하더라도 인접지역 사업이 완료되지 못할 경우 인접지역에서 홍수피해가 발생할 수도 있다. 이러한 문제점을 해결하기 위해서 하천별 또는 수계별로 일관성 있게 하천정비사업을 추진한다. 이 방법이 1990년대에 추진한 수계별 치수종합계획이다.

하천정비사업의 투자우선순위를 설정하기 위해 건설교통부(2004)에서는 표 I.9와 같이 각 원칙별 적용기준으로 산정하고 있다.

나아가 건설교통부(2004)에서는 투자우선순위를 설정하기 위해서 표 I.10과 같이 각각의 기준을 적절한 방법으로 상대가치화하여 하나의 지표로 만들고, 일관성과 관련된 기준을 제외한 모든 지표의 평균을 '1'로 하는 방법을 사용한다. 하천정비사업의 투자우선순위를 결정하는 데 사용되는 통합지표의 산정계수는 그림 I.10과 같다.

표 **I.9** 투자우선순위 설정을 위한 적용기준 (건설교통부, 2001)

원칙	세부 기준
효율성	• B/C
형평성	• 수계별 하천정비율
	• 시도별 하천정비율
	• 홍수피해빈도 • 최대 홍수피해액
일관성	• 수계 본류에 직접 유입되는 제1지류
	• 기개수 구간의 인접구간

표 **I.10** 세부기준의 상대가치화 방법 (건설교통부, 2001)

구분		방법
효율성	비용편익비(*B/C*)	• 해당 지구의 *B/C*를 전국 평균으로 나눈 값
형평성	하천정비율(수계)	• 해당 지구가 속해 있는 수계의 정비율을 전국 평균정비율로 나눈 값의 역수
	하천정비율(시도)	• 해당 지구가 속해 있는 시도의 정비율을 전국 평균정비율로 나눈 값의 역수
	홍수발생빈도	• 해당 지구의 최근 10년간의 홍수발생빈도를 전국 평균으로 나눈 값
	최대 홍수피해액	• 해당 지구의 최근 10년간의 최대 홍수피해액을 전국 평균으로 나눈 값
일관성	제1지류 여부, 인접구간 여부	• 2개의 기준 중 하나에 해당되면 1, 해당되지 않으면 0

주: '개수'는 제방축조 등을 통해 하천의 치수안전도를 높인 하천개수사업 시 사용하던 용어를 의미하나, 요즘 사용 용어인 '정비'로 저자가 수정하였음.

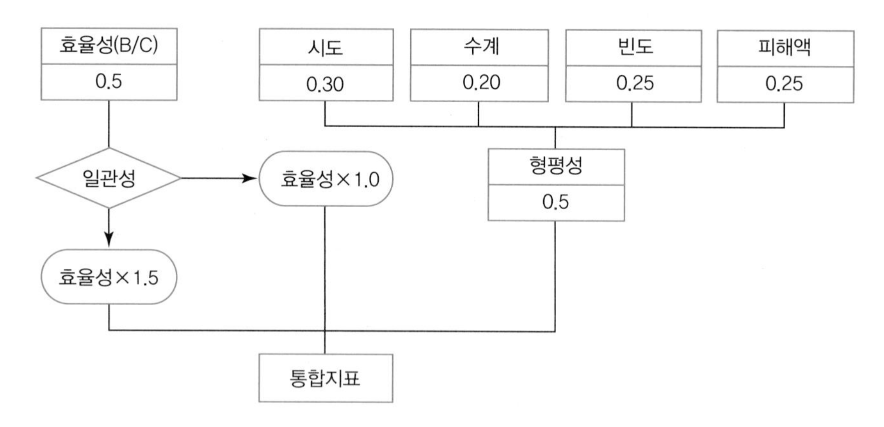

그림 I.10 **통합지표 도출절차** (건설교통부, 2001)

건설교통부. 1975. 낙동강연안개발사업 (I단계) 기본계획보고서.

건설교통부. 2001. 치수사업 경제성 분석 개선방안 연구.

건설교통부. 2004. 치수사업 경제성 분석방법 연구(다차원 홍수피해 산정방법).

건설교통부/부산지방국토관리청(건교부/부산청). 2008. 우포늪 천변저류지조성사업 타당성조사.

건설부. 1980. 하천시설기준.

국토교통부. 2012. 홈페이지, 정책정보/정책자료/하천정비사업 추진. (2020. 4. 8. 접속)

국토교통부. 2015. 하천기본계획수립 지침.

국토교통부 2016. 건설공사 타당성조사 지침.

서울특별시. 1985. 한강종합개발사업 실시설계.

심명필. 2000~2003. 수자원 경제성 분석 입문(1)~(16), 한국수자원학회지 학술/기술강좌, 제33권3호~제36권3호, 한국수자원학회.

오호성. 2000. 환경경제학. 법문사.

전세진. 2012. 하천계획·설계. 이엔지북.

한국개발연구원(KDI). 2014. 항만부문 사업의 예비타당성조사 표준지침 연구.

한국수자원학회/한국하천협회(수자원학회/하천협회). 2019. 하천설계기준해설.

환경정책·평가연구원(KEI). 2009. 환경가치를 고려한 통합정책평가 연구 I.

환경정책·평가연구원(KEI). 2010. 환경가치 DB구축 및 원단위 추정 II.

환경정책·평가연구원(KEI). 2013. 환경가치 DB구축 및 원단위 추정 IV.

환경정책·평가연구원(KEI). 2014. 생태계서비스 측정체계 구축(I): 하천생태계를 중심으로.

James, L. D. and Lee, R. R. 1971. Economics of water resource planning, McGraw-Hill Inc.

建設省 河川局. 2000(平城17). 治水經濟照査マニュアル(案). 日本.

國土交通省 水管理·國土保全局 河川環境課. 2016. 河川に係る環境整備の經濟平価の 手引き(本編). 日本.

바이오폴리머 제방사면 포설(한국 임진강)

부록 II | 혼합재료 이용 제방보호기술

부록 II에서는 소일시멘트 등 기존재료의 혼합재료를 이용한 제방보호기술과 최근 국내외로 연구가 상당히 진행된 바이오폴리머를 이용한 제방보호기술에 대해 소개한다. 전자는 미국 등 외국에서는 이미 광범위하게 사용되고 있는 기술이다. 반면에, 후자는 미공병단 기술연구개발센터(ERDC)에서 2010년대 초 시험적용을 한 새로운 제방보호기술로서, 국내에서도 상당한 수준까지 연구가 진행된 새로운 기술이다.

II.1
소일시멘트

II.1.1 소일시멘트의 특성 및 연혁

개요

소일시멘트(soil cement)는 흙이나 골재에 포틀랜드 시멘트와 물을 섞어 시멘트의 수화작용으로 흙입자나 골재를 서로 단단히 붙여서 높은 압축 및 전단강도를 내게 만든 건설재료이다. 소일시멘트는 주로 도로공사, 주택가 거리, 주차장, 공항, 갓길, 관매설공사, 그리고 비탈면보호 등에 저비용재료로 쓰인다.

소일시멘트에 쓰이는 흙은 모래, 실트, 진흙, 자갈, 쇄석 등 주변에서 비교적 쉽게 구할 수 있는 자연재료의 조합들이다. 나아가 슬래그, 석회암, 화산암 등은 물론 재나 석탄회 같은 폐기물 등도 소일시멘트용 재료로 이용할 수 있다.

현장에서 소일시멘트를 만들기 위해서는 일반적으로 시멘트 펴깔기, 혼합, 다짐, 양생 등 4단계를 거친다. 제1단계는 대상공사구역의 흙 위에 적정량의 시멘트(보통 10% 내외)를 펴고르는 것이다. 다음, 물을 섞어 혼합기계로 흙과 시멘트를 섞는 것이다. 제3단계는 기존의 건설다짐기계로 표면을 적절히 눌러 다지는 것이다. 마지막으로, 시멘트 수화작용을 통해 최대강도를 발현하도록 수분증발을 억제하는 것으로서, 도로공사의 경우 역청이나 아스팔트로 소일시멘트 표면을 엷게 바르는 것이다.

도로공사 등에 쓰이는 소일시멘트는 단단하고 넓은 표면적으로 콘크리트 슬래브에 준하는 기능을 발휘함으로써 단순 골재포설에 비하여 더 단단하고, 추위/강우/봄철해빙 등에 저항성이 높은 것으로 알려져 있다. 특히 시간이 갈수록 강도가 더 커지는 장점이 있다. 다만 상대적으로 깨지거나 금가기 쉬운 단점이 있다(PCA, 2019).

연혁

소일시멘트가 댐에 최초로 적용된 사례는 1951년 미국 개척국(USBR)에서 동부 콜로라도주의 Bonny 댐 비탈면보호 목적으로 시험 적용한 것이다. 그 후 10년간 모니터링을 통해 소일시멘트가 저수지 파랑과 계속되는 동결융해에도 잘 견디는 것이 확인되었고 경제성과 유용성이 확인되었다.

1970년대 미국 개척국에서 댐건설용으로 RCC(Roller Compacted Concrete)가 등장하였다.

RCC는 그 당시 대형 콘크리트댐의 대용으로서 상대적으로 저렴한 비용, 짧은 공기 등의 이점으로 각광을 받기 시작하였다. 이는 시간이 지나면 강도 또한 콘크리트와 비슷한 것으로 알려져 있다(Rizzo 등, 2012). RCC와 소일시멘트는 사실상 비슷한 공법으로서, 전자는 주로 모래와 자갈 등을 시멘트와 물과 혼합하는 반면에, 후자는 주로 실트와 모래 등을 섞어 혼합하는 것이다. 나아가 RCC 공법은 소일시멘트로서는 시공하기 어려운 1 : 1이나 수직의 급비탈면제방에도 시공이 가능한 것으로 알려져 있다(Rizzo 등, 2012).

그 후 미국에서 소일시멘트는 비탈면보호용으로 사석(riprap) 이용이 경제성 등의 이유로 제한적인 경우 댐, 수로, 제방 등에 널리 사용되었다. 이에 따라 미국의 대하천홍수와 해안해일 피해 예방을 담당하는 미공병단(USACE)에서는 소일시멘트를 이용한 제방비탈면보호공법에 대한 기준을 개발하여 제공하고 있다(USACE, 2000). 한편, 미국 포틀랜드시멘트협회(PCA)에서도 제방을 포함한 수자원분야에서 적용할 수 있는 다양한 소일시멘트 기술을 소개하고 있다(Richards and Hardley, 2006).

국내에서 소일시멘트를 이용하여 제방을 건설하거나 보강한 사례는 없는 것으로 보인다. 이는 국내에서 하천정비사업이 본격적으로 시작된 1960년대 이후 초기에 시멘트 재료 자체가 상대적으로 고가로 간주되었을 것이고, 그 후 1990년대부터 환경의 중요성이 강조되기 시작하여 자연성이 강조되는 제방에 시멘트 재료를 쓰는 것이 바람직하지 않았기 때문이었을 것이다. 그러나 급경사 중소하천의 수충부 등 하천의 특수성으로 콘크리트 블록과 같은 단단한 시멘트 재료나 찰쌓기공법 등을 써야만 하는 경우 경제성, 공기 면에서 소일시멘트는 상대적으로 유리한 대안이 될 수 있을 것이다. 다만 소일시멘트는 인공재료가 주성분이기 때문에 환경성 측면에서 분명한 한계가 있다.

본 부록 II에는 제방비탈면의 보호를 위한 소일시멘트 이용에 대하여 미공병단의 '제방의 설계 및 시공'(USACE, 2000) 자료를 중심으로 국내외 관련자료를 검토하여 국내 여건에 맞게 기술한다. 참고로 미국에서 소일시멘트를 이용하여 시공한 몇 하천제방의 홍수 시 성능을 비교평가한 자료를 요약하여 소개한다.

II.1.2 제방비탈면 보호용 소일시멘트 이용(미공병단)

미공병단의 기술 및 설계 지침서인 '제방 설계 및 시공'에서는 제방비탈면보호용으로 소일시멘트를 이용하는 우선 기준은 경제성에 두었다. 이 기준에는 비탈면보호를 위해 일반적으로 사석공(riprap)을 추천하나, 재료의 가용성, 운반거리 문제, 공사현장의 지리적 위치 등을 기준으로 사석공과 소일시멘트를 경제적 측면에서 비교평가하여 대안을 결정하도록 하고 있다.

재료

소일시멘트에 사용될 흙은 일반적으로 소성지수(PI)가 12 이하가 되는 중간 및 저소성치를 권장한다. 다만 제방비탈면은 반복적인 습윤-건조, 동결-융해 및 파랑 등의 영향을 받으므로 이보다 더 양호한 흙 입도조건이 바람직하다. 이 같은 흙에는 51 mm(2인치) 이상의 입자는 없어야 하고, 4번 채(4.75 mm)에 남는 흙 비율이 45% 이상이거나 200번 채(0.075 mm)를 통과하는 흙 비율이 5% 이상이 되지 않도록 권장한다. 유기물 함량은 2% 이하로 제한한다. 이 기준에는 소일시멘트용 흙에서 진흙공(clay ball)의 크기가 25.4 mm(1인치) 이상 되는 것은 제거하고, 25.4 mm 이하 되는 것도 10% 이하로 제한한다. 여기서 '진흙공'은 진흙과 실트가 모래와 섞여 둥글게 뭉쳐있는 것을 말한다(Guyer, 2017).

소일시멘트에 사용되는 시멘트는 ASTM C 150의 기준을 만족하는 포틀랜드 시멘트가 적합하다. 일반적으로 타입 I이 적합하나, 흙이나 물에 황성분이 어느 정도 있는 경우 타입 II 이용을 권장한다.

소일시멘트 혼합비

현장토는 그 구성이 다양하므로 현장토, 시멘트, 물의 구성비는 실험실에서 정하여야 한다. 실험실에서 결정할 사항은 적절한 강도가 발현되는 최소 시멘트비, 물의 비, 그리고 흙-시멘트 혼합물의 밀도 등이다. 일반적으로 자갈 등 굵은 골재가 모래, 실트 등 잔골재보다 같은 시멘트 혼합비에서 강도가 더 크게 나오며 내구성도 크다.

시멘트 혼합비 시험은 일차적으로 정해진 흙조건에 따른 초기설계밀도와 습윤도를 정하기 위한 습윤밀도 시험(ASTM D 558)과 습윤-건조와 동결-융해에 대한 저항성을 정하기 위한 내구성 시험(ASTM D 559와 D 560) 등이다. 그 다음 하는 시험은 비구속(일축) 압축강도시험이다. 비탈면보호용 재료의 압축강도는 파랑과 융기압에 대한 저항성의 척도이다. 일반적으로 압축강도 기준을 만족하는 시멘트량은 보통 융기압 기준을 만족하는 시멘트량보다 많이 나온다. 제방비탈면 보호 목적의 최소압축강도는 표 II.1과 같다. 이러한 일련의 시험을 거쳐 최종적으로 결정되는 시멘트량은 압축강도와 내구성을 모두 만족하는 최소한의 시멘트량이다. 다만 현장토의 불

표 II.1 제방비탈면 보호재료의 최소압축강도 (ASTM D, 1633)

양생기간(일)	최소압축강도(kPa)
7	4,138
28	6,034

균일성 등을 고려하여 이렇게 결정된 값에 1~2%를 더할 수 있다.

비탈면보호공의 설계

소일시멘트를 이용하는 비탈면보호공의 설계는 기본적으로 사석공 설계와 유사하다. 이는 기본적으로 파랑과 흐름의 침식력에 저항하여야 한다. 소일시멘트 이용 비탈면보호공은 계단식과 판식 두 가지로 나눈다. 전자는 그림 II.1과 같이 두께가 얇은 층을 비탈면에 연속적으로 쌓아놓는 방식으로서, 강한 파랑과 흐름 및 부유물이 많은 경우 주로 이용된다. 반면에 후자는 비탈면 전체를 하나의 판으로 보고 처리하는 것으로서, 상대적으로 좋은 조건에서 이용된다. 계단식의 경우 각 층의 두께는 15.2 cm(6 in.)에서 30.5 cm(12 in.) 정도까지 장비에 따라 가변적이다. 각 층의 두께가 클수록 시공하기 쉬운 반면에, 공사 중 비탈면에 노출된 각 층의 귀퉁이에서 소일시멘트의 손실이 크며, 한 층에서 밀도를 균일하게 유지하기 위한 추가적인 노력이 필요하다. 각 층의 폭은 2.4 m(8 ft) 정도, 비탈면에서 연직방향 폭은 0.61 m(2 ft) 정도가 적합하다.

판식은 경사면에 직접 소일시멘트 층을 포설하는 것이다. 그 두께는 보통 15.2 cm(6 in.)에서 20.3 cm(8 in.) 정도이다. 다만 홍수 시 유송잡물에 의한 충격 등에 견딜 수 있는 등 특별히 강한 저항성을 요구하는 경우 30.5 cm(12 in.) 두께로 포설할 수 있다. 판식 소일시멘트는 시공상의 문제로 비탈면 경사는 3H : 1V 이상이어야 하며, 그보다 급한 경사의 경우 특별한 장비를 요구한다.

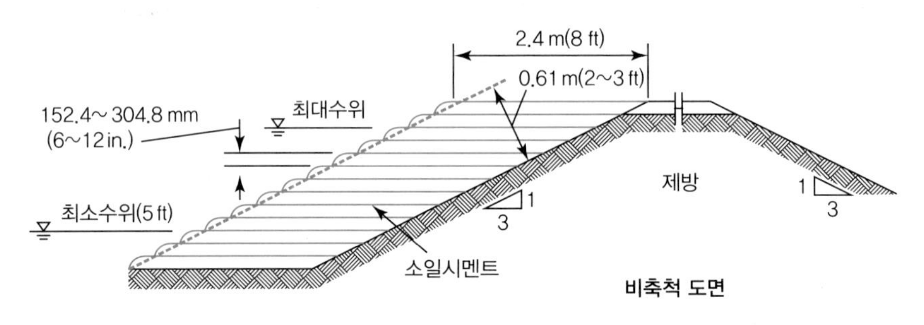

그림 II.1 제방비탈면보호를 위한 소일시멘트 층의 계단식 설치방법 (미공병단, 2000)

시공

현장시공을 위한 소일시멘트는 일반 콘크리트 혼합방식과 비슷하게 현장식과 공장식이 있다. 그러나 제방비탈면의 경우 보통 현장에서는 원하는 품질의 소일시멘트를 얻기 어려워서 공장식이 주로 쓰인다. 소일시멘트의 혼합은 기온이 9도 이하에서는 시도하지 않는다. 기온이 매우 높은 경우에도 추가적인 물 공급 등 특별한 주의를 요한다.

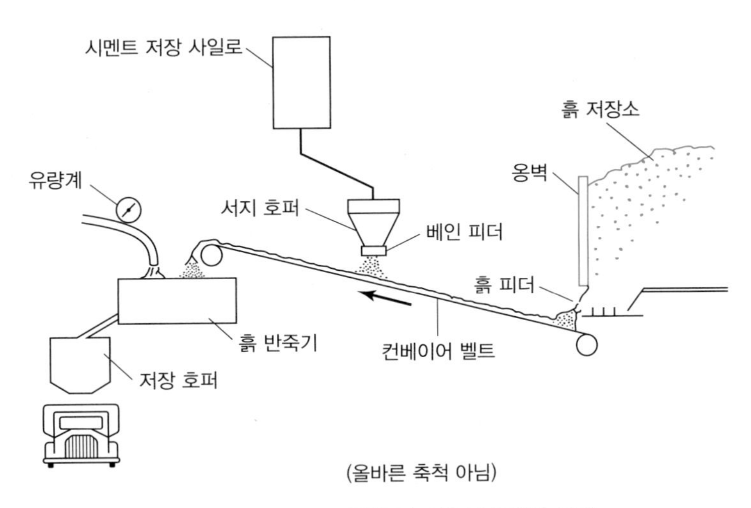

그림 II.2 **소일시멘트 혼합공정 모식도** (미공병단, 2000)

일반적인 시공단계는 1) 기초지반 준비, 2) 토취장, 3) 혼합, 4) 운반, 5) 포설, 6) 다짐, 7) 이어치기, 8) 마무리, 9) 건설이음매, 10) 양생 및 보호 등이다. 그림 II.2는 공장에서 소일시멘트를 혼합하는 공정을 도식적으로 보여준다.

위에서 제시된 각 시공단계에 대한 구체적인 사항에 대해서는 미공병단 자료를 직접 참고할 수 있다. 다만 제 시공단계 중 다짐은 중요한 단계이므로 여기에 간단히 설명한다.

최소한의 다짐은 ASTM D 558이나 ASTM D 1557로 결정되는 최대밀도의 퍼센트로 나타내며, 보통 98%를 요구한다. 이러한 수치를 유지하기 위해 특히 소일시멘트의 흙의 함수량은 정밀하게 통제되어야 한다. 그렇지 않으면 다짐공정을 어렵게 하거나, 융기나 갈라짐 등이 발생할 수 있다. 다짐은 보통 1시간 이내에 마무리되어야 하며, 소일시멘트 재료는 30분 이상 놔두면 안 된다.

품질관리, 검사 및 시험

마지막으로 소일시멘트 시공에서 중요한 것은 적절한 품질관리와 검사 절차이다. 소일시멘트 시공에서 기본적으로 중요한 공정은 소일시멘트 혼합과 실제 시공 등이다. 이들에 대한 품질은 시멘트 함량, 함수량, 다짐, 양생 등 네 공정에 달렸다. 감리자가 관심을 가지고 검사하여야 할 사항들은 건설현장 및 장비, 흙, 시멘트 함량, 물 함량, 혼합균질도, 운반도 포설, 다짐, 양생 등이다.

II.1.3 소일시멘트 국내기준

소일시멘트에 대한 국내기준은 토목공사 표준일반시방서(국토교통부, 2016)에 02511 소일시멘트 안정처리공에 간략하게 나와 있다. 이 기준은 소일시멘트를 가지고 지반을 안정적으로 처리하는 공사에 대한 시방으로서, 제방에 적용하는 것을 대상으로 하지 않고 있다. 다만 참조규격으로 KS F 2328 흙시멘트(소일시멘트)의 압축강도 시험방법, KS F 2331 흙시멘트 혼합물의 함수량과 밀도 관계 시험방법 KS 등을 제시하고 있다. 소일시멘트에 이용할 수 있는 재료로는 02210에 명시된 것으로서, 굵은 골재는 A2종, 잔골재는 A6종, 바닥 흙(현장 흙)은 S2로 제한하고 있다.

소일시멘트의 혼합재로는 도로공사 시방서의 해당요건을 따라야 하며, 시멘트량은 마른 혼합재료의 10%를 넘지 않고, 혼합재의 7일 압축강도는 3 MPa 이상으로 규정하고 있다. 이 수치는 앞서 소개한 미공병단 제방비탈면 보호용 소일시멘트의 7일 최소 압축강도 4,138 kPa보다 상당히 작은 수치이다. 시멘트 함량을 10%로 제한한 것도 미공병단 관련기준의 취지와 다르다.

따라서 현재 국내에서 소일시멘트를 이용한 제방비탈면보호공사에 대해 별도의 시방서가 없기 때문에 실제 시공하기 위해서는 미공병단 관련자료를 참고하고 소일시멘트 관련 국내 일반기준을 준용하되, 서로의 기준이 상이 하면 보수적으로 접근하여야 할 것이다.

II.1.4 실제 시공사례의 비교

미국에서 실제 하천제방 비탈면보호를 위해 소일시멘트를 적용한 하천제방에서 이의 성능을 비교평가한 사례가 있다(Hansen et al., 2011). 그들은 1983년부터 2006년까지 미국 남서부 반건조지역에서 돌발홍수가 발생한 5개의 실제 현장자료를 이용하여 소일시멘트로 보강된 제방이나 강턱의 홍수 시 안정성을 분석하였다. 그림 II.3은 굴입하천에서 강턱을 소일시멘트로 층쌓기

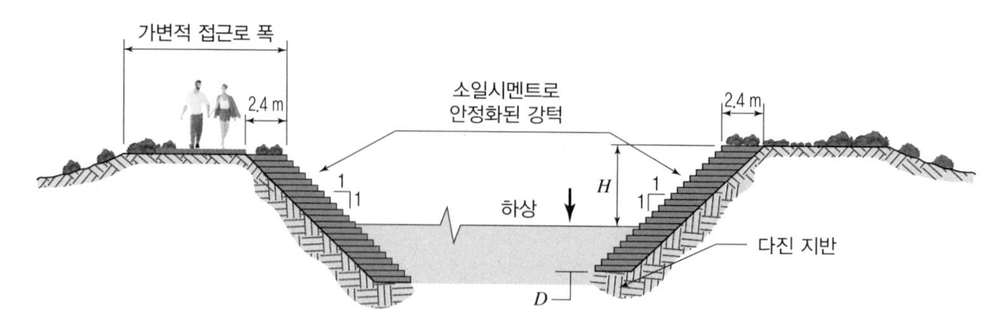

그림 II.3 굴입하천의 강턱(비탈면) 보호를 위한 소일시멘트 층쌓기(두께 15~25 cm, 길이 2.4 m 이상)

한 것을 보여준다.

그들이 분석한 자료는 다음과 같다.

- 애리조나주 Tucson시 Santa Cruz and Rillito River 1983년 10월 홍수
- 애리조나주 Tucson시 같은 하천의 1993년 1월 홍수
- 애리조나주 Phoenix시 Salt River 1993 년 1월 홍수
- 캘리포니아주 Santa Clarita and Fillmore의 Santa Clara River 2005년 1월 홍수
- 애리조나주 Tucson시 Rillito River 2006년 7월 홍수

대상상황의 홍수량은 800~3,400 m^3/s 수준이며, 100년 빈도 설계홍수량을 초과하는 것들도 2개 있었다. 위 5가지 사례에서 제방비탈면(주로 하천 측)을 소일시멘트로 보강한 제방은 모두 건재하였으나, 그렇지 않은 경우 대부분 국부적 세굴, 월류로 인한 세굴 등으로 유실, 붕괴 등이 발생하였다.

구체적으로, 강턱침식의 진행을 방지하기 위해 지하에 소일시멘트를 타설한 경우(그림 II.4) 홍수로 외부 흙은 유실되었으나, 그 안 소일시멘트 호안은 건재한 것으로 나타났다.

그러나 그림 II.5와 같이 소일시멘트로 보강된 호안이라도 기초부가 충분히 보강되지 않은 경우 기초부 세굴로 문제가 발생하였다. 또한 그림 II.6과 같이 일부에서 호안과 둔치의 연결부(berm) 침식으로 소일시멘트 호안 자체가 침하하거나, 다른 이유로 아래로 미끄러지는 현상이 관찰되었다.

이 같은 비교평가를 통해 얻은 주요 결론은 호안이 없거나 다른 공법의 호안이 있는 제방이나 강턱의 경우 모두 파괴된 반면에 소일시멘트로 보강된 호안은 대부분 그대로 남아 있어 제방이나 강턱을 보호하는 원래 기능을 유지했다는 것이다. 나아가 소일시멘트 호안 밑 원지반이 세굴되거나, 비탈멈춤이나 인접 둔치가 세굴되더라도 소일시멘트 호안은 대부분 그대로 남아 있어 다음 홍수에 대비하는 기능을 어느 정도 유지하며, 홍수 후 보수작업도 쉽게 한다는 것이다.

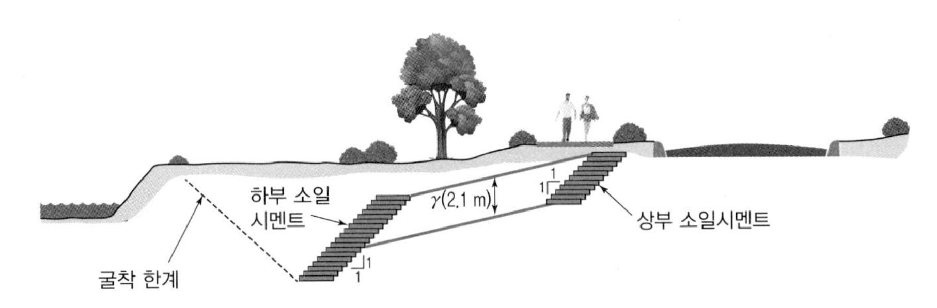

그림 II.4 굴입하천에서 지하에 소일시멘트 호안을 매설한 경우 (Santa Clara River, CA)

그림 II.5 기초부가 유실된 호안(Rillito River)

그림 II.6 소일시멘트로 보강된 둔치(berm)의 유실(Salt River, Tempe, Arizona)

II.2
바이오폴리머 혼합토

바이오폴리머(biopolymer, 이하 BP) 혼합토란 BP라는 자연산 고분자화합물을 흙에 섞은 것을 말한다. BP 혼합토는 2000년대 말 미국에서 비탈면이나 제방 보호용으로 쓰기 위해 연구를 시작하였으며, 2010년대 초반에 한국에서도 비슷한 연구를 시작하였다. 이는 아직 토목공사용 재료로 널리 쓰이지 않으나, 장래가 촉망되는 새로운 토목재료이다. 여기서는 먼저 BP 자체에 대해 간단히 설명한다. 다음 BP 혼합토를 일반 비탈면이나 제방비탈면에 살포하여 강우, 바람, 흐름에 대한 내침식성을 강화하는 새로운 공법의 국내외 연구성과와 앞으로 실용화 가능성에 대해 검토한다.

II.2.1 바이오폴리머란?

바이오폴리머는 문자 그대로 박테리아나 곰팡이 같은 살아있는 생물체(bio)가 만드는 고분자화합물(polymer)이다. 플라스틱이 대표적인 합성고분자화합물이라면, BP는 천연고분자화합물인 셈이다. 여기서 폴리머(고분자화합물)는 보통 단량체(monomer)가 서로 공유결합하여 중합체(polymer)의 형태를 가진다. 그림 II.7의 좌측은 BP 분자구조 모식도이며, 우측은 합성고분자화합물의 경우로서, 일반적으로 BP가 더 복합한 구조를 가지고 있다.

BP의 특성은 유화제(emulsifier), 안정제(stabilizer), 증점제(thickener), 접합제(binder), 응집제

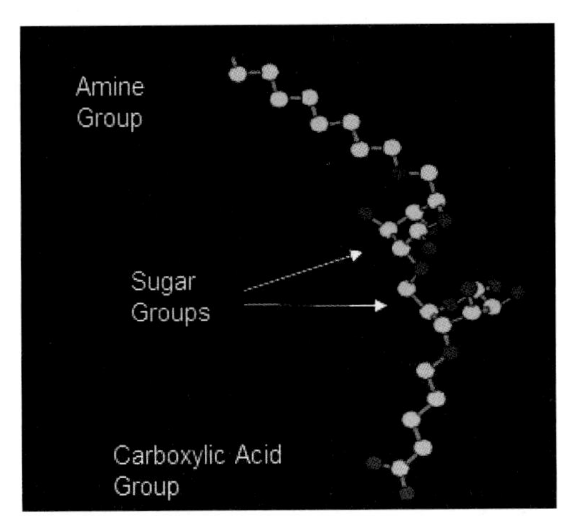

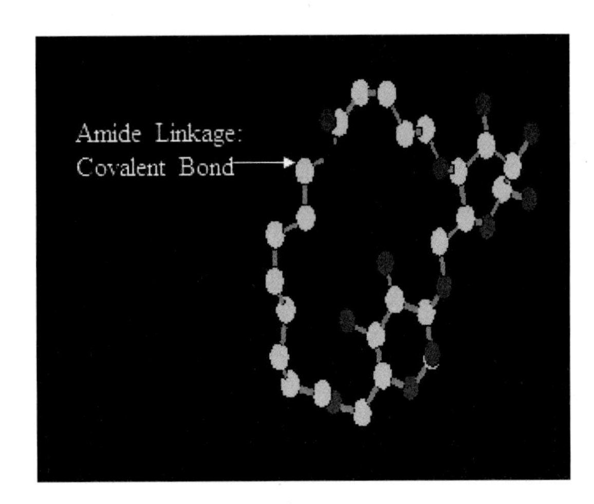

그림 II.7 BP(Amine 그룹) 분자구조 모식도 (Larson et al., 2016)

(coagulant) 등의 특성이 있으며, 이밖에 생분해되고, 생체적합성(생물체에 부독성)이 있다. 이 중 흙과 섞어 토목재료로 이용할 때 가장 중요한 특성은 접합성이다. 현재 BP는 안정성, 유화성 증점성, 겔 특성을 이용하여 식품산업에 많이 이용되고 있으며, 석유산업, 약품산업, 화장품산업 등에도 보편적으로 쓰이고 있다.

BP의 한 예로서 식물과 공생하는 것으로 유명한 뿌리혹박테리아(*R. Tropici*)는 그림 II.8과 같이 공기 중의 질소를 고정하여 질소화합물을 만들면서 식물의 뿌리에서 당분을 이용하여 '세포

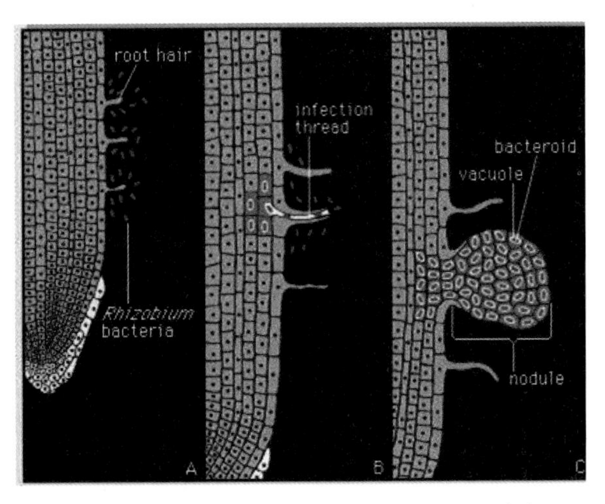

그림 II.8 뿌리혹박테리아와 부산물 RtEPS(좌); 콩과 식물의 뿌리에 부착한 뿌리혹박테리아가 BP를 만드는 과정의 모식도(우)
(출처: Larson, S.의 2018년 발표자료, 미공병단 ERDC)

밖 고분자물질'(EPS: extracellular polymeric substance)이라는 BP를 만들어낸다. 이렇게 만들어진 BP를 RtEPS라 부르며, 이는 뿌리 주위에 부착성, 바이오필름 안으로 자가부착성, 보호막의 형성, 습윤보유 및 영양분 축적성을 보인다. RtEPS는 그야말로 자연산으로서, 독성이 없고, 석유화학제품이 아닌 면에서 친환경적이라 할 수 있다.

II.2.2 비탈면보호용 신재료로서 바이오폴리머

BP를 토목공사용 재료로 이용하고자 하는 시도는 미국, 한국 등에서 2010년대 전후부터 비바람이나 흐름에 의한 비탈면보호용으로 먼저 시작되었다.

토목공사용으로 검토된 BP는 크게 고분자고리 형태, 겔 형태, 단백질/지방 형태 등으로 나뉜다. 이러한 세 가지 형태로 분류되는 많은 BP 중 국내에서 특히 토목공사용으로 검토되고 있는 것은 셀룰로스, 스타치(녹말), 키토산, 잔탄검, 커드란, 베타글루칸, 폴리아크릴아미드(polyacrylamide) 등이다(Chang et al., 2016). 이 중 몇 가지 BP의 특성을 소개하면 베타글루칸이나 셀룰로스, 커드란 등 고분자고리 형태는 흙과 1% 섞은 건조상태에서 5 Mpa 정도의 압축강도가 나오나, 습윤상태에서는 내구성이 약하다. 또한 식생생장에는 도움이 되는 것으로 알려져 있다. 반면에, 잔탄검 등 겔 형태는 압축강도가 6~11 Mpa 정도 높게 나오며, 내구성도 높은 것으로 나타났다. BP는 식생생장에도 도움이 되는 것으로 알려졌다. 키토산 등 단백질/지방 형태는 건조압축

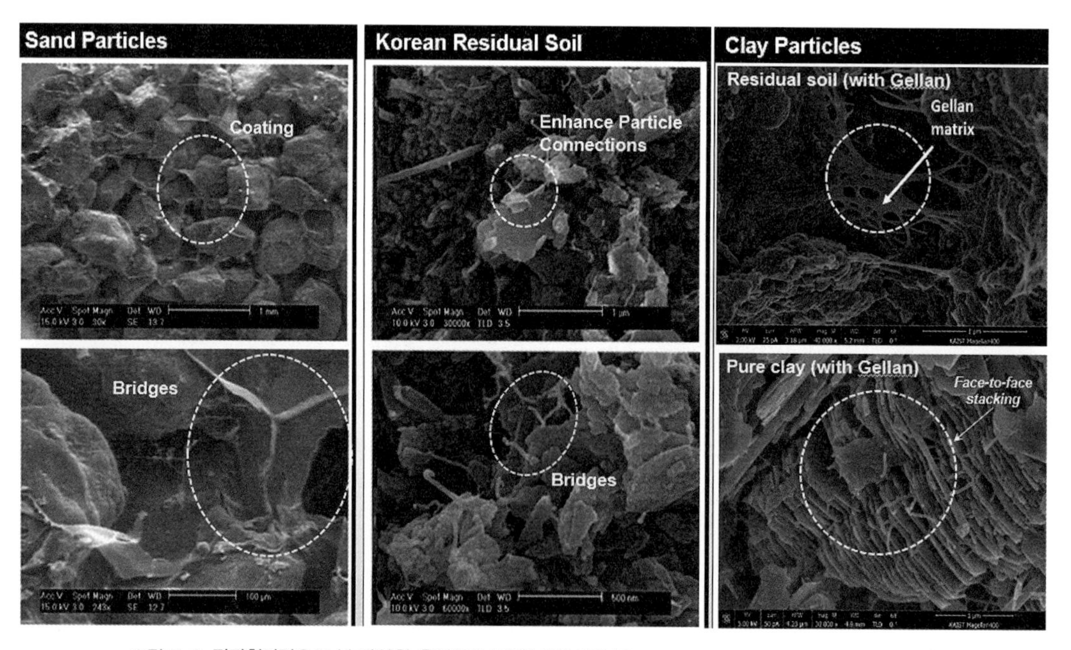

그림 II.9 전자현미경으로 본 다양한 흙입자와 BP의 결합형태 (Chang et al., 2015a; Chang et al., 2015b)

강도는 3~4 Mpa로 떨어지며, 내구성은 비교적 높게 나타났다(Chang et al., 2016).

그림 II.9는 다양한 BP재료와 흙을 섞어 주사전자현미경(SEM)으로 촬영한 사진들이다. 이 사진에서 보는 바와 같이 흙입자는 BP에 의해 피복되거나(coating), 연결되거나(bridging), 입자 간 연결을 강화하여 압축, 전단강도 등 흙의 물리특성을 보강하는 성질이 있음을 알 수 있다.

II.2.3 미국에서 연구 및 실용화

BP를 처음으로 토목공사용 재료로 이용하고자 하는 노력은 미공병단 연구개발센터(ERDC)에서 2007년부터 Larson 박사 팀의 연구로 시작되었다. 그들은 미 국방부 환경안전기술 인증프로그램(ESTCP)의 지원 하에 5년 동안 연구하여 2012년까지 특허, 생산라이선스 등을 도출하였다.

Larson은 흙으로 둔덕(berm)을 만들고 그 표면을 RtEPS라는 BP를 기존의 분사형 장비로 살포하여 바람과 물에 의한 침식저항성을 확인하였다(그림 II.10 참조). 여기서 BP는 분말로 공급되고 현장에서 물과 혼합하여 액상으로 살포된다. 그 결과 비탈면의 침식량은 대폭 줄어들고 그에 따라 비산먼지의 발생도 크게 주는 것을 확인하였다. 덧붙여서 흙 속의 중금속 오염물도 고정하는 것을 확인하였다(Larson et al., 2012). 특히 BP는 식생생장에 크게 기여하며, 내건성도 커지는 것으로 나타났다. 그들은 한 실험에서 bermuda grass의 생체량 증가율이 3.3배 커지며, 특히 BP 처리한 흙의 경우 가뭄 시 발아율과 가뭄 후 생존율이 처리하지 않은 흙에 비해 각각 1.9배, 1.8배 높아지는 것을 확인하였다.

이들은 한 걸음 더 나아가 군용 탄약창고의 방호둔덕 표면을 BP로 처리하고 다시 벼과식물 씨

그림 **II.10** 둔덕에 침식방지용 BP를 살포하는 모습 (Larson et al., 2016)

와 BP를 혼합한 것을 추가 살포하여 시험하였다(Larson et al., 2013; Larson et al., 2016). 3년 동안의 모니터링 결과 BP 처리 비탈면은 그렇지 않은 대조지와 비교하여 토양손실량이 17% 수준으로 대폭 줄어드는 것을 확인하였다. 나아가 토양손실과 토양침식으로 인한 표면 굴곡도를 줄이기 위해 BP로 표면을 이중처리하는 것이 효과적임을 확인하였다. BP는 흙입자가 진흙이나 실트 같이 작을수록 비탈면보호효과가 크게 나타나며, 경제성 등을 고려할 때 BP 농도는 무게비로 0.5% 수준에서 만족하게 나타났다. 마지막으로, 3년 동안의 모니터링 결과 유지관리 측면에서 문제점이 없는 것으로 확인되었다.

그들은 이러한 연구 및 시범사업을 통해 BP는 박테리아가 아니라 박테리아 활동의 부산물로서 독성이 없는 친환경 천연물로서, BP를 이용하는 비탈면처리기술을 산업용으로 이전하는 데 기존 제도나 규정상 아무 문제가 없음을 강조하였다. 이 결과는 특히 우리나라 실정에도 시사하는 바가 있다.

그들은 나아가 제방비탈면에 BP를 적용하였다. BP가 특히 식물생장 및 내건성에 기여한다는 사실은 유수에 의한 침식이 중요한 제방에 매우 긍정적으로 기여할 것으로 보았다.

그림 II.11은 미시시피 강변의 Kaufmann 제방 #1에 시범적용한 것이다. 각각의 시범구역은 6~10아르 정도이며, 제방비탈면 1 m^2당 0.11~0.42리터 정도 살포하였다. 살포는 기존의 수리종자살포기(hydroseeder)를 사용하였으며, 특별한 어려움이 없었음을 강조하였다. 이 시험에서도 BP는 식생의 뿌리생장을 촉진하는 것을 확인하였다. 다만 시험기간 중 홍수가 없어 비탈면의 내침식성은 관찰하지 못한 것으로 추정된다.

Larson 팀은 장기간의 연구를 통해 일반비탈면과 제방비탈면에 대한 BP의 적용성에 대해 다음과 같은 결론에 도달하였다.

그림 **II.11** BP의 하천제방 시범적용(미시시피강 Kaufmann 제방) (좌: 대조구역과 3개의 시험구역, 우: BP를 기존의 분사기로 살포하는 광경)
(출처: Larson, S.의 2018년 발표자료, 미공병단 ERDC)

- BP는 흙비탈면을 안정시켜 물과 바람에 의한 침식을 저감한다.
- BP는 식물의 생장을 촉진하며, 특히 뿌리의 밀도를 증가시킨다.
- BP는 식물의 내건성(가뭄에 견디는 정도)을 강화한다.
- BP는 기존 살포장비를 이용하여 포설할 수 있다.
- BP를 이용하는 시공은 1 ha당 약 1,800~3,600원(60~120 USD/acre) 비용이 드는 것으로 나타났다.

참고로 위와 같은 미공병단의 연구는 군사시설의 보호에 초점을 맞추어 시작하였으나, 일반비탈면이나 제방 보호와 같은 시설이나 농업용으로 적용하는 것도 특별히 다르지 않음을 강조하고 있다.

II.2.4 한국에서 연구

BP를 비탈면보호 등 토목재료로 활용하기 위한 국내연구는 2000년대 말 카이스트를 중심으로 시작하였다. 장일한(2010)은 그의 박사학위 논문에서 화강잔류토(황토)에 젤란검, 키토산, 잔탄검, 베타글루칸 같은 BP를 섞어 물성실험을 한 결과 모든 경우에 압축강도 등 흙의 공학적 특성이 개선되는 것으로 나타났다. 그 후 BP를 토목공사에 적용하는 본격적인 연구는 2016년 국토교통부의 국가연구개발사업의 일환으로 제방을 대상으로 추진 중이다(국토부/지스트, 2016~2019). 이 원고를 집필하는 시점은 여전히 그 연구사업이 진행 중이었기 때문에 최종성과가 아닌 중간 주요성과를 소개한다.

이 연구의 목표는 제방의 안정성, 시공성, 내구성, 경제성, 환경성 등의 측면 모두에서 경쟁력 있는 새로운 제방보강재료를 개발하는 것이다. 이 연구사업의 주요 진행 절차는, 1) 기존의 BP 시장에서 생산 가능한 다양한 재료(레시피)를 가지고 흙과 섞어 압축성, 전단성, 수밀성, 내구성 등 흙의 공학적 성질을 개선하고, 2) 제방의 비탈면에 포설하여 비탈면의 내침식성과 수밀성(내침투성)을 향상하고, 3) 식생생장과 결부하여 다양한 호안공법재료를 개발하고, 4) 흙과 구조물 접합부 등 파이핑에 취약한 부위를 보강하는 특수공법을 개발하는 것이다. 이러한 공법개발을 위해, 1) BP의 생태적 위해성부터 시작하여 식물생장 영향, 중금속 등 오염물 정화효과 등 환경성을 평가하고, 2) 제방 침식/월류/침투 등에 대한 안정성 증진효과를 실물실험과 현장시험을 통해 확인하는 것이다. 마지막으로, 이러한 절차를 통해 검증된 공법의 실용화를 위해 공법적용의 표준화를 꾀하는 것이다. 부수적으로 BP 혼합토의 분사살포를 위한 기기개발도 포함된다.

이 연구에서는 BP를 강도증진용(S)과 식물생장촉진용(V)으로 구분하여 용도별로 복수의 레시

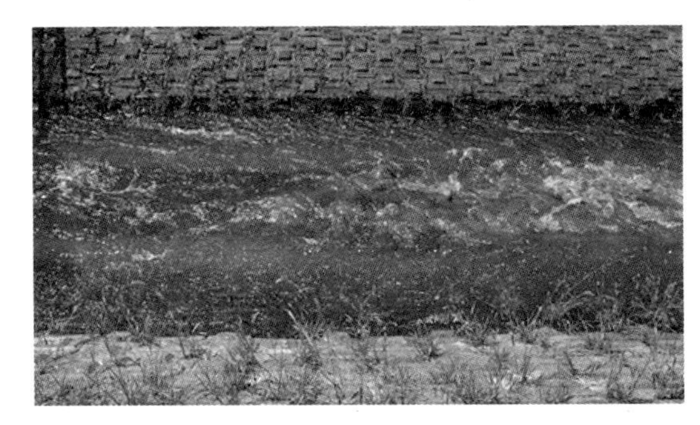

그림 II.12 BP 혼합토와 식생을 이용한 제방호안 내침식성 실험(좌: 저유속, 우: 고유속)

피를 개발하였다. 각각의 레시피에 대해 흙재료 구성별로 혼합토의 물성변화와 식물생장에 미치는 영향을 시험, 조사한 결과 대체적으로 앞서 설명한 미공병단의 선행연구결과와 일치하는 것으로 나타났다(국토부/지스트, 2016~2019). 생태계에 미치는 영향도 물벼룩을 가지고 위해성 시험을 한 결과 예상한 대로 부정적 결과가 나타나지 않았다(국토부/지스트, 2016). 이 연구와 미공병단 연구의 차이점은 미국에서는 BP 용액 자체를 분사하였으나, 국내연구에서는 BP와 흙을 혼합한 재료를 분사한다는 점이다. 따라서 두 연구사업의 농도 비교도 신중을 요한다.

그림 II.12는 BP와 혼합한 흙을 이용하여 식생호안을 만들어 시험수로에 넣고 침식실험을 한 것이다. BP 농도는 1%를 유지하였다. 이때 적용한 수로평균유속은 3.0~4.3 m/s이며, 소류력은 17~45 N/m^2 이다. 실험결과 BP처리된 호안은 같은 조건의 흐름에서 비처리된 호안과 비교하여 10~20 N/m^2 정도 허용소류력이 커지는 것으로 나타났다.

그림 II.13의 좌측 그림은 BP 혼합토와 식물씨앗을 이용한 제방호안공법의 표준단면도이며, 우측 사진은 이 공법을 수리종자살포기로 하천현장에 시범 적용하는 것이다. 그림 II.14는 시험시공 후 다음 해 2020년 5월에 촬영한 사진으로서, 좌측은 BP로 처리한 사면이며, 우측은 BP로 처리하지 않은 일반 사면이다. 두 사면을 육안으로 비교하여도, 좌측 처리한 사면은 식생이 잘 자

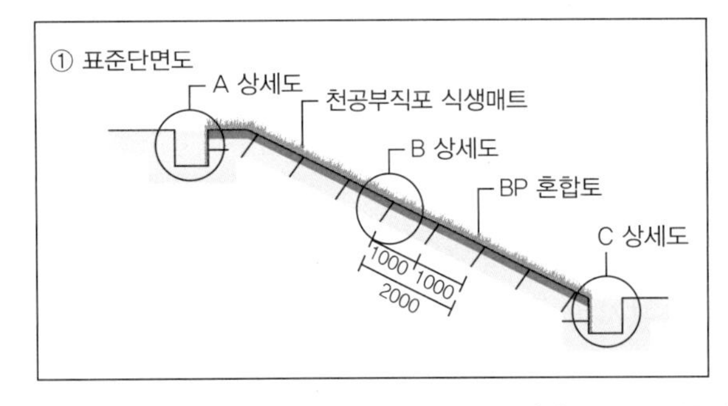

그림 II.13 BP 혼합토+매트공법의 표준단면도(좌)와 실제 제방현장에 포설하는 장면(우) (경기도 연천군 소재 임진강 좌안, 2019. 11)

그림 II.14 BP 혼합토를 이용한 매트공법의 호안사면(좌측)과 무처리 사면(우측) (같은 현장, 2020. 5)

라고 봄 강우에 사면침식이 거의 없었던 반면에, 우측 처리하지 않은 사면은 식생 활착은 물론 봄 강우에 상당히 침식된 것을 알 수 있다.

이 연구사업은 2021년 말에 종료되며, 연구성과는 신기술 등 제도적인 검토를 거쳐야 실용화로 연결될 수 있을 것이다.

국토교통부. 2016. 토목공사 표준일반시방서, 02511, 소일시멘트 안정처리공.

국토교통부(국토부)/지스트. 2016~2019. 친환경, 신소재를 이용한 고강도제방 기술개발. 각 연도 중간보고서. 10AWMP-B114119-04.

장일한. 2010. Biopolymer treated Korean residual soil: geotechnical behavior and applications (바이오폴리머를 이용한 화강 잔류토 처리: 지반공학적 거동 특성 및 활용). 한국과학기술원 박사학위논문.

Chang, I. Im, J., Prasidhi, A. K., and Cho, G. C. 2015a Effects of Xanthan gum biopolymer on soil strengthening. Construction and Building Materials, Elsevier, 74: 65–72.

Chang, I., Prasidhi, A. K., Im, J., and Cho, G. C. 2015b. Soil strengthening using thermo-gelation biopolymers. Construction and Building Materials, Elsevier, 77: 430–438.

Chang, I., Im, J. Y. and Cho, G. C. 2016. Introduction of microbial biopolymers in soil treatment for future environmentally-friendly and sustainable geotechnical engineering. Review article, Sustainability.

Guyer, J. P. (ed). 2017. An introduction to soil cement for protection of levees. The Clubhouse Press, El Marcero, Calif., USA.

Hansen, K. D., Richards, D. L., and Krebs, M. E. 2011. Performance of flood-tested soil-cement protected levees. The 31st Annual USSD Conference, San Diego, California, April.

Larson, S. 2018. Civil works applications for Rhizobium tropici biopolymer. Presentation slide at a joint meeting between Korean fact-finding team of levee research in USA and ERDC, USACE. (in person).

Larson, S., Newman, J., Griggs, C., Beverly, M. and Nestler, C. 2012. Biopolymers as an alternative to petroleum-based polymers for soil modification. ESTCP ER-0920: Treatability Studies, ERDC, USACE, USA.

Larson, S., Newman, J. and Nijak, G. 2013. Biopolymer as an alternative to petroleum-based polymers to control soil erosion: Iowa Army Ammunition Plant, ESTCP Cost and performance report, ER200920, USDOD, USA.

Larson, S., Nijak, G., Corcoran, M., Lord, E., and Nestler, C. 2016. Evaluation of rhizobium tropici-derived biopolymer for erosion control of protective berms field study: Iowa Army Ammunition Plant, ERDC, USACE.

Richards, Dennis L. and Hadley, Hans R. (WEST Consultants, Inc.) 2006. Soil-cement guide for water resources applications, Portland Cement Association.

Rizzo C. M., Weatherford, C. W., Rizzo, P. C. 2012. Levee construction and remediation using roller compacted concrete and soil cement. The 32nd Annual USSD Conference, New Orleans, Louisiana, April.

USACE (U. S. Army Corps of Engineers). 2000. Design and construction of levees, Engineering and Design, EM 1110-2-1913.

PCA (Portland Cement Association). https://www.cement.org/cement-concrete-applications/paving/soil-cement. (2019. 12. 15. 접속)

CHAPTER 1

- 난파제(難破堤): 극한홍수에도 견딜 수 있는, 제방파괴가 생기지 않는 안전한 제방
- 부엽공법(附葉工法): 둑을 쌓을 때 성토면에 간간히 잎이 달린 나무줄기를 깔고 쌓아서 배수가 잘 되게 하고, 흙과 나무줄기가 밀착하게 하여 튼튼한 둑을 만드는 전통 토목기술. 과거 백제나 신라 시대부터 둑을 쌓을 때 이용된 기술임
- 분수로(分水路): 홍수를 분담하기 위해 홍수의 일부 또는 전부를 주하천으로부터 분리시킨 수로
- 신축이음부: 온도변화, 하중, 크리프, 건조수축 등으로 인한 상부구조물의 신축량을 수용하고 이음부의 평탄성을 유지시킬 목적으로 연결부에 설치하는 장치
- 수변생태계(river-corridor ecosystem): 하도와 홍수터를 망라한 수변의 생태계. 경관생태학적으로 수변 자체가 하나의 생태계(조각)임
- 육상생태계(terrestrial ecosystem): 하도를 벗어난 홍수터 및 인접고지의 생태계
- 윤중제(輪中堤, ring levee): 특정한 지역을 홍수로부터 보호하기 위해 그 주위를 둘러쌓은 제방(이 경우 제내지와 제외지의 위치구분이 분명함)
- 자연제방(natural levee): 홍수 시 주변 홍수터를 잠근 물이 홍수 후 하도로 되돌아오면서 부유사 중 상대적으로 굵은 유사가 퇴적되어 만들어진, 하도를 따라 형성된 넓고 긴 둔덕
- 제내지(堤內地): 제방을 기준으로 하천 외측의 농경지나 주거지
- 제외지(堤外地): 제방을 기준으로 하천 측 토지
- 지수판(止水板): 제방에서 흙과 구조물, 또는 구조물과 구조물 등의 이음부의 누수를 막기 위한 널판
- 천정천(天井川): 하상이 주위 토지보다 높은 하천. 산지를 흐르던 하천이 경사가 완만한 평야로 나오면, 강물에 이송된 토사는 하상에 쌓여 주위 평지면보다 높아지며, 여기에 제방을 쌓으면 하상은 더욱 높아지게 됨
- 토양생물기술(soil bioengineering): 살아있는 식물과 흙을 이용하여 불안정한 지면이나 사면의 처리 등에 이용되는 기술
- 통관(樋管): 제방을 관통하여 설치한 원형단면의 문짝을 가진 구조물. 보통 배수목적으로 설치되기 때문에 배수통관이라 함
- 통문(樋門): 제방을 관통하여 설치한 사각형단면의 문짝을 가진 구조물. 보통 배수목적으로 설치되기 때문에 배수통문이라 함
- 파이핑(piping, 管空 현상): 제방 내 침윤선을 따라 지하수 흐름이 발생하면 흐름 주변 흙입자가 이탈하여 흐름에 연행되어 바깥으로 빠져나가면서 제내지 지표면에 용출구멍이 확대되어 궁극적으로 제방이 파괴되는 현상
- 폭풍고조(storm tide): 특히 고조 시 폭풍에 의해 넓은 해역에 걸쳐 해안수면이 높아지는 현상
- 폭풍해일(storm surge): 해안 쪽으로 부는 강한 바람이나, 또는 태풍중심부의 저기압 등으로 인하여 넓은 해역에 걸쳐 해안수면이 높아지는 현상
- 하굿둑(河口堰, river barrage): 이수, 치수, 해수침입방지, 수운 등 다목적 용도로 하구에 가로질러 설치된 구조물

CHAPTER 2

- 겨울제방(winter dike/levee): 서안해양성기후를 띠는 유럽 등지에서 겨울철 큰 홍수에 대비하는 제방으로서, 여름제방보다 바깥에 높게 설치됨
- 기초지반(soil foundation): 제체가 놓인 흙기초로서, 보통 투수성 기초지반 아래 불투수성 기초지반이 있음
- 내부침식(internal erosion): 제체 내에서 침투흐름에 의한 토사의 침식현상. 침식이 확대되면 침투로를 따라 긴 구멍(管空)이 생겨 결과적으로 제방파괴가 일어날 수 있음(파이핑)
- 마스크(mask, 진흙덮개): 제외지 제방사면을 유수의 침식으로부터 보호하기 위해 진흙 등으로 덮는 것
- 방조제(防潮堤, sea dike): 고조나 해일 발생 시 바닷물이 육지로 침입하는 것을 방지하기 위하여 해안을 따라 설치하는 제방. 해안제방의 일종으로서, 간척제방(干拓堤防)은 그 대표적인 예임
- 복합형 제방(composite levee): 흙이 아닌 다른 재료와 흙으로 구성된 제방. 대표적인 예로 제외지 제방사면을 콘크리트 등 불투수성 재료로 덮은 제방
- 수변(水邊, river corridor): 경관생태학 관점에서 하도를 따라 길고 좁게 형성된 생태계 조각(띠, patch). 하도와 직간접적으로 연결되어 있는 홍수터, 샛강, 자연제방, 배후습지 등을 망라함
- 식생호안(vegetated revetment): 식생의 자생력과 내침식성을 이용하기 위해서 식생 위주로 만든 저수호안이나 제방호안
- 여름제방(summer dike/levee): 서안해양성기후를 띠는 유럽 등지에서 여름철 비교적 작은 홍수에 대비하는 제방으로서, 하도 가까이 설치됨
- 외부침식(external erosion): 흐름의 소류력으로 제방사면이나 앞비탈기슭 등이 세굴되는 현상. 제방파괴의 직접적인 원인이 될 수 있음
- 자연형제방: 살아있는 식물, 돌 등 자연재료를 이용하고 비탈경사를 완만하게 하여 자연스럽게 꾸민 제방. 그린인프라 제방이라고도 함.
- 차수벽(cut-off wall): 제방의 침투성 기초지반을 침투하는 물을 막을 목적으로 점토, 콘크리트, 강널판 등의 불투수성 재료로 만든 벽. 지수벽이라고도 함
- 침투완화 도랑: 기초지반을 통한 침투수가 파이핑을 일으키지 않도록 침출수를 안전하게 배수하도록 제방에 연하여 제내지에 판 작은 도랑
- 침투완화 우물(감압정): 기초지반을 통한 침투수가 파이핑을 일으키지 않도록 침출수를 안전하게 모으도록 제내지에 판 우물
- 침투차단벽(seepage barrier): 제체 아래 불투수층부터 시작하여 위로 둑마루까지 제체 내 침투 방지를 위해 보통 중앙에 연직으로 설치되는 불투수벽
- 홍수벽(파라펫): 제방고를 높이기 위해 보통 제외지 쪽 둑마루에 설치되는 인공벽으로서, 돌망태, 콘크리트, 시트파일 등으로 만들어짐

CHAPTER 3

- 간극수압: 지하 흙 중에 포함된 물에 의한 상향수압
- 강턱(bank): 하도와 홍수터의 경계에 있는 자연적인 턱을 말하며, 인공적으로 쌓은 제방(levee)과 구분됨
- 구조적 파괴: 하나 이상의 제방 구성요소가 열화되고 손상되어 성능이 저하되는 파괴
- 내부공동화: 누수로 인한 세굴로 제방 혹은 둑 내부에 빈 공간이 생기는 현상
- 누수: 외수위 상승으로 제체/지반을 통해 제내 측으로 침투수가 유출하는 현상

- 보일링(boiling): 제체 성토재 속 침투수의 상승으로 인해 입자가 떠올라 마치 물이 끓는 것처럼 보이는 현상
- 복토: 흙을 덮음 또는 그 흙
- 부등침하: 구조물의 기초지반이 불균등하게 내려앉아 구조물 또한 불균등하게 침하되는 현상
- 부유사: 수로바닥에 깔려 있다가 흐르는 물의 난류현상에 의하여 물속에 떠서 이동하는 토사(sediment)
- 붕락: 무너져서 떨어짐
- 선행압밀: 연약지반을 개량하는 방법 중 하나로서, 연약지반 또는 지반구조물에 하중을 미리 가하여 강도를 증진시키는 것
- 소단파손: 둑의 하단부에 위치한 소단(bench) 영역의 국부적인 파손
- 수리적 파괴: 설계수준 이하의 홍수에서 제방구조물에 대한 사전손상 없이 제방에서 물 유입(침식, 월류, 침투 등)으로 인한 제방파괴
- 수압파쇄: 암반이나 지반에 높은 수압이 작용하여 균열이 발생하고 부스러지는 현상
- 압밀: 흙이 상재하중으로 인한 압축력을 받아 간극 속에 있던 물이 외부로 배출됨에 따라 지반이 서서히 압축되는 현상
- 액상화: 물로 가득 찬 모래층이 순간충격, 지진, 진동 등에 의해 간극수압이 상승하여 유효응력이 감소되고 모래가 순간적으로 액체처럼 이동하는 현상
- 양압력: 물체를 밑에서 위로 올려미는 압력
- 열화(劣化): 재료가 열이나 광에 의하여 화학적 구조에 변화가 생기거나, 물리적 성질에 영구변화가 생겨서 물성이 저하되는 현상
- 월류(越流, overflow): 제방, 방파제, 호안 등에서 물이 넘쳐흐르는 현상
- 월파(越波, overtopping): 제방, 방파제, 호안 등에서 고파랑, 고조(高潮) 등에 의해 물이 구조물의 마루를 넘는 현상
- 축제연수: 제방을 축조한 연수
- 측구: 제방 내 원활한 배수를 위해 만든 얕은 도랑
- 침윤선: 제체 유선망의 최상위선으로 제체의 물이 정상침투류의 자유수면을 나타내는 선(간극수압이 0인 선)
- 하천통수능: 한 하천단면을 통해 흐를 수 있는 하천수의 양(보통 유량단위로 표시함)
- 한계동수경사: 상방향 침투수의 침투력으로 인해 흙의 유효응력이 0이 될 때의 동수경사
- 히빙(heaving): 지반의 고저차로 인하여 생기는 토압에 의해 흙이 한쪽으로 밀려나 바닥이 불룩하게 솟아오르는 현상

CHAPTER 4

- 간극비: 지반에서 흙입자 사이 공간의 크기를 정량화하기 위한 값. 간극(흙입자 사이의 물과 공기로 채워진 공간)과 흙입자의 체적비로 표시함
- 간극수: 흙입자 사이에 존재하는 물
- 관입시험: 관입시험기를 사용하여 지내력, 토층강도, 모래층의 상대밀도 등을 측정하는 시험
- 기준점 측량: 지형측량의 기준점 좌표를 얻기 위해 실시하는 측량
- 다짐도: 실내와 현장에서 건조단위중량 비
- 동탄성계수: 동적응력(발파진동, 지진동)에 대한 암반반응을 평가하기 위해 산정하는 값

- 들밀도시험: 현장흙을 파내어 기존에 비중을 알고 있는 흙으로 치환하여 현장지반의 밀도를 측정하는 방법
- 보완조사: 연약지반 및 투수성 지반에 대한 상세한 조사를 수행하는 과정
- 본조사: 지반토층의 종류, 두께, 강도 등의 여러 지반공학적 인자를 측정하기 위하여 시추조사, 관입시험 및 여러 비파괴시험 등을 수행하는 과정
- 비중병시험: 물에 흙을 띄우고 입자의 침강속도를 통해 입자크기를 분석하는 시험방법
- 비파괴검사: 재료의 형상이나 기능변화 없이 결함을 검출하거나, 품질과 형상을 확인하거나, 사용가부를 판정하는 방법
- 상대밀도: 흙이 가장 조밀한 상태와 가장 느슨한 상태의 범위에서 얼마나 상대적으로 조밀한지를 간극비를 통해 나타낸 값
- 소류력(tractive force): 원 의미는 강바닥의 토사를 쓸어내리는 물의 힘이라는 뜻이나, 기술적으로 흐름이 하상에 작용하는 전단응력(바닥전단응력, bed shear stress)
- 소성지수: 현장흙이 소성상태로 있을 수 있는 범위
- 수위: 기준면으로부터 수면까지 높이
- 시추조사: 기초지반의 성층상태를 파악하고 원위치시험 및 각종 실내시험에 사용할 흙시료나 암시료를 채취하기 위해 지반을 시추하면서 조사하는 방법
- 액성지수: 현장흙의 유동성을 판단하는 지표
- 예비조사 및 현장답사: 대상 지역의 토질조사 자료와 지질 답사 자료를 수집하고 지형도나 항공사진 측량 결과 및 공사기록 자료 등을 수집하는 과정
- 유량: 단위시간당 하천의 한 단면을 통과하는 물의 체적
- 유효응력: 흙입자가 받는 응력(전응력과 간극수압의 차)
- 전응력: 흙입자와 물이 받는 응력의 합
- 지피물: 땅을 덮고 있는 온갖 물건
- 체가름시험: 각 체를 통과하는 흙시료 함량을 백분율로 구하는 시험방법
- 포화도: 흙 속의 간극의 구성을 정량화하기 위한 값. 간극 속의 물과 간극의 체적비로 표시함
- 흙의 연경도: 함수비에 따른 흙의 상태변화를 나타내는 값
- 흙의 활성도: 소성지수와 점토함량의 기울기

CHAPTER 5

- 머드웨이브(mud wave): 진흙이 파도처럼 주름지게 나타나면서 움직이는 것
- 방수로(放水路): 하천에서 홍수통제를 위하여 유량을 조절하며 흘려보내는 인공 물길
- 변환부(transition): 제방 내에서 구조가 변화하거나 다른 구조물과 접하는 곳
- 사토장(捨土場, spoil bank): 불량토사 또는 쓰고 남은 흙을 버리는 곳
- 여유고(freeboard): 설계 시 제방높이를 계획홍수위 위로 여유를 둔 높이
- 일련구간: 제방의 형상과 특성을 구분하기 위해 정해 놓은 하나의 구간
- 주행성(trafficability): 토공용 건설기계로 시공할 때 기계의 주행성의 양부(良否)의를 표현하는 말
- 최대건조밀도: 어떤 일정한 다짐방법에 의해 여러 가지로 바꾸어서 만든 흙을 건조시켰을 때 최대밀도
- 토목섬유(geotextile): 토목공사에 사용되는 섬유류의 총칭

- 간섭효과: 복단면 하도에서 저수로와 고수부지의 유속 차이로 발생하는 에너지 교환, 와류발생 등의 효과
- 강턱유량(bankfull discharge): 하도의 강턱까지 가득 찬 유량. 보통 유사이송을 가장 효율적인 유량조건으로 봄
- 마찰경사: 상·하류 두 단면 사이에서 흐름의 경계면(바닥과 강턱면) 마찰에 의한 에너지 손실을 두 단면 사이의 거리로 나누어 준 값. 마찰 이외의 에너지 손실이 없는 경우에는 에너지 경사와 같음
- 마찰속도(전단속도): 전단응력을 속도단위로 정의한 값으로서, 바닥 부근 흐름해석 등에서 속도와 전단응력을 비교하기 위해 사용됨
- 만곡계수: 하도의 굽은 정도를 나타내는 계수로서, 일반적으로 만곡부 외측에서 발생하는 수위상승과 유속증가 효과를 정량화하기 위해 사용됨
- 바닥전단응력: 흐름에 의해 하상에 작용하는 전단응력
- 바자공(hurdle work): 바자는 나란히 박은 말뚝에 나뭇가지를 가로로 휘감아 만든 울타리를 말하며, 바자공은 바자를 이용하여 제방의 비탈면을 소구획으로 에워싸는 것을 기본으로 하는 비탈면 덮어씌우기 공법을 말함
- 상당조고(등가조고, equivalent roughness height): 고체경계면의 거칠기를 나타내는 이론적인 값으로, 같은 조도를 보이는 균일크기의 구체입자로 구성된 경계면의 거칠기를 구체입자의 직경으로 나타낸 값
- 상대조고(relative roughness height): 수로 또는 관로의 거칠기를 나타내는 값의 하나로서, 수심(또는 관경)에 대한 상당조고의 비
- 설계유속: 수리구조물 설계의 기준이 되는, 설계홍수량에서 산정된 유속
- 수심평균유속: 수심방향으로 분포하는 유속을 평균한 유속
- 순응성(굴요성, flexibility): 구조물이 지반이나 하상의 변화에 적응하여 구부러지거나 휘어지는 성질의 정도
- 양력: 흐름 내 물체 표면 위 아래의 압력차이로 흐름방향에 대해 수직방향으로 작용하는 힘
- 유효전단응력: 하상에 작용하는 전단응력 중 식생 등에 작용하는 전단응력을 제외하고 흙입자에 직접 작용하는 전단응력
- 자연형호안: 살아있는 풀, 관목, 돌 등 자연재료를 이용하여 자연스럽게 꾸민 호안. 이 책에서는 저수호안보다는 제방호안에 초점을 맞춤
- 최심하상고: 하천횡단면 상에서 수심이 가장 깊은 곳의 표고. 즉 횡단면상에서 표고가 가장 낮은 지점의 표고
- 평균근모량: 단위체적당 흙 중에 포함된 뿌리와 지하줄기의 총 중량을 평균한 값
- 평균하상고: 횡단면 상에서 하상의 평균적인 표고로서, 기준수위(설계홍수위 또는 강턱수위 등)에서 하도단면적/수면폭값을 빼서 표고로 나타낸 값
- 필터공: 호안 등에서 흙입자가 흐름에 의한 압력차이로 흡출되는 것을 방지하기 위하여 적용되는 공법. 필터재료로는 토목섬유 등이 주로 이용됨
- 항력: 흐름 내의 물체가 흐름에 저항하는 힘으로서, 흐름방향으로 작용하는 모든 힘의 합으로 표시됨

CHAPTER 7

- 가설잔교(temporary stage, scaffold board): 가설구조의 잔교시설로서, 교량의 가설이나 재료 운반, 임시적재, 작업용통로 등으로 이용됨
- 공정관리: 건설현장에서 일정한 품질·수량·가격의 시설물을 일정한 시간 안에 가장 효율적으로 건설하기 위해 총괄적으로 관리하는 활동
- 기준틀(finishing stake): 토공의 을 말뚝, 판, 줄 등으로 만든 것으로서, 규준틀이라고도 한다.
- 순량율(純量率, purity percentage): 협잡물 등을 제거한 순정종자 중량의 전체 중량에 대한 백분율
- (흙의) 안식각(安息角, angle of repose): 흙 등을 쌓거나 깎아 냈을 때 자연상태로 생기는 경사면이 수평면과 이루는 각이며, 일명 휴식각이라고도 함
- 층따기: 비탈을 계단모양으로 자르는 것
- 품질관리: 과학적 원리를 응용하여 건설품질의 유지·향상을 기하기 위한 관리

CHAPTER 8

- 감압정(relief well): 제방침투에 의해 제체 내에 높은 간극수압이 발생하는 것을 방지하기 위하여 제내지 측 하단에 침투수를 안전하게 배출하기 위해 만든 우물
- 슬럼핑(slumping): 비탈면에서 흙덩어리가 비탈면을 따라 짧은 거리를 이동하며 발생하는 비탈면의 파괴형태
- 지장물(支障物): 제방과 연결되거나 인접한 시설물 중 제방관리를 위해 직접 필요하지 않은 시설물로서, 인근 농경지의 각종 배관 등이 해당됨
- 천공동물: 땅굴 등 흙 속에 구멍을 만들어 생활하는 동물

CHAPTER 9

- 널말뚝: 굴착공사를 할 때에 주위 지반의 토사가 무너져 떨어지는 것을 방지하기 위해 설치하는 벽의 한 종류로서, 주변 토압을 지지하고, 물의 침입을 방지할 목적으로 미리 구조물 주변에 연속적으로 박아 넣는 판모양의 말뚝을 의미함
- 박리: 콘크리트 표면의 모르타르가 점진적으로 떨어져나가는 현상
- 설계홍수위: 설계홍수량에 대응하는 홍수위로서, 댐 및 저수지의 경우 설계홍수량이 저수지로 유입시 저수지 내 저류효과와 여수로방류량을 고려하여 상승 가능한 가장 높은 수위를 말함. 하천의 경우 일반적으로 빈도별 홍수유량을 기준으로 산정된 설계홍수량에 대응하는 하천단면에서 홍수위를 의미함
- 안전계수: 어떠한 대상이 위험한 상황에 대처할 수 있는 능력을 가장 위험한 상황에서 이 대상이 견딜 수 있는 능력으로 나눈 상대적인 비율. 일반적으로 허용응력과 파괴응력의 비로 나타냄
- 와류: 하천의 물흐름의 일부가 교란받아 본류와 반대되는 방향으로 소용돌이치는 현상
- 취약성 곡선: 0과 1 범위의 지표로서, 위험요소 그룹(예: 특정구조물 유형)에 대한 위험강도 및 손상정도 사이의 관계를 나타내는 곡선. 위험요소 유형에 따라 위험강도가 동일할 경우 손상수준이 달라질 수 있음
- 토취장: 도로, 제방 등의 토공에서 성토재료의 공급을 위하여 흙을 채취하는 장소. 현장에 필요한 흙을 조달하는 곳
- 평형하상이론: 한 하천구역에서 퇴적과 세굴이 오랜 시간에 걸쳐서 균형을 이루는 하천에서 하천흐름/유사이송과 하폭/수심/하상경사 등 하천의 기하형태 간 관계를 보여주는 이론

- 경제성 분석: 사업계획의 입안 과정이나 입안 후에 사회적 후생의 극대화 측면에서 경제적 타당성을 분석·평가하는 것
- 경제성 평가: 계획하고 있는 사업의 경제적 효율성을 분석하여 투자의 타당성을 검토하는 것
- 기회비용: 투자기금에 대한 이자 또는 수익을 얻을 수 있는 기회를 포기함에 따른 비용
- 단량체(單量體, monomer): 고분자화합물을 형성하는 '단위분자'로서, 단위체라고도 함
- 수리종자살포기(hydro seeder): 씨앗과 비료, 지푸라기, 접착액 등을 섞어 물에 섞어 분사 살포하는 기기로서, 주로 절성토면 녹화에 쓰임
- 안정제(stabilizer): 고분자화합물의 산화와 열화를 저감하는 물질
- 연간균등비용과 연간균등편익: 총 사업기간에 발생하는 일련의 비용과 편익을 각각 기준연도의 현재가치로 할인하고 이를 합산하여 전 기간 동안 균등하게 발생하도록 구한 연간균등액
- 연평균 피해액: 한 해에 발생 가능한 홍수에 대한 기대피해액. 홍수의 구간 생기확률(빈도의 역수)을 빈도별 구간피해액에 곱하고 이를 누계하여 산정함
- 유화제(乳化劑, emulsifier): 서로 섞이지 않는 두 액체를 잘 섞이게 하는 물질로서, 올레산나트륨, 알칼리 비누 등이 있음
- 응집제(凝集劑, coagulant): 액체 중 미세입자를 뭉쳐 침전을 일으키게 하는 첨가물질
- 잔존가치: 어떤 자산이 다른 목적에 전혀 사용되어질 수 없을 때 자산을 처분함으로써 취득할 수 있는 가치
- 접합제(接合劑, binder): 물체를 접합하는 데 쓰는 물질로서, 풀, 아교, 시멘트 등을 말함
- 중합체(重合體, polymer): 단량체가 반복되어 연결된 고분자화합물
- 증점제(增粘劑, thickener): 액체의 점성을 크게 하는 물질로서, 음식, 페인트, 잉크, 폭발물, 화장품 등에 쓰임
- 침수편입률: 행정구역 내에서 주거, 산업, 농업 등 지역특성요소의 총 자산가치를 실제 침수된 부분에 대한 자산가치로 환산하기 위해 지역특성요소별로 지리요소인 공간객체의 위치정보를 침수심별로 중첩하여 전체에 대한 비율로 나타낸 것
- 할인율: 돈의 시간적 가치를 반영하는 경제성 평가 기준을 이용하여 미래가치를 현재가치로 환산하는 환산율. 이자율의 일종이지만 개념상으로 이자율과 서로 반대의 의미를 가짐
- ASTM (American Society for Testing and Material): 1,898년에 기구화된, 세계에서 가장 큰 비영리 표준개발 단체로서, 우리말로 미국재료시험협회라 함
- RCC (roller compact concrete): 전통 콘크리트보다 플라이애시 성분이 더 들어간 콘크리트로서, 댐체의 건설이나 제방사면을 마감하기 위해 포설하고 롤러로 다진 콘크리트

저자 소개

우효섭 공학박사(하천수리학)
광주과학기술원 지구환경공학부 산학교수
《하천수리학》, 《하천공학》, 《생태공학》 등 (공동)저술

전세진 공학박사(토목공학)
도화엔지니어링 수자원본부 부사장
《하천 계획·설계》 저술

조계춘 공학박사(지반공학)
한국과학기술원 건설 및 환경공학과 교수
지반공학분야 연구 다수 수행

이두한 공학박사(수리학)
한국건설기술연구원 연구위원
하천실험·수치해석 연구 다수 수행

자연과 함께하는
하천제방
이론과 실무

2020년 10월 5일 초판 인쇄
2020년 10월 12일 초판 발행

지은이 우효섭·전세진·조계춘·이두한
펴낸이 류원식
펴낸곳 **교문사**
편집팀장 모은영
책임진행 안영선
디자인 신나리
본문편집 신성기획

주소 (10881) 경기도 파주시 문발로 116
전화 031-955-6111
팩스 031-955-0955
홈페이지 www.gyomoon.com
E-mail genie@gyomoon.com
등록번호 1960.10.28. 제406-2006-000035호
ISBN 978-89-363-2087-4(93530)
값 29,000원

잘못된 책은 바꿔 드립니다.